Johannes Müller

Grundzüge der Naturgeographie von Unterfranken

Landschaftsökologie – Landschaftsgenese – Landschaftsräumlicher Vergleich

63 Abbildungen und 17 Tabellen

Justus Perthes Verlag Gotha

Die Deutsche Bibliothek – CIP-Einheitsaufnahme

Müller, Johannes:
Grundzüge der Naturgeographie von Unterfranken :
Landschaftsökologie – Landschaftsgenese – landschaftsräumlicher Vergleich ;
17 Tabellen / Johannes Müller. – 1. Aufl. – Gotha : Perthes, 1996
  (Fränkische Landschaft ; Bd. 1)
  ISBN 3-623-00500-2
NE: GT

Schlagworte: Unterfranken, Naturgeographie, Landschaftsökologie, Landschaftsgenese, Regionalgeographie, Geomorphologie, Bodenkunde, Reale Vegetation

Anschrift des Autors:
Dipl.-Geogr. JOHANNES MÜLLER, Ziegelaustraße 1d, 97080 Würzburg

Alle Fotos vom Verfasser

Titelfoto:
Der naturgeographisch wohl interessanteste Exkursionspunkt in Unterfranken ist der Kalbenstein bei Karlstadt. Hier läßt sich die Landschaftsgenese mit dem Übergang von der Hochflächenbildung (Horizontlinie) zur Taleintiefung nachvollziehen. Die landschaftsökologischen Extremstandorte der trockenwarmen Steilhänge des Wellenkalks werden von schütteren Trockenrasen bedeckt, im Bild mit Gewöhnlichem Sonnenröschen *(Helianthemum nummularium)* und Federgras *(Stipa* sp.). Gleichzeitig ist der landschaftsräumliche Wandel am Gegensatz zwischen den Mainfränkischen Platten und dem Spessart (im Hintergrund) mit verstärkt einsetzender Waldbedeckung und dem sich plötzlich verengenden Maintal augenfällig.

Rückseitenfoto:
Hangbereich bei Leinach. Felder und naturbetonte Landschaftselemente, hier vor allem Streuobstflächen und Hecken, bilden die Elemente der realen Vegetation. Der Hang wird von anthropogen entstandenen Kleinformen, wie Stufenrainen und erosiv verstärkten Bodenwellen, gegliedert.

ISBN 3-623-00500-2
1. Auflage
© Justus Perthes Verlag Gotha GmbH, Gotha 1996
Lektor: Dr. EBERHARD BENSER
Redaktionsschluß: Oktober 1995
Einband: PETER SPALLEK, Gotha
Gesamtherstellung: PETER SPALLEK • UniPrint, Gotha
Gedruckt auf Papier aus chlorfrei gebleichtem Zellstoff.

Vorwort des Herausgebers zur Reihe

In den letzten Jahrzehnten ist eine umfangreiche Spezialliteratur von Fachleuten für Fachleute zu Aspekten der Geographie von Franken erschienen, die dazu oft, besonders wenn es sich um Diplom- und Zulassungsarbeiten handelt, nur schwer zugänglich ist.

Die letzte zusammenfassende Darstellung zur Landeskunde von Unterfranken, die sich an ein breiteres Publikum wandte, wurde bereits 1962 von dem Historiker CONRAD SCHERZER herausgegeben. Von ihr erschien (in der zweiten Auflage) jedoch nur der erste Band, der sich auf die Kapitel Erdgeschichte und Landschaftskunde, Pflanzen- und Tierwelt und die fränkische Geschichte bis zum 11. Jh. beschränkt. Eine fachgeographische Gesamtdarstellung fehlt bis heute.

Bei der Fülle der vorhandenen Fachliteratur würde eine alle Teilbereiche der Geographie von Franken umfassende Darstellung in einem Band entweder kurz und oberflächlich oder ein unhandliches Konvolut werden. Deshalb wurde der Weg einer in loser Folge erscheinenden Schriftenreihe gewählt, in deren Bänden jeweils ein unterschiedlich großer Teilbereich der Geographie von Franken in einem nicht zu knappen Überblick dargestellt wird. Um auch Leser außerhalb des Universitätsmilieus zu erreichen, erscheinen die Bände nicht in einer Institutsreihe, sondern bei einem der traditionsreichsten geographischen Verlage Deutschlands.

Ziel dieser Reihe ist es, fachlich korrekte, dem gegenwärtigen Wissensstand entsprechende Informationen zum Verständnis der komplexen Zusammenhänge einer alten, vielschichtig aufgebauten Kulturlandschaft und ihrer natürlichen Grundlagen anzubieten. Daß dabei nicht nur ein trockener Literaturbericht entsteht, ist allein schon dadurch sichergestellt, daß es zu keinem Thema eine sämtliche fachliche oder regionale Aspekte abdeckende Fachliteratur gibt und von den jeweiligen Autoren Mut zu eigenständiger Aufbereitung, Verknüpfung, Bewertung und Ergänzung aus eigener Forschung erwartet wird.

Die Autoren, die sich bis jetzt zur Mitarbeit bereit erklärt haben, stammen überwiegend aus den geographischen Instituten der fränkischen Universitäten oder sind ihnen eng verbunden. Räumliche Bezugseinheit ist nicht Franken in seinen heutigen politischen Grenzen. Abhängig vom Thema des jeweiligen Bandes werden auch angrenzende Gebiete, die zur gewachsenen fränkischen Kulturlandschaft gehören, mit einbezogen. Dem interdisziplinären und Fachinhalte verknüpfenden Charakter der Geographie entspricht es, daß auch zusammenfassende Darstellungen aus Nachbarwissenschaften in der Reihe erscheinen sollen.

Da die Initiative zu dieser Reihe von einem Würzburger Geographen ausgeht und er zu den dortigen Kollegen und potentiellen Autoren den leichtesten Zugang hat, konzentrieren sich die meisten der bis jetzt geplanten Bände auf das dortige Umfeld Unterfranken. Jedoch schon der geplante zweite Band zur Geschichte des ländlichen Raumes wird sich mit dem gesamten Frankenland befassen. In einigen Fällen wird es die Fülle des Materials sinnvoll erscheinen lassen, dasselbe Thema für Unter-, Mittel- und Oberfranken getrennt zu behandeln.

Um einen großen Leserkreis über einen günstigen Preis erreichen zu können, erscheinen die Bände in broschierter Form. Nicht nur um die Kosten niedrig zu halten, werden Abbildungen nur dann farbig gedruckt, wenn die Farbe als Informationsträger wirklich nötig ist. An schönen Farbbildbänden über Franken besteht kein Mangel. Mit Schwarz-weißabbildungen zum besseren Verständnis der Sachverhalte, in den meisten Bänden über-wiegend als Zeichnungen, soll jedoch nicht gespart werden. Bei deren Auswahl und Darstel-lung spielt auch ihre Einsetzbarkeit im Schul- und Hochschulunterricht eine Rolle.

Die Bände wenden sich an allgemein geographisch-landeskundlich interessierte Leser, aber auch an Geographiestudenten, Geographielehrer sowie Kollegen und Studenten der Nachbarfächer, die einen leicht zugänglichen Überblick über den gegenwärtigen Wissens-stand haben wollen, nicht zuletzt aber auch an Orts-, Verkehrs- oder Landschaftsplaner, die auf die Einbindung ihrer Arbeiten in das geographische Umfeld Wert legen. Der Breite der Zielgruppe entsprechend wird versucht, die Bände in einer nicht nur dem Geographen ver-ständlichen Sprache zu schreiben.

Der Herausgeber und der Autor des ersten Bandes, mit dem gemeinsam die Konzeption der Reihe erarbeitet wurde, hoffen auf die Zustimmung der zu gründlichem Lesen bereiten Leserinnen und Leser, daß die in diesem Vorwort angesprochenen Ziele im ersten Band, der Darstellung der „Grundzüge der Naturgeographie von Unterfranken", erreicht worden sind. Sie hoffen vor allem, daß ein Mittelweg zwischen schwer verständlicher Fachliteratur und zu stark vereinfachendem Sachbuch gefunden werden konnte.

Würzburg, im Herbst 1995   DETLEF BUSCHE

Vorwort des Autors

Die Idee zu diesem Buch entstand während meiner Tätigkeit bei Prof. Dr. D. Böhn am Institut für die Didaktik der Geographie. Bei der Arbeit mit den Studierenden zeigte sich der Mangel einer Darstellung der Naturgeographie Unterfrankens, die einerseits die wesentlichen Themen im Überblick darstellt und dabei andererseits wissenschaftlich fundiert bleibt. Bei der gegebenen Faktenfülle erschien es mir notwendig, grundlegende Gedankengänge der Naturgeographie als Leitlinien zugrunde zu legen, die es ermöglichen, die vielen Einzelheiten in Beziehung zueinander zu setzen und ihre Bedeutung für die Landschaft abzuschätzen. Ich freue mich, daß ich die Möglichkeit hatte, dieses Konzept im Seminar zu erproben.

Allergrößten Dank schulde ich Prof. Dr. D. Busche für zahlreiche Diskussionen und Anregungen insbesondere bezüglich der Geomorphologie sowie für sein intensives Bemühen beim Durchsehen des Manuskriptes. Daraus ergab sich schließlich der Gedanke, aus dem Ansatz eines Überblicks für den Raum Unterfranken eine Buchreihe mit zusammenfassenden Darstellungen zur Entwicklung der regionalen Landschaft zu entwickeln.

Bedanken möchte ich mich weiterhin bei Herrn Wepler für die Endbearbeitung der Graphiken und Karten sowie bei Herrn Dr. E. Benser für das fundierte Lektorat und die konstruktive Umsetzung meiner Vorstellungen bezüglich Gliederung und Umbruch.

Ebenso gilt mein Dank allen Bekannten, die das Manuskript in teilweise sehr rohem Zustand durcharbeiteten und mir durch Fragen, Kritik oder Anmerkungen viele wertvolle Hinweise und Anregungen gaben, mißverständliche Formulierungen aufdeckten und didaktische Überlegungen anstießen. Dabei trug meine Mutter, die sich dieser Prozedur zweimal unterzog, das schwerste Los.

Würzburg, im Oktober 1995   Johannes Müller

Inhaltsverzeichnis

für
Hibiskusblüte im Tale

1. Grundgedanken: Perspektiven regionaler Naturgeographie

Abbildung 1
Zusammenhänge und Wechselbeziehungen in der Landschaft am Beispiel von Hecken auf Stufenrainen. Ein Hang mit Lößdecke bei Recheldorf/Haßberge. Unter dem Einfluß des Ackerbaus kommt es zu Erosion mit der Verlagerung von Bodenmaterial hangabwärts, das sich an den Grenzen der Felder sammelt. Die Herausbildung der Stufenraine geht aber nicht nur auf diesen aktuellen Prozeß zurück, vielmehr sind dafür verschiedene Aspekte der Landschaftsgenese wichtig. Die Erosionsbeträge im Ackerland schwanken beträchtlich, wobei Löß das am stärksten gefährdete Material darstellt. Seine Ablagerung geht auf die Kaltzeiten mit ganz anderen Entstehungsbedingungen zurück, weshalb der fruchtbare Löß ein endliches Naturgut ist. Zu stärkerer Erosion kommt es erst auf der geneigten Basis eines Hanges, dessen Form aus einer wiederum älteren Entwicklungsphase der Landschaft stammt. Aus der Perspektive der Landschaftsökologie bilden die Stufenraine wirksame Strukturen des Erosionsschutzes, die das Oberflächenwasser abfangen und dadurch den Bodenverlust im Ackerbaugebiet verringern. Gleichzeitig stellen sie Standorte für Obstbäume und Hecken dar, die wiederum Biotope für die Fauna bereitstellen. Zum Teil handelt es sich dabei um Arten, die als Kulturfolger einen gewissen Einfluß des Menschen auf die Gestaltung der Landschaft benötigen. Legt man all diese Aspekte zugrunde, so bilden Hecken auf Stufenrainen die typischen naturbetonten Landschaftselemente der ackerbaulich intensiv genutzten Lößgebiete Unterfrankens, hervorgegangen aus dem Wechselspiel landschaftsgenetischer und landschaftsökologischer Faktoren.

Die (Natur-) Geographie sieht sich gar nicht so selten dem Vorwurf ausgesetzt, sie sei obsolet und verzichtbar, da ja alle Teile der Erdoberfläche bereits von anderen Wissenschaften wie Geologie, Botanik, Zoologie, Klimatologie usw. bearbeitet werden. Bevor man sich mit der eigentlichen Materie beschäftigt, ist es daher angebracht, sich ein paar grundsätzliche Gedanken über den Sinn einer Naturgeographie von Unterfranken zu machen und sich die Frage nach Objekt und Zielen der Untersuchung zu stellen.

Die verschiedenen Fotos in diesem Buch zeigen die unterschiedliche Ausprägung der Landschaften in Unterfranken. Je nach Sichtweise lassen sich Gemeinsamkeiten herausarbeiten (Hügellandschaft, Waldklima, Landnutzung) oder Eigenarten differenzieren (stärker oder schwächer reliefiert und zertalt, mehr oder weniger sanfte Landschaftsformen, verschiedene Pflanzenzusammensetzung). Wenn man sich für die Landschaft interessiert, so lautet die spontane Frage: Wie lassen sich die Unterschiede und Gemeinsamkeiten, wie läßt sich die Charakteristik jeder der abgebildeten Landschaften erklären, verstehen und interpretieren?

1.1   Das Untersuchungsobjekt: die Landschaft

Mit dieser Frage ist die Landschaft als das naturgeographische Untersuchungsobjekt in den Mittelpunkt gerückt, was natürlich nicht heißen darf, bei der Beschreibung oder Abgrenzung einzelner Landschaften stehenzubleiben, sondern Anlaß gibt, tiefer zu fragen. Landschaft ist ein sehr alter Begriff, wird in recht vielfältiger Weise gebraucht, und die Definitionen sind keineswegs einheitlich. Unter anderem kann Landschaft einfach als Umwelt aufgefaßt werden, oder sie kann als Ökosystem aus einer genetischen, entwicklungsgeschichtlichen, aus einer (landschafts-) ökologischen oder einer räumlich vergleichenden Perspektive betrachtet werden. Es ist die Aufgabe der (Natur-) Geographie, die verschiedenen Einzelaspekte der (physischen) Umgebung zusammenzuführen, in ihren Wechselbeziehungen zu analysieren und zu versuchen, die räumlich reale Landschaft als Ergebnis dessen zu definieren. Entscheidendes Kriterium für Auswahl und Diskussion der naturgeographischen Faktoren ist die den Raum direkt oder indirekt prägende Wirksamkeit.

Bei aller Unterschiedlichkeit, ja teilweisen Widersprüchlichkeit liegt allen Sichtweisen, Erkenntnissen und Definitionen als wesentliche Tatsache der *ganzheitliche Charakter* der Landschaft zugrunde. Das heißt, nicht eine Anhäufung von Einzelbestandteilen, sondern ihre Struktur, das Gefüge der Bestandteile bestimmt die Landschaft. Man muß sich darüber im klaren sein, daß man als Mensch die Landschaft zunächst als Ganzes betrachtet. Das bedeutet, man ordnet Teile von ihr relativ zum Ganzen ein, sieht zunächst das Gesamtergebnis, bevor man sich an die Analyse möglicher Ursachen machen kann, und man hat es stets mit individuellen Merkmal- und Faktorenkombinationen zu tun.

Naturgeographie. Aus dieser Ganzheitlichkeit der Landschaft bezieht eine naturgeographische Betrachtung, die sektorale Erkenntnisse zueinander in Beziehung setzt, ihre Legitimation. Der ganzheitliche Charakter ist Problem und gleichzeitig Chance des geographischen Ansatzes der Landschaftsanalyse. Naturgeographie kann sich nicht in der Aneinanderreihung von Angaben über Gesteine, Gewässer, Klima und Pflanzen erschöpfen. Diese Punkte stellen wohl die Grundlagen der Betrachtung dar; zu einer geographischen Analyse werden sie allerdings erst mit dem Aufbau ihrer Wechselbeziehungen, was in verschiedenartiger Weise, aus unterschiedlichen Perspektiven möglich ist. Die (Natur-) Landschaft, die uns zunächst als Einheit entgegentritt, ist Ausdrucksform einer Entwicklung, die auf dem Zusammenspiel einer Vielfalt genetischer und ökologischer Einflußfaktoren beruht. Diese Interdependenzen wechseln und wechselten ständig, was bereits beim Vergleich benachbarter Landschaften augenfällig wird.

Mit den Gedankenansätzen zur Verknüpfung der Sachverhalte, die hinter dem äußerlichen Landschaftsbild stehen, wird der Sinn naturgeographischer Arbeit am konkreten Fall Unterfranken transparent. Vor dem Hintergrund zunehmender Umweltprobleme reicht heute die Kenntnis geschützter Arten oder einzelner Probleme in der Landschaft nicht mehr aus. Vielmehr wird ein Verständnis der dahinter stehenden Zusammenhänge in der Landschaft immer wichtiger für das Handeln und die Entscheidungen des einzelnen.

Unterfranken. Eigentlich stellt das Begriffspaar Naturgeographie Unterfrankens ja einen Widerspruch in sich dar: Unterfranken ist eine rein politisch-administrative, keineswegs eine natürliche Einheit. Dennoch, es ist zum Identifikationsraum für viele Menschen geworden, Aktionsraum, Freizeitraum, Wohn- und Arbeitsumfeld, Erfahrungswelt, Heimat, kurz derjenige Raum, der das Umweltverständnis der meisten seiner Einwohner entscheidend prägt, dessen Charakteristik wie auch Probleme zu einem beträchtlichen Teil mit natürlichen Bedingungen zusammenhängen.

Unterfrankens Grenzen umfassen recht unterschiedliche Landschaften, wie aus den Ansichten in Abb. 1 hervorgeht: flache und hügelige, waldreiche und waldarme, weite und kleinräumige, offene und verschlossene, abwechslungsreiche und monotone. Schon diese Adjektive, mit denen oft Landschaften beschrieben werden, zeigen einen in der Reihenfolge zunehmenden Grad von Subjektivität. Daran läßt sich zunächst erkennen, daß die Landschaft offensichtlich auf den Menschen und seine Emotionen wirkt. Sie besitzt einen Stellenwert, der über der nüchternen Analyse steht. Zunehmend wird deutlich, daß gerade auch unsere nähere Umgebung eine Bedeutung besitzt, die weit über Nahrungsmittelproduktion oder Tourismusverwertbarkeit hinausgeht und vielmehr eine allgemeine Lebensgrundlage darstellt. Unabhängig von allen weltumspannenden Zusammenhängen stiftet die Landschaft durch ihre Eigenart regionale Identität, und ein Verständnis hierfür erscheint wichtig.

1.2   Das Problem: die Interpretation der Landschaft

Außerdem führt die kleine Liste das Problem der Subjektivität der menschlichen Wahrnehmung vor Augen: Was heißt „monotone“, was „offene“ Landschaft? Versteht jeder Mensch dasselbe darunter? Wie läßt sich Landschaft erfassen, wie analysieren? Vor der (berechtigten) *subjektiven Bewertung* der Landschaft sollte ein (möglichst) *objektives Verständnis* ihres internen Aufbaus stehen. Um überhaupt Zusammenhänge, Unterschiede und Eigenarten bewerten zu können, müssen sie zunächst erkannt, dann in Beziehung gesetzt werden. Die Subjektivität der Raumwahrnehmung zeigt sich bereits bei so klar definierten Sachverhalten wie dem Vergleich zwischen horizontaler und vertikaler Erstreckung ein und derselben Maßeinheit: tausend Höhenmeter werden ganz anders bewertet als ein Kilometer Länge. Ähnlich verhält es sich mit der zeitlichen Einschätzung. Während man Landschaftsveränderungen heute im Bereich von Jahren und Jahrzehnten bemerkt, ist man gezwungen, in geologischen Zeiträumen mit Jahrmillionen zu rechnen.

Hinzu kommt der *dynamische Charakter* der Landschaft. Sie darf nicht als statischer Endzustand betrachtet werden, sondern stellt lediglich den momentanen Querschnitt einer dynamischen Entwicklung dar. Die Einzelglieder der Landschaft verändern sich überdies in sehr unterschiedlichen Zeitmaßstäben: die Vegetation bereits in Jahrzehnten, das Relief in

Jahrtausenden, Gesteine in Jahrmillionen. Hieraus folgt nicht nur eine Veränderung der einzelnen Faktoren der Landschaft, sondern auch eine allmähliche Verschiebung der internen Gewichtungen und Verhältnisse.

Angesichts dieser Differenzierungen lautet die Kernfrage nicht mehr allein: Auf welche Weise läßt sich die Landschaft Unterfrankens transparent darstellen, interpretieren und erklären? Sie muß bereits aus mehreren Richtungen angegangen werden, die jeweils unterschiedliche gedankliche Wege gehen, was es nötig macht, bereits an dieser Stelle zu unterscheiden.

– Wie hat sich die Landschaft gebildet? Welche Vorgänge und zeitlichen *Entwicklungen* führten zu den heutigen Oberflächenformen?
– Welche funktionalen Zusammenhänge bestehen innerhalb der Landschaft? Durch welche Prozesse und *Wechselbeziehungen* hängen die Teilbereiche zusammen?
– Wie lassen sich die oft auf kurze Distanz sichtbaren Unterschiede erklären? Auf welche Faktoren geht die eigenständige *Charakteristik* bestimmter Landschaften zurück?

Die genannten Fragen zielen auf drei unterschiedliche, dennoch nicht voneinander unabhängige oder gar zu trennende Ansätze ab, aus deren Perspektiven eine regionale Naturgeographie betrachtet werden kann:

– der *landschaftsgenetische*, aus der Perspektive der Landschaftsentwicklung;
– der *landschaftsökologische*, aus der Perspektive der Zusammenhänge und Wechselwirkungen;
– der *landschaftsräumlich vergleichende*, aus der Perspektive der Unterschiedlichkeit verschiedener Landschaften.

Das Thema aus mehreren Perspektiven zu beleuchten ergibt sich aus der Notwendigkeit, die Sachverhalte im Kontext der vernetzten gegenseitigen Abhängigkeiten zu sehen. Jede dieser Perspektiven hat ihre Berechtigung und Bedeutung für die Erklärung der Landschaft, die als räumlicher Ausdruck des Gesamtbildes naturgeographischer Faktoren zu sehen ist. Die Betrachtungsperspektiven sollen gewissermaßen den jeweiligen „roten Faden" bilden, der durch die Vielfalt der Einflußfaktoren führt und bei deren Einordnung hilft.

1.3 Das Ziel: die Transparenz der wesentlichen Zusammenhänge

Jeder Überblick muß sich dem Problem stellen, einer Fülle von Einzelfakten gegenüberzustehen, die alle in Beziehung zueinander stehen. Dabei spielen die Wechselwirkungen und Zusammenhänge in der (Natur-) Geographie meist eine wichtigere Rolle als die Geofaktoren als solche. Zum Beispiel können sich Härteunterschiede zwischen Gesteinen erst dann auswirken, wenn sie durch entsprechende Reliefunterschiede inwertgesetzt werden. Entscheidend ist, aus dem Geflecht der Beziehungen diejenigen herauszuarbeiten, die sich in der Landschaft wesentlich auswirken. Wichtiger als die Aneinanderreihung von Fakten erscheint deshalb, Verbindungen herzustellen und Fakten in Beziehung zueinander zu setzen.

Es wird nicht angestrebt, enzyklopädisch Daten zu sammeln, sondern Schwerpunkte zu setzen und charakteristische Sachverhalte herauszuarbeiten. Besonderheiten, die nur von lokaler und nicht von repräsentativer Bedeutung sind, können daher nur selten berücksichtigt werden. Das wird am Beispiel der Böden deutlich, wo nur eine Auswahl an Charakterböden erwähnt werden kann, obwohl in der Landschaft auf kurze Distanz vielfältige Unterschiede zu beobachten sind. Ähnliches gilt für die potentiell natürliche Vegetation, wo die Beschreibung von Leitgesellschaften nicht darüber hinwegtäuschen darf, daß in der Natur eher Übergangs- und Mischformen die Regel sind. Dies geschieht in der Hoffnung, daß es möglich ist, am charakteristischen Beispiel gewonnene Erkenntnisse anhand der Wirklichkeit jeweils zu übertragen und zu modifizieren.

Wie bei jedem Überblick ist hier zwischen Generalisierung und Vereinfachung zu unterscheiden, was zunächst den *Maßstab der Darstellung* betrifft. Es ist unzweifelhaft, daß Aussagen entweder speziell für wenige ausgewählte Lokalitäten oder für bestimmte Landschaftstypen möglich sind, dann aber nur generalisiert, ohne auf kleinräumige Differenzierungen eingehen zu können. Dies trifft auch für komplizierte Sachverhalte zu, für die es gilt, sich auf die wesentlichen inhaltlichen Zusammenhänge zu beschränken. Andererseits läßt es die Komplexität des Objektes Landschaft nicht zu, die Darstellung beliebig zu vereinfachen. Wenn entscheidende vernetzte Kausalketten durch Weglassen von Zusammenhängen zu stark vereinfacht werden, wird möglicherweise eine Monokausalität vorgespiegelt, die eher Fehlschlüsse fördert.

Ein wesentliches Medium der Generalisierung stellen Karten dar, die ja niemals als genaues Abbild der Natur hergestellt werden können, besonders wenn es sich um Übersichtskarten handelt. Die Generalisierung besitzt neben den Nachteilen der nötigen Abstraktion in Verbindung mit dem Detailverlust die Vorteile des im Gelände kaum möglichen Überblicks und Vergleiches. Schließlich führt der Zwang zu flächendeckenden Aussagen oft erst bestehende Erklärungsprobleme vor Augen. Die Schwarzweißdarstellung zwingt dabei zu weiterer Abstraktion und Konzentration auf die wirklichen Grundstrukturen. Durch den Aufbau der Karten mit derselben Darstellungsweise, Generalisierungsstufe und demselben Maßstab wird nicht nur das Erkennen von Grundzügen erleichtert, sondern vor allem der Vergleich verschiedener Geofaktoren untereinander unterstützt. Als Gesamtziele stehen hinter diesem Aufbau:

– wichtige naturgeographische Gedankengänge und Ansätze an ein und derselben Landschaft nachzuvollziehen;
– Einzelphänomene nicht isoliert zu analysieren, sondern sie in den Gesamtzusammenhang der Landschaft einzuordnen;
– die vielfältigen Wechselbeziehungen innerhalb der Landschaft transparent zu machen;
– das Spektrum der Anwendungsmöglichkeiten der Naturgeographie aufzuzeigen.

1.4 Der Weg: der Aufbau des Textes

Einer allgemeinen Darstellung der Naturgeographie eines Raumes wohnt zwangsläufig das Problem inne, eine Fülle von Fakten erwähnen und in Beziehung setzen zu müssen. Dafür gibt es grundsätzlich zwei Möglichkeiten. Eine Themenorientierung würde die Teilbereiche (Geologie, Klima ...) jeweils gesondert abhandeln (HETTNERsches Schema). Dabei würde man bei jedem Thema mit einem theoretischen Teil beginnen und mit der Differenzierung nach Teillandschaften enden. Das hätte den Vorteil einer thematisch geschlossenen Darstellung.

Aus dieser Vorgehensweise ergäbe sich aber der gravierende Nachteil, daß die Darstellung der einzelnen Landschaften zerrissen würde. Vor allem aber wären die Querverbindungen zwischen den Themenbereichen, die ja den jeweiligen Landschaftscharakter bestimmen, nur sehr unzureichend darstellbar. Das läßt sich an zwei Beispielen deutlich machen. Die Mainfränkischen Platten zeichnen sich durch einen auffällig hohen Anteil an Feldern aus, was auf das *Faktorengefüge* aus Landschaftsgenese (Altflächen, die die Verbreitung von Löß förderten), Böden (günstige Bearbeitung und Fruchtbarkeit der Lößböden) und Klima (warme und nicht zu feuchte Verhältnisse) zurückzuführen ist. Umgekehrt basiert der Waldreichtum des Spessarts auf dem Zusammenhang von Geologie (Sandsteine), Klima (höhere Niederschläge), Böden (Anfälligkeit für Nährstoffverarmung) und Landschaftsgenese (Auswehung der Lößpartikel), wenn man nicht noch die Nutzungsgeschichte mit einbeziehen will.

Nachdem es hier primär nicht um einzelne Naturphänomene, sondern um die Landschaft insgesamt geht, erscheint es legitim, von dem vorhandenen Bild ausgewählter charakteristischer Landschaften als dem sicht-, fühl- und erfahrbaren Ergebnis des Zusammenwirkens der Geofaktoren auszugehen. Es würde dem Charakter des Textes, das konkrete *Objekt Landschaft* als Ausgangspunkt zu wählen, nicht entsprechen, einen großen theoretischen Teil voranzustellen und erst danach die einzelnen Landschaften zu behandeln. Dennoch sind theoretische Überlegungen notwendig, die deshalb dort, wo sie sich beispielhaft auswirken, im landschaftlichen Zusammenhang näher besprochen werden. Das heißt nicht, daß die jeweiligen Aussagen nicht auf andere Landschaften zu übertragen wären. Aus diesen Gründen wird der Text in drei Stufen aufgebaut.

1. Zu Anfang ist es notwendig, zumindest eine grobe naturgeographische Einordnung Unterfrankens vorzunehmen, um den Rahmen abzustecken und eine großräumige Zuordnung zu ermöglichen. Es geht dabei um die für den Gesamtraum geltenden Sachverhalte und die gemeinsamen Merkmale. Da hierbei bereits alle naturgeographischen Teilbereiche angesprochen werden müssen, bietet es sich an, an dieser Stelle die thematischen Zusammenhänge herzustellen. Auch im Abschnitt über die Mainfränkischen Platten beginnt jede der behandelten Perspektiven Landschaftsgenese und Landschaftsökologie mit einigen grundlegenden Bemerkungen zur Einordnung, Anwendung und Sichtweise des betreffenden Ansatzes.

2. Anschließend wird das Thema weiter vertieft und differenziert, woraus sich der Hauptteil des Textes zusammensetzt. Hier geht es vor allem um die Einzelformen und -phänomene der behandelten individuellen Landschaften. Der Hauptteil beginnt mit der zentralen Landschaft Unterfrankens, den Mainfränkischen Platten, gefolgt vom Abschnitt „landschaftsräumlicher Vergleich", in welchem die anderen Teilgebiete Unterfrankens mit der Zentrallandschaft verglichen werden. Ausgehend von denselben Themen und derselben Gliederung, zeigt sich dort, welche Unterschiede zwischen den einzelnen Geofaktoren bestehen und wie das resultierende Faktorengefüge letztlich zur Ausprägung der eigenständigen landschaftlichen Charakteristik der Teilgebiete Unterfrankens führt.

3. Für denjenigen, der an der weitergehenden wissenschaftlichen Problematik interessiert ist, werden tiefergehende Fragen in gesonderten Abschnitten angerissen, die jeweils mit „Problematik..." überschrieben sind. Entsprechendes gilt für die wichtigsten wissenschaftlichen Theorien, deren Kapitel mit „Theorie ..." beginnen. Sie wurden speziell im landschaftlichen Umfeld Unterfrankens entwickelt und dürfen in einer Einführung zur Naturgeographie dieses Raumes nicht fehlen, auch wenn sie nur kurz gestreift werden können. Dabei zutage tretende Unsicherheiten und Widersprüche ergeben sich zwangsläufig aus der Realität der Landschaft mit all ihren offenen Fragen. Die Trennung in separate Kapitel erscheint sinnvoll, um nicht die Plausibilität der Darstellung schon beim Aufbau mit Grundsatzfragen zu überfrachten, die eventuell nur noch den tiefer Interessierten tangieren.

2. Großräumige Einordnung Unterfrankens

Abbildung 2
Unterfränkische Landschaft am Übergang verschiedener Teilräume. Bei Limbach lassen sich drei Teillandschaften Unterfrankens vergleichen. Überall wird das Landschaftsbild von hügeligen Oberflächenformen bestimmt, die großräumig betrachtet in zwei Flächenstockwerken angeordnet sind: Den sanftwelligen Hochflächen der Rahmenhöhen stehen die niedriger gelegenen Mainfränkischen Platten (links im Hintergrund) gegenüber. Darin sind die Täler des Mains und seiner Nebenfüsse eingesenkt, die das zentrale Entwässerungssystem bilden, daneben die Leitlinie für Besiedlung und Verkehrsinfrastruktur. Die natürliche Vegetation wurde von der realen Vegetation verdrängt, die vollständig anthropogen geprägt ist. Die Mainfränkischen Platten werden weitgehend von Ackerland geprägt, während in den Rahmenhöhen, hier Haßberge (rechts) und Steigerwald (vorn), der Wechsel zwischen Feldern, Grünland und Forsten die stärkeren Unterschiede in Relief, Wasserverteilung und Gesteinen nachzeichnet.

In diesem Abschnitt werden zunächst die einzelnen Themenbereiche der Naturgeographie Unterfrankens angesprochen. Parallel dazu werden diejenigen Sachverhalte beleuchtet, die übergreifend für ganz Unterfranken gelten, so daß dieses Kapitel eine Art „zusammenfassende Einführung" sein soll. Daraus leitet sich schließlich die Einordnung in den mitteleuropäischen Rahmen ab, denn etliche Aussagen lassen sich erst vor diesem weiter gefaßten Hintergrund in ihrer relativen Bedeutung abschätzen und einordnen.

Um die Vergleichbarkeit zu gewährleisten und in die Konzeption der Gliederung weiter einzuführen, folgt der Aufbau dieses Kapitels dem auch später für die einzelnen Teillandschaften angewandten Schema. In den späteren Kapiteln werden die allgemein angesprochenen Sachverhalte vertieft und, auf die jeweiligen Teillandschaften Unterfrankens bezogen, mit einzelnen Beispielen versehen. Es soll mit dieser Einführung auch vermieden werden, allgemeingültige Fakten später wiederholt ansprechen zu müssen.

Zwangsläufig tauchen hier alle wichtigen, wiewohl unvermeidlichen Fachbegriffe auf, die deshalb gleich im angewandten Zusammenhang in aller Kürze erläutert werden. Damit sei auch dem Laien die Benutzung ermöglicht. Dabei ist zu beachten, daß es sich keinesfalls um regelrechte Definitionen handeln kann, für die auf die zitierte, auch thematisch einführende Literatur zurückgegriffen werden muß. Andererseits sind es häufig Begriffe, die im allgemeinen Sprachgebrauch, wenn auch oft unkorrekt, Verwendung finden, und die Erklärung aus dem Kontext heraus erschließt bereits vieles. In diesem Sinne übernimmt dieser Abschnitt auch die Funktion eines Referenzkapitels. Ein Register am Schluß des Buches ermöglicht später das Wiederfinden der Stellen, an welchen ein Fachbegriff zuerst auftaucht und erklärt wird.

2.1   Einführung

Lage und Abgrenzung. Unterfranken liegt im nördlichen Bereich von Süddeutschland und ist Teil der historischen Landschaft Franken, die im letzten Jahrhundert auf verschiedene Länder aufgeteilt wurde, zu rund drei Viertel auf Bayern, der Rest auf Württemberg, Baden und Thüringen. Ursprünglich nicht zu Franken gehörig ist der Untermainbereich westlich des Spessarts, der auch sprachlich und wirtschaftlich eher zum südhessischen Raum tendiert, allerdings politisch Unterfranken zugeordnet ist.

Das Flußsystem des Mains entwässert, wie Abb. 3 zeigt, praktisch das gesamte Gebiet, weshalb vielfach der Begriff Mainfranken Verwendung findet. Er ist zwar naturlandschaftlich abgeleitet, jedoch nicht exakt definiert. Obwohl der Main Oberfranken durchfließt und über das Rezat/Regnitzsystem auch den größten Teil Mittelfrankens entwässert, werden diese Gebiete normalerweise nicht zu Mainfranken gerechnet. Andererseits lassen sich die aus historisch-politischen Gründen Mittelfranken zugeteilte Windsheimer Bucht und insbesondere der Gollachgau (um Uffenheim) von Unterfranken überhaupt nicht naturgeographisch trennen. Auch das zum Main orientierte Taubergebiet ist in vielfacher Weise Mainfranken zuzurechnen. Das Untermaingebiet um Aschaffenburg muß auch naturgeographisch einer anderen Großlandschaft, nämlich dem Oberrheingraben zugerechnet werden und fällt vor allem geologisch, klimatisch, landschaftsgenetisch wie auch hinsichtlich Vegetation und Landnutzung stark aus dem allgemeinen landschaftlichen Schema Unterfrankens heraus, dem es politisch zugeordnet ist, weshalb es hier trotzdem mit berücksichtigt wird.

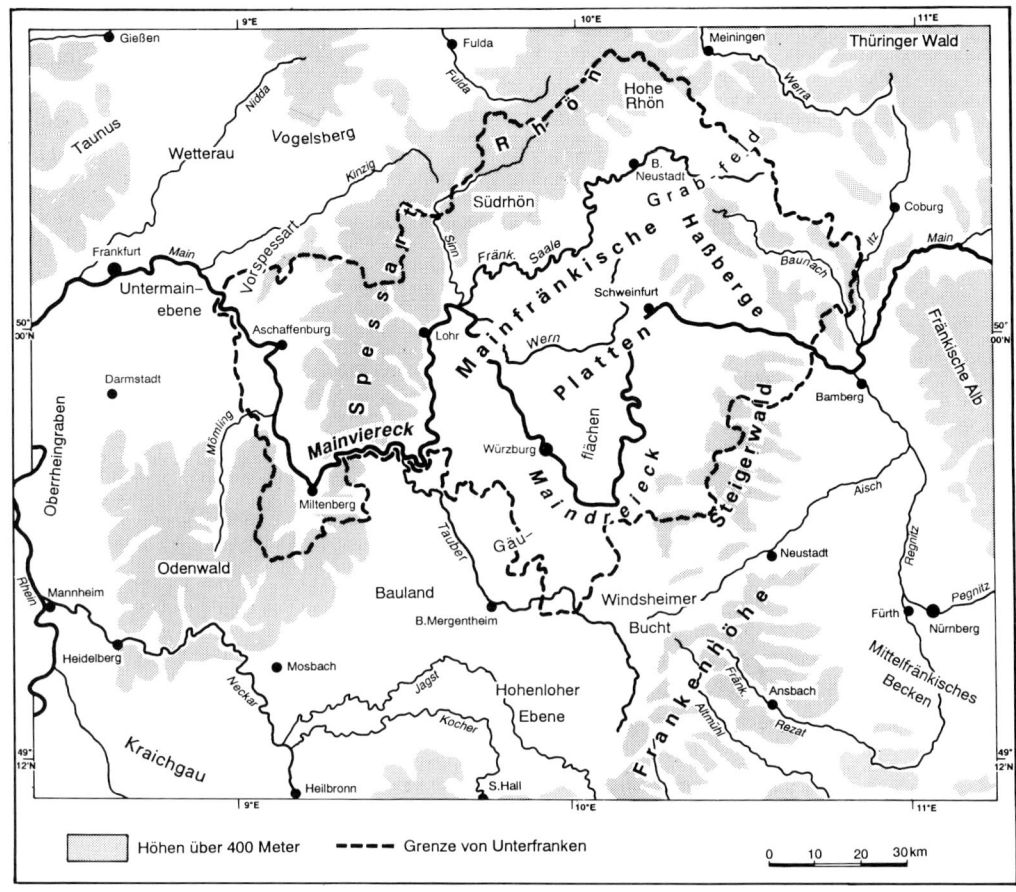

Abbildung 3
Interne Differenzierung und wichtigste Landschaften Unterfrankens. Klar zeigt sich die großräumige Dreiteilung in westliche Rahmenhöhen, Mainfränkische Platten und östliche Rahmenhöhen
mit dem Maintal und seinen Nebenflüssen als zentralem Entwässerungssystem.
Entwurf: JOHANNES MÜLLER, 1995

Übergreifende Charakteristik. Aus dieser Abgrenzung heraus folgt, daß es nur sehr
allgemeine Merkmale geben kann, die für die naturgeographischen Verhältnisse ganz Unterfrankens allgemeine Gültigkeit besitzen. Zunächst rein beschreibend, können als übergreifende Charakteristika, auch im Unterschied zu benachbarten Landschaften Mitteleuropas,
festgehalten werden:

– ein von hügeligen Formen bestimmtes Landschaftsbild, zusammengesetzt aus flachwelligen Hochflächen und darin eingesenkten Tälern;
– das Fehlen von starken Reliefgegensätzen, Talschluchten oder gar gebirgigen Formen
  ebenso wie von ausgedehnten Flachländern;
– ein weder besonders üppiges noch besonders karges Erscheinungsbild der Vegetation;
– daher offensichtlich allgemein gemäßigte Wachstums- und Klimabedingungen;

– die sehr stark wechselnde Waldbedeckung;
– große Unterschiede in der Fruchtbarkeit, die sich im Wechsel von Acker- und Grün-
  landanteilen an der Landnutzung ausdrücken.

Diese in der Landschaft physiognomisch, im äußerlichen Erscheinungsbild, sichtbaren Charakteristika führen zur Frage nach den dahinter stehenden Ursachen. Dabei klang bereits an,
daß sich für bestimmte Kriterien kaum einheitliche Aussagen treffen lassen, sondern eher der
interne Wechsel charakteristisch ist, was eine weitere Differenzierung des Raumes nötig
macht.

2.2   Natürliche Grundlagen

Wenn der Schwerpunkt auf der Herstellung von Verbindungen und Wechselbeziehungen
zwischen den Geofaktoren liegt, so folgt daraus, daß auf Erkenntnissen anderer Wissenschaften aufgebaut werden muß. Sie werden im Abschnitt „Natürliche Grundlagen" angerissen
und betreffen vor allem die Geologie als Basis der Landschaft, das Klima als atmosphärischen Einflußbereich, die Hydrologie mit ihrer Balance aus klimatischen und geologischen
Faktoren und zum Teil die Vegetation, zumindest in ihrem vom Menschen unberührten Zustand.

Erst wenn diese Grundlagen gelegt sind, ist es möglich, sie miteinander zu verbinden und
ihre Ausprägung in der Landschaft als eigentlich geographisches Thema zu bearbeiten. Dabei muß immer wieder auf die Basis der natürlichen Grundlagen zurückgegriffen werden.
Weil deren Einflüsse auf die Landschaft später aus verschiedenen Perspektiven betrachtet
werden, ist es nicht sinnvoll, sie einzelnen Bereichen zuzuordnen.

2.2.1   Geologie: Ablagerungsbedingungen und Tektonik der
          Süddeutschen Großscholle

Die Geologie beeinflußt in mehrfacher Hinsicht die naturgeographischen Verhältnisse äußerst stark. Zunächst stellen die Gesteine die Basis dar, auf der sich alle weiteren Phänomene
der Landschaft abspielen. Die Oberflächenformen sind eine Umgestaltung dieser Basis. Sie
ergeben sich aus dem Wechselspiel zwischen Gesteinen und Klima, aus Verwitterung, Abtragung oder Aufschüttung und bestimmen über die Zeit die Landschaftsgenese. Dabei tragen
die relativ geringen Unterschiede der Gesteine dazu bei, daß in Unterfranken insgesamt wenig spektakuläre Landschaftsformen vorherrschen. Die Gesteine beeinflussen die Oberflächenformen eher lokal, z. B. bei den Talformen oder Geländestufen durch einzelne härtere
Schichten. Lediglich die Basalte der Rhön besitzen eine erheblich höhere Resistenz gegenüber der Verwitterung, weshalb ihre Abtragung verlangsamt vonstatten ging.

In landschaftsökologischer Perspektive sind vor allem die chemischen und physikalischen Merkmale der Gesteine von Bedeutung, denn sie steuern im Wechselspiel mit der
Pflanzendecke die Eigenschaften der Böden und ihrer Fruchtbarkeit. Für die Landschaftsökologie besitzt deshalb die Frage nach den Lagerungsverhältnissen der Gesteine eine
entscheidende Bedeutung: an welcher Stelle welche Gesteine an der Oberfläche anstehen, ob
sie über kurze Distanz wechseln oder größere zusammenhängende Areale bilden. Zur Erklärung sind drei Teilbereiche der Geologie wesentlich:

- Die Petrographie beschreibt Zusammensetzung und Aufbau der Gesteine (griech.: pétra = Fels) in physikalischer und chemischer Hinsicht: Korngrößenspektrum, Mineralzusammensetzung, Kalkgehalt, Säuregrad, Verwitterungsbeständigkeit.
- Diese Eigenschaften lassen sich leicht ableiten, wenn man die Entstehungsbedingungen der Gesteine kennt. Bei Gesteinen, die durch Ablagerung entstanden sind, hängen sie eng mit den damals an der Erdoberfläche herrschenden Umweltbedingungen zusammen, die als Paläogeographie (griech.: palaiós = alt) beschrieben werden können.
- Die Tektonik umfaßt alle Bewegungen der Erdkruste und kann nachträglich, nach der eigentlichen Entstehung, die Lagerungsverhältnisse der Gesteine zueinander und in ihrer Höhenlage noch verändern. Das kann lokal oder regional zu bedeutenden Veränderungen des allgemeinen Verteilungsbildes der Gesteine führen.

Ablagerungsbedingungen, Paläogeographie und Petrographie

Die heute in fast ganz Unterfranken an der Oberfläche anstehenden Gesteine sind *Sedimentgesteine*, durch Ablagerung entstandene Gesteine. Andere Gesteine, Vulkanite oder Metamorphite, spielen in Unterfranken nur lokal eine Rolle. Damit wird die *Paläogeographie* zum Schlüssel für das Verständnis der Eigenschaften der Gesteine. Mit der Verteilung von Land und Meer und der Veränderung der klimatischen Bedingungen zur Entstehungszeit wandelte sich das Ablagerungsmilieu. Wenige Meter Gestein entsprechen im Profil Ablagerungszeiträumen von Hunderttausenden von Jahren, während derer grundlegende paläogeographische Veränderungen, wie die Verlagerung von Küsten, das Auf- und Abtauchen von Landmassen im Ozean oder Klimaschwankungen, stattgefunden haben. Sedimentation unter den Ablagerungsbedingungen von Tiefsee, Flachmeer, Küste, Land, feuchtem oder trockenem Klima drückt sich in der *Petrographie* aus, in den chemischen und physikalischen Eigenschaften der Gesteine:

- Unter den Bedingungen eines flachen, warmen, durchlichteten Meeres entstehen Kalksteine durch chemische Ausfällung von Kalk aus dem Wasser sowie durch Ansammlung von Schalen der Meeresbewohner. Kalksteine sind sehr verwitterungsresistent und reagieren leicht basisch.
- Große Mengen an Quarzkörnern, die an Land als Restprodukte der Verwitterung übrigbleiben, bilden sehr nährstoff- und extrem kalkarme Sandsteine, die sauer reagieren und kaum fruchtbare Böden tragen.
- Die Widerstandskraft von Sandsteinen gegenüber der Verwitterung wird vom Bindemittel bestimmt, welches die Quarzkörner zusammenhält. Tonig gebundene Sandsteine zerfallen leichter, und der Tongehalt ermöglicht teilweise eine, wenn auch nicht sehr ertragreiche, agrare Landnutzung. Werden die Quarzkörner auch noch mit gelöstem und später verfestigtem Quarz verbunden, so entstehen äußerst harte und überhaupt nicht landwirtschaftlich nutzbare Gesteine.
- Unter brackischen Verhältnissen, im Mischbereich Süß-/Salzwasser in Küstennähe entstehende Mergel sind Mischgesteine aus Kalk und Ton mit allen Zwischenstufen: mergeliger Kalk, Kalkmergel, Mergel, Tonmergel, Mergelton und den entsprechend hohen Nährstoff- und Kalkgehalten mit neutraler bis leicht saurer Reaktion.
- Aus feinsten Staubkörnchen, nach langem Transport von Flüssen am Unterlauf oder im Mündungsbereich aufgeschüttet, entstehen Tonsteine mit hohem Nährstoff-, aber relativ geringem Kalkgehalt und meist schwach saurer Reaktion.

Stratigraphie

Stratigraphie bezeichnet die zeitliche Bildungsfolge der Sedimente. In der normalen, ungestörten Abfolge wurden immer die jeweils jüngeren Gesteine auf den älteren abgelagert, weswegen sie im Profil, im gedachten senkrechten Schnitt, oben liegen. Die in Unterfranken an der Oberfläche anstehenden Gesteine umfassen im wesentlichen die Formation der Trias, d. h. der „Dreiheit" aus Buntsandstein, Muschelkalk und Keuper (ca. 225–195 Mio. Jahre vor heute).

Unterfrankens Existenz hatte bereits weitere 200 Mio. Jahre zuvor begonnen, als das Variskische Gebirge aus dem Meer auftauchte. Man nimmt an, daß es sich dabei nie um ein Faltengebirge vom Typus der Alpen, sondern um in mehreren Kilometern Tiefe durch Druck und Temperatur umgestaltete, von Gesteinsschmelzen durchdrungene Tiefengesteine gehandelt hat. Sie wurden anschließend emporgehoben, an der Oberfläche abgetragen und eingerumpft (Primärrumpf). Obwohl sie wegen der späteren Wiederüberdeckung durch die Sedimente der Trias kaum zutage treten, sind diese Gesteine wichtig, denn sie bilden seither als Grundgebirge die Basis für die folgenden Ablagerungen.

Abb. 4 zeigt die globale Lage der Kontinente und die Position Unterfrankens während des Ablagerungszeitraums der Trias (SCHMIDT 1978). Unterfranken lag damals am Rand des Germanischen Beckens, einer Absenkungszone innerhalb der Kontinentmasse, zu der während der Trias noch alle Nordkontinente zählten (Laurasia). In dieses Becken wurden die Sedimente, terrestrische wie marine, abgelagert. Man erkennt, daß der Kontinentalrand damals nicht weit von Unterfranken entfernt war. Bereits bei schwachen Bewegungen der Erdkruste konnten Meeresüberflutungen des flachen Landes stattfinden. Sofern das Weltmeer eindringen konnte, handelte es sich also nur um ein flaches Schelfmeer auf dem Kontinentalsockel. Europa befand sich damals bei langsamer Nordbewegung noch in der Nähe des Äquators, was die für die Ausfällung von Kalken und Salzen notwendigen hohen Verdunstungsraten erklärt.

Die Küstenlinie pendelte im Laufe der Trias im Bereich Unterfrankens. Während landfester Zeiträume herrschte intensive chemische Verwitterung mit Gesteinslösung und Bildung feinster Partikel als Ausgangsmaterial für Tonsteine. Zeitweise blieben nur reine Quarzkörner übrig. Der Ursprung der terrestrischen Sedimente lag in flachen Aufwölbungszonen des Kontinentrumpfes, meist im Südosten, dem „Vindelizischen Land", das viel später bei der Gebirgsbildung der Alpen verschluckt werden sollte. Aus Abb. 5 geht die Position Unterfrankens innerhalb des Germanischen Beckens hervor. Die Gesamtmächtigkeit der triassischen Sedimente betrug hier bis 1200 m.

Nach der Ablagerung der Trias schritt die Sedimentation unaufhörlich weiter voran. Einst lagen auch die Schichten des Juras bis weit nach Unterfranken noch auf den Gesteinen der Trias. Die Dinosaurier kamen und gingen; dann folgte der Umschwung zu Beginn der Kreidezeit (um 140 Mio. Jahre vor heute). Das Meer der Kreidezeit reichte nur noch bis Oberfranken. Im heutigen Unterfranken wurde nichts mehr aufgeschüttet, sondern seither nur noch abgetragen.

Tektonik der Süddeutschen Großscholle

Stärkere tektonische Einflüsse setzten, geologisch betrachtet, erst kürzlich wieder ein, vor vielleicht 30 Mio. Jahren. Sie äußern sich in zwei Auswirkungen, die die Lagerungsverhältnisse der verschiedenen Gesteine Unterfrankens grundlegend veränderten. Deren Verständnis bildet die Voraussetzung für die Herleitung der heutigen Verteilung der Gestei-

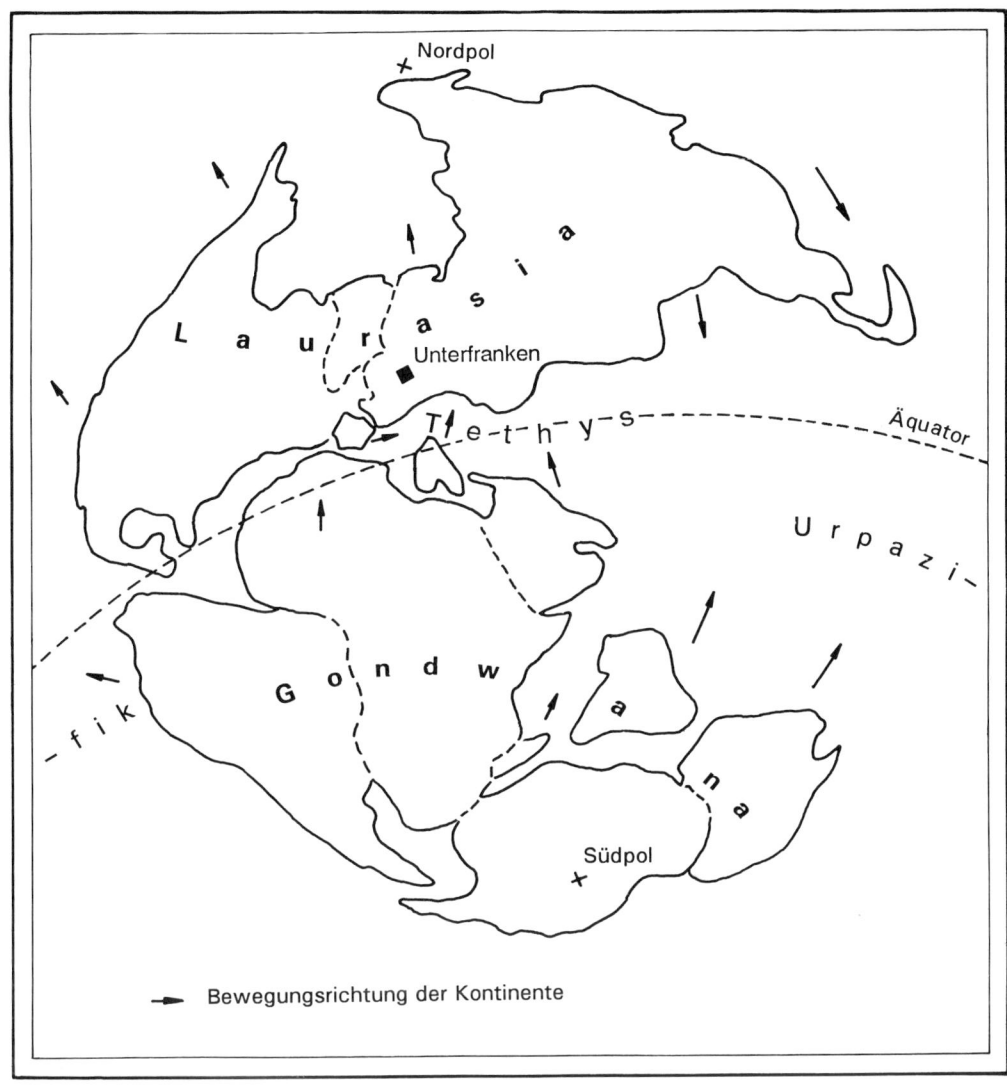

Abbildung 4
Paläogeographische Position Unterfrankens während der Trias (225–195 Mio. Jahre vor heute).
Die Position in der Nähe des Äquators ermöglichte intensive chemische Verwitterung (Rotsedimente) und Kalkausfällung (Kalkgesteine). Zusammengestellt nach: FRISCH u. LOESCHKE (1986, S. 153), SCHÖNENBERG u. NEUGEBAUER (1981, S. 164), SCHMIDT (1978, S. 130 u. 232).
Entwurf: JOHANNES MÜLLER, 1995

ne: die Begrenzung des Krustenblocks der *Süddeutschen Großscholle* durch Verwerfungen sowie dessen allgemeine Schrägstellung.

Unterfranken wird von der Lage am Nordwestrand der Süddeutschen Großscholle (Süddeutsches Dreieck) bestimmt. Dieser grob dreieckige Block der Erdkruste wird im Westen

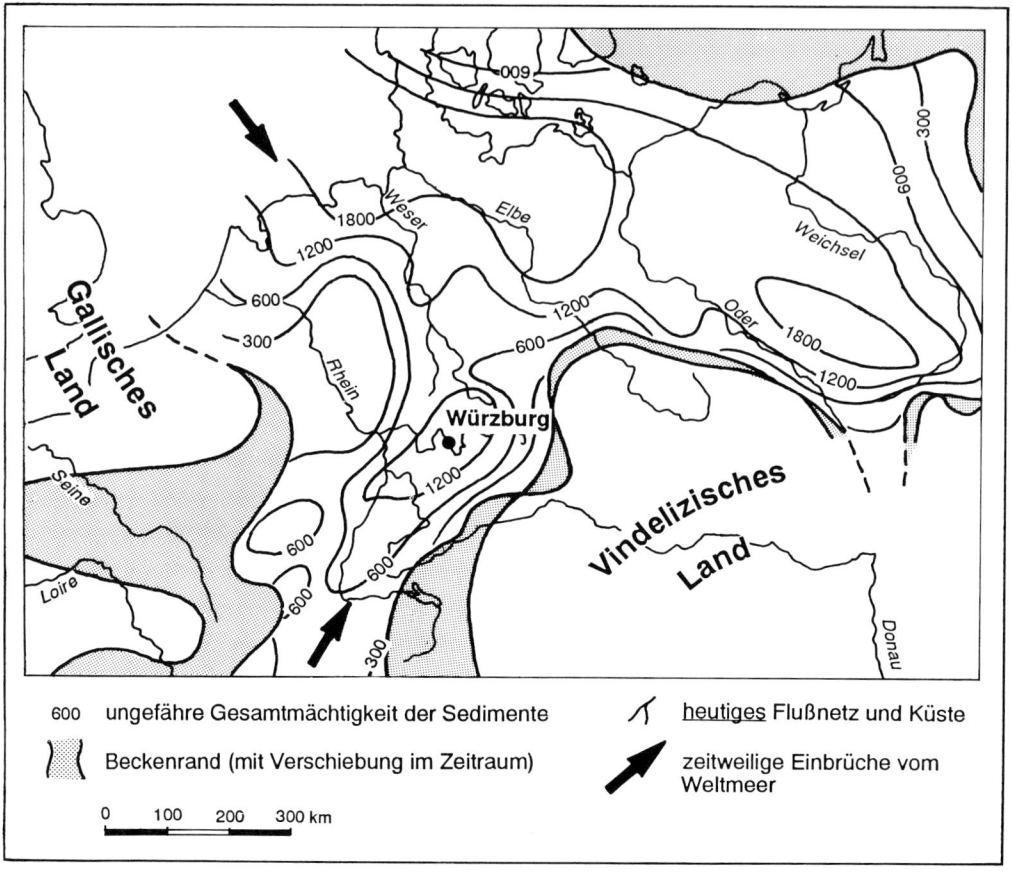

Abbildung 5
**Unterfranken im Zentrum des Sedimentationstroges des Germanischen Beckens während der
Trias.** Die Verschiebung des Küstensaums deutet die erheblichen Schwankungen am Beckenrand
während des langen Ablagerungszeitraums (225–195 Mio. Jahre v.h.) an. Nach: WURSTER (1964),
SCHMIDT (1978, S. 146–147), zusammengefaßt und generalisiert.
Entwurf: JOHANNES MÜLLER, 1995

von der Verwerfung (Bruchlinie, Störung) des Oberrheingrabens begrenzt, entlang derer die
Kruste zerbrochen und um über 2000 m tief eingesunken ist. Im Osten bildet die Fränkische
Linie die Verwerfung, jenseits derer die Gesteine des Grundgebirges um mehrere hundert
Meter emporgehoben wurden. Nachdem auch dort das früher vorhandene mächtige Deckgebirge der Trias abgetragen worden war, treten die Gesteine des Variskischen Gebirges in
Thüringer Wald, Frankenwald, Fichtelgebirge, Oberpfälzer und Bayerischem Wald heute
wieder zutage. Diese Mittelgebirge sind, obwohl uralter Entstehung, also erst sekundär an
ihre heutige Position gekommen. Die Alpen bilden den Südrand der Süddeutschen Großscholle, und ihre Heraushebung fungierte wohl als Motor der tektonischen Bewegungen.

    Innerhalb der Süddeutschen Großscholle hatte die Tektonik den Effekt einer großräumi-
gen Anhebung, Kippung und Verbiegung des zuvor horizontal abgelagerten Gesteinspaketes, wie es Abb. 6 im Schnitt zeigt. In Unterfranken wurde die Spessart-Rhön-Schwelle
um über 1000 m angehoben, so daß im Vorspessart bereits wieder das Grundgebirge zum

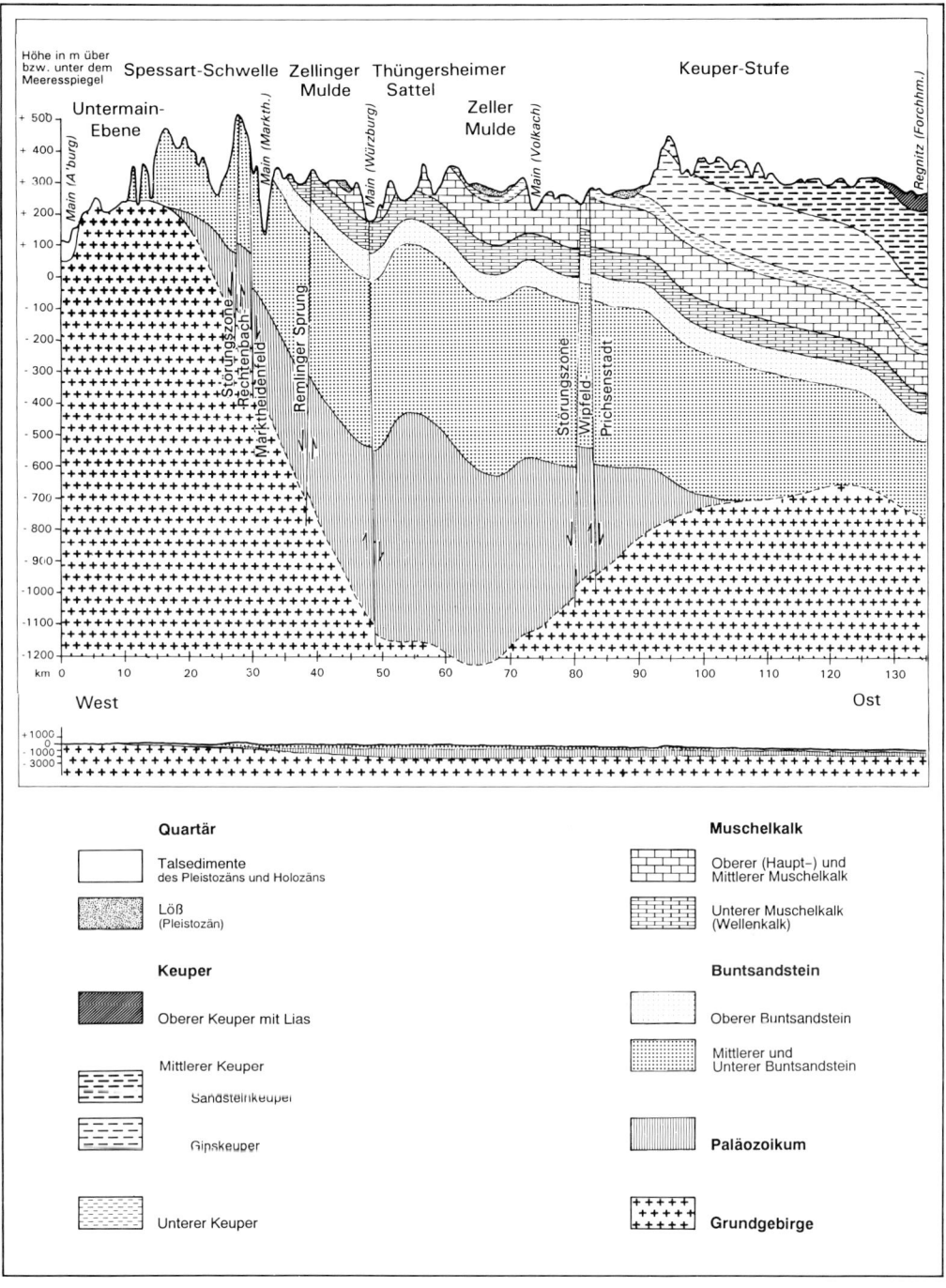

Abbildung 6
Geologischer Schnitt durch Unterfranken. Das obere Profil ist 50fach überhöht, das untere entspricht den wirklichen Verhältnissen. Erkennbar sind die Anhebung des ursprünglich horizontal abgelagerten Paketes im Westen (Spessart-Schwelle) und die resultierende allgemeine Schrägstellung der Schichten. Untergeordnet sind Verbiegungen (Sattel-Mulden-Struktur) und Störungen, an welchen die Schichtpakete zueinander verstellt sind. Die Oberfläche schneidet diesen Unterbau relativ flach. Nach: Bay. Geologisches Landesamt (1981), leicht verändert

Vorschein kommt. Im Raum Würzburg betrug die Anhebung rd. 500 m, während es im Bereich der östlichen Rahmenhöhen nur noch 200 m waren. Daraus resultiert ein Einfallen, eine Schrägstellung der alten Schichten, die für den größten Teil Unterfrankens rund 2° Neigung nach Osten ausmacht (RUTTE 1981).

Da erhöht gelegene Bereiche immer einer verstärkten Abtragung ausgesetzt sind, wurde im Westen mehr von den auflagernden Gesteinen abgetragen als im Osten. Zuvor waren die Ablagerungen im wesentlichen horizontal geschichtet, und selbst über dem Vorspessart lagerte noch ein rund 1200 m mächtiges Gesteinspaket der Trias, das nun flächenhaft abgetragen wurde. Die heutige Landoberfläche schneidet deshalb die schräggestellten Schichten. Abb. 6 zeigt die Situation im Schnitt, wobei die Überhöhung dazu dient, die Verhältnisse deutlicher zu zeigen, als es die natürlichen Maße könnten (unteres Profil). Eine Fahrt von West nach Ost durch Unterfranken führt, geologisch gesehen, durch 30 Mio. Jahre. Mit der Abfolge Buntsandstein, Muschelkalk und Keuper stehen immer jüngere, später abgelagerte Gesteine an der Oberfläche an. Größere Verwerfungen innerhalb der Süddeutschen Großscholle sind verhältnismäßig selten.

Eine der entscheidenden Fragen der Landschaftsgenese gilt der Trennung des Einflusses von Tektonik und Verwitterung bei der Herausbildung der Oberflächenformen. Bezüglich der tektonischen Einwirkungen geht es darum, in welcher Weise die Verwerfungen oder, in Unterfranken vor allem, die allgemeine Verkippung und die Verbiegung des geologischen Untergrundes die Einflüsse von Verwitterung und Klima bei der Oberflächengestaltung überlagert haben.

2.2.2   Klima: Humidität und Kontinentalität im West-Ost-Wandel

Das Klima umfaßt alle Einflüsse, die von der Atmosphäre auf die Erdoberfläche ausgehen. Dabei sind nicht die kurzfristigen täglichen Schwankungen des Wetters von Bedeutung, sondern die langfristige typische Ausprägung, die einen nachhaltigen Einfluß auf die Landschaft ausübt. Hier manifestieren sich die Auswirkungen des Klimas in zwei Teilbereichen stark.

Die Vegetation wird neben anderen Standortfaktoren, wie Bodenbedingungen oder Relief, ganz besonders durch das Klima geprägt. Direkt wirken sich Niederschlag und Temperatur, mehr noch deren Verteilung und Veränderung über das Jahr aus. Die Hydrologie beschreibt Vorkommen und Verteilung des Wassers in der Landschaft und verbindet Angaben aus Geologie und Klima. Über den Umweg des Grundwassers beeinflußt das Klima also indirekt nochmals die Vegetation, daneben das Fließverhalten der Gewässer, die Grundwasserbilanz und die übrigen hydrologischen Parameter.

Aus der Tatsache, daß hier mit statistischen Methoden Durchschnitte, Schwellen- und Grenzwerte gebildet werden müssen, resultiert die Schwierigkeit, Werte zu ermitteln, die eine wirkliche Relevanz für landschaftliche Vorgänge besitzen. So ertragen manche Pflanzen starke Schwankungen der Temperatur, andere nur geringe, wobei manchmal die Maximalwerte nur eine nachgeordnete Rolle spielen. Die einen Pflanzen benötigen dauernde Feuchtigkeit, während die anderen längere Trockenperioden problemlos überdauern können. Im einzelnen sind es also verschiedene Verhältniswerte, die dabei von Bedeutung sind:

– Die Angabe von Durchschnittswerten der Temperatur oder des Niederschlags gibt nur für die grobe Einordnung Anhaltspunkte.
– Die Beziehung zwischen Niederschlag und Temperatur (Verdunstung) wird am prägnantesten im Humiditätsgrad, dem Grad der in der Landschaft vorhandenen Feuchtigkeit,

ausgedrückt, der häufig zur Charakterisierung der potentiellen Vegetation verwendet wird.

– Der Wandel des Klimas innerhalb einer Region läßt sich gut mit dem Kontinentalitätsgrad beschreiben, der von der Entfernung vom Ozean abhängt. Dazu kommt der Luv/Lee-Gegensatz, der von der Lage der Höhenzüge des Gebietes abhängt und das Klima innerhalb der Region weiter modifiziert. Für die reale Vegetation und Landnutzung sind ebenfalls kaum die absoluten Klimawerte aussagekräftig, sondern eher Länge und Werte während der Vegetationsperiode vom Mai bis Juli.

Bezüglich des Kontinentalitätsgrades des Klimas und der Luv/Lee-Situation wird die klimatische Übergangslage Unterfrankens ersichtlich. Gerade bei der Frage nach dem Buchenanteil an der potentiellen natürlichen Vegetation spielt die Kontinentalität eine wichtige Rolle, denn Eichen ertragen die stärkeren Extrema des kontinentalen Klimas viel besser, wogegen Buchen eher in ozeanisch getöntem Klima gedeihen.

Überregionale Einordnung

Gesamteuropäisch betrachtet, liegt Unterfranken im Bereich des kühlgemäßigten, subozeanischen Klimas der außertropischen Westwindzirkulation. Dies bedeutet insgesamt wechselhafte Witterung während des ganzen Jahres, mittlere Temperaturgegensätze, gemäßigte Winter und feuchte Sommer. Trotz der Entfernung vom Meer sind westliche Wetterlagen dominierend. Sie führen neben Regenfronten Luftmassen mit verhältnismäßig geringen Temperaturgegensätzen heran, im Sommer relativ kühl, im Winter relativ warm. In geringerem Maße bedingen Hochdruckwetterlagen das Einfließen kontinentaler Luftmassen aus Osteuropa. Diese Wetterlagen führen zu Wolkenarmut und deshalb im Sommer zu teils lang andauernden Trockenperioden. Im Winter dagegen kommt es infolge der kurzen Sonnenscheindauer zu lang anhaltender nächtlicher Ausstrahlung (Wärmeabstrahlung vom Erdboden) und damit neben der Trockenheit zu Abkühlung und Kälteperioden.

Für die Temperaturen ergeben sich die Konsequenzen aus der Lage im „Mitteleuropäischen Klimakreuz": Während die Temperaturen im Januar von Westeuropa nach Osteuropa mit zunehmender Ozeanferne deutlich abnehmen, verläuft dieser Gradient im Sommer unter der vorherrschenden Einwirkung des hohen Sonnenstandes von Süd nach Nord. Zeichnet man die 0°-Januar-Isotherme und die 20°-Juli-Isotherme auf, so kreuzen sich die beiden Isothermen, die beiden Linien gleicher Temperatur, etwa im Bereich des nordöstlichen Unterfrankens. Hieran wird der Übergangscharakter des hiesigen Klimas besonders deutlich.

Humiditätsgrad

Besonders für Gegenüberstellungen und prägnante Charakterisierungen läßt sich das Klima zusammenfassend im Humiditätsgrad ausdrücken, und zwar als Beziehung zwischen Temperatur- und Niederschlagsverhältnissen im Begriffspaar arid (wüstenhaft, trocken) bzw. humid (Wasserüberschuß, feucht). Die Schwankungsbreite reicht in Mitteleuropa von perhumid, was einem ständig hohen Niederschlagsüberschuß im Verhältnis zur Verdunstungsrate entspricht, bis subhumid. Begriffe mit den Vorsilben sub- oder semi- („eingeschränkt") werden in der Klima- und Vegetationsgeographie gebraucht, wenn Übergangs- oder Randbereiche charakterisiert werden sollen und die typischen Verhältnisse nicht vollständig zutreffen. In Unterfranken lassen sich nach diesen Kriterien die folgenden Bereiche ausgliedern (HENDL in LIEDTKE u. MARCINEK 1994, S.119):

Perhumide Bedingungen werden nur sehr kleinräumig in der Hochrhön erreicht, ansonsten sind sie charakteristisch für die Mittelgebirge, wie Thüringer Wald, Schwarzwald, Bayerischer Wald, und für die Alpen. Ein perhumides Klima ist die Voraussetzung für die Entstehung von Hochmooren. Die übrigen Bereiche der Rhön und der gesamte Spessart sind als normal feucht, als humid einzustufen. Das bedeutet ganzjährig feuchtes Klima, wenn auch mit jahreszeitlich deutlich schwankendem Niederschlagsüberschuß.

Fast der gesamte Rest Unterfrankens kann als nur schwach humid bezeichnet werden, denn er besitzt zwar während des gesamten Jahres einen Wasserüberschuß, der allerdings nur noch schwach ausgeprägt ist. Hierin kommt bereits die allgemein relative Trockenheit der zentralen und östlichen Bereiche Unterfrankens zum Ausdruck, die für Vegetation und Landnutzung überall eine wesentliche Einschränkung bedeutet. Längere Perioden ohne Niederschlag, wie sie alle paar Jahre auftreten, können hier rasch zu Trockenheitsschäden führen.

Subhumide (= semihumide), eingeschränkt humide, Verhältnisse herrschen dagegen bei einer Wasserbilanz, die regelmäßig, über einen oder sogar mehrere Monate pro Jahr, negativ wird. Während dieser Zeit übertrifft die Verdunstung bereits die Niederschlagsspende, und die Vegetation muß auf das im Boden gespeicherte Wasser und, falls möglich, auf die Grundwasserreserven zurückgreifen. In der Jahresbilanz kann das Grundwasser, bei insgesamt noch geringem Wasserüberschuß, allerdings wieder aufgefüllt werden, weshalb noch keine subariden Verhältnisse vorliegen. Solche Gebiete sind in Süddeutschland recht selten; außer dem Umfeld des südlichen Maindreiecks, der Windsheimer Bucht und dem Mittelfränkischen Becken gehören der Oberrheingraben und die Naabsenke dazu. Von diesen besitzt das zentrale Unterfranken aufgrund der geologischen Situation die schlechteste Grundwasserversorgung. Je nach Erreichbarkeit des Grundwassers ergeben sich deshalb hier für die Vegetation besondere Standortbedingungen bis hin zu extrem trockenen Verhältnissen mit entsprechend angepaßten Spezialisten.

Kontinentalitätsgrad

Übers Jahr betrachtet, führen kontinentale Einflüsse zu verstärkten Klimagegensätzen, höherem Anteil der Sommerniederschläge am Gesamtniederschlag, einer höheren Zahl von Frosttagen und stärkeren Temperaturgegensätzen zwischen Sommer und Winter. Auf diese im einzelnen oft kaum auffälligen Unterschiede reagiert die Vegetation sehr sensibel, was sich insbesondere in der Artenzusammensetzung der Pflanzengesellschaften ausdrückt. Abb. 7 gibt einen Überblick über den internen Klimawandel vom Westen zum Osten Unterfrankens.

Innerhalb Unterfrankens nimmt der Kontinentalitätsgrad, der Einfluß kontinentaler Luftmassen und Wetterlagen, mit zunehmender Meeresferne und Abschirmung durch Höhenzüge nach Osten hin zu. Daraus ergibt sich ein merklicher West-Ost-Gradient, ein allmählicher Übergang von subozeanischem zu subkontinentalem Klima. Das ist an den beiden Temperaturkurven für Juli und Januar erkennbar, deren Abstand, wie in Abb. 7 oben wiedergegeben, nach Osten zunimmt. Die geringste Schwankungsbreite zwischen höchsten und tiefsten Mitteltemperaturen weist mit 17,2 °C die Station Miltenberg auf, denn hier fehlen sowohl extrem warme Sommertemperaturen wie auch sehr tiefe, auf Kaltluftstau beruhende Wintertemperaturen. Auch am Untermain (Kahl) ist die Temperaturdifferenz trotz des absolut höchsten Juliwertes niedriger als im Osten, denn die winterlichen Temperaturen liegen hier deutlich höher, ebenfalls ein Charakteristikum des subozeanischen Klimas. In der Rhön ist die Schwankungsbreite mit 16 °C sogar noch geringer.

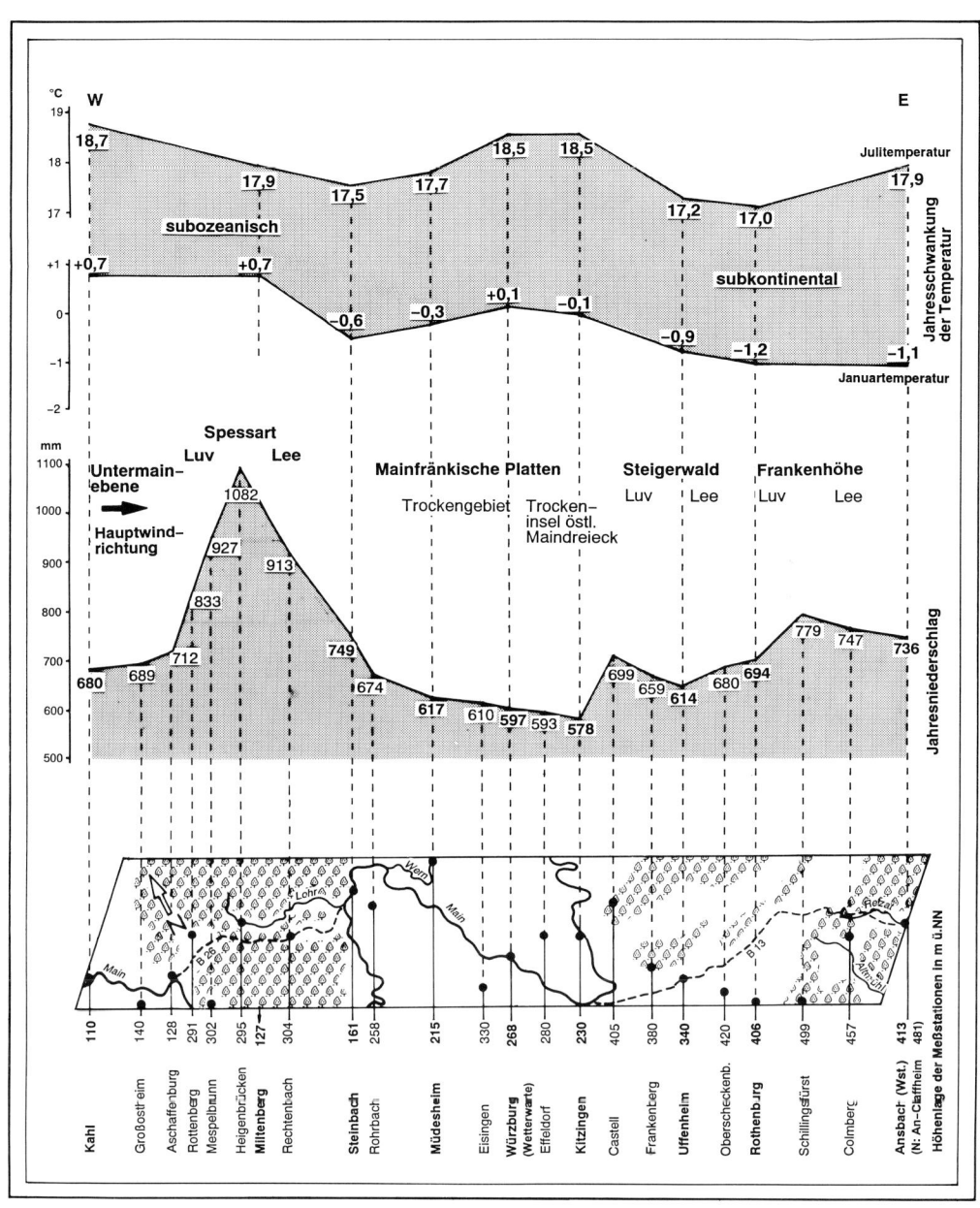

Abbildung 7
Klimatisches West-Ost-Profil durch das südliche Unterfranken. Der Übergang von subozeanischem zu subkontinentalem Klima ist an der Zunahme der Jahresschwankung der Temperatur erkennbar. Trotz Abhängigkeit von der Höhenlage pendeln die Sommerwerte um dasselbe Niveau, während die Wintertemperaturen nach Osten absinken. Die Niederschlagssituation wird durch die Luveffekte der Rahmenhöhen und die Leelage der Mainfränkischen Platten bestimmt. Nach Daten des Deutschen Wetterdienstes mit frdl. Genehmigung.
Entwurf: JOHANNES MÜLLER, 1995

Der Temperaturunterschied liegt in Würzburg bereits bei 18,5 °C und nimmt bis in die Frankenhöhe auf 19 °C (Ansbach) zu. Hier reduzieren sich vor allem die Wintertemperaturen, was an der deutlich absinkenden Januarkurve erkennbar ist. Sie nimmt von Würzburg über Kitzingen, Uffenheim bis Rothenburg, alle noch im Bereich der Mainfränkischen Platten gelegen, kontinuierlich um insgesamt 1,2 °C ab. Dagegen gehen die Julitemperaturen kaum zurück, und die Kurve ist ausgeglichener. Die zunehmende Kontinentalität im Osten Unterfrankens beruht also vor allem auf den winterlichen Unterschieden.

Außer den Temperaturdaten sind freilich noch andere Klimawerte, insbesondere Jahresgang und Verteilung der Niederschläge, für die Einstufung wichtig. Die Niederschlagskurve ist in den subozeanischen westlichen Rahmenhöhen und am Untermain viel ausgeglichener als in den subkontinentalen Bereichen weiter im Osten. Die Betrachtung des Klimajahresgangs ist allerdings so variabel, daß sie nur lokal darstellbar ist und in den entsprechenden Kapiteln zu den Teillandschaften nochmals aufgegriffen wird.

Die nach Osten zunehmende Kontinentalität geht auch aus dem Vergleich der Extremdaten hervor. Die Zahl der Frosttage, also Tage mit einer Höchsttemperatur unter 0 °C, steigt von weniger auf mehr als 100 pro Jahr nach Osten an. Die Anzahl der Sommertage, mit Maximum über 25 °C, bleibt dagegen mit Ausnahme der Höhenbereiche des Steigerwaldes gleich und liegt bei gut 30 im 30jährigen Mittel. Auch hieran zeigt sich, daß der Kontinentalitätsgrad in Unterfranken vor allem von den Verhältnissen im Winter abhängt.

Luv/Lee-Gegensatz

Der relativ gleichmäßige West-Ost-Gradient der Temperatur innerhalb Unterfrankens wird überlagert vom Wandel der Niederschlagssummen pro Jahr, was in der unteren Kurve von Abb. 7 dargestellt ist. Die Niederschläge werden mit der Hauptwindrichtung zum überwiegenden Teil von Westen (Atlantik) herangeführt. Ihre Verteilung hängt in einem viel stärkeren Maß vom lokalen Relief ab. Im Luv, im Stau der windzugewandten Seite, fallen stets erheblich mehr Niederschläge als im Lee, im Regenschatten. Selbst geringe Höhenunterschiede von 100–200 m können sich diesbezüglich auswirken. Einen groben Anhaltspunkt zur Verknüpfung der Niederschlagskurve mit dem Relief gibt die untere Darstellung, in der alle Stationen mit ihrer Höhenlage verzeichnet sind. Man erkennt, daß der Luv/Lee-Effekt vor allem eine lokale Erscheinung ist und zudem vom Gesamtniederschlagsdargebot abhängt. Die Gesamtlänge des Profils von NW nach SE beträgt 140 km. Die Meßstationen liegen nicht genau auf einer Linie, sondern streuen ± 20 km.

Infolge ihrer Position am weitesten im Westen wirken vor allem Spessart und Rhön für Unterfranken als wichtige regionale Klimascheide mit deutlichem Luv/Lee-Gegensatz. Schon die Untermainebene mit Kahl (680 mm) und Aschaffenburg (712 mm) erhält, obwohl tiefer als die Mainfränkischen Platten gelegen, erheblich mehr Niederschlag. Dann steigen die Werte steil an und erreichen im nur 16 km entfernten Heigenbrücken bereits 1082 mm.

Der Abfall auf der Leeseite ist deutlich flacher. Die im Lee von Spessart und Rhön liegenden Mainfränkischen Platten treten klar als Trockengebiet hervor. Der Lee-Effekt wird durch eine leichte Föhnwirkung noch verstärkt, die zu Wolkenauflösung der absteigenden Luftmassen führt. So kommt es vor, daß das Rhein-Main-Gebiet unter Wolken liegt, während über dem zentralen Unterfranken heiteres Wetter herrscht. Auf den Mainfränkischen Platten schwanken die Jahresniederschläge lediglich um den 600-mm-Wert. Deutlich ist aus der Graphik zu erkennen, wie die Werte auch innerhalb dieses begrenzten Gebietes kontinuierlich weiter abnehmen, wenn auch langsam. Kitzingen hat mit 578 mm fast nur halb soviel

Niederschlag wie Heigenbrücken und ist nach Schweinfurt die trockenste Stadt Unterfrankens.

Dann macht sich der Luv-Effekt des Steigerwaldes bemerkbar, und die Niederschlagssumme steigt innerhalb von 13 km bis Castell (699 mm) um ein Fünftel. Die Zunahme ist hier geringer als auf der Westseite des Spessarts, da der Steigerwald großräumig selbst noch in dessen Regenschatten liegt. Nachdem am Spessart die stärksten Luvniederschläge gefallen sind, bleibt an Steigerwald und Frankenhöhe nur noch erheblich weniger Feuchtigkeit übrig, die sich abregnen könnte. Dahinter ist die erneute Niederschlagsdepression (Gollachgau) erkennbar, bevor Schillingsfürst (799 mm) im Luv der Frankenhöhe einen weiteren Anstieg zu wieder deutlich feuchteren Verhältnissen markiert. Erst hier werden wieder Jahresniederschläge erreicht, wie sie am Untermain vorherrschen. Jenseits davon sinken die Werte bis Ansbach (736 mm) im Lee wiederum leicht ab, bleiben aber auf höherem Niveau.

2.2.3   Hydrologie: Wasserbilanz und Abflußregime

Die Hydrologie steht an der Schnittstelle zwischen Klima und Geologie, denn sowohl für die Vegetation als auch für die Grundwasserbilanz sowie für das Gewässernetz ist nicht nur die absolute Menge des durch Niederschlag zugeführten Wassers entscheidend, sondern die Wasserbilanz. Ganz allgemein werden die hydrologischen Verhältnisse mit der *Wasserhaushaltsgleichung N – V = A* (Niederschlag minus Verdunstung gleich Abfluß) gekennzeichnet. Dabei kommt es einerseits auf das Verhältnis zwischen Niederschlag und Verdunstung an, andererseits auf die Grundwassersituation, die eine Niederschlagsarmut möglicherweise zeitweise ausgleichen kann. Im langjährigen Mittel entspricht die Grundwasserneubildung dem Grundwasserabfluß ins Oberflächenwasser, denn sonst würde sich das Grundwasser auf- bzw. abbauen. Hydrologisch betrachtet, sind verschiedene Faktoren in der Landschaft von Bedeutung:

— In der Wasserbilanz werden die klimatischen Parameter des Wasserhaushalts im Jahresgang dargestellt, denn es ist entscheidend, ob der Niederschlag im Sommer fällt, wo ein großer Teil verdunstet, oder im Winter, wenn die Verdunstungsrate gegen Null geht. Als Resultat ergibt sich die (flächenbezogene) Abflußspende in das Gewässersystem.
— Zwischen Niederschlag und Abfluß ist der Grundwasserkörper geschaltet, der als Puffer im hydrologischen System der Landschaft wirkt. Zum Teil wird von dort Wasser ebenfalls über die Flüsse abgegeben, zum Teil wird das Wasser nach hohen Niederschlägen zwischengespeichert und steht der Vegetation zur Verfügung, von der es wieder verdunstet wird. Die Grundwasserverhältnisse werden von geologischen Parametern wesentlich mitbestimmt.
— Als Konsequenz aus der Wechselbeziehung zwischen dem Niederschlagsdargebot und der Durchlässigkeit der Gesteine ergeben sich das Abflußregime der Gewässer sowie die Gewässernetzdichte. Beide sind entscheidende Steuerungsfaktoren für die Landschaftsgenese, denn sie beeinflussen den Grad der Zertalung, die Fließdynamik und Abtragungskräfte der Gewässer und die Talformung.

Überregionale Einordnung

Im mitteleuropäischen Vergleich liegen die mittleren jährlichen Abflußspenden Unterfrankens niedrig. Selbst die westlichen Rahmenhöhen erreichen mit rund 500 mm/m^2 · Jahr die

Bereich	Niederschlag	Verdunstung	Abfluß	Humiditätsgrad
Hochrhön	1100	400	700	perhumid
Spessart, Südrhön	1000	500	500	humid
Westliche Main- fränkische Platten	650	400	250	
Haßberge	650	400	250	schwachhumid
Steigerwald	750	500	250	
Windsheimer Bucht, Frankenhöhe	650	450	200	
Östliches Maindreieck,				subhumid
Grabfeld	550	400	150	(= semihumid)

Tabelle 1
Hydrologische Gliederung Unterfrankens (Richtwerte)

Werte des benachbarten Thüringer Waldes nicht, geschweige denn diejenigen des Schwarz-
walds oder der Alpen, wo zweieinhalbmal soviel Wasser abfließt. Noch deutlicher wird die
hydrologische Situation, wenn man sieht, daß nahezu der gesamte Rest Unterfrankens mit
den Mainfränkischen Platten, aber auch einschließlich der östlichen Rahmenhöhen bis
ins Mittelfränkische Becken über weniger als 250 mm/m^2 · Jahr Abflußspende verfügt. So
geringe Werte werden in Süddeutschland überhaupt nur noch in Teilen des nördlichen
Oberrheingrabens und im Naab/Donaubecken erreicht, verbreitet erst wieder in Brandenburg
und Mecklenburg, wo der kontinentale Einfluß des Klimas allerdings viel stärker ist.

Wasserbilanz und hydrologische Gliederung Unterfrankens

Die Wasserhaushaltsgleichung ist für ganz Unterfranken positiv. Es herrscht im Jahresmittel
überall Wasserüberschuß mit Nettoabfluß, was jedoch räumlich und zeitlich sehr stark differenziert ist. Tabelle 1 gibt einen Überblick über die grobe hydrologische Gliederung Unterfrankens auf der Basis der Wasserhaushaltsgleichung N – V = A. Wegen der besseren Über-
sichtlichkeit sind nur Einzelwerte angegeben, obwohl bei der Größe der Gebiete eigentlich
Wertespannen angegeben werden müßten. Zwischen den angegebenen Bereichen liegen
natürlich Übergangsbereiche mit entsprechend mittleren Werten. Die in der Spalte „Humiditätsgrad" angegebene Einstufung ergibt sich nicht direkt als Ergebnis der Gleichung, sondern aus dem Verhältnis zwischen Verdunstung und Abfluß sowie dem Jahresgang.

Ein grundlegender Hinweis auf die *Wasserbilanz* ergibt sich aus dem Vergleich zwischen
der Niederschlagsspende und dem Anteil des Wassers, welches das System als *Abflußspende*
wieder verläßt. Während es in den trockensten Bereichen der Mainfränkischen Platten nur
1/4 und im übrigen Unterfranken rund 1/3 ist, fließt in den westlichen Rahmenhöhen bereits
über die Hälfte der Gesamtniederschlagsspende ab (zum Vergleich: Schwarzwald bis über
90 %). Umgekehrt betrachtet, ist die Verdunstungsrate des zentralen Unterfrankens bei ohnehin sehr geringen Niederschlägen auch noch doppelt so hoch wie die in Spessart und Rhön
(MARCINEK u. SCHMIDT in LIEDTKE u. MARCINEK 1994, S.139).

Der für die Landschaft wichtige Humiditätsgrad hängt nicht nur von der Gesamtmenge,
sondern auch stark von der jahreszeitlichen Verteilung der Niederschläge ab. Wie aus Tab. 1
hervorgeht, regnet es im Steigerwald zwar mehr als auf den Mainfränkischen Platten. Die

Niederschläge fallen aber im Osten zu einem zunehmenden Anteil im Sommer, was der stärker kontinentalen Tönung des Klimas entspricht. Weil dann bei ebenfalls höheren Temperaturen ein größerer Anteil verdunstet, ergibt sich trotz höherer Niederschläge ebenfalls eine nur schwache Humidität.

Hinsichtlich Wasserbilanz und Abflußspende zerfällt Unterfranken also in nur zwei Bereiche: Die westlichen Rahmenhöhen sind, bedingt durch die Staulage der regenbringenden Winde, durch höhere Niederschläge sowie, infolge des subozeanisch getönten Temperaturgangs, durch eine reduzierte Verdunstung bei ausgeglichenerem Jahresgang gekennzeichnet und durchweg als humid einzustufen. Der gesamte Rest Unterfrankens steht dem als trockener Raum mit erheblich geringeren Abflußwerten gegenüber.

Grundwasser

Im Gegensatz dazu muß Unterfranken hinsichtlich der *Grundwasserverhältnisse* im groben mit der geologischen Situation stärker untergliedert werden. Sowohl in den östlichen wie den westlichen Rahmenhöhen existieren mäßig ergiebige Grundwasservorkommen. Sie bestimmen aber auch nur in den Niederungen die Vegetation, wo die Wasservorräte teilweise auch für den Menschen erschlossen werden.

Dem stehen die Mainfränkischen Platten mit äußerst geringen Grundwasservorräten in weitgehend größerer Tiefe gegenüber. Diese Verhältnisse sind auf die Verkarstung zurückzuführen, die unterirdische Lösung von Gesteinsmaterial mit der Bildung von Spalten und Hohlräumen, für die der Kalk besonders anfällig ist. Die extreme Durchlässigkeit der oberen Gesteinsschichten führt dazu, daß die Vegetation hier fast nirgends Grundwasseranschluß erhält. Auch für die Besiedlung und die Landnutzung war und ist die Grundwasserarmut des zentralen Unterfrankens ein großes Problem.

Die einzigen Bereiche mit ständig gutem Grundwasserdargebot sind die Täler. In Talsedimenten erreicht das Grundwasserdargebot bis zum Hundertfachen des Wertes durchlässiger Gesteine wie des verkarsteten Muschelkalks. Insbesondere das Maintal fällt deshalb aus dem allgemeinen landschaftlichen Bild als Besonderheit heraus. In den Flußauen können sich Pflanzengesellschaften bilden, die von den klimatischen Bedingungen in gewissem Maße unabhängig sind.

Gewässernetzdichte und Abflußregime

Die Eigenschaften des Gewässernetzes ergeben sich aus der Überlagerung von Wasserbilanz und Grundwasserverhältnissen. Dabei bezeichnet die *Gewässernetzdichte* die Gesamtlänge aller Gewässer pro Flächeneinheit. Das *Abflußregime* beschreibt die Höhe und den jahreszeitlichen Gang der Wasserführung mit ihren Schwankungen. Beide Kriterien bieten ein anderes Bild als Grundwasser und Wasserbilanz, denn hier zerfällt Unterfranken in drei Teilräume.

Obwohl die Abflußhöhe der Gewässer in Spessart und Rhön bei weitem am höchsten ist, liegt die Netzdichte in den dortigen Sandsteinen nur im mittleren Bereich. Das Abflußregime wird von der Schneeschmelze mit dem regelmäßigen Auftreten von Frühjahrshochwässern in den Bächen bestimmt. Die Gewässer sind ganzjährig wasserführend.

Das Gebiet der östlichen Rahmenhöhen besitzt dagegen das bei weitem dichteste Gewässernetz, was am Vorherrschen sehr tonhaltiger Gesteine liegt. Dadurch wird die an sich gegebene klimatische Trockenheit hier zum Teil wieder aufgefangen. Auch hier ist das Abflußregime der Bäche durch ganzjährige Wasserführung gekennzeichnet.

Dem stehen die Mainfränkischen Platten gegenüber, wo die geringen Niederschläge durch die Grundwassersituation noch verschärft werden. In den stark durchlässigen Kalksteinen ist die Gewässernetzdichte extrem gering. Vorherrschende Talform ist das Trockental, das nur nach Starkregen und bei der Schneeschmelze durchflossen wird.

2.2.4 Potentielle natürliche Vegetation: Standortfaktoren, Sukzession und Klimax

Anders als die bisher angesprochenen abiotischen Geofaktoren stellt die Vegetation einen Teil der Landschaft dar, der verschiedene Faktoren in ihrer Kombination widerspiegelt und damit als Landschaftselement eine komplexere Ebene einnimmt. Hieraus ergibt sich eine etwas andere Zielrichtung der Fragestellung:

– Mit der potentiellen natürlichen Vegetation will man das Ergebnis der Einflußfaktoren auf das Pflanzenkleid rekonstruieren. Damit ist die potentielle natürliche Vegetation als natürliche Grundlage anzusehen, mit deren Erkenntnissen eine überregionale Einordnung der landschaftlichen Gegebenheiten möglich ist.
– Die potentielle natürliche Vegetation erlaubt Rückschlüsse auf die ökologischen Zusammenhänge innerhalb der Landschaft, denn die Vegetation fungiert, läßt man sie sich ungestört entwickeln, als Indikator für die Summe der Standortfaktoren an ihrem Wuchsort.
– Für eine Landschaft wie Unterfranken, wo der Einfluß des Menschen auf die Pflanzendecke allgegenwärtig ist, ist die Abschätzung der Entwicklungsdynamik der Vegetation von besonderer Bedeutung. Die Frage, nach welchen Gesetzmäßigkeiten sich die Pflanzengesellschaften weiterentwickeln, ist sowohl für die Landschaftsgenese wichtig, weil sich höheres Pflanzenleben nach der Eiszeit erst wieder bilden mußte, als auch für die Landschaftsökologie, weil der Mensch in die Entwicklung der Vegetation auf verschiedenen Ebenen immer wieder eingreift.

Überregionale Einordnung

Es ist sicher, daß ganz Unterfranken natürlicherweise von Wald bedeckt sein würde, mit Ausnahme flächenmäßig nicht ins Gewicht fallender Hochmoore und Felsen. Das Gebiet gehört zur Zone der sommergrünen Fallaubwälder, einer Pflanzenformation, die an die hier herrschenden Klimaverhältnisse angepaßt ist, die das Pflanzenwachstum von zwei Seiten limitieren: Die Winter schließen die Existenz immergrüner Laubbäume einerseits durch die Kälte aus, die das Blattgewebe nicht aushalten würde. Andererseits würde die Frosttrocknis Pflanzen außerhalb ihrer Ruhephase schädigen, denn sie könnten das im Boden gefrorene Wasser nicht aufnehmen, so daß der Frost wie eine Trockenheitsphase wirken würde. Die Sommer sind umgekehrt lang genug für die Ausbildung eines vollen Entwicklungszyklus mit Blattentfaltung, Photosynthese und Nährstoffspeicherung. Als kritischer Wert für die Vegetationsperiode von Fallaubbäumen gilt die Dauer von 120 Tagen mit über 10 °C Durchschnittstemperatur (für Nadelbäume reichen 30 Tage; WALTER 1979, S. 188).

Eine derartige Länge der Vegetationsperiode wird in ganz Unterfranken überschritten, das zur planaren (Flachland-) bis collinen (Hügelland-) Stufe zu rechnen ist. Lediglich die Hochrhön liegt am Rande dieses Grenzwerts, doch selbst dort geht man nur von Beimischungen einiger Nadelhölzer im potentiell natürlichen Buchenmischwald aus, weshalb sie noch der submontanen (eingeschränkt montanen) Stufe zuzuordnen ist. Erst im Thüringer und

Frankenwald wird die montane (Gebirgs-) Stufe mit natürlicherweise verbreiteten Nadel-
wäldern erreicht.

Entgegen diesen Angaben bedeckt Wald heute jedoch nur 38 % von Unterfranken (Bay.
Staatsmin. ELF 1986, S. 34), und auch hier ist die Artenzusammensetzung mit 49 % Nadel-
bäumen keineswegs natürlich. Man ist also versucht, die potentiell natürliche Vegetation zu
konstruieren, die sich schon allein mit der Höhenlage, dem Niederschlags- und Grundwasserdargebot oder den anstehenden Gesteinen ändert.

Pflanzengesellschaften und Standortfaktoren

Ohne den Einfluß des Menschen wäre in der Naturlandschaft ein bestimmtes Muster von
Pflanzengesellschaften, von regelhaften Kombinationen bestimmter Arten, zu erwarten. Sie
werden von der Pflanzensoziologie beschrieben. Gesteuert wird das gemeinsame Auftreten
in charakteristischen Pflanzengesellschaften von den Standortbedingungen, wie Tempera-
tur- und Niederschlagsdurchschnitt bzw. deren Jahresgang, Bodenfeuchtegrad, Grund-
wasserentfernung, Boden-pH-Wert (Säuregrad), Nährstoffangebot, Bodenstruktur, Höhenlage, Exposition. Deshalb ist es für eine geographische Sichtweise, bei der die landschaftlichen Zusammenhänge im Mittelpunkt stehen, wichtig, die Vegetation ausgehend von den
Standortfaktoren, den Umweltbedingungen am Ort der Pflanzengesellschaft, zu charakterisieren und zu gliedern (ELLENBERG 1986).

Die Übergangslage des Klimas von Unterfranken wird auch durch die Zusammensetzung
der Waldgesellschaften reflektiert. Nicht nur die westlichen Rahmenhöhen mit ihrem mehr
ozeanisch getönten Klima, sondern ganz Unterfranken gehört im Prinzip zum Buchenwaldgebiet mit der Rotbuche *(Fagus sylvatica)* als Charakterbaum. Verschiedene Standortbedingungen, vor allem die nach Osten zunehmende Kontinentalität, begünstigen aber die
Herausbildung von Eichen-Hainbuchenwäldern. In diesen ist die Stieleiche *(Quercus robur)*
bestandsbildend, während die Hainbuche *(Carpinus betulus)*, die nicht mit der (Rot-) Buche
verwandt ist, nur vereinzelt auftritt. Der Übergang zwischen diesen Pflanzengesellschaften
würde mit Sicherheit nicht als einheitlicher Saum, sondern als kleinräumig wechselndes
Muster bestehen. Die Frage, inwieweit der Mensch hier den Konkurrenzbereich beider
Baumarten beeinflußt hat, beherrscht die Zuordnung in der potentiellen natürlichen Vegetation. Die jahrhundertelange Waldnutzung hat durch Bodenverarmung, Waldauflichtung und
Niederwaldbewirtschaftung die Eichen derart lange einseitig gefördert, daß das Konkurrenzgleichgewicht einseitig verschoben wäre, selbst wenn der Einfluß des Menschen schlagartig
aufhörte. Eichen-Hainbuchenwälder, wenn auch mit erheblichem Buchenanteil, würden deshalb potentiell große Bereiche der Maintränkischen Platten und der östlichen Rahmenhöhen
einnehmen.

Anders als in den Niederungen Norddeutschlands oder des Oberrheingrabens sind in
Unterfranken nur ganz schmale Säume entlang der Bäche und Flüsse von meist nur wenigen
Zehnern oder einigen Hunderten von Metern Breite durch Grundwasseranschluß gekennzeichnet. Dieser Standortfaktor macht die Pflanzen vom Niederschlagsgeschehen weitgehend unabhängig, so daß hier völlig andere Gesellschaften existieren würden. Nur die Täler
des Mains und seiner Hauptnebenflüsse sind breit und differenziert genug aufgebaut, daß
sich ein Auenwald mit verschiedenen Zonen ausbilden könnte. Entlang der übrigen Bäche,
vor allem in den Rahmenhöhen, könnten nur Bachufergehölze geringer Ausdehnung existieren. Verantwortlich hierfür sind die Talentwicklung und Terrassenbildung, beide aus der
Landschaftsgenese abzuleiten.

Entwicklungsdynamik, Sukzession und Klimax

Eine große Schwierigkeit der Rekonstruktion der potentiellen natürlichen Vegetation besteht darin, daß die Pflanzen nicht allein von den externen Standortfaktoren beeinflußt werden, sondern ebenso von der internen Entwicklungsdynamik und den Konkurrenzbedingungen innerhalb der Pflanzengesellschaft selbst, beides in den Auswirkungen eng miteinander verzahnt. Schlußpunkt dieser Entwicklung ist die *Klimax*, das Endstadium der Vegetationsentwicklung, das mit den Umweltbedingungen im Gleichgewicht steht.

Ausgehend von unbewachsenem Boden, etwa am Ende der Eiszeit oder nach einem Bergrutsch, kann sich nicht sofort die Klimax einstellen. Zwischen Pionier- und Klimaxstadium steht die *Sukzession*, der Prozeß der regelhaften zeitlichen Aufeinanderfolge von bestimmten Pflanzengesellschaften. Sie verdrängen einander, weil sie die Lebensbedingungen am Ort durch ihre Existenz selbst verändern. Dies wird anschaulich, wenn man die Entwicklung des Bodens einbezieht, für den die Vegetation u. a. durch Humusbildung mitverantwortlich ist. Während Pioniere auf bloßem Sand, also ohne Bodenentwicklung existieren können, sind anspruchsvolle Pflanzen darauf existentiell angewiesen. Ein weiterer Aspekt ist die Veränderung der Lichtverhältnisse. Eine niedrige Grasvegetation begünstigt zunächst schnellwüchsige, lichtliebende Gehölze, während sich nach Aufwuchs eines Gebüsches oder Waldes langsam wachsende, im Schatten keimende, stärker austrocknungsgefährdete Arten allmählich durchsetzen können, bis schließlich diese dominieren und die schnellwüchsigen Arten verdrängen.

Mit der Frage, ob, wann und unter welchen Umständen die Klimax einer Vegetation erreicht ist, hat sich nicht nur das Konzept der potentiellen natürlichen Vegetation auf theoretischer Basis auseinanderzusetzen. Diese Erkenntnisse sind für die Landschaftsökologie wichtig, wo der Mensch in die Sukzession eingreift und die Folgen daraus für das Ökosystem abgeschätzt werden müssen. Die Frage nach der Entwicklungsdynamik der Vegetation berührt gleichzeitig ihre Entwicklungsgeschichte vor dem Hintergrund der Landschaftsgenese mit Reliefentwicklung und Klimageschichte.

2.3   Landschaftsgenese

Das heutige Landschaftsbild, so, wie es sich zunächst in der Verteilung der Vegetation und der Reliefformen darbietet, läßt sich in mehreren Dimensionen erfassen: Karten zeigen nur ein zweidimensionales Bild; dem Betrachter bietet sich stets ein dreidimensionaler Eindruck. Doch hierzu kommt noch der Faktor Zeit, die „vierte Dimension". Für historisch orientierte Betrachtungen erscheint diese Feststellung augenfällig, doch auch für eine naturgeographische Analyse ist es entscheidend, die Genese, die Entstehungs- und Entwicklungsgeschichte der Landschaft als einen zeitlichen Prozeß zu verstehen.

Viele Formen und Verteilungsmuster lassen sich nur erklären, wenn frühere und oft andersartige Entstehungsbedingungen berücksichtigt werden. Nicht nur die Beachtung der Auswirkungen dieser Gegebenheiten auf die heutige Landschaft ist dabei wichtig, sondern gleichermaßen die Veränderung der in der Landschaft stattfindenden Prozesse mit dem Wandel der Formen. Damit wird deutlich, daß die Landschaft nicht als statisches Gebilde zu sehen ist, sondern als momentaner Ausschnitt einer *dynamischen, zeitlichen Entwicklung* – eine naturgeographische Perspektive, die wesentlich für das Verständnis der heutigen Landschaft ist. Als Fragen ergeben sich aus der landschaftsgenetischen Perspektive:

– Es ist klar, daß der genetische Ansatz nicht auf alle Elemente der Landschaft gleichmäßig anwendbar ist, weil sie sich in unterschiedlicher Zeitdimension bilden und in unterschiedlicher Geschwindigkeit verändern. Welche Elemente der Landschaft lassen sich aus genetischer Perspektive verstehen?

– Über die längste Zeit der *Erd*geschichte wissen wir praktisch nur durch Gesteine und Fossilien Bescheid, wie sie von der Geologie erforscht werden. Die *Landschafts*geschichte dagegen umfaßt einen Zeitraum, der so weit in die Vergangenheit zurückreicht, wie sich die Auswirkungen direkt auf unsere heutige Landschaft erstrecken. Welche Landschaftsformen stehen am Ausgangspunkt der Reliefentwicklung in Unterfranken?

– Die weitere Entwicklung läßt sich in verschiedene Abschnitte mit unterschiedlichen Bedingungen und Auswirkungen für die Landschaft gliedern. Welche wesentlichen landschaftlichen Entwicklungsphasen lassen sich für Unterfranken ausgliedern?

– Auf diese Einteilung kann später, bei der Darstellung der Teillandschaften, Bezug genommen werden, die dem Betrachter ja zunächst als Ganzes, als einheitliches Landschaftsbild gegenüberstehen. Hier stellt sich die Frage: Welche Einzelformen finden sich in der jeweiligen Landschaft, und wie kann man sie den Entwicklungsphasen und deren Formungsgruppen zuordnen?

2.3.1   Elemente der Landschaftsgenese

Eine landschaftsgenetische Perspektive stellt die zeitliche Abfolge der Veränderungen innerhalb der Landschaft in den Mittelpunkt. Dabei reagierten die verschiedenen Bestandteile der Landschaft unterschiedlich rasch auf die eingetretenen Veränderungen, weshalb eine Einordnung in die Landschaftsentwicklung für bestimmte Teilbereiche wichtiger ist als für andere. An erster Stelle stehen hierbei das Relief und die Geomorphologie, die deshalb in den Abschnitten über die Landschaftsgenese den breitesten Raum einnehmen.

Am weitesten in die Vergangenheit weisen die Wurzeln und Entstehungsursachen des Reliefs. Das *Relief* umfaßt alle Oberflächenformen und wird von der (Geo-) Morphologie untersucht, die dabei nach Verteilung und Ursachen fragt. Der bei weitem überwiegende Teil des Reliefs Unterfrankens entstand unter anderen Bedingungen, als sie heute herrschen, durch Verwitterung, Abtragung und Aufschüttung. Hieraus ergeben sich enge Bezüge zum Paläoklima, zum Klima der Vorzeit und seinen Schwankungen. Leitgedanke der Geomorphologie Unterfrankens ist die polygenetische Zusammensetzung des Reliefs aus Formen verschiedener Phasen mit jeweils unterschiedlichen Entstehungsbedingungen.

In der Vorzeit entstandene Reliefteile existieren als *Vorzeitformen*, als nicht mehr durch das ursprüngliche Prozeßgefüge weitergebildet, noch über lange Zeiträume weiter, werden aber später überprägt und in ihren Ausdrucksformen unscharf. Die Relikte des Reliefs aus mehreren Entwicklungsphasen sind, mehr oder weniger deutlich, gemeinsam am Aufbau des heutigen Landschaftsbildes beteiligt (BÜDEL 1957, 1981). Vor diesem Hintergrund ergibt sich als Kernpunkt der Überlegungen, die geomorphologischen Einzelformen zu erkennen und den jeweiligen Zeitstufen und Formungskreisen zuzuordnen. Damit ist für die Interpretation des heutigen Reliefs eine genetische Perspektive der Reliefentwicklung der einzige Weg.

Die Vegetation reagiert auf Umweltveränderungen in ungleich kürzeren Zeitmaßstäben. Wenn man heute eine potentielle natürliche Vegetation angibt, muß man sich darüber im klaren sein, daß man damit nur eine bestimmte Methode verfolgt. Ein anderer gedanklicher

Ansatz ist es, die Dynamik der wichtigsten Arten zu verfolgen und ihre Ausbreitung aus genetischer Perspektive zu sehen. Hier stehen Ablauf und Entwicklung des Artenspektrums vor allem seit dem Ende der letzten Eiszeit im Vordergrund, die als *Mitteleuropäische Grundsukzession* zusammengefaßt werden. Eine weitere Differenzierung ist für Unterfrankens Teillandschaften schwierig, da sich nur an wenigen Stellen auswertbares Material erhalten hat. Ein wesentliches Ergebnis der Vegetationsgeschichte ist die Artenarmut der Vegetation Mitteleuropas im Vergleich zu anderen Gebieten der Erde mit ähnlichem Klima. Das liegt an der mehrmaligen völligen Auslöschung aller anspruchsvolleren Pflanzen während der Eiszeiten, verbunden mit dem Unvermögen vieler Arten, sich wieder in ihre früheren Wuchsgebiete hinein auszubreiten.

Auch wenn die Böden eine zentrale Stellung aus der Sicht der Landschaftsökologie einnehmen, so gehört zu ihrem Verständnis auch die genetische Perspektive. Zentraler Gesichtspunkt der Bildung eines Bodens ist die Trennung des ursprünglich einheitlichen Substrates in diverse *Horizonte*, wofür interne Austauschprozesse während einer längeren Zeitdauer vonnöten sind. Der Oberboden wurde in den Eiszeiten überall erodiert und konnte sich infolge der Kälte und des Mangels an Vegetation nicht wieder aufbauen, so daß die Entwicklung erst seit der letzten Eiszeit neu einsetzte. Dazu kommt die enge Verzahnung mit anderen Aspekten der Landschaftsgenese. Beispiele dafür wären die Lößablagerung als Voraussetzung für die Entstehung der Parabraunerden der Gäuflächen oder die Auelehmsedimentation, die die Bodenbildung der Täler bestimmt.

2.3.2   Ausgangspunkt der Reliefentwicklung Unterfrankens

Die frühesten Relikte der Landschaftsgenese Unterfrankens findet man in Gestalt einiger Ablagerungen aus dem mittleren Tertiär, etwa 30 Mio. Jahre vor heute, die in der Rhön erhalten sind. Es sind die Melanientone, die brackische Entstehungsbedingungen zeigen und damit beweisen, daß das Gebiet zum damaligen Zeitpunkt noch im Meeresniveau lag und sich erst danach verändert haben kann. Da im übrigen Unterfranken wesentliche Verwerfungen mit großen Verstellungsbeträgen fehlen, gilt diese Feststellung für das gesamte Gebiet. Höchstens Verbiegungen sind denkbar, wie sie im Schnitt ja auch zu sehen sind. Daraus ergibt sich die Vorstellung der *Primärrumpffläche* ohne größere Höhenunterschiede.

Braunkohle (Sieblosschichten) und Seesedimente, wie sie auch südöstlich von Unterfranken im Raum Regensburg vorkommen, weisen ebenfalls auf flache Oberflächenformen hin, daneben auf feuchtwarmes Klima, wie es heute nur noch in den Tropen besteht. Kaoline, die in der nördlichen Oberpfalz und verbreitet in Westsachsen vorkommen, sind Tonminerale, die aus den Feldspäten von Graniten und Basalten ebenfalls nur unter feuchtwarmen Klimabedingungen wie in den heutigen Tropen entstehen können.

Schließlich wird damit eine Zeitmarke gesetzt. Sowohl die Sedimente als auch die Basalte der Rhön, die danach eingedrungen sind, stammen aus dem mittleren Tertiär. Erst danach begann die Anhebung Unterfrankens, während derer die Abtragung und damit die Reliefentwicklung natürlich nicht stillstanden, sondern im Gegenteil noch verstärkt wirksam wurden und die Landschaftsformen herausmodellierten.

Die Unterteilung der weiteren Landschaftsgenese in einzelne Entwicklungsabschnitte trägt dem Umstand Rechnung, daß sich mehrfach die Umweltbedingungen geändert haben und sich die Folgen daraus noch heute im Landschaftsbild niederschlagen. Der gravierendste Gegensatz besteht zwischen den Verhältnissen im Tertiär und im Quartär:

- Im *Tertiär* (65 bis 2,4 Mio. Jahre vor heute) herrschte feuchtwarmes Klima mit dem Schwerpunkt auf chemischer Verwitterung. Unter diesen Bedingungen konnte die Lockerung des festen Gesteinsgefüges weit in die Tiefe greifen und das Gestein zu kleinsten Partikeln zerkleinern, die als Lösungsfracht mit dem Oberflächen- oder Grundwasser weggeführt wurden. Es fehlte den Gewässern deshalb härtere Fracht, Sand oder Gerölle, die zur Einschneidung führen könnten, weshalb unter diesen Bedingungen kaum Talbildung stattfand und *flächenhafte Abtragung* vorherrschte.
- Das *Quartär* (2,4 Mio. bis heute) ist durch den Wechsel von Eis- und Warmzeiten gekennzeichnet, wovon die Eiszeiten sich am nachhaltigsten im Relief niedergeschlagen haben. Unterfranken erlebte die Eiszeiten zwar niemals unter dem direkten Einfluß von Gletschern, es besaß aber ein Klima mit sehr niedrigen Temperaturen. Damals herrschte physikalische Verwitterung mit der Bildung großer Mengen an Gesteinsschutt vor. Die Entwässerung erfolgte in Tälern, weshalb auch das geomorphologische Geschehen auf *linienhafte Abtragung* konzentriert war. Die spärliche Vegetation ohne Baumwuchs ermöglichte Winderosion in großem Umfang.

Diese grobe Zweiteilung darf nicht darüber hinwegtäuschen, daß sich die Umweltbedingungen nicht schlagartig verändert haben, sondern über Zeiträume von Jahrmillionen, und auch das nicht kontinuierlich, sondern in zahlreichen Schwankungen. Gerade die Übergangssituationen haben sich oft stark im Relief niedergeschlagen, denn die Landschaft mußte sich an die veränderten Bedingungen anpassen. Sie gehören aber zu denjenigen Phasen, über die die Erkenntnisse widersprüchlich sind, wobei vieles noch nicht geklärt ist.

Dazu kommt als weiterer Einflußfaktor die Tektonik, die die Teilbereiche Unterfrankens ja unterschiedlich stark verstellte. Weil man immer nur aus dem Ergebnis indirekt rückschließen kann, sind im einzelnen noch viele Fragen offen, die das Wechselspiel aus tektonischer Anhebung und paralleler Abtragung betreffen. Das gilt besonders für die am stärksten betroffene Rhön und den Spessart im Westen Unterfrankens, deren Landschaftsgenese am wenigsten geklärt ist.

2.3.3   Landschaftliche Entwicklungsphasen Unterfrankens

Die entscheidende Frage einer regionalen Darstellung der Landschaftsgenese ist, die einzelnen Formen in der Landschaft zu bestimmen und sie den landschaftlichen Entwicklungsphasen zuzuordnen. Dabei besteht die Schwierigkeit, daß sich, je nach Disposition der Gesteine oder der tektonischen Einwirkungen, dieselbe Phase in verschiedenen Landschaften mit unterschiedlichen Formen äußern kann. Die Bezeichnung mit römischen Ziffern soll es in den späteren Kapiteln ermöglichen, die Entwicklungsphasen der Teillandschaften Unterfrankens zu parallelisieren.

I.   Heutige Hochflächen: Dachflächen der Rahmenhöhen

Der Zeitabschnitt des Tertiärs wird allgemein mit der Bildung von Flächen als dominierendem Landschaftselement gleichgesetzt, was mit der vorwiegend chemischen Verwitterung und feuchtwarmem Klima korrespondiert. Die ursprüngliche Anlage der Flächen als Großform mit heute noch sehr geringen Höhenunterschieden fällt in diese Zeit. Die großen Flächen, die auch über Gesteinsunterschiede hinweggreifen, lassen sich im Überblick immer noch erkennen. Ohne Überhöhung ergibt sich in einem Profil fast ein horizontaler Strich; bei einem Verhältnis von z. B. Mainfränkischen Platten zu Steigerwaldanstieg von 1: 0,004 (50 km zu 200 m).

Die ursprünglich zusammenhängenden tertiären Rumpfflächen bestehen nur noch in Reststücken. In späteren Phasen wurden sie zerteilt und erscheinen daher heute als die Teile des Reliefs, die *relativ* zu den übrigen Bereichen hoch gelegen sind. Reste davon umfassen vor allem die *Dachflächen* der umgebenden Rahmenhöhen im Westen und Osten Unterfrankens. Die höchsten Erhebungen von Steigerwald, Frankenhöhe, Haßbergen und Rhön sind keine regelrechten Berge oder Gipfel, sondern Hochflächen mit flacher Kammlinie. Man kann sie erkennen, wenn man über die Landschaft blickt oder deren Höhenlinien vergleicht, die weithin dieselben Werte einhalten.

Eine Darstellung dieser Ausgangssituation der Landschaftsentwicklung Unterfrankens gibt Abb. 8. Sie zeigt einen Schnitt von West nach Ost durch Rhön und Grabfeld im Norden Unterfrankens mit den entsprechenden geologischen Schichten. Der untere Teil zeigt den Zustand mit der präbasaltischen Oberfläche, also vor Beginn der vulkanischen Aktivität vorwiegend in der Rhön. Die *Rumpffläche* schneidet die geologischen Schichten ohne größere Höhenunterschiede glatt ab. Gesteinsunterschiede kommen dabei nur lokal zum Tragen. Der Beginn von Tektonik und Vulkanismus wird auf etwa 30 Mio. Jahre vor heute angesetzt. Beide überprägten das einheitliche Bild, wie der obere Schnitt zeigt. Im Westen hob der Unterbau (Grundgebirge) das Schichtenpaket mit der ursprünglichen Fläche an. Wegen des Schutzes durch die resistenten Basalte konnten Verwitterung und Abtragung in der Rhön mit der Anhebung nicht Schritt halten, und die Abtragungsbeträge sind geringer.

Das Landschaftsbild wird, vor allem im Vorland der Rhön und im Grabfeld (Mitte der Abb. 8), noch durch Lösungsvorgänge von Salzlagern (Subrosion, Salinarkarst) im tieferen Untergrund und das Nachsacken der Oberfläche verkompliziert, was teilweise schon vor dem Beginn der Tektonik stattfand. Man kann diese Vorgänge an den zahlreichen Verwerfungen mit gegenseitiger Verstellung der Schichten in der Abbildung erkennen. Eine der zentralen Fragen der Landschaftsgenese Unterfrankens betrifft das Auseinanderhalten dieser Einflüsse auf das tertiäre Relief.

Wichtig ist für die Landschaftsgenese, daß alle folgenden Entwicklungsphasen an diesem Ausgangsrelief ansetzen. Jede spätere morphologische Form, ob durch Einschneidung, Abtragung oder Aufschüttung entstanden, entsteht damit relativ zu dieser Ursprungsform. Diese selbst wurde dadurch gleichzeitig in allen Teilen umgestaltet, was die Formen mit zunehmendem Alter immer schlechter erkennbar und damit die Interpretation immer unsicherer werden läßt.

II.   Niedrigere Flächen: Hauptgäufläche und Flächenstreifen

In Unterfranken existieren im wesentlichen zwei Flächenniveaus. Etwa 200 Höhenmeter unterhalb der Dachflächen liegt das Niveau der *Hauptgäufläche*, das weite Teile der Mainfränkischen Platten einnimmt. Die Mainfränkischen Platten lassen noch am ehesten von allen Gebieten Unterfrankens den Landschaftscharakter einer Rumpffläche erahnen, was für eine noch nicht allzuweit zurückliegende Ausgestaltung spricht. Auch die flächenhafte Tieferlegung der präbasaltischen Oberfläche geht aus Abb. 8 (rechte Seite) hervor, wobei nur der Basaltstumpf der Gleichberge (nördl. Grabfeld) ausgespart blieb.

Aber auch die östlichen Rahmenhöhen, die kaum durch Tektonik überprägt wurden, sind durch das Nebeneinander von Hochflächen (Dachflächen in Steigerwald, Haßbergen) und

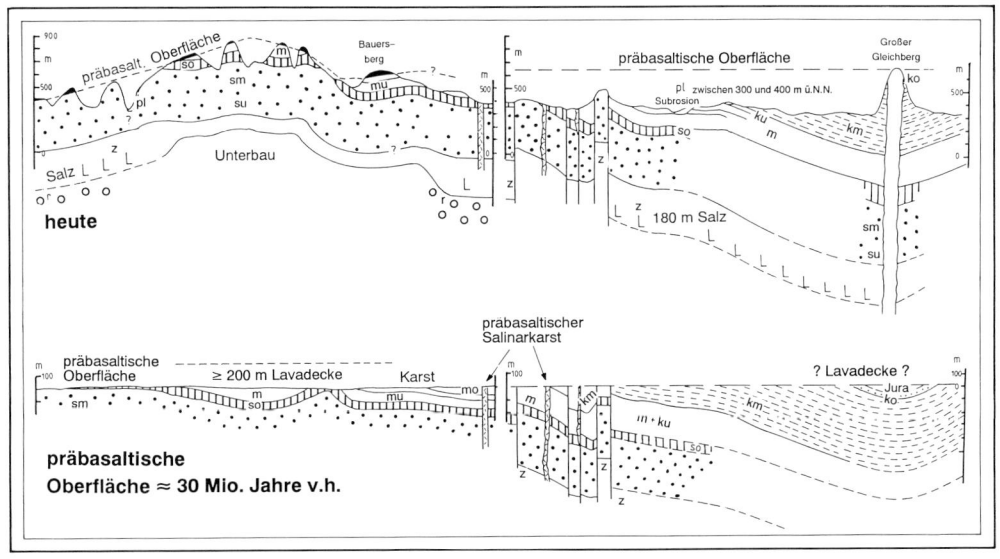

Abbildung 8
Landschaftsentwicklung Unterfrankens im Profilschnitt durch Rhön–Grabfeld–Haßberge. Unten:
mittleres Tertiär vor Beginn des Vulkanismus. Trotz bereits schräggestellter Schichten und Salinarkarst
(unterirdischer Lösung von Salzlagern des Zechsteins) war die präbasaltische Oberfläche sehr eben.
Oben: Situation heute. Im Osten wurde weiterhin hauptsächlich flächenhaft abgetragen. In der Rhön
sorgte die junge Tektonik für starke Anhebung des Unterbaus, womit die Abtragung wegen des
Schutzes durch die Lava nicht Schritt halten konnte. Abkürzungen: pl: Pliozän; km: Mittlerer Keuper;
ku: Unterer K.; m: Muschelkalk; mu: Unterer M.; so: Oberer Buntsandstein; sm: Mittlerer B.;
su: Unterer B.; z: Zechstein; r: Rotliegendes. Profil stark überhöht.
Aus: SCHRÖDER (1993), geringf. verändert

niedriger gelegenen *Flächenstreifen* (Windsheimer Bucht, Aischgrund) gekennzeichnet.
Hier sind andere Gründe für die Differenzierung in zwei Flächenniveaus anzunehmen (BRE-
MER 1989 a).

Zum damaligen Zeitpunkt existierten in Unterfranken noch keine Täler, allenfalls ganz
flache, nicht deutlich abgegrenzte Abflußrinnen *(Spülmulden)*, die ihren Verlauf bei Hochwasser noch weiträumig verändern konnten. Spärliche Funde von Schottern, von den Gewässern mitgeführten Geröllen, legen für diese Phase, die als Arvernensiszeit bezeichnet wird,
Zeugnis ab. Auch der heutige Steigerwaldrand und andere Stufen bestanden erst als flach
ansteigende Rampen zwischen den Flächenniveaus. Die Reliefunterschiede und damit die
Vielfalt des Landschaftsbildes der tertiären Landschaft waren viel geringer als heute.

Auch anhand der Vegetationsentwicklung läßt sich zum Ende des Tertiärs eine allgemeine
Abkühlung des Klimas beobachten. Die vorher auch in unserem Raum existierenden tropischen Pflanzen machten bereits einer feuchtsubtropischen Vegetation Platz, wie sie heute
entsprechend an den Ostseiten Asiens und Amerikas existiert. Die rein tropischen Arten hatten ihren Lebensraum damals bereits weiter nach Süden verlagert, während in der Arktis erste Frostspuren erkennbar waren.

Eine der zentralen offenen Fragen der Geomorphologie kreist um die Bestimmung des
Zeitpunktes, zu welchem die Differenzierung in verschiedene Flächenniveaus erfolgte. Nach
der Auffassung von BÜDEL blieben die Hochflächen erst gegen Ende des Tertiärs zurück, weil

die beginnende Klimaänderung nur noch bestimmte Gesteine flächenhaft abtragen konnte (Inwertsetzung von Gesteinsunterschieden). Inzwischen ist aber klar, daß sich das Klima am Ende des Tertiärs nicht plötzlich änderte, sondern sich während der letzten 20 bis 30 Mio. Jahre langsam abkühlte, wobei es immer wieder bedeutende Schwankungen gab. Das Bild der unter einheitlichen Bedingungen entstandenen Rumpffläche läßt sich deshalb für die zweite Hälfte des Tertiärs nicht mehr aufrechterhalten. Vieles spricht heute für ein stärker differenziertes Klima mit verschiedenen Flächenniveaus zumindest während der letzten 10 oder 20 Mio. Jahre des Tertiärs. Bereits unter einem Flächenbildungsklima war möglicherweise die Bildung unterschiedlicher Niveaus durch divergierende Verwitterung und Abtragung möglich.

III.   Flächenzergliederung: Stufenbildung und Beginn der Talentwicklung

Der Umschwung in der Reliefformung fand kurz vor dem Umbruch Tertiär/Quartär statt und erfaßte alle Bereiche Unterfrankens. Die Flächenbildung endete, und die Bildung der Täler wurde zum zentralen Wirkungskreis der Geomorphologie. Wichtig ist die Tatsache, daß die Zergliederung der Flächen bereits vor dem Beginn der Eiszeiten einsetzte. Das bedeutet, daß das Flächenbildungsklima mit flächenhaftem Abtrag einem Talbildungsklima mit *linienhafter Erosion* gewichen war. Die Flächen wurden danach in vielfacher Hinsicht und durch unterschiedliche morphologische Prozesse zergliedert und in einzelne Teilstücke aufgelöst.

Erst in dieser Übergangsphase begann die Herausbildung eigenständiger Täler der großen Flüsse, die damit zu eigenständigen Landschaftsbestandteilen wurden. Sie lassen sich in Gestalt der Terrassen des *Breittals* fassen, die lediglich 20–30 m tief in die Flächen eingesenkt und mit mehreren Kilometern viel breiter als die heutigen Täler waren. Breitterrassen als Zeugnis dieser Entwicklungsphase findet man auch oberhalb des Rheins und der meisten anderen Flüsse Mitteleuropas. Wesentliche Konsequenz für die Landschaftsgenese Unterfrankens war die Anlage des Flußnetzes, die zu dieser Zeit erfolgte. Dazu gehört auch die parallel ablaufende *Verkarstung*, die Lösungsverwitterung des Muschelkalks durch den in die neu gebildeten Tiefenlinien absteigenden Grundwasserstrom. Sie sorgte für eine zunehmende Durchlässigkeit und Aushöhlung des Gesteins und schuf damit die Voraussetzungen für die Herausbildung eines welligen Reliefs vorwiegend im Westen der Mainfränkischen Platten.

Die Abkühlung des Klimas war an der Grenze Tertiär/Quartär bereits so weit fortgeschritten, daß sich eine gemäßigte (temperierte) Vegetation mit Laubmischwald und Nadelwald-Höhenstufen etabliert hatte. Sie unterschied sich von der heutigen weniger in ihren Klimaansprüchen als insbesondere durch einen enormen Artenreichtum, unter anderen mit Magnolien, Ginkgo, Sequoia und Douglasie. Er hatte sich über lange Zeit herausgebildet und war in den Kontinenten der Nordhalbkugel durch einen intensiven Artenaustausch über Zentralasien und Grönland hinweg gekennzeichnet. Die Verlagerung der Klima- und Vegetationszonen im Zuge der allgemeinen Abkühlung mit Verschiebung der Kältegrenze von Norden her führte nun zu einer Trennung des europäischen Vegetationsgebietes von den übrigen Arealen durch Gebirge, Wüsten (Asien), Meere (Nordatlantik). Das unterband Zuwanderungen zum und Austauschbeziehungen mit dem europäischen Vegetationsgebiet, was sich während der Eiszeiten entscheidend bemerkbar machte.

Gerade der beschriebene Übergang zwischen zwei ganz unterschiedlichen Formungsstilen bildet eine in wesentlichen Teilen ungeklärte Frage der Geomorphologie. Problematisch für die Entschlüsselung der Ursachen ist die Überlagerung mit den gleichzeitig stattfindenden tektonischen Bewegungen. In der beginnenden Talbildung ist primär eine Veränderung des vorher wesentlich einheitlicheren Faktorengefüges zu erkennen. Es gibt Hinweise auf klimatische Veränderungen (Abkühlung, Verdunstungsrate, Niederschlagsregime) wie auch auf die Umstellung der Erosionsbasis des Mains (Einbruch des Mainzer Beckens, Umlenkung zum Rhein) oder eine weitere Betonung der vorhandenen Gesteinswiderständigkeit für die Verwitterung. Im Endergebnis fand die markante *Einschneidung* des Mains und seiner größeren Nebenflüsse (Saale, Wern, Tauber) um rund 100 m auf die heutige Tiefe während dieser Umbruchsphase statt. Sie ist also *nach* dem Übergang zu linienhafter Erosion (Breitterrassenniveau) und noch *vor* den Kaltzeiten zu datieren.

IV. Periglazial: Tundra, Löß und Talterrassen

Der Beginn des Quartärs markiert den fundamentalen Wandel der Umweltbedingungen mit dem Einsetzen des Eiszeitalters. Sein Beginn wird bei etwa 2,4 Mio. Jahren angesetzt; es reicht bis heute und wird nochmals zweigeteilt. Das Holozän umfaßt die Zeit der heutigen Bedingungen, die erst seit etwa 10 000 Jahren herrschen, ein erd- und landschaftsgeschichtlich recht kurzer Abschnitt. Diesem steht das Pleistozän gegenüber, während dessen sich mehrfach in den Polargebieten und in den Hochgebirgen, wie den Alpen, mächtige Eiskappen bildeten. Die Glaziale (Eiszeiten) wechselten mit Interglazialen, Zwischeneiszeiten oder Warmzeiten, mit teilweise sogar höheren Temperaturen als heute ab. Gerade dieser mehrfache Wechsel ist das Charakteristikum des Pleistozäns. Der Begriff *Pleistozän* bezeichnet eine *Zeitstufe* der Landschaftsgeschichte.

Auch wenn während der Eiszeiten in keinem Teil Unterfrankens Gletscher direkt wirksam waren, so machte sich die allgemeine Temperaturerniedrigung stark bemerkbar, und es herrschten Umweltbedingungen vergleichbar mit Tundra und Frostschuttzone am Rande der heutigen Arktis. Man spricht daher von periglazialen (kaltzeitlichen) Verhältnissen oder dem Zeitraum des Periglazials, der die Summe der periglazialen Zeitabschnitte zusammenfaßt. Somit beschreibt der Begriff *Periglazial* die *Umweltbedingungen*.

Obwohl bei weitem nicht der gesamte Zeitraum des Pleistozäns eis- bzw. kaltzeitliche Bedingungen kannte, haben sich gerade diese Phasen in der Geomorphologie wie auch der Vegetationsgeschichte niedergeschlagen. Die damaligen Verwitterungs- und Formungsprozesse schufen zu einem wesentlichen Teil die Oberflächenformen, die noch heute das Landschaftsbild bestimmen. Damals wurden mächtige Sedimentkörper in den Tälern aufgeschüttet, die heute in Form von *Terrassen* in Erscheinung treten. Terrassen prägen die Flußläufe in ganz Mitteleuropa, oft in weit komplizierterer Aufsplitterung, als das bei der Gliederung der Terrassen des Maintals der Fall ist, die auf KÖRBER (1962) zurückgeht.

Von überragender Bedeutung für die Landschaftsökologie der Gäuflächen von heute war die Ablagerung des *Lösses*. Außerdem verhüllte er teilweise das ältere Relief und schuf ausgeglichenere Oberflächenformen. Die tief ins Gestein vordringende Frostschuttverwitterung stellte riesige Mengen an Lockermaterial bereit. Die *Solifluktion* (Bodenfließen), die bereits auf sehr geringen Neigungen stattfand, war weit verbreitet und führte zu enormen Materialverlagerungen. Dazu kommen vereinzelte Dünenbildungen durch Sandauswehung aus den Flußtälern.

Während des periglazialen Klimas konnte sich in Unterfranken wie in ganz Mitteleuropa lediglich eine Tundrenvegetation halten, die den Boden nur schütter bedeckte. Die übrigen Arten, fast alle Gräser und Kräuter sowie sämtliche Büsche und Bäume, starben hierzulande aus und konnten erst mit der Wiedererwärmung wieder durch die allmähliche Verbreitung der Samen einwandern. Das gelang bei jedem Klimawechsel etlichen Arten nicht, entweder weil sie in ihren südlicher gelegenen Refugien selbst ausgestorben waren oder weil sie die Alpen und andere Klimaschranken nicht überwinden konnten. Nun machte sich die Isolation des europäischen Laubwaldgebietes bemerkbar, und all das zusammen führte zu einer starken Verarmung an Arten. In klimatisch vergleichbaren Gebieten wie Ostasien oder dem Osten Nordamerikas, wo die meridional (Süd–Nord) gerichteten Wanderungswege nicht durch Gebirgszüge unterbrochen sind, ist die Vegetation viel artenreicher.

V.   Nacheiszeit und Mensch: Bodenentwicklung, Kleinformen und Waldvegetation

Die Zeitspanne nach Ende der periglazialen Bedingungen seit etwa 10 000 Jahren vor heute faßt man als Holozän zusammen und stellt sie dem Pleistozän gegenüber. Die Tatsache, daß man einem landschaftsgeschichtlich so kurzen Abschnitt eine derartige Eigenständigkeit zubilligt, zeigt, wie wichtig er für die heutige Landschaft ist. Für größere geomorphologische Veränderungen ist die Zeitspanne zwar zu kurz, dennoch zeigt sich eine Veränderung bereits im Bereich der Kleinformen: Ackerterrassen, Erosionsrinnen, Lesesteinriedel, Auelehmbildung.

An dieser Stelle der Landschaftsgeschichte wird der *anthropogene Einfluß* sichtbar. Darunter werden alle Einflüsse des Menschen auf die Landschaft zusammengefaßt, direkte und vor allem indirekte, wie z. B. die Verstärkung der Erosion nach Abholzung oder auch die Verschiebung des Artenspektrums durch wiederholte Beweidung mit Nutztieren. Der anthropogene Einfluß besteht heute in allen Teilbereichen der Landschaft und muß deswegen in die Überlegungen mit einbezogen werden. In der Geomorphologie war der Beginn der Seßhaftigkeit (neolithische Revolution) der bedeutendste Einschnitt, denn mit dem Ackerbau gingen die verstärkte Erosion an den Hängen und die Akkumulation des Materials als Auelehm in den Tälern einher, insgesamt eine enorme Verlagerung von Bodenmaterial und damit Fruchtbarkeit.

Von ganz wenigen Reliktpflanzen abgesehen, hat der Aufbau der heutigen Vegetation Unterfrankens, insbesondere die erneute Ausbildung der Wälder, erst nach der letzten Eiszeit begonnen. Deshalb erscheint es auch begründet, diese im Vergleich zu obigen Abschnitten extrem kurze Zeitspanne als eigene Entwicklungsphase der Landschaft darzustellen. Während dieser Zeit läßt sich ein völliger Wandel in der Artenzusammensetzung der Wälder beobachten, die *Mitteleuropäische Grundsukzession*, die im groben hier überall denselben Verlauf aufweist (WALTER u. STRAKA 1970). Weil aus anderen Quellen bekannt ist, daß nur noch geringe Klimaoszillationen stattfanden, reicht zur Erklärung solcher Verschiebungen der Rückschluß auf klimatische Einflüsse allein nicht aus. Dazu kommen die Konkurrenz der Arten untereinander, die Entwicklung des Ökosystems mit Bodenaufbau und schließlich der anthropogene Einfluß, der zumindest in Teilbereichen bereits früh, seit der Jungsteinzeit, einsetzte und bis heute die natürliche Vegetation vollständig verändert hat.

Auch die gesamte Bodenbildung gehört in diese Zeit, da noch die letzte Eiszeit mit Solifluktion und Kälte die *Bodenentwicklung* größtenteils unterbrochen hatte. Die Böden Mitteleuropas stellen daher, im weltweiten Vergleich, relativ junge Bildungen dar, deren Entwicklung teilweise noch nicht abgeschlossen ist, während gleichzeitig der Mensch hier massiv eingreift. Allerdings schufen die geomorphologischen Veränderungen der letzten Eiszeit die Ausgangsbasis für die holozäne Bodenentwicklung. Erst auf der Grundlage des Lösses konnten sich die fruchtbarsten Böden Unterfrankens entwickeln. In den Sandsteingebieten setzte die Bodenbildung im Lockermaterial der Schuttdecken ein. Nur wo der blanke Fels, Kalk- oder Sandstein, oberflächlich anstand, konnten sich bis heute erst wenig mächtige Böden mit geringer Horizontdifferenzierung entwickeln. Auf den Flugsandfeldern und Dünen entstanden die ärmsten Böden Unterfrankens. Die Möglichkeiten der Landnutzung durch den Menschen und die Verteilung der Besiedlung sind eng mit der differenzierten Bodenentwicklung verknüpft.

Die Fragen, die sich aus dem im Holozän überall sichtbaren Einfluß des Menschen auf die Landschaft, auf ihre internen Prozesse und Austauschbeziehungen und auf das Landschaftsbild ergeben, bedürfen eines anderen Ansatzes, denn die Veränderungen und Reaktionen laufen in Zeiträumen ab, die in keinem Verhältnis zu landschaftsgeschichtlichen Abläufen stehen.

2.4   Landschaftsökologie

Jede Landschaft kann als System, als Beziehungsgefüge aus gegenseitigen Abhängigkeiten und Wechselwirkungen angesehen werden, als Landschafts-Ökosystem. Für die Naturgeographie geht es dabei nicht nur um Stoffumsätze und physikalisch-chemische Reaktionen, sondern vielmehr um den *räumlichen Ausdruck des Beziehungsgefüges* in Form der Landschaft selbst. In einer lang und intensiv bewirtschafteten Landschaft, wie in Unterfranken, ist es unumgänglich, auch den Menschen als Ökofaktor in eine naturgeographische Darstellung mit einzubeziehen. Er verändert die Bodenentwicklung, die bodenhydrologischen Parameter durch Be- oder Entwässerung und die Standortbedingungen der Pflanzen durch permanente Eingriffe. Aus den Beispielen für die Auswirkungen des Ökofaktors Mensch wird ersichtlich, daß sich eine landschaftsökologische Perspektive insbesondere für zwei Teilbereiche der Naturgeographie anbietet, die an der Nahtstelle zwischen Untergrund und Atmosphäre stehen:

– Die *Bodeneigenschaften* sind die wesentlichen naturgeographischen Faktoren für die Landnutzung durch den Menschen. Sie prägen deshalb auch das heutige Bild der Landschaft in wesentlichem Maß, dazu Bevölkerungsverteilung, Wirtschaftsentwicklung, Geschichte usw. Daraus ergeben sich die Fragen: Welche Zusammenhänge der klimatischen, hydrologischen und geologischen Ökofaktoren bestimmen die Bodenbildung und die Bodenfruchtbarkeit? Welche steuernde Rolle spielt dabei das Relief als Ergebnis der Landschaftsgenese?

– Wenn selbst die Waldentwicklung im Holozän nicht ohne den Einfluß des Menschen zu beschreiben ist, so gilt dies erst recht für die übrige Vegetation. Deshalb wird die *reale,* die aktuell bestehende *Vegetation,* die in Mitteleuropa ja vollständig anthropogen gesteuert ist, als Gegenpol der potentiell natürlichen Vegetation gegenübergestellt, die für die Landschaft nur theoretische Bedeutung besitzt. Es stellen sich die Fragen: Welche Folgen haben die Unterschiede zwischen natürlicher und anthropogen bestimmter Vegetation für das Ökosystem? Wie läßt sich die reale Vegetation nach landschaftsökologischen Gesichtspunkten gliedern?

– Aus diesen beiden Punkten, denen sowohl der *anthropogene Einfluß* als auch die Einbindung in landschaftsökologische Zusammenhänge gemeinsam ist, folgt die Frage nach den Auswirkungen der durch den Menschen hervorgerufenen Veränderungen in der Landschaft: In welchem Maß können anthropogen bestimmte Pflanzengesellschaften die Rolle von natürlicher Vegetation im Ökosystem einnehmen, und wo ergeben sich Defizite? Welche landschaftsökologischen Probleme lassen sich aus diesen Zusammenhängen erklären?

2.4.1   Pedologie (Bodenkunde)

Aus der Überlagerung der geologischen Verhältnisse mit den verschiedenen Teilen des Reliefs und der resultierenden Verteilung des Oberflächen- und Grundwassers, dem Klima und der Vegetation ergeben sich die pedologischen, die bodenkundlichen Verhältnisse. Die Kombinationsmöglichkeiten dieser Geofaktoren sind so komplex, daß sich überall eine sehr kleinräumig wechselnde Vielfalt von Böden herausbildet, die bereits innerhalb eines Hanges unterschiedliche Bodentypen hervorbringt.

Überregionale Einordnung

Wie aus der Landschaftsgenese bereits hervorgeht, sind die Böden Mitteleuropas im Weltmaßstab relativ junge Bildungen, da ihre Entstehung erst nach dem Ende der Eiszeit begann. Es fehlen daher die völlig ausgelaugten, an Nährstoffen verarmten Böden, die viele Bereiche der Tropen kennzeichnen. Andererseits sind die Niederschläge in Unterfranken gering genug, um die starke Auswaschung zu verhindern, welche die Podsole nicht nur in Nordamerika, Sibirien und Nordeuropa, sondern bis nach Norddeutschland hinein prägt. Der in Unterfranken während der Eiszeiten abgelagerte Löß vereint durch seine Struktur viele günstige Bodeneigenschaften, weshalb sich darauf die weltweit mit ertragreichsten Böden bildeten. Deshalb gehören die Lößgebiete Unterfrankens zum Altsiedelland, den zuerst besiedelten Gebieten Mitteleuropas.

Mehr noch als bei der Darstellung der natürlichen Grundlagen oder der Landschaftsgenese ergibt sich hier das Problem der Generalisierung und der Gültigkeit allgemeiner Aussagen. Selbst wenn der Wandel eines Geofaktors im Raum noch relativ überschaubar ist und in wenige Ausprägungen untergliedert werden kann, so ergibt sich allein aus der Menge der Kombinationsmöglichkeiten eine verwirrende Vielzahl von *Ökotopen*, räumlichen Ausdrucksformen des Ökosystems, die auf kleinstem Raum wechseln können. Auch wenn in einem Überblick darauf zwangsläufig nicht eingegangen werden kann und man sich auf typische Beispiele beschränken muß, sollte doch im Hintergrund das Bewußtsein stehen, daß besonders Charakterböden wie auch Leitgesellschaften der Vegetation selten so typisch auftreten, wie für den Idealfall dargestellt, sondern meistens als Übergangsformen vorkommen und nie in so geschlossener Verbreitung. Trotzdem ist es sinnvoll, einige wenige Charakterböden für die jeweiligen Landschaften herauszugreifen, anhand derer ökologische Verbindungen zu den übrigen Ökofaktoren gezogen werden können. Hat man das Prinzip erkannt, dann sieht man die großen Strukturen, Verhältnisse und Zusammenhänge analog oft im kleinen wieder und kann die Erkenntnisse ableiten und übertragen.

Bodenfruchtbarkeit und Landnutzung

Zentrales Kriterium der edaphischen (bodenbezogenen) Bedingungen ist der Gehalt an Tonmineralen und Humusstoffen, der *Ton-Humus-Komplex*. Tonminerale entstehen durch Verwitterung aus bestimmten Mineralen der Gesteine, Humusstoffe aus dem Zerfall von organischem Material. Die Speicherfähigkeit des Ton-Humus-Komplexes für Nährstoffe und Wasser steuert zu wesentlichen Teilen die Bodenfruchtbarkeit, denn für das Pflanzenwachstum ist eine gleichmäßige Versorgung entscheidend. Dazu kommt die *Gründigkeit*, die Mächtigkeit des Bodenprofils über der Gesteinsunterlage. Sie bestimmt die Tiefe des Wurzelraumes und damit den Bereich, in welchem die Pflanzen die gespeicherten Nährstoffe und Wasservorräte des Bodens auch erschließen und aufnehmen können. Schließlich ist die natürliche *Nährstoffversorgung* des Bodens zu nennen, die sich aus dem Anteil der verwitterten Gesteinspartikel ergibt und je nach Gesteinsart sehr unterschiedlich ist.

Während eine mangelnde Nährstoffversorgung heute durch Kunstdünger ausgeglichen werden kann, lassen sich die beiden anderen Bodeneigenschaften nicht künstlich herstellen, sondern durch schonende Bodenkultivierung über lange Zeiträume bestenfalls aufrechterhalten. Der Mensch greift an mehreren Stellen in das Teilökosystem des Bodens ein, was Vorteile für die Landnutzung, aber auch Nachteile für das Ökosystem mit sich bringt. Aus dem Wechselspiel zwischen den natürlichen Gegebenheiten und der anthropogenen Reaktion resultiert letzten Endes das Nutzungsmuster aus Feldern, Grünland oder Wald, welches das Bild der Kulturlandschaft Unterfrankens prägt.

Charakterböden Unterfrankens

Großräumig betrachtet, gehört Unterfranken zur Zone der Braunen Waldböden, die im kühlgemäßigten, ständig feuchten Klima auf Sedimentgesteinen mit mittleren Tongehalten entstehen. Der Gruppe dieser Bodentypen ist, bei allen Unterschieden im einzelnen, eine Reihe von Merkmalen gemeinsam. Sie sind relativ reich an Tonmineralen, was sie im Prinzip fast immer geeignet für landwirtschaftliche Nutzung macht. Obwohl ihr Alter erst gut 10 000 Jahre beträgt, hatten die Umlagerungsprozesse innerhalb des ursprünglich einheitlichen Substrates genügend Zeit, um ein ausgereiftes Bodenprofil mit deutlich ausgeprägten Horizonten zu schaffen. Der Name Braune Waldböden weist auf die Verbraunung bei der Neubildung von Tonmineralen hin, dem wichtigsten Prozeß während der Bildung dieser Böden. Die pedologischen Unterschiede innerhalb Unterfrankens beziehen sich ganz wesentlich auf die Variationen des Gehaltes an Tonmineralen und deren Verteilung in den Böden sowie auf die Folgen, die sich daraus für die Landschaftsökologie ergeben.

Der überwiegende Teil Unterfrankens wird vom Typus der Braunerden oder dessen Abwandlungen eingenommen. Normal ausgeprägte, nährstoffreiche und tiefgründige *Braunerden* haben sich auf allen tonreichen Sandsteinen und Mergeln, daneben auf Gneis gebildet. Sie kommen im Osten, Norden und Süden der Mainfränkischen Platten, im Vorspessart und in Teilen der östlichen Rahmenhöhen vor und werden zumeist intensiv ackerbaulich genutzt, wenn nicht durch das Relief (Steilheit, Talgrund mit Vernässung, Höhenlage) Grenzen gesetzt sind. Auch in der Hochrhön sind auf den Basalten Braunerden verbreitet, deren landwirtschaftliche Nutzung aber aus klimatischen Gründen stark eingeschränkt ist.

In den Lößgebieten der zentralen Mainfränkischen Platten, den Gäuflächen, ist die *Parabraunerde* der Charakterboden. Sie unterscheidet sich von der Braunerde im wesentlichen dadurch, daß die Tonminerale innerhalb des Profils nach unten verlagert, dabei aber nicht zerstört werden (Lessivierung). Die Parabraunerde vereint gute Bearbeitbarkeit mit hohem Nährstoffreichtum, der aufgrund der idealen Korngrößenstruktur und der tiefen Gründigkeit von den Pflanzenwurzeln ausgezeichnet erschlossen werden kann. Die Böden erreichen nach den Schwarzerden in der Magdeburger Börde die höchsten Bewertungen in ganz Deutschland. Die Gäuflächen sind deshalb und wegen ihres weithin ebenen Reliefs der

am intensivsten ackerbaulich genutzte Teil Unterfrankens, so daß nur noch vereinzelte Wald-
reste bestehen. Bei der Neigung der Böden zur Trockenheit fehlt Grünland fast völlig, und
auch im Ackerbau sind Trockenschäden nicht selten. Das größte landschaftsökologische
Problem ist hier die extreme Erosionsgefährdung der Parabraunerden, die selbst auf geringen
Hangneigungen zu Bodenverlusten im Bereich mehrerer Tonnen pro Hektar und Jahr führt
und die natürliche Ressource Löß allmählich aufzehrt.

Spessart und Südrhön im Westen Unterfrankens werden heute durch ausgedehnte Wälder
bestimmt, was zur Annahme verleiten könnte, es handle sich um „natürliche" Landschaften.
Doch auch hier wurde im Mittelalter auf weiten Flächen Landwirtschaft betrieben, obwohl
die Sandsteine des Buntsandsteins aufgrund ihrer Tonarmut, kombiniert mit den höheren
Niederschlägen, nur *podsolige Braunerden* tragen, die zur Versauerung neigen und nähr-
stoffarm sind. Hier werden die Tonminerale durch verschiedene Prozesse innerhalb der Böden teilweise sogar zerstört (Podsolierung), weshalb die Bodenfruchtbarkeit nur gering ist.
Durch Düngung läßt sich die Nährstoffversorgung heute zwar stark verbessern, doch in der
mittelalterlichen Landwirtschaft stand noch kein Kunstdünger zur Verfügung, und viele Flächen verarmten an Nährstoffen. Vielfach wurde in den Waldgebieten die Laubstreu zur Ver-
besserung der Humusbildung auf den Feldern entfernt, so daß auch die Waldböden aufgrund
des Humusmangels degradierten und, wie auch viele frühere Äcker, inzwischen aufgeforstet
wurden, häufig mit Nadelhölzern. Vergleichbare Böden sind auf den Flugsandfeldern im
Raum Kitzingen und am Untermain entwickelt und zumeist mit Kiefern aufgeforstet.

Pelosole sind demgegenüber durch einen extrem hohen Tongehalt gekennzeichnet, der
Umlagerungsprozesse im Boden weitgehend verhindert. Er stammt aus den Tonsteinen und
Tonmergeln, die verbreitet im Bereich der östlichen Rahmenhöhen anstehen. Viele Böden
leiden dort unter zu hoher Feuchtigkeit und Staunässe, und der hohe Tongehalt der Pelosole
macht sie schwer bearbeitbar und schlecht durchlüftet. Obwohl man vielfach Drainagen
(Entwässerungsrohre) in etwa einem Meter Tiefe eingebaut hat, sind viele Böden nur als
Grünland nutzbar. Die Haßberge, der Steigerwald und vor allem die Frankenhöhe weisen den
höchsten Grünlandanteil außerhalb der Gebirgs- und Mittelgebirgsbereiche in Süddeutschland auf. Insgesamt herrscht hier durch das Nebeneinander von Sand- und Tonsteinen sowie
durch das stark hügelige Relief mit unterschiedlicher Grundwassernähe ein sehr abwechslungsreiches Muster aus Feldern, Grünland und Wald vor.

Eine Ausnahme in dieser Reihe bildet die *Rendzina*, die typisch für reine Kalksteine ist.
Dort, wo Muschelkalk oberflächlich ansteht und nicht durch Löß oder Keuper überdeckt
wird, was im Westen der Mainfränkischen Platten insbesondere an den Talkanten der Fall ist,
bilden Rendzinen den verbreitetsten Bodentyp. Da der Kalk bei der Verwitterung zum überwiegenden Teil in Lösung geht und kaum Restmaterial übrigbleibt, konnte dort erst ein sehr
flachgründiger Boden ohne differenzierte Horizontbildung entstehen. Früher nutzte man
diese Flächen als magere Weiden (Halbtrockenrasen), während sie heute größtenteils mit
Kiefern aufgeforstet sind.

2.4.2   Reale Vegetation

Der Sinn, die Landschaft und ihre Teilbereiche aus verschiedenen Perspektiven zu
beleuchten und zu hinterfragen, zeigt sich am Beispiel der Vegetation. Eine oft zur
Charakterisierung der Landschaft herangezogene Grundlage ist das Konzept der potentiellen
natürlichen Vegetation. Dabei liegt das Schwergewicht bei der Reaktion der Vegetation auf
die heute aktuellen Standortbedingungen. Fragt man dagegen nach der heutigen Rolle der

Vegetation im Ökosystem der Landschaft, so steht die reale Vegetation im Vordergrund. Sie hat sich durch den *Eingriff des Menschen* vollständig verändert, allerdings in sehr unterschiedlichem Grad. Die reale Vegetation wird dabei, entsprechend der Zielsetzung einer Naturgeographie, nicht aus landwirtschaftlichem oder agrargeographischem, sondern aus landschaftsökologischem Blickwinkel analysiert.

Überregionale Einordnung

Die reale Vegetation reflektiert das Beziehungsgefüge zwischen Mensch und Umwelt nicht nur in den eigentlichen Nutzflächen, sondern in allen ihren Teilen. Eine erste landschaftsökologische Differenzierung der realen Vegetation insgesamt führt zu einer groben Gegenüberstellung der beiden grundsätzlichen Nutzungsmuster Grünland und Ackerland, die sich bis hin zur Ausbildung von Hecken und anderen naturbetonten Landschaftselementen nachvollziehen lassen (TROLL 1951). Im landschaftsökologischen Sinn können beide auch durch die Unterschiedlichkeit der anthropogenen Eingriffe gegliedert werden.

Der Grünlandbereich ist durch höhere Niederschläge und den ozeanischen Klimatyp gekennzeichnet, unter deren Bedingungen die Viehzucht vielfach ertragreicher ist als Ackerbau. Dazu gehören der gesamte Küstenbereich Westeuropas von Nordwestspanien über Frankreich bis Norddeutschland ebenso wie die höheren Mittelgebirge und die Alpen. Hier herrschen Wiesen und Weiden vor, und Hecken wurden planmäßig zur Einzäunung (Verkoppelung) angelegt. Die Pflanzen wurden aus den Wäldern entnommen, was sich noch nach Jahrhunderten im Artenspektrum nachweisen läßt.

Dem steht der Ackerlandbereich gegenüber, zu dem der größte Teil Süddeutschlands einschließlich Unterfrankens gehört, lediglich mit Ausnahme der Hochrhön. Der jahrhundertelange Acker- und auch Weinbau schuf hier eine Vielzahl von geomorphologischen Kleinformen, wie Stufenraine, Lesesteinhaufen und Steinriedel, auf denen sich spontan, also ohne direktes menschliches Zutun Pflanzen ansiedelten. So kann der „Gäulandheckentyp" (TROLL) in Artenzusammensetzung, ökologischer Stellung und Alter vom „Grünlandheckentyp" unterschieden werden. Der Unterschied zwischen den anthropogenen Eingriffen auf Feldern und in spontan entstandenen naturbetonten Landschaftselementen ist viel größer als im Grünlandbereich.

Elemente der realen Vegetation

Der Grad der Einflußnahme des Menschen variiert je nach Vegetations- und Nutzungstyp stark, mit sehr unterschiedlichen landschaftsökologischen Auswirkungen für die Fauna, den Aufbau komplizierter Nahrungsnetze, aber auch für den Oberflächenabfluß, die Bodenerosion, die Grundwasserneubildung und das Mikroklima. Die reale Vegetation reflektiert zum einen den Ökofaktor Mensch, der ihre Entwicklung auf einem bestimmten Niveau hält, die weitere Sukzession verhindert und damit nicht nur ihre Nutzung, sondern auch ihre landschaftsökologische Stellung bestimmt. In der räumlichen Verteilung und dem Artenaufbau der realen Vegetation spiegeln sich dagegen mit abnehmendem Grad anthropogener Einflußnahme mehr und mehr die natürlichen Ökofaktoren wider. Insgesamt steuern die Wechselbeziehungen dieser natürlichen und anthropogenen Faktoren das Agrar-Ökosystem, dessen räumlicher Ausdruck das Landschaftsbild Unterfrankens zu wesentlichen Teilen bestimmt. Im groben lassen sich in der Kulturlandschaft Unterfrankens vier Haupttypen realer Vegetation unterscheiden: Forste, Felder, Grünland und naturbetonte Landschaftselemente.

Forste. Alle Wälder in Unterfranken sind Forste, also Nutzwälder mit anthropogen ge-
steuerter Artenzusammensetzung. Sie haben gegenüber dem Urwald ein stark eingeschränk-
tes, oft standortfremdes Artenspektrum bis hin zur Monokultur. Andererseits kommen sie
dem natürlichen Wald aber in ihrer Physiognomie (ihrem Aufbau), in der Dauer der Lebenszyklen, dem Grad der Grundwasserneubildung und dem Bestandsklima am nächsten. Auch
der Bodenabtrag entspricht der natürlichen Rate.

Felder unterliegen demgegenüber mit jährlicher vollständiger Erneuerung der Vegetation
der stärksten Einflußnahme des Menschen mit gezielter Artensteuerung. Die landschaftsökologischen Folgen von Ackerbau sind enorm. Felder bieten nur Spezialisten, schnellwüchsigen, trockenheits-, wärme- und nährstofftoleranten Pflanzen bzw. mobilen, Offenland
liebenden Tieren eine Überlebensmöglichkeit. Sie unterliegen einer je nach Bodenart um ein
Vielfaches stärkeren Erosion als unter natürlicher Vegetation, auch wenn sich der Bodenverlust durch geeignete Bewirtschaftungsmaßnahmen reduzieren läßt. Durch den verstärkt
oberflächlichen Wasserabfluß werden nicht nur dem Boden Nährstoffe entzogen, sondern sie
werden in die Gewässer eingeschwemmt (Eutrophierung), während gleichzeitig die
Grundwasserneubildung verringert wird.

Grünland. Wiesen und Weiden sind einer zwar permanenten, doch weniger tiefgreifenden
und in ihren Auswirkungen völlig anderen Einwirkung ausgesetzt, die bereits erheblich mehr
Arten eine Überlebensmöglichkeit bietet. In der Differenzierung hinsichtlich Wiesen- oder
Weidenutzung läßt sich die exakte und starke Anpassung der Flora wie auch der Fauna an das
Wechselspiel der Ökofaktoren nachvollziehen. Erosion spielt unter Grünland kaum noch
eine Rolle, weil das Niederschlagswasser weitgehend infiltriert und der Boden durch das
dichte Wurzelwerk geschützt wird. Der höhere Feuchtigkeitsgehalt hat erhebliche Auswirkungen auf das Mikroklima, was anhand der häufigeren Bodennebel über Grünland augenfällig ist.

Naturbetonte Landschaftselemente. Hecken, Feldraine, Halbtrockenrasen, Streuobstbestände, Teiche oder Gehölzufersäume werden als naturbetonte Landschaftselemente zusammengefaßt. Ihre Bedeutung beschränkt sich nicht allein auf ihre Existenz als Biotop, vielmehr spielen sie auch als Erosionsschutz oder bei der Beeinflussung des Mikroklimas eine
große Rolle im Ökosystem. Sie bieten daher auch ein Beispiel für den gestaltenden Einfluß
des Menschen, der letztlich eine im Vergleich zur potentiellen natürlichen Vegetation größere landschaftsökologische Vielfalt bewirkte. Das bezieht sich auf die Lebensräume für viele
trockenheits- und lichtbedürftige Tier- und Pflanzenarten, die im (natürlichen) Wald nicht
existieren könnten und aus dem Mittelmeerraum oder aus Steppengebieten Südosteuropas
eingewandert sind, oder auf ausgesprochene Kulturfolger wie den Storch. Im Vergleich zu
Feldern und Grünland können naturbetonte Landschaftselemente erheblich höhere und komplexere Sukzessionsstadien erreichen und längerfristige Beziehungen zu ihrer Umgebung
aufbauen. Daraus folgt die große Bedeutung, die naturbetonte Landschaftselemente sowohl
für die Ökologie wie auch das Bild der Landschaft besitzen, eine Bedeutung, die mit der Vereinheitlichung und Ausräumung der Landschaft immer mehr zunimmt.

2.4.3   Landschaftsökologische Probleme

Die Eingriffe des Menschen in das Landschafts-Ökosystem bedingen Veränderungen, die
sich aus der Perspektive und Bewertung des Menschen, aber auch teilweise bereits als
landschaftsökologische und -ästhetische Probleme darstellen. Sie betreffen nicht nur die be-

kannten Umweltschäden, wie Schadstoffbelastung von Luft und Wasser, Zerschneidung durch Verkehrswege, Flächenversiegelung oder Müllablagerung, sondern ebenso die oft längerfristigen *Veränderungen der Landschaft*. Aus landschaftlichem Blickwinkel lassen sie sich im Wandel des Landschaftsbildes und der Nutzungsformen erkennen. Dahinter stehen aber viel tiefer gehende Zusammenhänge des anthropogenen Einflußfaktors auf das Ökosystem, die bis zu grundlegenden Verschiebungen des Artenspektrums, der Lebensräume, der Wasser- oder Stoffkreisläufe reichen.

Die landschaftsökologischen Probleme lassen sich, entsprechend der landschaftlichen Ausstattung und ihrer Unterschiede, nur in bezug auf das jeweilige Teilgebiet darstellen. Bodenerosion spielt vor allem auf den Mainfränkischen Platten eine erhebliche Rolle, was auf die leichte Erodierbarkeit des Lösses, die einseitige Ackernutzung infolge Fruchtbarkeit und Klimagunst sowie die lange Nutzungsdauer zurückzuführen ist. Während hier das Ökosystem unter einem akuten Mangel an naturbetonten Landschaftselementen und Wald leidet, besteht demgegenüber in vielen Bereichen der westlichen Rahmenhöhen die Gefahr, daß die geringen offenen Bereiche der Täler vollends aufgeforstet werden und verwalden, womit nicht nur zahlreiche Lebensräume für Tiere und Pflanzen lokal verschwinden, sondern auch landschaftshistorische Dokumente und touristische Nutzungsmöglichkeiten. Damit ergeben sich wiederum Bezüge zum persönlichen Handlungsraum und zur lokalen Umwelt des einzelnen.

2.5   Landschaftsräumlicher Vergleich

Nachdem nun die wichtigsten naturgeographischen Sachverhalte Unterfrankens angesprochen sind, interessiert die Frage nach der eigenständigen *Charakteristik der* zu Anfang ausgegliederten *Teillandschaften*. Erweitert man das Blickfeld von den Mainfränkischen Platten auf benachbarte Landschaften, so fallen spontan Unterschiede ins Auge. Hier bietet sich ein räumlicher Vergleich an, wobei es um zwei Fragenkreise geht:

– Eine Vielzahl von einzelnen Faktoren läßt sich für jede Teillandschaft beschreiben. Dennoch ist es eher das Zusammenspiel, das *Faktorengefüge*, welches jeder Landschaft eine Eigenständigkeit verleiht, die sich sowohl auf die internen ökologischen Wechselbeziehungen als auch das Landschaftsbild bezieht. Interessant ist dabei jeweils die Frage: Welche Zusammenhänge führen im einzelnen zum Ausdruck der landschaftlichen Charakteristik?
– Umgekehrt muß es auch möglich sein, genetische Entwicklungsgänge aus der Landschaft heraus abzuleiten. Dazu sind die einzelnen Formen der Oberfläche in die richtige Beziehung zu stellen, woraus sich die Frage ergibt: In welchen spezifischen Einzelformen fand die Landschaftsgeschichte der Teillandschaften ihren Niederschlag, und wie läßt sie sich *parallelisieren*?

Interne Differenzierung Unterfrankens

Der in vieler Beziehung typischen Kernlandschaft werden unter diesem Aspekt die übrigen Landschaften Unterfrankens im landschaftsräumlichen Vergleich gegenübergestellt. Schon der grobe Überblick einer kleinmaßstäblichen Karte (Abb. 3) läßt für Unterfranken eine generelle Dreiteilung erkennen. Das zentrale Becken der Mainfränkischen Platten wird im Osten wie im Westen von anderen Landschaften begrenzt, die über eine jeweils eigenständige Charakteristik verfügen. Nach Norden (Südthüringen) und Süden (Bauland, Hohenlohe) sind demgegenüber kaum Unterschiede auszumachen, weshalb zu diesen Landschaften keine klaren Grenzen gezogen werden können und sich vielmehr breite Übergangssäume ergeben. Zusätzlich fällt aus dem groben Muster noch das Maintal als eigenständige Landschaft und naturräumliche Einheit heraus, so daß sich für Unterfranken eine Vierteilung ergibt:

- die Mainfränkischen Platten als zentrale Landschaft;
- das Maintalsystem mit dem Main und den wichtigsten Nebenflüssen Tauber, Saale und Wern;
- die östlichen Rahmenhöhen mit Haßbergen, Steigerwald und Frankenhöhe;
- die westlichen Rahmenhöhen mit Rhön und Spessart.

Trotz der Grobgliederung in vier Großlandschaften lassen sich die Teillandschaften noch weiter unterteilen, was in den jeweiligen Kapiteln auch zum Tragen kommt. Der Schwerpunkt der Darstellung liegt bei dieser Perspektive somit eher bei der Herausarbeitung von Unterschieden als bei der Wiederholung von Gemeinsamkeiten, was natürlich nicht über deren Bestehen hinwegtäuschen darf. Auch an diesem Punkt helfen die Karten mit ihrer flächendeckenden Aussage, die räumliche Relevanz und Ausdehnung bestimmter Sachverhalte abzuschätzen.

3.   Mainfränkische Platten: Einführung

Abbildung 9
Landschaftsbild der Mainfränkischen Platten. Im Kontrast zum Fuß der Keuperstufe im Vordergrund kommt die Charakteristik der weiträumigen Landschaft der Mainfränkischen Platten klar zum
Ausdruck. Im Überblick dominieren flachwellige Oberflächenformen, niedrige Hügel und geringe
Höhenunterschiede. Kleinräumige Versteilungen, die auf härtere Gesteine zurückgehen, sind die
einzigen für Ackerbau ungünstigen Bereiche und werden deshalb von Waldresten nachgezeichnet
(mehrfach links im Hintergrund zu sehen). An der sehr geringen Gewässernetzdichte wie auch am
fast vollständigen Fehlen von Wiesen und Weiden zeigen sich die allgemein trockenen Umweltbedingungen, die auf der Kombination geringer Niederschläge, hoher Temperaturen und durchlässiger
Gesteine beruhen. Die günstigen Klima- und Bodenbedingungen haben zu einer vollständigen
Veränderung der natürlichen Waldvegetation geführt, so daß die reale Vegetation von Ackerbau und
anthropogen stark beeinflußten Pflanzengesellschaften, wie Hecken und Streuobst (vorn),geprägt ist.
Bei Kleinbardorf/Grabfeld

3.1   Lage und Abgrenzung

Die naturräumliche Gliederung Deutschlands (MEYNEN u. SCHMITHÜSEN 1953, S. 32) faßt die Landschaft der Mainfränkischen Platten, den zentralen Teil Unterfrankens, als eine Gruppe naturräumlicher Haupteinheiten zusammen (vgl. Abb. 36). Sie nimmt das Becken zwischen den umrahmenden Mittelgebirgen des Spessarts und der Rhön im Westen bis hin zur Stufe von Haßbergen–Steigerwald–Frankenhöhe im Osten ein, wobei auch Teile des westlichen Mittelfrankens mit eingeschlossen sind. Im Norden reicht die alte Kulturlandschaft des Grabfeldes ohne erkennbare Grenze nach Südthüringen hinein bis zum Fuß des Thüringer Waldes. Nur diesen Raum entwässert die obere Werra, während sonst der Main mit seinen Zuflüssen das zentrale Flußsystem des gesamten Bereichs bildet. Landschaftsgenetisch wie -ökologisch am nächsten verwandt sind die nach Südwesten anschließenden Neckar- und Taubergäuplatten, mit denen zusammen die Mainfränkischen Platten eine der großen Einheiten des Süddeutschen Stufenlandes bilden.

Da die Mainfränkischen Platten den größten Teil Unterfrankens einnehmen und gleichzeitig dessen Mittelpunkt darstellen, erscheint es sinnvoll, mit dieser Landschaft zu beginnen. Daraus ergibt sich die Möglichkeit, theoretische Einführungen zu den verschiedenen Geofaktoren gleich mit der regionalen Ausprägung in der Praxis zu verbinden. Später können dann im landschaftsräumlichen Vergleich die übrigen Teillandschaften Unterfrankens damit in Beziehung gesetzt werden.

3.2   Übergreifende Charakteristik

Abb. 9 zeigt ein für die Mainfränkischen Platten typisches Landschaftsbild, das die übergreifenden Merkmale sichtbar werden läßt, wie sie sich dem Betrachter im ersten Eindruck bieten. Im äußeren Erscheinungsbild fallen überall im Bereich der Mainfränkischen Platten als gemeinsame, charakteristische Merkmale auf:

– die weiträumige Landschaft mit weitgespannten, flachwelligen Landschaftsformen;
– die sehr geringe Gewässerdichte, augenscheinlich trockene Verhältnisse;
– die intensive ackerbauliche Nutzung und nahezu völliges Fehlen von Grünland und Feuchtflächen;
– die starke Armut an Wäldern und naturbetonten Landschaftselementen;
– das insgesamt monotone, ausgeräumte („leere") Landschaftsbild.

3.3   Interne Differenzierung

Bei genauerem Hinsehen lassen die Bilder von Abb. 2 allerdings auch Unterschiede erkennen, die eine Differenzierung ermöglichen. Die interne naturräumliche Gliederung der Mainfränkischen Platten ist ebenfalls Abb. 36 zu entnehmen und trägt den unterschiedlichen Verhältnissen einzelner Geofaktoren Rechnung. Im Bereich der Geologie und der Landschaftsökologie, insbesondere hinsichtlich Bodenverhältnissen und Landnutzung, zeigen sich teilweise deutliche Unterschiede. Demgegenüber variieren die klimatischen, hydrologischen und landschaftsgenetischen Verhältnisse im Gesamtbereich der Mainfränkischen Platten viel weniger stark.

Eine deutliche Trennungslinie verläuft grob in nordsüdlicher Richtung und tangiert dabei auch Würzburg. Östlich dieser Linie bilden die Gäuplatten im Maindreieck, Ochsenfurter und Gollachgau und das Schweinfurter Becken die einheitlichsten, gleichförmigsten Landschaften Unterfrankens. Hier beherrschen über weite Strecken sehr geringe Höhenunterschiede das Relief; ein Eindruck der durch die weitflächig dominierende, intensive ackerbauliche Nutzung noch verstärkt wird.

Auch die Windsheimer Bucht und das Steigerwaldvorland, die östlichsten Teile der Mainfränkischen Platten, sind durch sehr geringe Reliefunterschiede und überwiegenden Ackerbau ausgezeichnet. Dennoch treten, bedingt durch geologische, hydrologische und landschaftsgenetische Unterschiede, Wald und Grünland in bedeutendem Maße hinzu. Die Windsheimer Bucht schließlich muß hinsichtlich ihrer Landschaftsgenese im Zusammenhang mit den östlichen Rahmenhöhen gesehen werden, was ihre Übergangsstellung und damit die Problematik ihrer Einordnung verdeutlicht. Erwähnenswert ist noch das Gebiet des Hesselbacher Waldlandes nördlich von Schweinfurt, dessen stärkere Bewaldung aus dem Gesamtbild der Mainfränkischen Platten deutlich herausfällt und das landschaftlich eher den östlichen Rahmenhöhen ähnelt.

Im westlichen Bereich, im Grabfeld, auf den Wern-Lauer-Platten und der Marktheidenfelder Platte bestehen allgemein mehr kleinräumige Höhenunterschiede, keine so einheitliche Nutzung und größerer Abwechslungsreichtum zwischen Wald und Ackerland. Im ganzen herrscht ein wechselhafteres Landschaftsbild vor. Dies gilt auch für den Bereich des Tauberlandes im Süden mit einer Mischung aus flachen, fruchtbaren Bereichen, die den Gäuplatten ähneln, und anderen mit stärker gegliedertem Relief und Waldstücken.

4. Natürliche Grundlagen der Mainfränkischen Platten

Im folgenden Kapitel werden die wesentlichen Aussagen der Nachbarwissenschaften Geologie, Klimatologie, Hydrologie und Botanik als „Natürliche Grundlagen" angerissen, die für die Ausprägung der Landschaft wichtig sind. Die Darstellung ist auf diejenigen Tatsachen begrenzt, die in der Landschaft zum Ausdruck kommen, worauf im Text hingewiesen wird. Dennoch ergibt sich zunächst eine vielleicht nüchtern erscheinende Sammlung isolierter Fakten.

Diese Grundlage ist notwendig, denn es ist Grundsatz der vorliegenden Arbeit, keine entsprechenden Kenntnisse vorauszusetzen und einen kurzgefaßten Überblick zu geben. Erst darauf kann die Darstellung der landschaftsgenetischen und landschaftsökologischen Zusammenhänge aufgebaut werden, welche die eigentlichen naturgeographischen Gedankengänge ausmachen. Die Landschaft erhält ihre individuelle Ausprägung nicht aus einzelnen, wenn auch grundlegenden Sachverhalten, sondern aus der Gesamtheit der Wechselbeziehungen zwischen den verschiedenen Geofaktoren.

Sowohl Landschaftsökologie als auch Landschaftsgenese greifen vielfach auf dieselben natürlichen Grundlagen zurück, um sie zum Bild der Landschaft zu integrieren. So beeinflußt die Verwitterungsbeständigkeit der Gesteine die Genese der Landschaftsformen, während ihre chemischen Eigenschaften landschaftsökologisch wichtig sind, weil sie Böden und Vegetation steuern. Deshalb erscheint es übersichtlicher, diese Sachverhalte eingangs zusammenzufassen. Eine Integration in die späteren Kapitel würde ständige Querverweise nötig machen und ein Auffinden beim kurzen Zurückblättern erschweren.

4.1 Geologie

In der Landschaft kommen die geologischen Sachverhalte in mehrfacher Hinsicht zum Ausdruck, wenn auch auf den Mainfränkischen Platten in aller Regel nur in indirekter Form. Offen zutage tretende Felsformationen oder rein gesteinsabhängige Oberflächenformen sind hier kaum anzutreffen.

Überblick. Ein Blick auf die geologische Karte (Abb. 10) zeigt die räumliche Verteilung der Gesteine. Die Mainfränkischen Platten werden von einer Nord–Süd verlaufenden geologischen Grenze durchzogen. Die ursprünglich horizontal abgelagerte Abfolge der Gesteine aus der Triaszeit (225–195 Mio. v. h.) wird heute, bedingt durch die tektonische Schrägstellung der Süddeutschen Großscholle, von der Oberfläche angeschnitten. In der westlichen Hälfte steht deshalb der ältere Muschelkalk an, östlich davon bereits der Keuper. Die Trennungslinie verläuft in etwa östlich von Mellrichstadt–Maßbach, dann über Ebenhausen–Arnstein–Würzburg–Kirchheim nach Bad Mergentheim. Die geologische Geschichte der Mainfränkischen Platten ist in drei wesentliche Abschnitte zu gliedern, zwischen welchen Millionen von Jahren liegen.

Die geologische Grenze ist auch eine landschaftliche Grenze, die sich aus der Petrographie, den Eigenschaften der Gesteine, ergibt. Sie lassen sich aus den Umweltbedingungen der Ablagerungszeit, der Paläogeographie ableiten. Der zuerst abgelagerte Muschelkalk entstand in einem Flachmeer mit intensiver Kalkfällung. Er besteht aus harten Gesteinen und bildet ein welliges Relief. Wo er direkt ansteht, ist er nicht landwirtschaftlich nutzbar und trägt nur karge Trockenrasen oder Kiefernwälder. Als das Muschelkalkmeer sich allmählich zurückzog, enstanden im Küstenbereich mit randlich marinen Bedingungen Mergel und Tone des Keupers, die Grabfeld, Steigerwaldvorland und Windsheimer Bucht mit ihren sehr flachen Landschaftsformen unterlagern. Sie sind fruchtbar und vor allem leicht zu bearbeiten, so daß dort Landwirtschaft dominiert.

Diese geologische Basis erfuhr einige Modifikationen, die sich heute aber nur lokal im Landschaftsbild äußern. Dazu gehört der Quaderkalk, der eine Besonderheit innerhalb der Ausprägung (Fazies) seiner Schicht bildet. Seine Entstehung beruht auf der Existenz der Gammesfelder Barre, einer lokalen Veränderung der Paläogeographie, und kommt nur im südlichen Maindreieck vor. Tektonische Bewegungen ließen das Schweinfurter Becken und die Grabfeldmulde absinken und hoben andererseits Hesselbacher Wald und Haßberge etwas an.

Auf den Unterbau aus der Trias wurden über 200 Mio. Jahre später im Quartär (ab 2,4 Mio. v. h.) Löß und Flugsand als Deckschicht abgelagert. Sie bedecken flächenmäßig etwa ein Drittel der Mainfränkischen Platten mit Schwerpunkt im Ochsenfurter Gau und im südlichen Maindreieck, während ihr Vorkommen ansonsten sehr stark schwankt. Ihre Ablagerungsbedingungen weichen völlig vom Gesteinsunterbau ab und sind im landschaftsgenetischen Zusammenhang zu sehen, wo sie nochmals aufgegriffen werden müssen (Kap. 5.3). Obwohl sie noch nicht als Gestein verfestigt sind, modifiziert vor allem der Löß die landschaftsökologischen Auswirkungen der überdeckten Gesteine erheblich. Das ursprünglich auch hier viel welligere Relief wurde ausgeglichen, und weitgespannte Ebenen entstanden, die gleichzeitig die fruchtbarsten Böden Unterfrankens tragen.

4.1.1   Geologische Karte

Die geologische Karte (Abb. 10) ist eine starke Generalisierung der Karte des Bay. Geologischen Landesamtes (1981) mit dem Ziel, die wesentlichen Grundzüge im Überblick zu zeigen. Die Legende ist nach der Stratigraphie, nach der Bildungsfolge und damit dem Alter der Gesteine aufgebaut, auf das sich die Bezeichnungen beziehen. In der Spalte daneben ist die jeweilige Petrographie, die Gesteinsart, angegeben, die meistens innerhalb der Formation variiert. Die Karte schließt Lockermaterial wie Löß, Flugsand und Talsedimente ein, die in diesem Zusammenhang als „Gestein" im Sinne von geologischer Grundlage gelten, auch wenn sie geologisch jung und nicht verfestigt sind. Kristalline Gesteine, deren Mineralbestand im Erdinneren zumindest umgestaltet wurde, stehen in Unterfranken nur geringflächig an. Es sind das alte Grundgebirge und die jungen Vulkane, die beide nur in den westlichen Rahmenhöhen anstehen.

Man muß sich bewußt sein, daß die geologischen Schichtbezeichnungen primär *Zeitstufen* verkörpern und nicht Gesteine. Wenn man sich die Paläogeographie namentlich eines Meeresrandbereiches mit Küste, Beckenrand und Flachmeer vor Augen führt, wird klar, daß zeitgleich unterschiedliche Sedimente entstehen konnten. Unter den verschiedenen Ablagerungsbedingungen bildeten sich Gesteine, die hinsichtlich Art, Zusammensetzung und Aufbau über das gesamte Ablagerungsgebiet hinweg stark variieren können. Dieser Sachverhalt ist sehr wichtig, wenn man sich die Fazies, die Ausprägung der konkreten Gesteine innerhalb einer Zeitstufe betrachtet, die teilweise erhebliche lokale Modifikationen aufweisen und in der Landschaft auch sichtbar werden. Markantestes Beispiel für Faziesunterschiede in Unterfranken ist die Differenzierung in Ton-, Kalk- und Quaderkalkfazies innerhalb der Zeitstufe des Oberen Muschelkalkes, die in der Karte ja einheitlich dargestellt ist.

Nachdem es hier weniger um die Geologie per se, sondern mehr um deren landschaftliche Wirksamkeit geht, mußten bestimmte Formationen in der Karte genauer differenziert, andere zusammengefaßt werden. Mittlerer und Oberer Muschelkalk sind nicht getrennt dargestellt, da sie sich in Unterfranken weniger stark als sonst unterscheiden (Tonfazies des Oberen Muschelkalks). Zudem steht letzterer in Unterfranken nur relativ begrenzt oberflächlich an, da er oft vom Löß überdeckt wird und daher landschaftlich nur indirekt wirksam ist. Demgegenüber macht die starke petrographische Untergliederung des Keupers eine differenziertere Darstellung in der Karte nötig.

4.1.2 Paläogeographie und Petrographie von Muschelkalk und Unterem Keuper

Leitgedanke für die Beschreibung der wichtigsten Gesteine der Mainfränkischen Platten ist der Zusammenhang zwischen den paläogeographischen Bedingungen zur Ablagerungszeit und den petrographischen Verhältnissen, die sich in der Landschaft bemerkbar machen. Die Darstellung folgt im wesentlichen RUTTE (1981, S. 67–88) und EMMERT (1981, S. 46–49). Die Feinunterteilung des Oberen Muschelkalks und Keupers sowie die landschaftliche Wirksamkeit sind auch im Profil (Abb. 47, Kap. 9.2.1) ersichtlich. In Klammern sind die Abkürzungen angegeben, die auf den geologischen Karten verwendet werden.

Wellenkalk (Unterer Muschelkalk; mu). Die Sedimente des Unteren Muschelkalks markieren das Absinken des Germanischen Beckens und den Beginn einer längeren Vorherrschaft mariner Bedingungen. Sie waren von der Situation eines Flachmeeres mit hoher Verdunstungsrate und daher mit intensiver chemischer Ausfällung von Kalk geprägt. Im lichtdurchfluteten Flachmeer lebten eine große Menge Plankton und höhere Lebewesen, deren zu Boden gesunkene Kalkschalen als Schill (Bruchstücke) oder als ganze Fossilien am Gesteinsaufbau beteiligt waren. Unter diesen Bedingungen entstanden sehr reine Kalke (Massenkalke), die im zentralen Unterfranken rd. 100 m Mächtigkeit erreichen. Der Untere Muschelkalk bildet keine Steinblöcke, sondern zerfällt in zahlreiche kleine Bruchstücke. Wegen der wellenartigen Struktur wird er auch als Wellenkalk bezeichnet.

In der Geomorphologie äußert sich die Härte und Standfestigkeit des Wellenkalks in stets steilen Hängen und ausgeprägten Kastentalformen. Seine landschaftsökologische Bedeutung ergibt sich aus der enormen Wasserduchlässigkeit. Die hochspezialisierte Vegetation der Trockenrasen ist in Mainfranken auf die Situation der extrem trockenen, steilen, nach Süden exponierten Wellenkalkhänge konzentriert. Flachere Bereiche tragen als Boden durchweg Rendzinen. Der Untere Muschelkalk findet vorwiegend im Straßenbau und bei der Zementherstellung Verwendung (Betriebe in Karlstadt, Lengfurt). Die wichtigsten Bausteine sind die widerständigen und relativ einheitlich aufgebauten Schaumkalkbänke, die vor allem im Maintal zwischen Würzburg und Karlstadt als senkrechte Felsen auffällig zutage treten (siehe Kap. 8.2.1).

Mittlerer Muschelkalk (mm). Östlich davon folgt der anschließend abgelagerte Mittlere Muschelkalk. Zu dessen Bildungszeit war die Verbindung zum Meer stark eingeschränkt. Die Küstenlinie schwankte über die Jahrmillionen mehrfach, und die permanente Zufuhr feinsten Bodenmaterials vom nahen Land macht sich in einem höheren Anteil von Tonen

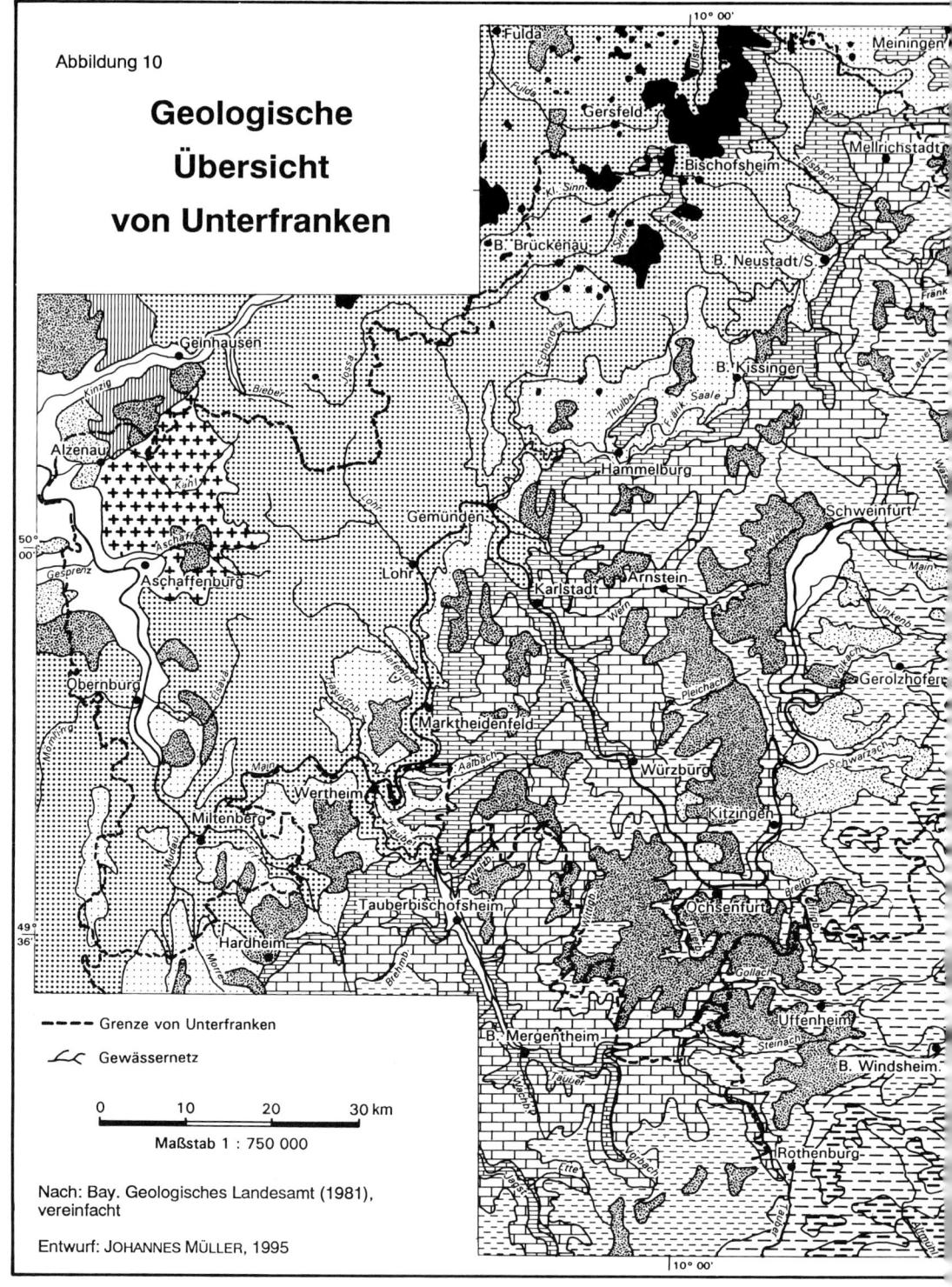

Abbildung 10

Geologische Übersicht von Unterfranken

- - - - Grenze von Unterfranken

⌒ Gewässernetz

0   10   20   30 km

Maßstab 1 : 750 000

Nach: Bay. Geologisches Landesamt (1981), vereinfacht

Entwurf: JOHANNES MÜLLER, 1995

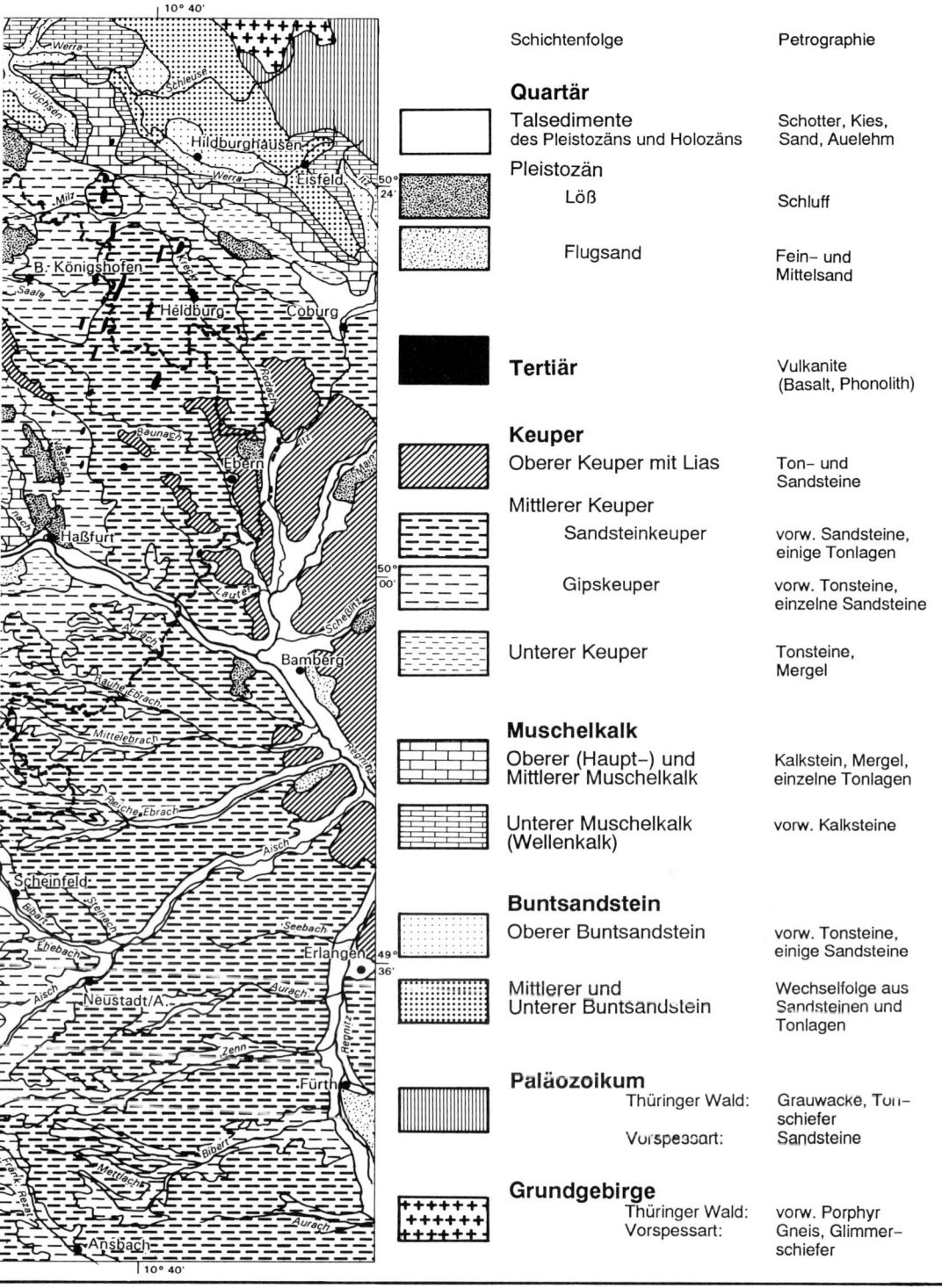

Schichtenfolge	Petrographie

Quartär

Talsedimente des Pleistozäns und Holozäns — Schotter, Kies, Sand, Auelehm

Pleistozän

Löß — Schluff

Flugsand — Fein- und Mittelsand

Tertiär — Vulkanite (Basalt, Phonolith)

Keuper

Oberer Keuper mit Lias — Ton- und Sandsteine

Mittlerer Keuper

Sandsteinkeuper — vorw. Sandsteine, einige Tonlagen

Gipskeuper — vorw. Tonsteine, einzelne Sandsteine

Unterer Keuper — Tonsteine, Mergel

Muschelkalk

Oberer (Haupt-) und Mittlerer Muschelkalk — Kalkstein, Mergel, einzelne Tonlagen

Unterer Muschelkalk (Wellenkalk) — vorw. Kalksteine

Buntsandstein

Oberer Buntsandstein — vorw. Tonsteine, einige Sandsteine

Mittlerer und Unterer Buntsandstein — Wechselfolge aus Sandsteinen und Tonlagen

Paläozoikum

Thüringer Wald: — Grauwacke, Tonschiefer

Vorspessart: — Sandsteine

Grundgebirge

Thüringer Wald: — vorw. Porphyr

Vorspessart: — Gneis, Glimmerschiefer

bemerkbar, als Verwitterungsfracht von den Flüssen oder mit dem Wind herangeführt. Unter brackischen Verhältnissen, im Mischbereich von Süß- und Salzwasser, entstanden vorwiegend Mergel und Mergelkalke. Sie wurden zum Teil später dolomitisiert (mit Magnesium angereichert). Die Gesamtmächtigkeit des Mittleren Muschelkalks beträgt ca. 45 m. War die Verbindung zum Weltmeer völlig unterbrochen, so entstanden Evaporite, Eindampfungsgesteine, wie Salze und Gips. Diese Sedimente sind im Grundwasser leicht löslich, was zu Sackungen und Nachgeben auflagernden Gesteins führt.

Mergel, Mergelkalke und Evaporite verwittern erheblich leichter als die Massenkalke des Unteren Muschelkalks. Sie sind an den Talhängen aus diesem Grund stets als sanfter geneigte Abschnitte zu erkennen. Wegen ihres höheren Tonanteils sind sie feuchter, bilden bessere Böden und sind für Ackerbau geeignet. Für die Heilbäder Mergentheim und Windsheim wird Salzsole des Mittleren Muschelkalks gefördert.

Hauptmuschelkalk (Oberer Muschelkalk; mo). Während der Sedimentation des Oberen Muschelkalks, insgesamt rd. 90 m mächtig, überwogen wieder die stärker marinen Bedingungen. Die Kalksteinlagen besitzen noch heute eine wirtschaftliche Bedeutung als Bausteine, woher die Bezeichnung Hauptmuschelkalk rührt. Nach dem Gefüge lassen sich zwei Gesteinsarten unterscheiden, welche nach den in den früher zahlreichen lokalen Steinbrüchen gebräuchlichen Bezeichnungen benannt werden: „Buchen" sind homogen glatt brechende Steine grauer Färbung, „eichene" Kalke zeichnen sich durch Schalenbruchstücke und glitzernde, graue Auskristallisierungen aus, sind härter und ergeben die besseren Bausteine.

Im Landschaftsbild zeigt sich der Hauptmuschelkalk nicht einheitlich, denn die Nähe zur Küste führte zu Differenzierungen in der Gesteinsausprägung (Fazies) gerade in dieser Formation. Im allgemeinen überwiegen Kalke, unterbrochen von Ton- und Mergellagen von sehr unterschiedlicher Mächtigkeit. Die genauere Abfolge und ihre Widerständigkeit sind Abb. 47 (Kap. 9.2.1) zu entnehmen. Die Faziesunterschiede zeigen sich in der Trennung nach Kalk- und Tonfazies wie auch in der Ausbildung des Quaderkalks, auf dessen Vorkommen viele Steinbrüche im südlichen Maindreieck basieren. Zu großen Teilen ist der Obere Muschelkalk von Löß überdeckt und in der Landschaft Unterfrankens deshalb landschaftsökologisch wenig wirksam.

Lettenkeuper (Unterer Keuper; ku). Nachdem sich der Muschelkalk noch unter den Bedingungen eines Randmeeres abgelagert hatte, schritt im Keuper generell die Verlandung voran. Während der Millionen Jahre langen Zeiträume schwankte die Küstenlinie allerdings häufig für kürzere Zeiträume, das Meer vergrößerte sich randlich oder zog sich wieder zurück, alles innerhalb unserer Region. Aus diesen Oszillationen resultierte ein ständiger Wechsel der Ablagerungsbedingungen zwischen marin, brackisch und terrestrisch. Eine Küstenebene mit Deltaaufschüttungen, geprägt vom Nebeneinander fluviatiler, von Flüssen transportierter, Sande und Tone bildete das Umfeld für die Ablagerungen. Tone lagerten sich im Brackwasser der langsam fließenden Arme der Tieflandsflüsse im Mischbereich mit Meerwasser ab. Daneben entstanden bei kurzzeitigen Meeresvorstößen auch Kalke und Dolomit, wie z. B. der Grenzdolomit (MADER 1990, S. 956/1255).

Das Gesamtprofil erreicht rund 35 m. Der synonym zu Unterem Keuper gebrauchte Begriff Lettenkeuper leitet sich vom fränkischen Letten = schwer zu bearbeitender Ton ab. Wegen geringmächtiger Kohlenflöze, die, obwohl nur zentimetermächtig, in der früheren bäuerlichen Wirtschaftsweise als Heizmaterial eine Rolle spielten, war auch der Begriff Lettenkohlenkeuper gebräuchlich. Die Kohlensümpfe belegen das humide Klima mit einer dichten Vegetation.

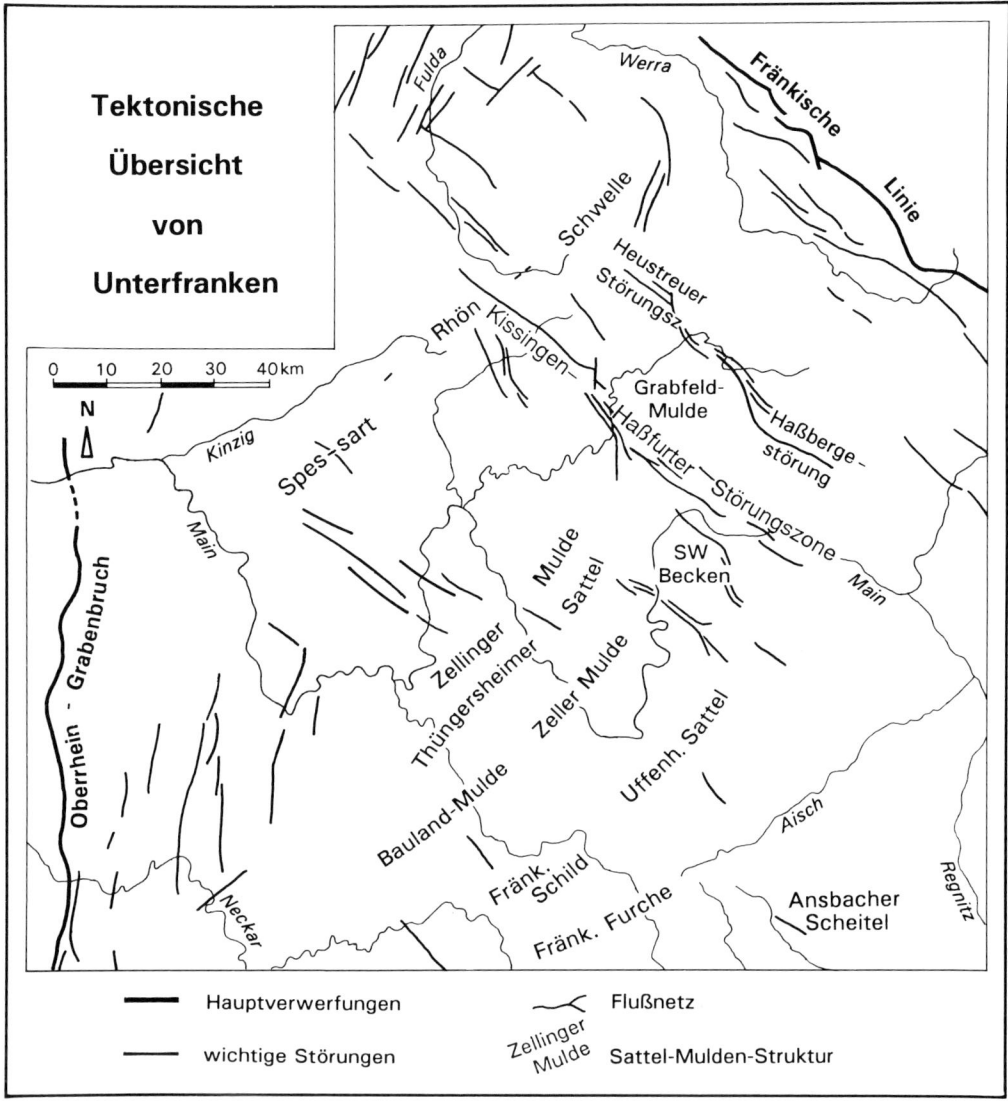

Abbildung 11
Tektonische Übersicht von Unterfranken. Die Süddeutsche Großscholle wird von Fränkischer Linie und Oberrheingrabenbruch begrenzt, auf die die meisten Störungen bezogen sind. Davon unabhängig ist die viel ältere, variskisch angelegte Sattel-Mulden-Struktur. Nach: BA für Geowissenschaften (1981): Geologische Karte der Bundesrepublik Doutschland 1:1 000 000; Bay. Geologisches LA (1981), ergänzt. Entwurf: JOHANNES MÜLLER, 1995

Die für geologische Zeiträume extrem rasche Abfolge, die sich im Profil in oft nur zentimetermächtigen Schichten äußert, ist das für die landschaftlichen Verhältnisse, für Böden, Vegetation und Landnutzung wichtigste Charakteristikum des Unteren Keupers. In der Geomorphologie treten die härteren Schichten der Kalke und Dolomite als kleine Versteilungen der Hänge innerhalb der weichen Tonsteine und Mergel hervor. Diese tragen verbreitet Braunerden, deren Fruchtbarkeit Grundlage ausgedehnten Ackerbaus ist. Von besonderer Bedeutung ist der Werksandstein, der mit örtlich sehr unterschiedlicher Mächtigkeit als fluviatiles Sediment in küstennahen Flutrinnen abgelagert wurde. Er tritt an Talhängen oft als Versteilung zutage. Außerdem besitzt er eine hohe Qualität als Baustein; das bekannteste daraus errichtete Bauwerk ist die Residenz in Würzburg.

Die Grenze Unterer/Mittlerer Keuper fällt weder genau mit der Grenze Mainfränkische Platten/östliche Rahmenhöhen noch mit der Keuperstufe zusammen. Vor allem in der Windsheimer Bucht, die in ihrer landschaftlichen Charakteristik, Landnutzung und Landschaftsökologie stets zu den Mainfränkischen Platten gerechnet wird, stehen bereits die Tonsteine und -mergel des Gipskeupers an. Die Geologie kann deshalb nicht als alleiniges Abgrenzungsmerkmal dienen.

4.1.3 Lokale Modifikationen

Das beschriebene allgemeine Bild der Sedimentabfolge wird durch einige Besonderheiten modifiziert, die auf ganz unterschiedliche Ursachen zurückzuführen sind. Obwohl sie sich meist nur im lokalen Maßstab auswirken, überlagern sie dort die normalen Ausbildungen teilweise derart stark, daß sie landschaftsprägend wirken und deshalb berücksichtigt werden müssen. Zwei wesentliche Ursachen sind zu unterscheiden:

– Faziesunterschiede, die bereits bei der Ablagerung entstanden. Dazu gehören die Unterscheidung der Ton- und Kalkfazies des Oberen Muschelkalks sowie die Ausprägung des Quaderkalks. Starke Faziesunterschiede bestehen auch im Mittleren Keuper (vgl. Kap. 9.2.1);
– lokale Tektonik, die das abgelagerte Gesteinspaket viel später entlang von Verwerfungen relativ zueinander bewegte oder zu begrenzten Verbiegungen führte, so daß dieselben Gesteinsschichten nun nicht mehr im selben Niveau liegen.

Ton- und Kalkfazies des Oberen Muschelkalks. Im Hauptmuschelkalk kommen die Unterschiede der Ton- und Kalkfazies (Aust 1969, S. 8) auch im Landschaftsbild zum Ausdruck. Bedingt durch kurzzeitige Verschiebungen der Küstenlinie, sind den harten Kalken in Unterfranken auch im Oberen Muschelkalk immer wieder Tonlagen zwischengeschaltet (Tonfazies). Sie gestalten die Stratigraphie abwechslungsreich und sind im Relief als schwächer geneigte Hänge oder sogar Verebnungen erkennbar. Die Tonlagen führen vor allem aber dazu, daß der Kalk zu relativ kleinen Steinen zerfällt, besser verwittert und landwirtschaftlich nutzbar ist.

Das ändert sich schnell nach Südwesten (Hohenlohe) hin, wo der Obere Muschelkalk als Kalkfazies ausgebildet ist, die in größerer Entfernung von der Küste entstand. Sie ist viel einheitlicher aufgebaut und enthält kaum noch Tonlagen, weswegen dort ein anderes Landschaftsbild die Folge ist. Die großen Gesteinsbrocken der Kalkfazies bilden im Bereich des Tauber- und Jagsttals eine starke Behinderung der Landwirtschaft, wo sie als Lesesteine ständig aus den Feldern aufgelesen werden müssen. Die Überreste prägen dort als Lesesteinriedel vielfach das Landschaftsbild der Talhänge. Auf den Hochflächen Hohenlohes blieb überall dort, wo der Hauptmuschelkalk nicht von Löß überdeckt wurde, Wald bestehen.

Quaderkalk und Gammesfelder Barre. Abgesehen von einem kleinen Vorkommen bei Mühlhausen/Wern, kommt Quaderkalk nur im Maindreieck zwischen Würzburg und Kitzingen sowie südlich davon bis Kirchheim–Mergentheim–Gammesfeld (bei Rothenburg) vor. Die Abweichung der Quaderkalkfazies von der Normalfazies des Oberen Muschelkalks bietet ein anschauliches Beispiel für die Zusammenhänge zwischen Paläogeographie und Petrographie und läßt die Mechanismen der Sedimentation im Meer erkennen.

Abbildung 12
Quaderkalk und Gammesfelder Barre.
Die abweichende Ausprägung des Oberen
Muschelkalks im südlichen Maindreieck als
Beispiel für die Entstehung lokaler Fazies-
unterschiede. Nach: Rutte (1957, S. 58 u. 68).
Entwurf: Johannes Müller, 1995

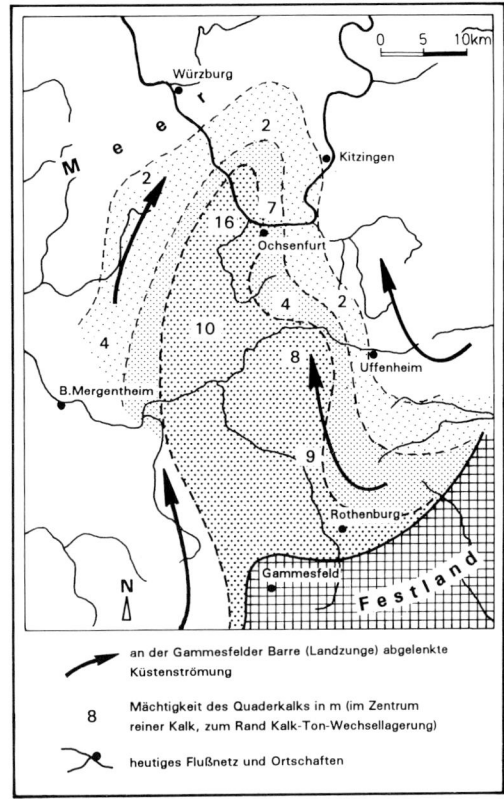

Die Paläogeographie wurde zur Entstehungszeit von der Gammesfelder Barre bestimmt, einer kleinen Landzunge des südwestlich gelegenen Festlands (vgl. Abb. 12). An ihr wurden küstenparallele Meeresströmungen, die große Mengen von Schalenbruchstücken (Schill) mitführten, ins offene Meer hinausgelenkt. Dadurch ließ die Schleppkraft der Strömungen nach, die den Schill zusammenspülten und in Richtung des offenen Meeres als Zunge ablagerten, woraus schließlich einheitlich aufgebaute, mächtige, gut zu bearbeitende Steinblöcke entstanden (Rutte 1957, S. 58–59). Das Zerbrechen in regelmäßige Quader ist auf viel spätere tektonische Beanspruchung zurückzuführen. Diese Struktur ist im Steinbruch gut sichtbar und erleichterte besonders früher die Gewinnung stark. Die ehemals noch viel weiter verbreitete Kalksteinindustrie Unterfrankens basiert auf dieser Besonderheit, abzulesen an zahllosen Steinbrüchen, teils aufgegeben (Randersacker, Lindelbach, Ochsenfurt), teils in Betrieb (Kirchheim).

Lokale Tektonik. Die in Abb. 11 wiedergegebene Karte zeigt die tektonischen Strukturen Unterfrankens mit den wichtigsten Störungen, Stellen, an welchen die normalen Lagerungsverhältnisse durch Kräfte aus dem Erdinneren gestört wurden. Die in Unterfranken vorhandenen Störungen umfassen vor allem Verwerfungen, Linien, entlang derer die Gesteinspakete relativ zueinander vertikal bewegt wurden, während Verschiebungen mit horizontaler Bewegung kaum vorkommen. Markant tritt der Rand der Süddeutschen Großscholle in Gestalt von Oberrheingrabenbruch und Fränkischer Linie als Hauptstörungen in Erscheinung. Dort, wo sie sich kreuzen und die Erdkruste mürbe machten, drangen die Vulkangesteine der Rhön auf.

Dieses relativ junge Störungsmuster wird, wie aus Abb. 11 ebenfalls ersichtlich ist, von einer Sattel-Mulden-Struktur überlagert, die Nordost–Südwest ausgerichtet ist, also im Winkel zu den Hauptstörungen. Die Wurzeln ihrer Anlage gehen auf das variskische Grundgebirge zurück, und sie wurde bei der alpidischen Gebirgsbildung bis ins Tertiär hinein reaktiviert. Es handelt sich nicht um Verwerfungen, sondern um weiträumig wellenförmige Verbiegungen des Gesteinspaketes. In Unterfranken tritt der Thüngersheimer Sattel am markantesten in Erscheinung, besonders im Maintal, weshalb er im Kap. 8.2.1 näher beleuchtet wird.

Über die bereits beschriebenen (Kap. 2.2.1) allgemeinen Einwirkungen in der Süddeutschen Großscholle mit der generellen Anhebung im Westen machte sich die Tektonik vor allem im Nordosten der Mainfränkischen Platten bemerkbar. Dort weicht die lokale Situation der geologischen Lagerungsverhältnisse vom geschilderten Muster ab und ist auch häufig im Landschaftsbild deutlich sichtbar, weil durch die geänderte Gesteinssituation die Geomorphologie beeinflußt wird. Ursachen hierfür sind drei Störungszonen, die etwa parallel zueinander Südost–Nordwest verlaufen. Sie liegen also parallel zur Fränkischen Linie und sind ursächlich diesem System zuzuordnen.

Das Schweinfurter Becken bildete sich als auch heute noch aktives Senkungsgebiet heraus. Durch die zahlreichen Störungen zerbrachen die Gesteinsschichten, und die Verwitterung arbeitete schließlich ein Mosaik aus verschiedenen Schollen vorwiegend des Unteren Keupers heraus. Der Main, der hier vor der Kanalisierung in weiten Mäandern dahinströmen konnte, lagerte im zentralen Bereich seine Flußsedimente ab. Im Pleistozän konnte es dann zur Auswehung von Feinmaterial aus der breiten Flußaue und zur großflächigen Ablagerung von Löß vor allem westlich des Mains und von Flugsand weiter im Osten kommen. Die auch morphologisch markant als Anstieg in Erscheinung tretende Südgrenze des Schweinfurter Beckens zieht entlang der tektonischen Bruchlinie von Prichsenstadt bis über Wipfeld. Dort trifft der Main auf sie, und erst hier beginnt das enge Muschelkalktal.

Im engen Zusammenhang damit steht die Position des Hesselbacher Waldlandes, gleich nördlich anschließend ans Schweinfurter Becken und relativ dazu um rd. 150 m angehoben. Beide werden durch die Kissingen–Haßfurter Störungszone getrennt. Am westlichen Ende dieser Störungszone liegt Bad Kissingen, dessen salzhaltige Heilwässer aus dem Untergund (Zechstein) an den Verwerfungen aufsteigen konnten. Durch die Herausbildung der Keuperschichten aus dem direkten Grundwasserbereich verschlechtert sich die hydrologische Situation dort. Dazu kommt noch die ebenfalls aufgrund der Hochlage ausgebliebene Lößablagerung, weshalb das Hesselbacher Waldland den am wenigsten fruchtbaren und waldreichsten Teil der Mainfränkischen Platten bildet.

Noch weiter nördlich begrenzt eine Verwerfung den Südrand der Haßberge, die als Sporn heute weit nach Westen ins Grabfeld hineinreichen. Im weiteren Verlauf dieser tektonischen Bruchstruktur in Richtung Nordwesten liegt die Störungszone von Heustreu, wo bis zur Rhön hin Muschelkalkschollen abgesenkt zwischen Buntsandstein liegen.

Schließlich ist noch eine Art der lokalen Tektonik zu erwähnen, die ganz andere Ursachen hat und für die Absenkung der Grabfeldmulde verantwortlich ist. Die Salztektonik geht auf die Auslaugung mächtiger, leicht löslicher Salzlager im Untergrund zurück (Salinarkarst). In diesem Fall stammt das Salz aus dem Zechstein, der im Untergrund zwischen Buntsandstein und Grundgebirge liegt. Die Absenkung des Grabfeldes und des Beckens von Bad Neustadt beeinflußte die spätere Flußgeschichte der Fränkischen Saale. Außerdem ist durch den Gegensatz zwischen dem abgesenkten Grabfeld und der Rhön der Lee-Effekt heute derart verstärkt, daß das Grabfeld mit den geringsten Niederschlag ganz Unterfrankens erhält.

Auffällig ist beim Blick auf die tektonische Karte, daß sich die Verwerfungen nach Süd-osten hin im Keuper allmählich verlieren. Die Erdkruste war dort zum einen von der Beanspruchungszone des Oberrheingrabenbruchs weiter entfernt; zum anderen geben die weichen Keuperschichten eher nach und verbiegen sich, im Gegensatz zum Muschelkalk, der rascher zerbricht.

4.1.4 Junge Ablagerungen

Unter vollkommen anderen Bedingungen wurden auf die zwischenzeitlich abgetragene Basis aus Muschelkalk und Keuper geologisch sehr junge Sedimente abgelagert, die dem Quartär entstammen. Gemeinsam ist ihnen der Charakter des noch nicht zum Gestein verfestigten Lockermaterials sowie ihre pleistozänen, kaltzeitlichen, Entstehungsbedingungen. Sie unterscheiden sich aber nach der Art des Transports und daher hinsichtlich ihrer Verbreitung in der Landschaft:

– Löß und Flugsand wurden während der Kaltzeiten als äolisches (windbedingtes) Sediment abgelagert und bedecken große Bereiche der Hochflächen.
– Fluviatile (von Flüssen abgelagerte) Sedimente sind auf die Täler beschränkt und treten deshalb nur linienhaft in Erscheinung.

Die Ablagerung dieser Sedimente erfolgte in solcher Mächtigkeit, daß sie auch in geologischen Karten anstelle der Basis verzeichnet werden. Sie müssen deshalb an dieser Stelle aus petrographischer Sicht erwähnt werden. Gleichzeitig sind sie wichtige Zeugen der Landschaftsgenese, weshalb sie in Kap. 5.3 aus dieser Perspektive nochmals aufgegriffen werden. Weil auch die landschaftliche Wirkung diejenige des Untergrundes bei der Bodenbildung und den Standortbedingungen der Vegetation bei weitem übertrifft, ist schließlich ihre landschaftsökologische Bedeutung (Kap. 6.2.4) nicht zu unterschätzen.

Löß und Flugsand. Nach der Korngröße unterscheidet man den gröberen Flugsand mit über 0,2 mm Durchmesser und den feineren Löß, dessen Korngrößenmaximum zu 70–80 % im Bereich des (Grob-) *Schluffs* liegt (0,02–0,06 mm). Als während der Eiszeiten weite Bereiche der angrenzenden Höhen weitgehend frei von Vegetation waren, wurde aus der Menge des bei der Frostverwitterung entstandenen Gesteinsschutts das Feinmaterial ausgeweht und auf den Mainfränkischen Platten als Löß abgelagert. Aus den Flußablagerungen der Täler wurde der Sand ausgeweht und mit den vorherrschenden Winden nach Osten verfrachtet. Flugsand wurde aufgrund seines höheren Gewichtes nie weit transportiert, weshalb er heute vor allem im Schweinfurter Becken, im Raum Kitzingen und am Untermain in größerer Ausdehnung vorkommt.

Der Kalkgehalt von Primärlöß schwankt je nach Herkunftsgebiet stark. Wenn verwitterter Muschelkalk das Ausgangsmaterial stellte, enthielt der frisch angewehte Löß der Mainfränkschen Platten bis zu 15 % Kalk (RÖSNER 1990). Im Westen der Mainfrankschen Platten, wo die Buntsandsteinbereiche des Spessarts das Liefergebiet bildeten, war der Löß von Anfang an praktisch kalkfrei. Doch auch in den übrigen Gebieten haben die Prozesse der Bodenbildung zu einer weitgehenden Entkalkung der oberen Bereiche der Lößdecke geführt, weswegen man auch von Lößlehm spricht. Es ist also ein Trugschluß, die Fruchtbarkeit des Lösses auf seinen Kalkgehalt zurückzuführen, wie es gelegentlich geschieht. Vielmehr sind es die allgemeinen Eigenschaften der sich hier vorzugsweise bildenden Böden, der Parabraunerden.

Löß ist im gesamten Bereich der Mainfränkischen Platten anzutreffen, wenn auch in sehr unterschiedlicher Verteilung. Im Westen, auf der Marktheidenfelder und den Wern-Lauer-Platten, im Norden im Grabfeld und im Süden im Taubergebiet und Hohenlohe kommt Löß mehr inselhaft vor und hat sich vorwiegend in Geländemulden abgelagert, was die abwechslungsreiche Kammerung der Landschaft unterstützt. Die Gäuflächen, also das Gebiet zwischen Würzburg und Schweinfurt sowie Ochsenfurter und Gollachgau südlich des Mains, tragen eine fast flächendeckende Lößauflage. Dennoch zeigt selbst die starke Generalisierung der geologischen Karte die Zerrissenheit und Uneinheitlichkeit der Löß-decke auch hier. Sie wird nicht nur durch zahlreiche Täler untergliedert, sondern überdeckt den ursprünglich stärker welligen Untergrund auch in recht unterschiedlicher Mächtigkeit. Sie reicht von nur schleierartiger Überdeckung bis zu einigen Metern, wobei über 5 m nur eng begrenzt zu finden sind.

Im Landschaftsbild fallen die unverfestigten Löß- und Flugsandbereiche durch die Ausgeglichenheit der Reliefformen mit sanften Übergängen auf, daneben durch ihren Bewuchs. Auf Löß bilden sich mit den Parabraunerden die fruchtbarsten Böden Mitteleuropas, und nur geringe Flächen sind nicht intensiv ackerbaulich genutzt. Flugsand bildet dagegen arme Böden, ist nur schlecht landwirtschaftlich nutzbar und heute oft mit ausgedehnten Kiefern-beständen aufgeforstet.

Fluviatile Sedimente. Neben Schweb- und gelösten Stoffen transportieren viele Flüsse größere Mengen an *Geröllen*, im Wasser mitgeführte Steine, und Sand. Beide sind durch ihre Zurundung gekennzeichnet, die infolge der Bewegung im Wasser mit ständigem Reiben der Steine aneinander entsteht, wenn nach und nach vom Rand her das Material abgeschliffen wird. Man kann daran auch den äolischen Flugsand vom fluviatil transportierten Sand unterscheiden, wenn die Partikel nicht beiden Transportarten ausgesetzt waren. Je weiter die Gerölle transportiert wurden, desto kleiner wird ihr Durchmesser, bis hin zu Sand und Schwebstoffen.

Fluviatile Ablagerungen umfassen *Schotter* (= abgelagerte Gerölle) und Sande, oft noch mit Schwebstoffen vermischt. Die Materialzufuhr war während der Eiszeiten infolge der Frostverwitterung erheblich gesteigert, so daß damals die Schleppkraft der Flüsse oft überstiegen wurde und viele Schotterkörper abgelagert wurden. In der geologischen Karte werden sie nur dort eingezeichnet, wo sie flächig abgelagert wurden. In Unterfranken ist das vor allem im Schweinfurter Becken und am Untermain im Raum Aschaffenburg der Fall, obwohl diese Sedimente alle größeren Flüsse durchgehend begleiten, wenngleich oft nur als schmales Band.

Die Talauen der größeren Flüsse verlaufen in Unterfranken nirgends im anstehenden Gestein, sondern werden stets aus fluviatil entstandenen Sedimenten aufgebaut. Sie stellen die wichtigsten Zeugen der Flußgeschichte dar. Die größte wirtschaftliche Bedeutung besitzen Schotter und Sandvorkommen heute als Baumaterial, daneben sind sie die Träger der reichsten Grundwasservorkommen, was im trockenen Mainfranken besonders wichtig ist.

4.2 Klima

Die klimatische Situation Unterfrankens läßt sich anhand von Niederschlags- und Temperaturkarten flächenhaft am besten darstellen. Wenig sinnvoll ist es, lediglich die Jahresniederschlagssummen oder gar die Jahresdurchschnittstemperatur anzugeben, die höchstens grobe Vergleiche im kontinentalen Maßstab ermöglichen. Insbesondere für die

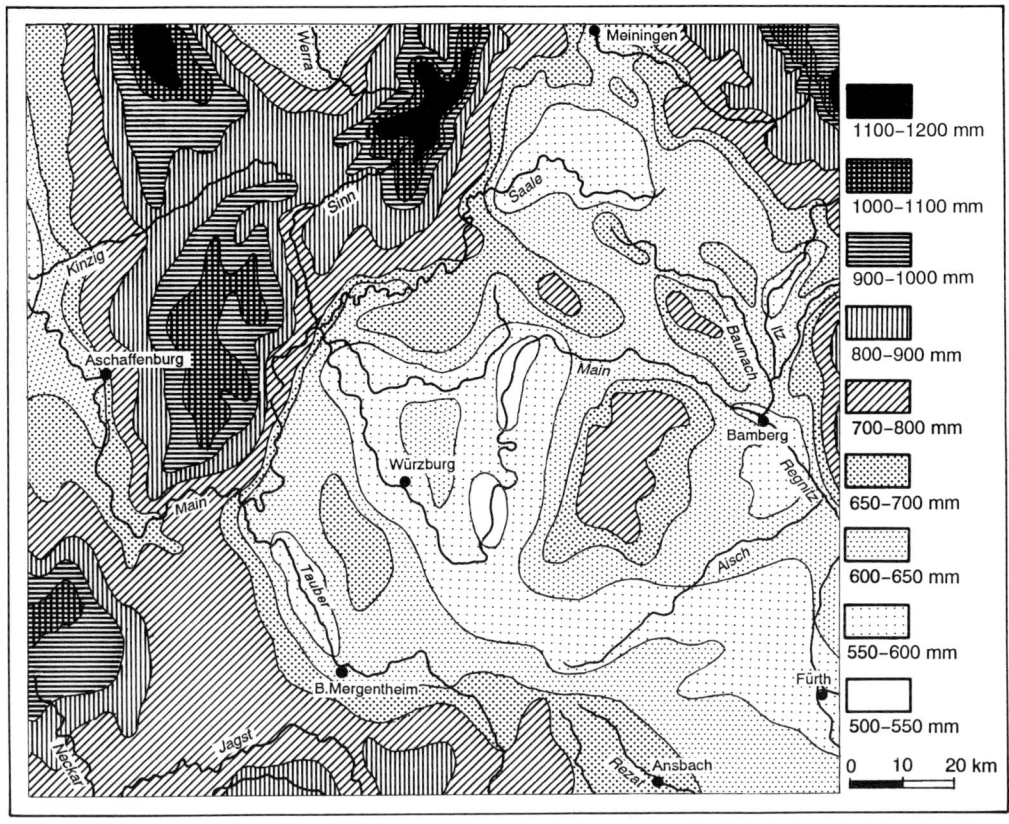

Abbildung 13
Mittlere Niederschlagssummen pro Jahr in Unterfranken. Dem regenreichen Spessart und der
Rhön als Regenfänger der winterlichen Niederschläge von Westen steht der gesamte übrige Raum
einschließlich der östlichen Rahmenhöhen als relativ trockenes Gebiet gegenüber.
Aus: Deutscher Wetterdienst (1952), etwas generalisiert

Vegetation und für die landschaftsökologischen Bedingungen sind die Bezüge zur Vegetationsperiode viel wichtiger.

Eine andere Möglichkeit der Darstellung bieten Klimadiagramme, die den Jahresgang der
Klimawerte veranschaulichen. Aus dem Verhältnis von Niederschlag und Temperatur läßt
sich der relative Wasserüberschuß oder die Trockenheit für jeden Monat erkennen. Im jahreszeitlichen Wandel ergeben die Kurven wesentliche Hinweise für die Hydrologie, denn es ist
entscheidend, ob die Niederschläge im Winter fallen und zum größten Teil abfließen oder ob
sie im Sommer niedergehen, wo sie der Vegetation zur Verfügung stehen, die allerdings den
größten Teil wieder verdunstet. Solche Darstellungen sind allerdings nur punktuell für
bestimmte Meßstellen möglich und sind nur kleinräumig repräsentativ.

Überblick. Anders als für die geologischen Verhältnisse lassen sich bezüglich des Klimas
relativ einheitliche Aussagen für die gesamten Mainfränkischen Platten treffen, die sich in
vielen Punkten sehr deutlich von den Rahmenhöhen im Westen und Osten, aber auch nach
Norden und Süden abgrenzen lassen. Relativ fallen sie als trockener und wärmer gegenüber
den umgebenden Landschaften auf, was die Vegetationsperiode verlängert und den Anbau
empfindlicher Nutzpflanzen und sogar Sonderkulturen wie Weinbau ermöglicht.

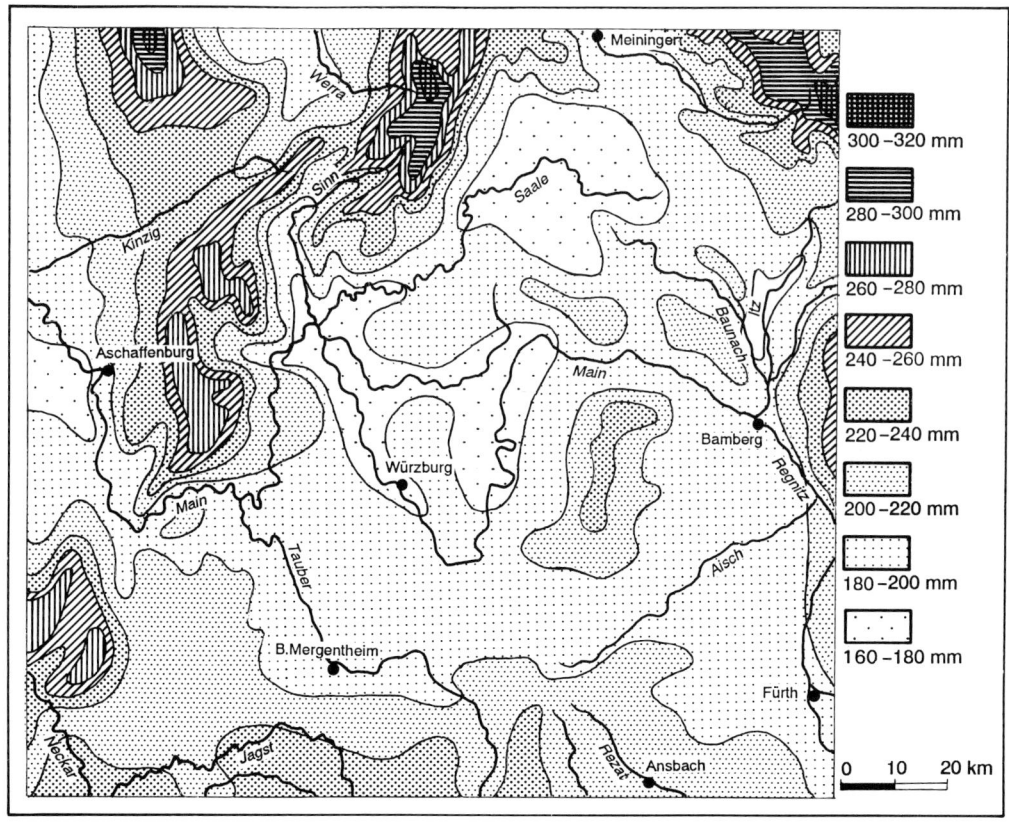

Abbildung 14
Mittlere Niederschlagssummen während der Vegetationsperiode (Mai–Juli) in Unterfranken.
Die zentralen Mainfränkischen Platten sowie das Grabfeld fallen als Trockeninsel auf; deutlich
ist der Unterschied zwischen Spessart und Rhön im Vergleich zum Jahresniederschlag.
Aus: Deutscher Wetterdienst (1952)

   Die Karten (Abb. 13 bis 16) sind darauf angelegt, diese Aussagen flächenhaft darzustellen. Sie stammen aus dem Klimaatlas (Deutscher Wetterdienst 1952), dessen Neuaufla-
ge erst im Druck ist. Nachdem Klimadaten weniger rasch veralten als viele andere Erhebungen, kann davon ausgegangen werden, daß sich die folgenden allgemeinen Zusammenhänge und Schlußfolgerungen aufgrund neuerer Daten kaum anders ergäben. Im Gegensatz
dazu wurde für die Klimadiagramme ausgewählter Stationen Unterfrankens (Abb. 17) keine flächenhafte, sondern eine punkthafte Darstellung auf der Basis neuester Einzeldaten
gewählt, die neben den absoluten Werten das Verhältnis von Temperatur und Niederschlag
auf monatlicher Basis und damit den jahreszeitlichen Verlauf erkennen läßt.

4.2.1   Niederschlagsverteilung

Abb. 13 zeigt die Niederschlagssummen des gesamten Jahres in Unterfranken in ihrer räumlichen Verteilung. Das Bild läßt zunächst den stark überwiegenden Anteil von Niederschlägen westlicher Herkunft anhand des Abschirmungseffekts von Spessart und Rhön er-

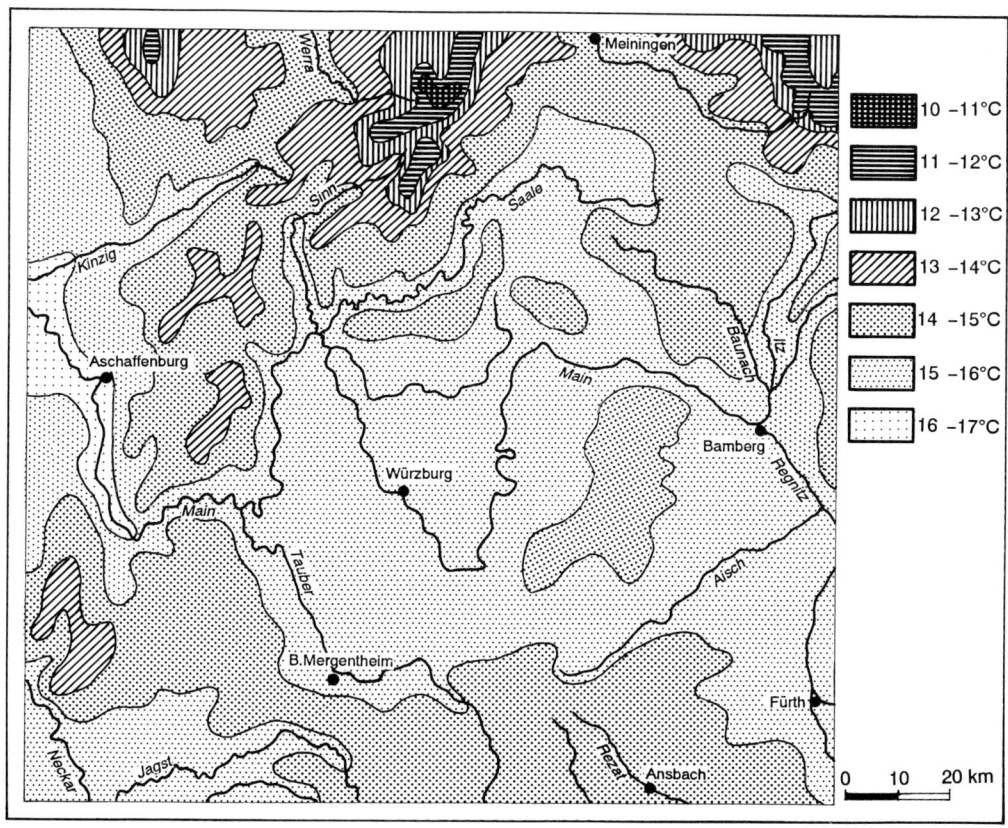

Abbildung 15
Mittlere Temperatur während der Vegetationsperiode (Mai–Juli) in Unterfranken. Die Temperaturunterschiede sind allgemein geringer als die Niedeschlagsunterschiede während der Vegetationsperiode. Aus: Deutscher Wetterdienst (1952), etwas generalisiert

kennen. Deutlich werden im Lee, im Windschatten dahinter, die Mainfränkischen Platten als Trockengebiet mit mittleren Niederschlägen von 550 bis 600 mm pro Jahr sichtbar. Zum Abschirmungseffekt kommt noch ein leichter Föhneffekt, der durch das Absinken die Feuchtigkeit der ins Becken strömenden Luft reduziert. Zwei Gebiete fallen dabei als besonders niederschlagsarm auf: Das Grabfeld zwischen Neustadt–Mellrichstadt–Königshofen, im Lee der Hohen Rhön gelegen, ist das ausgedehnteste Trockengebiet innerhalb der Mainfränkischen Platten mit Niederschlägen unter 550 mm. Die Maintalniederung zwischen Kitzingen und Schweinfurt (ebenfalls unter 550 mm) liegt dagegen viel weiter östlich.

Das Bild verändert sich etwas, wenn man sich wie in Abb. 14 auf die Monate Mai bis Juli beschränkt, also die für das Pflanzenwachstum entscheidende Vegetationsperiode. Auch hier fällt das Grabfeld als trockenster Raum auf, daneben jedoch das ebenso trockene innere Maindreieck im Lee des Spessarts (beide unter 180 mm), was dem allgemeinen Landschaftseindruck viel eher entspricht als die relativ dazu höheren Jahresniederschläge dort. Der geringere Jahresniederschlag zwischen Schweinfurt und Kitzingen ist dagegen auf den Lee-Effekt des Steigerwalds zurückzuführen, wenn südöstliche Wolken abgehalten werden.

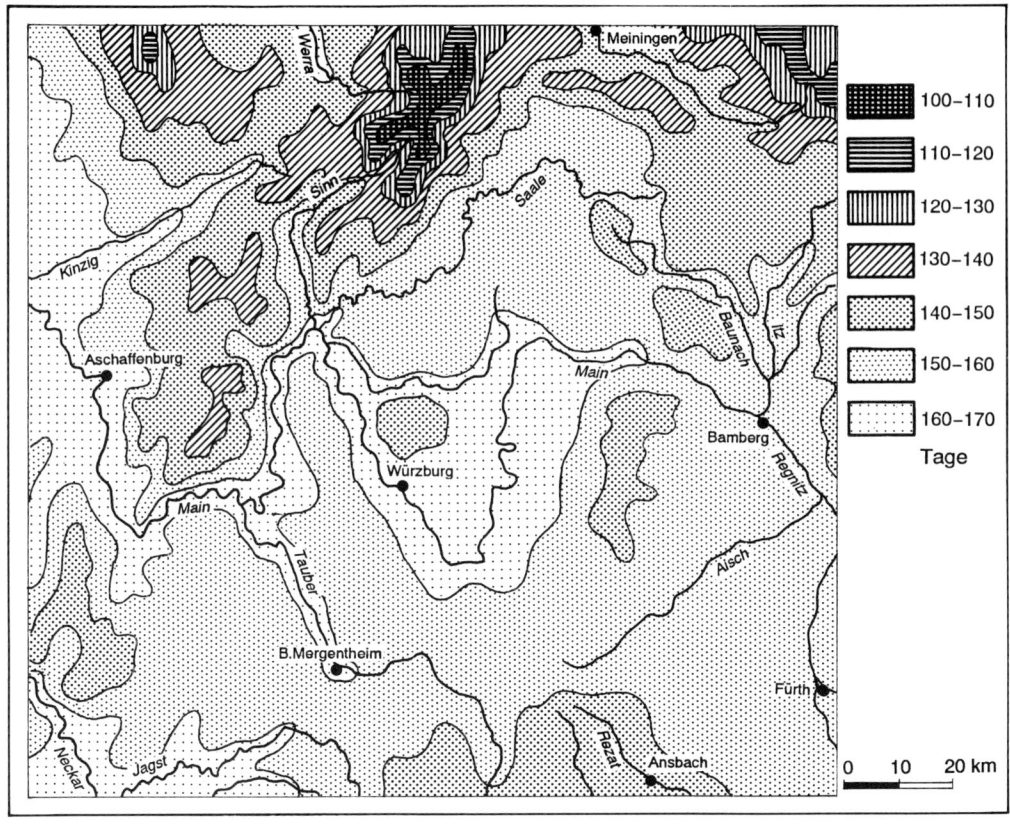

Abbildung 16
Mittlere Dauer der Vegetationsperiode in Tagen (Tagesmittel über 10 °C während Mai–Juli) in Unterfranken. Die zentralen Mainfränkischen Platten sind der am stärksten begünstigte Raum; in der Rhön wird die Grenze für Laubwald (120 Tage) erreicht. Aus: Deutscher Wetterdienst (1952)

Da diese aber während der Monate Mai bis Juli kaum eine Rolle spielen, ist die Aussage für Pflanzenwachstum und Landwirtschaft unbedeutend. Die Darstellung des Niederschlags während der Vegetationsperiode ist aussagekräftiger, denn dadurch wird die dortige Trockeninsel nicht überbetont.

Die Gebiete östlich des inneren Maindreiecks – Steigerwaldvorland, Ochsenfurter und Gollachgau – erhalten durch den leichten Luv-Effekt, den Stau westlicher Wolken am Steigerwald, bereits wieder etwas höhere Niederschläge. Zusammen mit dem südlichen Taubergebiet sind sie bei unter 200 mm Niederschlag in der Vegetationsperiode ebenfalls noch recht trocken. Auch die Windsheimer Bucht und das anschließende Mittelfränkische Becken gehören in diesen Bereich.

Die beschriebene großräumige Niederschlagsverteilung wird von einer internen Bänderstruktur überlagert. Ganz Süddeutschland wird von einem Muster parallel angeordneter, SW–NE ausgerichteter Schauerstraßen überzogen, die etwas mehr Niederschlag erhalten als die dazwischen liegenden Trockenstreifen, was sich besonders auf den allgemein trockenen Mainfränkischen Platten auswirkt. Die Ursachen für die interne Differenzierung liegen in der Verteilung der Mittelgebirge und in der Oberflächenbeschaffenheit (z. B. Wald/Feld-verteilung), die zu Wirbelbildungen und einer Beeinflussung der Höhenströmung führen (SCHIRMER 1973). Eine für Mainfranken besonders wichtige Schauerstraße verläuft genau über Würzburg nach Nordosten und ist für die geringfügig höheren Niederschläge im Guttenberger und Gramschatzer Wald sowie im Hesselbacher Wald verantwortlich. Diese Verhältnisse beeinflussen die Standortbedingungen der Pflanzen, und man geht dort von einem stärkeren Buchenanteil in der potentiellen natürlichen Vegetation aus.

4.2.2 Temperatur

In der Darstellung von Abb. 15 wurde wiederum nur die Vegetationsperiode Mai–Juli be-rücksichtigt, bezogen auf die Mitteltemperatur. Hier fällt nahezu der gesamte Bereich der Mainfränkischen Platten, ringsum deutlich abgrenzbar, mit einem Durchschnittswert von 15–16 °C als Wärmeinsel auf. Die klimatische Begünstigung der Mainfränkischen Platten ist auf diesen Faktor zurückzuführen. Man erkennt aus Abb. 15 aber auch, daß sich die Zone der hohen Mitteltemperaturen nach Osten fast unverändert über Südsteigerwald und Windsheimer Bucht ins Mittelfränkische Becken fortsetzt. Haßberge und Nordsteigerwald liegen nur wenig darunter. Daran ist der kontinentale Charakter der Temperaturen im Som-mer gut zu erkennen, während im Winter bei ozeanischen Einflüssen von Westen ein viel deutlicherer West-Ost-Gegensatz besteht.

Abb. 16 zeigt die Länge der Hauptvegetationsperiode, die den Zeitraum der Tage mit Mitteltemperatur über 10 °C umfaßt, in welchem der Entwicklungszyklus Blühen, Fruch-ten, Reife weitgehend abgeschlossen wird. Hier läßt sich nochmals eine Differenzierung in einen zentralen Bereich mit einer Periode über 160 Tage gegenüber den Randbereichen mit schon etwas kürzerer Dauer erkennen. Die Gebiete der Mainfränkischen Platten mit der längsten Vegetationsperiode beschränken sich demnach nur auf das innere Maindreieck und das Steigerwaldvorland. Bereits der Ochsenfurter Gau hat eine um etwa eine Woche kürzere Vegetationsperiode, ebenso wie das Grabfeld.

Die ohnehin trockenen Verhältnisse werden durch die starken Schwankungen im mehr-jährigen Vergleich noch verschärft. Die mittlere Variabilität der Niederschläge liegt in Würz-burg mit 15,9 % doppelt so hoch wie sonst in Mitteleuropa. So treten nicht selten extreme Trockenjahre auf, wie beispielsweise 1976, als in Würzburg mit 352 mm nur 42 % der durch-schnittlichen Niederschlagsmenge fielen (GIESSNER 1982, S. 121/138).

4.2.3 Jahresgang des Klimas

In Abb. 17 sind zehn Klimadiagramme aus Unterfranken zusammengestellt, basierend auf den dreißigjährigen Mittelwerten der Periode 1951–80. Die Darstellung folgt der Methode nach WALTER u. LIETH. Klimadiagramme ermöglichen ein differenziertes Bild des jahreszeit-lichen Ganges von Temperatur und Niederschlag. Bei den Skaleneinteilungen entsprechen 10 °C Temperatur 20 mm Niederschlag im Monatsdurchschnitt. Dieses Verhältnis ist so ge-wählt, daß sich aus dem Zwischenraum der beiden Kurven ein Anhaltspunkt für die lokale klimatische Situation ergibt.

Der prinzipielle Niederschlagsgang aller Stationen Unterfrankens zeigt einen zwei-gipfeligen Verlauf mit Maxima im Sommer und Winter und geringem Regen in den Über-

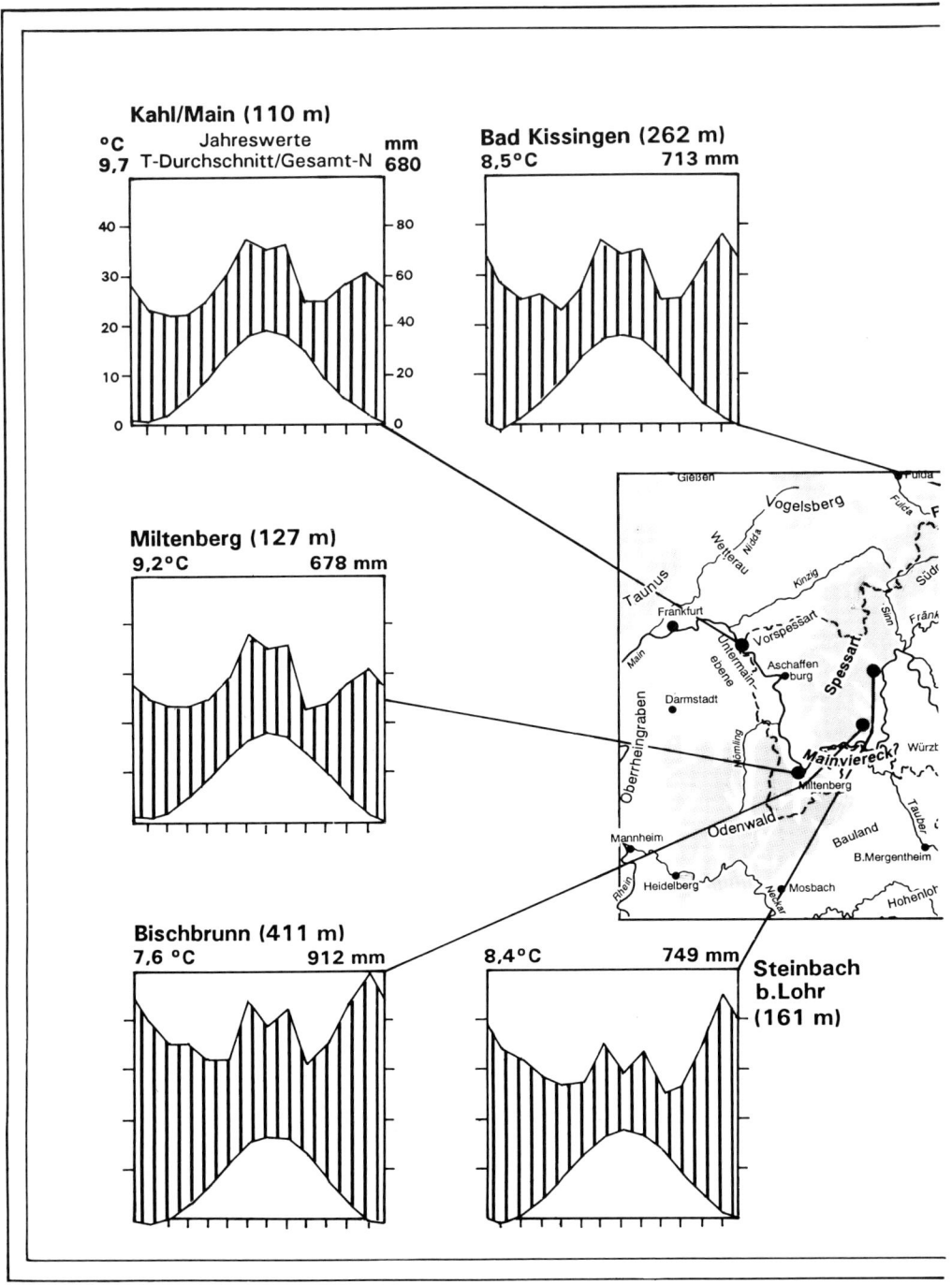

Abbildung 17
Klimadiagramme von Unterfranken. Obere Kurve und rechte Skala: Niederschlag; untere Kurve und linke Skala: Lufttemperatur; Skalenverhältnis 20 mm:10 °C. Datenbasis: dreißigjährige Monatsmittel

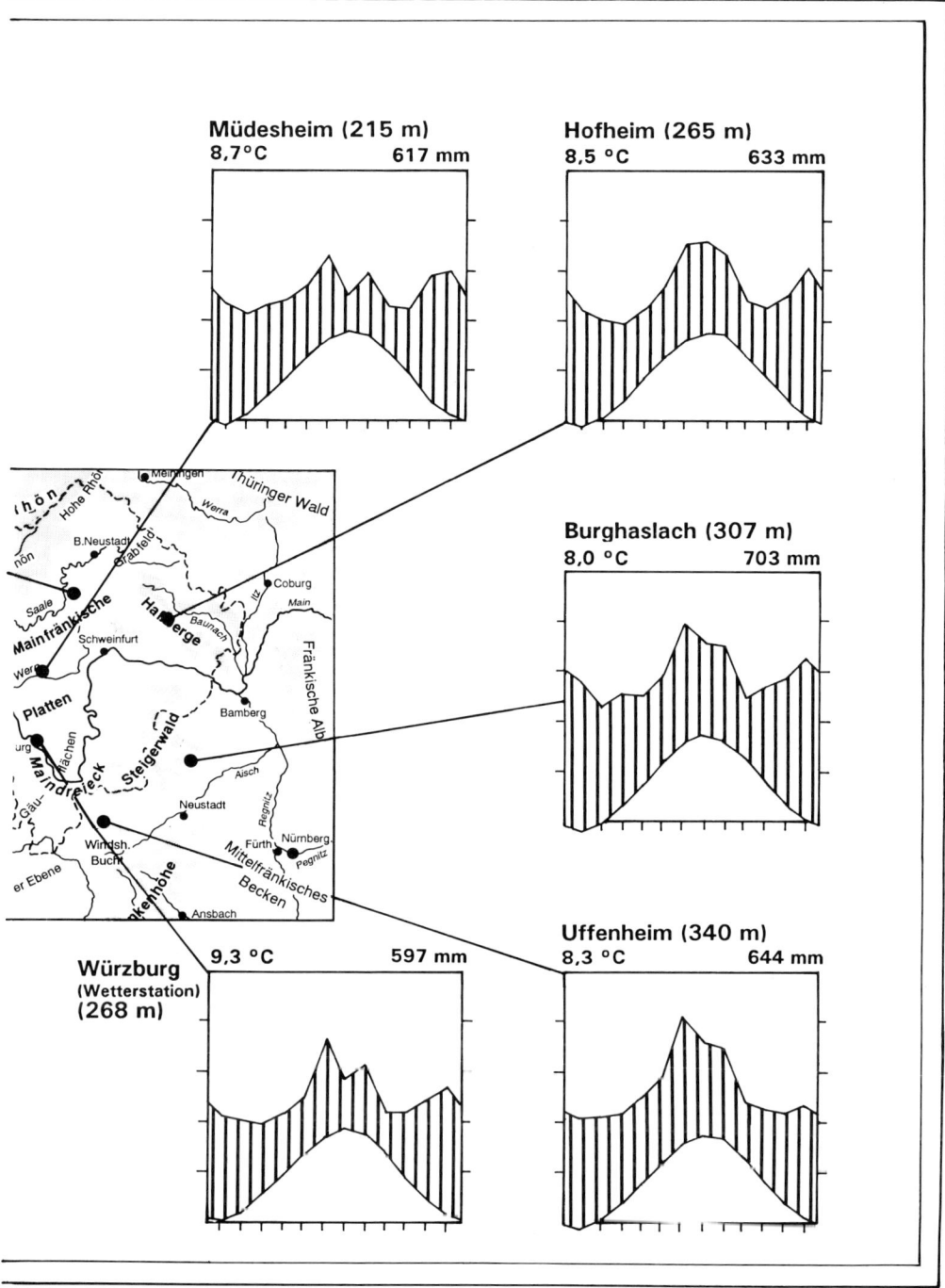

1951–80, Müdesheim und Miltenberg (Temp.) 1961–90 (hochger.). Nach Daten des Deutschen Wetterdienstes mit frdl. Genehmigung. Entwurf: JOHANNES MÜLLER, 1995

gangsjahreszeiten. Die Temperaturkurve besitzt demgegenüber einen viel ausgeglicheneren Gang mit raschem Anstieg im Frühling und etwas langsamerer Abkühlung im Herbst.
Bei relativ weitem Abstand der beiden Kurven liegen allgemein feuchtere Verhältnisse vor
als bei engem. Ein Feuchtigkeitsüberschuß ist im humiden Klima Mitteleuropas überall gegeben, was im jahreszeitlichen Verlauf aber Schwankungen unterworfen ist. Damit hören
die Gemeinsamkeiten aber bereits auf.

Für die Mainfränkischen Platten stehen die Diagramme von Müdesheim bei Arnstein,
Würzburg und Uffenheim. Die Meßwerte aus Würzburg stammen von der alten Wetterwarte
am Stein, die auf 268 m oberhalb des Tals lag und damit bereits zum Teil die Bedingungen
der Hochflächen widerspiegelt. Allen dreien ist ein sehr deutliches Niederschlagsmaximum
im Juni gemeinsam, während das sekundäre Maximum im Winter gering ausgeprägt ist. Auffällig ist die starke Niederschlagsdepression im Juli, die sonst in Unterfranken höchstens
abgeschwächt vorkommt. Selbst im dreißigjährigen Durchschnitt nähern sich die Kurven bei
dem in diesem Monat gegebenen Temperaturmaximum stark an, und vielfach sind Trockenheitsprobleme die Folge. Noch geringer ist der Feuchtigkeitsüberschuß im September, was
für die Vegetation dann aber kaum noch von Bedeutung ist. Die herbstliche Phase geringer
Niederschläge ist im Gegenteil ein wesentlicher klimatischer Gunstfaktor für den Weinbau.

Im internen Vergleich nehmen die Juniniederschläge von West nach Ost sogar noch zu,
was am zunehmenden Anteil von Starkregen (Gewitter) im Sommer liegt. Ebenso ist in
Uffenheim die Julidepression kaum noch sichtbar, und der gesamte sommerliche Nieder-
schlagsgipfel ist deutlicher ausgeprägt als in Würzburg und Müdesheim. Umgekehrt liegen
im Winter die Temperaturen niedriger, und das sekundäre Niederschlagsmaximum des
Dezembers ist kaum noch ausgeprägt, ganz im Gegensatz zum westlich gelegenen Müdesheim. All diese Faktoren spiegeln bereits die stärkere Kontinentalität der Station Uffenheim
mit größeren Klimagegensätzen wider, ohne daß eine landschaftliche Grenze dazwischen
läge.

4.3   Hydrologie

Die hydrologischen Bedingungen ergeben sich aus der Kombination von Niederschlag,
(temperaturabhängiger) Verdunstung und (gesteinsabhängigen) Grundwasserverhältnissen.
Für die Mainfränkischen Platten folgt daraus eine besonders kritische Situation, denn es stehen geringen Niederschlägen hohe Verdunstungsraten bei sehr durchlässigem Gesteinsunter-
grund ohne größere Grundwasservorkommen gegenüber. Für das Trockengebiet Mainfränkische Platten lassen sich die hydrologischen Folgen in mehrfacher Hinsicht ausdrücken.

Überblick. Im Jahresgang gerät die Wasserbilanz teilweise sogar in negative Bereiche,
während derer keine Grundwasserneubildung und kaum eine Abflußspende erfolgen. Auch
die Gesamtabflußspende pro Jahr ist sehr gering. Ein Ausgleich durch Grundwasser kann
nicht stattfinden, denn die Vorräte sind wenig ergiebig, und der Grundwasserspiegel liegt
verbreitet tief unterhalb der Oberfläche.

Konsequenz daraus ist eine extem niedrige Dichte des Gewässernetzes mit weiten Abständen zwischen den Tälern. Zudem ist das Abflußregime fast aller Bäche durch die nicht
ganzjährige Wasserführung gekennzeichnet. Viele Bäche führen nur nach der Schneeschmelze und nach Starkregen Wasser.

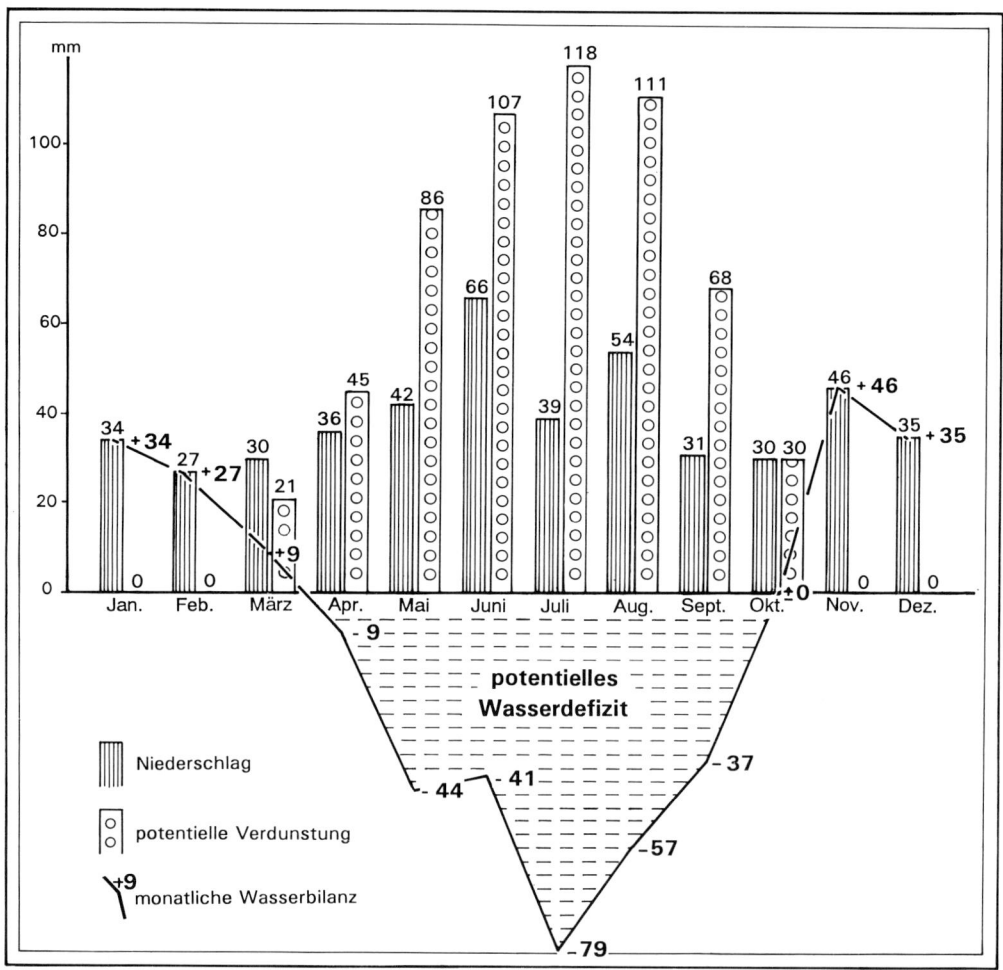

Abbildung 18
Wasserbilanz von Würzburg. Daten der Wetterwarte Würzburg-Stein (12jähriges Mittel). Neben den monatlichen Niederschlägen ist die potentielle Verdunstung angegeben. Obwohl die reale (aber kaum meßbare) Verdunstung geringer ist, zeigen die Werte die jahreszeitlichen Schwankungen der Wasserbilanz. Vor allem im Juli herrscht ein ausgeprägtes Wasserdefizit, das die Pflanzen über andere Quellen (Grundwasser, Tauspende) decken müssen. Aus: MÜLLER (1989)

4.3.1 Jahresgang der Wasserbilanz und Abflußspende

Im Jahresgang ergibt sich für die Mainfränkischen Platten, hier stellvertretend das Diagramm von Würzburg (Abb. 18), ein zweigipfeliger Verlauf des Niederschlagsregimes. Das Hauptmaximum der Niederschläge liegt im Sommer, im Juni und August, getrennt allerdings vom Juli mit einem erheblich geringeren Wert. Während der Herbst (September – Oktober) fast nur halb so hohe Niederschläge aufweist, steigen sie im November und Dezember auf ein sekundäres Maximum an. Im Spätwinter (Februar und März) fallen die absolut geringsten Niederschläge, bevor ab April wieder ein Anstieg einsetzt.

Die Temperaturkurve zeigt dagegen einen viel ausgeglicheneren Verlauf, woraus sich erhebliche Konsequenzen für die Verdunstung ergeben. Um diese anzugeben, ist die Abschätzung der realen Gebietsverdunstung (Evapotranspiration) nötig, die sich aus Oberflächenverdunstung (Evaporation) plus Pflanzenatmung (Transpiration) zusammensetzt. Obwohl keine Daten auf Monatsbasis vorliegen, so sind dennoch aufgrund vergleichbarer Daten interessante Rückschlüsse auf die Wasserbilanz möglich. Die jährliche Evaporation liegt auf den Mainfränkischen Platten allein schon bei 400 mm pro Jahr, wozu ja noch die Transpiration kommt, die sich nicht flächenhaft darstellen läßt. Man kann festhalten, daß der größte Teil der Niederschläge weder dem Abfluß noch der Grundwasserbildung zur Verfügung steht. Für letztere ist nur ein Viertel der Niederschläge (rund 150 mm) verfügbar (GIESSNER 1982, S. 123–124).

Einen guten Anhaltspunkt insbesondere für die jahreszeitliche Verteilung der Trockenheitsperioden bietet die Darstellung der potentiellen Verdunstung, welche theoretisch nur bei unbeschränktem Wasserdargebot ganz erreicht werden könnte. Aussagekräftig ist die Gegenüberstellung von Niederschlägen und potentieller Verdunstung. Abb. 18 zeigt das Diagramm von Würzburg stellvertretend für die Mainfränkischen Platten. Die Bilanz wird bereits ab Mai negativ, ein Zustand, der den ganzen Sommer über andauert. Besonders stark macht sich der geringe Niederschlag des Juli in Verbindung mit dem Temperaturmaximum bemerkbar, wenn einem Niederschlag von 47 mm mehr als die doppelte potentielle Verdunstungsrate (118 mm) gegenübersteht. Dann kann auch von einer realen Evapotranspiration ausgegangen werden, die über dem Niederschlagsdargebot liegt, so daß die Wasserbilanz deutlich negativ ist. Bis zum September mit seinen geringen Niederschlägen bleibt die Bilanz negativ, um erst im Oktober, bei erheblich gesunkenen Temperaturen, wieder ausgeglichen zu werden. Infolge der im März – April niedrigen Niederschlagswerte sind die Wintermonate November bis Februar für die Auffüllung des Grundwasserspeichers in Mainfranken entscheidend (MÜLLER 1989, S. 7).

Diese Wasserbilanz kommt auch in der Abflußspende zum Ausdruck, also dem Teil des Niederschlags, der die Landschaft über die Flüsse wieder verläßt. Im Jahresdurchschnitt liegt sie für das zentrale Grabfeld, das Maintal zwischen Schweinfurt und Maindreieck sowie Ochsenfurter und Gollachgau am niedrigsten. Der Wert von weniger als 150 mm/m² · Jahr entspricht nur einem Viertel der Jahresniederschlagsmenge und zählt zu den geringsten Abflußhöhen in Deutschland überhaupt. Der Rest der Mainfränkischen Platten ist grob zweigeteilt mit jährlicher Abflußspende von unter 200 mm/m² · Jahr im Osten und leicht über diese Marke ansteigenden Werten im Westen, zum Spessart hin (MARCINEK u. SCHMIDT in LIEDTKE u. MARCINEK 1994, S. 139).

Auch am Abflußverhalten des Mains selbst, der fast die gesamten Mainfränkischen Platten entwässert, läßt sich die kritische hydrologische Gesamtsituation aus der Kombination von Niederschlag und Verdunstung ablesen. Zwischen den Pegeln Schweinfurt und Kleinheubach (Untermain) wächst das Einzugsgebiet auf fast das Doppelte (+ 69,1 %). Der Abfluß des Mains erhöht sich jedoch fast nicht (+ 6,3 %), liegt vor allem im Sommer in Kleinheubach zeitweise sogar unter dem von Schweinfurt, was einem Nettoabflußverlust des Mains ins Grundwasser entspricht (GIESSNER 1982, S. 133/136).

4.3.2   Grundwasser

Die Grundwasserverhältnisse der Mainfränkischen Platten lassen sich mit der gesteinsbedingten Situation gliedern. Im Westen, wo die Kalke des Muschelkalks anstehen, herrschen Karstgrundwasserleiter, die durch kurze Verweildauer und starke Schwankungen gekennzeichnet sind. Im Bereich der Mergel und Sandsteine des Lettenkeupers im Osten der Mainfränkischen Platten dominieren Kluftgrundwasserleiter, die an die hier sehr klein-volumigen feinen Klüfte gebunden sind. Die zwischengeschalteten Tonlagen fungieren gele-gentlich als wasserstauende Schichten, weshalb mehrere Grundwasserstockwerke bestehen können. Beide Grundwasserleiter besitzen mit meist unter 6 l/s förderbarer Wassermenge eine nicht erschließungswürdige Höffigkeit.

So besteht auf den Mainfränkischen Platten fast nirgendwo Grundwasseranschluß, und die Wasserversorgung war immer problematisch. Schon kürzere Trockenperioden von wenigen Wochen wirken sich, sobald die Wasservorräte des Bodens aufgebraucht sind, nega-tiv auf die Landwirtschaft aus; Trockenschäden sind trotz entsprechender Auswahl der An-baufrüchte häufig. Auch die Anlage der Siedlungen, für die die Trinkwassersituation immer ein Problem war, geht wesentlich auf diese Ursachen zurück. Auf der Hochfläche selbst konnten keine Dörfer angelegt werden, weil dort die Versorgung mit Trinkwasser unmöglich gewesen wäre. Man nutzte statt dessen Geländesenken und Täler, obwohl sich die Ent-fernung zu den Feldern dadurch vergrößerte. Die Beschränkung der Siedlungsmöglichkeiten in der Landschaft begünstigte auch die konzentrierte Struktur mit wenigen, dafür großen Dörfern. Heute sind etliche Orte an die Fernwasserversorgung angeschlossen. Die Eigenver-sorgung wird durch die Schadstoffeinträge aus der Landwirtschaft ins Grundwasser zuneh-mend problematisch, vor allem wegen der schnellen Wasserzirkulation und der deshalb geringen Selbstreinigungskraft im Karstgrundwasser.

Lediglich die Talräume insbesondere des Mains besitzen erschlossene Porengrund-wasserleiter, die in den Talsedimenten aus Sanden und Schottern ausgebildet sind. Wegen ihrer geringen Mächtigkeit von meist nur wenigen Metern über den anstehenden Gesteinen wird eine Ergiebigkeit von 12 l/s nur selten überschritten. Im Vergleich zu den ergiebigen Grundwasservorräten mächtiger Talfüllungen am Untermain, wo über 120 l/s gefördert wer-den können, ist die Grundwasserhöffigkeit selbst in den Tälern Mainfrankens recht gering (GIESSNER 1982, S. 131).

4.3.3   Gewässernetzdichte und Abflußregime

Durch die unterirdischen Lösungsvorgänge der Verkarstung des Muschelkalks mit Bildung von Spalten und Hohlräumen, durch die das Wasser rasch zirkulieren kann, versickert das Oberflächenwasser fast überall rasch, und die Gewässernetzdichte liegt extrem niedrig. Auch im Bereich der geschlossenen Lößdecke und selbst dort, wo noch flache Bänke des Unteren Keupers dazwischen liegen, bestimmt die große Durchlässigkeit die Verhältnisse und führte zu einer geringen Gewässernetzdichte. Erst zum Rand der Mainfränkischen Plat-ten, wo im Westen Röttone, im Osten Tone des Keupers anstehen, ändert sich die Gewässer-situation entscheidend.

Viele Bäche der Mainfränkischen Platten sind zumindest im Oberlauf nicht ganzjährig durchflossen, sondern erst wenn sie auf das Niveau der größeren Flüsse hinabgelangen. Dazu kommen die ausgesprochenen Trockentäler, deren Abflußregime überhaupt nur von stoß-weiser Wasserführung nach Starkregen gekennzeichnet ist. Ihre Talform kann demzufolge nicht von den heutigen geomorphologischen Prozessen gestaltet worden sein, sondern ist in ihrer Entstehung einer früheren landschaftlichen Entwicklungsphase zuzuordnen. Wenn heute die Unterläufe mancher Täler dennoch ganzjährig Wasser führen, dann deshalb, weil die Auelehmdecke den Muschelkalk des Talbodens abdichtet, eine Folge der mit dem Akkerbau verstärkten Erosion. Auch hier greift also der Mensch in den Landschaftshaushalt ein. Viele Mühlen ganzjährig wasserführender Bäche, stellenweise zu mehreren hintereinander angeordnet, basieren auf der Verstärkung der Wasserführung durch diese Umstände.

4.4   Potentielle natürliche Vegetation

Die abiotischen Geofaktoren Gestein, Temperatur, Niederschlag und Grundwasser steuern neben der Sonneneinstrahlung in ihrer Kombination die Standortbedingungen für die Vegetation. Dazu kommen noch weitere, wie die von der Landschaftsgenese abhängige Exposition und die Bodenverhältnisse, die bereits komplexere Ursachen haben. Um sich ein Bild vom Zusammenspiel der naturgeographischen Zusammenhänge zu machen, ist es ein Weg, das vom Menschen unbeeinflußte natürliche Pflanzenkleid zu rekonstruieren. Die Vegetation steht dann nicht nur für sich im Mittelpunkt des Interesses, sondern auch als Indikator für diese Verhältnisse. Sie gibt nicht allein die Summe der Standortbedingungen wieder, sondern vor allem deren gegenseitige Beeinflussung. Sie kann sich verstärkend auswirken, etwa bei der Kombination von klimatischer Trockenheit mit wasserdurchlässigen Kalken, oder aber ausgleichend, wie durch das Zusammentreffen von klimatischer Trockenheit mit Grundwasserfeuchte der Talaue. Naturräumlich bezogene Arbeiten, Landschaftsdarstellungen, Landschaftspläne und Gutachten arbeiten mit dem Konzept der potentiellen natürlichen Vegetation.

Die vielfach vorgenommene Gleichsetzung der potentiellen natürlichen mit der ursprünglichen, vom Menschen unbeeinflußten Vegetation der Urlandschaft führt allerdings sehr schnell zu fundamentalen Fehlschlüssen und damit in die Irre. Dies zeigt sich bereits bei der ganz einfachen und grundlegenden Frage nach der natürlicherweise dominierenden Baumart der Mainfränkischen Platten, Eiche oder Buche. Um die Aussagen des Konzeptes, die Ergebnisse und die Darstellung der Karte überhaupt richtig anwenden zu können, ist es deshalb notwendig, sich zunächst eine Vorstellung von den Inhalten des Begriffs „potentielle natürliche Vegetation" zu machen, der eben nicht mit der Urvegetation identisch ist.

Gerade im klimatischen Gunstraum der Mainfränkischen Platten muß kritisch nach dem Einfluß des Menschen auf die Vegetation gefragt werden. Als sich nach der Eiszeit wieder anspruchsvollere Vegetation ausbreitete, begann ein merklicher anthropogener Einfluß möglicherweise bereits, bevor die Vegetation ihre natürliche Klimax erreicht hatte. Das bedeutet, daß es eventuell ein wirkliches Endstadium der ungestörten Vegetationsentwicklung bei uns gar nicht gegeben hat. Dazu kommen die Eigendynamik der Pflanzengesellschaft, lokalklimatische und hydrologische Unterschiede und die Rückwirkungen der Pflanzen auf das Ökosystem selbst. So gesehen, bereitet es nicht nur große Schwierigkeiten zu definieren, welche Schlußgesellschaft sich potentiell einstellen könnte, sondern auch, was man unter dem Begriff Klimaxvegetation überhaupt verstehen will.

4.4.1   Problematik der Konzeption und die Buchenfrage

Auf Unterfranken bezogen, kommt diese Überlegung bereits bei der Differenzierung zwischen den Rahmenhöhen und den Mainfränkischen Platten zum Tragen. In der groben Übersicht stehen den Buchenwäldern von Spessart, Steigerwald und den anderen Mittelgebirgen die Eichen-Hainbuchenwälder der klimatisch und edaphisch begünstigten Gäuflächen gegenüber. Die Frage nach der Ausdehnung des Buchenbereichs ist ein zentrales Thema der potentiellen natürlichen Vegetation Unterfrankens. Dabei geht es darum, ob der Bereich der Eichen nicht durch den menschlichen Einfluß auf die Wälder begünstigt worden ist.

Konzeptionelle Grundlagen

Komplexe Standortanalysen haben nicht nur eine Vielzahl von Einflußfaktoren aus den Bereichen Klima, Boden, Geologie, Hydrologie und Morphologie zu untersuchen, sondern auch deren Wechselbeziehungen zu berücksichtigen. Diese bestehen jedoch aus einem äußerst komplizierten Beziehungsgeflecht sich teils verstärkender, teils gegenseitig ausgleichender Faktoren, weshalb sich der (induktive) Weg einer Analyse über einen Indikator anbietet, der nicht ohne weiteres erkennbare Einflußfaktoren einschließt und alle Wechselbeziehungen in summa anzeigt.

Hierfür bieten sich die Pflanzengesellschaften eines Raumes an als „Indikatoren für die Landesnatur, die deren ökologisches Potential in ausreichender Feinheit spiegeln" (REICHELT u. WILMANNS 1973, S. 178). Anwendung findet dieser Weg, direkt oder als Kontrolle, in allen Maßstäben: Vegetationszonen der Erde, Klimaklassifikationen (TROLL u. PAFFEN), aber auch die naturräumliche Gliederung stützen sich auf die Vegetation, obwohl sie der Mensch überall auf der Erde bereits massiv umgeformt hat und sich höchstens noch Reste finden lassen, die die Gesamtheit der naturgegebenen Einflüsse unverfälscht widerspiegeln.

Gerade in einer lange und dicht besiedelten Landschaft wie Unterfranken gibt es keine unbeeinflußten Indikatoren der Vegetation mehr. Dieser Problematik versucht das Konzept der potentiellen natürlichen Vegetation gerecht zu werden (TÜXEN 1956). Es versucht, aus den heutigen Gegebenheiten, die trotz anthropogener Einflußnahme bestimmte Regelhaftigkeiten zeigen, eine Vegetation zu *konstruieren*, als Resultat der Gesamtheit der abiotischen Geofaktoren am Ort. Sie gibt einen gedachten Zustand wieder, der bestünde, wenn der Einfluß des Menschen wegfiele, wobei langfristige Veränderungen im Ökosystem und Artengefüge außer acht gelassen werden.

Die nötige Konstruktion der potentiellen natürlichen Vegetation wird allerdings verkompliziert durch die Vorgänge, die dem Pflanzenkleid Mitteleuropas Relikte der Eiszeiten, aber auch wärmerer Perioden bescherten, was im landschaftsgenetischen Zusammenhang gesehen werden muß. Dasselbe gilt für den überlagernden, oft unterschätzten, frühzeitigen anthropogenen Einfluß. Bereits in der ursprünglichen Definition sind dabei irreversible Veränderungen der Geofaktoren durch den Menschen berücksichtigt. Hierzu zählen nicht nur Offensichtliches, wie Grundwasserabsenkungen, Drainagen (sehr verbreitet im Ackerland), Trockenlegung von Mooren oder irreversible Bodendegradierung durch Erosion, sondern auch Standortverbesserungen, wie die Auelehmsedimentation in den Tälern oder Nährstoffanreicherungen in Ackerböden, die oft anspruchsvolleren Gesellschaften einen Lebensraum böten als früher dort („natürlich") existierten. Die potentielle natürliche Vegetation früherer Zeiten sähe also anders aus als die jetzige, was öfters mit dem Zusatz „heutige" potentielle natürliche Vegetation ausgedrückt wird.

Die auf allen Standorten ablaufende Sukzession mit der regelhaften zeitlichen Entwicklung von Pflanzengesellschaften führt ja auch zu einer Veränderung des Standortes selbst, also der abiotischen Faktoren. Dies ist beim Hochmoor augenfällig, bei anderen Gesellschaften aber ebenso der Fall, wie z.B. auf geschädigten Böden, die sich durch die Zersetzung der Laubstreu und andere bodenbildende Prozesse allmählich wieder aufbauen würden und dann auch anspruchsvolleren Arten wieder Lebensmöglichkeiten böten, oder bei der Verlandung eines Sees durch Absetzung anorganischen Materials zwischen den Pflanzen und Anhäufung von Pflanzenteilen selbst. Diese jedem Ökosystem eigene Entwicklungsdynamik erschwert die Einschätzung eines wirklichen Endzustands enorm. Die potentielle natürliche Vegetation läßt sie ausdrücklich außer acht (DIERSSEN 1990, S. 118) und bezieht sich damit nicht auf zukünftige Entwicklungen.

Es ist wichtig festzuhalten, daß die potentielle natürliche Vegetation damit weder gleichbedeutend mit dem vor dem Menschen existierenden Pflanzenkleid ist noch mit dem natürlichen Endzustand der Vegetationsentwicklung, der Klimax eines Gebietes, sondern eben nur das *derzeitige* biotische *Potential* der Landschaft näherungsweise wiedergeben soll (WILMANNS 1978, S. 40). Sie ist somit vom gegenwärtigen Kenntnisstand abhängig, zieht eher deduktive Schlüsse und dient der Beurteilung der ökologischen Verhältnisse der Landschaft von heute. Vor allem weil sie, ähnlich wie die naturräumliche Gliederung, für viele Gebiete flächendeckend erarbeitet ist, werden sich auch weiterhin zahlreiche Fächer (Geographie, Landschaftsplanung, Geschichte etc.) ihrer bedienen. Das Bewußtsein der obigen Einschränkungen und systematischen Probleme ist für die Anwendung unerläßlich, was besonders bei dem für das zentrale Unterfranken sehr wichtigen Eichen-Hainbuchenwald deutlich wird.

Die Buchenfrage

Der Begriff des Eichen-Hainbuchenwaldes, wie er für die Wälder der Beckenlandschaften Süddeutschlands häufig Verwendung findet, suggeriert ein Vorherrschen dieser beiden Baumarten, wie man es längere Zeit auch annahm, als man vorwiegend von den vorhandenen Waldresten Rückschlüsse anstellte. Die günstigen Standortbedingungen gerade der Mainfränkischen Platten sagen jedoch lokal vielfach durchaus auch der Rotbuche *(Fagus sylvatica)* zu. Hieraus ergibt sich die Frage, ob nicht in weiten Teilen des Verbreitungsgebietes des Eichen-Hainbuchenwaldes natürlicherweise ein zumindest erheblicher, eventuell sogar dominierender Anteil an Buchen zu finden sein müßte. Dabei sind einerseits die Standortansprüche von Buche und Eiche, andererseits ihre Reaktion auf den Einfluß des Menschen, der namentlich im Bereich der Mainfränkischen Platten sehr früh und nachhaltig erfolgte, zu berücksichtigen.

Allgemein gilt die Buche sogar als anspruchsvollerer Baum hinsichtlich Nährstoffangebot, Empfindlichkeit gegen Spätfröste und Trockenheit sowie bezüglich der Ausgeglichenheit des Bodenwasserhaushalts. Da die Buche über eine ausgeprägte Wurzelatmung verfügt, erträgt sie weder längere Staunässe, durch Tonverdichtung im Boden verhindertes Versickern der Niederschläge, noch recht hohen Grundwasserstand oder stark lehmige Böden mit geringem Porenvolumen. Die Standortansprüche insbesondere der Stieleiche *(Quercus robur)* sind demgegenüber geringer. Sie erträgt Staunässe, stärkere Klimaunterschiede und Spätfröste, Bodentrockenheit bzw. Wechselfeuchte und eine größere Nährstoffarmut. Die Ansprüche der selteneren Traubeneiche *(Quercus petraea)* ähneln stärker denen der Rotbuche (ELLENBERG 1986, S. 208–209).

Im Gegensatz zur Buche ist die Eiche eine Lichtholzart, die zum Keimen und Heranwachsen hellere Verhältnisse benötigt. Sie hat, zusammen mit einigen anderen heimischen Laubhölzern wie der Hainbuche *(Carpinus betulus)* und der Hasel *(Corylus avellana)*, die Fähigkeit zum Stockausschlag, kann also nach Abschlagen des Stammes aus dem Wurzelstock wieder austreiben. Über Jahrtausende wurde der Wald nicht wie heute hauptsächlich zur

Gewinnung von Stämmen genutzt (Hochwald), sondern war in die bäuerliche Wirtschaftsweise eingebunden. Die Beweidung durch Vieh, die Gewinnung von Brennholz, das damit verbundene Öffnen des Waldes für mehr Lichteinfall, die Entnahme von Laubstreu und damit Nährstoffen – all das begünstigte stockausschlagfähige Lichtholzarten und verschob das natürliche Artengefüge zuungunsten der Buche.

Inzwischen ist die generelle Ablösung des Eichenmischwalds durch Buchenwälder in Mitteleuropa vor rund 2500 bis 3000 Jahren belegt. Zum natürlichen Buchenwaldgebiet rechnet man heute auch den größten Teil der Mainfränkischen Platten. Andererseits bestand in diesem Altsiedelland bereits vor 3000 Jahren längst eine erhebliche Einflußnahme des seßhaften und landwirtschaftlich tätigen Menschen. Der heute in den Eichen-Hainbuchenwäldern so geringe Anteil der Buche geht wesentlich auf die andauernden anthropogenen Eingriffe zurück. Hier zeigt sich klar, weshalb es wichtig ist, genau zu differenzieren. Hätte es eine Vegetationsentwicklung ohne irgendeine menschliche Beeinflussung gegeben, so wäre zu vermuten, daß zumindest weite Bereiche der Eichen-Hainbuchenwälder von Buchenwäldern eingenommen würden. Der anthropogene Einfluß sowohl auf den Artenbestand als auch auf die Bodenverhältnisse war jedoch derart lang anhaltend und nachhaltig, daß, vom heutigen Stand aus gesehen, die Buche zwar erheblich zahlreicher vorkäme, aber selbst potentiell kaum zur Vorherrschaft gelangen könnte. Die Frage nach dem Aufbau einer völlig natürlichen Vegetation ist so also gar nicht zu stellen.

Wenn im folgenden weiterhin von Eichen-Hainbuchenwald gesprochen wird, dann vor allem deshalb, weil der Begriff eingeführt ist und verbreitet Verwendung findet. In Kenntnis der aufgezeigten Entwicklung steht er weniger für eine konkrete Baumartenbezeichnung als vielmehr für den *Waldtypus* der klimatischen Gunstlagen Süddeutschlands mit meist guten Bodenverhältnissen und früh einsetzendem anthropogenem Einfluß hinsichtlich Rodung bzw. intensiver Waldnutzung. Die Verschiebung des Artengefüges von der Buche zur Eiche ist infolge der anthropogenen Tätigkeit derart tiefgreifend, daß sie sich höchstens langfristig zugunsten der Buche ändern würde. Das wäre jedoch eine andere Fragestellung, nämlich die nach dem wirklichen Endzustand der Vegetationsentwicklung, der Klimax, was das Konzept der potentiellen natürlichen Vegetation, das den aktuellen Stand als Bezugspunkt nimmt, definitionsgemäß nicht mit einbeziehen kann.

4.4.2   Karte der potentiellen natürlichen Vegetation

Bei einem pflanzensoziologischen Vorgehen, also der Bezeichnung und Beschreibung von Pflanzengesellschaften, ist zu berücksichtigen, daß Bäume zwar entscheidend für den Aufbau des Vegetationstyps Wald, seine Funktionen im Landschaftshaushalt wie auch für die Nutzung sind. Allerdings verfügt Mitteleuropa über so wenige Gehölzarten, daß kaum eine Pflanzengesellschaft allein damit eindeutig zu charakterisieren ist. Deshalb stützt sich die pflanzensoziologische Einstufung der Wälder stark auf die Krautschicht, die die Standortmerkmale viel feiner widerspiegelt und die daher auch in den Bezeichnungen verwendet wird. Insgesamt wären sich die natürlichen Wälder Unterfrankens viel ähnlicher, als dies durch die Namensgebung der Gesellschaften erscheint.

Abb. 19 zeigt die potentielle natürliche Vegetation Unterfrankens im Überblick. Selbstverständlich muß man sich bei einer so starken Generalisierung immer der Unterdrückung der natürlich gegebenen Vielfalt und der Vortäuschung einer Einheitlichkeit bewußt sein. Keine der wiedergegebenen Flächensignaturen entspricht in der Wirklichkeit einer einzigen Pflanzengesellschaft, sondern nur deren Vorherrschen in einem ansonsten kleinräumigen

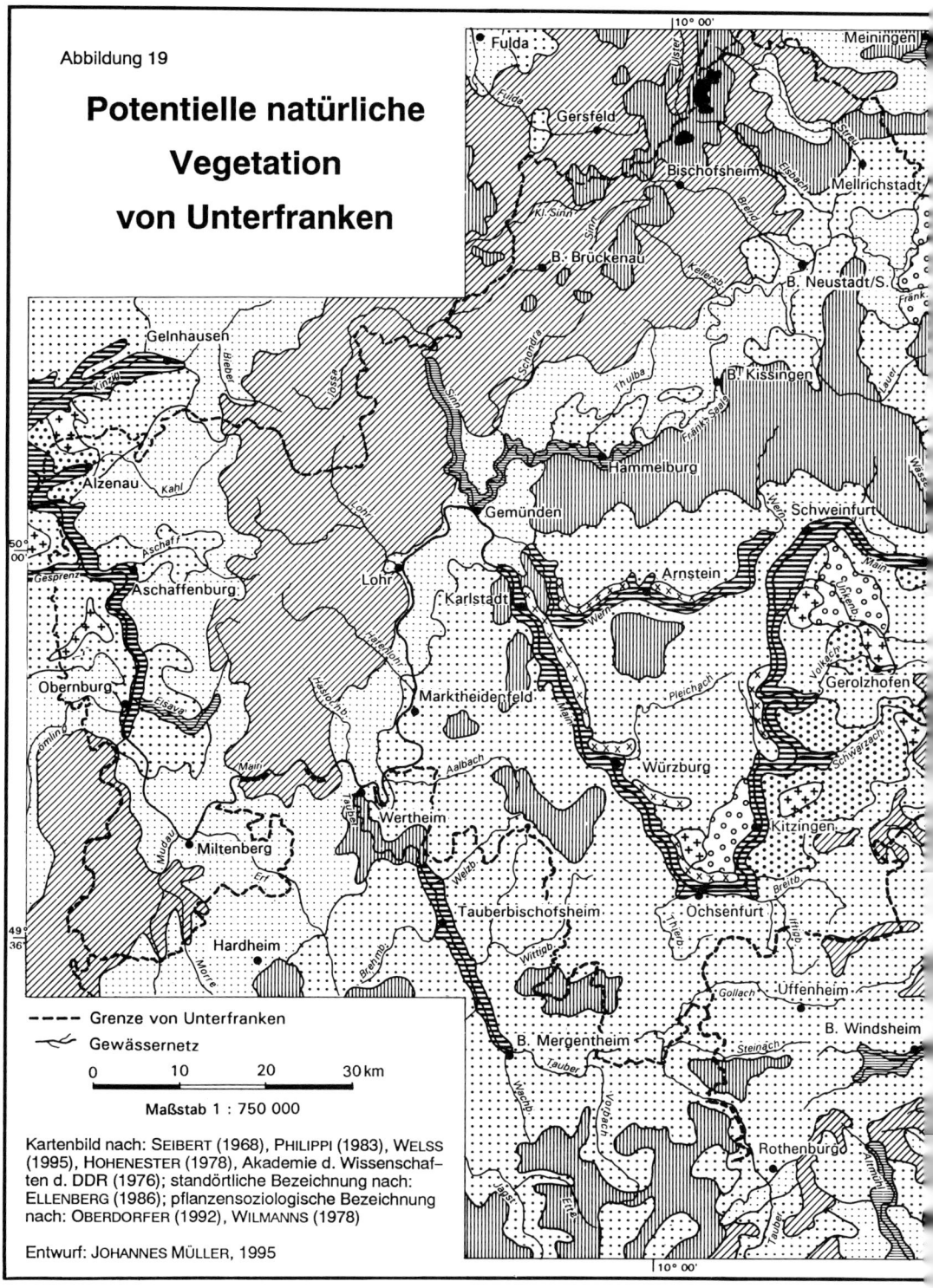

Abbildung 19

Potentielle natürliche Vegetation von Unterfranken

---- Grenze von Unterfranken

Gewässernetz

0   10   20   30 km

Maßstab 1 : 750 000

Kartenbild nach: SEIBERT (1968), PHILIPPI (1983), WELSS (1995), HOHENESTER (1978), Akademie d. Wissenschaften d. DDR (1976); standörtliche Bezeichnung nach: ELLENBERG (1986); pflanzensoziologische Bezeichnung nach: OBERDORFER (1992), WILMANNS (1978)

Entwurf: JOHANNES MÜLLER, 1995

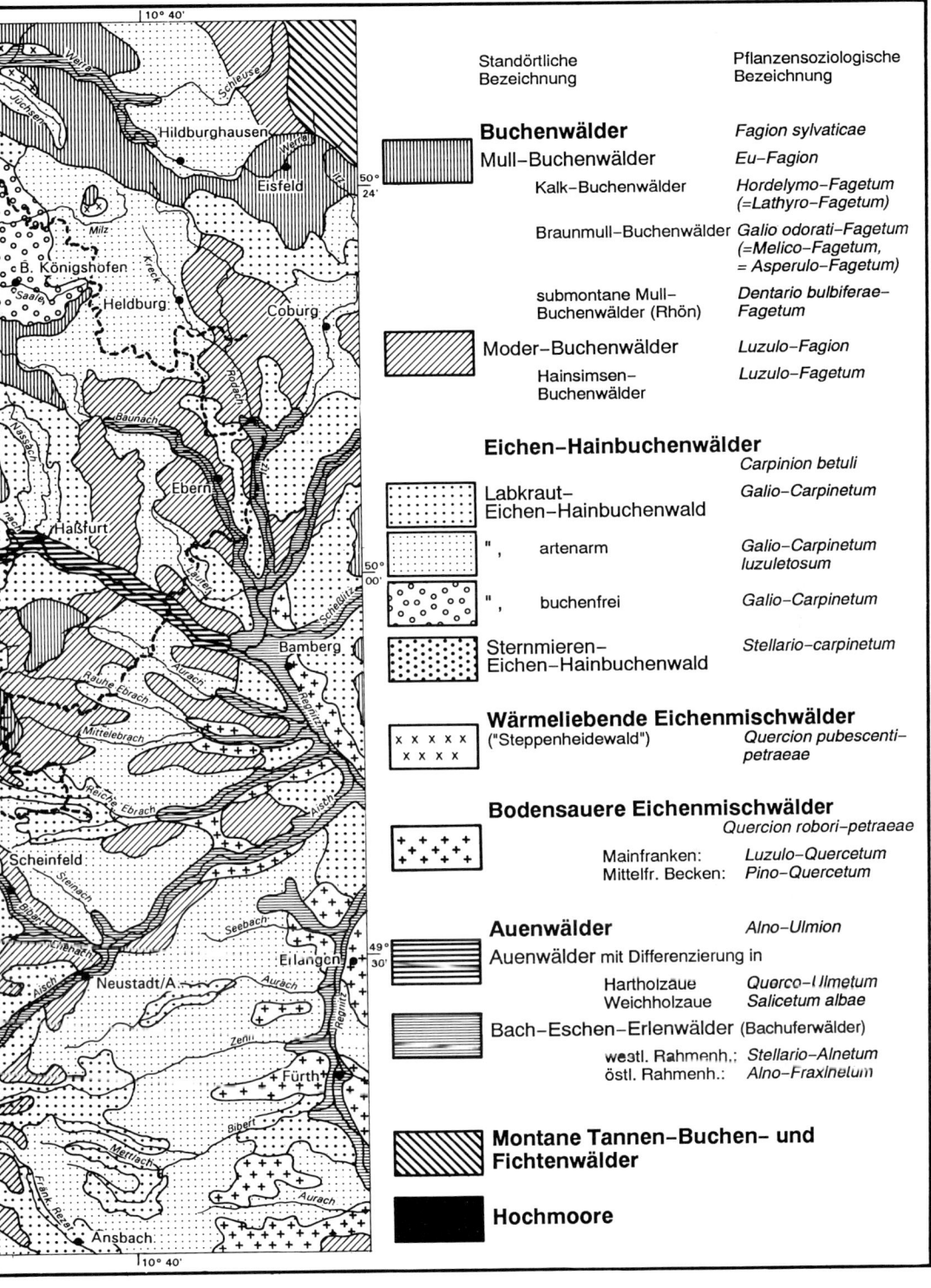

Standörtliche Bezeichnung — Pflanzensoziologische Bezeichnung

Buchenwälder — *Fagion sylvaticae*

Mull-Buchenwälder — *Eu-Fagion*

Kalk-Buchenwälder — *Hordelymo-Fagetum (=Lathyro-Fagetum)*

Braunmull-Buchenwälder — *Galio odorati-Fagetum (=Melico-Fagetum, = Asperulo-Fagetum)*

submontane Mull-Buchenwälder (Rhön) — *Dentario bulbiferae-Fagetum*

Moder-Buchenwälder — *Luzulo-Fagion*

Hainsimsen-Buchenwälder — *Luzulo-Fagetum*

Eichen-Hainbuchenwälder — *Carpinion betuli*

Labkraut-Eichen-Hainbuchenwald — *Galio-Carpinetum*

", artenarm — *Galio-Carpinetum luzuletosum*

", buchenfrei — *Galio-Carpinetum*

Sternmieren-Eichen-Hainbuchenwald — *Stellario-carpinetum*

Wärmeliebende Eichenmischwälder ("Steppenheidewald") — *Quercion pubescenti-petraeae*

Bodensauere Eichenmischwälder — *Quercion robori-petraeae*

Mainfranken: — *Luzulo-Quercetum*
Mittelfr. Becken: — *Pino-Quercetum*

Auenwälder — *Alno-Ulmion*

Auenwälder mit Differenzierung in

Hartholzaue — *Querco-Ulmetum*
Weichholzaue — *Salicetum albae*

Bach-Eschen-Erlenwälder (Bachuferwälder)

westl. Rahmenh.: — *Stellario-Alnetum*
östl. Rahmenh.: — *Alno-Fraxinetum*

Montane Tannen-Buchen- und Fichtenwälder

Hochmoore

Mosaik. Die Unterschiede in Boden, Mikroklima, Grundwasser und Exposition allein im Bereich eines einzigen Hanges oder Tales lassen die Vielfalt der Standortunterschiede erkennen. Ein Beispiel hierfür wird mit der Bodencatena und Vegetationsabfolge des Maintals in Kap. 8.4 näher beleuchtet.

Dennoch bietet erst eine Karte die Möglichkeit, räumliche Ausdehnungen und Gewichtungen zu vergleichen und Parallelen zur geologischen und bodenkundlichen Karte zu ziehen. Je detailgetreuer und realitätsnäher die Darstellung wäre, desto stärker würden diese Zusammenhänge in einem unübersichtlichen Wust an Informationen untergehen. Die Darstellung stützt sich im wesentlichen auf die Karten von SEIBERT (1968), PHILIPPI (1983) und Akademie der Wissenschaften der DDR (1976). Da deren pflanzensoziologische Angaben keineswegs einheitlich und teilweise auch nicht mehr gebräuchlich sind, wurde diesbezüglich auf die Bezeichnungen von OBERDORFER (1992) zurückgegriffen, an denen sich die meisten botanischen Arbeiten orientieren. Für geographische Fragestellungen und Vergleiche insbesondere der eng mit der Vegetation interagierenden Böden ist es jedoch sinnvoller, standörtliche Bezeichnungen für die Pflanzengesellschaften zugrunde zu legen, wie sie vor allem von ELLENBERG (1986) verwendet werden. Diese decken sich aber nicht immer mit jenen, weswegen bezüglich der kartographischen Darstellung Zusammenfassungen und Anpassungen nötig waren.

4.4.3   Leitgesellschaften der Mainfränkischen Platten

Im Rahmen dieser Arbeit können nur die allerwichtigsten Leitgesellschaften der potentiellen natürlichen Vegetation pro Landschaft erwähnt werden. Da die Zusammenhänge zu den Standortbedingungen im Vordergrund stehen, wird den standörtlichen Bezeichnungen der Vorzug gegeben. Um aber zumindest eine ganz grobe Charakterisierung der Artenzusammensetzung vorzunehmen, werden im folgenden die bestandsbildenden Gehölze als Tabelle aufgeführt, jeweils nach der Reihenfolge der Häufigkeit geordnet.

Die Eichen-Hainbuchenwälder lassen sich entsprechend ihrer weiten Verbreitung noch vielfach untergliedern, worauf hier nur kurz eingegangen werden kann. Die Buchenwälder der Mainfränkischen Platten werden nach der Humusform der Böden, auf denen sie stocken, als Mull-Buchenwälder bezeichnet und stehen grundsätzlich den Moder-Buchenwäldern der westlichen Rahmenhöhen gegenüber, die ganz andere Standortbedingungen charakterisieren. Aufgrund ihrer besonderen Bodenverhältnisse fallen aus diesem Schema die Wälder auf Flugsand heraus.

Eichen-Hainbuchenwälder

Ein Blick auf die Karte zeigt das Vorherrschen der Eichen-Hainbuchenwälder auf den Mainfränkischen Platten. Pflanzensoziologisch werden sie unter der Bezeichnung *Carpinion* zusammengefaßt. Charakteristisch ist die reiche Strauchschicht, die einerseits aus dem höheren Lichtangebot infolge nicht geschlossenen Kronendachs resultiert, andererseits eine Folge der lang anhaltenden Nutzungsform ist, die Stockausschlag, tief ansetzende Beastung und Verzweigungen sowie lichtliebende Arten auch im Unterholz förderte. Damit spiegelt dieser Waldtypus den anthropogenen Einfluß in Aufbau, Aussehen und Artenzusammensetzung wider. Allgemein bestandsbildend sind die in Tab. 2 aufgeführten Gehölze.

Am weitesten verbreitet ist auf den Mainfränkischen Platten der Eichen-Hainbuchenwald relativ trockener Standorte (Labkraut-Eichen-Hainbuchenwald; *Galio-Carpinetum*). Die

Tabelle 2 Wichtigste Gehölzarten der Eichen-Hainbuchenwälder (Carpinion)		
	Quercus robur	Stieleiche
	Tilia cordata	Winterlinde
	Sorbus torminalis	Elsbeere
	Quercus petraea	Traubeneiche
	Fagus sylvatica	Rotbuche
	Carpinus betulus	Hainbuche
	Prunus avium	Vogelkirsche
	Acer campestre	Feldahorn
	Corylus avellana	Hasel

Strauchschicht wird von der Charakterart Elsbeere *(Sorbus torminalis)*, die Krautschicht vom Waldlabkraut *(Galium sylvaticum)* geprägt. Der Labkraut-Eichen-Hainbuchenwald wird als potentiell für die tiefgründigen, daher tief durchwurzelbaren, bodenchemisch schwach sauren, nährstoffreichen Lößstandorte der Gäuflächen und -platten angesehen sowie für Bereiche mit ähnlichen Eigenschaften im Lettenkeuper bei insgesamt trockenwarmen Klimaverhältnissen. Diese Wälder stehen in ihren Standortbedingungen den Braunmull-Buchenwäldern recht nahe, die ebenfalls auf den fruchtbaren Bodentypen der Parabraunerden und Braunerden stocken. Betrachtet man lediglich die natürlichen Standortbedingungen, so wäre ein erheblich höherer, teilweise sogar überwiegender Buchenanteil im Labkraut-Eichen-Hainbuchenwald zu erwarten, der dann vielfach eher als Buchen-Eichenwald zu bezeichnen wäre.

Das heutige Erscheinungsbild der Wälder auf potentiellen Standorten des Eichen-Hainbuchenwalds läßt den anthropogenen Einfluß deutlich erkennen. Insbesondere auf den Gäuflächen im östlichen und nördlichen Bereich der Mainfränkischen Platten findet man diesen Typus. Die nur noch kleinräumigen Reste entsprechen oft in sehr charakteristischer Weise dem bäuerlich genutzten und kaum forstlich beeinflußten Wald. Die Stämme der Bäume sind relativ dünn und überschreiten selten 20 cm im Duchmesser. In großer Zahl entspringen sie den einzelnen Wurzelstöcken, was auf die Niederwaldnutzung mit dem verbreiteten Abschlagen der noch nicht ausgewachsenen Stämme zurückzuführen ist. Die Bäume reagierten auf die Eingriffe mit wiederholtem Austrieb aus dem Wurzelstock (Stockausschlag). Infolge des daher niedrigen, nicht geschlossenen Kronendachs sind die Wälder relativ durchlichtet, sehr reich an Unterholz und erscheinen fast undurchdringlich. Eichen, die diese Bewirtschaftung gut vertragen und als Lichtholzart auch bei der Vermehrung gefördert werden, herrschen hier absolut vor.

Die Eichen-Hainbuchenwälder Mainfrankens lassen sich weiter untergliedern. Entsprechend ihren Standortbedingungen verschiebt sich sukzessive auch das (potentielle) Artengefüge. Dabei sind weniger bestimmte Grenzwerte von Niederschlag oder Temperatur entscheidend, sondern deren Verhältnis zueinander (HOFMANN 1965). Nur zwei Ausprägungen können hier herausgegriffen und in der Karte (vgl. Abb. 19) dargestellt werden.

Eichen-Hainbuchenwald, buchenfrei. Lediglich im Grabfeld und in Teilen des Schweinfurter Beckens kommen in den bestehenden Wäldern überhaupt keine Buchen vor, und nur hier kann man von wirklichen Eichen-Hainbuchenwäldern im wörtlichen Sinn sprechen. Mit unter 550 mm Jahresniederschlag sind dies die klimatisch absolut trockensten Teile Mainfrankens, die schon subkontinentalen Verhältnissen nahekommen. Daraus ergibt sich die Annahme, hier würden natürlicherweise Wälder existieren, die denjenigen Ostmitteleuropas nahestünden. Interessant ist dies wegen der Frage, ob hier das Klima der Existenz von Buchen bereits eine natürliche Grenze zieht. Dazu kommen gegebenenfalls örtliche Staunässe durch den unterlagernden Keuper bzw. hohes Grundwasser, weshalb hier möglicherweise von einer hydrologisch bedingten Ungunst für die Buche auszugehen ist. Andererseits sind gerade diese beiden Gebiete genau die ältestbesiedelten Teile der Mainfränkischen Platten, woraus der am längsten anhaltende, den Buchen ungünstige anthropogene Einfluß abzuleiten ist.

Sternmieren-Eichen-Hainbuchenwald. Der Sternmieren-Eichen-Hainbuchenwald *(Stellario-Carpinetum)* mit Echter Sternmiere *(Stellaria holostea)* kommt auf Böden vor, die durch Grund- oder Stauwasser zeitweilig im Untergrund vernäßt sind, wegen durchlässiger, sandiger Böden aber nicht staunaß. Wegen der Feuchtigkeit im Untergrund tritt hier die Buche auch unter natürlichen Umständen stark zurück. Ansonsten unterscheiden sich diese Wälder vorwiegend in der Zusammensetzung der Krautschicht vom Labkraut-Eichen-Hainbuchenwald. Der Sternmieren-Eichen-Hainbuchenwald kommt auf den grundwassernahen Standorten des Schweinfurter Beckens außerhalb der überschwemmten Aue sowie auf den nährstoffarmen, zeitweise oberflächlich trockenen Flugsandfeldern im Steigerwaldvorland und der Untermainebene vor, wenn sie Grundwasseranschluß besitzen.

Mull-Buchenwälder

Die Karte (Abb. 19) weist innerhalb des Eichen-Hainbuchen-Gebietes, besonders aber im Nordwesten der Mainfränkischen Platten, einen Gürtel mit Buchenwäldern aus. Nach der vorherrschenden Form des Bodenhumus, auf dem sie stocken, können sie als Mull-Buchenwälder bezeichnet werden, was pflanzensoziologisch mit der zentralen Buchenwaldgesellschaft *Eu-Fagion* übereinstimmt. Tab. 3 zeigt den im Vergleich mit dem Eichen-Hainbuchenwald recht geringen Unterschied in der Zusammensetzung der Baumarten. Entscheidend sind die Dominanzen der verschiedenen Arten, die beim Mull-Buchenwald auch im heutigen Bild von der Buche beherrscht werden, und zwar regelmäßig in einem Ausmaß, wie dies bei der Eiche im Eichen-Hainbuchenwald kaum der Fall ist.

Den Mull-Buchenwäldern gemeinsam ist der Nährstoffreichtum ihrer Standorte, der das Spektrum des Großteils der Bodentypen der Mainfränkischen Platten umfaßt, mit Ausnahme der staunassen und aus Flugsand aufgebauten Böden. Außerhalb dieser Standorte liegt der Humus als Mull vor, ein infolge der intensiven Bakterien- und Regenwurmtätigkeit stark zersetzter, gut mit den Bodenteilen vermischter, gut durchlüfteter Ton-Humus-Komplex.

Typisch ist der hallenartige Charakter des Waldes mit dichtem Kronenschluß und weitgehend fehlender Strauchschicht. Ganz im Gegensatz zum vielstämmigen Gewirr der niederwaldartig genutzten Eichen-Hainbuchenwälder besitzen die als Hochwälder genutzen Buchenwälder viel Freiraum zwischen den mächtig aufragenden Stämmen, die erst bei Erreichen einer Dicke geschlagen werden, die die Nutzung als Bauholz ermöglicht. Die Krautschicht hat sich auf die lichtarmen Verhältnisse am Waldboden eingestellt und besteht zu einem großen Teil aus Geophyten. Diese Pflanzen, die den Winter mit unterirdischen Organen überstehen, können noch vor der Belaubung der Bäume austreiben und das hohe Licht- und Wärmeangebot nutzen. So beherrschen im zeitigen Frühjahr Buschwindröschen *(Ane-*

Fagus sylvatica	Rotbuche
Quercus robur	Stieleiche
Quercus petraea	Traubeneiche
Acer platanoides	Spitzahorn
Acer pseudoplatanus	Bergahorn
Tilia cordata	Winterlinde
Prunus avium	Vogelkirsche

Tabelle 3
Wichtigste Gehölzarten der
Mull-Buchenwälder *(Eu-Fagion)*

mone nemorosa), Waldbingelkraut *(Mercurialis perennis)* oder in höheren Lagen Zahnwurz-arten *(Dentaria* sp.) den Boden der Buchenwälder.

Für den natürlichen Mull-Buchenurwald ist ein Entwicklungszyklus aus vier Stadien typisch: In der Optimalphase bestimmen wüchsige, geradlinig nach oben strebende Stangen-hölzer das Bild, ergänzt durch noch starken Jungwuchs bei sich bereits schließendem Kronendach. Den längsten Zeitraum und damit die weiteste Verbreitung nimmt die Terminal-phase ein, der Hallenwald mit ausgewachsenen Bäumen bei geschlossenem Kronendach und starker Beschattung. Dies verhindert nicht nur vollständig das Aufkeimen von Lichtholz-arten, sondern sogar die Verjüngung des Bestandes selbst. Dadurch kommt es zur Zerfalls-phase mit absterbenden und umfallenden Bäumen und bereits einer stellenweisen Ver-jüngung. In der Verjüngungsphase breiten sich zunächst bei ausreichendem Lichtangebot verschiedene Laubhölzer aus, unter denen sich allmählich die Rotbuche durchsetzt und mit ihrer Beschattung die anderen Baumarten unterdrückt. Diese Entwicklungsstadien existieren unter natürlichen Bedingungen mosaikartig nebeneinander. Im heutigen Bild ähnelt der Buchenhochwald damit noch eher den Urwaldbedingungen als ein niederwaldartig genutzter Eichen-Hainbuchenwald.

Vor allem hinsichtlich der Gründigkeit, Mächtigkeit und des Kalkgehalts des Bodens, auf dem sie stocken, lassen sich die Mull-Buchenwälder nochmals untergliedern. Den Braun-mull-Buchenwäldern auf tiefgründigen Böden mittleren Kalkgehalts stehen die ausge-sprochenen Kalk-Buchenwälder gegenüber (Ellenberg 1986, S. 112).

Kalk-Buchenwald. Auf dem vor allem im Westen der Mainfränkischen Platten ver-breiteten Bodentyp der Rendzinen sind auch heute noch Kalk-Buchenwälder anzutreffen (Oberdorfer 1992, S. 219: Waldgersten-Buchenwald = *Hordelymo-Fagetum*; Seibert 1968: Platterbsen-Buchenwald = *Lathyro-Fagetum*). Die zwar relativ fruchtbaren, aber extrem flachgründigen Böden sind trockenheitsgefährdet, was die tiefwurzelnde Buche ausgleichen kann. Als Acker- oder gar Wiesenböden sind sie jedoch ungeeignet, weshalb sie vielfach Wald tragen. Sie unterscheiden sich von den übrigen Buchenwäldern hauptsächlich in ihrer Krautschicht, die aus ausgesprochen kalkliebenden Arten aufgebaut ist. Der Name ist von der Frühlings-Platterbse *(Lathyrus vernus)* abgeleitet.

Braunmull-Buchenwald. Auf den weitverbreiteten Bodentypen der Parabraunerden und Braunerden vor allem des Unteren Keupers wären potentiell Braunmull-Buchenwälder zu erwarten, deren Standortbedingungen durch ebenfalls hohen Nährstoffreichtum bei jedoch nur mittlerem Kalkgehalt gekennzeichnet sind. Die leicht bodensauren Verhältnisse machen sich wiederum im Artenspektrum der Krautschicht bemerkbar, wo ausgesprochene Kalk-zeiger fehlen. Die Standortbedingungen decken sich im wesentlichen mit denen des Lab-kraut-Eichen-Hainbuchenwaldes, so daß die exakte Grenzziehung zwischen beiden kaum möglich ist und man eher von einem kontinuierlichen Übergang bzw. Standortmosaik aus-gehen muß. Diese Unsicherheiten drücken sich auch in den pflanzensoziologischen Bezeich-nungen aus, die im Prinzip deckungsgleich verwendet werden: Perlgras-Buchenwald *(Melico-Fagetum;* Seibert 1968) und Waldmeister-Buchenwald *(Galio odorati-Fagetum* bzw. früher *Asperulo-Fagetum;* Oberdorfer 1992, S. 212).

Hainsimsen-Traubeneichenwälder auf Flugsand

Ist der Grundwasseranschluß der Flugsandfelder nicht gegeben, so würde sich potentiell Hainsimsen-Traubeneichenwald entwickeln *(Luzulo-Quercetum petraeae* = Winterlinden-Traubeneichenwald). Solche Standorte existieren in Unterfranken nur selten, und zwar dann, wenn Flugsand auf Anhöhen hinaufgeweht wurde (ULLMANN 1977, S. 72). Der Hain-simsen-Traubeneichenwald gehört nicht mehr zu den Eichen-Hainbuchenwäldern. Er wird pflanzensoziologisch zu den Birken-Eichenwäldern *(Quercion robori-petraeae)* gerechnet und steht den subatlantischen Eichenwäldern nahe. Auf diesen Standorten treffen Boden-trockenheit, Nährstoffarmut und Versauerung zusammen und übertreffen die klimatischen Parameter in ihrer Wirkung. Nährstoffarmut und Versauerung werden durch die Weiße Hainsimse *(Luzula luzuloides)* in der Krautschicht angezeigt.

Die Standortbedingungen sind in Unterfranken jedoch nicht voll ausgebildet. Vor allem wegen der geringen Niederschlagsmengen sind Versauerung und Nährstoffarmut schwächer ausgeprägt, und unter natürlichen Umständen würden sich auch hier Buchen beimischen, dazu kämen vor allem Kiefern *(Pinus sylvestris)* und Birken *(Betula pendula)*. Früher wur-den auch viele Flugsandgebiete trotz ihrer Nährstoffarmut als Äcker genutzt (HAGEDORN et al. 1991, S. 71), was die Nährstoffverarmung und Versauerungstendenz förderte. Heute sind fast alle Flugsandfelder erhöhter Standorte mit Kiefern aufgeforstet.

Standortmosaik

Gerade im Fall der Frage nach der Buchen- oder Eichendominanz in den Wäldern der Main-fränkischen Platten ist davon auszugehen, daß geringste Modifikationen der Standort-bedingungen den Ausschlag geben. Auch innerhalb der klimatisch einheitlich erscheinenden Mainfränkischen Platten sind gewisse Häufungen des Niederschlags infolge der Bänder-struktur gegeben. Ein Niederschlagsstreifen verläuft genau über Guttenberger und Gramschatzer Wald bei Würzburg (SCHIRMER 1973). Dazu kommt dort noch die relativ ebene Lage auf den Hochflächen, kombiniert mit höherer Bodenfeuchte durch den anstehenden Unteren Keuper, der sogar für kleine Vernässungsstellen verantwortlich ist (Blutsee, Schenkensee). Hier geht man potentiell von Buchenwald aus, während in geringer Ent-fernung die Verhältnisse schon wieder für ein Überwiegen der Eichen sorgen.

Im einzelnen wäre die Zusammensetzung der Buchenwälder, vor allem aber der Eichen-Hainbuchenwälder aus dem Gesamtbestand der beteiligten Arten keineswegs auf diese wenigen erwähnten Leitgesellschaften beschränkt und nicht so einheitlich, wie die Darstellung der kleinmaßstäblichen Karte (Abb. 19) vermuten lassen könnte. Die Vegetation reagiert auf kleinräumige Standortunterschiede wie Grundwasser, Staunässe, Spätfrost sehr genau, weshalb sie ja auch als Indikator herangezogen wird.

Die großräumige Differenzierung in Labkraut-Eichen-Hainbuchenwälder auf den frucht-baren Lößböden der Mainfränkischen Platten, Braunmull-Buchenwälder auf Mergeln des Unteren Keupers und Sternmieren-Eichen-Hainbuchenwälder auf den ärmeren Sandböden des Steigerwaldvorlandes wäre häufig übertragbar auf die Situation des Waldes auf einem einzelnen Hang. Hier könnte sich etwa ergeben, daß auf der Kuppe, wo wenig Löß abgelagert wurde, Braunmull-Buchenwald steht, Labkraut-Eichen-Hainbuchenwald am flachen Hang folgt, wo Löß ansteht und wo in Siedlungsnähe der anthropogene Einfluß durch Waldweide und Holzeinschlag stärker war, während am Unterhang auf einem staunassen Standort mit Spätfrostgefahr durch Kaltluftstau Sternmieren-Eichen-Hainbuchenwald stockt, bevor der Bach-Eschen-Erlenwald im Überschwemmungsbereich des durch Auelehmbildung ver-näßten Talgrundes folgt. Die Aussagen eines Überblicks sind folglich nie pauschal auf eine Detailbetrachtung zu übertragen. Vielmehr sind stets die Modifikationen durch die lokale Situation in Betracht zu ziehen, die teilweise bis zur völligen Überlagerung der großräumi-gen Verhältnisse führen können.

5. Landschaftsgenese der Mainfränkischen Platten

Abbildung 20

Oberflächenformen im Lößgebiet der Mainfränkischen Platten. Die Ablagerung des Lösses während der Kaltzeiten prägte die Geomorphologie insbesondere im Bereich der Gäuflächen, im Bild südlich von Ochsenfurt. Das zuvor auch hier stärker gegliederte Relief wurde durch die flächendeckende Lößschicht in einem so starken Maß ausgeglichen, daß heute sehr flache Oberflächenformen mit sanften Übergängen vorherrschen, wie man an der Horizontlinie zu erkennen ist. Häufigste Form von Tiefenlinien sind Dellen, die einen typischen Fall von Vorzeitformen darstellen. Wie man im Mittelgrund sieht, sind es keine Täler, denn es fehlen ihnen die Gewässer sowie die Gliederung in Hang und Aue. Anders als heute, wo die Entwässerung im durchlässigen Löß vorwiegend unterirdisch erfolgt, war während der Kaltzeiten der Untergrund gefroren, und oberflächliche Entwässerungs- und Abtragungsprozesse formten die Dellen. Vorzeitformen bauen den überwiegenden Teil unseres heutigen Reliefs auf. Ein anderer Effekt der flächenhaften Lößbedeckung sind die guten Bodenbedingungen, auf welchen die Landnutzung basiert. Ihre Einheitlichkeit führt zu einem optisch monotonen Landschaftsbild, welches nur selten von einzelnen naturbetonten Landschaftselementen, wie hier einem Feldgehölz, unterbrochen wird.

Sämtliche im vorigen Kapitel als natürliche Grundlagen angesprochenen Bereiche sind am Aufbau der Landschaft beteiligt. Für die Genese der Landschaft, also ihre Entstehung, ihr Werden und ihre Entwicklung reicht deren isolierte Beschreibung allein jedoch nicht aus; vielmehr sind es die Zusammenhänge und Wechselbeziehungen zwischen den Geofaktoren, die die Landschaft formen.

Es ist aufschlußreich, sich die *Zeiträume* bewußt zu machen, mit welchen die verschiedenen Teilbereiche der Landschaft auf Veränderungen reagieren. Um sich auf neue Verhältnisse einzustellen und einen Gleichgewichtszustand zu erreichen, benötigen sie unterschiedliche Zeiträume. Das bedeutet, daß *Vorzeitformen* und *Relikte* aus früheren Entwicklungsphasen so lange am heutigen Aufbau der Landschaft beteiligt sein können, bis sie gänzlich umgestaltet und an die neuen Verhältnisse angepaßt sind. Auch das hängt von der Reaktionsgeschwindigkeit ab und gilt für Gesteine, Pflanzen oder Wasser in unterschiedlichem Maße.

Man kann eine Zeitreihe der Reaktionsgeschwindigkeit aufstellen, die diesbezüglich eine stark verallgemeinerte Hierarchie der Teilbereiche der Landschaft aufweist. Dabei geht es um die grundlegenden Reaktionen und Veränderungen, die sich im Aufbau der Landschaft auswirken, nicht um die kleinräumigen, plötzlichen Vorkommnisse, die es in allen Bereichen gibt, die aber erst in ihrer Summe im großräumigen Maßstab wirksam sind (Erdbeben, Durchbruch einer Flußschlinge, Waldbrand etc.):

– Geologische Veränderungen, Sedimentation, Gesteinsbildung, Kontinentalverschiebung und tektonische Bewegungen wirken sich in Zeiträumen von Millionen von Jahren aus.

– Die Bildung eines stabilen Reliefs und damit die Gestaltung der gesamten Oberflächenformen benötigt Zehn- bis Hunderttausende von Jahren.

– Böden bedürfen für ihre Entwicklung, die Umlagerungs- und Durchmischungsprozesse mit der Bildung verschiedener Horizonte umfaßt, mehrerer Tausend Jahre.

– Die Vegetation, also nicht die einzelnen Pflanzen, sondern die allgemeine Verschiebung des Artenspektrums, reagiert auf Veränderungen der Umweltbedingungen im Zeitraum von Jahrhunderten (Wälder) bis Jahrzehnten (Gras- und Krautgesellschaften).

– Die Hydrologie läßt sich hier wegen ihrer Zwischenstellung zwischen Geologie und Klima nur schwer einordnen, ist aber im kurzfristigen Bereich zu sehen. Der Zustand des Grundwasserspiegels beispielsweise reagiert kaum auf einzelne Trockenjahre, sondern erst verzögert und ausgleichend auf eine dauerhafte Klimaverschiebung. Als wiederum längerfristige Reaktion darauf käme etwa die Artenverschiebung der Vegetation zum Tragen.

– Das Klima steht am Schluß dieser Reihe, denn seine Medien Wasser und Luft sind insgesamt veränderlich und umfassen in ihrer Ausprägung keine Relikte früherer Entwicklungsphasen. Ein Zeitraum von nur 30 Jahren wird für die Ermittlung der klimatischen Durchschnittswerte zugrunde gelegt.

5.1   Grundlagen und Elemente der Landschaftsgenese

Eine genetische Perspektive ist angesichts der Entwicklungsdynamik, die dem System Landschaft innewohnt, für seine Interpretation nicht zu unterschätzen. In der Landschaft bestehen also nebeneinander Phänomene und Formen, die ihre Wurzeln in unterschiedlich lange zurückliegenden Entwicklungsphasen haben. Eine landschaftsgenetische Betrachtungsweise ist insbesondere für diejenigen Geofaktoren wichtig, die für ihre Entwicklung nicht zu lange, aber auch nicht zu kurze Zeiträume benötigen.

Es bietet sich an, bei der Landschaftsgenese desjenigen Geofaktors anzusetzen, für dessen Verständnis diese Perspektive am wichtigsten ist. „Die vergleichende Beschreibung von Gestalten (Formen) sowie deren Entwicklung" (dtv-Lexikon, Bd. 12, S. 283) ist die Aufgabe der Morphologie, die es in verschiedenen Wissenschaften gibt. Bezüglich der Erdoberfläche, des Reliefs der Erde und der Kräfte, die es gestalten, muß man daher korrekterweise von der Geomorphologie sprechen. Die Geomorphologie unterscheidet sich aus landschaftsgenetischer Perspektive etwa von Vegetation und Böden vor allem durch die Dauer ihrer Entwicklungszyklen und die Geschwindigkeit ihrer Reaktion auf Veränderungen. Gegenüber diesen Landschaftsbestandteilen benötigt die Geomorphologie ungleich längere Zeiträume, bis sich ein Wandel ihrer Wirkungskräfte im Relief niederschlägt. Im Landschaftsbild leben daher Vorzeitformen sehr lange weiter, wenngleich später überprägt und oft nicht leicht erkennbar. Die Geomorphologie läßt sich somit überhaupt nicht sinnvoll ohne Einfügung in eine landschaftsgenetische Perspektive beschreiben, die für sie eine noch weiter reichende Bedeutung besitzt als für alle anderen Landschaftsbestandteile.

Auch Vegetation und Böden, die an anderer Stelle aus anderen Perspektiven beschrieben werden, besitzen eine genetische Komponente. Beiden gemeinsam ist der nahezu vollständige Neubeginn ihres Aufbaus am Ende der letzten Eiszeit, was aber nicht heißt, daß ältere Entwicklungsphasen keinen Einfluß darauf gehabt hätten. Gerade bezüglich der Ausgangsbasis sind beide aufs engste mit der Reliefentwicklung verwoben. Sie steuert die Wasserverteilung und damit sowohl den Aufbau der Böden als auch die Anordnung der Pflanzengesellschaften. Im Zusammenhang mit der Landschaftsgenese und der vorher bestehenden Geomorphologie steht die Verteilung des Lösses, der nicht nur einen der fruchtbarsten Bodentypen Europas trägt, sondern auch durch die Art und Weise seiner Verteilung in der Landschaft zu der hohen Bedeutung kommt. Umgekehrt dokumentieren alte, später überdeckte Bodenbildungen (fossile Böden) in tieferen Schichten des Lösses frühere Entwicklungsphasen der Landschaft. Schließlich steht die aktuelle Landnutzung durch die Reliefabhängigkeit sowohl der Erosion als auch der Wasserverteilung mit der Geomorphologie in direktem Zusammenhang. Bei der Beurteilung dieser Prozesse ist der Bezug zur Landschaftsgenese dann unerläßlich, wenn sie von Vorzeitformen bestimmt werden, die ja mit den heutigen Einflußfaktoren nicht mehr übereinstimmen müssen und sich nur aus den anderen Umweltbedingungen in ihrer Vergangenheit erklären lassen. Damit zeigt sich, daß die Geomorphologie sowohl für die Genese der Landschaft als auch für vielfältige praktische Anwendungen im Bereich der Landschaftsökologie wichtig ist.

Geomorphologie, Böden und Vegetation stehen insbesondere über ihre Abhängigkeit von der Klimageschichte miteinander in Verbindung. Für die Rekonstruktion der landschaftlichen Entwicklungsphasen ist die Korrelation dieser Klimazeugen untereinander und zum *Paläoklima* selbst ein zentraler Aspekt. Die wichtigste Methode zur Rekonstruktion früherer Pflanzenbestände ist die Pollenanalyse. Sie untersucht den konservierten Blütenstaub, der trotz seiner Zartheit unter Luftabschluß über Jahrmillionen haltbar ist. Die Pollenanalyse spielt vor allem für die Vegetationsgeschichte des Quartärs eine Rolle, anhand derer sich die allgemeine Abkühlung und die heftigen Schwankungen zwischen Kalt- und Warmzeiten ablesen lassen. Die Vegetation stellt ebenso wie die Geomorphologie oder fossile Böden einen Klimazeugen dar, der jedoch in ungleich kürzeren Abständen auf Veränderungen reagieren kann. Für die Rekonstruktion der landschaftlichen Entwicklungsphasen ergibt sich daraus die Möglichkeit einer unmittelbareren Korrelation. Andererseits bedeutet dies, daß sich von früheren Zeiten nur punkthafte Reste erhalten haben, speziell in Unterfranken noch dazu sehr wenige. Eine derart genaue Differenzierung in Pflanzengesellschaften verschiedener

Landschaftsteile wie heute ist deswegen nicht möglich, was nicht heißt, daß sie nicht existierte.

Für die Geomorphologie stellt sich die Frage anders. Hier geht es in erster Linie darum, aus dem Gesamtbild des heutigen Reliefs die Einzelformen auszugliedern. Um die Genese des Reliefs zu entschlüsseln, ist es notwendig, die alten Landschaftsformen zu erkennen und von späteren Überprägungen und Weiterbildungen zu trennen. Die Diskussion um die entsprechenden Ursachen und Folgen bestimmt die Überlegungen und Vorstellungen und muß deshalb im folgenden kurz angerissen werden. Somit hat die Interpretation in Gestalt der landschaftlichen Entwicklungsphasen nur vorläufigen Charakter, soll aber etwas Transparenz bringen. Nachdem die heute noch das Landschaftsbild bestimmenden Wurzeln der Geomorphologie weiter zurückreichen, als das bei Vegetation und Böden der Fall ist, liegt das Schwergewicht der Darstellung zunächst dort.

5.2   Geomorphologie und Landschaftsgenese

Die Frage nach dem Zusammenhang zwischen Geomorphologie und Genese der Landschaft zerfällt in drei Teilschritte. Sie führt zunächst zu den Kräften, die hinter der Herausbildung des Reliefs stehen. Aus der Vielgestaltigkeit ihrer Beziehungen zueinander ergibt sich eine große Wandelbarkeit, abhängig von den jeweils verschiedenen Verwitterungsbedingungen. Daraus folgt schließlich der Aufbau einer differenzierten Entwicklungslinie, die Paläoklima und Geomorphologie korreliert und an deren Ende das heute sichtbare Relief steht. Die Landschaftsentwicklung wird damit zu einem zeitlichen Prozeß, in dessen System sich die Einzelformen der Geomorphologie einordnen lassen.

5.2.1   Wirkungsfaktoren der Reliefgestaltung

Eine sehr grobe Unterscheidung teilt die Geomorphologie anhand der wesentlichen Wirkungsfaktoren in exogene und endogene Prozesse und Formen ein. Zu den letzteren, direkt von den Kräften des Erdinneren bestimmten Formen, zählt nur ein geringer Teil des Reliefs Unterfrankens, namentlich der Vulkanismus der Rhön. Indirekt allerdings wirken sich die endogenen Kräfte in Form der beschriebenen Tektonik auf das gesamte Gebiet Unterfrankens aus, indem sie die westlichen Rahmenhöhen stärker emporhoben als das übrige Unterfranken und die Gesteinsschichten schrägstellten. Jede Anhebung, gesteuert durch endogene Kräfte, verstärkt die Reliefunterschiede und damit das Gesamtgefälle, so daß die Erdoberfläche verstärkt den exogenen Kräften ausgesetzt wird.

Die exogenen Kräfte wirken in vielfacher Weise auf die Gesteine ein und lassen geomorphologische Formen sowohl durch *Erosion* (Abtragung) als auch durch *Akkumulation* (Aufschüttung) entstehen. Für die in Unterfranken wesentlichen Akkumulationsformen sind dabei recht verschiedene Prozesse verantwortlich. So stellt beispielsweise die Lößdecke eine durch äolische, durch windbedingte Prozesse gebildete Form dar, ebenso wie die Flugsandgebiete mit ihren Dünen. Dagegen gehen die gesamten Talsedimente und Flußterrassen auf fluviatile, durch fließendes Wasser bedingte Akkumulation zurück. Entsprechend den unterschiedlichen Transportmedien (Wind, Wasser) reagieren die bei der Ausgestaltung der Geomorphologie wirksamen Einflußfaktoren sehr differenziert auf Veränderungen. Erheblich größeren Anteil an den Landschaften Unterfrankens haben Abtragungsformen, für deren Herausbildung ein kompliziertes Faktorengefüge verantwortlich ist.

Bei der Herausbildung von Abtragungsformen machen sich sowohl die Gesteine und ihre Disposition als auch die wirksamen Verwitterungsprozesse bemerkbar. Welchen der beiden Parameter man als wichtiger oder wirksamer bei der Reliefgestaltung ansieht, hängt nicht zuletzt vom Betrachtungsmaßstab ab. Im Bereich der Meso- und Mikroformen treten Gesteinsunterschiede oft sehr deutlich in der Oberflächengestaltung hervor. Beispiele hierfür sind kleinräumige Hangversteilungen oder Profilknicke, die von harten Gesteinsschichten verursacht werden, die zwischen weichen Schichten liegen. Auch die unterschiedliche Ausprägung der Talformen in Tonsteinen, Kalken oder Sandsteinen hängt von der Zusammensetzung der verschiedenen Gesteine ab. Für den Überblick und die Makroformen der Großlandschaften treten diese Differenzierungen hinter den Auswirkungen unterschiedlicher Klima- und damit Verwitterungsbedingungen zurück. Beispiel hierfür ist der Gegensatz zwischen der flächenhaften Ausgestaltung der Mainfränkischen Platten und der linienhaften Einschneidung des Flußsystems darin. Sie sind landschaftsgenetisch zu trennen und in verschiedene Entwicklungsphasen mit unterschiedlichen Verwitterungsbedingungen zu stellen.

Die jeweilige Kombination der beteiligten Faktoren wirkt sich in der Reliefgestaltung stark differenzierend aus und wird als *geomorphologische Härte*, als Verwitterungsanfälligkeit bzw. -resistenz, bezeichnet. Da hierfür auch relative Größen eine Rolle spielen (z. B. Reliefposition, Zerrüttung), ist die geomorphologische Härte nicht meßbar, sondern ergibt sich aus dem Gesamtzusammenhang der landschaftlichen Situation (vgl. BREMER 1989 b):

— Lösungsanfälligkeit: Sie nimmt in der folgenden Reihe in Unterfranken vorkommender Gesteine ab: Salz, Gips, Kalk, Sandstein, Tonstein, Gneis, Basalt.
— Zerrüttung: Ein einheitlich aufgebautes Gestein ist sehr schwer für die Verwitterung zugänglich und damit „geomorphologisch hart". Dagegen bietet ein schon bei der Ablagerung gut geschichtetes oder später vielfach zerbröckeltes Gestein der Verwitterung und auch der Abtragung ein Mehrfaches an Angriffsflächen.
— Gesteinsgefüge: Die harten Quarzkörner, aus denen ein Sandstein aufgebaut ist, können tonig (durch Ton) gebunden und damit relativ weich und leichter verwitterbar sein oder quarzitisch (sekundär wiederum durch Quarz), was einen extremen Unterschied in der geomorphologischen Härte ausmacht. Solche Unterschiede bestehen innerhalb des Buntsandsteins und zwischen den verschiedenen Keupersandsteinen.
— Position im Relief: Zum Beispiel verstärkt allgemeine Heraushebung oder die Einschneidung eines Flusses die Höhenunterschiede und fördert dadurch die Abtragung durch Erhöhung der Erosionsleistung des Wassers sowie durch Massenbewegungen infolge der Schwerkraft.
— Temperaturverhältnisse: Temperaturschwankungen um den Gefrierpunkt begünstigen die physikalische Verwitterung (Frostsprengung), hohe Temperaturen die chemische Reaktionsfreudigkeit und damit die chemische Verwitterung (Gesteinslosung). Sie wirken auf Gesteine sehr unterschiedlich; Kalk geht zum größten Teil in Lösung und hinterläßt bei dieser Verwitterungsart kaum Reste. Frostsprengung dagegen wirkt nur eingeschränkt, weil im durchlässigen Kalkgestein nur wenig Wasser vorhanden ist.
— Niederschlagsverhältnisse: Beide Verwitterungsarten werden bei gleichzeitig vorhandener Feuchtigkeit um ein vielfaches verstärkt. Die Anfälligkeit von Gesteinen unterscheidet sich wiederum. Tonreiche Gesteine sind bei Feuchtigkeit infolge der enormen Quellfähigkeit der Tone „geomorphologisch weich", was sich unter trockenen Bedingungen kaum auswirkt.

– Dichte der Vegetationsbedeckung: Zum Beispiel ist das Fehlen der Wälder während der Eiszeiten bei gleichzeitig niedriger Verdunstungsrate Voraussetzung für die Massenverlagerung durchfeuchteten Bodens (Bodenfließen) wie auch die Auswehung von Löß. Boden und Gestein durchdringende Wurzeln lockern das Material durch biologische Verwitterung (Wurzeldruck).

Diese Beispiele zeigen nicht nur, wie unterschiedlich sich einzelne Faktoren auf die geomorphologische Formung auswirken können, sondern weisen vor allem auf die Bedeutung der Einbindung in das jeweilige Faktorengefüge und damit die Dynamik der geomorphologischen Entwicklung hin. Es ist klar, daß sich zwar die geologische Basis der Gesteine nicht verändern kann, wohl aber deren Disposition bezüglich der Verwitterungseinflüsse. Bei sonst unveränderten Bedingungen hinsichtlich Gesteinszusammensetzung oder Klimavariablen kann allein die Anhebung durch tektonische Bewegungen des Untergrundes zur Verstärkung der Höhenunterschiede und damit zu höherer Abtragungsleistung führen. Die Veränderung der Erosionsbasis mit der Eintiefung eines Flusses hat lokal denselben Effekt, wirkt sich auf entfernte Reliefteile aber nicht aus. Die geomorphologische Härte eines Gesteins und damit seine Anfälligkeit für bzw. Resistenz gegen Abtragungsvorgänge ist also keine feststehende Eigenschaft, denn sie verändert sich entsprechend der Position im Relief.

Dazu kommt, daß Gesteine verschieden auf die Änderung von Feuchte- oder Temperaturverhältnissen und damit auf Klimaschwankungen reagieren. Aus den oben genannten Beispielen geht hervor, daß sich die geomorphologische Härte der diversen, innerhalb eines Gebietes vorkommenden Gesteine unter den Umständen einer Klimaänderung *relativ zueinander* wandeln kann. Schließlich ist zu beachten, daß die Abtragungsprozesse selbst für eine Veränderung des Systems sorgen, indem auch ohne andere Einflüsse Hangneigungen abgeflacht und Entwässerungsbahnen verändert werden. Dabei hängen alle beteiligten Faktoren zusammen, können sich in ihrer Wirkung gegenseitig verstärken, abschwächen oder sogar neutralisieren. Wie bei jedem dynamischen System gibt es gleitende Übergänge mit schleichenden Veränderungen oder schlagartige Umstellungen nach dem Erreichen eines Schwellenwertes und dem Umkippen des Prozeßgefüges. Die Geomorphologie der Landschaft darf folglich nicht als statisches Gebilde betrachtet werden, sondern vielmehr als komplexes Modell, dessen Teile sich unterschiedlich verhalten und sich zudem dynamisch verändern, was wiederum die Relationen zwischen den Teilen verändert.

5.2.2   Dynamik der Reliefentwicklung

Die dem Relief innewohnende Dynamik weist auf den Faktor Zeit, ein für die Bildung geomorphologischer Formen wesentliches Element, analog dem Satz: „Steter Tropfen höhlt den Stein." Vor diesem Hintergrund beginnt die Analyse der Auswirkungen vergangener Entwicklungsphasen auf die heutige Landschaft und ihre Formen. Auch wenn sich das Relief aus einer Vielfalt von Einzelelementen, Tälern, Hängen, Flächen usw., zusammensetzt, so nehmen wir aus unserer heutigen Sicht diese Landschaftsformen zunächst als eine Einheit wahr, als *das* Relief, *die* Geomorphologie oder als *den* abiotischen Teil der Umwelt.

Viele Einzelformen sind aber gar nicht unter den heutigen Abtragungs- und Klimabedingungen entstanden, sondern reichen in ihrer Anlage weit in die Vergangenheit zurück. Manche können sich nur unter anderen Umweltbedingungen gebildet haben und stellen heute lediglich *Vorzeitformen*, also Reliktformen oder „fossile Formen" dar. In der übergroßen Mehrheit gehen die Reliefformen Unterfrankens auf andere Entstehungsbedingungen als heute zurück. Sie liegen allerdings nicht still, sondern wurden und werden unter den geänderten Umweltbedingungen weitergebildet und überprägt. Gerade für die angewandte Geomorphologie ist es oft entscheidend, ob eine Form aus den aktuellen Prozessen stammt oder im Prinzip von anderen Entstehungsbedingungen geprägt ist. Damit wäre sie, da unter anderen Umweltbedingungen entstanden, heute zwangsläufig nicht mit den Parametern Klima, Verwitterung, Abtragung im Gleichgewicht stehend und damit zur Umformung vorbestimmt.

Die Reliefgenese erfolgte somit nicht in gerader Linie, sondern in Abschnitten, die sich hinsichtlich ihres Faktorengefüges unterscheiden. Das andersartige Klima drückte sich direkt in Veränderungen der Temperatur und des Niederschlags aus, indirekt verschoben sich dadurch die Verwitterungsbedingungen, die Vegetationsbedeckung und die relative geomorphologische Härte der einzelnen Gesteine. Während jedes dieser Zeitabschnitte entstanden ganz spezifische Formengruppen des Reliefs. Naheliegend ist daher die Überlegung, daß sich frühere andersartige Klimate jeweils in bestimmten „Reliefgenerationen" niedergeschlagen haben (BÜDEL 1963, S. 282). Diese Konzeption fügt sich in die allgemeine Entwicklung der Klimageschichte ein, in deren Abhängigkeit es eine Reliefgeschichte und eine Vegetationsgeschichte gab. Schwierigkeiten bereitet die Tatsache, daß sich parallel dazu, allerdings ohne ursächliche Zusammenhänge, die Tektonik weiterhin auf die Geomorphologie auswirkte. Alle diese Entwicklungen kommen in ihrer Gesamtheit in der Landschaft zum Ausdruck, deren Genese sich in der Abfolge von landschaftlichen Entwicklungsphasen darstellen läßt.

Bei allen Angaben, die sich auf die Landschaftsgenese beziehen, muß man bedenken, daß die Informationen mit zunehmendem Alter unsicherer, stärker durch spätere Einflüsse überprägt und damit unklarer werden müssen. Dies gilt vor allem für die zeitliche Einstufung, die dennoch, auch wegen der Korrelation mit anderen Ereignissen und Landschaften, angestrebt wird. Ein Blick auf die stratigraphischen Tabellen zeigt deutlich, wie sehr die Zeit, von unserem heutigen Standpunkt aus betrachtet, zunehmend gedrängt dargestellt wird: Das Holozän (Tab. 6) umfaßt 10000 Jahre, das Quartär (Tab. 5) bereits 2,4 Mio. Jahre, und das Tertiär (Tab. 4) mit 65 Mio. Jahren läßt kaum noch Differenzierungen in einer Genauigkeit zu, die dem gesamten Quartär mit vielfältiger Gliederung entspricht.

5.3　Reliefgenese und Paläoklima

Wenn man sich näher mit den Hintergründen der Landschaftsgeschichte befassen will, ist es notwendig, sich über die Beziehung zwischen Geomorphologie und Klima und über den Erkenntnisstand zu diesem Punkt ein paar grundlegende Gedanken zu machen. Zudem ist Franken einer der Räume, in dem der Zusammenhang zwischen (Paläo-) Klima und Geomorphologie erarbeitet wurde. Die Überlegungen, die dazu führten, lassen sich in drei Schritte zusammenfassen:

- Der Beginn der Geomorphologie lag bei der Beschreibung der Oberflächenformen und der Zuordnung zu Formungsstilen in Abhängigkeit von Gestein und Klima.
- Mit zunehmendem Erkenntnisstand zeigte sich, daß sich der Faktor Klima in der Vergangenheit stark verändert hatte, und die Fragestellung verschob sich in Richtung der Dynamik dieses Wandels. Markantestes Ereignis des Klimawandels war der Beginn des Eiszeitalters mit Folgen für die gesamte Erde.

– Die Theorie der Klimagenetischen Geomorphologie (BÜDEL 1957, 1981) stellt deshalb den genetischen Aspekt der Landschaftsentwicklung in den Mittelpunkt. Aus der großen Schwankungsbreite des Paläoklimas ergibt sich eine Betonung klimatischer Einflüsse auf Verwitterung und Geomorphologie.

5.3.1   Ausgangspunkt der Geomorphologie

Erste Überlegungen zur geomorphologischen Entwicklung der Erdoberfläche (W. M. DAVIS 1899) gingen von einem *Zyklus* aus, der mit der Bildung und schnellen Heraushebung eines Gebirges beginnt und über die Abtragung bis zur Bildung des *Endrumpfs* verläuft, der als fast gleichmäßige Ebene (Peneplain) ausgebildet ist, bevor sich erneut ein Gebirge aufwölbt. Weitere Einflüsse wurden dabei noch nicht berücksichtigt. Geomorphologische Differenzierungen ergäben sich damit lediglich aus gesteinsbedingten Unterschieden. Seither wurde das Bild der geomorphologisch wirksamen Kräfte mit den entsprechenden Formbildungen immer stärker differenziert.

Schon ein Ende der Tektonik nach der Gebirgsbildung und die nachfolgende völlig ungestörte Abtragung zum Endrumpf sind kaum realistisch. Dem Zyklus von DAVIS wurde die These des *Primärrumpfs* gegenübergestellt, die von einer flächenhaften Abtragung ausgeht, die mit der Heraushebung des Landes aus dem Meeresniveau im großen und ganzen Schritt halten kann (W. PENCK 1920). Die Fläche steht damit am Beginn einer *linearen* Entwicklung, nicht am Ende einer zyklischen. Erst wenn dieses Gleichgewicht gestört wird, sei es durch zu starke Hebung, sei es durch zu geringe Abtragung, kommt es zu größeren Höhenunterschieden.

In diese Überlegungen ordnen sich die Ansichten zur geomorphologischen Entwicklung Unterfrankens ein. Der Primärrumpf bildete die Ausgangsbasis der Landschaftsgenese, als das Land parallel zum Auftauchen aus dem Meer den Atmosphärilien, den Wirkungskräften der Atmosphäre, ausgesetzt wurde. Die primäre Rumpffläche Unterfrankens läßt sich herleiten aus den marinen Sedimenten, die die Lage im Meeresniveau bezeugen, aus den Braunkohle- und Kaolinbildungen, die die feuchtwarmen Verhältnisse zeigen, und aus den Vulkaniten, die auf die beginnende tektonische Aktivität hinweisen. An dieser Stelle endet die erdgeschichtliche Dimension der Geologie in Gestalt der beschriebenen Ablagerungen und der Bildung von Sedimentgesteinen. Es beginnt die Fragestellung nach der Verwitterung, die auf die Erdoberfläche einwirkt, gesteuert durch Niederschlag, Temperatur, Wind usw. Als Ergebnis dieser Einwirkungen werden die Formen des Reliefs herauspräpariert, in Unterfranken neben einigen Aufschüttungs- im wesentlichen Abtragungsformen.

Der landschaftsgeschichtlich orientierte Themenkomplex der Geomorphologie kreist um die Frage, inwieweit eher die Einflüsse des Gesteins oder aber die des Klimas an der Ausgestaltung des Reliefs im einzelnen beteiligt waren, d.h., wie stark sich die Klimawechsel der Vergangenheit in der Geomorphologie niedergeschlagen haben. Ein Element der differenzierteren Betrachtungsweise der Geomorphologie war die Erkenntnis, daß bestimmte Klimagebiete ihr jeweils eigenes geomorphologisches Formenspektrum aufweisen. Sie geht weit in die Geowissenschaften zurück (A. PENCK 1910), ebenso wie die Auffassung, daß ein großer Teil der Geomorphologie von heute aus Vorzeitformen besteht, in seiner Anlage also aus früheren Zeiten stammt (PASSARGE 1919).

Ausgangspunkt der Überlegungen ist die Tatsache, daß das Relief Unterfrankens trotz späterer Zertalung und vielleicht andersartigen subjektiven Eindrucks im großen noch die Flächenhaftigkeit des Primärrumpfs zeigt. Erst die späteren Klimaschwankungen führten im Laufe der Landschaftsgenese zum heutigen, vielgestaltigen Relief. Sie wurden begleitet von verstärkter Tektonik am Rand der Süddeutschen Großscholle (vgl. Kap. 2.2.1), die die Reliefformung weiter differenziert, das Ursachengefüge gleichzeitig verkompliziert.

5.3.2 Paläoklimatischer Rahmen

Verschiedene von der Geomorphologie unabhängige Wissenschaften beschäftigen sich mit der Rekonstruktion der Klimageschichte. Obwohl deren Verlauf während der letzten Jahrmillionen in großen Zügen bekannt ist, stehen die Ursachen für den stärksten Einschnitt, den Beginn der Vereisungsphasen, immer noch nicht genau fest. Die Schwankungen der Erdbahnparameter, die als Erklärung herangezogen werden, zeigen beispielhaft, wie mit den großen Zeiträumen für uns heute scheinbar feststehende, unveränderliche Größen der Erd- und Landschaftsgeschichte einer schleichenden Veränderung unterliegen.

Sichere Erkenntnisse über das Klima der Vorzeit lassen sich außer der Geomorphologie aus verschiedenen Anhaltspunkten, wie Sedimenten, Verwitterungsresten, Pollen, Fossilien und schließlich frühen historischen Dokumenten, gewinnen. Aus dem Vorhandensein subtropischer Kohlenmoore (Braunkohle Mitteleuropas), Resten tropischer Verwitterung (Kaolinvorkommen in Sachsen und der Eifel) und der Warmwasserfauna der Meere schließt man auf ein im Tertiär noch relativ einheitliches Weltklima mit Wärmeoptimum im Eozän (Alttertiär, 58–37 Mio. vor heute). Anders als zur Triaszeit, aus der die meisten Gesteine Unterfrankens stammen, war die Verschiebung Europas schon weit polwärts fortgeschritten, und es hatte nahezu die heutige Breitenkreislage eingenommen. Damals reichten also die Warmzonen sehr weit nach Norden, während Eiskappen an den Polen fehlten (SCHMIDT 1978, S. 205–206).

Auch moderne Modellrechnungen bestätigen das ohne den scharfen Temperaturgegensatz zwischen polaren Eiskappen und warmem Äquator über die gesamte Erde hinweg relativ ausgeglichene und auch feuchtere Klima des Tertiärs, was sich auch in der Geomorphologie niedergeschlagen hat. Man muß sich hierbei jedoch der Problematik bewußt sein, daß allein aufgrund der langen Zeiträume die Rekonstruktion eines derartig differenzierten Bildes der Erde, wie wir es heute vor uns haben, schwierig ist. Das Problem der Übertragung heutiger auf frühere Verhältnisse klingt im Begriff „tropoid", also tropenähnlich im Gegensatz zu wirklich tropisch, bereits an.

Der Übergang von tropoidem zu periglazialem Klima erscheint aus geomorphologischer Sicht oft sehr abrupt, was aber eher am Umkippen des Formungsstils bei Erreichen bestimmter Schwellenwerte liegt. Schon aus vegetationsgeschichtlicher Sicht ist der Übergang fließender und auch nicht einheitlich gerichtet, sondern mit Schwankungen vor sich gegangen. Die Grenze Tertiär/Quartär wurde 1984 auf Beschluß des Internationalen Geologenkongresses bei 2,4 Mio. Jahren vor heute festgelegt (HABBE in LIEDTKE u. MARCINEK 1994, S. 453), während man noch vor wenigen Jahrzehnten von nur 1 Mio. Jahren ausging. Darin spiegelt sich die Zunahme des Wissens über diesen für die Landschaftsgenese äußerst wichtigen Abschnitt wider. Die Angabe einer Grenze darf aber nicht darüber hinwegtäuschen, daß nicht von einem plötzlichen Klimaumschwung, sondern von einem allmählichen Trend mit zahllosen internen Schwankungen auszugehen ist.

Die Ursachen des Beginns der Vereisung der Erde liegen wissenschaftlich immer noch im dunkeln. Vielfach werden die MILANKOVIČ-Zyklen als Erklärungsmodell herangezogen, mehrere periodisch wiederkehrende Erdbahnschwankungen, die die Verteilung der Energiezufuhr von der Sonne (Solarkonstante) auf die Erde beeinflussen, also Klimagegensätze entstehen lassen oder ausgleichen. Im Rhythmus von rund 100 000 Jahren schwankt die Exzentrizität/Kreisförmigkeit der Erdbahn und damit der Energieunterschied zwischen Winter und Sommer. Die Schiefe der Erdachse (Ekliptik), verantwortlich für die Lage der Wendekreise und damit die Ausdehnung der Tropen, liegt derzeit bei 23,3°. Sie schwankt im Rhythmus von etwa 41 000 Jahren erheblich, nämlich zwischen 21° und 28°. Dazu kommt die Präzession, die Verlagerung der jahreszeitlichen Position der Erde auf ihrer ja etwas exzentrischen Bahn um jährlich gut 1,5 km, was von griechischen Astronomen bereits vor Christi Geburt entdeckt wurde. Auch diese Veränderung, verursacht durch die leicht kreiselnde Bewegung der Erde, erfolgt rhythmisch, und zwar mit einer Periode von ca. 22 000 Jahren. Dadurch verschiebt sich die gegenwärtige Situation mit Sonnennähe (Perihel) im Winter der Nordhalbkugel, was hier milde Winter begünstigt. Alle diese Faktoren führen zu einer Schwankung der Temperaturgegensätze zwischen Sommer und Winter und zwischen Äquator und Polen und damit der Chance für den Aufbau von Eiskappen (EHLERS 1994, S. 3–5).

Allerdings reichen die MILANKOVIČ-Zyklen als Erklärung dafür allein nicht aus, denn über Zeiträume von Jahrmillionen gab es überhaupt keine Eiszeiten. Sicherlich gehören weitere Einflüsse dazu, allen voran die Verschiebung der Kontinente, die nicht nur die Niederschlags- und Temperaturverteilung verändert. Sie steuert darüber hinaus die großen Meeresströmungen, die enorme Energiemengen umlagern und gegebenenfalls stark temperaturausgleichend wirken können. Das wird schon allein am Golfstrom deutlich, der Energie in Form von Wärme polwärts verlagert und beispielsweise in der Zeit der Trias (vgl. Abb. 4) noch nicht existierte, sondern sich erst im Jungtertiär (Pliozän) in seiner heutigen Form herausbildete. Als primärer Auslöser der weltweiten Abkühlung kann die Verschiebung der Antarktis an den Südpol mit dem Aufbau einer Inlandvereisung zwischen 16 und 13 Mio. Jahren vor heute (Miozän) angesehen werden. Dazu kommt die Bildung von kaltem Tiefseewasser durch die Unterbrechung von ausgleichenden Meeresströmen beim Zusammentreffen von Afrika und Europa sowie Indien und Australien mit Asien (WIEGANGK 1993, S.172–173).

Für die weitere Abkühlung zu regelrechten Eiszeiten spielt der CO_2-Gehalt der Atmosphäre mit dem Abbau des Treibhauseffekts die wichtigste Rolle, dem ein vielfach rückgekoppelter Mechanismus zugrunde liegt. Ein Beispiel für die selbstverstärkenden Tendenzen sind die enormen Folgen einer großflächigen Inlandvereisung selbst. Einmal begonnen, führt das Vorhandensein größerer Eisflächen infolge der extremen Rückstrahlung von Sonnenlicht in den Weltraum (Albedo) von bis zu 50 % für Eis und sogar maximal 95 % für Neuschnee zu erheblichen Nettoenergieverlusten für die Erde – ein sich selbst verstärkender Effekt. Außerdem entsteht zwischen dem Äquator und den Polargebieten ein erheblich stärkeres Temperaturgefälle mit allen Folgen für die Verschärfung der globalen atmosphärischen Zirkulation und die Herausbildung sich deutlich unterscheidender Klimazonen. Wenn die Abkühlung der Erde weit genug fortgeschritten ist, bricht das System zusammen. Mit der Temperaturerniedrigung geht, neben anderen Faktoren, eine Verringerung der Luftfeuchtigkeit und der Niederschläge einher, und den großen Eiskappen fehlt der Nachschub an Schnee (SEUFFERT 1993).

Das An- und Abschwellen der Eiskappen zwischen Eiszeiten (Glazialen) und Warmzeiten (Interglazialen) entspricht damit den Wellenbewegungen, die den physikalischen Prinzipien der Reaktion jedes natürlichen Systems zugrunde liegen. Mehrere Vereisungsphasen wechselten mit Warmzeiten ab, während derer es teilweise sogar wärmer war als heute, wie sich

u. a. aus Fossilfunden und Bodenbildungen zeigt. Über die Anzahl der Eiszeiten allerdings herrscht Unklarheit, da man nur aus den oben angeführten Anhaltspunkten (Klimazeugen) rückschließen kann.

So ging man für den Alpenraum traditionell von vier Eiszeiten aus, für Norddeutschland lassen sich aber nur drei belegen. Gleichzeitig mehren sich die Hinweise, daß es insgesamt erheblich mehr als vier gewesen sein könnten. Für den Alpenraum vermutet man noch mindestens zwei weitere Eis- oder zumindest Kaltzeiten, älter als die bisher sicheren. Andererseits differenziert sich das Bild der einzelnen Phasen durch interne Schwankungen immer mehr, weshalb man auch von einer weiteren Unterteilung der Kalt- und Warmzeiten ausgehen muß, was schon an der Bezeichnung „Komplex" sichtbar wird. So geht man beim Cromer, das man noch vor wenigen Jahren als eine einzige Warmzeit ansah, inzwischen von vier Warmzeiten mit drei zwischengeschalteten Kaltzeiten aus (EHLERS 1994, S. 283). Die früher geringere Differenzierung liegt daran, daß besonders die älteren Kaltzeiten heute im Relief vielfach nur als eine einheitliche „Summenform" erkennbar sind. Beispiel dafür ist die A-Terrasse des Mains, die aus mehreren Schüttungen aufgebaut ist, aber äußerlich nur als eine Terrasse in Erscheinung tritt. Auch die Datierungen der einzelnen Eiszeiten sind unsicher und können heute nur noch als Anhaltspunkte verstanden werden. Ziemlich klare Aussagen lassen sich nur hinsichtlich der beiden letzten Glaziale Riß und Würm treffen.

Als letzte Entwicklungsphase der Landschaft kommt, aus unserem heutigen Blickwinkel, die Erwärmung seit der letzten Eiszeit hinzu. Sie kann anhand der Vegetation in feinerer Detaillierung rekonstruiert werden, ein prinzipieller Entwicklungsgang, der in den Grundzügen auch für andere Bereiche Mitteleuropas gilt. Dabei ist derzeit nicht zu entscheiden, ob es sich um die endgültige Veränderung der quartären Bedingungen handelt oder nur um ein weiteres Interglazial, auf welches die nächste Eiszeit in einigen zehntausend Jahren folgen wird. Auch hierin wird deutlich, wie sehr wir in unseren Überlegungen und Vorstellungen von unserem momentanen Stand und Blickwinkel geprägt sind, der für die Betrachtung zurückliegender Jahrmillionen nur bedingt taugt.

5.3.3   Theorie der Klimagenetischen Geomorphologie

Weder an den Veränderungen des Paläoklimas noch an der Langlebigkeit der Reliefformen ist zu zweifeln. Die Klimagenetische Geomorphologie versucht, die Frage nach dem Grad des klimatischen Einflusses auf die Reliefformung durch einen Analogieschluß zu beantworten. Dazu gliedert sie die verschiedenen auf der Erde existierenden Landschaftszonen als Zonen mit jeweils eigenständiger Geomorphologie aus. Daraus ergeben sich drei Konsequenzen:

– Man ordnet Formengruppen, die unter heutigen, aktuellen Bedingungen noch gebildet werden, dem an dieser Stelle herrschenden Klima zu. Die Flächenbildung wurde dem wechselfeuchttropischen Klima zugeordnet, denn dort herrscht chemische Verwitterung vor, bei gleichzeitig flächenhaft wirksamer, stoßweiser Niederschlagtätigkeit.
– Findet man Formen, die nicht zum herrschenden Klima passen, sind sie folglich als Zeugen eines früher anderen Klimas, als *Vorzeitformen* einzustufen. Relativ klar sind die Auswirkungen der Kaltzeiten im Relief Unterfrankens zu erkennen. Diese paläoklimatische Phase läßt sich auch heute noch im Tundrenklima der Erde studieren, und die Ergebnisse lassen sich auf die hiesigen Oberflächenformen übertragen.

– Es war bekannt, daß das Klima der ganzen Erde im Tertiär in der Tat viel feuchter und wärmer war, ein Zustand, den BÜDEL als „tropoide Alterde" definiert. Daraus folgt für weite Bereiche der Erde heute die Korrelation Flächen = wechselfeuchttropisch = tertiäre Vorzeitform.

Der wissenschaftshistorische Rahmen, aus dem heraus die Theorie der Klimagenetischen Geomorphologie entworfen wurde, darf dabei nicht übersehen werden; ein hermeneutisches Problem. In Unterfranken und Umgebung liegen viele der wesentlichen Lokalitäten, an welchen zwei der wichtigsten geomorphologischen Theorien erarbeitet wurden. Die Schichtstufentheorie (SCHMITTHENNER 1954) beschränkte die aktive geomorphologische Einwirkung auf den schmalen Saum der Schichtstufen, die sich durch rückschreitende Erosion zurückverlagerten und die Schichtflächen an ihrem Fuß passiv zurückließen. Dabei läßt sie den Zusammenhang zwischen Klima und Geomorphologie ganz außer acht und geht von einer kontinuierlichen Entwicklung, egal unter welchen Verwitterungsbedingungen, aus. Eine ihrer Typlokalitäten war die Keuperstufe, weshalb sie im entsprechenden Abschnitt (Kap. 9.3.1) genauer aufgegriffen wird.

Die Klimagenetische Geomorphologie stellte dem die Flächenbildung als den aktiven Prozeß gegenüber, auch als Gegenposition zur bis dato vorherrschenden Schichtstufentheorie. Das berücksichtigt die Tatsache, daß Verwitterung und Abtragung überall stattfinden, geomorphologisch also flächenhaft wirksam sind, und daß es dabei erhebliche Unterschiede im Formungsstil gab. Diese Theorie ließ sich am besten im Bereich der Mainfränkischen Platten demonstrieren, der Typlokalität der „Hauptgäufläche" von BÜDEL.

Für Franken ließen sich damit viele Fragen der Reliefentwicklung besser lösen. In Abb. 21 sind zwei Profile abgebildet, die die Einordnung der Mainfränkischen Platten in das gedankliche Konzept der Flächenbildung des Tertiärs im räumlichen Zusammenhang zeigen (BÜDEL 1957). Die obere Graphik zeigt die traditionelle Sichtweise der Schichtstufentheorie. Hier ist die Oberfläche der Landschaft den geologischen Schichten angepaßt, und die Schichtstufen werden stark betont, was der Realität nicht genau entspricht. Der untere Teil von Abb. 21 stellt demgegenüber eine Sichtweise vor, die die Flächen trotz der graphischen Überhöhung als dominierende Landschaftsbestandteile ausweist, wobei Gesteinsunterschiede zum Teil glatt geschnitten werden.

Ein entscheidender Punkt ist die Tatsache, daß verschiedene Flächenniveaus in Franken zu differenziern sind, und zwar auch dort, wo sie definitiv nicht durch Tektonik angehoben wurden. Nach der Theorie der Klimagenetischen Geomorphologie sind die unterschiedlichen Niveaus Zeitstufen zuzuordnen, wobei die höchsten Flächen gleichzeitig die ältesten sind. Diese Vorstellung geht von einer bis ans Ende des Tertiärs bestehenden, einheitlichen „Initialfläche" aus, die sich durch die flächenhafte Abtragung zunächst überall gleichermaßen immer weiter erniedrigte.

Erst am Ende des Tertiärs wurde sie in verschiedene Niveaus zerteilt. Je nachdem, wann die einzelnen Teile der Flächenbildung entzogen wurden, wurden sie zu unterschiedlichen Zeitpunkten nicht mehr flächenhaft weitergebildet. Damit wurden sie zu Vorzeitformen und durch andere Prozesse überformt. Die *Hochflächen* sind nach dieser Vorstellung die *ältesten*, während die Flächenbildung auf den tieferen Niveaus weiterging und weiterhin Gestein ausräumte. Nach den Flächen auf den Höhen von Steigerwald und Spessart (460–480 m ü. NN), den Resten der „Sarmato-Pontischen" Rumpffläche (7–4 Mio. Jahre vor heute), ist die „Hauptgäufläche" (rd. 300–320 m) das jüngste Glied dieser Entwicklung und wurde noch im jüngsten Pliozän (etwa 3–2,4 Mio. Jahre) aktiv weitergebildet.

Abbildung 21
Profilschnitt durch Franken vom Spessart bis zum Frankenwald. Oben: Vorstellung der Schichtstufentheorie mit schichtabhängigen Flächen und Stufen. Unten: Konzept der Klima-Geomorphologie mit Rumpfflächen, die die Schichten schneiden (aus BÜDEL 1957). Während an der Tatsache, daß die Rumpfflächen im großen nicht schichtabhängig sind, nicht zu zweifeln ist, wird die Konzeption der Flächentreppe als zeitliche Reihe stark angezweifelt, und die damalige Datierung läßt sich heute nicht mehr aufrechterhalten.

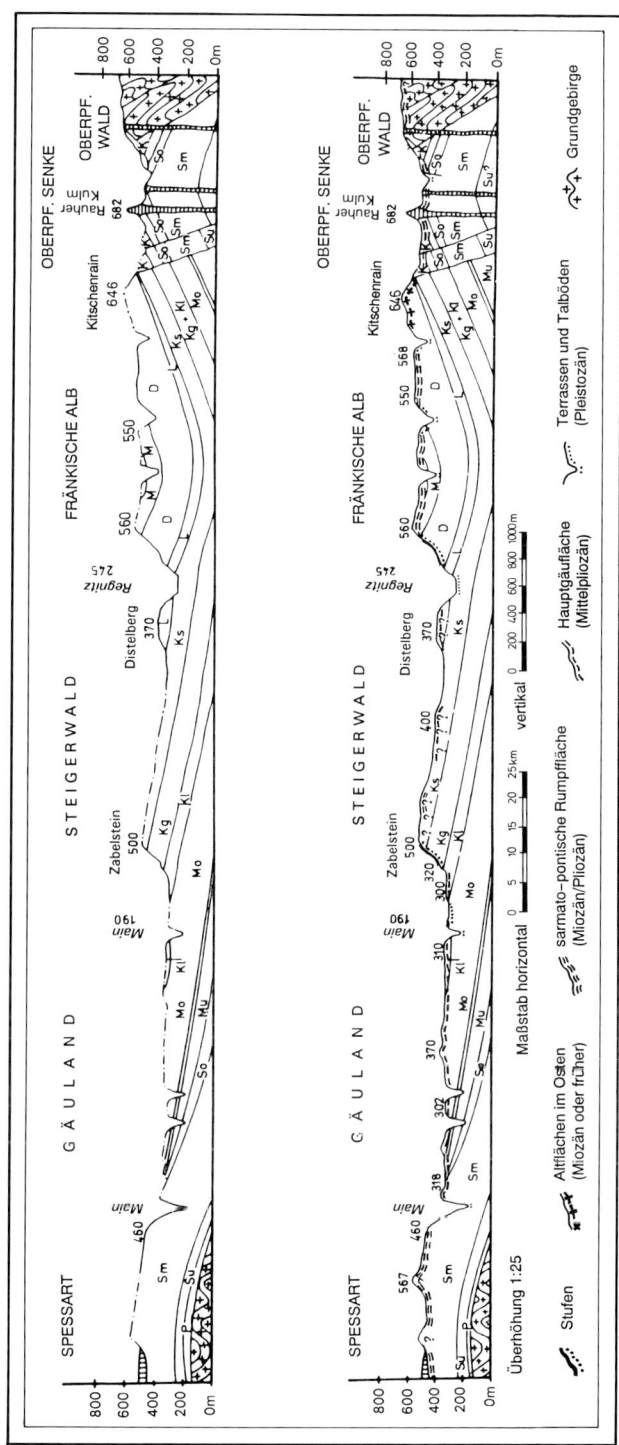

Auch wenn an der Existenz der tertiären Rumpfflächen nicht zu zweifeln ist, so ergeben sich aus der Praxis der Zuordnung der verschiedenen Landschaftsteile zu bestimmten Formengruppen dennoch einige Fragen. Leider ist seit BÜDEL (1981, S. 219–224) kein Versuch unternommen worden, die regionale Landschaftsgenese Unterfrankens in einen allgemeinen Rahmen zu stellen, der heutige Vorstellungen mit berücksichtigt. So ist man gezwungen, sich oft auf die Ausgliederung einzelner geomorphologischer Formen zu beschränken, ohne den Ursachen weiter nachgehen zu können. Zuvor ist es sinnvoll, sich Gedanken über deren mögliche Einordnung in ein Gesamtkonzept zu machen. Dabei ist es wichtig zu unterscheiden, welche Teile der etablierten Theorien Bestand haben, welche Fragen noch offen sind und welche Punkte angezweifelt werden, was nicht gleich die ganze Vorstellung in Frage stellen muß.

5.3.4   Problematik der Korrelation Klima/Geomorphologie

Während viele Feststellungen der Klimagenetischen Geomorphologie, wie die Existenz des Primärrumpfs und die pleistozäne Überprägung des älteren Reliefs, in Unterfranken unstrittig sind, werden vor allem die Ursachen und Schlußfolgerungen der Differenzierung in verschiedene Flächenniveaus angezweifelt. Hierin spiegeln sich grundsätzliche Probleme der Korrelation Klima/Geomorphologie wider:

– Kann man Flächenbildung mit (nur) wechselfeuchttropischem Klima gleichsetzen? Das bedeutete für Unterfranken die Zeit des Tertiärs. Entscheidend ist hier die Frage, ob die Flächen der heutigen Randtropen wirklich den *heute dort herrschenden Prozessen* entsprechen oder ob die Flächen ganz allgemein anderen Ursachen zuzurechnen sind.

– Ist die Differenzierung in verschiedene Flächenniveaus wirklich klimaabhängig? BÜDEL argumentierte, es habe eine einheitliche Rumpffläche gegeben, die ganz Mitteleuropa überzog. Die niedrigeren Niveaus sind entstanden, als sich das Klima schon zu verändern begann und sich die Flächenbildung auf dafür besonders anfällige Gesteine einengte. Allerdings bleibt die Frage nach dem angenommenen *Grund*, der dahinter steht, bestehen.

– Muß man die verschiedenen Flächenniveaus als Zeitreihe, in zeitlicher Aufeinanderfolge ansehen? Nach der Konzeption von BÜDEL erfolgte die Differenzierung sukzessive und erst zum Ende der Flächenbildungszeit. Diese *Datierung* ist nicht mehr sinnvoll. Die Erkenntnisse über den Beginn der weltweiten Abkühlung und die Klimaschwankungen, die das letzte Drittel des Tertiärs prägten, sprechen für eine viel frühere Differenzierung der Landschaftsformen. Auch die Basalte der Rhön, die als Zeitmarke dienten, werden heute als viel älter angesehen. Möglicherweise haben sich die verschiedenen Niveaus schon viel eher, noch während der allgemeinen Flächenbildung im Tertiär, herausdifferenziert, getrennt durch flache Anstiege oder Rumpfstufen, ohne daß am Vorherrschen des flächenhaften Abtrags zu zweifeln wäre. Dann wäre aber von einer parallelen Entwicklung auszugehen, nicht mehr von einer Zeitreihe.

Offene Fragen

Den Überlegungen zu den wirksamen Prozessen liegt, oft unausgesprochen, das Prinzip des Aktualismus zugrunde. Man geht dabei von der Situation einer bestimmten Kombination aus Geomorphologie und Klima einer aktuellen Landschaftszone aus und überträgt diese Kombination insgesamt auf vergangene Zeiten, von denen nur fossile Hinweise bekannt sind. Dies wird am Beispiel des als „tropoid" eingestuften Klimas des Tertiärs deutlich. Tropische

Verhältnisse werden ja nicht nur durch gleichzeitige Feuchte und Wärme charakterisiert, sondern wesentlich auch durch Tageszeitenklima, also das Fehlen von Jahreszeiten. So reicht die geschlossene Pflanzendecke nicht etwa am Äquator, also an der durchschnittlich wärmsten Stelle, am weitesten ins Hochgebirge hinauf. Sie erreicht vielmehr an den Wendekreisen die größte Höhe, denn für die Pflanzen sind die Sommertemperaturen wichtiger als die Durchschnittswerte.

Europa lag damals aber bereits so weit nördlich, daß trotz feuchtwärmerer Verhältnisse Jahreszeiten vorhanden gewesen sein müssen, mit allen Folgen für die Verteilung von Niederschlag, Temperatur, Verdunstung usw. Mit der Vegetationsbedeckung wird aber die Erosion und damit die geomorphologische Entwicklung ganz entscheidend beeinflußt. Rückschlüsse auf die geomorphologischen Auswirkungen eines Klimas, wofür es heute auf der Erde kein Äquivalent mehr gibt, werden damit sehr schwierig.

Außerdem lassen sich nicht sämtliche geomorphologischen Formen völlig klar nur einem Bildungsklima zuordnen (MORTENSEN 1930: Konvergenzerscheinungen im Formenbild). Auch muß konstatiert werden, daß viele Reliefteile zwar nur unter den Bedingungen eines bestimmten Klimas entstehen können, während folgender Klimate jedoch nicht gleich umgestaltet, sondern „traditional weitergebildet" werden, was bereits in der Konzeption BÜDELS berücksichtigt wird, die Zuordnung aber oft erschwert.

Über die den Formen zugrunde liegenden geomorphologischen Prozesse der Verwitterung, Abtragung und Aufschüttung ergeben sich immer wieder neue Erkenntnisse, weshalb bisher die Frage der Zuordnung von Formen/Prozessen/Klima nicht endgültig geklärt werden konnte. Es nützt letztlich nicht sehr viel, die *aktuell* ablaufenden Prozesse auf das genaueste zu messen, wenn gar nicht klar ist, ob die Form vielleicht unter völlig anderen Bedingungen entstanden ist. Anders ausgedrückt, stellt sich die Frage, ob heute gemessene Stoffumsätze die zugehörige Form bilden oder umwandeln, also für ihre Entstehung verantwortlich zu machen sind oder nicht. Materialtransport (Erosion) auf einem Hang könnte beispielsweise als Entstehungsprozeß einer (späteren) Fläche interpretiert werden oder als Anpassung an geänderte Verwitterungsbedingungen (Umformung des Hangprofils) oder als kurzfristiges Zwischenspiel ohne Bedeutung für die Form als Ganzes.

Wichtig ist es auch, das Zusammenspiel von Mikro-/Meso-/Makroformen zu beachten, wofür der Gegensatz der geomorphologischen Vorstellungen selbst ein Beispiel liefert. Es ist entscheidend, auf welche Großform man aus der Summe der Kleinformen und ihrer Prozesse schließt, ob die Großform der Flächen nicht auch mit der Mesoform der Talbildung oder der Kleinform der Rinnenerosion vereinbar ist, entsprechende Zeiträume vorausgesetzt. Beim derzeitigen Wissensstand ist es noch nicht möglich, die Kardinalfrage zu beantworten, ob die Flächenbildung als Großform wirklich klimaabhängig ist oder ob die Verwitterungsformen aller Klimate letzten Endes zu einer Rumpffläche führen. Wohlgemerkt kann es dabei nicht um die Detailformen gehen, die selbstverständlich klimaabhängig unterschiedlich sind. In diesem Zusammenhang spielt der Zeitfaktor eine große Rolle. Niemand zweifelt daran, daß das Klima des Tertiärs nicht nur anders war, sondern mit 65 Mio. Jahren auch erheblich länger Zeit hatte, auf den Untergrund einzuwirken, als das periglaziale Klima von Teilen des Quartärs mit weniger als 2 % dieses Zeitraumes.

Es wird zunehmend fraglich, ob die Konzepte der Vergangenheit ausreichen, denn weder die Ausrichtung auf geologische Dispositionen noch die Konzentration auf klimatische Einflüsse kann allein die Fragen der Geomorphologie erklären. Die entsprechenden Kombinationen, ihre Wechselwirkungen und Aufeinanderfolgen könnten sich als wichtiger herausstellen als die zwangsläufige Ursache-Folgewirkung. Möglicherweise ist bereits die Frage,

auf welche Ursache die Flächenbildung zurückzuführen sei, nicht richtig gestellt, und die
bisherigen Denkmuster können zu keiner endgültigen Klärung führen.

Neuere Überlegungen

Es kristallisiert sich eine Sichtweise heraus, die für die Geomorphologie ein Faktorengefüge
zugrunde legt. Dabei wird bisherigen Erkenntnissen nicht grundsätzlich widersprochen, ob
sie die tektonischen Einflüsse und die Gesteinsvariabilität (Strukturgeomorphologie) oder
die klimatischen Unterschiede (Klimagenetische Geomorphologie) betonen. Vielmehr stellt
sich das Bild der geomorphologischen Entwicklung der Erdoberfläche zunehmend komple-
xer dar. Für viele der bisherigen Theorien und Ansätze gibt es Beweise und Gegenbeweise,
die sich jeweils lokal untermauern lassen und für den gegebenen Einzelfall auch zutreffen.
Bei einer Gesamtsicht geht es eher um eine Integration der verschiedenen Überlegungen.
    Jedenfalls bietet der Rückgriff auf die völlig überholte Schichtstufentheorie keine Per-
spektive, denn sie wirft, wie oben erwähnt, noch mehr Fragen auf. Es gibt zahlreiche lokale
Beweise, wonach die Schichtstufen nicht wanderten (BREMER 1989 a, S. 65). Markant ist
gerade für die Keuperstufe Unterfrankens die rückwärtige Auflösung, die letztlich auch
die Zeugenberge stehenläßt. Die Vorstellung von Schichtstufen als den geomorphologisch
wichtigsten aktiven Landschaftsteilen scheidet damit aus. Auch Darstellungen, die die
Abhängigkeit der Oberflächenformen von den Gesteinen stark betonen (SEMMEL 1984 und
SEMMEL in LIEDTKE u. MARCINEK 1994), stellen zu sehr auf einen einzelnen Einflußfaktor ab
und vernachlässigen andere.
    Auch wenn die Vorstellung von einer irgendwann einmal einheitlichen Rumpffläche zu-
gunsten einer differenzierteren Entwicklung auf verschiedenen Niveaus aufgegeben werden
muß (LIEDTKE in LIEDTKE u. MARCINEK 1994, S. 127), so ist an der weltweit wirksamen
Flächenbildung im Tertiär als Kernpunkt der Klimagenetischen Geomorphologie nach
BÜDEL nicht zu zweifeln. Möglicherweise ist eine stärker differenzierte Flächenbildung auf
verschiedenen Niveaus gleichzeitig, zumindest über längere Zeiträume im Tertiär, anzunehmen. Das läßt sich mit der unterschiedlichen Reaktion auf das Faktorengefüge aus klimatischen (Verwitterungsbedingungen), gesteinsbedingten (Verwitterungsresistenz), tektonischen (Höhenlage) und zeitlichen (Einwirkungsdauer) Einflüssen begründen. Auch wenn
deren Zusammenspiel noch ungeklärt ist, so unterstreicht dies doch die Notwendigkeit der
Ausgliederung verschiedener Flächenniveaus nach geomorphologischen Gesichtspunkten.
    Neuere Überlegungen zur Geomorphologie (BRUNSDEN 1990) gehen deshalb von anderen
Grundvoraussetzungen aus und stellen mit Gleichgewichtsstreben, Komplexität der Wechselbeziehungen, Stabilität und Toleranzgrenzen Konzepte der (Landschafts-) Ökologie in
den Mittelpunkt. Trotz unterschiedlicher Prozeßkombinationen können dieselben geomorphologischen Formen entstehen (Konvergenz), während umgekehrt eine bestimmte
Form mehr als Produkt eines Gleichgewichts(strebens) verstanden wird, weniger als Folge
bestimmter Prozesse.
    Beispielsweise wäre eine Rumpffläche danach nicht unbedingt der Endpunkt einer Re-
liefentwicklung mit geomorphologischer Ruhe, sondern als stabiler Gleichgewichtszustand
zwischen Verwitterung und Abtragung anzusehen. Die Fläche als geomorphologisches Ergebnis dieses Gleichgewichtszustands ist aber erst nach Ende der Flächenbildung nachweisbar, wenn sie als Vorzeitform konserviert wird. Ein Beispiel für Selbstabschwächung ist
die Erosion eines Hanges, die mit zunehmender Abflachung immer langsamer vonstatten
geht. Umgekehrt kommen manche geomorphologische Prozesse erst beim Erreichen von

Schwellenwerten in Gang, wie etwa die Solifluktion, die bei 2–6° geneigten Hängen noch geregelt und langsam abläuft, danach bei Überschreiten des Reibungskoeffizienten plötzlich in einen ungeregelten Abrutsch übergeht. Die divergierende Abtragung, die als Erklärung für die Flächenniveaus in den östlichen Rahmenhöhen angesehen wird, führt nach Erreichen eines Schwellenwertes zur Trennung in verschiedene Landschaftsformen mit Selbstverstärkung im einen, Selbstabschwächung im anderen Fall (BREMER 1989 b, S. 207–208, 148–153).

Ergebnis für die Geomorphologie Unterfrankens

Diese Gedankengänge können hier, wo das regionale heutige Landschaftsbild und dessen Entstehung im Vordergrund stehen, nicht weiter vertieft werden. Hierfür erscheinen eher die Differenzierung, Erklärung und Zuordnung der Einzelformen wichtig. Trotz der genannten Einschränkungen lassen sich zur Landschaftsgenese Unterfrankens die folgenden Aussagen festhalten:

– Die frühere Schichtstufentheorie reicht als Erklärungsmodell für die Landschaftsgenese Unterfrankens nicht aus, u. a. weil die Flächen sich gerade nicht an geologische Schichten halten, sondern diese, zwar flach, schneiden und deshalb als *Rumpfflächen* zu bezeichnen sind.

– Die Bezeichnung Süddeutsches *Schicht*stufenland ist damit unkorrekt, weil sie bereits genetisch interpretiert und den Bezug zu dieser Theorie suggeriert. Sie sollte durch das neutrale Süddeutsche Stufenland ersetzt werden, wenn man nicht ganz auf den mißverständlichen Begriff verzichten will.

– Die Geomorphologie Unterfrankens wird durch ein komplexes System aus der tektonischen Disposition (Schrägstellung der Schichten, Anhebung im Westen), der unterschiedlichen Verwitterungsresistenz der Gesteine und dem Klimawandel gesteuert, vor dem Hintergrund unterschiedlicher Zeiträume der Einwirkung. Das Relief ist zweifelsfrei *polygenetischer* Entstehung, ein Produkt aus verschiedenen Zeiträumen mit unterschiedlichen geomorphologischen Bedingungen. Die Veränderungen des Klimas konnten sich höchst unterschiedlich auf verschiedene Gesteine oder bereits bestehende Formen auswirken.

– Der überwiegende Teil der geomorphologischen Formen stammt aus früheren Zeiten, was gerade auch für die Mainfränkischen Platten zutrifft. Sie sind in diesem Sinne *Vorzeitformen*, was aber keineswegs bedeutet, daß sie keiner Veränderung mehr unterliegen. Auf diesen Vorzeitformen laufen vielmehr weiterhin geomorphologische Prozesse ab, allerdings andere als diejenigen, die zunächst für die Form ursächlich waren, woraus folgt, daß viele Teile der Landschaft so heute nicht mehr entstehen könnten. Unter dem Einfluß der heutigen geomorphologischen Prozesse werden sie aber modifiziert, weiter oder umgebildet, teilweise nur geringfügig.

– Das gilt für ganz Unterfranken, so daß eine Zuordnung der geomorphologischen Formen zu den jeweiligen Entwicklungsstufen die Grundlage der Überlegungen bilden muß. Darauf kann die *Korrelation* der Ergebnisse aus verschiedenen Teillandschaften aufbauen, die bereits zwischen Mainfränkischen Platten und Maintalsystem offene Fragen hinterläßt (Kap. 8.3.4).

– Auf der Ebene der verschiedenen Teillandschaften Unterfrankens lassen sich verbreitet zwei Flächen auf unterschiedlichen Niveaus ausgliedern, die das differenzierte Faktorengefüge aus Klima, Gestein, Tektonik und Zeit reflektieren. Über die Ursachen der *Diffe-*

renzierung herrschen noch unterschiedliche Vorstellungen, die sich gerade am Beispiel der östlichen Rahmenhöhen zeigen (Kap. 9.3.3).

– Versucht man eine zeitliche Einstufung der verschiedenen Flächenniveaus, so spielen Sedimente, die anhand von Leitfossilien eingeordnet werden können, und Vulkangesteine, die mit Elementzerfallsreihen (K/Ar–Methode) datierbar sind, eine zentrale Rolle. Die Hinweise sind allerdings spärlich und haben die *Datierung* der Flächen und die Tieferlegung in Form einer zeitlichen Reihe am Ende des Tertiärs inzwischen unsicher gemacht, was insbesondere in den westlichen Rahmenhöhen deutlich wird (Kap. 10.3.2).

Weil sich die geomorphologischen Entwicklungsbedingungen im Laufe der Zeit gewandelt haben, aber immer noch in Gestalt von Vorzeitformen sichtbar sind, erscheint es zweckmäßig, für die Erklärung des Landschaftsbildes genetisch vorzugehen. Es ist sinnvoll zu versuchen, die verschiedenen Formengruppen als landschaftliche Entwicklungsphasen gegeneinander abzugrenzen, auch wenn eine deutliche Ausgliederung die Kontinuität in der Landschaftsgenese nicht überdecken darf. Die ausgegliederten Phasen sind somit nicht nur als eigenständige geomorphologische Phasen mit charakteristischen Landschaftsformen anzusehen, sondern können auch allgemein als differenzierbare Formenkreise oder Gleichgewichtszustände der Reliefentwicklung verstanden werden. Entscheidend ist der unterschiedliche Effekt auf das heutige Relief.

5.4 Landschaftliche Entwicklungsphasen der Mainfränkischen Platten

Tabelle 4 (SCHMIDT 1978, S. 194–195) faßt die Abschnitte des Tertiärs, die im folgenden immer wieder Verwendung finden, im Überblick zusammen. Exakte Zeitangaben sind nicht möglich, da bislang keine absolute Datierung für Gesteine oder Formen existiert. Somit sind nur relative Einordnungen der einzelnen Entwicklungsschritte der Landschaft vorzunehmen. Die Angaben dürfen also nicht zu genau genommen werden, sollen lediglich als Anhaltspunkte für die ungefähre Einordnung dienen und sind bei den verschiedenen Autoren recht unterschiedlich (z. B. Grenze Sarmat/Pont nach MURAWSKI 1977: 7 Mio., VOSSMERBÄUMER 1983: 5,2 Mio., RUTTE 1981: 12 Mio., Bay. Geologisches Landesamt 1981: 5 Mio. Jahre vor heute).

Im Bereich der Mainfränkischen Platten selbst existieren keine Reste höher gelegener Flächen (landschaftliche Entwicklungsphase I) mehr, wenn man vom Hesselbacher Wald mit seinem Zwischenniveau absieht. Sie wurden aufgezehrt durch die Weiterbildung der Hauptgäufläche, die praktisch die gesamten Mainfränkischen Platten umfaßt, also nicht mit dem Landschaftsbegriff der Gäuflächen übereinstimmt. Ob die Hochflächen der umgebenden Rahmenhöhen wirklich früher dem Flächenbildungsprozeß entzogen wurden oder ob dort die flächenhafte Abtragung nur langsamer vonstatten ging, ist nicht geklärt. Auf jeden Fall stellt die Hauptgäufläche den am längsten und stärksten vom Formungsmechanismus der Flächenbildung erfaßten Landschaftsteil dar.

II. Hauptgäufläche

Die Vorstellungen über die geomorphologischen Meso- und Mikroformen können angesichts der späteren Überprägung nicht sehr genau sein. Man nimmt an, daß die Flächen nur

	Abteilung	Stufe	Alter [Mio. Jahre vor heute]
Tabelle 4 Gliederung der Formation Tertiär (65–2,4 Mio. Jahre vor heute)			2,4
	Pliozän	Asti Piacentin Pont	
			5
	Miozän	Sarmat Torton Helvet Burdigal Aquitan	
			26
	Oligozän		
			38
	Eozän		
			54
	Paläozän		
			65

schwach gegliedert waren und alle Landschaftsteile mit sehr geringen Hangneigungen ineinander übergingen. Unterfranken lag im Tertiär noch viel näher am Meer, das ganz Norddeutschland bedeckte und im Oligozän sogar in den Oberrheingraben vorstoßen konnte, was man aus den dortigen marinen Sedimenten ersehen kann. Die Landschaftsformen waren durch geringe Reliefenergie gekennzeichnet, mit Schildinselbergen, Rumpfstufen und flachen Spülmulden als Entwässerungs- und Transportbahnen für Wasser und die darin mitgeführten Verwitterungsprodukte.

Rumpfflächencharakter. Unabhängig von den Vorstellungen über die Entstehung ist auch heute noch erkennbar, daß Gesteinswechsel von der Fläche regelmäßig glatt geschnitten werden. Die Abfolge der Sand- und Tonsteine des unteren Keupers im Westen der Mainfränkischen Platten ist hierfür ebenso Beispiel wie die stark durch Verwerfungen in einzelne Schollen gegliederten Gesteine im Untergrund des Grabfelds. Gesteinsunterschiede machen sich oft nur im Meterbereich bemerkbar, was zwar dem momentanen Betrachter an Ort und Stelle auffällt, im Verhältnis zur Gesamtausdehnung der Mainfränkischen Platten aber eher unbedeutend erscheint. Mit der Unabhängigkeit der Fläche von geologischen Schichten ist sie als „Rumpffläche" zu bezeichnen, im Gegensatz zur schichtangepaßten „Schichtfläche". Die Existenz von Rumpfflächen, für die die Mainfränkischen Platten ein oft zitiertes Beispiel bieten, wird als der zentrale Beweis dafür gewertet, daß für die Flächenbildung klimatische Einflüsse zumindest über die Gesteinsvariabilität dominierten (BUDEL 1981, S. 223).

Vielfach bilden Gesteinswechsel auch heute noch keine Stufen, sondern Formen mit höchstens flachen Anstiegen. Dafür wird oft der harte Wellenkalk als Beispiel zitiert, der am Ostrand der Hauptgäufläche auf weite Strecken ohne Stufe in die anschließenden weichen Röttone des Oberen Buntsandsteins übergeht (Raum Buchen/Walldürn, Steinfeld/Urspringen). Lediglich dort, wo Saale und Main unterhalb des Wellenkalks entlangfließen und die Tone ausräumen konnten, ragt der Wellenkalk als Stufe auf und bildet daher eher einen Talhang denn eine Stufe (Trimberg/Euerdorf).

Schildinselberge und Spülmulden. Zum Inventar der geomorphologischen Formen der Rumpfflächen gehörten flache Schildinselberge, die sich leicht über das allgemeine Rumpfflächenniveau erhoben. Die Gewässer, die nur periodisch nach der Regenzeit Wasser führten, konnten keine abgrenzbaren Täler im heutigen Sinn ausbilden, weshalb sie als Spülmulden bezeichnet werden. Der entscheidende Unterschied zu Tälern besteht darin, daß Spülmulden

im gleichen Maß tiefergelegt werden wie die umgebende Fläche. Das geschah trotz der
erheblichen Anhebung des gesamten Schichtpaketes, die im Bereich der Mainfränkischen
Platten 500 m ausmacht (CARLÉ 1955). Da die heutige Höhenlage nur rund 300 m beträgt,
wurden also 200 m Gestein darüber abgetragen. Eine linienhafte Erosion hätte dabei unwei-
gerlich zu tief eingeschnittenen Talformen führen müssen. Alle Hinweise auf die Talformen
und die Flußgeschichte (vgl. Kap. 8.3.1) weisen jedoch auf ganz geringe Höhenunterschiede
innerhalb der Landschaft im Tertiär hin.

III.   Zergliederung der Fläche

Das Ende der reinen Flächenbildung mit dem Beginn der Bildung flacher Täler und der Ver-
stärkung der Verkarstung der Fläche wird in der Spätphase des Pliozäns angesetzt. Dieser
Entwicklungsabschnitt der Landschaftsgenese nimmt eine Zwischenstellung ein. Mehrere
Veränderungen werden als Ursache diskutiert, die womöglich allesamt dazu beigetragen
haben, die alte Rumpffläche allmählich zu zergliedern. Der beginnende Klimaumbruch vom
Tertiär zum Quartär wird mit dem Umschwung vom Flächenbildungsklima randtropischer
Verhältnisse zum Talbildungsklima pleistozäner Bedingungen gleichgesetzt. Außerdem
können bereits tektonische Veränderungen, insbesondere in Form der Anhebung der westlichen Rahmenhöhen, Einwirkungen auf die Hauptgäufläche ausgeübt haben. Schließlich
machte sich bereits die Umstellung des Entwässerungssystems des Mains mit Nebenflüssen
in Richtung Rhein in gewissem Maße bemerkbar, die sicher etappenweise erfolgte.

Verkarstung. Mit der Veränderung des Prozeßgefüges nahmen die Höhenunterschiede
innerhalb der Landschaft zu, und das Grundwasserniveau sank ab. Damit waren die Voraussetzungen für eine verstärkte Verkarstung geschaffen, wie sie im Westteil der Mainfränkischen Platten sichtbar ist, wo der Muschelkalk oberflächlich ansteht (vgl. Abb. 5). Bei der
Verkarstung, der Lösungsverwitterung, wird der leicht wasserlösliche Kalk aufgelöst und
abgeführt, so daß im Laufe der Zeit ein eigenständiges Formenspektrum entsteht. Der Anteil
von Karstformen an der gesamten Reliefbildung ist jedoch auch im Westen der Mainfränkischen Platten begrenzt, und das typische Formeninventar des Vollkarstes fehlt.

In Unterfranken gibt es vorwiegend Formen des unterirdischen Karstes. Die durch die
Lösung des Kalkes entlang von Spalten im Untergrund entstehenden Hohlräume sackten
nach und führten im Laufe der Zeit zu einem stark welligen Relief. Der Verkarstungsprozeß
geht heute noch weiter, wie an immer wieder neu auftretenden Erdfällen und sogar Dolinen
sichtbar ist (nordwestlich von Kleinrinderfeld 1988 neue Doline). Die Kleinformen lassen
sich vorwiegend unter Wald erkennen, da sie im Ackerland überpflügt und damit unschärfer
werden. Folgenreichstes Ergebnis der Verkarstung für die Landschaft dürfte die geringe
Gewässerdichte der Muschelkalkgebiete bei vorwiegend unterirdischer Entwässerung sein.

Die klimatische Interpretation ist für diese Zeit nicht klar. Man nahm subtropische Bedingungen an; es gibt jedoch auch Hinweise auf bereits kühlere Verhältnisse, die sich vor allem
anhand der Talentwicklung des Mains zeigen (KURZ 1988). Sicher sind jedenfalls das Ende
des tertiären, feuchtwarmen Klimas und eine generelle Abkühlungstendenz, die allerdings
zweifelsfrei Schwankungen unterworfen war. Möglicherweise deuteten sich die späteren
Eiszeiten in diesem Zeitraum am Ende des Tertiärs (Jungpliozän) bereits in Klima-
veränderungen innerhalb einer noch relativ geringen Bandbreite an. Für die Interpretation
des Reliefs ist es wichtig festzuhalten, daß die tertiäre Rumpffläche bereits vor dem Beginn
periglazialer Einflüsse geänderten geomorphologischen Prozessen ausgesetzt war und nicht
mehr weitergebildet, sondern zerteilt und untergliedert wurde.

Breittal. Der Wechsel zwischen der Existenz flacher Spülmulden ohne genaue Begrenzung und geringer Einschneidung von abgrenzbaren Tälern wird ans Ende des Pliozäns gestellt. Die frühesten Elemente des Maintals lassen sich in Gestalt der verhältnismäßg niedrigen Übergangsterrassen fassen, die nur rund 20–50 m in die Hauptgäufläche eingelassen waren. Sie lassen sich auf einer Breite von mehreren Kilometern erfassen und zeigen, daß die Talhänge noch weit auseinander lagen (BUSCHE, HAGEDORN u. KURZ 1989, S. 165).

Abkoppelung des Talsystems. Nach der Bildung der ebenfalls noch flachen, nur wenig tiefer eingesenkten Hauptterrassen im ältesten Pleistozän folgte die dramatische Einschneidung des Mains bis über 100 m, der die großen Nebenflüsse Tauber, Saale und Wern zumindest in den Unterläufen rasch folgten. Sie koppelte sowohl die weitere geomorphologische Entwicklung als auch die landschaftsökologischen Gegegebenheiten derart stark von der Fläche der Mainfränkischen Platten ab, daß das Maintal als eigenständige naturräumliche Einheit zu sehen ist, weshalb seine weitere Entwicklung in einem gesonderten Kapitel berücksichtigt wird.

IV. Periglaziale Geomorphologie und Lößablagerung

Im Pleistozän schlugen sich vor allem die Kaltzeiten im Landschaftsbild Unterfrankens nieder. Unser Raum erlebte die Eiszeiten zwar nicht unter voll glazialen Bedingungen mit Eisbedeckung, wohl aber im Einflußbereich des Eises als Periglazial mit höchstens schütterer Vegetation. Die unter diesen Bedingungen stark wirksamen Ablagerungs-, Verwitterungs-, Erosions- und Umlagerungsprozesse waren durch Frostverwitterung, Frostschutt- und Lößbildung und verbreitete Solifluktion (Bodenfließen) gekennzeichnet. Sie schufen einen Großteil der noch heute bestimmenden Oberflächenformen mit weichen, flachwelligen Formen, verhülltem Relief, Flachhängen, Dellen und Talasymmetrie. Die Warmzeiten dagegen hinterließen viel geringere Spuren im Relief und sind hauptsächlich in Gestalt der fossilen Bodenbildungen im Löß sowie durch Pflanzen- und Tierfossilien nachweisbar. Die Lößstratigraphie, die Abfolge der Ablagerungen und Bodenbildungen, stellt einen der wichtigsten Hinweise auf den Verlauf des Paläoklimas in Unterfranken dar.

Tabelle 5 gibt einen kurzen Überblick über die Gliederung des Quartärs. Unterfranken gehörte zum indirekten Einflußbereich der alpinen Vereisung, weshalb diese Gliederung zugrunde gelegt wird. Bei den Interglazialen sind neben der alpinen in Klammern die norddeutschen Bezeichnungen angegeben, weil sie in vielen Arbeiten zum Pleistozän Unterfrankens verwendet werden. Dennoch ist zu betonen, daß die Korrelation zwischen beiden Systemen immer noch offen ist und die Gleichsetzungen möglicherweise unzutreffend sind.

Die älteren Eis- bzw. Kaltzeiten werden inzwischen als „Komplex" bezeichnet, um anzudeuten, daß sie starke klimatische Schwankungen beinhalten. Aufgrund des hohen Alters und der späteren Überprägung kommen sie aber nur ungenau in der Landschaft zum Ausdruck, und die Rekonstruktion ist unklar. So wird neuerdings zwischen Günz und Mindel eine weitere Eiszeit, Haslach, ausgegliedert, die allerdings in der Geomorphologie Unterfrankens bisher noch nicht nachgewiesen wurde. Die Datierungen sind mit zunehmendem Alter nur als Näherungswerte zu verstehen. Lediglich für die beiden letzten Kaltzeiten ist sowohl die Parallelisierung Würm (alpin) = Weichsel (norddeutsch) und Riß = Saale als auch die Zeitstellung anerkannt. Diese beiden lassen sich auch in der unterfränkischen Landschaft in Gestalt von Lößablagerung und Flußterrassen klar erkennen.

Frostverwitterung und Frostschuttdecke. Die Absenkung der Temperaturen während der Kaltzeiten ließ die chemische Verwitterung durch Verringerung der Reaktionstemperatur als Verwitterungsprozeß zurücktreten. Dagegen gewann die Frostverwitterung stark an Bedeutung, besonders bei häufigen Temperaturschwankungen um den Gefrierpunkt. Grund dafür ist die Volumenausdehnung beim Gefrieren des Wassers, das überall im Gestein seine Sprengwirkung ausübt. Es dringt in größeren Spalten, den Eiskeilen, bis hin zu feinsten Haarrissen ein. Durch Frostverwitterung entstehen scharfkantige, eckige Gesteinsblöcke und Gesteinsschutt, daneben Feinmaterial, vor allem in der Korngröße Schluff (0,02–0,06 mm).

Auf diese Weise bildeten sich große Mengen gelockerten Gesteins, die als Frostschuttdecke überall im Muschelkalkbereich zwischen dem festen Gestein und den heutigen Böden liegen, was in zahlreichen Baugruben zu sehen ist. Die Frostschuttbildung ist auch für zwei weitere geomorphologische Prozesse, die das Periglazial kennzeichnen, entscheidend. Erst durch die Vorarbeit der Lockerung konnte die Solifluktion wirksam werden und große Gesteinsmengen umlagern. Die feinkörnigen Bestandteile der vegetationsarmen, ungeschützt daliegenden Frostschuttdecke konnten ausgeweht und als Löß abgelagert werden. Schließlich wurde durch die Lockerung und Aufbereitung des Gesteins auch die spätere Bodenbildung entscheidend begünstigt, da die angreifbare Oberfläche gegenüber einem dichten Gestein erheblich vergrößert ist.

Trockentäler. Die kleinen Seitentäler im Westen der Mainfränkischen Platten sind ebenso wie die Haupttäler in Kastenform angelegt, wenigstens in ihren unteren Abschnitten. Sie führen heute oft nur bei starken Niederschlägen oder nach der Schneeschmelze Wasser. Ansonsten versickert das Wasser auf den Hochflächen größtenteils ins Grundwasser, was auf die Durchlässigkeit des verkarsteten Muschelkalkuntergrundes zurückzuführen ist. Obwohl den Trockentälern also meistens die geomorphologisch wirksame Kraft des Bachlaufes fehlt, erscheinen sie dennoch in ihrer Form als vollständige Täler.

Die Trockentäler, die auf den Mainfränkischen Platten die am meisten verbreitete Talform bilden, entstanden unter periglazialen Bedingungen, so daß sie generell als Vorzeitformen anzusehen sind. Als während der Kaltzeiten der Untergrund durch Dauerfrostboden versiegelt war, mußte das Wasser oberflächlich ablaufen und konnte geomorphologisch aktiv werden. Die Transportkraft der Flüßchen und Bäche wurde oft überschritten, und sie lagerten am Talgrund eine große Menge Frostschutt ab. Auf diesem Sedimentbett pendelten die in viele Arme aufgelösten Wasserläufe und bildeten durch Seitenerosion steile Hänge mit ausgeprägtem Knick am Fuß. Ein Teil der Täler wurde später durch die Lößanwehung zu asymmetrischen Talformen umgestaltet oder bei flächenhafter Lößdecke ganz verhüllt.

Tundrenvegetation und Lößbildung. Unterfranken lag in den Periglazialzeiten in einem Klimabereich, in welchem sich keine Bäume halten konnten und jeweils nur eine Löß- bzw. Frostschuttundra existierte. Im Frostschuttbereich dominierten Zwergsträucher, u. a. Silberwurz *(Dryas octopetala)*, Zwergbirke *(Betula nana)* und Zwergweiden *(Salix polaris, Salix herbacea);* vgl. DIERSSEN (1990, S. 139). In Bereichen mit feinkörnigem Untergrund, insbesondere dort, wo schon eine Lößschicht, eventuell aus früheren Kaltzeiten, lag, wird eine kältetolerante Grasvegetation angenommen.

Die kaltzeitliche Vegetation steht in engem Zusammenhang mit der Lößbildung. Ihre Verteilung steuerte vermutlich sowohl Auswehung als auch Ablagerung des Lösses (EHLERS 1994, S. 123). Nur unter den Bedingungen einer geringen Vegetationsbedeckung konnte die Lößauswehung stattfinden. In Unterfranken waren die höhergelegenen Rahmenhöhen die Liefergebiete, wohl deshalb, weil sie aufgrund ihrer Höhe eine weniger dichte oder überhaupt keine Pflanzendecke trugen.

Aus dem Verteilungsmuster der Ablagerungen, ihrem unterschiedlichen Mineralbestand, dem Anteil der Tonfraktion (10 bis über 20 %) sowie dem Vorkommen vulkanischer Minera-

Tabelle 5 Gliederung der Formation Quartär (2,4–0,01 Mio. Jahre vor heute). *Glaziale (Eiszeiten) und Kaltzeiten kursiv,* Interglaziale (Warmzeiten) normal. Quellen: Haq u. Eysinga (1987), Ehlers (1994, S. 283)	Unter- abteilung	Stufe	Alter
	Holozän		
			—— 10 000 ——
	Jungpleistozän	*Würm*	
			75 000
		Riß/Würm (Eem)	
			—— 100 000 ——
	Mittelpleistozän	*Riß*	
			250 000
		Mindel/Riß (Holstein)	
			—— 300 000 ——
	Altpleistozän	*Mindel*	
		Günz/Mindel (Cromer-Komplex)	
		Günz	
			780 000
		Donau/Günz (Waal)	
			—— 1 000 000 ——
	Ältestpleistozän (Villafranca)	*Donau-Komplex*	
		Biber/Donau (Tegelen-Komplex)	
		Biber-Komplex	
		?	
			—— 2 400 000 ——
	Pliozän (Jungtertiär)		

le (die nur aus der Rhön stammen können) oder Schwerminerale (aus dem Buntsandstein des Spessarts) lassen sich verschiedene Herkunftsgebiete ausgliedern: westliches Spessartvorland, südliches Mainfranken (Spessarteinfluß) und nördliches Mainfranken bis Bamberg (Rhöneinfluß). Dieser Sachverhalt läßt auf, wie heute, westliche Windrichtungen schließen und belegt den nur lokalen Transport des Lösses in Mainfranken; Ferntransport ist auszuschließen (Rösner 1990). Die Konzentration der Lößanwehung im tiefliegenden Bereich der Mainfränkischen Platten hängt dagegen mit der hier dichteren, steppenartigen Grasvegetation der Lößtundra zusammen, die den frisch angewehten Löß binden konnte. In jedem Fall gab es aber auch hier Schwankungen der Dichte und Verteilung der Vegetation im Laufe der langen Zeiträume kaltzeitlichen Klimas.

Löß ist auf den Mainfränkischen Platten für Reliefausgleich, Landschaftsbild, Bodenbildung und Fruchtbarkeit verantwortlich. Die Umstände seiner Entstehung zeigen, daß er unter heutigen Umständen nicht neu gebildet wird. Die Gesamtmächtigkeit der Lößablagerungen in Unterfranken weist im Weltmaßstab nur geringe Werte auf. Sie beginnt bei vielfach nur schleierartiger Überdeckung und reicht bis zu mehreren Metern, wobei mehr als fünf Meter höchstens eng begrenzt in ehemaligen Talfurchen erreicht werden. Für dieses Verteilungsbild sind mehrere Faktoren ursächlich: die Lößstratigraphie, die Solifluktion während der Ablagerung und das vorher existierende Relief.

Lößstratigraphie. Die Bildung des Lösses in Unterfranken stellt einen mehrphasigen Prozeß dar, der über das gesamte Pleistozän hinweg anhielt. Der mehrfache Wechsel der klimatischen Verhältnisse von Kalt- und Warmzeiten spiegelt sich in der Stratigraphie, der zeit-lichen Abfolge der Lößablagerungen, wider. Hieraus ergeben sich wichtige Hinweise zur Klima- und Landschaftsgenese.

Phasen der Ablagerung frischen Lösses stehen für die Periglazialzeiten. In diesen Phasen waren die Bedingungen für die Auswehung von Staubpartikeln aus den Frostschuttdecken gegeben. In einem Aufschluß, etwa einer Grube oder einem Straßenanschnitt, erkennt man diese Zeiträume mit für Bodenbildung zu geringen Temperaturen an der hellbraunen Fär-bung des Rohlösses. Unter warmzeitlichen Verhältnissen kam die Lößanwehung unter der zunehmend dichten Pflanzendecke zum Erliegen. Im dann fixierten Material entwickelten sich Böden mit Anreicherung von Ton-Humus-Horizonten. Sie unterteilen als markante dunkelbraune Streifen die Lößablagerungen. Bei Einsetzen der nächsten Kaltzeit wurden sie dann wieder durch frisch angewehten Löß bedeckt, und die Sedimentation ging weiter.

Problematisch für die Interpretation der Klimageschichte aus solchen Vorkommen ist die möglicherweise vorhandene Unvollständigkeit oder Umlagerung des Profils. Es kann, auch schon während früherer Warmzeiten, von oben her wieder abgetragen sein, so daß Teile fehlen. In anderen Fällen lief die Ablagerung während der oft lang anhaltenden Kälteperi-oden (vgl. Tab. 5) nicht kontinuierlich ab, und Phasen der Solifluktion lagerten Teile des Profils um. Dadurch können mehr Bodenhorizonte vorgetäuscht werden als wirklich gebildet wurden.

Solifluktion. Einer der wesentlichen Prozesse unter kaltzeitlichen Bedingungen ist die Solifluktion, das Bodenfließen, welches heute im Bereich der Tundra und im Hochgebirge zu beobachten ist. Unter periglazialen Bedingungen taut der Boden nur oberflächlich im Som-mer auf, und über dem Permafrost (Dauerfrostboden) im Untergrund bildet sich ein Wasser-film als hochwirksame Gleitschicht. Darauf kann der feuchtigkeitsgesättigte, kaum von Wur-zeln fixierte Oberboden mobil werden. Die Wirkung der Solifluktion beginnt mit Kriech-bewegungen der einzelnen Bodenpartikel, die bereits auf geringen Neigungen von 1–2° statt-finden. Bei rund 6° Neigung können dann ganze Partien der Bodenschicht abrutschen. In der Summe haben selbst die Kriechbewegungen auf Dauer den Effekt einer enormen Material-umlagerung und damit der Umgestaltung des Reliefs.

Abb. 22 zeigt beispielhaft die Umformung eines Hanges während der Kaltzeit. Die Teile a) bis g) repräsentieren aufeinanderfolgende Abschnitte einer Kaltzeit. Parallel zur Ablage-rung wird der Löß durch Solifluktion und Verspülung hangabwärts umgelagert. Das hatte für das Relief entscheidende Konsequenzen, denn die Lößdecke ist nicht gleichmäßig verteilt wie die meisten anderen Sedimente, sondern schwankt in ihrer Mächtigkeit sehr stark. Im Endergebnis wirkt Bodenfließen wie Erosion, verlagert das Material und gleicht die vorher stärkeren Geländeunterschiede aus. Doch es handelt sich um einen anderen Prozeß. Während die Erosion den Boden von oben her abträgt, oft rillenförmig und ungleichmäßig, erfaßt die Solifluktion das gesamte Bodenpaket bis zu einer festen Unterlage.

Erfaßt die Solifluktion, wie in der Graphik dargestellt, auch die darunterliegende Boden-schicht der vorhergehenden Warmzeit (Bt-Horizont), so entsteht im Akkumulationsbereich des Geländetiefsten eine komplizierte Abfolge von Rohlöß und Bodenmaterial. In solchen Fällen einer gestörten Ablagerung ist die direkte Zuordnung der Horizonte zu Kalt- bzw. Warmzeiten nicht möglich, und die klimatische und landschaftsgenetische Interpretation wird recht schwierig.

Talasymmetrie und verhülltes Relief. Nicht nur aufgrund der Solifluktion schwankt die Mächtigkeit der Lößablagerungen selbst auf kurze Distanz sehr stark; auch das vorherige Relief wirkt sich aus. Das ungleiche Verteilungsbild des Lösses (vgl. Abb. 10) ist auf mehrere

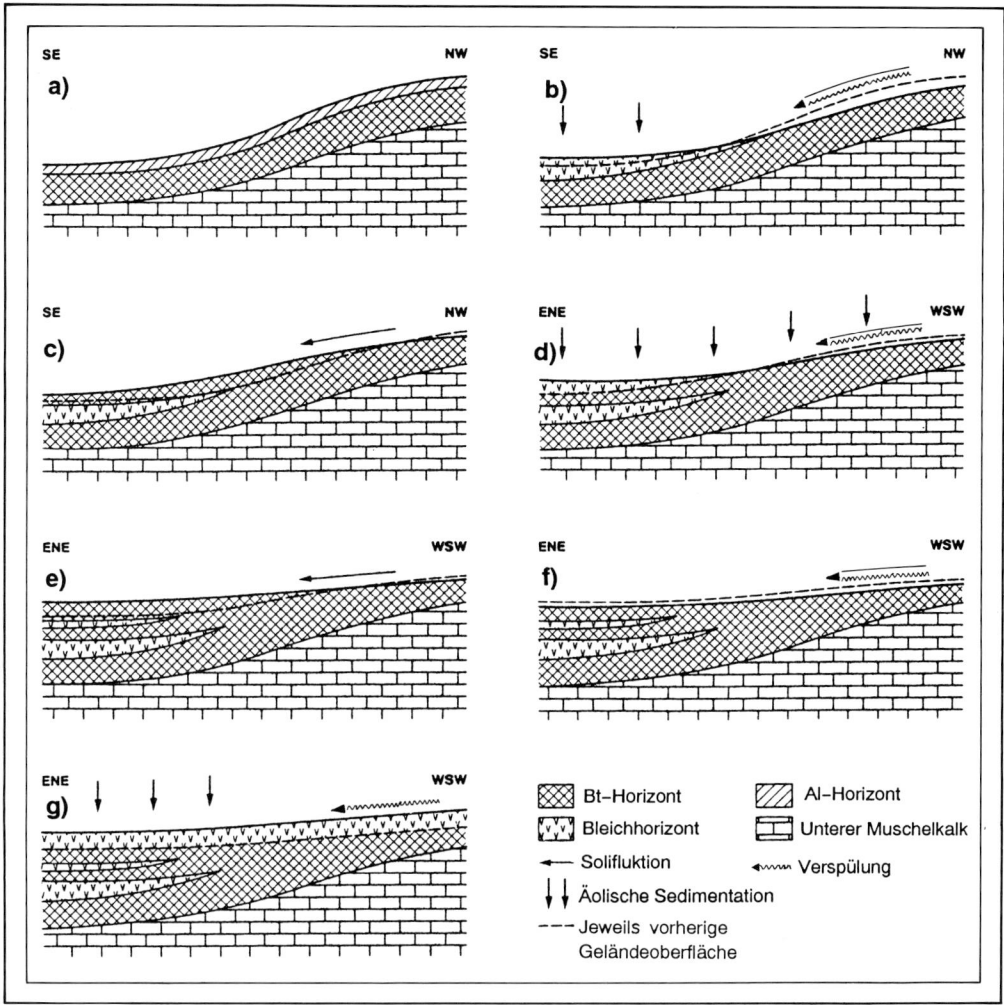

Abbildung 22
Entwicklung einer Delle bei Dertingen während der Würm-Kaltzeit. Man erkennt die mehrmalige
Umlagerung des äolisch herantransportierten Lösses durch die Einwirkung der Solifluktion mit dem
Effekt einer Abflachung des Reliefs. Zwischenzeitliche Bodenbildungen sind als Bt-Horizonte mit
Tonbildung sichtbar. Aus: RÖSNER (1990)

Faktoren zurückzuführen. Es reflektiert die Abhängigkeit des Transports vom Wind, das
vorher bestehende Relief sowie die zur Ablagerung kommende Menge an Material.

Im Westen der Mainfränkischen Platten wurden nur ehemalige Geländesenken aufgefüllt,
Löß kommt hier lediglich inselhaft vor. Ein Beispiel dafür sind die asymmetrischen Täler in
der Nähe von Marktheidenfeld (Karbach), die ursprünglich eine Kastenform besaßen, ausgebildet im Unteren Muschelkalk (Abb. 23). Aufgrund der auch im Pleistozän vorherrschenden westlichen Windrichtung lagerte sich der Löß im Lee des Westhangs ab, so daß dieser
Hang heute flach abfällt und Ackerbau trägt. Dagegen hat der nach Westen ausgerichtete
Luvhang keine Lößdecke. Im scharfen Kontrast steigt er immer noch steil an und trägt heute
lediglich Wald auf dem anstehenden Fels (GRUNERT u. SEIDENSCHWANN 1988, S. 14).

Im Osten der Mainfränkischen Platten, wo mehr Material zur Verfügung stand, nimmt die Mächtigkeit des Lösses so stark zu, daß fast Flächendeckung erreicht wird. Dies sind die heutigen Gäuflächen, wo Löß zum landschaftsprägenden Element wird. Doch auch hier kommt immer wieder der Untergrund zum Vorschein und zeigt, daß das ehemalige Relief viel stärker bewegt und gegliedert war und nur verhüllt wird, was man an Aufschlüssen (z. B. Steinbruch bei Lindelbach) erkennen kann (MÜLLER 1990, S.49).

In noch weiter vom Herkunftsgebiet entfernten Bereichen (Grabfeld, Haßgau, Windsheimer Bucht) kam Löß dagegen nur als dünner Schleier zur Ablagerung. Durch das Pflügen der Äcker wurde er hier meist mit den Tonen des Keupers vermischt, was entscheidend zur Bodenqualität beigetragen hat, sich in der Geomorphologie aber kaum niederschlug.

Flachhänge und Dellen. Die Massenverlagerung von Gesteins- und Bodenmaterial durch die Solifluktion hat für die heutigen Landschaftsformen eine enorme Bedeutung. Über die langen Zeiträume hinweg haben sich insgesamt beträchtliche Mengen insbesondere des lockeren Lösses, aber auch anderer Gesteine bewegt und waren an der Ausformung praktisch aller Hänge wie auch Talformen prägend beteiligt.

Für die Mainfränkischen Platten ist deshalb wie für die gesamten kaltzeitlich beeinflußten Gebiete Europas und Nordamerikas eine konvex-konkave Hangform charakteristisch, die wesentlich auf die periglazialen Zeiten zurückgeht. Einem zunächst flachen, dann zunehmend steilen Oberhang folgt das maximale Gefälle im Mittelhang, worauf der Unterhang allmählich wieder flacher wird und ohne scharfe Abgrenzung in die Talaue überleitet. Die Solifluktion bewirkte also eine deutliche Massenverlagerung vom Ober- zum Unterhang.

Auch die zahlreichen flachen Einmuldungen auf der Gäufläche, die man, wie Abb. 20 zeigt, zunächst fälschlicherweise für kleine Täler halten kann, sind Vorzeitformen. Sie entsprechen in ihrem Formungsstil in etwa einem flachen Muldental, besitzen allerdings kein Gewässer. Sie sind deshalb keine eigentlichen Täler, sondern werden als Dellen bezeichnet. Man führt ihre Entstehung auf die Funktion als Schmelzwasserrinne unter kaltzeitlichen Bedingungen bei erhöhtem Wasserabfluß zurück. Dazu kommt noch die Überprägung durch das Einfließen von Solifluktionsmaterial vom Hang (BLUME 1991, S. 60).

Im weiteren Verlauf können Dellen in Klingen übergehen, die steil zu den tief eingeschnittenen Haupttälern abfallen (vgl. Kap. 8.3.3). Teilweise werden sie zu wirklichen Tälern mit Bachbett und Differenzierung in Hang und Talboden. In vielen Fällen werden sie auch dort noch nicht dauernd durchflossen und sind als Trockentäler ausgebildet, die unter heutigen Bedingungen nur nach Starkregen durchflossen werden. Erst im Unterlauf besitzen sie dann einen permanent wasserführenden Bach.

Flugsandfelder und Dünen. Flugsand zeigt wegen des höheren Gewichtes eine wesentlich engere Beziehung zu seinem Entstehungsgebiet als Löß. Er stammt aus den Flußniederungen und wurde nicht weit transportiert. Seine Vorkommen erstrecken sich in Unterfranken daher im wesentlichen auf den Bereich östlich des Maindreiecks (Kitzingen, Dettelbach, Schwarzach, Wiesentheid) bis höchstens zum Fuß des Steigerwalds. Nur im Bereich Geiselwind reichen sie ausnahmsweise weiter nach Osten, begünstigt durch die niedrige Lage des Flächenpasses von Geiselwind. Dahinter wurde der Flugsand teilweise umgelagert, teilweise zu Dünen aufgeweht, die sogar bis auf die nördlich angrenzende Dachfläche hinaufreichen. Auch innerhalb des südlichen Maindreiecks (Lindelbach, Erlach) und im Schweinfurter Becken (Kolitzheim, Sulzheim, Donnersdorf) liegen einzelne Flugsandfelder. Kleinere Vorkommen gibt es oberhalb von Karlstadt, Veitshöchheim und Sommerhausen, die ebenfalls die westliche Windrichtung bei Auswehung anzeigen. Erst unterhalb von Aschaffenburg gibt es dann wieder große Flugsandbereiche mit Dünenbildungen, die

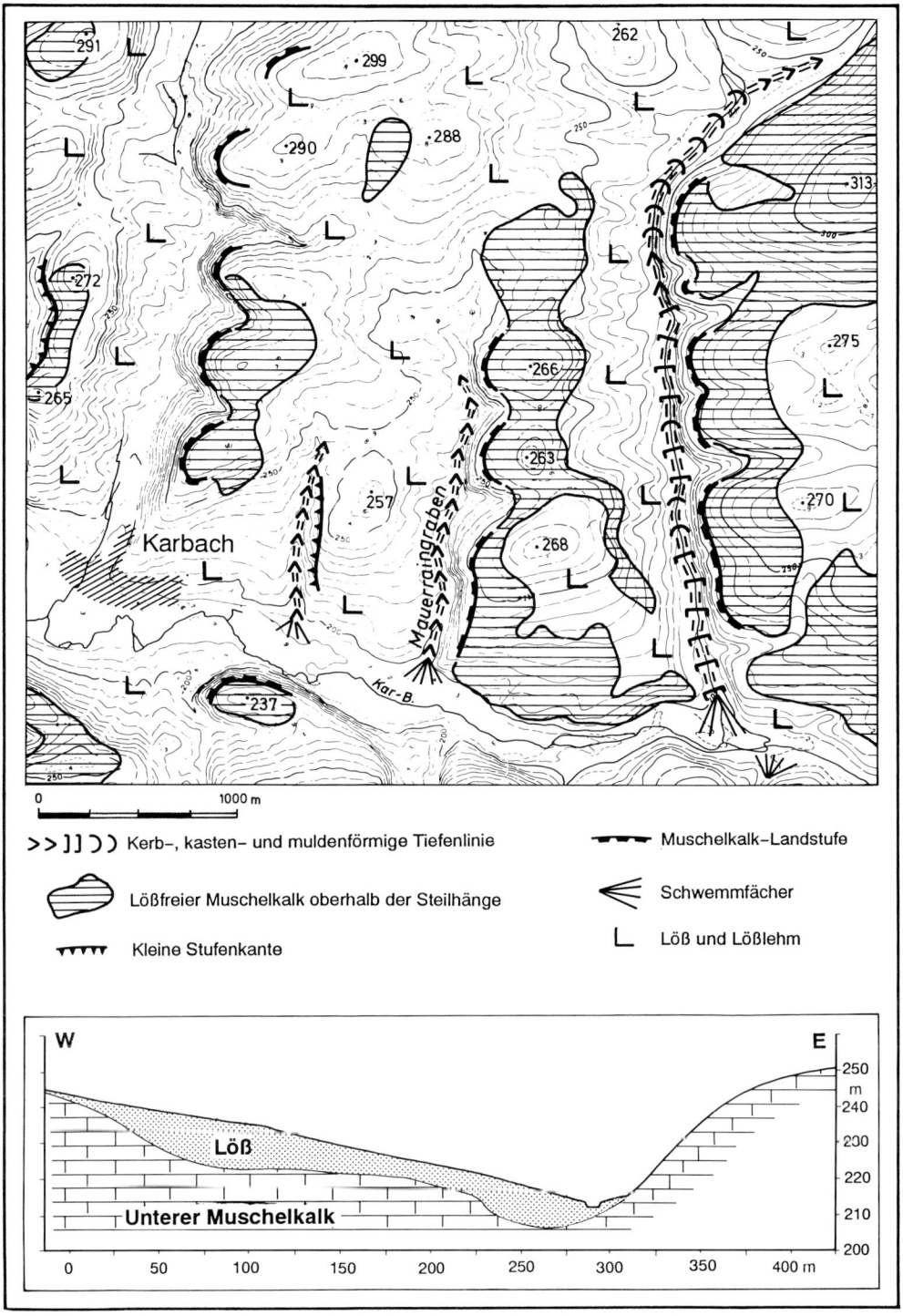

Abbildung 23
Asymmetrische Trockentäler bei Karbach. Oben: Lage; der Löß wurde stets im Lee abgelagert, während die höchsten Reliefteile im Anschluß an die Muschelkalkstufen lößfrei blieben. Unten: Schnitt durch den Mauerraingraben; die ursprüngliche Kastenform im Muschelkalk wurde durch die Ablagerung von Löß einseitig stark abgeflacht. Nach: Grunert in Busche, Hagedorn u. Kurz (1989), leicht verändert

Legende:

>>]])) Kerb-, kasten- und muldenförmige Tiefenlinie

Lößfreier Muschelkalk oberhalb der Steilhänge

Kleine Stufenkante

Muschelkalk–Landstufe

Schwemmfächer

L Löß und Lößlehm

bereits zu den ausgedehnten Vorkommen des Oberrheingrabens zu rechnen sind. Heute fallen die weitflächigen Flugsandfelder allgemein durch einheitliche Kiefernforste ohne zwischengeschaltete Siedlungen schon im Bild der topographischen Karte auf.

Die Mächtigkeit des Flugsands beträgt in Unterfranken 0,5 bis maximal 2 m. Allerdings wurde der Sand verschiedentlich zu Dünen aufgeweht. Abb. 24 zeigt die Verteilung dieser für die Mainfränkischen Platten seltenen geomorphologischen Formen. Die Datierung der Dünen läßt auf zwei Bildungsphasen schließen, von denen die erste noch in die letzte Eiszeit (Würm) gestellt wird. Auf diesen Sandkörpern existieren Bodenbildungen, die auf ein anschließend wärmeres Klima hinweisen. Als das Klima erneut kühler wurde, die Vegetation noch einmal zurückging und die Flugsandbildung wieder begann, wurde in der Spätzeit der letzten Eiszeit (Jüngere Dryas; vgl. Tab. 6) weiterer Sand abgelagert. Nachdem es endgültig wärmer geworden war, bildete sich ein zweiter Boden als oberste Schicht (Atlantikum).

Dazu kommt noch eine dritte Umlagerungs- und Dünenbildungsphase, für die eine erheblich jüngere Zeit angenommen wird. Damals muß bereits der Einfluß des Menschen auf die zuvor schützende Vegetationsdecke einkalkuliert werden. Hierfür sprechen die Nähe von Siedlungsspuren und unregelmäßige Formen der Dünen, die auf mehrere beteiligte Windrichtungen, mithin Reaktivierungsphasen während der Nacheiszeit schließen lassen. Auf diesen Dünen, die geomorphologisch am besten erhalten sind, findet man aufgrund ihres jungen Alters nur eine spärliche Podsolbildung (BRUNNACKER 1956, HAGEDORN et al. 1991).

V. Bewaldung und anthropogener Einfluß

Die heute für Unterfranken geltende Einstufung in das Waldklima gilt erst seit einem verhältnismäßig kurzen Zeitraum, dem Holozän, während dessen keine klimatischen Einwirkungen der Glazialzeit mehr angenommen werden können. Die Umstellung der Vegetation nach dem Abschmelzen der Gletscher auf die wärmeren und trockeneren Verhältnisse erfolgte zum einen nicht schlagartig, sondern über einen jahrtausendelangen Zeitraum, zum anderen lief sie keineswegs genau kongruent mit dem Klimawandel ab.

Mitteleuropäische Grundsukzession. Bereits ab etwa 18 000 vor heute begannen die Gletscher der letzten Eiszeit (Würm) allmählich abzuschmelzen und sich aus Norddeutschland und dem Voralpenraum zurückzuziehen. In Unterfranken bestand zu diesem Zeitpunkt noch die Tundrenvegetation; die Lößsedimentation ließ allmählich nach.

Bis etwa 10 200 vor heute (Ende Pleistozän) erwärmte sich das noch sehr kühle Klima mit einigen Oszillationen zusehends. Während wärmerer Phasen konnten sich bereits kältetolerante Wälder bilden; dann brachten Kälteperioden die Rückkehr der Tundra. Die einzelnen Phasen der Vegetationsentwicklung in Mitteleuropa, die für Unterfranken nicht genauer wiederzugeben sind, werden durch Pollenanalysen dokumentiert. Ihre Bezeichnungen, Daten und die relevanten Pflanzen sind in Tab. 6 zusammengestellt.

Die Vegetationsschwankungen zwischen Tundra und Birken/Kiefern in der Späteiszeit lassen sich mit anderen Klimazeugen (z.B. Eisablagerungen in Grönland, prähistorische Zeugnisse) korrelieren. Für die Zeit ab etwa 12 000 vor heute (Holozän) lassen sich aus anderen Quellen und Klimazeugen jedoch keine grundlegenden Veränderungen des Klimas mehr nachweisen. Lediglich geringfügige und kurzfristige Oszillationen des Witterungsverlaufs sind nachweisbar (GLASER 1991). Dennoch veränderte sich die Artenzusammensetzung der Wälder in mehreren Phasen, die sich mehr oder weniger in ganz Mitteleuropa zeigen. Als absolute Zeitmarke dient der Tuff aus dem Ausbruch des Laacher Sees ca. 11 500 v. h., der sich in ganz Mitteleuropa nachweisen läßt.

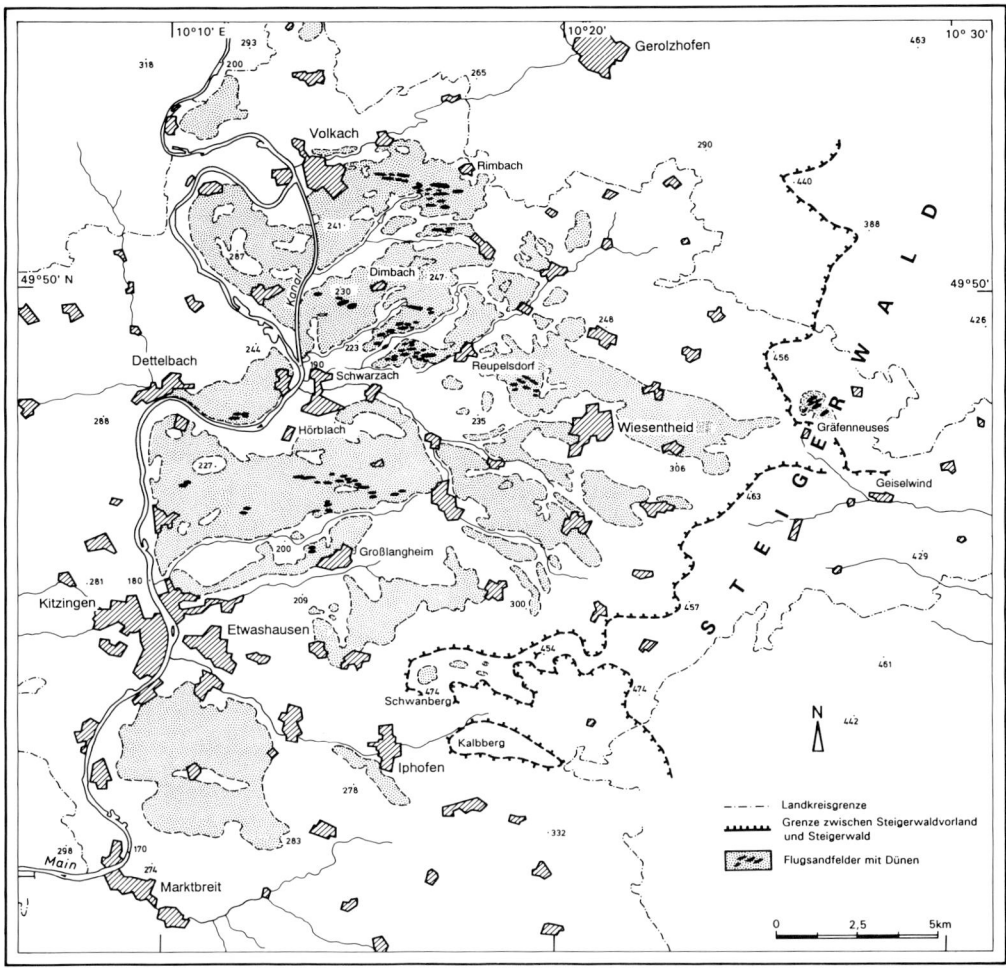

Abbildung 24
Flugsandfelder und Dünenbildungen im Steigerwaldvorland bei Kitzingen. Die Ablagerung des
Flugsandes erfolgte ab unmittelbar östlich des Liefergebietes im Maintal bis zum Anstieg des
Steigerwaldes. Aus: HAGEDORN et al. (1991)

Es stellt sich die Frage nach den Ursachen dieser als „Mitteleuropäische Grundsukzession" bezeichneten Abfolge. Man hat aufgrund der Vegetationsentwicklung dafür
primär Klimaschwankungen verantwortlich gemacht und das Atlantikum als „Wärmezeit",
das Subatlantikum als „Nachwärmezeit" bezeichnet, das Subboreal als „kontinentaler" eingestuft (DIERSSEN 1990, S. 141). Sicherlich reagiert das feine Konkurrenzgleichgewicht der
Vegetation sensibler auf geringfügige Klimaschwankungen (etwas erhöhte Niederschläge
oder andere Verteilung zwischen Sommer und Winter) und gibt sie deshalb deutlicher wieder
als andere Klimazeugen. Eine rein klimatische Erklärung der Verschiebungen in der Mitteleuropäischen Grundsukzession reicht aber als Erklärung nicht aus. Drei wesentliche Einflußfaktoren können aber ebenso die Vegetationsentwicklung bestimmt haben: die Eigendynamik der Pflanzengesellschaft selbst, die Veränderung der Standortbedingungen durch längere Pflanzenbedeckung und schließlich der Mensch.

Die Dynamik der Pflanzengesellschaften zeigt sich beispielsweise im Wechselspiel der Arten mit unterschiedlichen Lichtansprüchen. Lichtbedürftige Baumarten (Birke, Kiefer, Eiche) konnten sich ohne die Konkurrenz anderer Bäume am Ende der Kälteperiode (Präboreal) schnell ausbreiten. Die Entwicklung der Schattholzarten (Buche, Hainbuche), die auf die Existenz schattenspendender Arten angewiesen waren, dauerte dann aber ungleich länger, selbst wenn es vom Klima her viel rascher möglich gewesen wäre, da sie sich ja erst mühsam gegen die bereits bestehenden Baumarten durchsetzen mußten. Auch die Menge der Samenproduktion spielt bei der Ausbreitungsgeschwindigkeit eine wichtige Rolle.

Dazu kommt die Veränderung der Standortbedingungen durch die Vegetation selbst, wofür längere Zeiträume anzusetzen sind. Als wichtigster Punkt ist hier die Entwicklung von Böden mit der Differenzierung in Bodenhorizonte mit recht unterschiedlichen Eigenschaften zu erwähnen. Die Veränderung der Bodenchemie, die Anreicherung eines Nährstoffpotentials, die teilweise Versauerung oder Vernässung dauerten über Jahrtausende, mit den entsprechenden Reaktionen bei der Artenzusammensetzung.

Schließlich kommt der Mensch, auch wenn er erst als Jäger und Sammler unterwegs war, als Einflußfaktor in Frage, wie beim Abschnitt über die potentielle natürliche Vegetation (Kap. 4.4) bereits angeklungen ist. Seine Existenz begann bereits vor den Eiszeiten (*Australopithecus*) und ist in Mitteleuropa während verschiedener Interglaziale belegt (*Homo steinheimensis:* Holstein; *Homo neanderthalensis:* Eem; vgl. Tab. 5). Auch geomorphologisch wurde der Mensch inzwischen wirksam. Spätestens mit der Neolithischen Revolution, dem Übergang vom Jäger zur Seßhaftigkeit mit Beginn des Ackerbaus, begann die flächenhafte Umgestaltung der Erdoberfläche, die neben der Vegetation auch die Böden und sogar die Geomorphologie zu verändern beginnt.

Bodenerosion und anthropogenes Kleinrelief. Wie aus dem bisherigen Text hervorgeht, gehören die Verwitterung des Gesteins, die Abtragung von Oberflächenmaterial, die Bodenbildung und die Erosion zum natürlichen Wirkungskreis der Erdoberfläche. Unter stabilen natürlichen Bedingungen eines Waldklimas wird der Materialverlust der Erosion durch die nachschaffende Kraft des Bodens, die Bodenbildung aus Gesteinsmaterial, ausgeglichen. Jeglicher Ackerbau, sei er auch noch so schonend durchgeführt, erhöht zwangsläufig die Anfälligkeit für Bodenabtrag, weshalb der *natürlichen Erosion* die anthropogen verursachte *Bodenerosion* gegenübergestellt wird. Entscheidend hierfür ist, daß Wasser oberflächlich abfließt und Bodenmaterial von oben her abträgt, was unter Wald praktisch nicht der Fall ist. Die Bodenerosion läuft zwar weiterhin nach natürlichen Bedingungen und Mechanismen ab, ist in ihrer Wirksamkeit und Intensität jedoch vom Menschen verstärkt und gesteuert, also quasinatürlich (RICHTER 1974, S. 1).

Es ist unumgänglich, daß der Boden nach dem Pflügen, bei Bodenlockerung oder nach Unkrautbeseitigung ganz oder teilweise ohne den Schutz der Vegetationsdecke offen daliegt und den Einwirkungen des Niederschlags und des Wasserabflusses verstärkt ausgesetzt ist, was sich bereits bei ganz geringen Hangneigungen ab 2 % bemerkbar machen kann. Steuernd wirkt auf die Bodenerosion ein ganzes Faktorengefüge aus Reliefform und Feldaufteilung, Niederschlagsart und -verteilung, Bodenart, Bewirtschaftungsweise und angebauten Pflanzen. Der dadurch hervorgerufene Bodenabtrag schwankt in sehr weiten Grenzen, für die es Berechnungsmethoden gibt (SCHWERTMANN et al. 1987). Die Bodenerosion wird in Unterfranken vor allem vom Relief und von der Erosionsanfälligkeit des Bodens bestimmt. Sie liegt in einer Größenordnung von rund 2–15 t/ha · Jahr, was, auf die Fläche gemittelt, einem Verlust von 0,13–1 mm Boden in jedem Jahr entspräche. Im Unterschied dazu ist der Bodenverlust unter Wald etwa im Faktor 10 bis 100 geringer, was durch die nachschaffende Kraft

	Bezeichnung	Vorherrschende Arten	Alter [Jahre] vor heute	Kulturfolgen in Unterfranken
Holozän (Warmzeit)	**Jüngeres Subatlantikum**	**Nutzpflanzen** (Forste, Getreideanbau)	1 500	Historische Zeit (= 500 n. Chr.)
	Subatlantikum	**Buchen-Eichenwald** (Buche, Hainbuche, Eiche)	2 700	Eisenzeit (= 700 v. Chr.)
	Subboreal	**Eichenmisch-/Buchenwald** Zunahme Schattholzarten Buche, Hainbuche Rückgang Ulme, Linde Maximum Hochmoorbildung	4 500	Bronzezeit ab ca. 4 000 v. h.
	Atlantikum	**Eichenmischwald mit Kiefer** (Eiche, Linde, Ulme, Esche, Ahorn) Steigerwald: Fichte Zunahme Buche, Tanne, Hainbuche Übergang zur Hochmoorbildung	8 300	Neolithikum (Seßhaftigkeit, Ackerbau) ab ca. 7 000
	Boreal	**Lichtholzarten** Eiche, Linde, Hasel (in Ufr. wenig) Zunahme Ulme Höhenstufung in Rahmenhöhen	9 700	
	Präboreal	**Kiefer** Birke (in Ufr. wenig)	10 200	Mesolithikum ab ca. 10 000
Spätpleistozän (Ende Würm-Kaltzeit)	**Jüngere Dryas**	**Waldtundra** Rückgang Birke, Kiefer	12 000	Paläolithikum (Altsteinzeit)
	Alleröd	**Birke, Kiefer, Gräser** Erste Moorbildungen	12 500	
	Mittlere Dryas	**Tundra**	12 800	
	Bölling	**Birke, Kiefer, Gräser**	13 800	
	Ältere Dryas	**Tundra** Silberwurz *(Dryas)* Zwergbirke, Zwergweide, Gräser der Kältesteppe	. . .	

Tabelle 6
Vegetationsentwicklung im Spätpleistozän (bis 10 200 v.h.) und Holozän (Mitteleuropäische Grundsukzession) mit besonderer Berücksichtigung Unterfrankens. Keine exakten Grenzen, sondern Übergangsphasen (nach: Dierssen 1990, S. 140–143; Walter u. Straka 1970; Zeidler 1939)

normalerweise ausgeglichen wird. Unter Grünland liegt der Bodenabtrag dazwischen, in Abhängigkeit vom Niederschlagsverhalten und dem Grad der Beweidung allerdings stark schwankend. Löß ist weltweit das am stärksten erosionsanfällige Bodenmaterial, dessen Erosionsverluste in Unterfranken nicht selten 20 t/ha · Jahr überschreiten.

Im Laufe der Jahrtausende, während derer auf manchen Flächen in Unterfranken nahezu permanent Ackerbau betrieben wurde, kamen auf diese Weise beträchtliche Mengen zusammen, und es ist nicht ungewöhnlich, daß in Hangbereichen im Löß mehrere Dezimeter bis über einen Meter Bodenmaterial fehlen. Die Veränderungen sind aber selten so deutlich

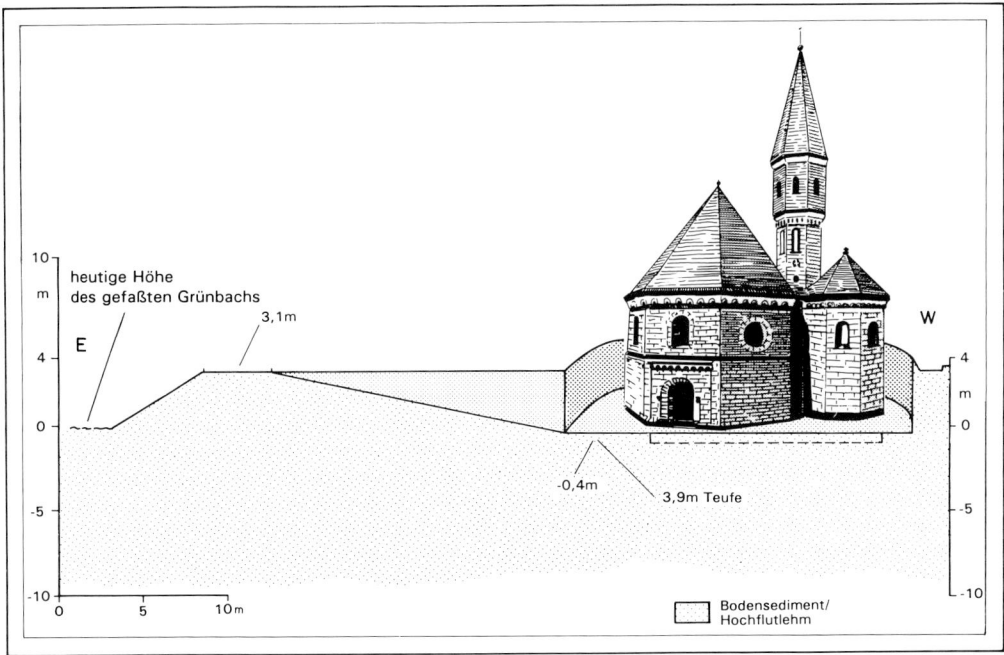

Abbildung 25
Verschüttung der Achatiuskapelle in Grünsfeldhausen durch Auelehm. Die im 12. Jh. auf ebenem Grund errichtete Kapelle wurde im Laufe der Zeit von fast 4 m Bodensedimenten eingeschlossen. Daraus sind die enormen Mengen Bodenmaterial zu ersehen, die von den umgebenden Hängen infolge der anthropogen verursachten Bodenerosion abgespült worden sind. Das Bett des Grünbachs wurde 1903–05 abgelenkt und ist heute 3,1 m in die Sedimente eingeschnitten, noch 0,8 m oberhalb des Fußes der Kapelle. Aus: Hahn (1992)

sichtbar wie an der Achatiuskapelle in Grünsfeldhausen. Dieser Bau steckte 4 m tief in Bodenmaterial, welches erst nach der Bauzeit im späten 12. Jh., also innerhalb von nur 600 Jahren, von den umliegenden Hängen erodiert und im Talgrund abgelagert wurde (vgl. Abb. 25). Die Untersuchung eines benachbarten Hangs ergab, daß dort 20–30 % des Abtrags durch außergewöhnliche Starkregen verursacht waren, die gehäuft im späten Mittelalter auftraten, während die schleichende Bodenerosion 70–80 % ausmachte (Hahn 1992, S. 190–191). Ein weiteres anschauliches Beispiel ist die Eulschirbenmühle bei Bronnbach/Tauber, deren Haupthaus aus der Renaissancezeit stammt und in den vergangenen 400 Jahren bis zu den Balkonen des Erdgeschosses verschüttet wurde.

Die anthropogen verstärkte Erosion ist heute zum wichtigsten geomorphologischen Prozeß in Mitteleuropa geworden, womit der Mensch sogar zu einem Faktor der Reliefgestaltung avancierte (Rathjens 1979). Viele geomorphologische Kleinformen lassen sich auf die andauernde Einwirkung der anthropogenen Bodenerosion zurückführen. In Unterfranken gehören dazu vor allem Erosionsrinnen am Hang, Stufenraine und Hohlwege. Der bedeutendste Effekt war die Ablagerung des erodierten Bodenmaterials als Auelehm im Talboden aller Bäche und Flüsse, einhergehend mit einer bedeutenden Verlagerung der Bodenfruchtbarkeit von den Hochflächen in die Täler. Das geschah in der Landschaft innerhalb von Jahrtausenden, einem im Verhältnis zur Landschaftsgenese extrem kurzen Zeitraum. Am Beispiel der Geomorphologie werden die Dimensionen deutlich, mit welchen der anthropogene Einfluß das Landschafts-Ökosystem und seine Wirkungsmechanismen verändert.

6. Landschaftsökologie der Mainfränkischen Platten

Abbildung 26
Landschaftsökologie auf den westlichen Mainfränkischen Platten. Außerhalb des geschlossenen Lößgebietes kommt der wellige Charakter des Reliefs im Muschelkalkbereich zum Tragen. Die Tiefenlinien werden zumeist von Trockentälern (rechts) gebildet, die nur bei Starkregen durchflossen sind und denen deshalb ein Gehölzufersaum fehlt. Die Landnutzung folgt dem Wechsel der Boden-bedingungen. Ackerbau beschränkt sich auf Bereiche mit Löß, der inselhaft in Senken abgelagert wurde, und zusammengeschwemmtem Bodenmaterial von den Hängen. Wälder stehen auf Muschelkalkausbissen, die noch vor wenigen Jahrzehnten zu einem erheblichen Teil arme Weide-flächen trugen. Naturbetonte Landschaftselemente beschränken sich innerhalb der intensiv genutzen Feldflur auf Streuobst, als Obstbaumreihe (vorn) oder Streuobstfeld (Ortsrand von Duttenbrunn), und einzelne Hecken (rechts) auf Stufenrainen in erosionsgefährdeten Steilbereichen.

Es wird der Realität einer Landschaft als ganzheitlicher Erscheinung nicht gerecht, die wichtigen natürlichen Grundlagen einer Landschaft – Geologie, Klima, Hydrologie, Vegetation – separat abzuhandeln. Auch wenn die Komplexität aller Wechselbeziehungen in der hier notwendigen Kürze nicht ausreichend dargestellt werden kann, so bietet sich eine systemare Betrachtungsperspektive vor allem für zwei Teilbereiche der Landschaft an.

Bereits die Beschreibung der Böden läßt sich nur auf dem Wechselspiel der verschiedenen Ökofaktoren Niederschlag, Temperatur, Gesteine, Hydrologie und Relief aufbauen. Das reale Verteilungsmuster der Vegetation, welches vollständig von der potentiellen natürlichen Vegetation abweicht, kann erst auf dieser systembezogenen Grundlage erklärt werden. Beiden ist zudem gemeinsam, daß der Mensch als Faktor wesentlichen Einfluß auf die Differenzierung und Ausgestaltung nimmt. Dies ist bei der realen Vegetation aus Feldern, Wiesen und Forsten augenfällig, betrifft aber ebenso die Böden, die auf Vegetationsveränderungen über lange Zeiträume verzögert reagieren, weswegen sich mittelalterliche Landwirtschaft noch heute im Aufbau vieler Waldböden niederschlägt.

Auch die landschaftlichen Probleme bedürfen einer ökologischen Betrachtung, denn sie lassen sich fast nie auf nur einen Ökofaktor allein beschränken. Dies wird besonders deutlich anhand der Tatsache, daß sich viele aktuelle landschaftsökologische Probleme erst aus der Kombination der Partialkomplexe unter dem Einfluß der landwirtschaftlichen Nutzung des Menschen im Agrar-Ökosystem ergeben.

6.1   Konzeptionelle Grundlagen der Landschaftsökologie

Theoretisches Modell und Grundlage der Betrachtung ist das Konzept des Ökosystems, das zunächst kurz beleuchtet werden muß. Der gedankliche Aufbau geht vom allgemeinen System aus, erweitert auf Ökosystem, Landschafts-Ökosystem und schließlich das Agrar-Ökosystem mit dem bestimmenden anthropogenen Einflußfaktor in Form der landwirtschaftlichen Nutzung.

Ökosystem

Jede Landschaft besteht, wie in den vorangegangenen Abschnitten deutlich geworden ist, aus einer Vielzahl von einzelnen Komponenten teilweise unterschiedlicher Entstehung, oft als *Geo-* oder *Ökofaktoren* bezeichnet. Sie stehen in ständiger gegenseitiger Wechselbeziehung, wie beispielsweise im Wasserhaushalt über Niederschlag, Infiltration, Verdunstung, Abfluß oder im Nährstoffkreislauf, aber auch bei der Reliefentwicklung mit Verwitterung, Erosion, Abtragung und Aufschüttung. Die Gesamtheit dieser Wechselbeziehungen kann als System angesehen werden. Ein System definiert sich ganz allgemein als „Zusammenhang von Dingen, Vorgängen, ... ein aus vielen Teilen geordnetes Ganzes" (dtv-Lexikon, Bd. 18, S. 95).

Von hier aus ist es nur ein kleiner Schritt zum Konzept des *Ökosystems*, das, ursprünglich aus biologischer Sicht, als „Wirkungsgefüge von Lebewesen und deren anorganischer Umwelt, ... zur Selbstregulation befähigt" (ELLENBERG 1973, S. 1) entwickelt wurde. Im Wort Selbstregulation drückt sich die Anpassungsfähigkeit aus, die das Ökosystem vom einfachen System trennt. In der Anpassungsdynamik steckt die zeitliche Komponente, die im Abschnitt über die Landschaftsgenese näher beleuchtet wurde. Die Fähigkeit eines Ökosystems zur Selbstregulation erlaubt es ihm, sich an Veränderungen der Ökofaktoren

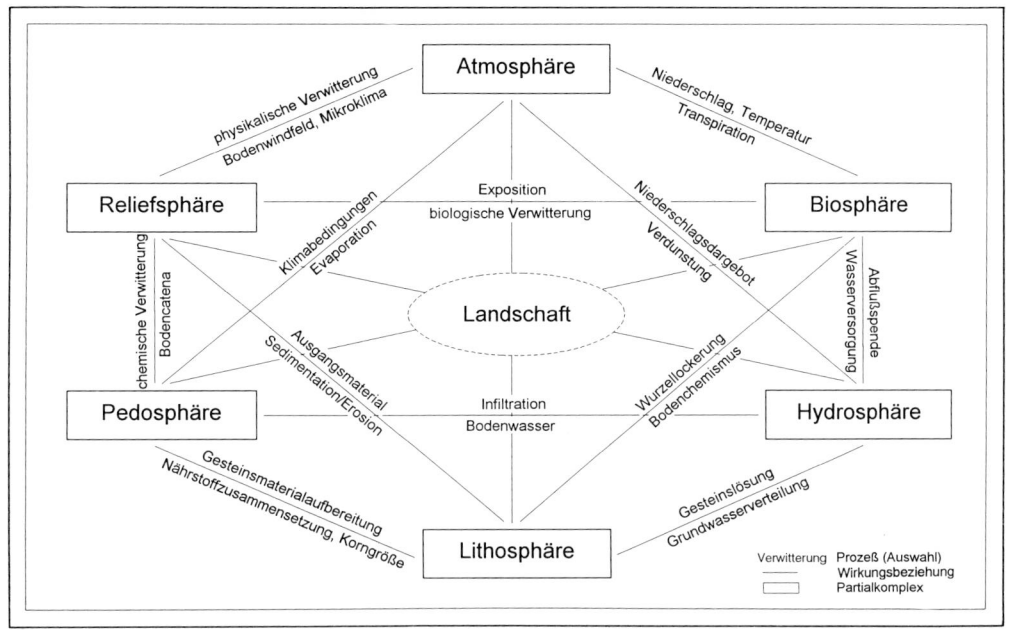

Abbildung 27
Das Ökosystem der Landschaft (stark vereinfachtes Modell). Die Partialkomplexe sind Teilsysteme, innerhalb derer bereits eine Vielzahl von Wechselbeziehungen existiert. Alle Partialkomplexe sind über Wirkungsbeziehungen miteinander verbunden, für die jeweils zwei Prozesse als Beispiel angegeben sind. Als höchste Integrationsebene ergibt sich daraus das Ökosystem der Landschaft.
Entwurf: JOHANNES MÜLLER, 1993

(z. B. Klimawandel, Bodenentwicklung, Artenkonkurrenz) so lange dynamisch anzupassen, bis es mit ihnen im *(dynamischen) Gleichgewicht* steht (ODUM 1983, S. 405). Dagegen spielt in der zitierten biologisch orientierten Definition die räumliche Komponente erst eine untergeordnete Rolle.

Landschafts-Ökosystem

Die Erkenntnis, daß auch die Landschaft insgesamt als *Wirkungsgefüge* gesehen werden kann, führte zum Ansatz der Landschaftsökologie. Je nach Betrachtungsebene und Maßstab lassen sich einzelne Teile der Landschaft (ein Hang, ein Bachlauf ...) analysieren. Die höchste Integrationsebene stellt die Landschaft als Ganzes dar. Das *Landschafts-Ökosystem* umfaßt das gesamte System aus allen relevanten Einflußfaktoren, dessen „räumlicher Repräsentant die Landschaft ist" (LESER et al. 1993, S. 203). Sie ist also der räumliche Ausdruck der Summe der Wirkungsfaktoren, die sich gegenseitig verstärken oder abschwächen können, was in der Landschaft letztlich als Gesamteffekt wirksam wird.

Abb. 27 stellt, stark schematisiert und vereinfacht, das Prinzip dieser Konzeption mit ihren Teilbereichen und gegenseitigen Wechselbeziehungen auf graphische Weise dar. Sie soll vor allem zeigen, daß auf unterschiedliche Weise sämtliche Teilbereiche einer Landschaft miteinander in Beziehung stehen. Die Veränderung auch nur an einer Stelle im System wirkt sich direkt oder über teils komplizierte Wirkungszusammenhänge indirekt auf oft alle übrigen Bereiche aus.

Zunächst entsprechen die einzelnen Öko- (= Geo-) Faktoren den „Dingen" des Systems, die miteinander in gegenseitiger Verbindung stehen, also ein Wirkungsgefüge bilden. Sie wären zu trennen nach abiotischen (primären), wie Licht, Temperatur, Niederschlag, Hangneigung, und biotischen (sekundären) Ökofaktoren, wie Bewuchs, Tiere usw. Für die Betrachtung der Landschaft und ihres Ökosystems ist es kaum möglich, sämtliche Wirkungsbeziehungen zwischen diesen einzelnen Ökofaktoren darzustellen, so daß sich eine Zusammenfassung zu *Partialkomplexen* anbietet. Atmosphäre, Biosphäre, Relief(sphäre), Hydrosphäre, Pedosphäre (Böden) und Lithosphäre (Gesteine) bilden für sich bereits Teilsysteme, die dadurch gekennzeichnet sind, daß ein größerer Teil der Wirkungsbeziehungen innerhalb besteht. Auf dieser gedanklichen Ebene fällt es leichter, sich auf die zwischen diesen Partialkomplexen ablaufenden Beziehungen zu konzentrieren, die letztlich für die Ausgestaltung des übergeordneten Systems der Landschaft insgesamt die größte Bedeutung besitzen.

Die „Vorgänge" entsprechen den *Prozessen* im Landschaftshaushalt, die im einzelnen sehr vielgestaltig sind (Bodenbildung und Erosion, Landnutzung und Bodenschutz, Vegetationsentwicklung, Differenzierung der Exposition, Bereitstellung von Lebensraum, Wasserversorgung, Gesteinslösung, Verwitterung und Herausbildung bestimmter Formen, Einwirkung des Bodenchemismus usw.). Durch sie werden die Partialkomplexe zunächst miteinander verbunden, insgesamt wird also ein System aus Bestandteilen und Beziehungen gebildet. Schließlich wird durch die Wirkungsbeziehungen zwischen den Teilen, ausgedrückt in Prozessen, die Landschaft als Ganzes ausgestaltet. In dieser Sichtweise bildet sie folglich ein (Landschafts-) Ökosystem. Eine landschaftsökologische Sichtweise bietet sich somit für Themen und Fragestellungen an, bei denen es vor allem auf die Wechselbeziehungen und Kombinationen als Erklärung bestimmter Sachverhalte der Naturgeographie ankommt. Dies gilt nicht nur hinsichtlich ihrer Stoffkreisläufe und Entstehung, sondern auch hinsichtlich ihrer räumlichen Differenzierung und damit ihrer heutigen Bedeutung im Ökosystem der Landschaft.

Agrar-Ökosystem

Vor allem im Zusammenhang mit der landwirtschaftlichen Nutzung, die die Landschaft gerade der Mainfränkischen Platten prägt, wird deutlich, daß für die Interpretation noch der Einfluß des Menschen einbezogen werden muß. Dabei handelt es sich nicht nur um das Landschaftsbild, sondern um viel tiefer reichende Einwirkungen auf das gesamte System, das dadurch zum *Agrar-Ökosystem* wird, analog der Erweiterung von der Natur- zur Kulturlandschaft.

Abb. 28 zeigt diesen Systemschritt im graphischen Überblick. Zu den in der Naturlandschaft existenten Teilbereichen tritt, im gedanklichen Konzept auf gleiche Ebene gestellt, der Partialkomplex der *Anthroposphäre*. Zur Verdeutlichung sind nur die Wirkungsbeziehungen der Anthroposphäre zu den übrigen Partialkomplexen aufgeführt, die sich, wie in der Graphik hervorgehoben, auf sämtliche anderen erstrecken und sie dadurch verändern, wenn auch in unterschiedlichem Maße.

Der Mensch wird in diesem Sinne ebenfalls zum Ökofaktor, dessen Auswirkungen als Prozesse heute auf die anderen Partialkomplexe einwirken und sie mehr oder minder stark umprägen. Beispiele wären Bodenbearbeitung, Pflügen, Veränderung der Nährstoffbilanz, Erosionsneigung (Pedosphäre), Beweidung, Anbau von Nutzpflanzen, Eingriff in die Sukzession (Biosphäre), damit Veränderung der Verdunstungsrate und des Mikroklimas (Atmosphäre) sowie des Wasserverbrauchs und der Bewässerung (Hydrosphäre) bis hin zur Terras-

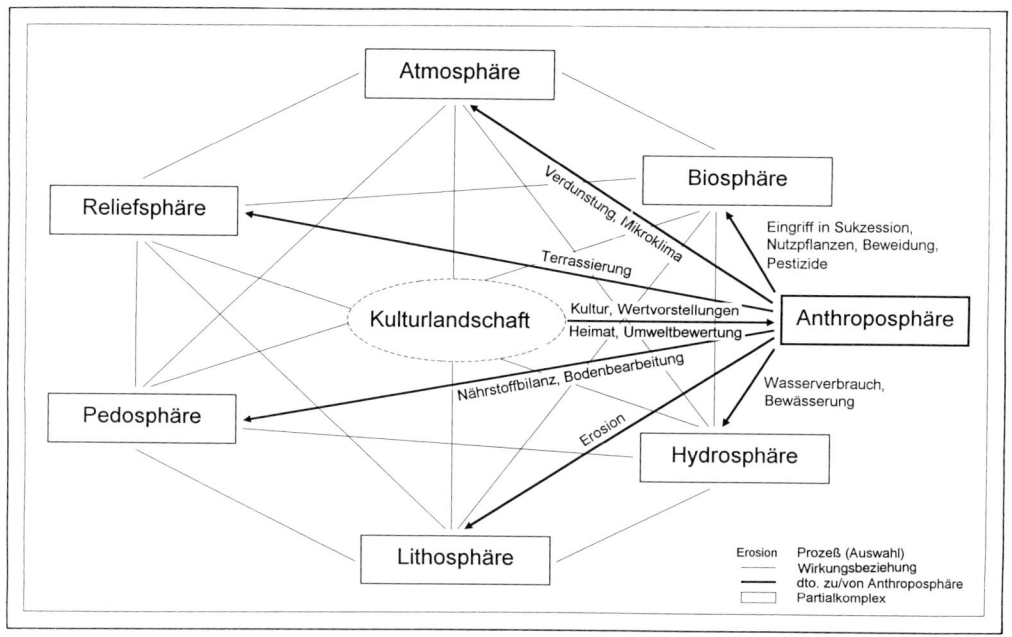

Abbildung 28
Das Agrar-Ökosystem der Kulturlandschaft (stark vereinfachtes Modell). Hier tritt der landwirtschaftlich tätige Mensch als zusätzlicher Ökofaktor auf. Seine Aktivitäten erfolgen in vielfacher
Abhängigkeit von wirtschaftlichen, politischen, sozialen und historischen Gründen, die als Teilsystem
Anthroposphäre zusammengefaßt sind. Dessen direkte Auswirkungen sind den natürlichen Prozessen gleichzustellen und erstrecken sich auf alle übrigen Partialkomplexe, wofür Beispiele angegeben
sind. Die (Natur-) Landschaft wird dadurch zur Kulturlandschaft, das Ökosystem zum Agrar-Ökosystem, gekennzeichnet durch den permanenten Einfluß des Ökofaktors Mensch. Er selbst wird
schließlich rückwirkend von der Kulturlandschaft ebenfalls beeinflußt. Entwurf: JOHANNES MÜLLER, 1993)

sierung, die sogar die Reliefsphäre berührt. Viele dieser Wirkungen lassen sich wiederum
nicht direkt auf den Menschen an sich zurückführen, sondern müssen aus dessen wirtschaft-
lichem, politischem, geschichtlichem und sozialem Umfeld heraus gesehen werden, wofür
die zusammenfassende Bezeichung als Partialkomplex Anthroposphäre zutreffender ist. Das
interne Ursachengefüge des Partialkomplexes Anthroposphäre stellt zwar nicht den Unter-
suchungsgegenstand der Naturgeographie dar, wohl aber seine externen Auswirkungen auf
das Agrar-Ökosystem.

Schließlich wird der Mensch, gemäß seiner Stellung im Systemzusammenhang, rückwirkend wiederum von der dann zur Kulturlandschaft umgeformten Umwelt beeinflußt,
ohne daß sich dies auf einzelne Bestandteile direkt beziehen ließe. Seine Wertvorstellungen,
sein Heimatgefühl, seine Kultur oder sein Umweltbewußtsein wären als Beispiele zu nennen,
die ihrerseits das Handeln des Menschen, wie etwa seine Wohnortwahl, sein Freizeit-
verhalten, seine Bereitschaft zu ökologischem Engagement oder seine Kaufentscheidungen,
beeinflussen.

6.2   Die landschaftsökologische Bedeutung der Böden

Vor der Beschreibung einzelner typischer Bodenprofile ist es sinnvoll, sich ein paar Gedanken zu den grundsätzlichen Faktoren der Bodenbildung zu machen, deren Zusammenwirken überhaupt erst die Ausbildung der Böden ermöglicht. Im nächsten Schritt sollen dann
die Veränderungen angerissen werden, die die landwirtschaftliche Nutzung bewirkt. Bezugspunkt ist dabei der direkte Einfluß in erster Linie auf Vegetation und Landnutzung, was in der
Landschaft Unterfrankens unmittelbar erkennbar ist. Für das Verständnis tieferer Zusammenhänge muß auf die bodenkundliche Literatur verwiesen werden (u. a. SEMMEL 1993,
SCHEFFER u. SCHACHTSCHABEL 1973, MÜCKENHAUSEN 1977).

6.2.1   Zusammenhänge bodenbildender Faktoren

Ein Vergleich der Bodenkarte (Abb. 29) mit der geologischen Karte (Abb. 10) zeigt
primär eine grundlegende Ähnlichkeit im räumlichen Verteilungsbild von Böden und Geologie. Dieser Sachverhalt resultiert aus den Eigenschaften der Gesteine, die bei der Verwitterung den Charakter des entstehenden anorganischen Materials bestimmen, in welchem sich
der Boden ausbildet. Zum einen wirkt sich die physikalische Beschaffenheit der Gesteine
aus: Verfestigungsgrad, Klüftung, Wasserdurchlässigkeit bzw. -stauung, Porosität und Korngröße. Allein auf dem physikalischen Kriterium des *Korngrößenspektrums* basiert die Klassifizierung der Bodenart, die in der abgestuften Reihe aus dem Mischungsverhältnis von
Sand und Ton angegeben wird (Sand, anlehmiger Sand, lehmiger Sand, sandiger Lehm,
Lehm, lehmiger Ton, Ton). Der umgangssprachlich weit gefaßte Begriff Lehm besteht
im pedologischen Sinn aus 30–40 % Partikeln kleiner als 0,01 mm (Ton), die die restlichen
60–70 % Sand verkleben und zusammenhalten.

Zum anderen beeinflußt die chemische Beschaffenheit des Ausgangsgesteins den Charakter der Böden. Die Masse der Bodenteilchen, die beim Zerfall der Gesteine freigesetzt werden, besteht im wesentlichen aus Quarzkörnern sowie den Mineralen, die basisch reagieren-
de Verwitterungsprodukte liefern, hauptsächlich Magnesium, Kalium, Natrium, Phosphat
und Calcium. Diese *Basen* puffern chemisch die bei der Verwesung der Pflanzen und Tiere
entstehenden Huminsäuren ab und bestimmen damit den Säuregrad des Bodens, der in unserem Klimabereich zwischen 4 (= stark sauer; z. B. Podsol) und 7 (= neutral; z. B. Rendzina)
schwankt.

Gleichzeitig stellen die Basen wichtige Nährstoffe dar. Die *Basensättigung*, der
Anteil der basischen Nährstoffe, den die Pflanzen aus dem Ionenbestand des Bodens
aufnehmen können, bildet ein ganz entscheidendes Merkmal der Bodenfruchtbarkeit. So liefern die Sandsteine des Buntsandsteins und des Keupers hauptsächlich Quarz und besitzen
daher einen sehr geringen natürlichen Nährstoffgehalt. Kalke bringen zwar sehr calcium-
reiche Böden hervor, denen jedoch die übrigen Minerale weitgehend fehlen. Böden aus
Mergeln und Tonsteinen, wie sie im Mittleren Muschelkalk und im Keuper vorkommen,
besitzen in der Regel eine hohe Nährstoffreserve, so die Röttone des Oberen Buntsandsteins,
die relativ phosphatreich sind. Böden im Löß besitzen die höchste Basensättigung. Die natürliche Nährstoffversorgung der Böden war früher viel wichtiger als heute, wo es noch keinen
Mineraldünger (Handels-/Kunstdünger) gab und die Menge des Wirtschaftsdüngers (Gülle,
Fäkalien) stark begrenzt war.

Der Einfluß des Gesteins wird von anderen Faktoren überlagert. Wasser ist für die Steuerung und Reaktionsgeschwindigkeit der bodenbildenden Prozesse von ausschlaggebender Bedeutung. Aufsteigende Bodenwasserströme, wie in Trockengebieten der Erde verbreitet, würden völlig andere Böden hervorbringen als in unserem Raum mit normal absteigendem Bodenwasser (Versickerung). Mit diesem Sickerwasser werden Bodenteilchen nach unten verlagert, und dadurch wird eine deutliche Trennung in Horizonte bewirkt. Unter dem Einfluß von Staunässe schließlich entstehen vollkommen andere Böden.

Das Klima ist über verschiedene Mechanismen an der Bodenbildung beteiligt. Die Niederschläge liefern zunächst das Wasser ins System, woraus sich großräumige Unterschiede ergeben, wie etwa zwischen dem Spessart und den mit nur fast halb soviel Wasser ausgestatteten Mainfränkischen Platten. Hinzu kommen noch die Temperaturunterschiede, die zum einen die chemische Reaktionsgeschwindigkeit, die mit der Temperatur ansteigt, zum andern die Aktivitätsphasen von Vegetation und Bodenlebewesen steuern.

Es ist klar, daß die Feinverteilung des Wassers vorwiegend vom Relief, also der Ausdehnung von Talsystemen, dem Gefälle von Dellen und Hängen, der Einschneidung gesteuert wird. Wie im vorigen Kapitel deutlich wurde, läßt sich das Relief jedoch keineswegs mit den Gesteinen parallelisieren, sondern muß aus landschaftsgenetischen Zusammenhängen erklärt werden. Selbst auf kleinem Raum kann der Typus des Bodens vollständig wechseln. Beispiel dafür ist die *Catena*, die reliefbedingte regelmäßige Bodenabfolge Hochfläche–Hang–Talboden. Das Verteilungsmuster der Böden innerhalb der Landschaft differenziert sich durch den Einfluß des Reliefs also weiter, denn es steuert *Exposition* (Lage zur Sonneneinstrahlung), Oberflächenabfluß und Grundwasserabstand.

Schließlich darf der Einfluß der Vegetation auf die Bodenbildung nicht vernachlässigt werden. Neben der Fauna liefert sie den Großteil des Humus, des organischen Anteils des Bodens, der im oberen Horizont der Bodenprofile angereichert ist. Beim Abbau der abgestorbenen Tier- und Pflanzenteile entstehen durch die im Boden lebenden Mikroorganismen (Destruenten, vor allem Bakterien) *Huminsäuren*, die in erheblichem Maß zur Differenzierung des chemischen Charakters des Bodens beitragen. Ihr Säuregrad variiert von stark sauer bei Nadelstreu bis mäßig sauer bei Laubstreu.

Im Zusammenspiel können sich diese Faktoren gegenseitig abschwächen oder verstärken. Durch die Huminsäuren wird der Säuregrad des Ausgangsgesteins stark verändert und in Richtung stärker sauer verschoben, was vom basischen Kalk abgepuffert wird, den sauren Charakter eines Sandsteins aber noch verstärkt. Auch der *Chemismus des Bodens* entscheidet mit über das Pflanzenwachstum. Die meisten Pflanzen gedeihen im schwach sauren Milieu am besten, weil sie dann die Nährstoffe am leichtesten aufnehmen können. In basisch reagierenden Böden z. B. der Halbwüsten können sich toxische Substanzen wie Aluminium lösen und in die Pflanzen eindringen, während zu stark saure Verhältnisse, wie sie durch den sauren Regen hervorgerufen werden, Nährstoffauswaschung und Hemmung der Zersetzung durch die Mikroben hervorrufen. Die Vegetation wird also nicht nur durch Relief und Klima, sondern auch durch den Boden selbst rückwirkend wieder beeinflußt.

Der wichtigste anorganische Prozeß der Bodenbildung ist die Entstehung der Tonminerale. Sie bilden sich aus der Verwitterung silikatischer Bestandteile (Glimmer, Feldspäte u. a.), die in sehr unterschiedlichen Anteilen am Aufbau der Gesteine beteiligt sind. Andere Teile des Gesteins, wie der enthaltene Quarz, werden höchstens zerkleinert und spielen für die Bodenfruchtbarkeit keine Rolle. Während beispielsweise Basalte, wie sie in der Rhön vorkommen, einen hohen Anteil an Silikaten besitzen, bestehen die Gesteine des Buntsandsteins teilweise fast nur aus Quarzkörnern; Tonsteine dagegen enthalten bereits viele Tonminerale. Die unterschiedliche Ausprägung der Böden ergibt sich aus dem komplizierten Wechselspiel zwischen dem Klima, den Gesteinen, deren Mineralgehalt und Säuregrad und der Vegetation. Eine wesentliche Konsequenz daraus sind Art und Menge des *Ton-Humus-Komplexes*. Er wird weitgehend im Verdauungstrakt von Regenwürmern aus den organischen Huminstoffen und den anorganischen Tonmineralen zusammengebaut und charakterisiert die Böden in allen gemäßigten Klimabereichen. Die Bedeutung dieser Lebewesen für die Bodenbildung und damit die Bodenfruchtbarkeit und die landwirtschaftliche Nutzung kann gar nicht hoch genug eingeschätzt werden.

6.2.2   Böden und landwirtschaftliche Nutzung

Unter dem Aspekt der landwirtschaftlichen Nutzung verschiebt sich die Bedeutung der verschiedenen Bodeneigenschaften. Während sich unter natürlichen Umständen fast für jeden Boden eine optimal angepaßte Pflanzengesellschaft herausbildet, stellt die landwirtschaftliche Tätigkeit des Menschen ganz bestimmte Anforderungen an den Boden. Es treten neben dem Nährstoffgehalt, den der Mensch durch Düngung schon immer beeinflussen konnte, vor allem der Ton-Humus-Komplex als Stoffumsatzstelle, das Korngrößenspektrum, die Neigung zu Staunässe, die Bearbeitbarkeit sowie die Erosionsanfälligkeit hervor. Erst aus deren Kombination ergeben sich die für die *Bodenfruchtbarkeit* wichtigen Strukturmerkmale.

Für die Umsetzung und Speicherung der vorhandenen Nährstoffe und Wassergehalte spielt der *Ton-Humus-Komplex* eine zentrale Rolle. Vor allem die Tonminerale verfügen über starke Quellfähigkeit, können also Wasser aufnehmen und wieder abgeben. Dazu kommt die Ionenaustauschkapazität (Sorptionsvermögen), d. h. die Fähigkeit, Nährstoffe zu speichern, worin die Huminstoffe die Tonminerale sogar noch übertreffen. Weder Niederschläge noch Düngergaben stehen ständig zur Verfügung, werden von den Pflanzen jedoch zumindest während der Vegetationsperiode Mai–Juli gleichmäßig benötigt. Hieran wird die zentrale Bedeutung der Tonminerale und Huminstoffe (Ton-Humus-Komplex) als Speicher und Puffer deutlich, die sich sowohl auf den Gehalt wie auch die Verteilung in den verschiedenen Bodenhorizonten bezieht.

Die *Korngrößenverteilung* eines Bodens, also die Anteile von Ton, Schluff, Fein- und Grobsand, steuert die Durchlüftung und Wasserdurchlässigkeit. Die Möglichkeiten reichen von völliger Wasserdurchlässigkeit (Sand) bis Wasserundurchlässigkeit (Ton), woraus sich weitreichende Konsequenzen für die Bodenbildung ergeben. Sowohl der kapillare Wasseraufstieg aus dem Grundwasser an sich als auch die nutzbare Feldkapazität, also der Anteil des Bodenwassergehaltes, den die Pflanzen aufnehmen können, hängen von der Porengröße ab. Zu große Poren können das Wasser nicht halten, weshalb wenig kapillarer Aufstieg aus dem Grundwasser erfolgt. Schließlich kann Wasserdurchlässigkeit im Verein mit hohen Niederschlägen zu Nährstoffauswaschung und Versauerung führen. Zu kleine Poren besitzen eine zu hohe Bindungsstärke, welche die Saugspannung der Pflanzen nicht überwinden kann. Außerdem kann Staunässe entstehen. Luft benötigen alle unterirdischen Pflanzenteile wie auch die Bodenlebewesen, mit Ausnahme der speziell an Wasserstau angepaßten Pflanzen. Schlechte Durchlüftung in Böden mit geringem Porenvolumen hemmt sowohl die biologische Aktivität als auch das Wurzelwachstum und verlangsamt damit die Bodenbildung. Ein breit gefächertes Korngrößenspektrum mit einem Maximum im mittleren Bereich (Schluff), wie es der Löß aufweist, ist daher für das Pflanzenwachstum am günstigsten.

Die *Erosionsanfälligkeit* des Bodens hängt wiederum von seinen physikalischen Eigenschaften ab, wobei zwei gegenläufige Kurven zu beachten sind. Je höher die Wasserdurchlässigkeit eines Bodens ist (Grobporigkeit), desto weniger Wasser fließt oberflächlich ab und kann erodierend wirken. Je größer auf der anderen Seite die Kohäsion (Haftwirkung) ist, desto weniger erodierend kann abfließendes Wasser wirken. Es ist folgerichtig, daß deshalb weder stark sandhaltige, grobporige Böden noch stark tonhaltige, kohärente Böden erosionsgefährdet sind, sondern gerade schluffhaltige Böden mit Korngrößenmaximum im mittleren Bereich, die für die Fruchtbarkeit am günstigsten sind. Bestimmte Kulturmaßnahmen, wie beispielsweise die Erhöhung des Humusgehaltes zur Strukturverbesserung und Förderung des Ton-Humus-Komplexes oder die Auswahl der Nutzpflanzen, können die Erosionsgefahr verringern. Grundsätzlich ist zu sagen, daß nur eine dichte Vegetationsdecke wie Wald oder in eingeschränktem Maß auch Gras so wenig Wasser oberflächlich abfließen läßt, daß die nachschaffende Kraft der Verwitterung die ober- und unterirdischen Verluste ausgleichen kann und sehr geringe Erosionsverluste aufteten.

Die *Gründigkeit* des Bodens, also die Mächtigkeit des Bodenprofils, entscheidet darüber, wie lange Bodenmaterial abgetragen werden kann, bis das anstehende Gestein erreicht wird. Doch schon vorher werden für Pflanzenwachstum und Landnutzung entscheidende Merkmale der Bodengüte Schritt für Schritt abgebaut. Mit der Gründigkeit eines Bodens in engem Zusammenhang stehen die nutzbare Feldkapazität und die effektive Durchwurzelungstiefe. Letztere ergibt sich aus der Mächtigkeit des Bodenraums, der vor allem durch die Tätigkeit der Regenwürmer und wühlenden Kleinsäuger genügend aufbereitet und gelockert ist, damit die Nutzpflanzen ihn überhaupt durchwurzeln können, wovon die Aufnahmefähigkeit für Wasser und Nährstoffe abhängt.

6.2.3   Bodenkarte

In der Bodenkarte (Abb. 29) sind die Bodentypen räumlich erfaßt. Damit sollen die typischen Verhältnisse der jeweiligen Landschaft gezeigt werden, was freilich nicht über die oft im Bereich weniger Meter wechselnden pedologischen Bedingungen hinwegtäuschen darf. Dennoch erscheint es sinnvoller, nur einen Bodentyp als Charakterboden für größere Flächen anzugeben und damit Vergleiche zu den übrigen Übersichtskarten zu ermöglichen, wie etwa zwischen den Charakterböden und den entsprechenden Leitgesellschaften der potentiellen natürlichen Vegetation. Die Differenzierung nach Bodengesellschaften kommt den wirklichen Verhältnissen zwar näher, weil sie unter einer Signatur mehrere Böden angibt, die in Entstehung und Eigenschaften zusammengehören, sich kleinräumig abwechseln und ineinander übergehen. Sie weist jedoch in der Regel einen so großen Umfang auf, daß keine klaren Linien und Unterschiede mehr erkennbar sind (Geologisches Landesamt Baden-Württemberg 1992). Die räumliche Auswertung folgt neben dieser Karte den bodenkundlichen Übersichtskarten 1:500 000 (Bay. Geologisches Landesamt 1955 und Akademie der Wissenschaften der DDR 1976) und den vorhandenen Meßtischblättern. Die Angaben zu Bodeneigenschaften und Fruchtbarkeit entstammen den Merkblättern für Bodenkultur (Bay. Landesamt für Bodenkultur und Pflanzenbau) sowie den angegebenen Grundlagenwerken.

Die Kartenlegende ist nach abnehmender Bodenfruchtbarkeit aufgebaut, was mit der Angabe einiger wichtiger Bodenmerkmale korrespondiert, die sich schließlich in der Artenzusammensetzung der darauf gedeihenden Pflanzen und ihren Ansprüchen widerspiegeln:

– Nährstoffversorgung mit Kalk (Calcium) und basisch reagierenden Mineralstoffen (sog. Basen: Magnesium, Kalium, Natrium, Phosphat);
– Gründigkeit (Mächtigkeit des Profils, Dicke der für Pflanzenwachstum wichtigen Schicht);

Abbildung 29

Bodenkundliche Übersicht von Unterfranken

- - - - Grenze von Unterfranken

Gewässernetz

0   10   20   30 km

Maßstab 1 : 750 000

Kartenbild nach: Bay. Geologisches Landesamt (1955),
Akademie der Wissenschaften der DDR (1976), Geolog.
Landesamt Baden–Württemberg (1992);
Bezeichnung nach: MÜCKENHAUSEN (1977)

Entwurf: JOHANNES MÜLLER, 1995

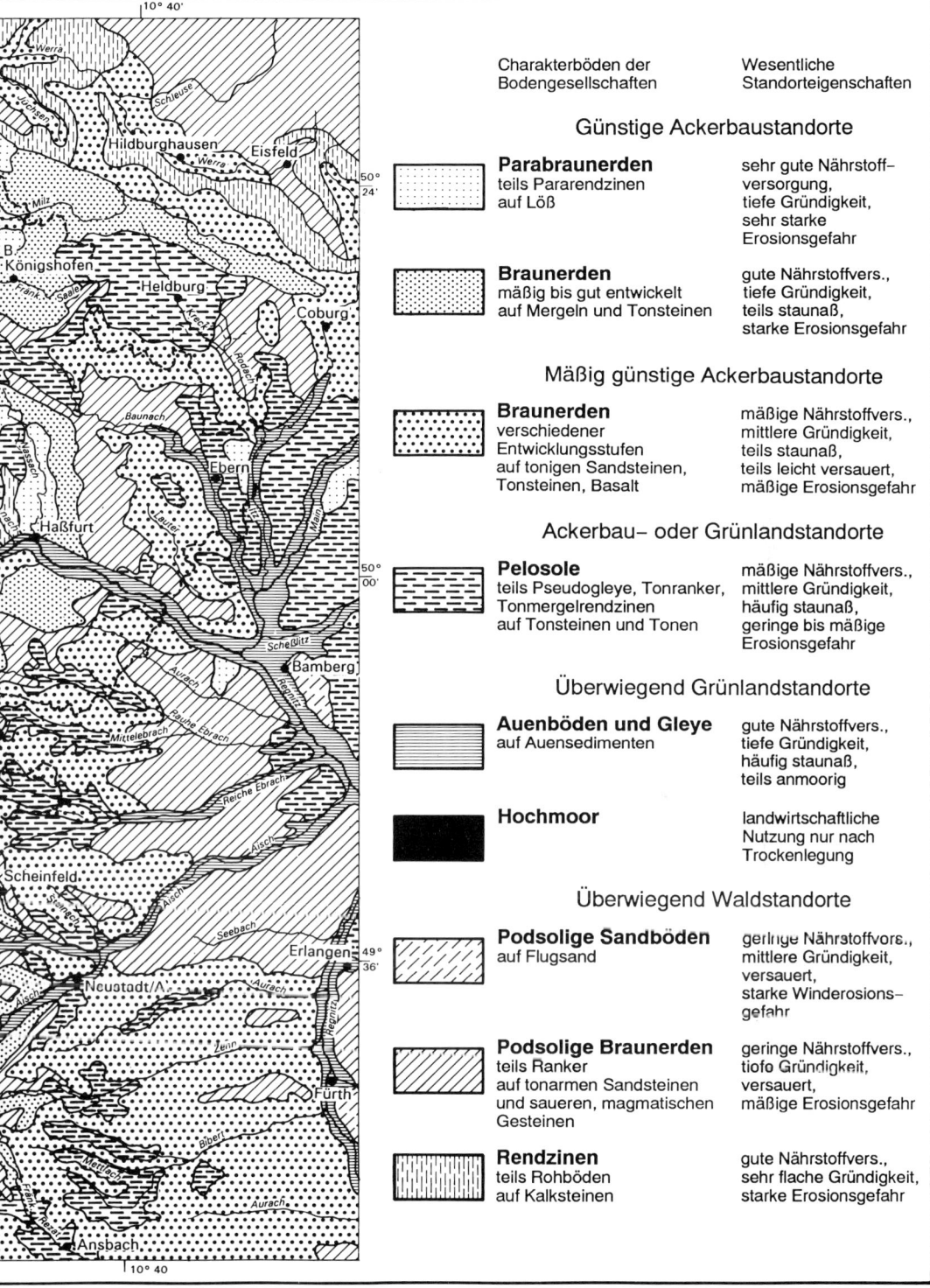

Charakterböden der Bodengesellschaften	Wesentliche Standorteigenschaften

Günstige Ackerbaustandorte

Parabraunerden teils Pararendzinen auf Löß — sehr gute Nährstoffversorgung, tiefe Gründigkeit, sehr starke Erosionsgefahr

Braunerden mäßig bis gut entwickelt auf Mergeln und Tonsteinen — gute Nährstoffvers., tiefe Gründigkeit, teils staunaß, starke Erosionsgefahr

Mäßig günstige Ackerbaustandorte

Braunerden verschiedener Entwicklungsstufen auf tonigen Sandsteinen, Tonsteinen, Basalt — mäßige Nährstoffvers., mittlere Gründigkeit, teils staunaß, teils leicht versauert, mäßige Erosionsgefahr

Ackerbau- oder Grünlandstandorte

Pelosole teils Pseudogleye, Tonranker, Tonmergelrendzinen auf Tonsteinen und Tonen — mäßige Nährstoffvers., mittlere Gründigkeit, häufig staunaß, geringe bis mäßige Erosionsgefahr

Überwiegend Grünlandstandorte

Auenböden und Gleye auf Auensedimenten — gute Nährstoffvers., tiefe Gründigkeit, häufig staunaß, teils anmoorig

Hochmoor — landwirtschaftliche Nutzung nur nach Trockenlegung

Überwiegend Waldstandorte

Podsolige Sandböden auf Flugsand — geringe Nährstoffvors., mittlere Gründigkeit, versauert, starke Winderosionsgefahr

Podsolige Braunerden teils Ranker auf tonarmen Sandsteinen und sauren, magmatischen Gesteinen — geringe Nährstoffvers., tiofe Gründigkeit, versauert, mäßige Erosionsgefahr

Rendzinen teils Rohböden auf Kalksteinen — gute Nährstoffvers., sehr flache Gründigkeit, starke Erosionsgefahr

– bodeneigene Strukturschwächen (Neigung zur Staunässe oder Versauerung);
– Erosionsanfälligkeit unter Ackerbaunutzung.

Damit wird es möglich, den Bezug zur vorherrschenden Landnutzung Felder, Wiesen, Wald/ Forst herzustellen. Neben diesen Faktoren hängt er selbstverständlich noch von der weitgehend reliefgesteuerten Wasserversorgung und der gesteinsabhängigen Ausgangsversorgung mit Nährstoffen ab.

6.2.4   Charakterböden der Mainfränkischen Platten

Angesichts der Vielfalt an Bodentypen ist es notwendig, sich auf wenige Böden zu beschränken und diese in ihrer charakteristischen Vollausprägung zu beschreiben. Deren Auswahl richtet sich nach der Häufigkeit ihres Auftretens sowie der Möglichkeit, Wechselbeziehungen zu anderen Ökofaktoren aufzuzeigen.

Aufbau und Bezeichnung des Bodenprofils

Normalerweise sind in der Landschaft Böden nur von der Oberfläche her sichtbar. Die Darstellung in Profilen (Abb. 30) hat den Sinn, die Horizonte als Ergebnis bodeninterner Prozesse zu zeigen, denn sie steuern die Bodenfruchtbarkeit. Die Tätigkeit der Verwitterung, der Bodenlebewesen, des Auf- und Abstiegs von Bodenwasser sowie der Frosteinwirkungen („Bodengare") führt im Laufe von Jahrhunderten bis Jahrtausenden zu einer deutlichen Trennung auch ursprünglich einheitlichen Verwitterungsmaterials. Diese als Horizonte bezeichneten vertikal angeordneten Bodenschichten unterscheiden sich hinsichtlich chemischer Eigenschaften, Ton- und Humusgehalt, Fruchtbarkeit usw. äußerst stark, so daß ihre Abfolge das stärkste Charakteristikum bildet, nach welchem die verschiedenen Bodentypen gegliedert und gekennzeichnet werden.

Die Klassifizierung und Bezeichnung von Bodentypen ist ungleich schwieriger als etwa die von Gesteinen und Pflanzen, da es Übergänge jeglicher Art gibt und charakteristische Profile eher die Ausnahme als die Regel sind. In dieser Arbeit werden die Bezeichnungen und das System von MÜCKENHAUSEN (1977) und SEMMEL (1993) verwendet, da sie für die hiesigen Verhältnisse am weitesten entwickelt und verbreitet sind (vgl. Geologisches Landesamt Baden-Württemberg 1992). Daneben existiert noch eine Anzahl weiterer Systematiken (US-Soil Taxonomy, FAO-Schema).

Alle Bezeichnungsschemata unterteilen das Profil, den (gedachten) Schnitt durch den Boden, in Horizonte. Teilweise sind die Grenzen zwischen den einzelnen Horizonten sehr markant und mühelos erkennbar, teilweise nur als diffuse Übergangszonen ausgebildet. Die Haupthorizonte werden mit Großbuchstaben von der Oberfläche nach unten bezeichnet:

– A-Horizont mit der Durchmischung von organischem Humus und aufgelösten anorganischen Bodenpartikeln;
– B-Horizont mit Verlagerungszonen bestimmter Bodenkomponenten und erst nach längerer Entwicklungszeit ausgeprägt;
– C-Horizont, das anstehende, noch nicht zersetzte Gestein.

Dazu kommen noch andere Buchstaben, die besondere Bodentypen kennzeichnen, welche sich aufgrund besonderer Bedingungen nicht in dieses Schema einfügen lassen. Kleinbuchstaben ergänzen die Bezeichnung der Haupthorizonte um jeweils charakteristische Eigenschaften.

Bodentypen

Innerhalb der Mainfränkischen Platten mit ihren relativ einheitlichen Klimaverhältnissen kommen besonders die geologischen Unterschiede in der Bodenentwicklung zum Ausdruck. Grundwassernähe wird nur ausnahmsweise erreicht. Der überwiegende Teil der Mainfränkischen Platten wird von Braunerden und Parabraunerden eingenommen, die hervorragende Bodeneigenschaften besitzen. Beiden Bodentypen gemeinsam ist:

– das Profil aus drei Horizonten (A-B-C-Profil);
– Tiefgründigkeit, mithin eine ausgereifte Entwicklung;
– sehr gute Nährstoffversorgung;
– damit verbunden hohe Fruchtbarkeit.

Dies ist die Grundlage der weitflächigen Ackerbaugebiete der Mainfränkischen Platten, insbesondere der Gäulandschaften im Norden, Osten und Süden, begünstigt vom Klima und vom flachwelligen Relief. Wo der Muschelkalk an die Oberfläche tritt, was im Westen häufiger der Fall ist, läßt sich das in der Regel am darauf stehenden Wald erkennen.

Parabraunerden. Der Charakterboden auf Löß ist die Parabraunerde, die sich zunächst überall in den Lößgebieten entwickelt hat und die zentralen Gäugebiete kennzeichnet: innerer Haßgau, Gäuflächen im Maindreieck, Ochsenfurter und Gollachgau.

Das Profil der Parabraunerde ist im Prinzip dreiteilig, wobei der oberste Horizont nochmals untergliedert ist: Ah–Al–Bt–C. Bei der charakteristischen Ausprägung folgt auf den durch Humusgehalt dunkel gefärbten Ah-Horizont (ca. 15 cm) der hellbraune Al (20–30 cm). Dessen Index weist auf die Lessivierung, die Verlagerung von Tonmineralen, als den maßgeblichen bodenbildenden Prozeß hin. Die mit dem Bodenwasserstrom nach unten verlagerten Teilchen lagern sich im Bt, dem Tonmineral-Anreicherungshorizont an, der daher dunkelbraun gefärbt ist und eine Mächtigkeit von rund 30–40 cm aufweist. Er kann so viel Ton enthalten, daß es sogar zu zeitweiligem Wasserstau kommen kann. Bis in diese Tiefe wurde der Löß durch die Prozesse während der Bodenbildung entkalkt, weshalb er korrekterweise dann als Lößlehm bezeichnet wird. Sein Boden-pH liegt daher relativ niedrig im sauren Bereich (4,6–5,2). Der gelöste Kalk wird an der Untergrenze des Bt-Horizonts öfters in Gestalt der „Lößkindel", etwa faustgroßer Kalkkonkretionen, ausgefällt. Darunter folgt der kalkhaltige Rohlöß als C-Horizont.

Parabraunerden aus Löß gehören zu den fruchtbarsten Böden Mitteleuropas, was vor allem an der Kombination aus Tiefgründigkeit und günstigem Korngrößenspektrum liegt. Dessen Maximum im Schluffbereich führt zu einer guten Durchlüftung mit hoher bodenbiologischer Aktivität und daher rascher Humuszersetzung und Bodenbildung. Die Tiefgründigkeit erlaubt eine effektive Durchwurzelungstiefe von bis zu einem Meter mit hoher nutzbarer Feldkapazität (bis über 200 mm). Der Gehalt an Tonmineralen und die gute Aufschließbarkeit bewirken eine optimale Nährstoffversorgung der Pflanzen.

Neben Getreide (vor allem Weizen) eignen sich die Parabraunerdeböden auf Löß vor allem für Hackfrüchte hervorragend und bilden die Standorte des Zuckerrübenanbaus. In der Reichsbodenschätzung, die immer noch die Grundlage für Wertermittlung und Planung landwirtschaftlich genutzter Böden bildet, reichen die Bodenschätzungen der Parabraunerden gelegentlich an die der Schwarzerdeböden der Magdeburger Börde mit den Maximalwerten für Deutschland heran.

Ursprünglich boten sie anspruchsvollen Wäldern ihren Standort. Die günstigen Bedingungen für Ackerbau wurden von den Menschen bereits vor Jahrtausenden entdeckt, weswegen die Lößgebiete Mitteleuropas zu den Altsiedelländern gehören. Der

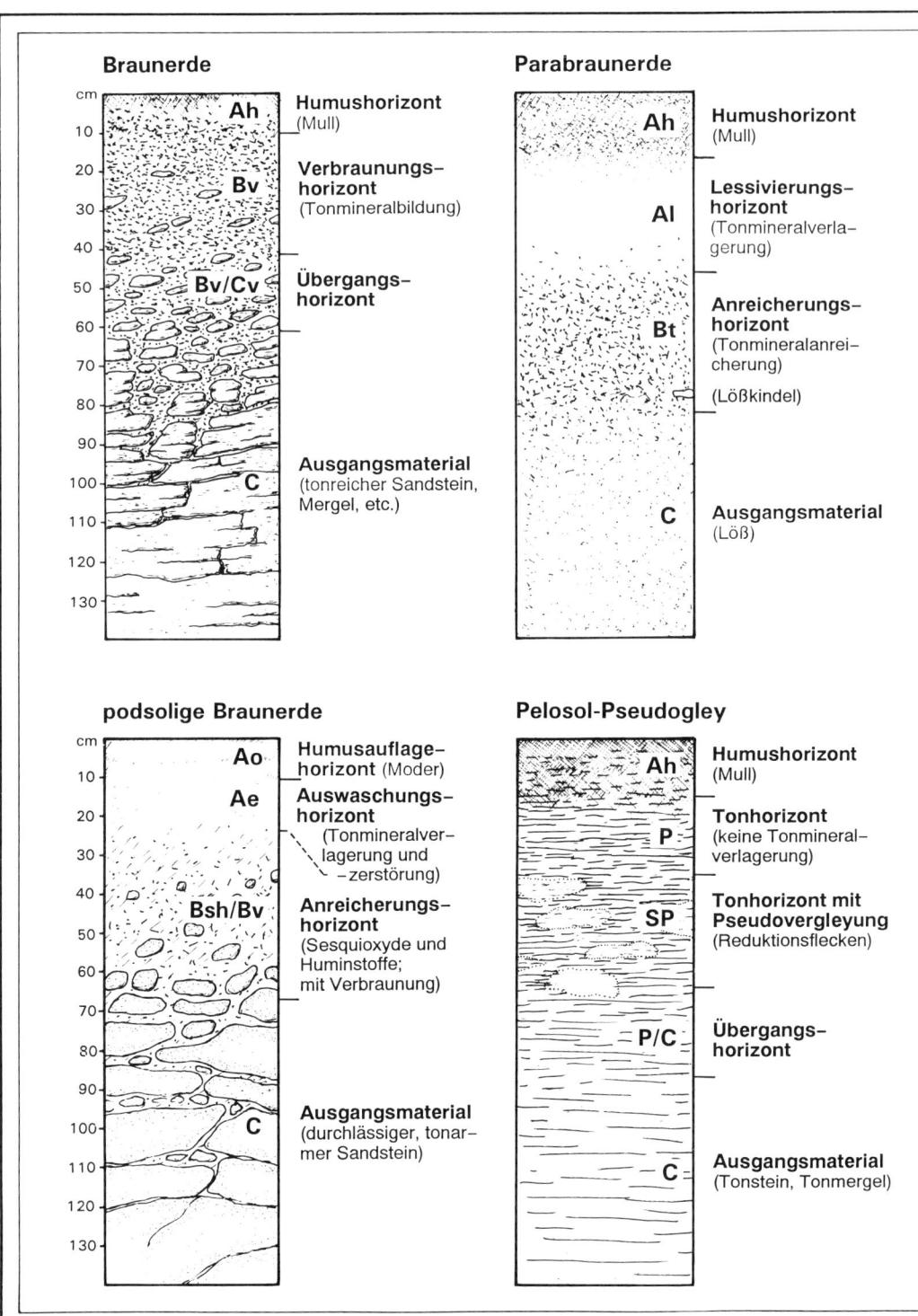

Braunerde

cm		
10	Ah	Humushorizont (Mull)
20		
30	Bv	Verbraunungs-horizont (Tonmineralbildung)
40		
50	Bv/Cv	Übergangs-horizont
60		
70		
80		
90		
100	C	Ausgangsmaterial (tonreicher Sandstein, Mergel, etc.)
110		
120		
130		

Parabraunerde

Ah	Humushorizont (Mull)
Al	Lessivierungs-horizont (Tonmineralverla-gerung)
Bt	Anreicherungs-horizont (Tonmineralanrei-cherung)
	(Lößkindel)
C	Ausgangsmaterial (Löß)

podsolige Braunerde

cm		
10	Ao	Humusauflage-horizont (Moder)
20	Ae	Auswaschungs-horizont
30		(Tonmineralver-lagerung und -zerstörung)
40		
50	Bsh/Bv	Anreicherungs-horizont (Sesquioxyde und Huminstoffe; mit Verbraunung)
60		
70		
80		
90		
100	C	Ausgangsmaterial (durchlässiger, tonar-mer Sandstein)
110		
120		
130		

Pelosol-Pseudogley

Ah	Humushorizont (Mull)
P	Tonhorizont (keine Tonmineral-verlagerung)
SP	Tonhorizont mit Pseudovergleyung (Reduktionsflecken)
P/C	Übergangs-horizont
C	Ausgangsmaterial (Tonstein, Tonmergel)

Abbildung 30
Profile wichtiger Charakterböden Unterfrankens. Erläuterung der Bezeichnungen der Horizonte im Text. Entwurf: JOHANNES MÜLLER, 1995

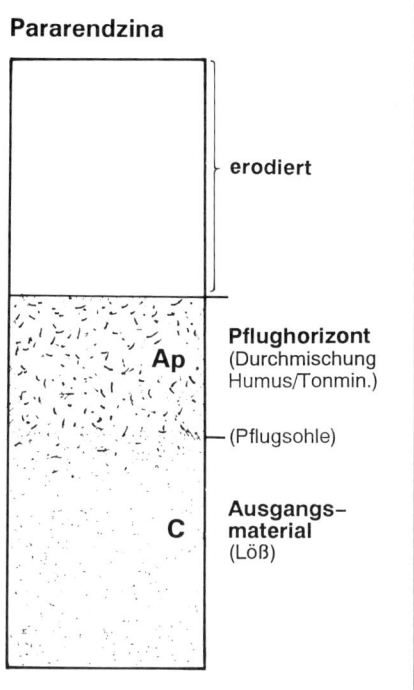

Pararendzina

erodiert

Ap Pflughorizont (Durchmischung Humus/Tonmin.)

(Pflugsohle)

C Ausgangsmaterial (Löß)

Rendzina

Ah Humushorizont (Mull)

Ah/Cv Übergangshorizont

C Ausgangsmaterial (Kalkstein)

lang andauernde anthropogene Einfluß ging jedoch nicht spurlos an den Böden vorüber, deren Profil durch Erosion fast überall im Ackerbaugebiet verkürzt wurde. Der für die Fruchtbarkeit und Bearbeitung besonders günstige Gehalt an Schluff führt gleichzeitig zu einer hohen Anfälligkeit für Bodenabtrag. Lößkindel, die man, obwohl an der Basis des Bodens entstanden, gelegentlich an der Oberfläche im Acker findet, bezeugen die hohen Erosionsbeträge von mehreren Dezimetern bis über einen Meter, einem zentralen landschaftsökologischen Problem der Mainfränkischen Platten.

Braunerden. Östlich anschließend an die Zone der Parabraunerde erstreckt sich der Bereich der Braunerden: Grabfeld, östlicher Haßgau, Windsheimer Bucht (vgl. Abb. 29). Sie entstanden auf den Schichten des Unteren Keupers und des Gipskeupers dort, wo die Lößbedeckung ausläuft und schließlich völlig fehlt. Dazu kommen viele unzusammenhängende Bereiche im Westen und Norden der Mainfränkischen Platten auf Kalkuntergrund, wo sich braunerdeähnliche Böden entwickelten. Da der Kalk sehr viele lösliche Bestandteile enthält und kaum gröbere Korngrößen liefert, besitzen die Böden einen hohen Tongehalt und eine geringere Mächtigkeit. Sie werden dann als Kalkbraunlehme oder Braunlehme bezeichnet.

Wie die Parabraunerde besitzt die Braunerde ebenfalls ein dreigeteiltes Profil und eine tiefe Gründigkeit, beides auf die lange Entwicklungszeit hinweisend. Zum Unterschied von der Parabraunerde stellt bei der Braunerde die Entstehung der Tonminerale mit Verbraunung und Verlehmung den dominierenden bodenbildenden Prozeß dar. Die Tonminerale verbleiben an Ort und Stelle, und eine Verlagerung in tiefere Schichten wie bei der Parabraunerde fehlt bei der Braunerde. Ihr Bodensäurewert liegt daher nur im schwach sauren Bereich (pH 5,3 bis 6,4). Ohne die Tonmineralverlagerung

ergibt sich ein Horizontaufbau Ah–Bv–C (vgl. Abb. 30). Es fehlt also der Auswaschungs-
horizont, während der Index des 40–60 cm mächtigen B-Horizonts auf die Entstehung der
Tonminerale an dieser Stelle hinweist. Auch hier kann der hohe Tongehalt zu Wasserstau
führen. Da der Übergang zum anstehenden Gestein fließend erfolgt, kann er als Bv/Cv-Über-
gangshorizont ausgeschieden werden.

Unter der Tätigkeit des Pfluges wird der natürlicherweise (unter Wald) nur 5–10 cm
mächtige Ah-Horizont mit dem oberen Bereich des Bv zu einem 20–30 cm tiefen Pflughorizont Ap vermischt. Die Austauschkapazität (Sorptionsvermögen) von Braunerden ist
infolge der hohen Tonmineralanteile wie bei den Parabraunerden hoch. Dagegen schwankt
die Nährstoffversorgung in Abhängigkeit vom Ausgangsgestein. Ungünstiger ist die Korngrößenverteilung, was zu einer geringeren Durchwurzelungstiefe und nutzbaren Feldkapazität führt.

Braunerden und Braunlehme eignen sich wegen ihrer günstigen Nährstoff- und Wasserversorgung unter den gleichzeitig herrschenden warmen Klimaverhältnissen ausgezeichnet
als Getreideböden (vor allem Brot- und Braugerste). Vielen Braunerden der Mainfränkischen
Platten kommt eine Vermischung mit geringen Lößanteilen zugute, die das Korngrößenspektrum verbessert. Auf der anderen Seite sind bei hohen Tonanteilen die Übergänge zu
Braunlehmen oder Pelosolen fließend und ist Staunässe häufig, weshalb in der Realität oft
keine genaue Abgrenzung möglich ist. Braunerden sind im Ackerbau ebenfalls erosionsgefährdet. Bei längerem Ackerbau mit der damit verbundenen Erosion wurden vor allem die
Braunlehme auf Kalk vielfach zu Rendzinen degradiert.

Rendzinen. Die Rendzina kommt vorwiegend auf den Kalken des Wellenkalks, verbreitet
also im Westen der Mainfränkischen Platten vor, und zwar vor allem zum Rand der größeren
Täler, wo mit den Hangneigungen die Erosionsbeträge zunehmen, weshalb sie dort als
Charakterboden genauer behandelt wird (Kap. 8.4.1).

Pelosole. Die Pelosole umfassen eine größere Gruppe von Böden, die auf den sehr tonreichen Gesteinen des Gipskeupers entstanden. In Mainfranken sind sie meist nicht in reiner
Form, sondern als Übergang zu Braunerden zu finden, vor allem im Bereich der Windsheimer Bucht und im Grabfeld. Pelosole bilden die Charakterböden im Bereich der östlichen
Rahmenhöhen Mainfrankens (Kap. 9.4.1).

Podsolige Sandböden. Im Bereich der Niederungen des Steigerwaldvorlands und des
Schweinfurter Beckens sind podsolige Sandböden entwickelt, die sich vorwiegend östlich
von Kitzingen und südöstlich von Schweinfurt über größere Flächen erstrecken. Sie ähneln
in ihrem Horizontaufbau und dem bodensauren Charakter den podsoligen Braunerden auf
Buntsandstein im Spessart (vgl. Kap. 10.4.1), entstanden jedoch auf den Flugsandfeldern der
Niederungen.

Podsolige Sandböden sind durch eine geringere Versauerung und bessere Nährstoffversorgung als die Böden im Spessart gekennzeichnet, und die Übergänge zu reinen Braunerden sind, je nach Sandüberdeckung, fließend. Ursprünglich stockten hier ebenfalls Eichen-
Hainbuchenwälder, und es hatte sich Humus anreichern und die Bodenbedingungen verbessern können. Diese Böden sind deshalb landwirtschaftlich nutzbar, was früher auf erheblich
umfangreicheren Flächen der Fall war. Bei der oft gegebenen Grundwassernähe und den
herrschenden günstigen Klimabedingungen lassen sich diese Böden für die entsprechenden
Kulturen landwirtschaftlich nutzen, z. B. Spargel- oder Kartoffelanbau.

Wegen der leichten Erodierbarkeit durch Wind nach Abholzung, Beweidung oder Ackerbau wurden viele Böden aber abgetragen und ausgelaugt. Sie sind heute nur noch geringmächtig und schwach entwickelt, auch wenn sie wieder aufgeforstet wurden, was meist plan-

mäßig im letzten Jahrhundert geschah. Dabei pflanzt man, z. B. im Kitzinger Klosterforst, meist Kiefern an, die hier zwar noch die beste Wuchsleistung erbringen, aber infolge der sauren Verwitterung ihrer Nadelstreu die Versauerungstendenz weiter fördern und keine Regeneration der Böden herbeiführen.

Bodenfarbe

Die Farbe der Bodenoberfläche, die auch im Landschaftsbild auffällig zutage tritt, hängt von mehreren Faktoren ab. Unter den Bedingungen Mitteleuropas ist oft die Farbe des aufbereiteten Gesteins noch erkennbar. Die Palette der Tonmergel von grünlichgrau über blaugrau bis zu rotvioletten Tönen ist gut zu sehen. Auch das Rot des Buntsandsteins fällt im Landschaftsbild sofort auf. So lassen sich Gesteinsunterschiede oft an der Bodenfarbe, wenn auch abgeschwächt, nachvollziehen.

Auch landschaftsökologische Gegebenheiten lassen sich anhand der Bodenfarbe erkennen. Je höher der Humus- und Tongehalt des obersten Bodenhorizonts (Ah-Horizont) ist, desto dunkler erscheint er, verstärkt durch die Bodenfeuchte, die dort gebunden wird. Verbreitet findet man innerhalb eines Ackers oder eines Hangs eine etwas hellere Bodenfarbe auf den Kuppen und steileren Reliefteilen, wo der durch den Humus dunklere Oberboden stärker erodiert ist. In Geländemulden sind Ton und Humus akkumuliert und binden mehr Feuchtigkeit, weswegen diese Bereiche dunkler erscheinen. Solche Umlagerungs- und Erosionsprozesse lassen sich im Überblick im Gelände oder auf dem Luftbild ausmachen.

6.3 Reale Vegetation

Bei einer Fahrt durch die (Kultur-) Landschaft der Mainfränkischen Platten fallen vor allem zwei Gruppen von Vegetationseinheiten auf: Felder, daneben naturbetonte Landschaftselemente, wie Hecken oder Streuobst. Wälder und Wiesen sind vergleichsweise sehr selten. Dieser diametrale Gegensatz zur potentiellen natürlichen Vegetation, die ja fast ausschließlich Wälder erwarten lassen würde, geht selbstverständlich auf die permanenten Eingriffe des Menschen zurück, die sich jedoch bereits bezüglich Feldern und naturbetonten Landschaftselementen stark unterscheiden.

Das Standortmuster, das Verteilungsbild der heutigen Vegetation in der Landschaft, läßt sich nur als Folge der Kombination sämtlicher Ökofaktoren einschließlich des Menschen erklären. Die Betrachtung der potentiellen Vegetation allein ist hierfür jedenfalls nicht ausreichend. Bereits das Thema Böden hat gezeigt, daß selbst eine auf Naturgeographie begrenzte Darstellung der heutigen Landschaft nicht auf die Einbeziehung des Menschen als wirksamen Ökofaktor verzichten kann. Das wird noch deutlicher, wenn man sich dem Partialkomplex Vegetation zuwendet. Die reale Vegetation hat sich von der natürlichen Vegetation durch die jahrtausendelange Landnutzung so weit entfernt, daß eine Rekonstruktion der potentiell natürlichen Verhältnisse bereits fundamentale Schwierigkeiten bereitet.

Diese Entwicklung darf keinesfalls einseitig negativ bewertet werden. Ein Vergleich der potentiellen Vegetation, die fast nur aus verschiedenen Waldgesellschaften bestünde, mit den vorhandenen Pflanzengesellschaften zeigt eine heute erheblich größere Vielfalt. Bei anthropogen bestimmten Pflanzengesellschaften ist nicht nur an die Äcker mit ihren (gezüchteten) Kulturpflanzen zu denken, sondern auch an die Unkräuter (Ackerwildkräuter), deren Lichtansprüche im Wald nirgends befriedigt werden könnten und die großenteils zugewanderte

Arten aus südosteuropäischen Steppengebieten sind. Auch die Wuchsform einzelnstehender Bäume, die deutlich von der im Wald abweicht, ist unter diesem Aspekt zu erwähnen.

Dazu kommt die Vielzahl der naturbetonten Landschaftselemente. Unter teilweise lang anhaltendem anthropogenem Einfluß differenzierten sich die Standortbedingungen: Geländestufen, Wegränder, Steinriedel, Terrassenmauern, künstliche Wasserflächen entstanden neu. Hierauf entwickelten sich vollkommen eigenständige *Biozönosen* (Gemeinschaften von Pflanzen und Tieren). Sie stellen derart charakteristische Formen dar, daß sie als *Biotope*, als Orte mit einheitlichen Lebensbedingungen abgrenzbar sind: Hecken und Feldgehölze, Baumreihen und Streuobstfelder, Feld- und Wegraine, Trocken- und Feuchtflächen, Weiher und Gehölzufersäume. Allen naturbetonten Landschaftselementen ist gemeinsam, daß sie nur innerhalb der Agrarlandschaft vorkommen und, neben den natürlichen, auch durch anthropogene Standortbedingungen bestimmt werden: Schnitt, Beweidung, räumliche Begrenzung, Bodenveränderung (Lesesteine), Wasserstau (Weiher).

Verglichen mit Wiesen oder gar Feldern, ist die menschliche Einflußnahme auf naturbetonte Landschaftselemente weit geringer, weswegen sie einen erheblich höheren Natürlichkeitsgrad aufweisen und mehr Pflanzen- und Tierarten einen Lebensraum bieten. Damit stellt sich nicht einfach die Frage nach den Folgen anthropogener Eingriffe in die Vegetationsentwicklung, sondern vor allem nach deren Grad und nach den Rückwirkungen auf die ökologische Stellung der resultierenden Pflanzengesellschaften.

6.3.1   Natürliche Sukzession und anthropogener Eingriff

Wie alle Bestandteile des Ökosystems strebt auch die Vegetation einem Zustand entgegen, der mit den Ökofaktoren im stabilen Gleichgewicht steht, der Klimax, dem Endzustand einer Vegetationsentwicklung. Diese Abfolge der natürlichen Sukzession ist, stark vereinfacht und in sechs repräsentative Schritte unterteilt, in der linken Spalte von Abb. 31 dargestellt. Die Entwicklung beginnt mit dem Pionierstadium, der Neubesiedlung unbewachsenen Geländes, z. B. nach der Eiszeit, aber auch nach einem Kahlschlag, nach Aufgabe der Ackernutzung, auf einer neuen Sandbank, an einem abgerutschten Stück Hang usw. Über verschiedene Zwischenstufen entwickelt sich die Vegetation regelhaft und eigendynamisch in Form der Sukzession weiter, der zeitlichen Aufeinanderfolge verschiedener Pflanzengesellschaften bis zur Klimax als stabilem Endzustand (ODUM 1983, S. 405).

Die Ausbildung der einzelnen Sukzessionsstadien ist als Reaktion auf die im Verlauf der Entwicklung jeweils unterschiedlichen ökologischen Bedingungen anzusehen. Sie können sich durch externe oder interne Faktoren verändern, was meistens nicht klar voneinander zu trennen ist und in enger gegenseitiger Wechselwirkung steht. Die schnellwüchsigen Pioniere werden von langsamer wachsenden Kräutern und schließlich Sträuchern verdrängt, die auf Dauer konkurrenzkräftiger, aber hinsichtlich der Entwicklung von Böden mit Horizontdifferenzierung anspruchsvoller sind. Die Herausbildung eines Bestandsklimas mit kühleren und feuchteren Bedingungen innerhalb des Waldes, das schließlich auch Schattholzarten eine Entfaltung erlaubt, führt gegen Ende der Entwicklung zu einer langsamen Artenverschiebung innerhalb des Waldes. Parallel dazu vollziehen sich die Humusanreicherung des Bodens mit der resultierenden Veränderung der Kleinstlebewesen, die daraus folgenden Existenzmöglichkeiten für noch anspruchsvollere Pflanzen, die damit einhergehende Differenzierung der Erscheinungsformen mit der Zunahme von ökologischen Nischen, die Möglichkeiten zur Befriedigung komplizierter Lebensraumansprüche bestimmter Tiere, die die Klimaxvegetation kennzeichnen.

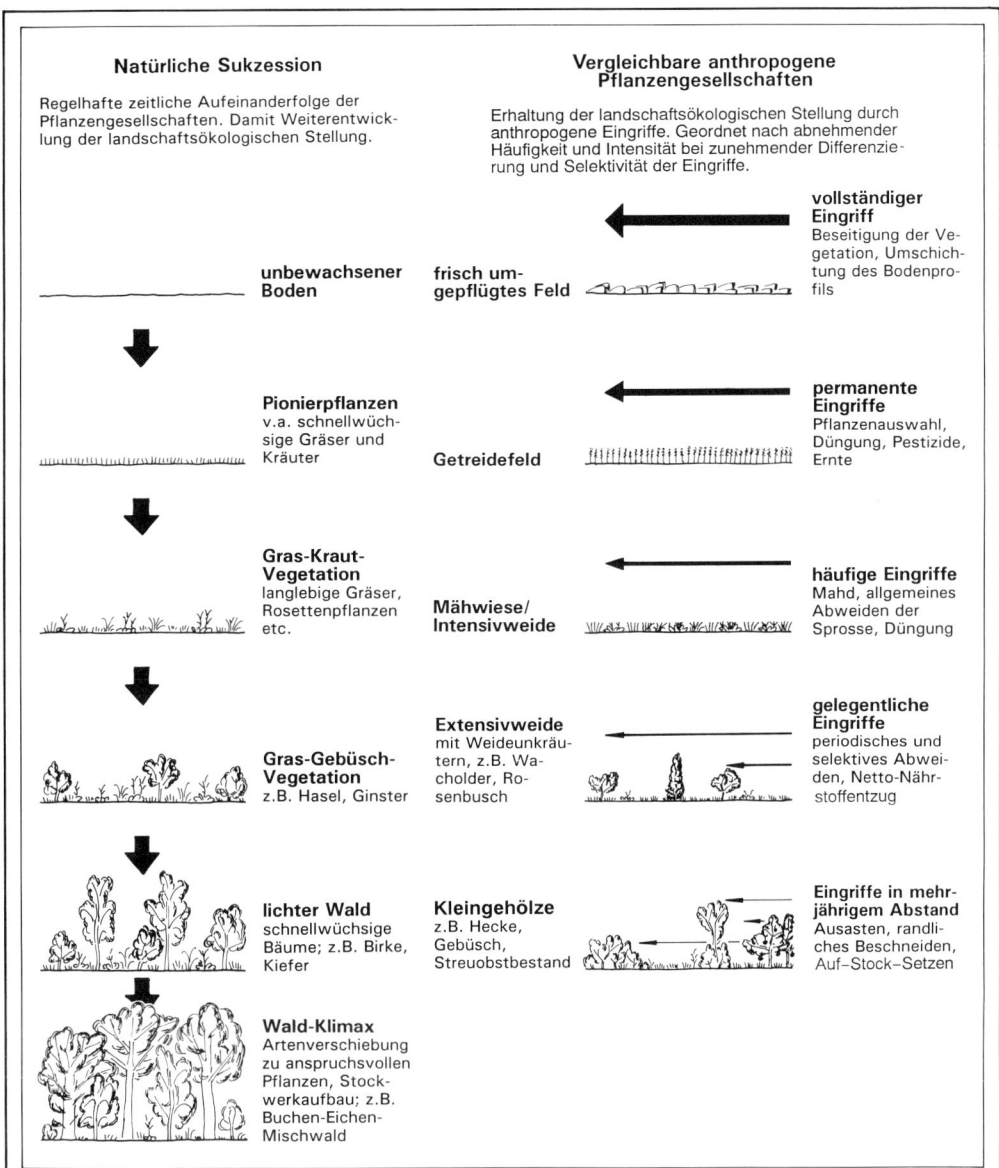

Natürliche Sukzession

Regelhafte zeitliche Aufeinanderfolge der Pflanzengesellschaften. Damit Weiterentwicklung der landschaftsökologischen Stellung.

Vergleichbare anthropogene Pflanzengesellschaften

Erhaltung der landschaftsökologischen Stellung durch anthropogene Eingriffe. Geordnet nach abnehmender Häufigkeit und Intensität bei zunehmender Differenzierung und Selektivität der Eingriffe.

unbewachsener Boden

frisch umgepflügtes Feld

vollständiger Eingriff
Beseitigung der Vegetation, Umschichtung des Bodenprofils

Pionierpflanzen
v.a. schnellwüchsige Gräser und Kräuter

Getreidefeld

permanente Eingriffe
Pflanzenauswahl, Düngung, Pestizide, Ernte

Gras-Kraut-Vegetation
langlebige Gräser, Rosettenpflanzen etc.

Mähwiese/ Intensivweide

häufige Eingriffe
Mahd, allgemeines Abweiden der Sprosse, Düngung

Extensivweide
mit Weideunkräutern, z.B. Wacholder, Rosenbusch

gelegentliche Eingriffe
periodisches und selektives Abweiden, Netto-Nährstoffentzug

Gras-Gebüsch-Vegetation
z.B. Hasel, Ginster

lichter Wald
schnellwüchsige Bäume; z.B. Birke, Kiefer

Kleingehölze
z.B. Hecke, Gebüsch, Streuobstbestand

Eingriffe in mehrjährigem Abstand
Ausasten, randliches Beschneiden, Auf-Stock-Setzen

Wald-Klimax
Artenverschiebung zu anspruchsvollen Pflanzen, Stockwerkaufbau; z.B. Buchen-Eichen-Mischwald

Abbildung 31
Landschaftsökologischer Vergleich zwischen natürlichen Sukzessionsstadien und anthropogen gesteuerten Pflanzengesellschaften. Beide Gruppen sind nach ihrer landschaftsökologischen Stellung geordnet; von oben nach unten mit Zunahme von Artenvielfalt, Bodenmächtigkeit und -horizontbildung, Dauer von Lebenszyklen, Komplexität der Nahrungsnetze, Strukturdiversität, Zahl ökologischer Nischen und ökologischer Stabilität. Die senkrechten Pfeile stehen für die Dynamik der Sukzession. Die horizontalen Pfeile stehen für die nach Art und Umfang unterschiedlichen Eingriffe des Menschen, die die Vegetation auf einem bestimmten Stand halten. Es ist zu beachten, daß die Differenzierung der anthropogenen Pflanzengesellschaften keine Entwicklungsreihe ist; auf ein Ende der Eingriffe würde der Übergang zur natürlichen Sukzession folgen. Entwurf: Johannes Müller, 1995

Wie diese Beispiele zeigen sollen, ist die Zusammensetzung der Pflanzengesellschaft eines bestimmten Standorts als Reaktion auf die Umweltbedingungen zu interpretieren, wobei sich jeder Biotop einen Teil seiner Standortbedingungen selbst schafft. Die Erkenntnisse über die potentielle natürliche Vegetation zeigen, daß die Sukzession in Unterfranken fast aussschließlich zur Klimax Wald führt, bei lediglich unterschiedlicher Zusammensetzung der Flora, also der beteiligten Arten. Natürlicherweise wäre folglich ein relativ einheitliches Vegetationsbild mit entsprechend einheitlichen Lebensbedingungen auch für Tiere anzutreffen.

Die rechte Spalte von Abb. 31 zeigt verschiedene Ersatzgesellschaften, denen lediglich die Tatsache gemeinsam ist, daß sie durch den anthropogenen Einfluß geprägt sind. Entscheidend sind allerdings die Unterschiede der Eingriffe, worauf die anthropogenen Pflanzengesellschaften reagieren:

– Der Mensch greift an verschiedenen Stellen in die Sukzession ein und hält sie dann auf einem bestimmten Stand, der nicht mit den Umweltbedingungen im Gleichgewicht steht.
– Er verändert aktiv die Standortbedingungen, was selbst ohne seine weitere Tätigkeit die Umweltbedingungen nachhaltig verschiebt.
– Die Eingriffe des Menschen erfolgen in feiner Abstufung hinsichtlich Häufigkeit, Intensität, Differenzierung und Selektivität.

Je nach Art und Umfang dieser Eingriffe können sich verschiedene Vegetationseinheiten entwickeln, bis der Mensch als Ökofaktor eingreift, sie auf einem bestimmten Stand hält und an der Weiterentwicklung hindert. Vergleicht man nun verschiedene anthropogen geprägte Pflanzengesellschaften mit den Entwicklungsstadien der natürlichen Sukzession, so zeigen sich gewisse Parallelen hinsichtlich der landschaftsökologischen Stellung. Die diesbezüglich vergleichbaren Gesellschaften sind in Abb. 31 jeweils auf eine Stufe gestellt. Die Vergleichbarkeit hinsichtlich des ökologischen Stellenwertes bezieht sich auf die Artenvielfalt unter mitteleuropäischen Verhältnissen, die Bodenmächtigkeit und -horizontbildung, die Dauer der Lebenszyklen, die Komplexität der Nahrungsnetze, die Strukturdiversität (Vielfalt im Aufbau) und Anzahl ökologischer Nischen sowie die ökologische Stabilität der Gesellschaften.

Es ist bei dieser Darstellung zu beachten, daß es sich nur bei der natürlichen Sukzession um eine Entwicklungsreihe handelt, was durch die senkrechten Pfeile angedeutet wird. Die Querpfeile der anthropogenen Pflanzengesellschaften symbolisieren die im einzelnen unterschiedlich starken und differenzierten Eingriffe des Menschen. Sich selbst überlassen, würde sich selbstverständlich auch aus einer Wiese eine Waldklimax entwickeln, und zwar nicht über die Stadien Extensivweide – Kleingehölze, sondern über eine Gras-Gebüsch-Vegetation und einen lichten Wald entsprechend der linken Spalte in Abb. 31.

Ein frisch umgepflügtes Feld ähnelt in seiner landschaftsökologischen Stellung einem unbewachsenen Boden, denn obwohl es über einen ausgereiften Boden verfügt, verhindert der vollständige Eingriff in Gestalt des Umpflügens die Existenz von Pflanzen.

Die anthropogen gesteuerte Pflanzengesellschaft eines Feldes mit Getreide läßt sich mit dem Stadium der Pioniervegetation vergleichen, denn die Pflanzenentwicklung auf unbewachsenem Boden beginnt mit raschwüchsigen Gräsern. Die Vegetation der Felder ist wie die Pioniervegetation einer Kiesbank oder eines Erdaushubs durch begrenzte Artenzahl, geringe Strukturdiversität, kurze Lebenszyklen, wenige ökologische Nischen und einfache Nahrungsnetze gekennzeichnet. Um diesen Status aufrechtzuerhalten, muß der Mensch permanent und auf mehrfache Weise (Pflanzenauswahl, Düngung, Pestizide, Ernte) eingreifen.

Eine intensiv genutzte Wiese oder Weide wird an ihrer natürlichen Weiterentwicklung durch Mahd bzw. Beweidung gehindert. Sie besitzt aber bereits eine höhere Artenvielfalt, mehr ökologische Nischen und kompliziertere Nahrungsnetze. Die Eingriffe sind zwar weniger häufig und intensiv, erfolgen allerdings noch relativ einheitlich über die gesamte Fläche, woraus eine entsprechend geringe Strukturdiversität resultiert.

Dagegen ähnelt eine extensiv genutzte Wacholderheide bezüglich ökologischer Stellung und Standortbedingungen einer bereits weiter ausgereiften Gras-Gebüsch-Vegetation. Gemeinsam sind beiden das geringmächtige Bodenprofil, die mäßige Nährstoffaufschließung, ein hohes Lichtangebot und Temperaturgegensätze. Die Beweidung, die die Wacholderheide auf diesem Zustand hält, erfolgt nur gelegentlich, so daß sie selektiv nur bestimmte Pflanzen am Weiterwachsen hindert, andere weniger stark beeinträchtigt. Das läßt eine höhere Strukturdiversität und längere Lebenszyklen zu und führt zu einer Zunahme ökologischer Nischen, höherer Artenvielfalt wie auch komplexeren Nahrungsnetzen.

Kleingehölze schließlich sind durch Eingriffe in noch größerem Abstand gekennzeichnet, was Vielfalt und ökologische Stabilität weiter zunehmen läßt. Hinsichtlich der Strukturdiversität übertreffen sie sogar die Klimaxvegetation Wald. Der Einfluß des Ökofaktors Mensch erfolgt nicht nur selten, sondern auch, je nach Typus der Kleingehölze, sehr differenziert und selektiv, auf kleine Teilbereiche bezogen.

Die Vielfalt an Pflanzengesellschaften innerhalb einer Kulturlandschaft ist letztlich also auf die differenzierenden Aspekte der menschlichen Eingriffe zurückzuführen, auf ihre Intensität und ihre Selektivität. Zwei bezüglich ihrer landschaftsökologischen Stellung sehr gegensätzliche Bestandteile der realen Vegetation bestimmen das Bild der Mainfränkischen Platten: Felder und naturbetonte Landschaftselemente.

6.3.2 Felder

Felder stellen den pflanzenökologischen Gegenpol zur natürlichen Vegetation der Wälder dar, die mit den Umweltbedingungen am besten in Einklang steht und die durch eine ausgeglichene Stoffbilanz ohne Aufzehrung der Substanz, aber auch ohne Überschuß an Nährstoffen gekennzeichnet ist. Felder dagegen entsprechen nach jedem Pflügen eher einem Ökosystemzustand, der als Pionierstadium zu bezeichnen wäre, also aus der Photosynthese netto einen Produktionsüberschuß bildet, der zunächst für das Wachstum der Pflanzen selbst verwendet werden würde, bald aber für den Aufbau der Pflanzengesellschaft (ZWÖLFER 1978, S. 39). Der Mensch macht sich diese Eigenschaft zunutze, indem er den Überschuß abschöpft, d. h. die Pflanzen erntet, um ihre an Kohlenhydraten reichsten Teile (Getreidekörner, Kartoffelknollen, Zuckerrüben) für sich selbst zu verwerten, also aus dem lokalen Ökosystem zu entnehmen. Durch den anthropogenen Einfluß wird das Ökosystem des Feldes also auf dem Pionierstadium gehalten und an seiner natürlichen Weiterentwicklung gehindert.

Die Nettoproduktionsrate ist jedoch keineswegs der einzige Aspekt, in dem sich Pionier- und Klimaxstadium der Vegetation unterscheiden. Pioniergesellschaften lassen sich, zumindest in Ökosystemen ohne einseitige Dominanz eines bestimmten Ökofaktors, noch durch weitere Punkte charakterisieren (ODUM 1983, S. 480):

– einfache lineare Nahrungsketten;
– kurze, einfache Lebenszyklen;
– offene Nährstoffkreisläufe;
– einheitliche Raumstruktur;
– geringe Stabilität gegen Störungen von außen.

Äcker, als Pioniergesellschaften betrachtet, zeichnen sich folglich im landschaftsökologischen Sinn durch ihre Wachstumsdynamik und ihren Produktionsüberschuß bei gleichzeitiger Instabilität und Einseitigkeit der Lebensbedingungen aus. Die typischen Standortbedingungen umfassen eine Anzahl von Aspekten, die durch die Intensität der anthropogenen Einflußnahme bestimmt sind:

– periodische Auslöschung der Pflanzengesellschaft (Ernte, Pflügen);
– permanente mechanische Eingriffe, um das System künstlich in seinem Zustand zu halten (Jäten);
– Verschiebung des Konkurrenzspektrums (Herbizid- und Insektizideinsatz);
– Eutrophie (hoher Nährstoffgehalt) durch künstliche Nährstoffzufuhr (Düngung);
– Veränderung zumindest der oberen Bodenhorizonte durch Pflugtätigkeit (Entstehung eines Ap-Horizonts) und Erosion, ggf. auch Erhöhung des Humusgehaltes;
– Veränderung der hydrologischen Parameter (Drainage, Bewässerung);
– Veränderung des Mikroklimas im Vergleich zum Wald hin zu relativ wärmer und trockener (geringere Beschattung, Wasserspeicherung und Luftfeuchtigkeit).

Nicht nur die vom Menschen angebauten und erwünschten Nutzpflanzen gehören zu den Pioniergesellschaften, denen solche Bedingungen zusagen. Früher wurden Pflanzen als Unkräuter bezeichnet, die infolge ihres massenhaften Auftretens vor allem auf Äckern (aber auch in Grünland) den Nutzpflanzen Konkurrenz bereiten. Ihre übermäßige Konkurrenzkraft läßt sich nach TISCHLER (1990, S. 259) auf eine Reihe von Merkmalen zurückführen, die sich auf dem nährstoffreichen und ständig gelockerten Standort Feld als besonders günstig erweisen, also an die Bedingungen des Pionierstadiums angepaßt sind. Zusammenfassend sind dies die Eigenschaften, die allgemein die Therophythen auszeichnen, Pflanzen, die Ungunstperioden als Samen überleben: schnelles Wachstum, Einjährigkeit, flexibles Reaktionsvermögen auf günstige Samungsbedingungen, dann reiche Samenproduktion, lange Überlebensdauer der Samen (2–7 Jahre).

In Äckern findet man bis zu 200 Mio. keimfähige Samen pro Hektar. Die Anpassung bzw. Selektion der Unkrautarten geht so weit, daß auf Feldern mit Winterfrüchten vorwiegend Unkräuter mit niedriger Keimungstemperatur aufkommen, da sie im Frühling mit den Nutzpflanzen ungestört aufwachsen können. Dagegen kommen Unkräuter mit höherer Keimungstemperatur mit Sommerfrüchten vor, da die Felder im Frühling noch gepflügt werden und erst im Frühsommer Auskeimen und Wuchs möglich sind. Je nach Nutzpflanze können also von Jahr zu Jahr ganz unterschiedliche Unkräuter aus dem Samenbestand des Bodens auskeimen (TISCHLER 1990, S. 259/271). In ökologischer Perspektive läßt sich dieser Sachverhalt als Anpassung der Vegetation insgesamt bzw. der Pflanzengesellschaft (also nicht der einzelnen Art) an die vom Ökofaktor Mensch bestimmten Standortbedingungen interpretieren. Unter den Bedingungen der modernen Landbewirtschaftung mit ihren hohen Gaben an Herbiziden wurden diese Arten allerdings so stark zurückgedrängt, daß einige heute sogar vom Aussterben bedroht sind und als „Ackerwildkräuter" bezeichnet werden.

6.3.3   Naturbetonte Landschaftselemente

Naturbetonte Landschaftselemente nehmen eine Zwischenstellung zwischen Pionierstadium und Klimax ein, vor allem im Kontrast zu den sie umgebenden Feldern. Sie besitzen eine wesentlich geringere Nettoproduktion (Magerrasen, Obstgehölze) und können folglich nur extensiv genutzt werden. Ihre Biozönose zeigt bereits starke Ähnlichkeiten zu höherrangigen Entwicklungsstufen der Gemeinschaft von Pflanzen und Tieren:

- vernetzte Nahrungsketten, noch unter Einbezug der Umgebung;
- längere, komplexere Lebenszyklen;
- nur noch bedingt offene Nährstoffkreisläufe;
- hohe Strukturdiversität;
- erhöhte ökologische Stabilität.

Trotz dieser Merkmale, die die höhere ökologische Stellung widerspiegeln, bestehen noch immer starke Beziehungen zur Umgebung mit häufigem Austausch von Nahrung und Teilen der Population. Vor allem aber sind nach wie vor anthropogene Einflüsse nötig, wenn auch in erheblich geringerem Maße als auf den Feldern:

- Mechanische Eingriffe sind zwar weiterhin nötig, jedoch viel seltener, also nicht permanent, sondern periodisch, weniger einschneidend und differenzierter ausgeführt: Beschneiden (Obstgehölze), Auf-Stock-Setzen (Hecken), selektives Beweiden (Magerrasen mit Weideunkräutern).
- Die Verschiebung des Konkurrenzspektrums beschränkt sich auf die deutliche Bevorzugung bestimmter, diese Eingriffe tolerierender Arten.
- Periodische Auslöschung der Biozönose kommt überhaupt nicht mehr vor, selbst beim Auf-Stock-Setzen einer Hecke bleibt der Wurzelstock erhalten, so daß sich kompliziertere Lebenszyklen und Nahrungsnetze aufbauen können.

Dazu kommt eine teilweise erhebliche Veränderung der abiotischen Standortbedingungen, die zwar das jeweilige Artenspektrum bestimmen, weniger jedoch die ökologische Stellung: Überflutung (Weiher), Felsflur (Lesesteine), Steilheit mit Einstrahlung und Trockenheit (Stufenraine). Gerade hier können sich höhere Sukzessionsstadien und komplexe, vielfältige Pflanzengesellschaften mit der entsprechenden Tierwelt herausbilden. Strukturdiversität und Vielfalt der ökologischen Nischen erreichen hier sogar ein Maximum.

Anders als man es nach der Einstufung in die Sukzession erwarten würde, liegt die Anzahl der Tier- und Pflanzenarten bei naturbetonten Landschaftselementen oft sogar über der der Klimax Wald. Man führt dies auf den „edge-effect" (Randeffekt) der räumlich kleinen, oft langgestreckten Strukturen mit hohem Verhältnis von Rand zu Fläche zurück. Sie bieten ein Maximum an Expositionsunterschieden, Nahrungsvielfalt, Mikroklimadifferenzierung und ökologischen Nischen, weshalb sich mehr Tier- und Pflanzenarten ansiedeln können als in homogen aufgebauten Biotopen. Im Kontakt- bzw. Übergangsbereich aus mehreren Artenspektren bilden sich hier Saumbiozönosen aus, die ein Charakteristikum für Ökotone (Übergangsstrukturen) sind (ODUM 1983, S. 246). Als Beispiele für typische Ökotone waren Waldränder, Hecken und Ufersäume zu nennen.

Funktionen naturbetonter Landschaftselemente

Im Gegensatz zu Feldern, deren einzige Funktion in der Produktion von Nahrungsmitteln besteht, besitzen naturbetonte Landschaftselemente eine Vielzahl von Funktionen für unterschiedliche Bereiche des Ökosystems (zu dem ja auch der Mensch zu rechnen ist), was sich schon aus ihrem viel stärkeren Beziehungsgeflecht mit der Umgebung herleitet. Unter Funktionen sind Auswirkungen zu verstehen, mit welchen diese Landschaftselemente selbst in Prozesse des Ökosystems eingreifen und diese verändern bzw. steuern (MÜLLER 1990, S. 41).

Diese neutrale Formulierung wird, aus der Sicht des Menschen, zu einer positiven Bewertung, wenn man die Sicherung der Funktionsfähigkeit des Landschaftshaushalts insgesamt in Betracht zieht, gerade unter dem Aspekt der Landnutzung. Oft werden naturbetonte Landschaftselemente nur als „Biotope" bezeichnet und angesehen, was jedoch nur einen Ausschnitt aus den vielfältigen Funktionen darstellt und die Dimensionen ihrer Bedeutung verkennt. Aus der Perspektive des Menschen betrachtet, erstrecken sich die Funktionen dieser Landschaftselemente für die Landschaft neben dem biotischen auf den abiotischen und den ästhetischen Bereich.

Im abiotischen Bereich des Landschafts-Ökosystems steht die Funktion des Schutzes vor Wassererosion im Vordergrund, eines der gravierendsten Probleme der Landnutzung in Unterfranken (vgl. Kap. 6.4). Dazu kommt die Winderosion, die unter hiesigen Bedingungen zwar zurücktritt, aber nicht unbedeutend ist und am günstigsten nicht durch einheitliche Schutzpflanzungen, sondern durch Abhebung der bodennahen Winddynamik mittels Strukturvielfalt zu vermindern ist. Die Veränderung des Mikroklimas erstreckt sich vor allem auf die Reduzierung der Verdunstung und die Verstärkung des Taufalls.

Im biotischen Bereich ergibt sich aus der Strukturvielfalt der naturbetonten Landschaftselemente mit Randeffekt und Zunahme ökologischer Nischen die Funktion als Biotop, die sich auf Pflanzen wie auch auf Tiere erstreckt, wobei für diese neben der Standortvielfalt noch Nahrungsfunktionen dazukommen (vgl. Abb. 33). Daneben stellen sie wichtige Elemente der Biotopvernetzung bereit, die auch von nicht dauernd dort lebenden Tieren in Anspruch genommen werden. Schließlich üben naturbetonte Landschaftselemente eine agrarökologische Stabilisierungsfunktion aus, da sie Nützlingen Stützpunkte bieten, vor allem Insekten, Vögeln und Kleinsäugern, die sich von Schädlingen auf den angrenzenden Feldern ernähren.

Diese Funktion spielt bereits in den anthropogenen Bereich hinein, der sich vor allem in den landschaftsästhetischen Funktionen ausdrückt. Naturbetonte Landschaftselemente bestimmen einen wesentlichen Teil der Ästhetik einer Landschaft. Sie steigern die Vielfalt ihrer Ausdrucksformen und machen den inneren Zusammenhang der Landschaft transparent, etwa durch Stufenraine im Erosionsgebiet, Lesesteine in Weinbaugebieten oder Magerrasen in Bereichen nährstoffarmer Böden. Sie stellen historische Zeugnisse der Auseinandersetzung des Menschen mit der Umwelt dar, zeichnen über Jahrhunderte gewachsene Flureinteilungen, Besitzstrukturen und Wirtschaftsweisen nach. Damit bringen sie nicht zuletzt die regionale landschaftliche Eigenart zum Ausdruck, wie sie im folgenden für die Landschaften Unterfrankens unter anderem anhand des Mosaiks der naturbetonten Landschaftselemente aufgezeigt wird.

Damit sind rein anthropogene Bereiche tangiert und aus der Sicht des Menschen bewertet, die in der Kulturlandschaft aber nicht von den übrigen zu trennen sind, da die menschliche Nutzung ja integraler Bestandteil eben dieser Landschaft ist. In dieser Beziehung können naturbetonte Landschaftselemente etliche landschaftsökologische Probleme, die die Landnutzung unausweichlich mit sich bringt, zumindest abmildern, teilweise sogar ausgleichen.

6.3.4   Das Mosaik der naturbetonten Landschaftselemente

Jede Landschaft besitzt ihr eigenes Spektrum von naturbetonten Landschaftselementen. Sie sind weder gleichmäßig noch zufällig verteilt, sondern lassen sich als Mosaik, als charakteristische Kombination naturbetonter Landschaftselemente, in bestimmten Gebieten finden.

Damit tragen sie nicht nur zur Landschaftsökologie, sondern auch zum regionalen Landschaftsbild entscheidend bei.

Die einzelnen Landschaftselemente besitzen jeweils eine eigenständige Entwicklungsgeschichte, die aus dem Wirkungsgefüge natürlicher und anthropogener Ökofaktoren hervorgeht. Sie ergeben sich aus den geologischen, klimatischen, geomorphologischen, bodenkundlichen und vegetationskundlichen Verhältnissen auf der einen Seite sowie aus der Reaktion des landwirtschaftlich tätigen Menschen auf der anderen Seite. Analog zur regionalen Unterschiedlichkeit dieses Faktorengefüges ist es möglich, auch das Mosaik der naturbetonten Landschaftselemente regional zu differenzieren.

Die relativ einheitlich aufgebauten und intensiv genutzten, wenig reliefierten Mainfränkischen Platten besitzen insgesamt wenige naturbetonte Landschaftselemente pro Flächeneinheit. Am meisten verbreitet sind Hecken auf Stufenrainen und Streuobstbestände, daneben Halbtrockenrasen und Feldgehölze. Die früher viel zahlreicheren Hohlwege sind heute nur noch selten zu finden und wirken nicht landschaftsprägend. Klar ist die weitgehende Abwesenheit feuchtigkeitsbezogener Landschaftselemente, was die hydrologischen Verhältnisse des Trockenraumes reflektiert und im Landschaftsbild deutlich werden läßt.

Hecken auf Stufenrainen

Im Ackerbaugebiet der Mainfränkischen Platten sind praktisch alle Hecken spontan entstanden und lediglich geduldet, nicht aber gezielt angepflanzt worden. Damit bleiben als mögliche Standorte nur anderweitig nicht genutzte Stellen in der Feldflur, namentlich Stufenraine. In Entstehung, Alter und Ursachen sind die kleingeomorphologischen Strukturen der Stufenraine von ihrem Bewuchs zu trennen, der neben Hecken auch einfache Grasfluren oder Obstbaumreihen umfaßt.

Stufenraine bilden sich quer zum Hang als Folge des Bodenabtrags auf den Feldern. Das durch die Pflugtätigkeit gelockerte Bodenmaterial wird durch Erosionsprozesse hangabwärts transportiert und sammelt sich an der nächsten Feldgrenze (Rain), wenn dort dichterer Bewuchs die Schleppkraft des Wassers verringert. Über die Jahrhunderte lagerte sich immer mehr Material an den einmal fixierten Feldgrenzen an, während im nächsten Feld unterhalb die Erosion weiterlief, so daß sich Stufenraine von oft über einem Meter Sprunghöhe herausbildeten. Voraussetzung für derartige Umlagerungsprozesse ist eine gewisse Anfälligkeit für Bodenerosion. Sie ist insbesondere beim Löß gegeben, wo sich bei entsprechender Hangneigung auch auf mächtigen Bodendecken regelmäßig Stufenraine bildeten. Ein etwas anderes Ursachengefüge ergibt sich, wenn mit der Hangneigung eine geringmächtige oder auskeilende Lößdecke zusammenfällt und Bruchstücke des Muschelkalkuntergrunds in Form kleiner Steine an die Oberfläche gelangen. Sie werden teilweise noch heute aus den Feldern „gelesen", also zusammengetragen, und wurden früher als *Lesesteine* an die nächste Feldgrenze geworfen, weshalb die Stufenraine weiter anwuchsen.

Umgekehrt hat man im Laufe der Zeit den Wert dieser Strukturen erkannt, die durch das Abfangen des Oberflächenwassers einerseits, die allmähliche Verringerung der Hangneigung der angrenzenden Felder andererseits stark erosionsschützend wirken. Gelegentlich wurden instabile Stufenraine zusätzlich mit Mauern befestigt; andere gingen aus Terrassenmäuerchen hervor, die bezüglich des Erosionsschutzes den bewachsenen Stufenrainen unterlegen sind, da sie mehr Wasser durchlassen. Einen Standort für Hecken bilden daneben regelmäßig die kleinräumigen Hangversteilungen von oft nur wenigen Metern Ausdehnung, die überall dort vorkommen, wo die Lößdecke den geologischen Untergrund freigibt. Die

		Tabelle 7
Prunus spinosa	Schlehe	Wichtigste Gehölzarten des
Rosa canina	Hundsrose	Liguster-Schlehengebüsches
Crataegus laevigata	Zweigriffeliger Weißdorn	*(Pruno-Ligustretum)*
Sambucus nigra	Schwarzer Holunder	
Prunus avium	Vogelkirsche	
Ligustrum vulgare	Liguster	
Crataegus monogyna	Eingriffeliger Weißdorn	
Euonymus europaeus	Pfaffenhütchen	

Beschleunigung des Oberflächenabflusses an diesen Stellen führt zu verstärkter Erosion, weshalb eine dauerhafte Sicherung der Hangversteilungen wichtig ist. Da die Böden dort gleichzeitig weniger fruchtbar waren als die aus Löß hervorgegangenen, zudem die Steilheit ein Bewirtschaftungshindernis ergab, bezogen die meisten Flureinteilungen solche natürlich vorgegebenen Gliederungslinien als Grenzen mit ein (MÜLLER 1990, S. 96, 104).

Während die Standorte also auf eine jahrhundertealte Geschichte der Landnutzung zurückgehen, ist der heutige Bewuchs oft viel jünger. Gehölze konnten sich erst ansiedeln, als man die Stufenraine nicht (mehr) mähte oder beweidete. Das geschah im Einzelfall zu sehr unterschiedlichen Zeitpunkten, oft erst in diesem Jahrhundert, als die Haltung von Schafen und Ziegen aufgegeben wurde. Um die Ausbreitung der Hecke in seine Felder zu verhindern, muß dann der Mensch hier eingreifen: durch das Zurückschneiden der Heckensträucher alle paar Jahre sowie das *Auf-Stock-Setzen*, das Abschlagen oberhalb des Wurzelstocks. Damit veränderte sich das Gleichgewicht der Ökofaktoren deutlich, denn die Eingriffe wurden seltener und selektiver durchgeführt als bei Beweidung oder Mahd. Das Auf-Stock-Setzen erfolgte früher alle 15 bis 20 Jahre, zu einem Zeitpunkt also, zu dem sich erst Sträucher, aber noch keine Bäume entwickelt hatten. Nur in Ausnahmefällen ließ man einzelne Bäume *(Überhälter)* sich innerhalb der Hecke entwickeln, während dies heute häufig der Fall ist und die Hecken „durchwachsen". Durch die zwar relativ seltenen, doch periodisch wiederkehrenden anthropogenen Eingriffe wurden über die Zeit Arten gefördert, die zur vegetativen, nichtgeschlechtlichen Vermehrung und zum Stockausschlag, zum Austrieb aus dem Wurzelstock fähig sind. Die Fauna stellt sich auf die entsprechenden Bedingungen analog ein und setzt sich aus Arten zusammen, die offene, lichte, trockene und warme Verhältnisse benötigen.

Die Pflanzen, welche die Hecken aufbauen, zeigen neben der Anpassung an den Ökofaktor der anthropogenen Beeinflussung exakte Bezüge zu den klimatischen und bodenchemischen Verhältnissen, was sich im regelmäßigen Auftreten bestimmter Pflanzengesellschaften der Hecken äußert. Auf den Mainfränkischen Platten ist das Liguster-Schlehengebüsch *(Pruno-Ligustretum)* verbreitet, das auf trockenwarmes Klima, einen relativ hohen pH-Wert (basisch bis gering sauer) und Kalkgehalt des Bodens sowie Verhältnisse der Niederungslagen mit einer langen Vegetationsperiode eingestellt ist. Seine wichtigsten Gehölze sind in Tab. 7 zusammengestellt.

Schlehe, Rose und Weißdorn treten in der Regel bestandsbildend auf, während von den übrigen Arten nur jeweils wenige Individuen beteiligt sind. Ein Vergleich mit Tab. 2 zeigt eine deutliche Verschiebung des Artenspektrums. Vom potentiell natürlichen Eichen-Hainbuchenwald kommen nur diejenigen Arten in den Hecken der Mainfränkischen Platten vor, die auch die anthropogenen Ökofaktoren Schnitt, Auf-Stock-Setzen und geringe Bestandsgröße gut verkraften.

Von diesen bilden oft Eichen und Vogelkirschen Überhälter, was auf eine gezielte Duldung durch den Menschen hinweist, da er an ihren Früchten interessiert war. Verstärktes

Auftreten von Holunder in einer Hecke zeigt starke Überdüngung der angrenzenden Felder an, die stets auch die Hecke mit beeinflußt. Wird eine Hecke in kurzen Abständen auf Stock gesetzt oder abgebrannt, so wird einseitig die Schlehe gefördert, die diese Eingriffe am besten verträgt, da sie extrem sproßbürtig (Wurzeltriebe bildend) ist. Im Extremfall können auf diese Weise reine Schlehenhecken als stark verarmte Rumpfgesellschaft entstehen.

Streuobst

Zu den Hecken auf Stufenrainen treten als weitere charakteristische naturbetonte Landschaftselemente der klimabegünstigten Mainfränkischen Platten die Streuobstbestände. Streuobst wird definiert als „im allgemeinen großwüchsige Bäume verschiedener Obstarten, Sorten und Altersstufen, die auf Feldern, Wiesen und Weiden in ziemlich unregelmäßigen Abständen gewissermaßen ‚gestreut' stehen" (LUCKE, SILBEREISEN u. HERZBERGER 1993, S. 10). Aus ästhetischem Blickwinkel sind die Einzelbäume, anders als bei Plantagen, stets in Form und Aufbau als Individuen erkennbar. Das Spektrum der Streuobstbestände reicht von Einzelbäumen über Baumreihen auf Feld-, Stufen- und Wegrainen bis zu flächenhafter Bestockung. Es handelt sich durchweg um Hoch- bzw. Mittelstämme, die im Kontrast zu den im Intensivobstbau gepflanzten, bis maximal 2 m hohen Niederstämmen in der Regel nur extensiv bewirtschaftet, d. h. weniger stark gespritzt und seltener geschnitten werden. Sie bieten besonders Vögeln und Insekten Lebensmöglichkeiten und prägen, in großflächiger Ausbreitung, ganze Landschaftsbilder.

Streuobst nimmt innerhalb der naturbetonten Landschaftselemente insofern eine Sonderstellung ein, als es nicht nur geduldet, sondern aktiv gepflanzt werden muß und eine stärkere Nutzung als beispielsweise Hecken erfährt, wenn auch längst keine so intensive wie Felder oder Grünland. Um den Bäumen auf Obstwiesen ihre Entfaltung zu ermöglichen und genügend Nährstoffe zu belassen, muß der Untergrund regelmäßig gemäht werden. Oft wird auch gedüngt, und die Bäume erfordern regelmäßige Pflege: den „Erziehungsschnitt" am Anfang, Ausschneiden jährlich, Versiegelung von Wunden nach Bruch.

Streuobstflächen müssen sich gegenüber dem Ackerbau des betreffenden Standortes ökonomisch rentieren, was vom Ertrag sowohl der Obstbäume als auch der Feldfrüchte als auch von der Vermarktungssituation abhängt. Früher gab es größere Streuobstbestände verbreitet auch auf ackerbaulich genutzten Flächen, die infolge des Maschineneinsatzes jedoch praktisch vollständig beseitigt wurden. In Gebieten mit noch günstigerem Klima und höheren Erträgen, wie etwa am Untermain, konnten sich Streuobstflächen gegenüber der Ackernutzung behaupten, wenn auch nicht in räumlicher Überlagerung als Stockwerkanbau. Auf den Mainfränkischen Platten sind Streuobstflächen hauptsächlich um die Dörfer herum und auf steilen oder unförmigen Flurstücken erhalten. Nur in der Nähe größerer Orte (Marktnähe) auf ackerbaulich ungünstigen Böden war ihre Ertragssituation der des Ackerbaus überlegen, so daß auch Anlagen auf freiem Feld vorkommen.

Obstbaumreihen findet man häufiger noch auf Stufenrainen oder Feldrainen, wo sie gelegentlich eine Vorstufe zu Hecken bilden. Wenn irgendwann die Nutzungsintensität zurückgenommen und die Baumpflege aufgegeben wurde, entwickelten sich Heckensträucher, deren Eindämmung wesentlich weniger Arbeit verursacht. Man erkennt dies dann noch lange am Pflanzenbestand der Hecke, in der sich Obstbäume, oft Zwetschgen, als Relikte zwischen den anderen Sträuchern halten. Die Obstbaumnutzung wurde dabei am ehesten auf denjenigen Rainen aufgegeben, die am weitesten von den Dörfern entfernt waren und folglich die weitesten Wege verursachten.

Einzelbäume wurden, von Nußbäumen abgesehen, kaum allein gepflanzt, sondern stellen in der Regel Reste früher ausgedehnterer Bestände dar, zumindest von Obstbaumreihen. Früher waren Obstbäume an Wegrainen und Straßenrändern der Mainfränkischen Platten nahezu durchgängig gepflanzt. Bei mangelnder Pflege (Ausschneiden) wuchern die Bäume zu und treiben nicht mehr richtig, schließlich brechen Äste; der Baum stirbt langsam ab.

Die meisten unserer Obstarten sind zufällige und gezüchtete Kreuzungen aus eingeführten und einheimischen Wildarten. Die bestimmenden Streuobstgehölze der Mainfränkischen Platten sind in Tab. 8 zusammengestellt. Angegeben sind jeweils die Wildarten (einheimische und eingeführte), von denen angenommen wird, sie seien die Stammarten der Kulturarten. In der Regel sind noch weitere Varietäten und zahlreiche Kreuzungsschritte beteiligt, und die heutigen Kulturarten umfassen eine große Zahl von Varietäten und Sorten. Die angegebenen Wildarten existieren nach wie vor in den entsprechenden Pflanzengesellschaften. Ausgesprochen häufig ist die Kirsche *(Prunus avium)*, deren Wildart in Eichen-Hainbuchenwäldern wie auch in Hecken gedeiht und an den im Vergleich zur Kulturart viel kleineren, aber gleichwohl eßbaren Früchten erkennbar ist.

Obwohl der Holzapfel *(Malus sylvestris)* mit seinen kleinen, harten und sauren Früchten in Mitteleuropa natürlich vorkam, werden eingeführte Wildarten aus dem Vorderen Orient als Vorläufer der Kultursorten angesehen, die in der Sammelart des Kulturapfels (Gartenapfel) botanisch zusammengefaßt sind. Es ist hier nicht möglich, auf die in die Hunderte gehenden, jeweils nur ganz lokal verbreiteten Varietäten einzugehen. Allein beim Apfel entwickelten sich über die Jahrhunderte mehr als 500 sekundäre Formen/Sorten aus den Wildarten. Das geschah meist durch Zufall (Zufallssämlinge), erst seit dem letzten Jahrhundert verstärkt durch Züchtungen, die sich durch speziell auf die lokalen ökologischen Verhältnisse abgestimmte Selektion auszeichnen (LUCKE, SILBEREISEN u. HERZBERGER 1993, S. 89–91).

Streuobstbestände waren bis in unser Jahrhundert die weitgehend einzige Quelle für Tafel- und Mostobst. Apfelbäume stellen den bei weitem höchsten Anteil am Streuobst in ganz Franken. Sie sind als Flachwurzler auf verschiedenen, sogar steinigen Standorten heimisch und vergleichsweise wenig frostempfindlich, was ihnen auf den kaltluftgefährdeten Hochflächen der Gäuflächen wie auch in den frostgefährdeten Geländemulden zugute kommt. Freie, windoffene Lagen erweisen sich als günstig, da Apfelbäume dort weniger anfällig für die häufigste Beeinträchtigung sind, die Pilzkrankheit Schorf.

Die Zwetschge ist mit Schlehe, Pflaume, Mirabelle, Kirsche, Pfirsich, Aprikose und Mandel eng verwandt und in der Gattung *Prunus* zusammengefaßt. Sie entwickelte sich aus Kreuzungen der einheimischen, in Hecken und an Waldrändern verbreiteten Schlehe und der vorderasiatischen Kirschpflaume. Verwilderte Formen findet man in Mainfranken gelegentlich auch von der eng verwandten Mirabelle. Zwetschgen sind in ihren Standortansprüchen den Schlehen relativ ähnlich, vertragen zeitweilige Trockenheit und als Flachwurzler steinige Böden, benötigen allerdings zur Fruchtbildung mehr Wärme. Zwetschgen können als Kultursorte in Streuobstanlagen angepflanzt sein, kommen auf den Mainfränkischen Platten aber viel zahlreicher als halbwilde, noch voll fruchtende Arten auf ungünstigen Standorten vor: lesesteinreiche Stufenraine an Muschelkalkhängen, konkurrenzkräftig auch innerhalb von Hecken, teilweise als Baumreihe gepflanzt (Obernbreit, Ippesheim und Umgebung).

Die Kultursorten der am Streuobst beteiligten Birnbäume entstanden ebenfalls aus Zufallssämlingen einheimischer und eingeführter Wildarten. In Franken lassen sich praktisch nur Most- und Wirtschaftsbirnen anbauen; für die anspruchsvollen Tafelbirnen ist das Klima hier bereits zu kühl. Birnen wären als Tiefwurzler für Lößstandorte prinzipiell gut geeignet, doch ist hier der Ackerbau natürlich ertragreicher.

Malus sylvestris	Holzapfel	(einheimische Wildart)
Malus orientalis	Kaukasusapfel	(eingeführte Wildart)
Malus sieversii	Altaiapfel	(eingeführte Wildart)
Malus domestica	Kulturapfel	(Sammelart)
Pyrus pyraster	Holzbirne	(einheimische Wildart)
Pyrus syriaca	Syrische Birne	(eingeführte Wildart)
Pyrus communis	Kulturbirne	(Sammelart)
Prunus spinosa	Schlehe	(einheimische Wildart)
Prunus cerasifera	Kirschpflaume	(eingeführte Wildart)
Prunus domestica ssp. *domestica*	Zwetschge	(Kulturart)
Prunus avium	Vogelkirsche	(einheimische Wildart)
Prunus fruticosa	Zwergkirsche	(einheimische Wildart)
Prunus avium ssp. *juliana*	Herzkirsche	(eingeführte Kulturart)

Tabelle 8
Wichtigste Kulturarten der Streuobstbestände der Mainfränkischen Platten und deren Ursprünge (Wildarten). Nach: LUCKE, SILBEREISEN u. HERZBERGER (1993), OBERDORFER (1979)

Für viele empfindliche Obstbäume (Quitte, Mandel, Pfirsich usw.), die in milderen Gebieten wie dem Oberrheingraben verbreitet sind, ist es in Franken ebenfalls bereits zu kühl, was für die verkürzte Dauer der Vegetationsperiode, mehr noch aber für die öfters sehr scharfen Winterfröste gilt. Hier macht sich bereits die zunehmende Kontinentalität des Klimas nach Osten hin bemerkbar. Die frostempfindlichen Kirschen sind auf den Mainfränkischen Platten selten zu finden, demgegenüber in geschützten Hanglagen des Maintals oder der Keuperstufe teilweise als ausgedehnte Flächen.

Feldgehölze

Selbst die ackerbaulich äußerst günstigen Löß- und Keuperbereiche von Gäuflächen, Grabfeld und Windsheimer Bucht sind nicht völlig frei von Wäldern, welche früher als Quelle für Brennholz, aber auch für Bau- und Schreinerholz unentbehrlich waren. Um den Verlust an wertvollem Ackerland innerhalb der Gunstgebiete gering zu halten, beließ man Baumwuchs nur in möglichst kleinen Bereichen. So blieben inmitten der Ackerflur immer wieder isolierte kleine Waldstücke übrig, die ökologisch eine Zwischenstellung zwischen Hecken/Gebüschen einerseits und größeren Wäldern andererseits einnehmen. Im Lößgebiet stocken Feldgehölze in der Regel auf den ungünstigsten Standorten der Flur, beeinträchtigt durch Vernässung oder kleinräumige Austritte von Kalk- oder Sandsteinbänken.

Der aus ausgewachsenen Bäumen aufgebaute Kern von Feldgehölzen macht die geringere menschliche Einflußnahme auf die Vegetation im Verhältnis zu den immer wieder zurückgestutzten Gebüschen deutlich. Von Hecken, die ja auch öfters durchgewachsene Bäume beinhalten, unterscheiden sich Feldgehölze in erster Linie durch ihr ausgeglicheneres Verhältnis von Rand zu Fläche, also ihre insgesamt flächigere Form.

Entscheidende ökologische Bedingungen der Feldgehölze sind neben der Kleinflächigkeit der allseitige Kontakt zu Landwirtschaftsflächen und damit ihre Isolation vom übrigen Wald. Aus diesen Gründen bestehen erhebliche Beziehungen der Fauna zur Umgebung, die bei Nahrungssuche, Partnersuche oder Revierwechsel das Feldgehölz regelmäßig verlassen muß, unterstützt im Idealfall durch den heckenähnlichen Mantel als Übergangs- und Austauschzone mit der Flur. Die abiotischen Bedingungen unterscheiden sich

vom Wald durch das erhöhte Lichtangebot, die stärkere Windexposition und den Feuchtig-
keitsaustausch mit der Umgebung. Diese Bedingungen finden im Artenspektrum der Be-
wohner ihren Ausdruck. Es handelt sich wie bei Hecken um Vögel sowie Kleinsäuger
wie Hasen, Igel, Wiesel oder Rehwild, also um Arten, deren vorwiegender Lebensraum die
offene Flur ist, die jedoch geschützte Rückzugsgebiete als Rast- und Überwinterungsplätze
benötigen. Somit stellt ein Feldgehölz aufgrund seiner physikalischen und biotischen Beziehungen klar einen Bestandteil der landwirtschaftlich genutzten Flur dar.

Die Grenze zum Wald wird überschritten, wenn der Kern den Charakter des Standorts
bestimmt, also hinsichtlich Lichtabschirmung, Ausgeglichenheit der Feuchtigkeits- und
Temperaturbilanz grundlegend geänderte Verhältnisse herrschen, die den Offenlandbewoh-
nern wie auch lichtbedürftigen Pflanzen keinen Lebensraum mehr bieten. Die Abgrenzung
ist schwierig und nur qualitativ vorzunehmen, denn sie hängt sowohl von der Form des Ge-
hölzes als auch von den Ansprüchen der Lebewesen ab. Als Richtwert wird oft für nicht allzu
länglich geformte Waldstücke rund 1/4 ha (entsprechend 50 x 50 m) angesetzt. Um ihre Ansprüche dauerhaft befriedigen zu können, benötigen reine Waldbewohner allerdings einen
Lebensraum, der bei Laufkäfern 2–3 ha, bei Spinnen bereits 10 ha Ausdehnung beträgt
(TISCHLER 1990, S. 280).

Feldgehölze und Wälder der Mainfränkischen Platten wurden in aller Regel noch bis in
dieses Jahrhundert als Niederwald bewirtschaftet, also in regelmäßigen Abständen abge-
holzt, worauf man die Wurzelstöcke wieder austreiben ließ. Auch wenn diese Nutzungsart
seit einigen Jahrzehnten nicht mehr betrieben wird und die Bäume heranwuchsen, erkennt
man noch die dünnen, zu mehreren aus einem Wurzelstock austreibenden Stämme. Dazu
kommt die Waldweide, der früher übliche Weidegang der Nutztiere im Wald, der in diesen
wenigen Waldstücken sehr intensiv betrieben wurde. Es ist klar, daß dadurch solche Pflanzen
gefördert wurden, die stockausschlagfähig und robust gegen Verbiß sind. Das Artenspektrum
der hier stockenden Wälder, Wäldchen und Feldgehölze entspricht weitgehend der in Tab. 2
wiedergegebenen Zusammenstellung der Eichen-Hainbuchenwälder. Hier wird die Problematik der Natürlichkeit bzw. anthropogenen Einflußnahme auf diese Waldstücke im Zusammenhang mit ihrer Integration in die landwirtschaftliche Nutzung der Flur offensichtlich,
was im Abschnitt über die potentielle natürliche Vegetation (Kap. 4.4.1) diskutiert wurde.

Hohlwege

Unter einem Hohlweg versteht man einen ins umgebende Gelände eingesenkten Weg, nicht
als Einschnitt geplant, sondern im Laufe der Zeit als Erosionsform durch die Tätigkeit der
Fuhrwerke und des Regens entstanden. Hohlwege entwickeln sich in allen Sedimenten wie
Tonsteinen, in gelockerten Schuttdecken und sogar in den weicheren Schichten des Bunt-
sandsteins, charakteristisch aber im Löß. Obwohl nicht so verbreitet und ausgeprägt wie am
Kaiserstuhl oder in Rheinhessen, gab es auch in Franken tiefe Hohlwege.

Der den Löß weitgehend aufbauende Schluff besitzt eine außerordentliche Standfestigkeit, weshalb sich steile Anschnitte lange erhalten können und nicht abrutschen oder
verstürzen. Diese Wegstrecken wurden über die Jahrhunderte durch die Fuhrwerke sowohl
von Bewuchs freigehalten als auch gelockert, vom abfließenden Regenwasser als Abfluß-
rinne benutzt und weiter eingekerbt – ein sich selbst verstärkender Effekt. Sie besitzen ein
typisches Querprofil, unterschiedlich tief eingeschnitten zwischen steil aufragenden Wän-
den. An diesen haben sich zumeist Hecken angesiedelt, die die Wände zusätzlich befestigen.
Die oft mehrere Meter tiefen Hohlwege im Löß sind heute meist nicht mehr in Benutzung

und ganz zugewuchert, vielfach wurden sie bei der Flurbereinigung verfüllt. In anderen Gesteinen, wo sie nur 1–2 m tief und die Wände weniger steil sind, haben sich Hohlwege eher erhalten, vielfach im Wald.

Halbtrockenrasen

Halbtrockenrasen kommen auf den Mainfränkischen Platten überall dort vor, wo eine nur dünne Bodendecke keinen rentablen Ackerbau mehr zuläßt, was hier in der überwiegenden Zahl der Fälle zumindest teilweise auf die Bodenerosion der früher als Felder genutzten Flächen zurückzuführen ist. Auf den Mainfränkischen Platten sind dies zwei Bereiche: Im Grabfeld und in der Windsheimer Bucht zeigen Halbtrockenrasen regelmäßig die kleinräumig auftretenden, geringmächtigen, kalkreichen Steinmergelbänke (Acrodus-Corbula-Bank, Unterer Keuper) innerhalb der intensiv genutzten Tone an. Eine Besonderheit stellen die Halbtrockenrasen auf den Gipshügeln im Steigerwaldvorland dar, wo vergleichbare ökologische Bedingungen herrschen (Sulzheim).

Im Westen findet man Halbtrockenrasen auf den Ausbissen des Wellenkalks, meist relativ kleinräumig mit wenigen Hektar Fläche (Rohrbach). Sie waren früher weit verbreitet, befinden sich heute jedoch meist schon im Stadium der Verbuschung oder Verwaldung, oft mit lichten Kiefernwäldern. Man kann dies sowohl botanisch nachweisen, anhand von typischen Pflanzen der Halbtrockenrasen, die noch unter den Kiefern überdauern, als auch mit den historischen Karten des letzten Jahrhunderts. Ein Großteil der heutigen Kiefernwälder im Westen der Mainfränkischen Platten dürfte diese Entstehungsgeschichte haben. Am ehesten kennzeichnen Halbtrockenrasen heute noch die Talschultern der in die Mainfränkischen Platten eingesenkten Täler. Sie werden im Abschnitt über das Maintal behandelt, wo sie sich in stärkerem Maße halten konnten und auch heute noch zum Teil landschaftsprägend wirken.

6.3.5   Regionale Differenzierung des Mosaiks der naturbetonten Landschaftselemente

Das Beispiel der Halbtrockenrasen hat bereits die regionale Unterschiedlichkeit im Auftreten der einzelnen naturbetonten Landschaftselemente gezeigt. Die unterschiedliche *Kombination* der Einzelelemente im *Mosaik* ist für die regionale Eigenständigkeit und Charakteristik der Landschaft von größtem Wert.

Auf den tiefgründigen nährstoffreichen Lößböden der Gäuflächen kommen Halbtrockenrasen nicht vor, und auch die übrigen naturbetonten Landschaftselemente beschränken sich auf die wenigen Ungunststandorte innerhalb der Feldflur. Im Bereich des erosionsgefährdeten Lösses mit hoher Materialumlagerung haben sich in Hangbereichen regelmäßig Stufenraine gebildet, die heute vielfach Hecken, daneben auch Obstbaumreihen tragen. Zusammen mit Streuobstbeständen, deren Existenz vom Klima begünstigt wird, sind sie hier die häufigsten naturbetonten Landschaftselemente. Daneben sind Feldgehölze und Hohlwege zu erwähnen.

Im Westen und Südwesten der Mainfränkischen Platten kommt Löß nicht mehr flächendeckend vor, weshalb steile Hangbereiche unter Ackernutzung selten sind und Stufenraine weniger oft vorkommen. Meist sind sie dann mit Lesesteinen vermischt, die stets auf den Grenzen quer zum Hang gesammelt wurden und die einmal festgelegten Standorte weiter fixierten. Das ist auch im westlichen Grabfeld der Fall, insbesondere auf den

Muschelkalkschollen im Besengau nordöstlich von Bad Neustadt. Im Mosaik der naturbetonten Landschaftselemente treten hier neben das Streuobst die Halbtrockenrasen auf den
flachgründigen Böden des Muschelkalks.

Im Norden, im zentralen Grabfeld, haben sich in den tonreichen Böden der Keupertone
kaum Stufenraine herausgebildet, da die Bodenerosion hier anderen Gesetzmäßigkeiten ge-
horcht. Standorte für Hecken treten hier stark zurück und beschränken sich im wesentlichen
auf Wegraine. Dagegen tragen viele der Kuppen nur noch ausgelaugte Böden, die wiederum
Standorte für Halbtrockenrasen bilden.

Im Osten, im Bereich der Windsheimer Bucht, existieren größere Bereiche mit Streuobst
sowie Halbtrockenrasen auf denselben Standorten. Hecken sind selten, stehen aber regelmäßig auf Feldrainen senkrecht zum Hang, da sie oft Parzellengrenzen ehemaliger Weinberge nachzeichnen, woraus sich völlig andere Standortbedingungen und Landschaftsbilder
ergeben. Diese Anordnung ist auch für die staunässegefährdeten Pelosole der anschließenden Keuperstufe (Steigerwald, Frankenhöhe) typisch und wird dort näher betrachtet.

6.4   Landschaftsökologische und -ästhetische Probleme

Unter natürlichen Bedingungen stehen alle Partialkomplexe des Landschafts-Ökosystems
mit ihrer Vielzahl von Ökofaktoren und gegenseitigen Wechselbeziehungen im Gleichgewicht. An Veränderungen, wie z. B. die Erwärmung des Klimas nach der Eiszeit, paßt sich
das System an (dynamische Anpassungsfähigkeit des Landschafts-Ökosystems), wofür ihm
normalerweise lange Zeiträume zur Verfügung stehen. Erst der Eingriff des neuen Ökofaktors Mensch mit seiner Landnutzung, in diesem Jahrhundert auch durch Verkehr, Müllablagerung, verstärkte Wasserentnahme usw., schuf veränderte Bedingungen, auf die das
System durch veränderte Prozeßabläufe reagiert. Ein Beispiel hierfür wäre die Erhöhung
oberflächlichen Abflusses der Niederschläge im Vergleich zur Infiltration in den Boden und
das Grundwasser mit der Folge der Erosion, ein anderes die Existenz vieler Pflanzengesellschaften der naturbetonten Landschaftselemente infolge der Erhöhung der Kontakt-
flächen mit mehr warmtrockenen Verhältnissen.

Die Bewertung dieser Veränderungen erfolgt aus der rein anthropogenen Perspektive.
Das Ökosystem kennt nur andere Zustände und Gleichgewichtssituationen, denen es zu-
strebt. Die Frage, ob die Existenz naturbetonter Landschaftselemente als Behinderung oder
Bereicherung angesehen wird, ob Erosion als notwendige Begleiterscheinung oder als Problem aufgefaßt wird, stellt sich aus der Sicht des Ökosystems gar nicht. Sie existiert aus
unserer menschlichen Perspektive, denn unsere Lebensbedingungen und -grundlagen werden tangiert. So gesehen, liegt es an den Menschen zu beurteilen, ob eine landschaftliche
Veränderung als Problem angesehen wird oder ob sie sich anpassen wollen oder können.

Vor diesem Hintergrund ergeben sich die aktuellen ökologischen Probleme aus der Kombination der Partialkomplexe unter den Bedingungen der agrarischen (und anderweitigen)
Nutzung der Landschaft durch den Menschen. Daraus folgt der Wechsel der Probleme bzw.
deren Vorherrschen mit der jeweiligen landschaftlichen Ausstattung. Ästhetische Mechanismen wirken wiederum auf den Menschen zurück, für den die Landschaft nicht nur einen
Produktionsstandort, sondern einen Teil seines Lebensraumes, seiner Kulturentwicklung
und ein Reservoir an Ressourcen (z. B. Wasser) darstellt. Ein Wissen um diese Zusammenhänge in der Landschaft ist also unabdingbar für die Bewertung ökologischer Probleme.

Bodenerosion: Bildung von Pararendzinen

Die Folgen der Bodenerosion für den Horizontaufbau und damit zusammenhängend für die Bodenfruchtbarkeit insgesamt lassen sich am Beispiel der Erosion der ursprünglichen Parabraunerde der Lößgebiete (vgl. Kap. 6.2.4) zur Pararendzina gut beleuchten. In Abb. 30 sind die beiden Profile einander gegenübergestellt, woraus die Folgen der Erosion deutlich werden.

Für alle Bodenprofile im beackerten Bereich, nicht nur bei Parabraunerden, ist ein Ap-Horizont, ein Pflughorizont charakteristisch. Der Begriff bezieht sich auf den bis zur Pflugtiefe in meist etwa 30 cm beeinflußten obersten Horizont, in welchem sich durch die Pflugtätigkeit Humus und Bodenmaterial in ständiger Durchmischung befinden. Er ist mit scharfer, deutlich erkennbarer Grenze zum Unterboden abgesetzt, wo die normalen Bodenbildungs- und Umlagerungsprozesse weiterlaufen.

In den beackerten Bereichen im Verbreitungsgebiet der Parabraunerden auf Löß findet man heute kaum mehr das vollständige Bodenprofil, sondern höchstens noch Ap-Bt-C-Profile, also erodierte Parabraunerden. Nicht selten wurden sie durch Erosion bereits derart von oben her verkürzt, daß sich Ap-C-Profile finden, die nur noch als Pararendzina bezeichnet werden können. Wie die Rendzina ist sie nämlich auf primär kalkhaltigem Material gebildet, nicht ausgereift, ohne B-Horizont mit Tonmineralanreicherung und mit allen negativen Folgen für die Bodenfruchtbarkeit.

Die Abspülung des Al-Horizonts mit seiner Tonmineralverlagerung der ungestörten Parabraunerde wird dabei von den Bauern zunächst nicht einmal ungern gesehen, da er weniger nährstoffhaltig ist und sich aufgrund der hellen Bodenfarbe schlechter erwärmt. Wird bei fortschreitender Erosion der Bt mit seinen angereicherten Tonmineralen erreicht, verlangsamt sich der Bodenabtrag infolge der höheren Kohäsionskräfte des Tons sogar wieder; dazu kommen die gesteigerte Verfügbarkeit von Nährstoffen und die bessere Bodenerwärmung, was besonders im Frühling günstig ist.

Man muß sich jedoch vergegenwärtigen, daß das Profil der erodierten Parabraunerde nur ein Durchgangsstadium sein kann, da sich der Bt als Anreicherungshorizont nur infolge der Lessivierung des ursprünglich darüber liegenden Bodens bilden konnte, seine Aufzehrung also nur eine Frage der Zeit ist. Selbst auf ebenen beackerten Flächen herrschen heute erodierte Parabraunerden vor, volle Profile der Parabraunerde findet man praktisch nur noch unter Wald. Das Endstadium dieser Entwicklung, die Pararendzina, ist auf den Gäuflächen in vielen Bereichen, regelmäßig in Hanglagen, längst erreicht.

Pararendzinen weisen eine Reihe gravierender Nachteile gegenüber den Parabraunerden hinsichtlich ihrer Bodenfruchtbarkeit auf. Die effektive Durchwurzelungstiefe sinkt infolge der geringmächtigen Bodenbildung. Besonders aber sinkt die nutzbare Feldkapazität, also die Menge des pflanzenverfügbaren Wassers, um ein Viertel bis ein Drittel. Gerade in Gebieten mit geringem Niederschlag und zeitweise auftretenden Trockenperioden macht sich dies bemerkbar, was beides auf den Mainfränkischen Platten der Fall ist. Deshalb verstärkten sich hier die Trockenschäden in der Landwirtschaft, was in Zukunft sicher noch zunehmen wird.

Daneben nimmt infolge des verringerten Tonmineralgehaltes die Fruchtbarkeit ab, und die Erntemengen sinken allgemein um etwa 10–15 % im Vergleich zur Parabraunerde, teilweise noch stärker. Schon vor der endgültigen Aufzehrung der gesamten Lößauflage lebt die Landnutzung also von der Substanz, sprich der über Jahrtausende durch Tonmineralverlagerung und Humusbildung aufgebauten Bodenfruchtbarkeit. Die Regel in den Lößgebieten Mainfrankens ist heute eine Catena: Parabraunerde auf der Hochfläche – erodierte

Parabraunerde am Oberhang – Pararendzina am Mittel/Unterhang – Kolluvium (Aufschüttungsboden) am Hangfuß. Im Kolluvium liegen die Erträge trotz des akkumulierten Bodenmaterials nicht über denjenigen auf ungestörten Parabraunerden, was mit den übrigen Bodenbedingungen zusammenhängt. Durch zeitweilige Staunässe sinken sie oft darunter ab, daneben wird ein größerer Teil des Erosionsmaterials über die Gewässer völlig dem lokalen Ökosystem entzogen.

Abb. 32 zeigt das Prinzip der Erosionsbeeinflussung durch Unterbrechung des Oberflächenabflusses am Hang. Da es hier nur um die Veränderung des Topographiefaktors geht, brauchen die übrigen Einflußfaktoren der Bodenerosion (Bodenart, Bearbeitungsweise u. a.) nicht berücksichtigt zu werden. Der LS-Faktor (Topographiefaktor) ist durch Hangunterbrechung und Terrassierung veränderbar. Er geht wesentlich in die Erosionsberechnung ein und wurde im oben abgebildeten Fall mit 2,05 für einen Gesamthang errechnet. Dieser Wert der unbeeinflußten Bodenerosion wurde gleich 100 % gesetzt.

Linienhaft quer zum Hang angeordnete Landschaftselemente haben einen enormen Einfluß auf das Erosionsgeschehen, und zwar in zweierlei Hinsicht. Eine einzige Hangunterbrechung führt zu einer Verminderung der Erosion auf 71 %, bezogen auf die Gesamtfläche, denn im Unterhang ist dann weniger Wasser erosionswirksam. Voraussetzung ist, daß die Hecke oder der ausreichend breite Grasstreifen das oberflächlich abfließende Wasser durch dichte Bodendeckung vollständig abfängt und infiltriert. Mehrere Unterbrechungen verringern den LS-Wert weiter. Dazu kommt noch die Abflachung des Gefälles durch Terrassierung, die im vorliegenden Beispiel eine Erosion von nur 49 % des ungeteilten Hanges ergibt.

Weiterhin wird durch derartig angeordnete Strukturen eine Orientierung bzw. Ausdehnung der Felder quer zum Hanggefälle herbeigeführt. Pflügen in dieser Richtung (Konturpflügen) ist besonders im Bereich der auf den Mainfränkischen Platten üblichen mittleren Hangneigungen (3–8 %) wirksam und führt zu einer Reduzierung um bis zu 50 %, was zum obigen Wert hinzuzurechnen ist. Durch entsprechende Hangunterbrechung, Flureinteilung und Pflugrichtung läßt sich die Bodenerosion im Vergleich zu ausgeräumten, strukturlosen Großflächen auf 30 bis 20 % reduzieren (MÜLLER 1990, S. 125–127).

Am Beispiel der Bodenerosion zeigt sich der direkte Bezug der Landnutzung zu den naturbetonten Landschaftselementen und den geomorphologischen Kleinformen. Sie sind ein Paradebeispiel für die Auseinandersetzung des Menschen mit seiner Umwelt und für den sichtbaren Ausdruck dieses Prozesses in der Landschaft, die damit, und nicht durch die Nutzung allein, zur Kulturlandschaft wird. Die schleichende Bodenumlagerung wird vor allem an zwei Strukturen sichtbar. Stufenraine bildeten sich überall dort, wo Feldgrenzen dem Bodenabtrag eine zumindest bedingte Grenze setzten und eine Akkumulation des Materials bewirkten. Als Reaktion auf den Bodenverlust wurden diese Strukturen oft bewußt gefördert und sogar verstärkt. Lange Zeit festliegende Waldränder sind in Hangbereichen durch die Waldrandstufe von der Feldflur abgesetzt, ebenfalls eine in der Landschaft sichtbare, anthropogen verursachte geomorphologische Kleinform. Der ungeschützte Feldbereich liegt oft mehrere Dezimeter niedriger als der oberhalb angrenzende Wald, unter dem der ursprüngliche Boden geschützt erhalten blieb.

Auf den Flachbereichen der Hochflächen ist der Löß auch durch Winderosion gefährdet. Ein Vergleich der Häufigkeit von Starkwind mit der Anfälligkeit von Bodenpartikeln für Winderosion zeigt, daß innerhalb des Winterhalbjahres 15 % des Windes (Dauermessung) die nötige Stärke erreichen, um Schluff und Feinsand zu verwehen. An Tonmineralen verarmte, im Winter brachliegende Felder sind also definitiv anfällig für Winderosion. Auch wenn die Bodenpartikel anderswo wieder abgelagert werden, so sind sie dennoch aus dem

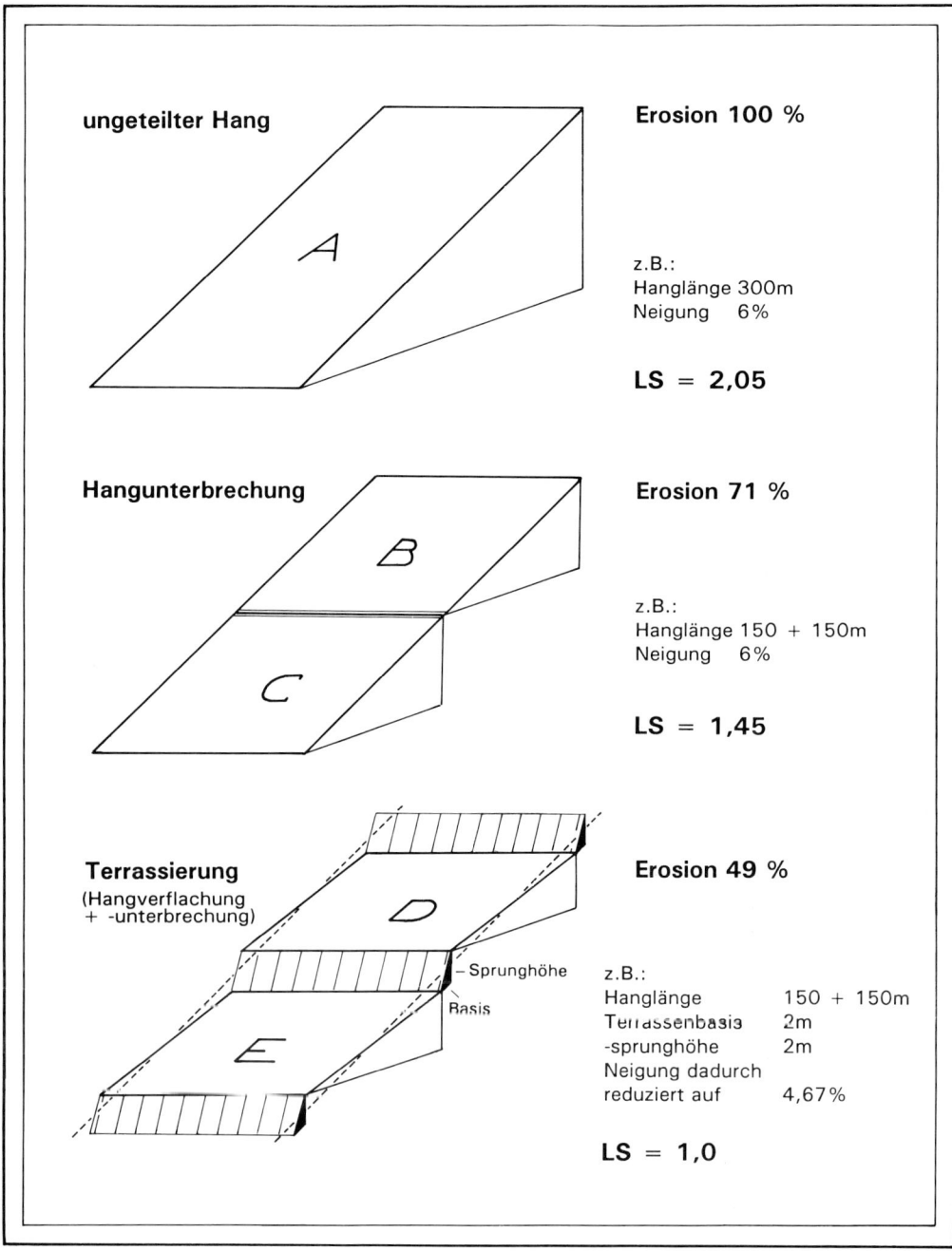

ungeteilter Hang

A

Erosion 100 %

z.B.:
Hanglänge 300m
Neigung 6%

LS = 2,05

Hangunterbrechung

B

C

Erosion 71 %

z.B.:
Hanglänge 150 + 150m
Neigung 6%

LS = 1,45

Terrassierung
(Hangverflachung
+ -unterbrechung)

D

E

– Sprunghöhe

Basis

Erosion 49 %

z.B.:
Hanglänge   150 + 150m
Terrassenbasis   2m
-sprunghöhe   2m
Neigung dadurch
reduziert auf   4,67%

LS = 1,0

Abbildung 32
Prinzip der Beeinflussung der Wassererosion durch Hangunterbrechung und Terrassierung.
Die Erosion steigt mit der Länge des Hanges überproportional an. Jede Unterbrechung des oberflächlichen Wasserabflusses (Graben, Hecke, Grasstreifen) reduziert die Erosion, da weniger Wasser
am Unterhang wirksam ist. Terrassierung wirkt darüber hinaus durch die Hangverflachung erosions-
mindernd. Bei der Berechnung der angegebenen Beispiele wurde nur der LS-Faktor (Topographiefaktor) verändert, nicht die übrigen erosionsrelevanten Faktoren. Aus: MÜLLER (1990)

Bodenverband gerissen, mit den entsprechenden Folgen für die Bodengüte, die in den Akkumulationsbereichen jedenfalls nicht zunimmt. Außerdem sind kleinräumig insbesondere Kuppen durch Verwehung betroffen, die dort nicht durch Anwehung ausgeglichen wird.

Windschutzpflanzungen sind nur dann sinnvoll, wenn Winde ständig aus derselben Richtung wehen, was beispielsweise an den Küsten oder in Gebirgstälern der Fall ist. Eine Analyse der Windrichtungen der Gäuflächen auf Monatsbasis zeigte jedoch eine erhebliche Schwankungsbreite. Die Hauptwindrichtung dreht von SW im Winter auf NW im Sommer. Vor allem aber schwankt die Dominanz von über 30 % Anteil der Hauptwindrichtung im Winter auf wechselnde Windrichtungen im Frühling, wo keine Richtung mehr als 15–20 % erreicht. Hieraus kann der Schluß gezogen werden, daß nur eine unregelmäßig, aber dicht mit Kleingehölzen durchsetzte Landschaft unter hiesigen Verhältnissen windschützend wirkt (MÜLLER 1990, S. 64–70).

Biotoparmut: Artenschwund und Verinselung

Die Boden- und Klimagunst der Mainfränkischen Platten, insbesondere der Gäulagen mit ihren Lößböden, führte zu einer starken Entwaldung. Während Wald in Deutschland im Durchschnitt fast ein Drittel der Gesamtfläche ausmacht, liegt er hier meist bei nur 1–3 %; einige Gemeinden der Gäuflächen sind völlig waldfrei. Die Konsequenzen primär für die Tier- und Pflanzenwelt, sekundär aber für das gesamte Landschafts-Ökosystem sind Artenrückgang, Verinselung, Beeinträchtigung der Regenerationsfähigkeit und erhöhter Pestizideinsatz.

Der Mangel an wenig beeinflußten oder ungestörten Lebensräumen bis hin zur völligen Beseitigung der Lebensgrundlagen durch die Landwirtschaft führt direkt zu einem lokalen Aussterben vieler Arten. Hiervon sind auch Nützlinge betroffen, beispielsweise die natürlichen Feinde von Feldmäusen oder parasitische Insekten, die die Vermehrung anderer Insekten begrenzen. Die Folge sind Massenvermehrungen dieser Tiere (oder Pflanzen), die erst dadurch zu Schädlingen werden. Die Störung des Gleichgewichtes der Nahrungsnetze und Räuber-Beute-Beziehungen muß der Mensch durch den Einsatz von Pestiziden ausgleichen, was zu einer weiteren Beeinträchtigung der Lebewelt führt, gleichzeitig aber auch den Menschen selbst schädigt (Wasserbelastung, Rückstände in Nahrungsmitteln). Die in der Landschaft verbleibenden Reste von Wald und anderen Biotopen werden immer weiter voneinander isoliert und ähneln durch Mangel an Austauschbeziehungen schließlich Inseln in lebensfeindlicher Umgebung, eine Situation, die sich mit der Intensivierung der Landwirtschaft stark verschärft hat. Den verbliebenen Tieren und Pflanzen fehlt es an Austauschpartnern, der Genbestand degeneriert, und die natürliche Regenerationskraft der Biozönose sinkt (MÜLLER 1990, S. 80–90).

Naturbetonte Landschaftselemente können nicht dieselben Bedingungen bieten wie Wald, sind aber die einzigen Biotope, die aufgrund ihrer geringen Ausdehnung überhaupt innerhalb einer Agrarlandschaft Platz finden können. Eine Verschiebung des Artenspektrums im Vergleich zur unveränderten Naturlandschaft ist zwangsläufig, begleitet jedoch von einer insgesamt sogar zunehmenden Struktur-, Biotop- und Artenvielfalt. Die Funktionen räumlich kleiner Biotope für die Fauna sind in Abb. 33 zusammengestellt und erstrecken sich auf drei wesentliche Bereiche.

Zunächst bieten insbesondere Kleingehölze im Gegensatz zur offenen Feldflur Stütz-, Rückzugs- und Ausgangspunkte für Nestbau, Überwinterung, Jagd usw. Daneben stellen die längerlebigen und vielfältigeren Gehölze und Kräuter ein breites Nahrungsspektrum zur

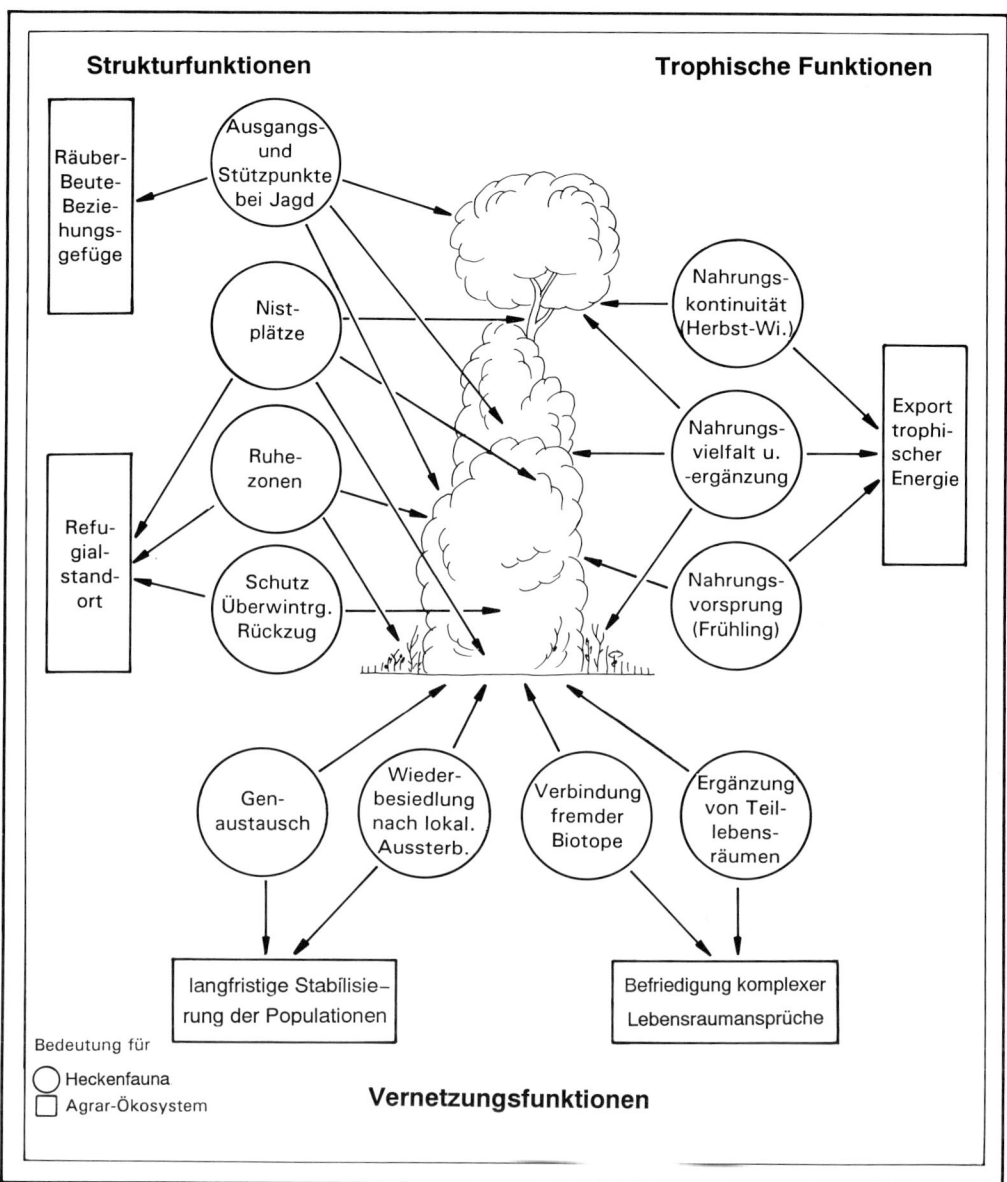

Abbildung 33
Funktionale Bedeutung von Hecken für die Fauna und ihre Vernetzung mit dem Agrar-Ökosystem. Die Graphik zeigt am Beispiel von Hecken die Vielzahl von Funktionen, die Kleingehölze für die Tierwelt bereitstellen (Kreise). Sie erstrecken sich darüber hinaus auf das umgebende Agrar-Ökosystem (Kästchen). Die Funktionen umfassen drei Lebensbereiche: den unmittelbaren Lebensraum (Strukturfunktionen), die Ernährung (trophische Funktionen) und die Verbindung von Teillebensräumen und Populationen (Vernetzungsfunktionen). Aus: MÜLLER (1990)

Verfügung als die mit nur wenigen Arten bebauten Felder und überbrücken Zeiten zu geringen Nahrungsangebotes. Schließlich bilden sie Wanderungswege zur Verbindung und Ergänzung unterschiedlicher Lebensräume, was nicht nur von vielen Arten zur Befriedigung ihrer Lebensbedürfnisse benötigt wird, sondern auch den Genaustausch aufrechterhält, der die Populationen langfristig am Leben erhält.

Ausräumung: landschaftsästhetische Verarmung

In diesem Kapitel wurde schon an mehreren Stellen deutlich, daß der Mensch nicht nur einen entscheidenden Einfluß auf die Landschaft ausübt, sondern daß er rückwirkend auch selbst von deren Veränderung betroffen wird. Es ist folglich konsequent, die Landschaft nicht nur aus der Perspektive der Nutzung, sondern auch aus der Perspektive der sinnlichen Gesamtwirkung auf den Menschen, also der Ästhetik zu betrachten. Es ist dabei zu beachten, daß der Begriff „Ästhetik" nach KANT die „Sinneserkenntnis des Raumes" bezeichnet, sich also auf die bestehenden Ausdrucksformen eines Objekts bezieht. Das ist nicht zu verwechseln mit einer Definition der Ästhetik, die aus dem Kunstverständnis des letzten Jahrhunderts stammt und sie als „Wissenschaft des Schönen" darstellt, einer subjektiven Bewertung, die sich mit der Gesellschaft ständig verändert. Es verändert sich mit dem Wandel gesellschaftlicher Einstellungen zur Natur nicht die Ästhetik der Landschaft, sondern die Bewertung der Ästhetik durch die Menschen. Gerade in einer geographischen Betrachtungsweise, die ja das Denken in räumlichen Lagebeziehungen zur Grundlage hat, ist die ästhetische Beeinflussung des Menschen durch seine Umgebung im Sinne von Wahrnehmungskategorien der Erkenntnistheorie nicht zu vernachlässigen.

Die *Landschaftsästhetik* umfaßt, wie FALTER (1992, S. 102–103) aufschlüsselte, ein breites Spektrum von Wahrnehmungen, von der sinnlichen Wahrnehmung durch Nase (z. B. Blütengerüche), Ohren (Vogelstimmen, Wasserrauschen), Tastsinn (Baumrinde, Moos), Augen bis hin zu Assoziationen (Heimat), Stimmungen (Geborgenheit, Alleinheit) und Werten (Ausdruck historischer Individualität), von denen hier nur zwei kurz beleuchtet werden sollen.

Die direkte visuelle Wirkung auf den Menschen bildet den stärksten Effekt der Landschaftsästhetik. Abb. 34 zeigt die Kriterien visuell-ästhetischer Wirkung im Überblick, die sich in Form von Vielfalt, Ordnung, Natürlichkeit und Eigenart fassen lassen. Unter Vielfalt ist das Erscheinungsbild zu verstehen, im Gegensatz zu einheitlichen, ungegliederten oder gleichmäßig strukturierten Flächen, die monoton wirken. Ordnung bezieht sich auf den inneren Sinnzusammenhang der Landschaftselemente, die gewissen landschaftlichen Regeln folgen. Das wäre beispielsweise bei der Anlage einer kilometerlangen Hecke im Talgrund nicht gegeben, ebensowenig wie bei einer willkürlichen Verteilung von Biotopen ohne Bezug zum gewachsenen Landschaftsbild. Jeder Mensch erkennt die Natürlichkeit eines Objektes gegenüber künstlichen Objekten, die sich immer durch eine geringere Oberflächen- und Strukturvielfalt abheben, was bereits bei der Verwendung von Sandstein gegenüber Beton als Baumaterial augenfällig wird. Die Eigenart einer Landschaft wird häufig nicht bewußt wahrgenommen, bei näherem Nachdenken jedoch von den meisten Menschen erkannt. Man nimmt sie über charakteristische Formen der Morphologie, der Gewässerverteilung, der Anordnung von Feldern, Wiesen, Wald und naturbetonten Landschaftselementen wahr, die das Gehirn assoziativ zuordnet (MÜLLER 1990, S. 209–215).

Beispiele für Zusammenhänge, die diesen ästhetischen Kategorien gerecht werden, sind in den vorangegangenen Kapiteln, unter anderen Perspektiven, bereits angeklungen. Hecken

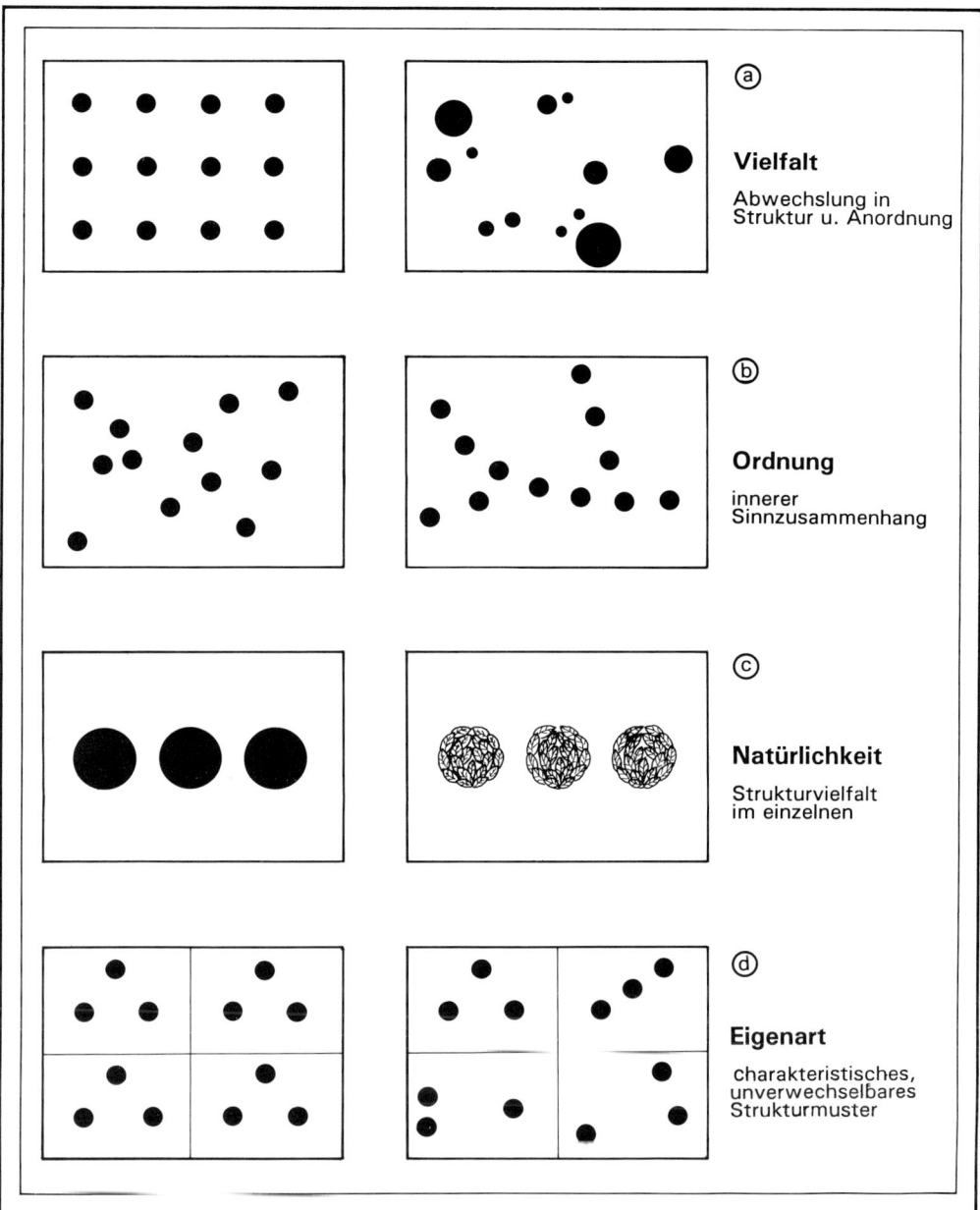

Abbildung 34
Landschaftsästhetische Bewertungskriterien. Stark abstrahiert, läßt sich der ästhetische Wert jedes Landschaftselementes aus vier wesentlichen Kriterien ableiten. Die Zusammenstellung zeigt, daß es dabei nicht um die subjektive „Schönheit" geht. Vielmehr handelt es sich um objektivierbare Ausdrucksformen der Landschaftselemente, die ihre räumliche Wahrnehmung durch den Menschen bestimmen. Aus: MÜLLER (1990)

bieten nicht nur Standorte für Tiere und Pflanzen, sie tragen auch akustisch, optisch und assoziativ zur Wahrnehmung der Landschaft bei. Darüber hinaus zeigen sie die historisch gewachsene Flureinteilung an, die wiederum Bezüge zur Besiedlungs- und Territorialgeschichte und zu den ökonomischen Bedingungen besitzt, ebenso wie sie Abhängigkeiten zu naturgeographischen Sachverhalten, zur Erosionsgefährdung, zu mikroklimatischen Bedingungen und zur Bodengunst reflektiert. Die Kultivierung von Obstbäumen umfaßt nicht allein die Produktion von Früchten, sie stellt eine jahrhundertelange kulturelle Auseinandersetzung des Menschen mit der Natur dar, die aufs engste mit der Landschaft verbunden ist und durch die Streuobstbestände repräsentiert wird. Sie zeigt sich in direkten Beziehungen, wie Standortwahl, Züchtung, Herausbildung oft nur ganz lokaler, individueller Sorten, Erziehungsschnitt usw., was bereits an Parallelen zur Domestikation der Haustiere denken läßt.

Ein wesentlicher Aspekt der Landschaftsästhetik ist der Ausdruck der Individualität der jeweiligen Landschaft. Die Einflußfaktoren, natürliche wie anthropogene, sind derart vielfältig und in ihren Wechselbeziehungen so mannigfaltig, daß die vollkommene Gleichheit zweier Landschaften im Bereich der statistischen Unmöglichkeit liegt. Dieser Sachverhalt drückt sich unter anderem in dem oft mißverstandenen Begriff Heimat aus, oder allgemeiner, in der Identifikation des Individuums mit seiner Umgebung, die eine wesentliche Grundvoraussetzung für verantwortungsbewußtes Handeln darstellt. Der Konformismus durch Telekommunikation und Werbung, die Vereinheitlichung von Konsumgewohnheiten und Nahrungsmittelwahl und die zunehmende Marktverflechtung haben zu einem starken Angleichungsdruck in der Landwirtschaft geführt, die in der Landschaft selbst ihren ästhetischen Ausdruck in einer zunehmenden Monotonisierung findet.

Nicht zu vergessen ist die Tatsache, daß die Individualität der Landschaften ein zentrales Untersuchungsobjekt der Geographie ist. Der Vergleich verschiedener Landschaften als eine grundlegende geographische Arbeitstechnik und Betrachtungsperspektive verdeutlicht dies.

7. Landschaftsräumlicher Vergleich

Abbildung 35
Vergleich und Abgrenzung von Landschaftsräumen. Selten lassen sich Landschaftsräume derart genau abgrenzen wie im Bild Mainfränkische Platten und Taubergrund bei Laudenbach. Hier ändern sich mehrere Geofaktoren gleichzeitig und abrupt auf kurze Distanz. Die Hochfläche ist mit Löß bedeckt, während ab der Talkante Muschelkalk ansteht. Das flachwellige Relief geht hier in das von starken Höhenunterschieden geprägte Talrelief über. Genau an dieser Stelle ändern sich auch die landschaftsökologischen Bedingungen. Sie kommen in der Landnutzung zum Ausdruck, die von Ackerbau zu Weinbau wechselt, heute größtenteils ersetzt durch Weiden. Analog wandeln sich das anthropogene Kleinrelief sowie das Mosaik der naturbetonten Landschaftselemente von Hecken auf erosionsbedingten Stufenrainen quer zum Hang im Ackerbaubereich der Hochfläche zu senkrecht angeordneten Steinriedeln aus Lesesteinen im Weinbaubereich am Hang. Dort erkennt man einzelne nicht mehr bewirtschaftete Parzellen an ihrer starken Verbuschung, einem Sukzessionsstadium auf dem Weg zur Ausbreitung der natürlichen Waldbestockung, die auch hier die Klimax bildet.

Abbildung 36

Naturräumliche
Gliederung
von Unterfranken

- - - - Grenze von Unterfranken
━━━━ Gruppen der naturräumlichen Haupteinheiten
━━━━ Naturräumliche Haupteinheiten
〜〜 Gewässernetz

0   10   20   30 km

Maßstab 1 : 750 000

Bezeichnungen der naturräumlichen Haupteinheiten und
ihrer Gruppen nach: Bundesanstalt für Landeskunde und
Raumforschung (1957)

Entwurf: JOHANNES MÜLLER, 1995

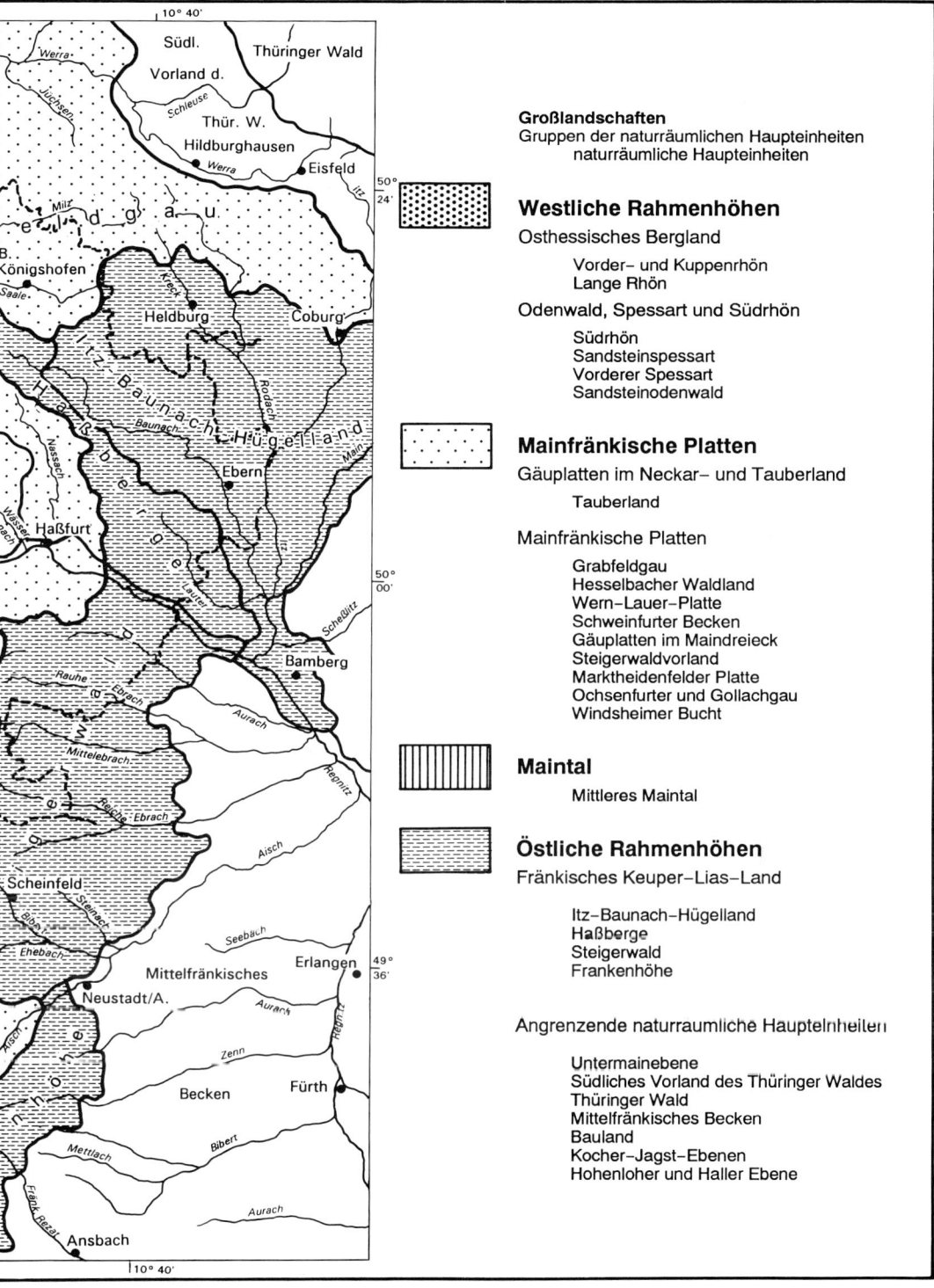

Großlandschaften
Gruppen der naturräumlichen Haupteinheiten
naturräumliche Haupteinheiten

Westliche Rahmenhöhen

Osthessisches Bergland

Vorder- und Kuppenrhön
Lange Rhön

Odenwald, Spessart und Südrhön

Südrhön
Sandsteinspessart
Vorderer Spessart
Sandsteinodenwald

Mainfränkische Platten

Gäuplatten im Neckar- und Tauberland

Tauberland

Mainfränkische Platten

Grabfeldgau
Hesselbacher Waldland
Wern-Lauer-Platte
Schweinfurter Becken
Gäuplatten im Maindreieck
Steigerwaldvorland
Marktheidenfelder Platte
Ochsenfurter und Gollachgau
Windsheimer Bucht

Maintal

Mittleres Maintal

Östliche Rahmenhöhen

Fränkisches Keuper-Lias-Land

Itz-Baunach-Hügelland
Haßberge
Steigerwald
Frankenhöhe

Angrenzende naturraumliche Haupteinheiten

Untermainebene
Südliches Vorland des Thüringer Waldes
Thüringer Wald
Mittelfränkisches Becken
Bauland
Kocher-Jagst-Ebenen
Hohenloher und Haller Ebene

Schon eine Fahrt durch Unterfranken oder ein Blick auf eine Übersichtskarte macht die
großräumige Vierteilung des Raumes deutlich, die sich zwangsläufig aus dem Landschaftsbild ergibt. Die zentrale Landschaft der Mainfränkischen Platten, flachwellig, intensiv beackert und trocken, wird durchflossen und entwässert vom Main und seinen Nebenflüssen
in ihren scharf eingeschnittenen Tälern mit dem Gegensatz trockener Hänge und feuchter
Aue auf engstem Raum. Den begrenzenden Rahmenhöhen im Osten, hügelig, mit sanften
Formen und viel Grünland, stehen die westlichen Rahmenhöhen gegenüber, stärker
reliefiert, waldreich, wenig landwirtschaftlich genutzt und dünner besiedelt.

Die folgenden Kapitel stehen jeweils unter der Überschrift dieser Großlandschaften und
behandeln wiederum deren natürliche Grundlagen, Landschaftsgenese und Landschaftsökologie. Es wäre natürlich unsinnig, hier nochmals die Gegebenheiten der Mainfränkischen
Platten zu wiederholen, bei deren Besprechung zunächst von den anderen Perspektiven und
den entsprechenden theoretischen Grundlagen ausgegangen wurde. Sie fungieren hier als
Bezugspunkt, als Referenzlandschaft, mit der die übrigen Räume, die sich darum herum-
gruppieren, verglichen werden können. Aus der Perspektive des landschaftsräumlichen Ver-
gleichs steht die betreffende Landschaft stärker im Mittelpunkt, und das bedeutet: die
Wechselbeziegungen zwischen diesen Aspekten, auf denen letzten Endes die charakteristische Ausprägung dieser Räume beruht.

Mehrere Vorgehensweisen sind dabei möglich. Zunächst geht es um die genaue Eingrenzung der Großlandschaften und um die weitere interne Differenzierung, die im Text immer
wieder erscheint. Aus landschaftsgenetischer Sicht kann man danach fragen, inwieweit das
aufgestellte Schema der landschaftlichen Entwicklungsphasen auf die anderen Räume übertragbar ist und in welchen Formen es sich dort niedergeschlagen hat. Aus landschaftsökologischer Perspektive geht es eher um das jeweilige Gefüge der Geofaktoren und seine
Wechselwirkungen, die für die eigenständige Charakteristik der einzelnen Landschaft verantwortlich sind.

7.1   Naturräumliche Gliederung

Abb. 36 zeigt einen Ausschnitt aus der naturräumlichen Gliederung Deutschlands (MEYNEN
u. SCHMITHÜSEN 1953–62). Aufgelistet sind alle naturräumlichen Haupteinheiten Unterfrankens und der angrenzenden Gebiete. Die Zuordnung zu der hier verwendeten Unterteilung in
Mainfränkische Platten, Maintal, östliche und westliche Rahmenhöhen entspricht im wesentlichen der Zusammenfassung der Gruppen der naturräumlichen Einheiten. Auf dieser
Ebene lassen sich die wichtigen Geofaktoren noch im Überblick darstellen, und es ist trotzdem bereits eine detaillierte Analyse möglich. Die Karte entspricht in Ausschnitt und Maßstab den Karten zur Geologie (Abb. 10), zur potentiellen natürlichen Vegetation (Abb. 19)
und zu den Böden (Abb. 29), auf deren Aussagen ihre Abgrenzungen beruhen.

Bei näherer Betrachtung fällt auf, daß auch die abgegrenzten Großlandschaften eine interne Differenzierung aufweisen, die eine weitere Unterteilung notwendig macht. Man muß
berücksichtigen, daß diese Individualität der Einzellandschaften fast beliebig weit bis zum
lokalen Niveau eines einzelnen Tals oder Bergzuges getrieben werden kann, was aber hier
nicht das angestrebt wird. So ist die Betonung von Gemeinsamkeiten für größere
Landschaftsteile wichtiger als die Konzentration auf Details, die zwar lokal bestimmend,
regional aber weniger bedeutend sind. Andererseits erfordert die erstrebenswerte Tiefe der

Darstellung das Herausgreifen von solchen Punkten, die auf größere Gebiete beispielhaft übertragbar sind. So sollen Schwerpunkte gesetzt und diejenigen Unterschiede und Charakteristika herausgegriffen werden, die die Identität der jeweiligen Landschaft ausmachen.

7.2 Landschaftsgenese Unterfrankens im räumlichen Vergleich

Die Landschaftsgenese verlief in ganz Unterfranken in denselben Entwicklungsschritten. Die vorhandenen Unterschiede vorwiegend im Bereich der Geologie führten allerdings zu Differenzen im Detail bei der Ausprägung der einzelnen Formen. Eine Perspektive, die die jeweiligen Landschaften in den Mittelpunkt stellt, muß deshalb versuchen, die Ausprägung der landschaftlichen Entwicklungsphasen im Formenspektrum der verschiedenen Landschaften auszugliedern und diese dann miteinander zu parallelisieren.

Das betrifft zum einen die weiter zurück liegenden Zeiträume, denn Hochflächen aus dem Tertiär sind nur in den Rahmenhöhen, nicht aber auf den Mainfränkischen Platten erhalten. Die Frage nach den Ursachen ist eines der zentralen Probleme in der Landschaftsgenese Unterfrankens. Andererseits gab es auch später bedeutende Differenzen, namentlich in der Ablagerung des Lösses, der in den Rahmenhöhen nur vereinzelt abgelagert wurde. Entsprechend unterschiedlich waren und sind die Folgen für die geomorphologischen Formen wie auch die Bodenbildung. Am größten sind die Unterschiede in der Herausbildung der Täler, die gleichwohl in das aufgestellte Schema der landschaftlichen Entwicklungsphasen eingeordnet werden soll.

Tabelle 9 ist der Versuch, das Formeninventar Unterfrankens im räumlichen Vergleich zusammenzustellen und in seinen Entwicklungsschritten zu erfassen. Damit soll es möglich gemacht werden, die Einzelformen nicht nur für jede Landschaft isoliert in eine Entwicklungsreihe zu bringen, sondern gleichzeitig Parallelen zu den übrigen Gebieten Unterfrankens zu ziehen. Gliederung und Numerierung der landschaftlichen Entwicklungsphasen entsprechen den in allen Kapiteln verwendeten Bezeichnungen. Zur Einordnung und Benennung der Zeitstufen vgl. Tab. 4–6.

7.3 Landschaftsökologie und Faktorengefüge

Die Andersartigkeit der verschiedenen Landschaften und ihre eigene Charakteristik lassen sich kaum auf ein einzelnes Merkmal beschränken, vielmehr ist ein Faktorengefüge dafür verantwortlich. Die Talsituation ist nicht auf das Maintal beschränkt, Eichen-Hainbuchenwald als potentielle Vegetation ist den Mainfränkischen Platten wie auch den östlichen Rahmenhöhen gemeinsam. Letztere sind wiederum zusammen mit den westlichen Rahmenhöhen durch höhere Anteile von Wald und stärkere Reliefunterschiede gekennzeichnet. Die Chakakteristik einer Landschaft ergibt sich erst aus der Kombination der Geofaktoren, deren Wechselwirkungen und gegenseitige Abhängigkeiten jeweils eigenständige Landschaften hervorbrachten.

Landschaftliche Entwicklungs- phase	Westliche Rahmenhöhen		Mainfränkische Platten
	(Spessart)	(Rhön)	
Heutige Hochflächen		präbasaltische Fläche, feuchttropische Vegetation und Verwitterung (Kaolin), Braunkohlenbildung	
		Rhön-Vulkanismus (22–18 Mio.), unter- irdisches Eindringen der Lagergänge und Schlote	
	↑ ↑ ?	↑ ?	
Niedrigere Flächen	Dachfläche Zentralspessart (später angehoben) Gäurandfläche?	postbasaltische Fläche (Südrhön; angehoben) Herauspräparierung der Basaltkuppen, Anlage Gewässernetz	Hauptgäufläche Schildinselberge, feuchtsubtropische Vegetation
Flächen- zergliederung	Hochtäler, Anlage der Talschichtstufe (Wellenkalk) extreme Einschneidung des Vorfluters Main		vertärkte Verkarstung, artenreiche Vegetation der gemäßigten Breiten Abkoppelung des Talsystems von den flachen Reliefteilen
Periglazial	Fließerden und Hangschuttdecken, Blockmeere und Blockhalden Kerb- und Kastentäler, Talterrassen, Lößablagerung Zwergstrauchtundra	Frostschuttundra	Frostverwitterung und Frostsch Trockentäler, Lößbildung, Solifluktion, Talasymmetrie u. verhülltes Re Flachhänge und Dellen, Flugsand und Dünenbildung, Gras-Kältesteppe
Nacheiszeit und Mensch	Buchenwälder, mäßige Bodenbildung mittelalterliche Besiedlung, teils aufgegeben, Aufforstung	Hochmoorbildung, Buchenwälder frühmittelalterliche Rodung Hochrhön, Aufforstung, Beweidung	Eichen-Hainbuchenwälder, Bodenbildung kräftig im Löß, langsam auf Kalk, teils Altsiedelland (östliche Gäuflächen, Grabfeld), Bodenerosion und Kleinrelief, weitgehend Ackerland

Tabelle 9
Landschaftliche Entwicklungsphasen Unterfrankens im räumlichen Vergleich

Maintal	Östliche Rahmenhöhen (Steigerwald, Frankenhöhe)	(Haßberge)	Datierung
		↑	
		Heldburger Gangschar (Zeitraum 42–11 Mio.) ↓	~ 20 Mio.
	Dachfläche	Dachfläche (postbasaltische Fl.)	(Miozän)
?	Riedelflächen, randliche Aufwölbung	400-m-Fläche (Hinterland, Hesselberger Wald)	
			——— 4,8 Mio.? ———
...ystem von Spülmulden ...rvernensisschotter	Flächenstreifen, Flächenpässe, intramontane Becken und Dreiecksbuchten		(Altpliozän)
...lußumleitung	Flußnetz und Wasserscheide, flache Fronthanganlage (spätere Keuperstufe)		
			——— 3,2 Mio.? ———
...reittalphase (Übergangsterrassen), ...auptterrassen, ...nlage der Talmäander	Hochtalböden, subsequente Entwässerung im Stufenvorland		(Jungpliozän)
...xtreme Einschneidung, ...erbensprung, Klingen, ...urchbruch der unteren Saale	(noch kein Anschluß der Entwässerung an das Mainsystem, keine extreme Einschneidung)		
			——— 2,4 Mio. ———
...-Terrasse ...Wiederauffüllung Talgefäß), ...-Terrasse	Rücklandzerschneidung, Solifluktion und Hangrutschungen, Muldentäler		(Pleistozän)
...littel-, Jungquartär: ...littelterrasse (Riß), ...iederterrasse (Würm)	Stufenausbildung und Vorlandübertiefung Zwergstrauchtundra		
			——— 0,01 Mio. ———
...uenterrasse ...odenbildung in Auensediment, ...uenwälder (Talaue)	Kleingeomorphologie der Stufe, Rutschungen, Eichen-Hainbuchenwälder, in Hochlagen Buchenwälder, Bodenbildung in tonhaltigem Substrat langsam		(Holozän)
...uelehmbildung, ...Steppenheidewälder" (Talkante)	mittelalterliche Besiedlung, Aufforstungen		

Daraus ergibt sich der Sinn einer Betrachtung, die nicht themenorientiert von den einzelnen Geofaktoren, sondern von deren Ergebnis, den Landschaften und deren internen Wirkungsbeziehungen ausgeht. Drei Beispiele sollen die Bedeutung des Faktorengefüges für die Ausprägung der landschaftlichen Charakteristik verdeutlichen.

In den westlichen Rahmenhöhen ist die Geologie des Buntsandsteins in Verbindung mit den höheren Niederschlägen Voraussetzung für die Ausbildung der podsoligen Braunerden, die zusammen mit der potentiellen natürlichen Vegetation der artenarmen Moder-Buchenwälder ein sehr typisches Boden/Vegetationssystem bilden. In dieses System greift die Landnutzung ein, die die Wälder stärker ausbeutete, weil sie vom nährstoffarmen Buntsandstein und den niedrigeren Temperaturen ohnehin benachteiligt war, was wiederum zu einer weiteren Verschlechterung der Bodenqualität führte. Resultat ist der heute prägende hohe Waldanteil als einzig lohnende Form der Landnutzung in weiten Bereichen dieser Landschaft.

Die Hänge der goßen Täler Unterfrankens charakterisiert eine genaue Übereinstimmung beim Faktorengefüge aus Relief, Hydrologie, Böden und Vegetation. Überall läßt sich der Gegensatz zwischen dem Ökotop-Komplex der Talkanten mit sehr trockenen Verhältnissen, Rendzinen, Steppenheidevegetation und Trockenrasen und dem Ökotop-Komplex der Aue mit feuchtigkeitsbestimmten Auenböden und Auenvegetation bzw. deren Resten erkennen. Dazwischen liegt der Hangbereich mit Rohböden und Weinbergen und im typischen Fall dem Mosaik der naturbetonten Landschaftselemente der Weinberge aus Trockenmauern und Steinriedeln. Diese Aufteilung findet man verbreitet entlang des Mains und seiner wichtigsten Nebenflüsse, wo sie im Muschelkalk verlaufen.

Die östlichen Rahmenhöhen lassen sich von den Mainfränkischen Platten auf längere Strecken mit der Keuperstufe abgrenzen. Aber auch dort, wo diese Stufe fehlt, wie in den nördlichen Haßbergen, dem südlichen Steigerwald oder der Windsheimer Bucht, bemerkt man den landschaftlichen Wandel unmittelbar an den weicheren Oberflächenformen oder dem viel höheren Anteil von Wiesen und Weiden an der Landnutzung. Andererseits unterscheiden sich Kriterien wie Niederschlagshöhe und -verteilung nur geringfügig, was sich schon daran zeigt, daß sich die Einstufung der potentiellen natürlichen Vegetation kaum ändert. Vielmehr ist für die Eigenständigkeit dieser Landschaft ein Faktorengefüge verantwortlich. Das verstärkte Auftreten von Grünland hängt mit der viel höheren Bodenfeuchte zusammen, die wiederum auf die Kombination aus weichen Oberflächenformen mit der entsprechend verbreiteten Grundwassernähe zurückgeht. Die höheren Tongehalte der Keupergesteine erleichterten zum einen die Solifluktion im Pleistozän und damit die Bildung flacher Muldentäler, bedingen zum anderen die schlechtere Bearbeitbarkeit der Böden, was wiederum erst durch den anthropogenen Eingriff der Landnutzung deutlich sichtbar wird.

Wie diese Beispiele zeigen sollten, ergeben sich die augenfälligen Grenzen, mehr noch aber die eigenständige landschaftliche Charakteristik aus der Veränderung eines Bündels von Ökofaktoren. Dagegen spiegeln weniger klare Grenzen oder Übergänge eher den Wandel eines einzelnen Ökofaktors wider. Besonders wichtig wird diese Perspektive in bezug auf die ökologischen Probleme. Mehr Wald würde auf den Mainfränkischen Platten sicherlich einen landschaftsökologischen Gewinn in Gestalt von mehr Biotopen, besserer Grundwasserbildung oder günstigerem Mikroklima bringen. Im Spessart wäre das demgegenüber nicht nötig, und mehr Wald würde zur Abnahme biologischer und ästhetischer Vielfalt führen.

Je nach landschaflichem Umfeld und je nach Disposition der Geofaktoren kann die Bewertung ein und desselben Eingriffs für verschiedene Teillandschaften also sogar gegensätzlich ausfallen. Auch daran wird die Bedeutung einer zusammenfassenden, ganzheitlichen Sicht von Landschaften und deren räumlichem Vergleich sichtbar.

8.   Das Maintalsystem

Abbildung 37
Landschaftsbild aus dem Maintalsystem im Buntsandsteinbereich. Das Taubertal bei Bronnbach
bildet, zusammen mit den Tälern von Main, Saale und Wern, klar abgrenzbare, eigenständige naturräumliche Einheiten und steht damit im Gegensatz zu den kleineren Gewässern und Zuflüssen. Ihre
Abkoppelung von der Landschaftgenese der umgebenden Flächen erfolgte erst spät in der
Landschaftsgenese. Das wesentliche Merkmal für die Eigenständigkeit ist die Form des Talreliefs mit
steilen Hängen und breiter, flacher Aue. Die Ausgestaltung der Täler als Kastental ist zum einen auf die
Widerständigkeit des Gesteins an den Hängen zurückzuführen, zum anderen auf die Schotterfüllung
des Talbodens während der Kaltzeiten. Namentlich im Buntsandstein kommt dazu die Herausbildung
der Talmäander. Deutlich davon zu unterscheiden sind die Wiesenmäander, das Pendeln des Flusses
innerhalb des Talgefäßes, hier begleitet von einem dichten Gehölzufersaum. Ebenfalls vom Relief
werden die landschaftsökologischen Bedingungen gesteuert, nachgezeichnet von der Landnutzung.
Im Überschwemmungsbereich der Tauber dominieren Wiesen. Durch einen Anstieg deutlich davon
abgesetzt befindet sich das Feld rechts (mit etwas höherem Bewuchs) auf der Niederterrasse einige
Meter darüber. Die steilen Hänge lassen sich nur mit Weinbau nutzen, inzwischen teilweise durch Wald
ersetzt. Die markant davon abgesetzte Hochfläche (oben links) ist in Röttonen ausgebildet und wird
von intensivem Ackerbau eingenommen.

8.1   Einführung

Lage und Abgrenzung. Der Main entwässert mit seinen Nebenflüssen den allergrößten Teil Unterfrankens. Der Lauf des gesamten Maindreiecks durchfließt die Mainfränkischen Platten, bevor er im Mainviereck den Spessart umgrenzt. Die größten Nebenflüsse Fränkische Saale, Wern und Tauber münden in einem relativ kurzen Abschnitt hintereinander in den Main. Sie entwässern große Bereiche der Mainfränkischen Platten zum Hauptaal hin und ähneln dessen naturgeographischen Bedingungen in vielerlei Hinsicht. Das Maintal hat sich so weit eingeschnitten, daß es schon immer separat und als eigenständige landschaftliche Einheit betrachtet wurde. Obwohl das Tal im Querschnitt auf nur wenige Kilometer begrenzt ist, wirkt der Fluß als derart dominierende Struktur, auf die die gesamte Landschaft in ihrer Form und Nutzung bezogen ist. Damit ist hier, im Gegensatz zu den übrigen Landschaften, mit dem Flußlauf ein einzelnes Landschaftselement in jeder Beziehung prägend.

Die gewundene Talform mit ihren auffälligen Richtungswechseln wie auch die deutliche Einschneidung müssen aus der Perspektive der Landschaftsgenese heraus erklärt werden. Das daraus resultierende Relief mit seiner eigenständigen Morphologie steuert direkt oder indirekt, wie im Falle der Hydrologie, auch die landschaftsökologischen Verhältnisse. Diese Situation läßt sich auf die drei Hauptnebenflüsse übertragen. Trotz im Prinzip gleicher geologischer und klimatischer Ausstattung wie die umgebenden Mainfränkischen Platten läßt sich die Eigenständigkeit des Maintalsystems damit begründen.

Übergreifende Charakteristik. Der landschaftliche Eindruck der Täler von Main, Fränkischer Saale, Wern und Tauber wird von einer Reihe gemeinsamer Merkmale bestimmt, die sie aus dem übrigen Landschaftsbild herausheben:

– Flußlauf als die zentrale prägende Struktur der gesamten Landschaft;
– auffällige Wechsel der Fließrichtung vor allem im Maindreieck und -viereck, aber auch bei den übrigen Flüssen;
– Form als Kastental mit steilen Hängen und Talsohle;
– tief eingeschnitten in die umgebenden Landschaften;
– von der umgebenden Landschaft in vielfacher Beziehung abgesetzt;
– Gegensatz zwischen Talgrund (Aue) und Talkanten (Trauf) in Bewuchs und Nutzung;
– Talhänge zumeist steil, teilweise gegliedert;
– gesamter Talraum intensiv genutzt, an den Hängen vielfach Weinbau.

Interne Differenzierung. Der Main tritt in einem relativ flachen Tal zwischen den Anhöhen von Haßbergen und Steigerwald nach Unterfranken ein und durchfließt zunächst das tektonisch angelegte Schweinfurter Becken, ohne besonders von seiner Umgebung abgesetzt zu sein. Mit geringen Höhenunterschieden vor allem nach Osten geht die Landschaft vom Flußlauf in die angrenzenden Becken- und Hügelbereiche über. Im weiteren Verlauf des Maindreiecks, dessen eigenwillige Form schon beim ersten Blick auf die Landkarte auffällt, schneidet sich das Tal ab etwa Wipfeld rasch und stark ein und ist dann als eigenständige Landschaft abgrenzbar, auch wenn im Raum Dettelbach–Kitzingen wieder flache Bereiche auf der Ostseite folgen.

Mit scharfem Richtungswechsel ändert der Main seine Laufrichtung an der Spitze des Maindreiecks, wo er seine zunächst südliche Ausrichtung um 270° ändert, um ab Marktbreit/Ochsenfurt nach Nordwesten weiterzufließen. Danach fließt der Fluß endgültig in einem eng begrenzten, allseits deutlich abgesetzten Kastental, was auch in der naturräumlichen Gliederung klar zum Ausdruck kommt. Hier lassen sich zwar einige der natürlichen Grundlagen der

Mainfränkischen Platten auch auf das Maintal übertragen; vor allem in geologischer und hydrologischer Hinsicht ergeben sich aber beachtenswerte Modifikationen. Die zentrale Frage nach den Ursachen dieser separaten Entwicklung, nach der starken Einschneidung und nach der Flußgeschichte läßt sich erst unter Einbeziehung der Landschaftsgenese beantworten. Landschaftsökologisch können viele Konsequenzen daraus abgeleitet werden, wie die höhere Reliefenergie, die hydrologischen und die Vegetationsverhältnisse, deren meistbeachtete Besonderheit die Trockenrasen und Felsfluren der Talschultern sind.

Es ist bemerkenswert, daß die landschaftliche Eigenständigkeit im Bereich des Mainvierecks nicht mehr als so stark angesehen und das Tal dort zur übergeordneten naturräumlichen Einheit hinzugerechnet wird (vgl. Abb. 36). Die klare Grenze liegt am Talknoten von Gemünden, wo der Main seine Laufrichtung erneut völlig ändert und von nordwestlicher auf wieder südliche Richtung umbiegt. Im weiteren Verlauf beschreibt die Hauptrichtung des Tals weitere zwei Richtungswechsel, so daß das Mainviereck den Spessart an drei Seiten umfließt. Nach Süden bildet der Talverlauf die naturgeographisch nicht begründbare Grenze zum Odenwald. Südlich von Aschaffenburg tritt der Main in die Untermainebene, Teil der Oberrheinebene, hinaus, wobei der bisher charakteristische Talcharakter in der Weitflächigkeit völlig zurücktritt.

Außer dem Main besitzen nur Fränkische Saale, Wern und Tauber Täler, die zwar geringere Dimensionen, aber vergleichbare Einschneidungstiefen und Talformen aufweisen. Sie entspringen alle auf den Mainfränkischen Platten, auf deren Fläche die Oberläufe der Flüßchen noch nicht auffallen. Ab der Stelle, wo sie sich stark einzuschneiden beginnen, bilden sie ebenfalls eigenständige landschaftliche Einheiten. Dieser plötzliche Wandel im Charakter des Reliefs ist aus der Landschaftsgenese zu erklären. Danach stehen sie dem Maintal hinsichtlich ihrer naturgeographischen Bedingungen, ihrer Gliederung und Landnutzung näher, und viele der Aussagen sind übertragbar, auch wenn im einzelnen weniger Untersuchungen zu ihnen vorliegen.

8.2 Natürliche Grundlagen

Der Main durchfließt in Unterfranken die Schichten des Muschelkalks im Maindreieck und die des Buntsandsteins im Mainviereck. Der wesentliche Unterschied zu den in den Kapiteln Mainfränkische Platten und Spessart/westliche Rahmenhöhen beschriebenen geologischen Verhältnissen liegt darin, daß die Schichten hier nicht wie auf den Flächen nebeneinander anstehen, sondern im Schnitt übereinander liegen. Deshalb ist die Hangform häufig nicht einheitlich ausgeprägt, sondern wechselt in ihrer Steilheit von oben bis unten mehrfach, teilweise sogar unterbrochen von senkrechten Felsen.

Ähnlich liegen die Verhältnisse in den übrigen größeren Tälern, weshalb viele der folgenden Aussagen übertragbar sind, wenn man die jeweilige Situation und Lage berücksichtigt und auf den Karten vergleicht. Die Wern durchfließt ab Mühlhausen unterhalb von Werneck den Muschelkalk ebenso wie die Tauber zwischen Rothenburg und Hochhausen unterhalb Tauberbischofsheim. Dort ändert sich der Charakter des Tals mit dem Eintritt in den Buntsandstein analog zur Situation im Mainviereck. Der Verlauf des Tals der Fränkischen Saale ist komplizierter und wechselt mehrfach zwischen diesen geologischen Formationen. Alle übrigen Gewässer der Mainfränkischen Platten führen erheblich weniger Wasser, verlaufen für den längsten Teil noch auf der Hochfläche und senken sich höchstens auf den letzten Kilometern auf das Niveau der Hauptflüsse ab.

Ein weiteres Charakteristikum des Maintals und seiner Nebenflüsse ist das Nebeneinander der trockensten und feuchtesten Teile Unterfrankens auf engstem Raum. Dabei kommt die hydrologische Situation zum Tragen, deren Differenzierung von der Geomorphologie bestimmt wird und sich im gesamten Tal mehr oder weniger deutlich nachvollziehen läßt. Die hydrologischen Unterschiede drücken sich sowohl in der potentiellen wie auch der realen Vegetation aus, in den Bodenverhältnissen, der Landnutzung und dem Mosaik der naturbetonten Landschaftselemente.

8.2.1   Der Thüngersheimer Sattel

Überall in den tief eingeschnittenen Tälern des Maintalsystems läßt sich die Abfolge der Schichten im senkrechten Schnitt verfolgen, so, wie die Schichten übereinander abgelagert wurden. Der untere Teil von Abb. 47 (Kap. 9.2.1) zeigt die Situation im Raum Marktbreit – Ochsenfurt, wo alle Schichten des Oberen und Mittleren Muschelkalks angeschnitten werden. Der Quaderkalk steht an den Talschultern an, wo er abgebaut wird (Sommerhausen). Bis in unser Jahrhundert geschah das verbreitet, wovon zahlreiche Steinbrüche oberhalb der Maintaldörfer zeugen (Goßmannsdorf, Winterhausen, Lindelbach).

Im weiteren Verlauf erreicht die Talsohle, bedingt durch die großräumige Schichtkippung (vgl. Abb. 6), immer ältere Formationen. Bereits in Würzburg wird der Wellenkalk (mu) erreicht, der den Talboden bildet (Felsen Kloster Oberzell). Die Stadt ist in einer Talweitung angelegt, wo der Main die weicheren Schichten des Mittleren Muschelkalks leichter ausräumen konnte, während in den obersten Hangbereichen (Festung Marienberg) noch Hauptmuschelkalk (mo) ansteht, also fast das gesamte Muschelkalkprofil angeschnitten ist.

Unterhalb Würzburgs dominieren immer wieder die mächtigen Felspartien der senkrecht aufragenden Schaumkalke das Landschaftsbild (Erlabrunn, Retzbach, Himmelstadt). Sie markieren eine besonders widerständige Schicht des Wellenkalks, welcher ansonsten eher von feinplattiger Struktur ist. Die in nahezu regelmäßigen Abständen angeordneten Felsbuchten gehen auf die Seitenerosion des Flusses zurück, als der Talboden in dieser Höhe lag. Betrachtet man die horizontale Erstreckung der Schaumkalkbank insgesamt, so fällt deren mehrfach wechselnde, im Kilometerbereich wellenförmig auf- und abtauchende Position am Talhang auf.

Die Lagerung der geologischen Formationen in Unterfranken ist nicht nur durch ihr generelles Einfallen um durchschnittlich 2° nach Osten bestimmt, sondern durch eine darin einbezogene Sattel-Mulden-Struktur des gesamten Schichtpaketes in Zehner-Kilometer-Dimensionen. Die Verbiegungen müssen nach der Ablagerung des Muschelkalks entstanden sein, vermutlich als Fernwirkung während der Gebirgsbildung der Alpen. Die Achsen dieser Strukturen, also die Linien auf dem Gipfel der Aufwölbungen und dem Grund der Tiefenlinien, besitzen eine Streichrichtung (Ausrichtung) WSW–ENE. Die wichtigsten, Schrozberger/Uffenheimer Sattel, Zeller Mulde, Thüngersheimer Sattel und Zellinger Mulde, sind in der tektonischen Karte (Abb. 11) eingezeichnet.

Die großräumige, flache geologische Welle prägt den gesamten Verlauf des mittleren Maintals. Seine Ausrichtung steht zwischen Ochsenfurt und Gemünden etwa im rechten Winkel zu diesem Auf und Ab, so daß sich an seinen Hängen die Sattel-Mulden-Abfolge mit verfolgen läßt. Würzburg liegt im Tiefbereich der Zeller Mulde, ab der die Schichten relativ steil nach Nordwesten ansteigen, bis bei Thüngersheim schon der Obere Buntsandstein (Röttone) am Talgrund zum Vorschein kommt. Jenseits des Thüngersheimer Sattels fallen die

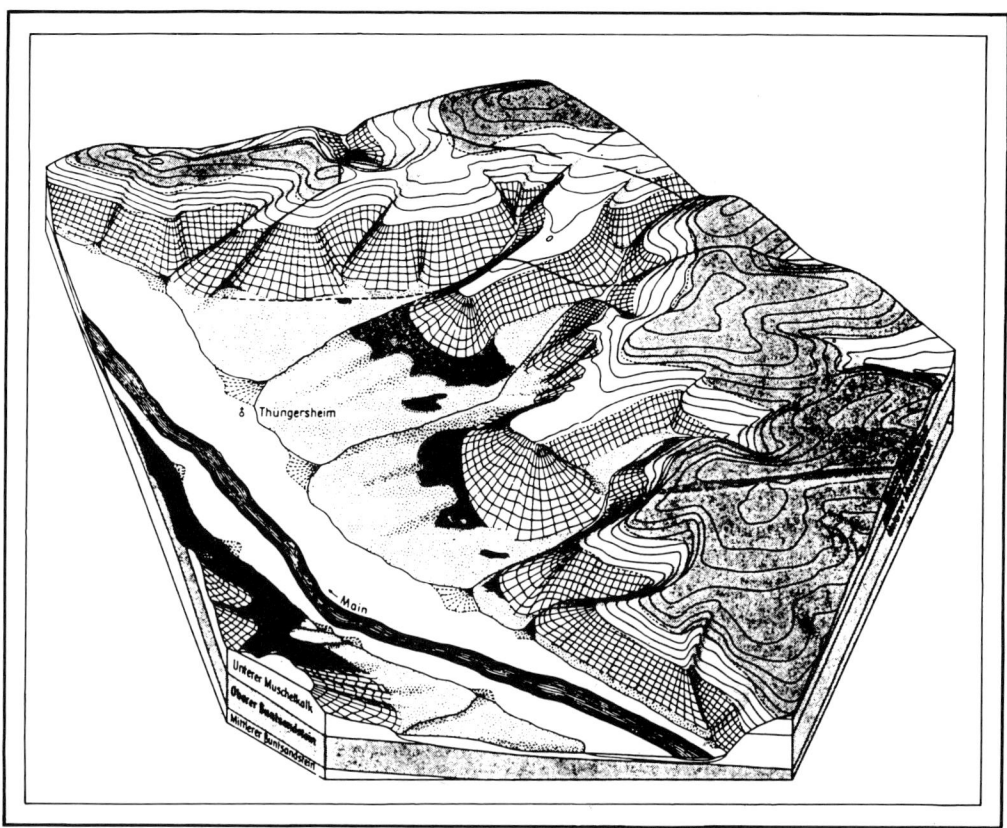

Abbildung 38
Stereogramm des Thüngersheimer Sattels. Besonders am Unteren Muschelkalk (senkrecht schraffiert) erkennt man den von rechts (SE) vom Talniveau her ansteigenden Einfallswinkel bis zum höchsten Punkt des Sattels bei Thüngersheim. Ab dort fallen die Schichten nach links oben (NW) wieder ein. Weil deshalb die darunter liegenden weichen Röttone des Oberen Buntsandsteins an die Oberfläche treten, konnte der Main die Talweitung schaffen. Die Einkerbungen an den Hängen sind Klingen, die ihre Schwemmfächer auf die Niederterrasse schütteten und den weitgehend hochwassersicheren Platz für die Siedlung bieten. Rechtwinklige Parallelprojektion, Winkel 30°, Blickrichtung NNE, Höhenlinienabstand 10 m, Abbildungsfläche ca. 3 x 6 km. Geologische Schichten von den Hoohbereichen bis zum Talgrund: grau: Oberer Muschelkalk; weiß: Mittlerer Muschelkalk; senkrecht schraffiert: Unterer Muschelkalk; dunkelgrau: Oberer Buntsandstein; punktiert: ältere Mainterrassen, teilweise mit Löß und Flugsand überdeckt; weiß: Niederterrasse und Aue. Aus: HOFFMANN, U. (1967): Erläuterungen zur Geologischen Karte 1 : 25 000, Blatt 6125, Würzburg Nord, mit frdl. Genehmigung des Bay. Geologischen Landesamtes

Schichten wieder bis zur Zellinger Mulde ein, bevor sie im Bereich Himmelstadt–Karlstadt erneut ansteigen. Man kann die Sattelstruktur sehr gut anhand der Felsbänke des Schaumkalks auf der östlichen Talseite verfolgen, die südöstlich von Thüngersheim nach Osten abtauchen, nordwestlich des Ortes aber nach Westen einfallen (Abb. 38).

Erst bei Gambach taucht der Obere Buntsandstein wieder auf, der Wellenkalk streicht „in der Luft" aus, und der Main tritt in das viel engere, bewaldete Tal des Buntsandsteins ein. Bei Karlstadt kann man die Abfolge vom Hauptmuschelkalk (höchste Bergkuppen: Rehmützberg, Saupürzel) über die flacheren Hänge der Mergel des Mittleren Muschelkalks, die Steilbereiche des Wellenkalks (Felsfluren am Kalbenstein bei Gambach), die weichen Röttone (Weinberge am Fuß des Kalbensteins, Talweitung Karlburg) bis zum unfruchtbaren, bewaldeten Mittleren Buntsandstein (Wernfeld) beobachten. (Neben der Geologie lassen sich an dieser Stelle auch die geomorphologische Entwicklung des Maintals, die Bezüge zwischen dem Mosaik der naturbetonten Landschaftselemente und dem Ökosystem sowie die botanischen Besonderheiten der Felsfluren und Trockenrasen studieren.)

Verfolgt man die Achse der Zellinger Mulde nach SW, so trifft sie am Südende des Mainvierecks wieder auf das Maintal. Hier liegt das Schichtpaket nochmals so tief, daß der auf dem Buntandstein lagernde Wellenkalk vom Talhang wieder angeschnitten wird. Im oberen Bereich der Hänge steht Wellenkalk an, erkennbar an der Steilheit und an der schütteren Vegetation der Trockenrasen. Etwas flußaufwärts wird der Wellenkalk vom Zementwerk abgebaut (Lengfurt). Die untere Hälfte des Hanges wird von Weinbergen eingenommen, die auf Röttonen stehen (Homburg). Auf deren Weichheit und leichtere Erodierbarkeit geht die plötzliche Talweitung zurück (Trennfeld).

8.2.2   Hydrologie der Zeller Quellen

Im hydrologischen Problemgebiet Mainfranken mit seinen geringen Niederschlägen, hoher Verdunstung und niedrigem Grundwasserdargebot stellt die Trinkwasserversorgung ein besonderes Problem dar. Eine gewisse Ausnahme bildet das Maintal, sichtbar an der Konzentration der Siedlungen, obwohl auch hier deutliche Unterschiede bestehen.

Im Schweinfurter Becken mit seinem Porengrundwasserleiter lassen sich größere Mengen Wasser fördern, die die Versorgung von Schweinfurt und den anderen Städten dort sichern. Ab dem vollständigen Eintritt des Tals in den Muschelkalk bestimmt allerdings auch hier, wie auf den umgebenden Platten, Karst weitgehend die Grundwassersituation. Das Porengrundwasser der Talfüllung tritt stark zurück. Selbst das Fördergebiet Zellinger Mulde kann die Versorgung von Würzburg nur zu einem Drittel sicherstellen. Dennoch leidet die Großstadt nicht unter Wassermangel, was auf eine hydrologische Besonderheit zurückzuführen ist.

Die Anlage der beiden Klöster Ober- und Unterzell sowie der Ortschaft Zell am Main geht wesentlich auf eine Ausnahmesituation mit sehr günstiger Wasserversorgung zurück, wie sie sonst im weiten Umkreis nicht mehr besteht. Aus den Zeller Quellen bestreitet die Stadt Würzburg heute etwa 60 % ihrer gesamten Trinkwasserversorgung.

Diese Verhältnisse ergeben sich aus der Lage in der Zeller Mulde in Kombination mit der weiteren geologischen Situation. Haupt- und Mittlerer Muschelkalk sind verkarstet und sehr gut wasserdurchlässig, weshalb sich darin kein Grundwasserkörper ausbilden kann. Erst im Grenzbereich zum Wellenkalk kommen wasserstauende Schichten, die Orbicularismergel, vor. Der Hauptgrundwasserkörper des Muschelkalks ist deshalb allgemein in den darüberliegenden, gut wasserleitenden Zellenkalken ausgebildet, als Karstwasserkörper dennoch normalerweise mit geringer Schüttung.

Abb. 39 veranschaulicht die Besonderheit Zells. Der Ort befindet sich am Grund der Muldenstruktur, deren Achse dabei leicht nach NE gekippt ist und das Grundwasser hier zusammenführt. Kurz vor Zell werden die wasserleitenden Zellenkalke von kleinen Verwerfungen geschnitten, die das Wasser einerseits anstauen, andererseits in die Schaumkalkbänke absinken lassen, die in Zell die Quellen bergen. Die wichtigste dieser Verwerfungen mit einer

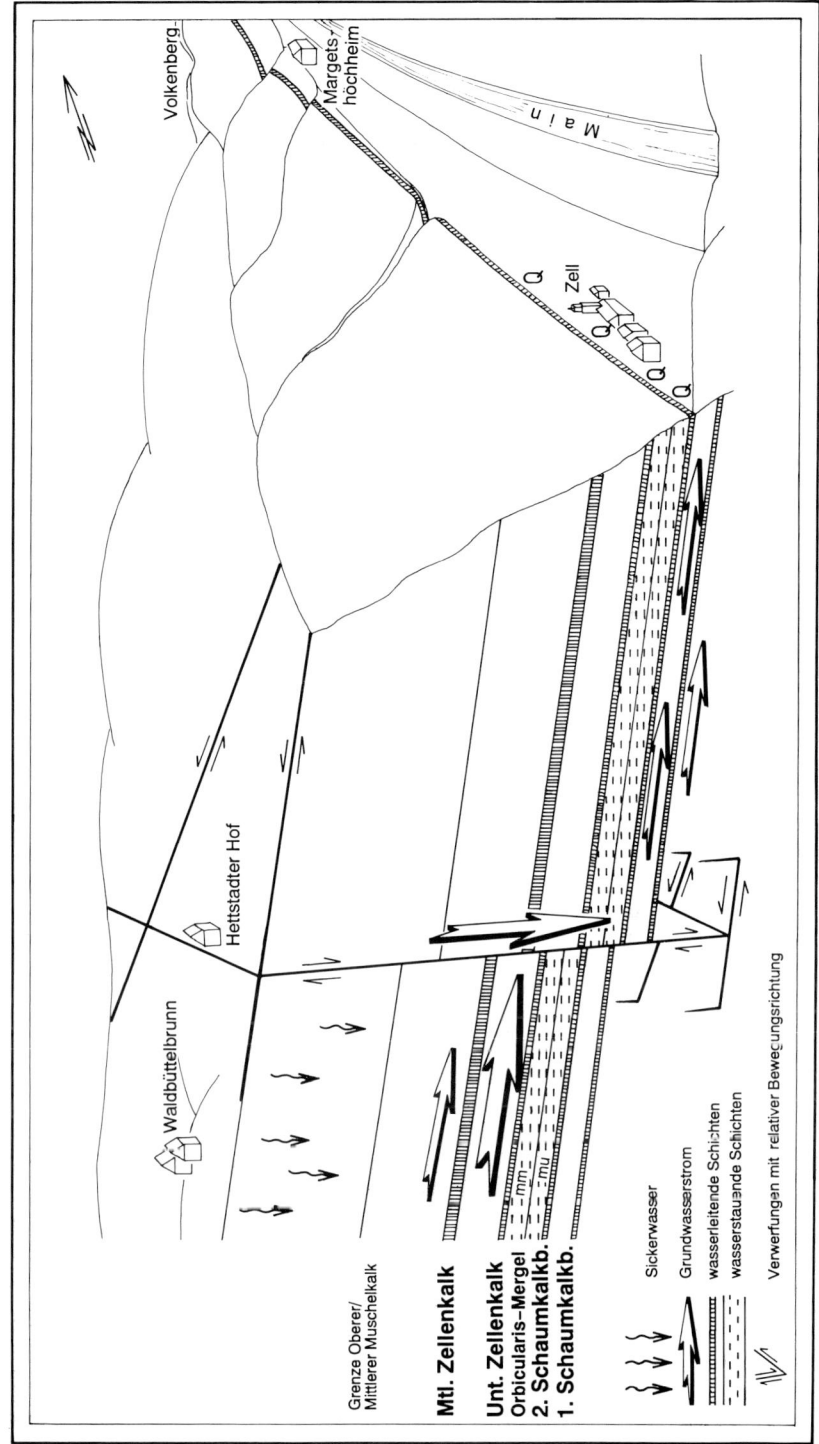

Abbildung 39
Hydrogeologische Situation von Zell/Main. Schnitt und perspektivische Sicht der Umgebung von Zell mit geologischen Schichten, Verwerfungen und Grundwasserströmen im dahinter liegenden Zeller Berg. Aus: MÜLLER (1991)

Sprunghöhe von 10 m zieht nördlich des Hettstadter Hofs vorbei zum Fuß der Hettstadter Steige, wo das Wasser vom Zellerberg- und Norbertusheimstollen erschlossen wird, die beide nur wenige Meter in den Berg getrieben werden mußten.

Nicht an Quellen austretendes Wasser wird im Unteren Muschelkalk zum Grundwasserbegleitstrom des Mains abgegeben. Ansonsten bestehen vom Porenwasserkörper des Maintals her keine Beziehungen, weshalb auch keine Kontamination des Karstwasserkörpers des Muschelkalks gegeben ist. Das Einzugsgebiet der Quellen umfaßt rund 110 km² mit dem Zentrum um Waldbüttelbrunn. Zell selbst sowie die Flanke des Maintals liegen nördlich der Hauptstörung zunächst außerhalb der wasserführenden Schichten. Die Störung wird jedoch nochmals selbst von einer Anzahl kleinerer Brüche geschnitten, die das Wasser ableiten und weiter konzentrieren, da sie insgesamt keilförmig aufeinander zulaufen. Deshalb sind die Quellen auf den kurzen Talabschnitt von Zell konzentriert, und die Hauptmenge des Wassers wird im Schulhausstollen gefördert.

Im Ort selbst gab es früher eine Vielzahl von Brunnen, vier Mühlen, oberirdische und vor allem unterirdische Wasserableitungen, letztere größtenteils noch erhalten. Darüber hinaus besaßen viele der an den Berg angrenzenden Häuser ihre eigene Wasserversorgung, die die Stadtwerke Würzburg beim Bau des Wasserwerkes und der Stollen im Jahre 1898 ablösen mußten. Die „Wasserrechtler" besitzen ein verbrieftes, unveräußerbares, auf die Grundstücksparzelle bezogenes Dauerrecht auf kostenloses „Freiwasser". Dessen Höhe richtet sich nach der Schüttung der infolge des Stollenbaus damals versiegten Quellen. Außerdem wurde vertraglich die Errichtung von einem Dutzend öffentlicher Ventilbrunnen vereinbart (MÜLLER 1991).

Die in Unterfranken einmalige hydrologische Situation, die dramatische Abhängigkeit der Wasserversorgung Würzburgs sowie die im Fassungsbereich fast oberflächliche Wasserführung lassen die Brisanz der Diskussion um die Zufahrtsstraße Hettstadter Steige deutlich werden. Die Stollen liegen derartig nahe an der Straße, daß sie bereits durch einfache Bauarbeiten verschmutzt werden könnten; ein Öl- oder Gefahrgutunfall hätte unabsehbare Folgen.

8.2.3   Potentielle natürliche Vegetation

Selbst aus sehr kleinmaßstäblichen Karten der potentiellen natürlichen Vegetation (vgl. Abb. 19) fallen die größeren Flußtäler, neben dem Main nur streckenweise Tauber, Wern und Fränkische Saale, durch ihre Eigenständigkeit heraus. Sie betrifft zwei völlig gegensätzliche Pflanzengesellschaften: die feuchtigkeitsbestimmte Aue und die extrem trockenen Talkanten. Gemeinsam ist beiden Standorten eine besondere Kombination der Geofaktoren Wasser und Relief.

Die Kombination erfolgt mit wechselseitig umgekehrten Vorzeichen. Am Standort der Auenwälder wird die klimatische Trockenheit Unterfrankens infolge der Grundwassernähe kompensiert, während an den Talschultern genau das Gegenteil der Fall ist. Die wärmeliebenden Eichenmischwälder gedeihen, wo die höchsten Temperaturen herrschen und die Trockenheit bei größter Grundwasserferne noch verschärft ist.

Darüber hinaus stellen die Auenwälder das typische Beispiel eines azonalen Vegetationstypus dar. Derartige Gesellschaften existieren primär aufgrund eines einzigen Geofaktors, der, weitgehend unabhängig von der betreffenden Klimazone, die Lebensbedingungen bestimmt, was in den Haupttälern in Gestalt der üppigen Wasserversorgung deutlich wird.

Tabelle 10 Wichtigste Gehölzarten der Auenwälder (Alno-Ulmion)	Weichholzaue Silberweiden-Auenwald (Salicetum albae):	
	Salix alba	Silberweide
	Salix fragilis	Bruchweide
	Salix babylonica	Trauerweide
	Salix viminalis	Korbweide
	Populus nigra	Schwarzpappel
	Hartholzaue Eichen-Ulmen-Auenwald (Querco-Ulmetum):	
	Quercus robur	Stieleiche
	Ulmus minor (= Ulmus campestris)	Feldulme
	Fraxinus excelsior	Gemeine Esche
	Populus alba	Silberpappel
	Prunus padus	Traubenkirsche
	Alnus incana	Grauerle
	Tilia cordata	Winterlinde
	Carpinus betulus	Hainbuche

Auenwälder sind an das Vorhandensein einer Flußaue gebunden, deren Entstehung in landschaftsgenetischem Zusammenhang zu sehen ist. An den kleineren Flüßchen und Bächen, die vor allem die Rahmenhöhen entwässern, hat sich keine ausgeprägte Aue entwickelt; man findet hier deshalb nur Bachufergesellschaften mit ganz anderen ökologischen Bedingungen und infolgedessen auch anderer Artenzusammensetzung (vgl. Kap. 9.2.3).

Auenwälder

Die *Flußaue* umfaßt alle zumindest gelegentlich überschwemmten und durch ständigen Grundwasseranschluß bestimmten Bereiche, geomorphologisch die Talaue bzw. Auenterrassen. Die Grenze wird vom wenige Meter hohen Anstieg zur Niederterrasse gebildet, deren Pflanzengesellschaften nicht mehr hochwasserbeeinflußt sind und den Laubwaldgesellschaften der Umgebung als normale zonale Vegetation angehören. Derart fein differenzierte Standortunterschiede existieren nur entlang der größeren Flüsse, weshalb sich nur hier regelrechte Auenwälder *(Alno-Ulmion)* mit Trennung in Hart- und Weichholzaue aufbauen können.

In Unterfranken findet man die ursprünglichen Pflanzengesellschaften heute praktisch kaum noch, denn die Flußtäler gehören zu den am stärksten vom Menschen umgestalteten und auch belasteten Landschaftsbestandteilen. Schon früher wurden die Talauen ganz einheitlich von sehr ertragreichen Wiesen eingenommen. Wo nicht Siedlungen und Verkehrsflächen teilweise vollständig den Talraum einnehmen, sind sie inzwischen wiederum oft drainiert und in Ackerland umgewandelt worden. Die typischen Pflanzen der Auenwälder existieren deshalb heute, wenn überhaupt, nur noch als schmaler Saum entlang der Flüsse, in mehr oder weniger zufälliger Durchmischung und kaum noch als abgrenzbare Pflanzengesellschaften getrennt. Man hat es hier wirklich mit einer potentiellen Vegetation zu tun.

Die Ökophysiologie der Pflanzen hat sich den die Flußaue bestimmenden hydrologischen Faktoren in vierfacher Weise anzupassen. Der ständige Grundwasseranschluß verhindert die sonst überall zumindest zeitweisen Trockenheitsprobleme und begünstigt Pflanzen mit hohem Wasserbedarf. Dazu kommt noch die Menge der vom Wasser mitgeführten Nährstoffe,

so daß hinsichtlich Nährstoff- und Wasserbilanz Auen optimale Standortbedingungen aufweisen. Der hohe Grundwasserstand führt andererseits zu Luftarmut bis hin zu Luftabschluß
im Boden, was die Wurzelatmung stark einschränkt und was viele Pflanzen nicht vertragen.
Dazu kommt bei regelmäßiger Überflutung noch die mechanische Zugwirkung des Wassers
sogar mit mitgeführtem Treibgut, was wiederum eine starke Verankerung der Pflanzen im
Boden voraussetzt.

Die Waldformationen der Aue sind die dauerhaftesten Pflanzengesellschaften, die den
Fluß im natürlichen Zustand begleiten. Man unterscheidet die Weichholzaue, die regelmäßig
jährlich ein- bis mehrmals überschwemmt wird, von der nur noch gelegentlich und in unre-
gelmäßigem Abstand (episodisch) überfluteten Hartholzaue. Diese ist hinsichtlich des
Grundwasseranschlusses dennoch deutlich an die Bedingungen der Flußniederungen gebunden und setzt sich vor allem durch die daran angepaßte Artenzusammensetzung von den übrigen Wäldern ab, denen sie im Aufbau aus hochstämmigen Bäumen bereits recht ähnlich ist.
Große Unterschiede bestehen zudem in der üppigen Krautschicht. Die oft mehr gebüsch-
ähnliche Weichholzaue wird so oft überschwemmt, daß nur wenige spezialisierte Pflanzen
diese Verhältnisse ertragen.

In Tab. 10 sind die wichtigsten Arten der für Mainfranken potentiellen Pflanzengesellschaften der Hartholz- und der Weichholzaue zusammengestellt. Insbesondere die
Hartholzaue des Eichen-Ulmen-Auenwaldes *(Querco-Ulmetum)* spiegelt die Kombination
hoher Temperaturen, optimaler Wasserversorgung und günstiger edaphischer Bedingungen
mit Kalkreichtum, hohem pH-Wert und guter Nährstoffversorgung in einem reichhaltigen
Spektrum anspruchsvoller Arten in Baum-, Strauch- und Krautschicht wider, worunter sich
auch seltene Pflanzen finden. Die Weichholzaue (Silberweiden-Auenwald, *Salicetum albae*)
wird typischerweise aus verschiedenen Weiden- und Pappelarten gebildet. Vielfache Differenzierungen und ein oft sehr kleinräumiges Nebeneinander teilweise nur kurzlebiger
Pflanzengesellschaften kennzeichnen darüber hinaus die interne Gliederung der Auenwälder. Schwimmblattgesellschaften der stehenden Altwässer, Röhrichte und Stauden-
gesellschaften der Uferbereiche, Pionierpflanzen periodisch austrocknender Tümpel oder
auf kurzfristig entstehenden Sand- und Kiesbänken und die schon dauerhafteren Weiden-
gebüsche des höheren Uferbereichs bedecken jeweils nur kleinflächige Areale und sind
einem ständigen Wandel durch das Wasserregime des Flusses unterworfen. Sie sind durch
die Flußregulierung und Uferverbauung heute auf ganz wenige Restflächen zurückgedrängt.

Wärmeliebende Eichenmischwälder

Als Gegenstück zu den von ständiger Feuchtigkeit geprägten Auen am Grund der größeren
Täler treten an deren Hänge und besonders Talschultern Bereiche, die durch besondere Trok-
kenheit geprägt sind. Dabei spielen ursächlich mehrere Ökofaktoren zusammen. Hier kommen zu der ohnehin vorhandenen klimatischen Trockenheit noch die Wasserdurchlässigkeit
des Wellenkalks, die edaphische Trockenheit der flachgründigen Rendzinen und die geomorphologisch durch Einschneidung bedingte extreme Grundwasserferne. Wärmeliebende
Eichenmischwälder gibt es, wenngleich in ihrer Ausdehnung stark reduziert, noch heute an
den Talkanten des mittleren Maintals zwischen Ochsenfurt und Karlstadt (Kleinochsenfurt,
Goßmannsdorf, Randersacker, Gambach), im unteren Werntal (Aschfeld, Homburg/Gössen-
heim), an einigen lokal begrenzten Stellen des Saaletals (Euerdorf, Trimberg) sowie im
Werratal im Raum Meiningen. Die Karte (Abb. 19) gibt die potentielle Verbreitung wieder,
die sich auf den schmalen Saum der Kanten dieser Täler in Südexposition beschränkt.

Pflanzensoziologisch ist die Einstufung dieser Wälder nicht einheitlich. In der Karte von SEIBERT (1968) werden die Gesellschaften dieser Standorte als Steppenwaldreben-Eichenwald *(Clematido quercetum)* bezeichnet, der zu den wärmeliebenden Eichenwäldern *(Quercion pubescenti-petraeae)* gehört (OBERDORFER 1992, S. 119). ULLMANN (1977, S. 176) verweist darauf, daß sich zumindest im südlichen Maindreieck an diesen Standorten ein Eichen-Hainbuchenwald trockener Standorte entwickeln würde *(Galio-Carpinetum)*. Diese Einstufung betrifft vor allem die Krautschicht, die durch die frühere Beweidung am stärksten in Mitleidenschaft gezogen wurde. Die Zusammensetzung vor allem der Strauchschicht zeigt dagegen deutlich die warmtrockenen Verhältnisse. Möglicherweise wären die wärmeliebenden Eichenmischwälder natürlicherweise auf die Standorte des Wellenkalks (mu) an südexponierten Talkanten beschränkt. Beim heutigen Erscheinungsbild ist in jedem Fall von einem starken anthropogenen Einfluß mit Auflichtung der Baumschicht und Veränderung der Krautschicht auszugehen.

Die wärmeliebenden Eichenmischwälder der Talkanten unterscheiden sich von den übrigen Eichen-Hainbuchenwäldern der Mainfränkischen Platten sowohl durch ihre Artenzusammensetzung als auch in ihrem Aufbau. Die extrem trockenen Verhältnisse, insbesondere während Trockenperioden oder Trockenjahren, ertragen nur spezialisierte Arten. Den typischen Standort charakterisieren nicht nur schnell erwärmbare, flachgründige Böden, sondern Südwestexposition mit maximaler Licht- und Wärmeausbeute. Buchen können auf diesen Standorten nicht mehr gedeihen; es dominiert die Traubeneiche *(Quercus petraea)*, ergänzt durch die Kiefer *(Pinus sylvestris)* und die Elsbeere *(Sorbus torminalis)*. Die stark ausgebildete Strauchschicht wird weitgehend von den Arten bestimmt, die auch die wärmeliebenden Hecken des Liguster-Schlehengebüsches aufbauen (vgl. Tab. 7).

Als botanische Rarität tritt gelegentlich der Montpellier-Ahorn *(Acer monspessulanum)* dazu, eine submediterrane Art mit hohen Wärmeansprüchen. Er gedeiht nur an wenigen besonders exponierten Lagen Mainfrankens: im mittleren Saaletal, im unteren Werntal und bei Karlstadt. Sein Verbreitungsgebiet veranschaulicht die Einstufung als submediterrane Art, die für viele Gräser und Kräuter der wärmeliebenden Eichenmischwälder, vor allem aber der Trockenrasen zutrifft. Es reicht vom Mittelmeer nordwärts geschlossen nur bis Burgund, besitzt aber weiter nördlich gelegene Exklaven, u. a. im Mosel-Rhein-Nahe-Raum. Davon sind die wenigen Vorkommen Mainfrankens isoliert, was die Frage aufkommen ließ, ob es sich um Relikte einer einst weiteren Verbreitung unter wärmerem Klima handelt (HOFMANN 1965, S. 51–52).

Im Aufbau sind die Wälder dieser Standorte vor allem durch ihre Offenheit charakterisiert, was in gewissem Umfang auch unter natürlichen Umständen der Fall wäre. Die frühere Waldweide und Holznutzung hat allerdings gerade hier, an den Extremstandorten, wo die Bäume ohnehin wenig wüchsig sind, eine nachhaltige Auswirkung auf die Vegetation. Durch die erheblich gesteigerte Öffnung des Waldes und den dadurch bedingten Lichtreichtum konnte sich eine sehr reichhaltige Krautschicht ausbilden. Diese wird teilweise aus Arten aufgebaut, die aus dem Mittelmeerraum und Südosteuropa stammen: Berg-Kronwicke *(Coronilla coronata)*, Graues Sonnenröschen *(Helianthemum canum)*, Gelbscheidiges Federgras *(Stipa pulcherrima)*, Diptam *(Dictamnus albus)*. Sie sind durch natürlichen Samenflug eingewandert, wurden eingeschleppt oder eingeführt, namentlich von Mönchen, aus deren Klostergärten sie verwilderten, nachdem sie genügend Standorte in der anthropogen geöffneten Landschaft fanden, die ihren trockenwarmen Standortansprüchen genügten.

Es ist unbestritten, daß bei der Bildung dieser „Steppenheidewälder" der Mensch den entscheidenden Einfluß ausübte, sei es, daß er hier das steppenähnliche Vegetationsbild der

Spät- und Nacheiszeit durch Verhinderung einer vollen Bewaldung teilweise erhalten hat, sei es, daß es mit Zunahme der Weideintensität nachträglich zu einer Öffnung des Waldes kam. Welche Vegetation als potentiell natürlich anzusehen ist, wird aber nicht nur dadurch problematisch, sondern auch durch die Tatsache, daß die sehr dünne Bodenschicht durch den anthropogenen Einfluß derart geschädigt wurde, daß die Sukzession der „Steppenheide" zum natürlichen Wald hier extrem langsam abläuft.

8.2.4   Die Steppenheidetheorie

Da die Steppenheidetheorie immer noch zitiert wird, sich manche ihrer Begriffe trotz erheblichen inhaltlichen Wandels gehalten haben und sich einige bekannte Lokalitäten am mittleren Maintal befinden und auch heute noch zu beobachten sind (s. o.), soll hier kurz auf diese Theorie und ihre heutige Gültigkeit eingegangen werden. Die licht- und wärmeliebenden Saumgesellschaften, Gebüsche und Trockenrasen, deren Standorte man heute als potentiell für wärmeliebende Eichenmischwälder ansieht, wurden dabei als Reste einer natürlichen Pflanzengesellschaft der „Steppenheide" betrachtet. Im Kern stellte die Steppenheidetheorie das Zusammenfallen dieser Vegetation mit den altbesiedelten Landschaften fest und damit erstmals den engen Zusammenhang zwischen Vegetations- und Besiedlungsgeschichte her (GRADMANN 1898).

Die Schlußfolgerungen aus dieser Tatsache mußten jedoch revidiert werden. In seinem Buch über Süddeutschland gliederte GRADMANN alle Gebiete aus, in welchen solche Pflanzengesellschaften zu finden sind, wenn auch in der Regel nur noch lokal. Er schloß aus diesen Relikten auf eine ehemals flächenhafte Verbreitung der Steppenheide und bezeichnete diese Landschaften als „von Natur waldfrei" (GRADMANN 1931, S. 65). Der Mensch hätte demnach zuerst diese Gebiete besiedelt, also als Folge der Offenheit und leichteren Bearbeitbarkeit. Demnach wären die gesamten Mainfränkischen Platten incl. Grabfeld und Tauberland potentiell keine Waldstandorte, was sich schließlich vor allem durch pollenanalytische Beweise als unhaltbar herausstellte (FIRBAS 1949). Außerdem konnte die ebenfalls frühe Besiedlung Nordwestdeutschlands, wo dieser Vegetationstyp nicht existiert, mit der Theorie nicht erklärt werden.

Nach ELLENBERG (1954) unterscheiden sich die verschiedenen Waldgesellschaften hinsichtlich ihrer Widerstandskraft gegen Waldweide sowie ihrer Regenerationskraft bei Holzeinschlag erheblich, da sie ja als Resultat der jeweiligen natürlichen Standortbedingungen nicht auf den anthropogenen Einfluß eingestellt sind. Ebenso wie die nährstoffarmen Sandböden Nordwestdeutschlands sind die trockenen, flachgründigen Standorte der Kalkgebiete Süddeutschlands am stärksten durch diese Eingriffe gefährdet (ELLENBERG 1954, S. 191). Erst als Folge der anthropogenen Auflichtung und Zerstörung des Waldes durch Waldweide konnten dort die licht- und wärmebedürftigen Arten der Steppenheide einwandern, also in der *umgekehrten Konsequenz* der Theorie GRADMANNS.

Außerdem gehören in Franken gerade auch die Lößgebiete mit ihren tiefgründigen, nährstoffreichen Böden zum Altsiedelland, was deutlich macht, daß die Offenheit der Wälder mit der Möglichkeit von Waldweide keinesfalls die einzige Erklärung für frühe Besiedlung geben kann. Dazu kommen natürlich noch die allgemeine Klimagunst und die Bodengüte, die den Ackerbau und damit die Rodungstätigkeit begünstigten.

Trotz der widerlegten Schlußfolgerungen wird die Bezeichnung „Steppenheide" immer noch für eine Gruppe von Pflanzengesellschaften verwendet, deren gemeinsame Standortmerkmale flachgründige Kalkböden unter warmtrockenen Verhältnissen sind. Ihre Verbreitung wurde nicht nur durch die Waldweide, sondern später auch durch die Schafweide weit über das ursprüngliche Verbreitungsgebiet ausgedehnt, weshalb sie an den meisten ihrer heutigen Standorte nur durch ständige, wenn auch extensive Beweidung zu halten sind. „Steppe" weist dabei auf die zahlreichen Arten hin, die ihren Verbreitungsschwerpunkt in den natürlichen Steppen Südosteuropas haben und von dort eingewandert sind. Andere Pflanzen dieser Gesellschaften haben sich von den winzigen Arealen her ausgebreitet, die tatsächlich natürlich waldfrei waren.

Die Gesellschaften der „Steppenheidevegetation" lassen sich pflanzensoziologisch weit auffächern und umfassen neben den wärmeliebenden Eichenmischwäldern Magerrasen verschiedener Trockenheitsstufen, wärmeliebende Gebüsche und Hecken sowie Saumgesellschaften der Waldränder und Übergangszonen. Ihre Vielfalt auf engem Raum spiegelt den unterschiedlichen Grad anthropogener Eingriffe wider, wonach sie abgegrenzt und gegliedert werden können. Ihre Einzelelemente bereichern zum Teil die heutige Kulturlandschaft, weshalb sie der realen Vegetation zuzuordnen sind.

8.3 Landschaftsgenese

Abbildung 40
Terrassenfolge des Mains als Dokument der Talentwicklung. Die Talentwicklung beginnt am Übergang von flächenhafter zu linienhafter Erosion mit der Trennung des Tals von der Hauptgäufläche (GF), die am Horizont gerade noch zu erkennen ist. Für die Phase der erst schwachen Einsenkung stehen die Übergangs- (ÜT) und Hauptterrassen (HT) des Breittals. Erst danach kam es zur extremen Einschneidung, die auf eine Kombination von tektonischen und klimatischen Bedingungen zurückgeht. Sie reichte bis unter den Boden des heutigen Tals, legte seinen Verlauf und seine Form als Kastental fest. Es wurde anschließend während der Kaltzeiten des älteren Pleistozäns wieder zu mehr als der Hälfte verfüllt. Die Verfüllung läßt sich nicht einer einzelnen Kaltzeit zuordnen und wird als Aufschüttungsterrasse zusammengefaßt (AT), erkennbar am Hangknick und am beginnenden Wald auf anstehendem Gestein. In diesen Sedimentkörper sind die Mittel- (MT) und Niederterrassen (NT) der beiden letzten Kaltzeiten Riß und Würm eingefügt, nur durch flache Anstiege getrennt. Die Auenterrasse (Aue) entspricht dem natürlichen Hochflutbett des Flusses, auf welchem der Auelehm abgelagert wurde, der durch die Bodenerosion seit Beginn des Ackerbaus von Hochflächen und Hängen abgespült wurde. Man erkennt, daß die Erhaltung der Terrassensequenz im Talverlauf starken Schwankungen unterworfen ist. Auf dem Gleithang in der Talbucht von Karlburg war genügend Platz vorhanden, während am Prallhang im Vordergrund wie auch im Hintergrund der Fluß stets arbeitete, keine Sedimente ablagerte und der Fels hervortritt.

Zwei Fragenkreise aus der Geomorphologie des Maintals ergeben sich schon bei flüchtiger Betrachtung: der auffällige Lauf mit Maindreieck und Mainviereck einerseits sowie die Gliederung des Talquerprofils mit seinen ungleichmäßig gestuften Hängen andererseits, beides Zeugen verschiedener landschaftlicher Entwicklungsphasen und damit beide aus der Landschaftsgenese heraus zu erklären. Man muß bei diesen Fragen klar trennen zwischen dem *Verlauf* des Maintals und seiner *Form* im Querschnitt.

Die ältesten Anhaltspunkte für die Existenz des Urmains bilden die Entwässerungsbahnen auf der weitflächig ebenen Rumpffläche am Ende des Tertiärs, unter deren Bedingungen Laufänderungen noch verhältnismäßig leicht möglich waren. Von einer Talform in unserem Sinn kann man dabei zwar noch nicht sprechen, der eigentümliche Verlauf des Tals mit Maindreieck und Mainviereck wurde jedoch bereits zu dieser als Arvernensiszeit bezeichneten Phase angelegt.

Nach der Herausbildung des Verlaufs sind für die Rekonstruktion der Form des Tales mit kompliziertem Querschnitt mehrere Entwicklungsphasen zu differenzieren, die sich namentlich in Form der quartären Terrassen niedergeschlagen haben. Terrassen sind das wichtigste Element für die zeitliche Einordnung von Talentwicklungen überhaupt, weshalb diese geomorphologische Form zunächst näher betrachtet werden muß.

Die Herausbildung der Talform steht im Zusammenhang mit der Entwicklung auf den Mainfränkischen Platten. Die Bezeichnungen der landschaftlichen Entwicklungsphasen sind auf die Verhältnisse des Maintals abgestellt, wodurch die Korrelation mit den Mainfränkischen Platten ermöglicht werden soll, wie sie auch in Tab. 9 zusammengefaßt ist. Insgesamt geht daraus hervor, daß sich die großen Täler als eigenständige Landschaftseinheiten erst im Laufe der Zeit über verschiedene Entwicklungsphasen herausgebildet haben, also polygenetische Formen darstellen.

Für die Vegetationsentwicklung läßt sich kaum mehr als bei den Mainfränkischen Platten sagen. Wesentlich für die Bodenentwicklung ist die letzte Phase der Talentwicklung mit dem deutlich sichtbaren Einfluß des Menschen. Hier korrespondiert die Bodenerosion auf den Mainfränkischen Platten mit der Sedimentation der Auelehmdecke am Grund aller Täler, selbst der kleineren, was einer großräumigen Umlagerung von Teilen der Lößdecke und der daran gebundenen Bodenfruchtbarkeit entspricht.

Auch wenn hier eine möglichst übersichtliche Darstellung erfolgt, so soll nicht darüber hinweggetäuscht werden, daß etliche Fragen der Talgenese noch offen sind. Um den Überblick der Entwicklungsphasen nicht zu überfrachten und zu verkomplizieren, werden diese Punkte gesondert am Schluß angesprochen.

8.3.1   Urmain, Flußgeschichte und Arvernensiszeit

Die frühesten Relikte der Entwässerungssysteme Unterfrankens sind Flußsedimente, die nach dem ausgestorbenen Rüsseltier *Mastodon arvernensis*, das zu dieser Zeit lebte, als Arvernensisschotter bezeichnet werden. Nach ihnen wird der gesamte Zeitraum der frühesten Flußentwicklung als *Arvernensiszeit* bezeichnet. Leider sind die Vorkommen nicht zahlreich genug, um zusammenhängende Verläufe zu rekonstruieren, weswegen im einzelnen verschiedene Deutungsmöglichkeiten bestehen. Auch die zeitliche Einstufung ist nicht unumstritten, denn sie hängt von den Ansichten zur Klimaentwicklung und deren Verknüpfung mit der Geomorphologie ab (im Detail vgl. Kap. 8.3.4). Dennoch lassen sich die Grundzüge des damaligen Entwässerungssystems als Vorläufer der heutigen Flüsse skizzie-

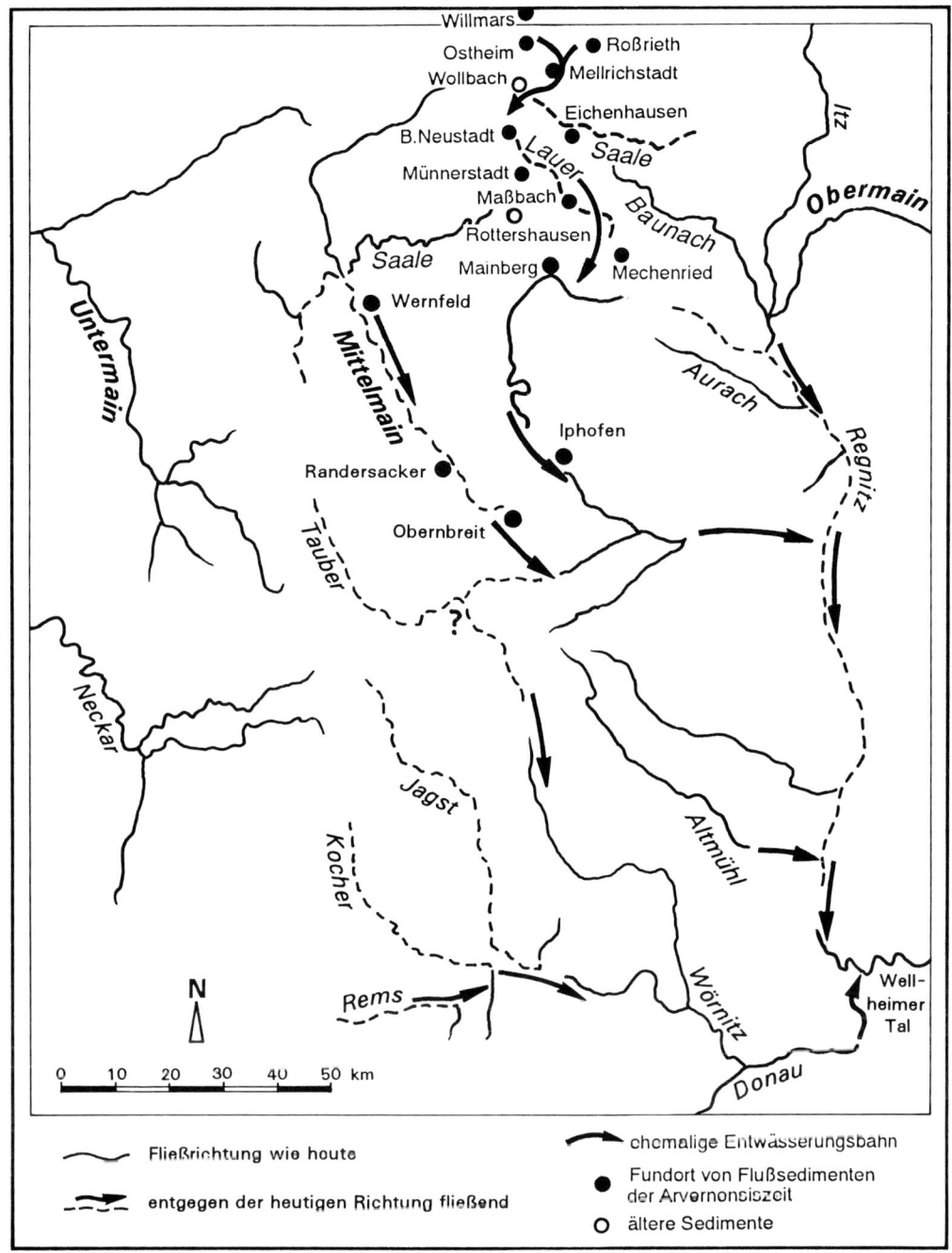

Abbildung 41

Entwässerungssysteme im Bereich Unterfrankens zum Ende des Tertiärs (Arvernensiszeit). Das gesamte System war noch zur Donau hin orientiert, und der Main existierte nicht als zusammen-hängende Entwässerungsbahn. Die Angabe der heutigen Flußläufe darf nicht darüber hinwegtäuschen, daß damals noch keine eingeschnittenen Täler im heutigen Sinn existierten, sondern nur ganz flach eingesenkte Spülmulden. Auf den Rumpfflächen waren deshalb die dargestellten Laufveränderungen noch möglich, die im Laufe von Jahrmillionen erfolgten. Zusammengestellt nach: Büdel (1981, S. 148), Rutte (1981, S. 218), Büttner (1988) und Hantke (1993, S. 158). Entwurf: Johannes Müller, 1995 ren. Die Darstellung stützt sich im wesentlichen auf HANTKE (1993), BÜTTNER (1988), BÜDEL (1981, S. 221) und RUTTE (1981, S. 218, und 1987).

Um sich ein Bild vom flußgeschichtlichen Umfeld am Ende des Tertiärs zu machen, muß man die Entwicklung vor dem Hintergrund der Rumpfflächen der Mainfränkischen Platten und der angrenzenden Gebiete sehen. Es handelte sich um eine sehr flachwellige Landschaft ohne große Höhenunterschiede. Das randtropische Klima bedingte eine stoßweise Wasserführung, wobei Täler im heutigen Sinn noch nicht entwickelt waren. Die Entwässerungsbahnen lagen in sehr flachen „Spülmulden", deren Lauf sich bei Hochwässern auch in größeren Distanzen noch verändern konnte. In ganz Süddeutschland orientierten sich die Entwässerungsbahnen damals noch in Richtung Südosten zur Urdonau hin, denn es gab noch keinen Rhein und noch keinen Oberrheingraben in der heutigen Form.

Abb. 41 stellt den gegenwärtigen Stand der Überlegungen im Überblick dar, bezogen vor allem auf die Entwicklung des Mains, der damals noch in mehrere separate Flußläufe aufgeteilt war. Sicher ist, daß der gesamte ober- und mittelfränkische Bereich durch ein großräumiges Entwässerungssystem in der heutigen Regnitzfurche Bamberg–Nürnberg–Treuchtlingen auf eine südwärtige Entwässerungslinie ausgerichtet war. Die Donau floß damals noch durch das Wellheimer Trockental und das untere Altmühltal. Der heutige Maindurchbruch Bamberg–Haßfurt existierte mit Sicherheit nicht, denn nirgends in Unterfranken findet man in den damaligen Ablagerungen Lydite, schwarze, quarzitische Gerölle. Lydite kommen in unserem Gebiet nur im Frankenwald vor und treten erst nach Anschluß des Obermains in den Terrassensedimenten auf.

Die Ausrichtung der Flüsse im Talknoten von Bamberg, wo sich Obermain, Itz, Baunach und ein kurzer Bach aus Richtung Ebelsbach trafen und nach Süden weiterflossen, wird aus dieser Perspektive verständlich. In das Bild paßt die Fließrichtung der Bäche und Flüsse der Haßberge und des Steigerwaldes, die heute noch alle nach Osten entwässern und in stumpfen Winkeln auf die Regnitzfurche treffen. Demgegenüber fließt heute der Main zwischen Bamberg und Haßfurt nach Westen, die Aurach in nur 5 km Abstand südlich davon aber nach Osten, beide also in entgegengesetzter Richtung aneinander vorbei.

Funde bei Wollbach (Sande und Tone mit Pflanzenresten) und Rannungen (Schotter) sind die ältesten Hinweise auf die Entwässerung der nördlichen Mainfränkischen Platten. Ihre Datierung ist nicht ganz klar, wird aber inzwischen im Bereich der Wende Miozän/Pliozän gesehen. Danach senkte sich das Neustädter Becken durch die Auslaugung des Zechsteinsalzes im Untergrund ab und wurde mit Schottern verfüllt. Der Durchbruch zur unteren Saale bestand damals noch nicht.

Später scheint sich der Verlauf dieser Entwässerungsbahn nach Südosten verschoben zu haben, was mit dem tektonischen Anstieg des Kissingen-Haßfurter Sattels in Zusammenhang gebracht wird. Arvernensiszeitliche Schotter, die ins Pliozän datiert werden, sind erheblich zahlreicher (vgl. Abb. 41). Sie sind vulkanischen Ursprungs bzw. stammen aus dem Buntsandstein und belegen die Herkunft aus der Rhön. Alle liegen in flachen Mulden hoch über den heutigen Tälern. Die Gerölle, die unter anderem bei Willmars, Ostheim, Münnerstadt, Maßbach und Mechenried gefunden wurden, erlauben die Rekonstruktion eines Entwässerungssystems im Rhönvorland und weiter im Bereich des Lauertals, das dabei in umgekehrter Richtung wie heute durchflossen wurde.

Diese Entwässerungsbahn verlief etwa im Bereich des heutigen Maindreiecks weiter über Mainberg zunächst nach Süden, dann durch die heutige Keuperstufe nach Südosten. Noch heute bestehen hier viele flache Durchgänge, die die Stufe unterbrechen, nur geringe Höhenunterschiede aufweisen und daher mehrfach für Verkehrswege genutzt werden. Iphöfer

Pforte, Uffenheim/Ehegau, Aischgrund und eventuell der Raum Rothenburg sind als damalige Verläufe eines Urmains denkbar.

Untere Saale, Sinn und ein Stückchen des Mainvierecks ab etwa Marktheidenfeld trafen sich im Talknoten im Raum Gemünden, um von hier aus nach Südosten zu fließen. Der westliche Teil des Urmaindreiecks Gemünden–Würzburg–Marktbreit wurde also entgegen der heutigen Richtung durchflossen. Dies belegen die Arvernensisschotter von Wernfeld bei Gemünden. Die Vorkommen liegen schon fast auf der Hochfläche und enthalten Gesteine aus dem Buntsandstein, die nur aus dem Raum Bad Brückenau stammen können, nach der heutigen Fließrichtung also unterhalb. Ihr Transport kann nur auf eine Fließrichtung zurückgeführt werden, die entgegengesetzt zur heutigen lief.

Die Änderung der Fließrichtung gilt auch für den Taubergrund, der eventuell Anschluß an die heutige Wörnitz hatte und den südöstlichen Teil des Mainvierecks als Oberlauf entwässerte, was aber beides nicht belegt ist. Ebenso wird die Fließrichtung der Oberläufe von Jagst und Kocher in Hohenlohe als umgekehrt von der heutigen angenommen. Wiederum getrennt davon bestand eine Entwässerungsbahn etwa im Zuge des unteren Mainvierecks Aschaffenburg–Miltenberg.

Über die Ursachen der Laufänderungen, die die Verbindungen schufen und das Maintal in seiner heutigen Form zusammensetzten, bestehen keine genauen Vorstellungen. Sie lassen sich aber nur vor dem Hintergrund der Landschaftsgenese in einer Entwicklungsphase mit erheblich geringeren Höhenunterschieden erklären, wo solch großräumige Veränderungen noch möglich waren. Die starke Eintiefung der heutigen Täler folgte erst danach und unabhängig davon. An den Dimensionen der Einschneidung wird deutlich, welche Veränderungen des gesamten Landschaftscharakters zwischen den arvernensiszeitlichen Spülmulden und den heutigen, in das reliefierte Gelände eingesperrten Flußläufen noch stattgefunden haben. Der gewundene Verlauf von Maindreieck und Mainviereck läßt sich nur aus der Vergangenheit mit der Zugehörigkeit verschiedener Talabschnitte des Urmains zu unterschiedlichen Entwässerungssystemen erklären.

8.3.2   Terrassen als geomorphologische Form

Terrassen bilden mehr oder weniger deutliche Verebnungen bzw. Verflachungen der Talhänge und markieren Phasen der Talentwicklung. Damit werden sie zu den entscheidenden geomorphologischen Zeugen bestimmter Entwicklungsabschnitte der Talgeschichte und ermöglichen eine zeitliche Gliederung der Genese eines Tals. Jede größere Veränderung von Niederschlagsmenge und -gang, Oberflächenabfluß, Verdunstung, Menge und Korngröße der Sedimentfracht, aber auch tektonische Einflüsse, wie die Anhebung der Umgebung oder die Absenkung der Erosionsbasis im Mündungsgebiet, verändern das geomorphologische Gleichgewicht der Flüsse. Folge kann zum einen die stärkere Einschneidung des Flusses sein, womit der vorherige Talboden verlassen wird, der dann eine Vorzeitform, eine Terrasse, darstellt. Zum anderen kann eine größere Sedimentfracht (oder relativ dazu geringere Wasserführung) zu Aufschüttung und Verschüttung ehemals tieferer Täler führen, was beides im Laufe der Geschichte des Maintals vorkam.

Terrassen können aus Flußschottern akkumuliert (aufgeschüttet) oder in das anstehende Gestein bei Seitenerosion als Verebnung hineingeschnitten worden sein, woraus sich im Gelände Probleme der korrekten Interpretation ergeben. Einerseits sind geologisch bedingte, auf unterschiedliche Gesteinshärten zurückzuführende Änderungen im Profil der Talhänge von Terrassen zu trennen. Das läßt sich bei Akkumulationsterrassen, die ja aus aufgeschüttetem Material bestehen müssen, gut bewerkstelligen, wird aber bei den Erosionsterrassen schwierig, wenn sie nicht wenigstens eine dünne Schotterauflage tragen, die ihre ehemalige Existenz als Talboden beweist. Allein die Form reicht zur Abgrenzung von Terrassen deshalb oft nicht aus.

Andererseits unterliegen die Terrassen, wenn sich der Fluß weiter einschneidet und sie nicht mehr aktiv gestaltet, nach wie vor der geomorphologischen Überprägung, nun aber durch andere Prozesse, die die Vorzeitform Terrasse umgestalten. Das kann durch die allgemeine flächenhafte Erosion geschehen, durch Überdeckung mit Löß, durch Solifluktion oder durch die Zerschneidung der Seitenbäche, die auf das dann tiefer gelegte Niveau des Hauptflusses eingestellt sind. Die ursprünglich klare Terrassenform mit ebener Grundfläche und scharfkantigem Abbruch zum Fluß hin wird mit zunehmendem Alter unklarer und in eine geneigte Schrägfläche mit sanfteren Übergängen umgestaltet, die sich auf einzelne Talabschnitte beschränkt. Die endgültige Einstufung einer Form als Terrasse muß deshalb noch weitere Indizien berücksichtigen und ins Gesamtbild einfügen, wie den allgemeinen landschaftlichen Kontext, etwaige Änderungen im Einzugsgebiet des Flusses und die Sedimentologie der Terrassenablagerungen, also ihre Anteile an Sand, Kies oder Schottern. Wird beispielsweise die Aufschüttung einer Terrasse mit kaltzeitlichen Bedingungen korreliert, so passen dazu grobe Schotter und nicht eine Zunahme feiner, tonreicher Sedimente aus Verwitterungsprozessen wärmeren Klimas. Eine Lößablagerung oder Bodenbildung auf einer Terrasse belegt ein höheres Alter der darunterliegenden Schotterakkumulation. Aus Flußschottern sind oft Hinweise auf die Geschichte von Laufänderungen oder Wechseln des Einzugsgebietes möglich, wenn bestimmte Gerölle nur aus abgrenzbaren Bereichen kommen können.

8.3.3 Landschaftliche Entwicklungsphasen des Maintalsystems

Angesichts des flächenhaften Landschaftscharakters und des sicherlich andersartigen Abflußregimes im Tertiär stellt sich zunächst die Frage, zu welchem Zeitpunkt das Tal des Mains und seiner wichtigen Nebenflüsse als Landschaftseinheit überhaupt faßbar ist und sich seine Entwicklung von der der Mainfränkischen Platten trennte. Erst danach bestand der Gegensatz Flächen/Tal, der heute für die Landschaften der gemäßigten Zonen der Erde typisch ist. Alle Täler mitteleuropäischer Flüsse werden von Terrassensystemen gegliedert.

In Abb. 42 ist die Terrassenfolge im Bereich des mittleren Maintals als idealisiertes Schema zusammengestellt. Abb. 40 zeigt die wirklichen Verhältnisse in der Landschaft am Beispiel des Maintals bei Karlburg. Die Terrassengliederung geht für das Maintal auf KÖRBER (1962) zurück, der bisher als einziger die Terrassen entlang des gesamten Mainlaufs flächenhaft kartiert hat. Sie wurde seither nicht grundlegend verändert. Die ausgegliederten Entwicklungsphasen lassen sich auch auf die wichtigen Nebenflüsse Tauber, Saale und Wern übertragen, wobei dort in den meisten Fällen nur Teilgebiete bearbeitet wurden (Tauber: DIETZ 1981, Saale: MENSCHING 1957).

Aus dem Profil der Abb. 42 geht auch die wesentliche Tatsache hervor, daß das Tal im Sinne der Landschaftsgenese nicht auf das heutige, schmale Talgefäß beschränkt ist. Es schließt die *Schulterbereiche* mit ein, wo flache Übergangs- und Hauptterrassen der Breittalphase schon als Elemente einer linienhaften Entwässerung mit Talbildung wirksam waren. Erst danach erfolgte die extreme Einschneidung der *Talgefäße*, die die heutige Form im großen und ganzen bereits festlegte. Der dritte Schritt war dann die Ausgestaltung dieses Tals durch die weitere Terrassenfolge im Quartär. Aus dieser Geschichte geht hervor, daß die

Abbildung 42
Schematische Terrassenfolge des mittleren Maintals. Links die idealisierte, vollständige Sequenz mit landschaftsgenetischer Einordnung und Datierung, rechts die am häufigsten ausgeprägten Terrassen. Zwischen der Bildung der Hauptterrasse und der Aufschüttung der A-Terrasse fand an der Grenze Pliozän/Altpleistozän die extreme Einschneidung des Mains um 60–70 m statt. Die Angaben zur Höhenlage entsprechen dem Bereich des mittleren Maintals, schwanken aber lokal; das Profil ist stark überhöht. Nach: KÖRBER (1962), KURZ (1988) und diversen geologischen Karten. Entwurf: JOHANNES MÜLLER, 1995

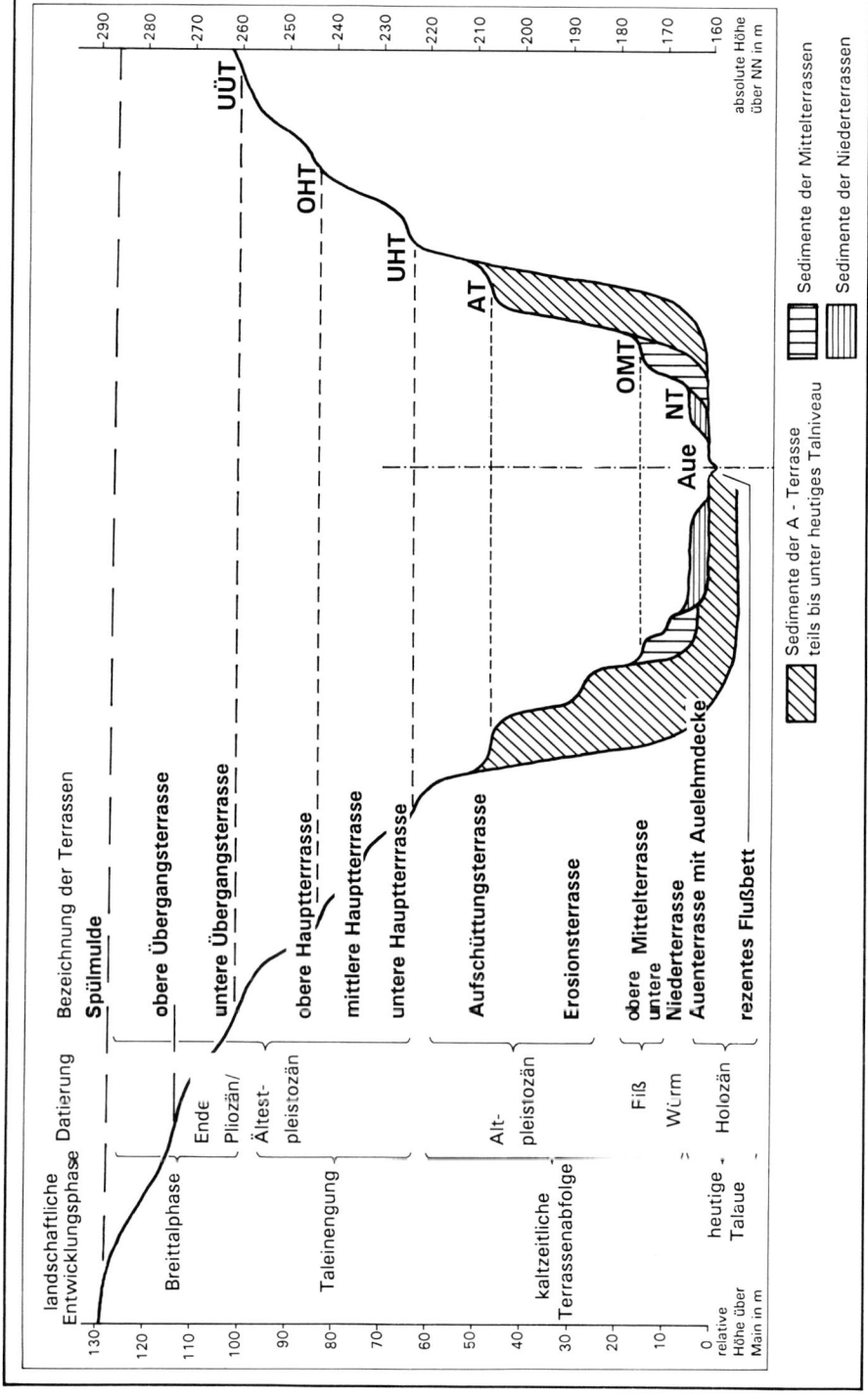

Entwicklung der großen Täler Unterfrankens als ein längerer Prozeß über mehrere Millionen von Jahren stattfand und in diesem Zusammenhang zu sehen ist.

Für die Zeit der Flächenbildung im Tertiär (landschaftliche Entwicklungsphase I) sind die geomorphologischen Hinweise so gering, daß eine Rekonstruktion der Entwässerung kaum möglich ist. Sowohl Art als auch Richtung der damaligen Abflußbahnen liegen weitgehend im dunkeln.

II. Spülmulde und Flußumleitung

Bevor sich ein regelrechtes Flußsystem bilden konnte, erfolgte der Abfluß der Niederschläge über Entwässerungsbahnen, die flächenhafte Abspülungsvorgänge repräsentieren. Sie unterschieden sich von Tälern vor allem dadurch, daß sie von der Umgebung nicht klar abgegrenzt waren und sich in ihrem Lauf häufig noch verlagerten.

Hauptgäufläche mit Spülmulde. Am Ende des Tertiärs mit seinen noch wechselfeucht-tropischen Klimabedingungen konnte sich noch kein eigentliches Tal in unserem heutigen Sinn bilden. Das in stark schwankender Menge fließende Wasser konzentrierte sich in ganz flach eingesenkten Abflußbahnen, den „Spülmulden" (BÜDEL 1981, S. 97). Ohne deutliche Differenzierung in Talkante, Hang und Aue stellten sie praktisch einen Teil der weitgespannten Hauptgäufläche und der anderen Rumpfflächen dar.

Flußumleitung und Arvernensiszeit. Es ist gut vorstellbar, daß sich solcherart wenig fixierte Abflußwege auf den weitläufigen, flachen, wenig reliefierten Rumpfflächen immer noch verschieben konnten und Flüsse ihren Weg änderten, beispielsweise bei Aufschotterung von Schwemmfächern. Die Schotterfunde der Arvernensiszeit auf den Hochflächen belegen den flachen Landschaftscharakter dieser Zeit. Diese Entwicklungsphase drückt sich somit vor allem in Gestalt des Verlaufs der Flüsse aus, weniger in heute noch sichtbaren geomorphologischen Formen. Erst danach kann die Fixierung des heutigen Talverlaufs angesetzt werden, Umleitungen und Anzapfungen kamen später nicht mehr vor.

Die Umorientierung des Mainsystems in westliche Richtung erfolgte phasenweise und läßt sich noch nicht sicher datieren. Man nimmt den Anschluß des Mittelmains an das Entwässerungssystem Untermain/Rhein für das Jungpliozän (= Ende des Pliozäns) an. In Arvernensisschottern in Rheinhessen und dem Mainzer Becken wurden Sedimente gefunden, die nur aus dem Maingebiet stammen können. Der Anschluß des Obermain/Regnitzsystems fand sicherlich erst später statt.

III. Fixierung des Talverlaufs

Das Jungpliozän markiert den Übergang von wechselfeuchttropischem Klima mit Flächenbildung und Spülmulden zu einem kühleren Klima mit linienhafter Entwässerung. Erst später kam es zu einer extremen Einschneidung, die sich an Flüssen weit über Unterfranken hinaus nachvollziehen läßt und eine grundsätzliche Umstellung der gesamten Relief- und Landschaftsgenese zeigt. Damals bildeten sich die wesentlichen Züge und die heute sichtbare Großform des Maintalsystems.

Breittal: erste Talbildung mit Übergangsterrassen. Aus dieser Zeit stammen die Übergangsterrassen des Urmaintals, von denen sich ein bis zwei ausgliedern lassen. Das Tal war ganz flach in die Fläche der Mainfränkischen Platten eingesenkt, nur 20–30 m (maximal bis 40 m) tief, aber mehrere Kilometer breit. Seit dieser Zeit können Laufänderungen der im Talgefäß fixierten Flüsse weitgehend ausgeschlossen werden. Aus dem Vorhandensein von Gesteinen im Bereich Karlstadt/Wernfeld, die nur weiter flußaufwärts vorkommen

(Hornstein, Calcedon aus dem Keuper), läßt sich ableiten, daß zu diesem Zeitpunkt der Talentwicklung die heutige Fließrichtung des Mittelmains bereits bestand. Da man aber keine Frankenwald-Lydite fand, ist der Durchbruch Haßberge/Steigerwald mit dem Anschluß des Obermains dennoch wohl erst später erfolgt (KURZ 1988, S. 20–21).

Taleinengung und Hauptterrassen. Parallel zur weiteren Veränderung des Klimas zu kühleren Bedingungen mit stärker linienhaftem Abflußregime schnitt sich der Main unter Einengung seines Tals weiter ein und formte die Hauptterrassen. Möglicherweise begannen sich bereits tektonische Veränderungen mit Anhebung der Spessart-Rhön-Schwelle oder Absenkung des Mainzer Beckens bemerkbar zu machen. In unterschiedlichen Talabschnitten lassen sich bis zu drei Hauptterrassen ausgliedern. Sie liegen ebenfalls nur einige Zehner Meter niedriger als die Übergangsterrasse. Das Tal war allerdings bereits deutlich stärker eingeengt und damit auch in seiner heutigen Ausrichtung fixiert.

In der Landschaft sind die Übergangs- und Hauptterrassen keineswegs überall mehr erhalten und wenn, dann meist nur schlecht erkennbar. Seit der Zeit, als der Main sie in die Gäufläche eingesenkt hatte und sich selbst weiter einschnitt, stellen sie zwar als Terrassen Vorzeitformen dar, man muß aber berücksichtigen, daß sie weiterhin der allgemeinen Abtragung unterlagen, die ihre Formen überprägte und verwischte. An der Talkante stehend, würde man die älteren, breiteren Terrassen und Talböden wohl zunächst der Hauptgäufläche zuordnen. Zu dieser besteht allerdings noch ein deutlicher Höhenunterschied, was am Profil einer aus dem Tal herausführenden Straße mit zunächst sehr steilem, dann flacherem Anstieg nachvollziehbar ist (Hettstadter Steige, Retzbach–Thüngen, Sattel zwischen Karlstadt und Eußenheim).

Anlage der Talmäander. Talmäander (Talschlingen) sind weiträumige Biegungen des gesamten Talgefäßes, nicht nur des Flusses selbst. Sie sind als Zeugnis der Dynamik des fließenden Wassers im Zusammenwirken mit den anstehenden Gesteinen anzusehen. Die Anlage der Talmäander geht mindestens in die Zeit des noch flacheren Reliefs der Phase der Breit- oder Übergangsterrassen zurück, während sich ihre weitere Ausgestaltung parallel zur Haupteinschneidung zur Zeit der stärksten Erosionskraft vollzog. Talmäander sind ab Eintritt in den Mittleren Buntsandstein die prägende geomorphologische Form des Talverlaufs von Main, Tauber, Wern und insbesondere der Saale (vgl. Abb. 37).

Die Wirkung des an der Außenseite einer Talbiegung tätigen Wassers führt zur Herausbildung eines ungleichmäßigen Querschnitts. Einem Prallhang mit Erosion und der größten Wassertiefe an der Außenseite steht ein Gleithang mit Aufschüttung an der Innenseite des Mäanders gegenuber. Durch den selbstverstärkenden Effekt dieser Konstellation kommt es zur extremen Ausweitung der Schlingen (Volkach, Urphar). Schließlich kann es zum Durchbruch am Hals des Mäanders kommen mit der Folge, daß der Mäander abgekürzt und nicht mehr durchflossen wird (Hafenlohr, Sendelbach b. Lohr, Kreuzwertheim, Faulbach). In diesem Fall blieb ein freistehender Umlaufberg als Rest des ehemaligen Inneren der Talschlinge erhalten.

Die schon fast durchbrochene Volkacher Mainschleife geht ebenfalls auf die Zeit vor der starken Einschneidung zurück und weitete sich seither stetig aus. Gleich anschließend wird der heute vollständig von Weinfeldern überzogene Kreuzberg vom Main umflossen. Darauf biegt er wiederum nach Westen um (Dettelbacher Talschlinge) und nimmt erst ab Dettelbach die südliche Fließrichtung wieder ein. Auch diese Schlinge hat schon zur Zeit vor der Haupteinschneidung bestanden. Wie man an Sedimenten der Hochterrasse nachweisen kann, hatte der Fluß sie zwischenzeitlich abgeschnitten und war etwa dort geflossen, wo heute der Kanal verläuft. Er wurde aber, wohl während einer Phase der verstärkten Akkumulation,

wieder in seinen ursprünglichen Mäander zurückgeleitet, worin er nach der Einschnei-
dungsphase bis heute gefangen blieb.

Die Talbucht von Zellingen läßt sich ebenfalls auf einen ehemaligen Talmäander zurückführen, dessen einstiger kleiner Umlaufberg inzwischen aber schon fast vollständig abgetragen wurde.

Mit dem Eintritt in den Buntsandstein ab Wernfeld bei Gemünden werden die Talmäander
erheblich zahlreicher und zu einer prägenden Form des Talverlaufs. Der kurvenreiche
Talverlauf weist kaum eine gerade Stecke auf und steht damit in Kontrast zum weitgehend
gestreckten Verlauf zwischen Marktbreit und Wernfeld. Es liegt nahe, den Gesteinsunter-
schied für diese Veränderung verantwortlich zu machen.

Im Falle des heute nicht mehr durchflossenen Hafenlohr-Mäanders nördlich von Marktheidenfeld läßt sich das Alter der ehemaligen Talschlinge eingrenzen. Der alte Tallauf wurde
schon im Altpleistozän während der Ablagerung der A-Terrasse verlassen, die sich sowohl in
der Schlinge als auch im heute benutzten Durchbruch nachweisen läßt (SCHIRMER et al. 1988).
Die Herausbildung der Schlinge selbst muß also davor, zumindest während der Breittalphase
erfolgt sein.

Vielleicht noch deutlicher als beim Main ist der Unterschied zwischen Kalk- und
Sandsteintal an den größeren Nebenflüssen nachvollziehbar. Dem äußerst geradlinigen
Verlauf des Taubertals insbesondere ab Weikersheim, dessen Basis in Röttonen und dessen
Hänge im Muschelkalk liegen, steht der unvermittelt sehr kurvenreiche und enge Unterlauf
mit zahlreichen Talmäandern ab Werbach im Buntsandstein gegenüber. Auch im Tal der
Saale sind die Buntsandsteinabschnitte (Bad Neustadt–Euerdorf und Morlesau–Gemünden)
bereits in der Karte an ihrem gewundenen Verlauf und engeren Querschnitt erkennbar.

Extreme Einschneidung. Erst im Anschluß an Übergangs- und Breittalphase mit der
Fixierung des Talverlaufs bei beginnender Mäanderbildung fand der einschneidendste
Umbruch in der geomorphologischen Entwicklung Unterfrankens statt. Der Main schnitt
sich, wie man annimmt, kontinuierlich und innerhalb relativ kurzer Zeit um weitere etwa 60
bis 70 m tiefer ein. Abb. 43 zeigt als Ergebnis dieser Einschneidung das Tal, das in Form und
Tiefe dem heutigen bereits in Grundzügen entsprach. Erst in dieses Talgefäß wurde später
die kaltzeitliche Terrassensequenz geschüttet, die mit der extremen Einschneidung nicht
unmittelbar zusammenhängt.

Welche Faktoren für diese plötzliche Eintiefung verantwortlich waren, ist noch nicht
geklärt. Für tektonische Gründe spricht der Einbruch des Oberrheingrabens und des Mainzer
Beckens, die Absenkung der regionalen Erosionsbasis, der das gesamte Maintalsystem dann
gefolgt wäre. Allerdings gab es parallele Entwicklungen im davon unabhängigen Donau-
system, wofür ein Zusammenwirken mit klimatischen oder noch anderen Gründen angenommen werden muß. Denkbar wäre die Erhöhung der erosiv wirksamen Wassermenge durch
Zunahme der Niederschläge bei gleichbleibender Temperatur oder allgemeine tektonische
Veränderungen der Süddeutschen Großscholle (BRUNNACKER 1964).

Kerbensprung. Die Tatsache, daß der Anstoß zu der plötzlichen starken Einschneidung
von außen kam und sich das Flußsystem Unterfrankens noch heute sukzessive auf die neuen
Bedingungen einstellt, läßt sich anhand des unausgeglichenen Talprofils der Seitenflüsse erkennen. Das beste Beispiel bietet die Tauber. Ihr Oberlauf ist ein flaches, muldenförmiges
Wiesental, das unmittelbar vor Rothenburg abrupt in ein enges Kastental übergeht und sich
um 60 m einschneidet. Äußere Anzeichen, wie eine Erhöhung der Wasserführung durch
Zuflüsse oder ein Gesteinswechsel, sind nicht gegeben und können die Position des Kerbensprungs nicht erklären. Die Höhen zu beiden Seiten des Tals bleiben im Unteren Keuper,

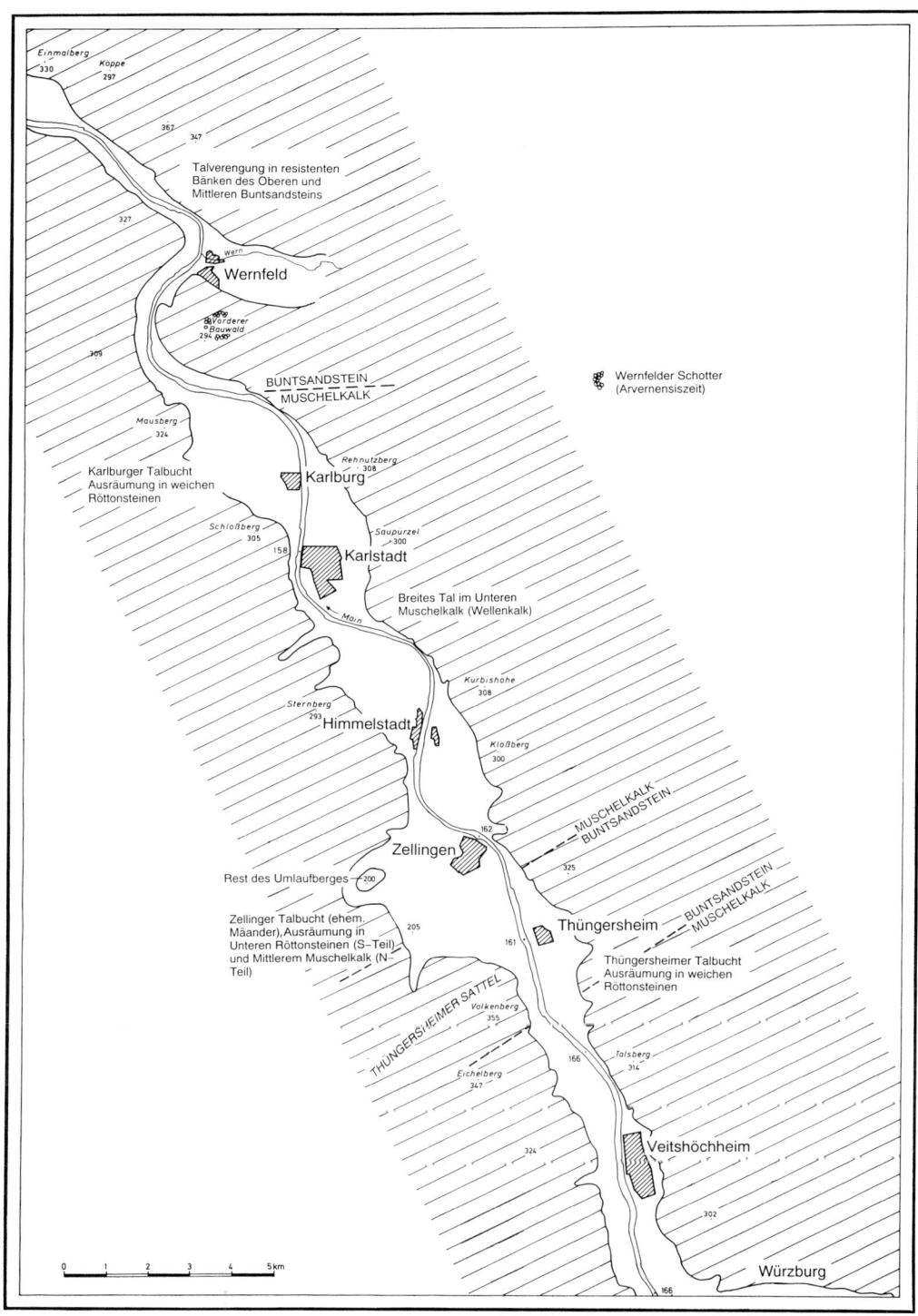

Abbildung 43
Das Maintal zwischen Würzburg und Gemünden am Ende der extremen Einschneidung (Wende Tertiär/Quartär). A-Terrasse, Mittel- und Niederterrassen wurden erst danach in dieses Talgefäß geschüttet und teilweise wieder ausgeräumt. Aus: Busche, Hagedorn u. Kurz (1989)

während der Hauptmuschelkalk auch unter dem flachen Oberlauf in nur wenigen Metern
Tiefe ansteht. Durch die Eintiefung wird er dann natürlich angeschnitten und bestimmt
danach die Talmorphologie.

Der abrupte Wechsel der Talmorphologie zeigt vielmehr, daß die Umstellung vom Mündungsgebiet flußaufwärts voranschreitet und noch heute andauert. Aus demselben Grund
sind bei fast allen Seitenbächen der größeren Flüsse im Bereich der Mainfränkischen Platten
nur kurze Strecken der Unterläufe analog als Kastentäler ausgebildet, während die Oberläufe
in flachen Mulden noch im Niveau der Hochfläche liegen. Der Übergang erfolgt auch dort
meistens sehr plötzlich in Form eines Kerbensprungs, ohne daß eine Vergrößerung des Ein-
zugsgebiets vorläge. Auch der weitverbreitete plötzliche Übergang von einer Delle zur Ker-
be spiegelt diese Entwicklungsgeschichte wider und führte zu deren Namensgebung.

Klingen. In ihrer Häufung und eigenen Charakteristik stellen Klingen ein wichtiges Glied
der unterfränkischen Talmorphologie dar. Die Talflanken aller tief eingeschnittenen Täler
zeigen keinen geradlinigen Verlauf, sondern sind nochmals untergliedert. Enge, scharf eingeschnittene, extrem steil zum Haupttal abfallende Kerben, die lokal Klingen genannt werden,
bilden die Verbindung zur Hochfläche. Sie entwässern nur einen ganz geringen Bereich der
Hochfläche und werden nur nach stärkeren Regenfällen und bei der Schneeschmelze von
größeren Wassermassen durchflossen. Klingen besitzen keinen ausgebildeten Talboden und
stellen daher schluchtartige Formen dar. Klingen sind damit eher Formen der Erosion, jedoch
keine Täler im eigentlichen Sinne. Sie zeigen das geomorphologisch gesehen noch junge
Stadium der gesamten Talentwicklung mit noch nicht vollständigem Ausgleich zwischen
Hochfläche und Haupttal an. Wichtig ist die Zeitstellung der Klingen. Man findet Lokalitäten, wo die A-Terrasse des Haupttals in die Klingen hineinreicht. Das beweist, daß sie
bereits vor der Talverfüllung der A-Terrasse existierten und in Reaktion auf die extreme
Tieferlegung des Maintals entstanden (KURZ 1988, S. 130).

Auf der Hochfläche gehen die Klingen in der Regel in Dellen mit flachem Gefälle über,
die ebenfalls kein Bachbett besitzen und nur die Regenspitzen abführen. Deren Form wurde
durch die pleistozäne Solifluktion geprägt. Im Tal schütteten die Klingen Schwemmkegel
auf, die sich aus dem von der Hochfläche abgeführten Material aufbauen. Sie bildeten die
bevorzugten Siedlungsplätze innerhalb der größeren Täler, weil sie weitgehend hochwasserfrei sind und durch die Klingen die Verbindungswege zu den Feldern auf der Hochfläche
geführt werden konnten. Die Hänge der Klingen sind aufgrund der Steilheit oft noch von
naturnahen Schluchtwäldern bestanden, deren Arten auf die im Verhältnis zur Umgebung
schattigen, kühleren und feuchteren Bedingungen eingestellt sind. Beispiele für Klingen
lassen sich überall an den Talhängen von Main, Tauber, Wern und Saale studieren und
finden sich sogar im Stadtgebiet von Würzburg (Annaschlucht im Steinbachtal, Alands-
grund, Rimparer Steig in Grombühl, Burgklinge in Versbach).

Durchbruch der unteren Saale. In diese Entwicklungsphase läßt sich die Umlenkung
der Fränkischen Saale mit dem Durchbruch des Unterlaufs im Raum Bad Kissingen
datieren, die die letzte größere Veränderung im Flußnetz des gesamten Mainsystems
darstellt. Zuvor hatte die arvernensiszeitliche Entwässerungsbahn aus der Rhön über das
Streutal und weiter bis Schweinfurt noch Bestand und ist durch Sande und Tonablagerungen
auf den Höhen über dem heutigen Tal belegt. Parallel war im Miozän und Pliozän durch
Auslaugung von Salz (Zechsteinsalz/Perm) im Untergrund das Becken von Bad Neustadt
eingesunken und mit Sedimenten angefüllt worden. Im Jungpliozän kam es nach der
Verfüllung zu einer lokalen Verlagerung der Ur-Saale von ihrem Laufweg Bad Neustadt–
Rannungen zu einem weiter östlich gelegenen, dem heutigen Saaletal entgegengesetzt

fließenden und dann nach Süden umbiegenden Verlauf. Erst parallel zur extremen Eintiefung des Maintals erfolgte der Durchbruch zur heutigen unteren Saale im Raum Bad Kissingen, damit die Umlenkung nach SW und die teilweise Ausräumung der Sedimente des Neustadter Beckens. Die Saale in ihrer heutigen Form ist somit der „jüngste" der größeren Flußläufe Unterfrankens (BÜTTNER 1988).

IV. Terrassengliederung im Pleistozän

Im Vergleich zur in Abb. 42 und im folgenden idealisiert dargestellten Terrassenfolge muß auf die im Verlauf des gesamten Maintals sehr wechselnden Verhältnisse hingewiesen werden. Viele Terrassen lassen sich nur auf Teilstrecken finden oder differenzieren sich im Verlauf in mehrere Niveaus. Alle Terrassen nähern sich, soweit sie überhaupt so weit reichen, zum Obermain hin immer mehr an, und die Höhenunterschiede zwischen ihnen nehmen ab. Daraus läßt sich ersehen, daß die Tektonik vor allem im Bereich der Spessart-Rhön-Schwelle zu Beginn des Pleistozäns noch sehr aktiv war und die dortigen Auswirkungen sich mit zunehmender Entfernung allmählich verlieren. Zum anderen kommt darin der dynamische Charakter des Flußsystems zum Ausdruck, das nicht überall gleich reagierte.

Die Terrassenaufschüttungen des Maintals spiegeln die Verhältnisse der jeweiligen Ablagerungszeiträume wider: starke Frostverwitterung der Kaltzeiten mit hoher Produktion von grobem Verwitterungsschutt, geringer Verdunstungsrate und damit starkem Oberflächenabfluß bei fehlender Vegetationsbedeckung und ungehindertem Materialtransport; chemische Verwitterung der Warmzeiten mit stärkerem Feinmaterialanteil und Tonlagen. An kaum einer Stelle läßt sich das Terrassenprofil eines Flusses vollständig beobachten, denn die späteren Überformungen und vollständigen Beseitigungen der fluviatilen Sedimente überprägten das Bild stark. Am besten haben sich Terrassenabfolgen im Bereich von Talweitungen (Volkach, Zellingen, Karlburg) und auf Gleithängen (Trennfeld) erhalten, wo der Fluß im späteren Verlauf nicht mehr hinreichte. Erst aus dem Gesamtbild des ganzen Talverlaufs und der relativen Höhenunterschiede der Terrassen wird die gesamte Abfolge im Quartär rekonstruiert.

A-Terrasse. Das tief eingesenkte Kastental des Mains wurde anschließend wieder großenteils verfüllt, heute sichtbar in Gestalt der A- (Aufschüttungs-) Terrasse. Eine A-Terrasse gibt es nur zwischen Aschaffenburg und Haßfurt bei einer größten Mächtigkeit von bis zu 70 m im Raum Wertheim. Die Oberkante der A-Terrasse findet sich im mittleren Maintal zwischen Ochsenfurt und Gemünden in rund 40–60 m über dem heutigen Flußlauf und läuft oberhalb allmählich aus, bis sie ab Haßfurt überhaupt nicht mehr nachzuweisen ist. Daraus ist ersichtlich, daß der Obermain zum damaligen Zeitpunkt noch keinen Anschluß an den Mittelmain gefunden hatte. Die A-Terrasse wird als Reaktion auf kräftige tektonische Aktivitäten gewertet: entweder als zeitweiliger Anstau von mitgeführtem Material vor der sich stark hebenden Spessart-Rhön- bzw. Mittelrheinschwelle (KÖRBER 1962, S. 151) oder als Auffüllung im Senkungsgebiet (KURZ 1988, S. 189).

Die A-Terrasse ist ein Beispiel dafür, daß sich in der Geomorphologie mehrere Sedimentationsphasen in einer einzigen Form summieren können. Der gesamte Terrassenkörper kam während des Ältest- und Altpleistozäns zur Ablagerung (vgl. Tab. 5). Die A-Terrasse läßt sich daher nicht, wie die späteren Terrassen, direkt einer bestimmten Kaltzeit zuordnen. Nach KURZ umfaßt sie 11 Kalt-Warmzeitzyklen vom Ältestpleistozän über Günz/Mindel- Interglazial (Cromer-Komplex) und endend mit Ablagerungen der Mindel-Kaltzeit. Die Sedimente der A-Terrasse bestehen zum größten Teil aus Sand und Kies, daneben Tonablagerungen, woraus die Mehrphasigkeit ihrer Entstehung erkennbar ist. Zwischen den Zeiträumen mit Ablagerungen lagen auch Phasen, in welchen ein Teil des Materials wieder erodiert wurde. Während des langen Aufschüttungszeitraums war das Klima erheblichen Schwankungen unterworfen. Er umfaßt auch die bekannte warmzeitliche Fossilfundstelle Würzburg-Schalksberg aus dem Cromer (RUTTE 1967). Dennoch ist die A-Terrasse aufgrund ihres langen Entstehungszeitraums nicht allein dieser Warmzeit zuzuordnen, wie man es früher annahm (KÖRBER 1962, S. 155).

Ausräumung der Altterrasse und E-Terrasse. Danach kam es zu einer erneuten, starken Tiefenerosion, und die A-Terrasse wurde überall bis auf kleine Reste wieder aus dem Talgefäß ausgeräumt. Nicht durchgängig wird die E- (Erosions-) Terrasse ausgeschieden, die ca. 10–20 m in die A-Terrasse eingeschnitten ist. Sie tritt nirgends in Form eigener Sedimente in Erscheinung und repräsentiert wohl eine Stillstandsphase der Ausräumung der A-Terrasse. Sie existiert erst im Mainviereck ab Gemünden. In das erneut tief freiliegende Tal konnten dann Mittel- und Niederterrassen geschüttet werden.

Mittelterrassen. Die Mittelterrassen zeigen klar kaltzeitliche Ablagerungsbedingungen und werden mit hoher Sicherheit der Rißkaltzeit zugeordnet. Sie liegen, wo nicht später wieder abgetragen, im unteren Bereich der heutigen Talhänge, 10–20 m über der heutigen Sohle. Während sich im Obermaingebiet bis zu drei Mittelterrassen ausgliedern lassen, läuft die untere bei Kitzingen aus, und nur die obere Mittelterrasse findet sich durchgängig. Diese Aufgliederung entspricht der komplizierten Entstehung, die sich aus mehreren Phasen der Aufschüttung mit zwischengeschalteter Abtragung zusammensetzt.

Niederterrasse. Unterhalb des Hangfußes nimmt die Niederterrasse den größten Teil des heutigen Talbodens ein, im Mittelmaintal nur 3–4 m über der Flußaue. Sie kann der letzten Eiszeit (Würm) zugeordnet werden und läßt sich als deutlicher Anstieg in der Regel klar erkennen. Aufgrund ihres geringen Alters wurde ihre Form am wenigsten überprägt.

Auch die Niederterrasse entstand nicht als kontinuierliche Sedimentation, sondern phasenweise, getrennt sogar durch eine Zeit der Erosion. Nur im Schweinfurter und im Haßfurter Becken läßt sich noch eine Obere Niederterrasse unterscheiden, die etwa 6–7 m über dem Main liegt und als älter eingestuft werden kann. Diese wurde ansonsten überall noch während der Würmkaltzeit ausgeräumt und zum Ende der Würmkaltzeit durch Akkumulation der (Unteren) Niederterrasse ersetzt. Nur in den Talweitungen ist zu erkennen, daß es zuvor schon eine Niederterrassenfüllung gegeben hatte, deren Höhe die spätere Terrasse nicht mehr erreichte.

Kastental. Die heutige Form der größeren Täler als Kastental ist das Ergebnis der pleistozänen Flußdynamik. Diese Form ist am klarsten im Muschelkalkbereich des westlichen Maindreiecks ausgebildet, von dem Abb. 43 einen Abschnitt zeigt. Das Kastental besitzt einen flachen Talboden, einen ausgeprägten Knick am Hangfuß und steile Talflanken mit wiederum einer deutlich ausgebildeten Talkante oben.

Der Knick am Hangfuß ist eine Vorzeitform und läßt sich auf das kaltzeitliche Fließverhalten zurückführen. Aufgrund der hohen Last des bereitgestellten Materials aus der Frostverwitterung pendelte der Fluß innerhalb des Talgefäßes aufgelöst in zahlreiche Arme auf dem Talgrund hin und her (anastomosierende Fließdynamik), verlagerte sein Bett oft und erodierte seitlich am Talhang. Die Vielzahl der Flußarme veränderte sich ständig, so daß insgesamt ein relativ einheitliches, gestrecktes Talgefäß entstand. Dort, wo die Röttone am Talboden anstehen (Thüngersheimer Sattel, Karlburg), wurde aufgrund der Weichheit mehr Material weggeführt, und das Tal ist breiter. Unter warmzeitlichen Bedingungen mit geringerer Materiallast bei gleichzeitiger Fixierung durch Pflanzen bildete der Fluß, ähnlich wie heute, einen einheitlichen Stromstrich mit Flußmäandern.

V. Talaue

Infolge der wieder dichten Vegetationsdecke des Holozäns wurde erheblich weniger Verwitterungsmaterial angeliefert, und der Main bildete wieder einen einheitlichen Flußlauf, oft mit Flußmäandern. Die so konzentrierte Wasserführung bewirkte wiederum eine leichte Einschneidung in die Niederterrasse. Dies ist der Bereich der Auenterrasse, der der heutigen fluviatilen Umgestaltung unterliegt, in seiner gesamten Ausdehnung allerdings auch nur bei Hochwasser. Auf ihm war die Ablagerung des Auelehms konzentriert.

Flußmäander. Innerhalb des Talgefäßes pendeln die Flüsse in Flußmäandern hin und her (vgl. Abb. 37). Flußmäander (Wiesenmäander) sind von den Talmäandern zu unterscheiden, denn hier weist nur der Fluß, nicht aber das Tal einen gebogenen Verlauf auf. Flußmäander sind auch in ihrer Entstehungsgeschichte von den Talmäandern völlig verschieden, da sie von den Gefällsverhältnissen abhängen. Der kleinräumig gewundene Verlauf von Flußmäandern kann sogar innerhalb der Großform der Talmäander auftreten, was vor allem bei kleineren Gewässern häufig der Fall ist. Im natürlichen, unbegradigten Zustand besitzen nur Flüsse mit sehr steilem Gefälle einen geraden Verlauf. Wird die Neigung flacher, so reagiert die Fließdynamik darauf mit der Bildung von Flußmäandern.

Auenterrasse. Die Ausdehung der Auenterrasse entspricht dem Hochwasserbett des Flusses; sie wird bei Hochwasser zumindest unter natürlichen Bedingungen meist ganz überflutet. Bei normaler Wasserführung liegt sie etwa einen Meter über der Wasseroberfläche. Genaue Untersuchungen der zunächst einheitlich erscheinenden Terrasse zeigen, daß sie sich, wie alle übrigen Terrassen, aus mehreren Sedimentkörpern zusammensetzt. In diesem Fall besteht die Terrasse aus zahlreichen einzelnen Anlagerungszonen, die sich seitwärts aneinanderreihen (Reihenterrassen) und aus Sand, Ton und Kies bestehen. Deren Sedimentspektrum unterscheidet sich jeweils leicht und wird mit geringfügigen Laufverschiebungen, der Bildung bzw. dem Durchbruch von Flußmäandern, bestimmten Altarmabschnitten und schwachen Klimaoszillationen korreliert. Die anthropogenen Einflüsse lassen sich anhand der Einlagerungen von Schwemmholz und der Korngrößenzusammensetzung der Sedimente erkennen (SCHIRMER et al. 1988).

Auelehm. Die Auelehmbildung der Täler korrespondiert aufs engste mit der Bodenerosion auf den Höhen der Mainfränkischen Platten und im gesamten Flußeinzugsgebiet. Mit Beginn des Ackerbaus im Neolithikum setzte eine stärkere Erosion der Böden ein, die sich bis dahin unter den warmzeitlichen Bedingungen des Holozäns gebildet hatten. Das Material aus der flächenhaften Bodenerosion lagerte sich konzentriert im Bereich der Flußtäler als Auelehm ab, womit eine erhebliche Verlagerung der Bodenfruchtbarkeit einherging. Die Auelehmdecke überzieht die Sedimente der Auenterrasse als flache Schicht im Dezimeterbereich.

8.3.4   Problematik der Korrelation von Landschafts- und Flußentwicklung

Nachdem die Entwicklungsphasen des Maintals angerissen wurden, wie sie im Ergebnis derzeit erscheinen, soll auf das Problem der Korrelation mit der Entwicklung der umgebenden Landschaften, namentlich der Mainfränkischen Platten, eingegangen werden. Da beide Bereiche in ihrer Landschaftsgenese zusammenhängen und ein System bilden, muß eine Korrelation möglich sein, auch wenn sie sich in einem jeweils anderen Formenspektrum niederschlägt. Dennoch ergeben sich Unsicherheiten und Widersprüche insbesondere bezüglich der Rückschlüsse auf die herrschenden Klimabedingungen und der zeitlichen Parallelisierung.

Entsprechend den geologischen und Fossilfunden stellt RUTTE (1981, S. 221) die Arvernensiszeit hauptsächlich ins Ältestpleistozän (2,4–1 Mio. Jahre vor heute). Aus geomorphologischen Gründen ist jedoch ein höheres, etwa pliozänes Alter zu fordern, schon allein weil im Maintal keine geomorphologischen Sachverhalte bekannt sind, die Laufänderungen in solch großem Stil bei schon eingetieften Tälern ermöglichen würden. Tektonische Hebung führt eher zu verstärkter Einschneidung. Die früher angenommene rückschreitende Erosion im Quellbereich bei literweiser Wasserführung ist kaum mit geomorphologischen Prozessen vereinbar und konzentriert die Entwicklung zudem lediglich auf einzelne Punkte in der Landschaft. Jedenfalls lassen sich die Laufänderungen des Maintals nur mit den geomorphologischen Bedingungen von Spülmulden auf Rumpfflächen mit ihren geringen Höhenunterschieden vereinbaren.

Die Schotter der Übergangsterrassen im Bereich Wernfeld enthalten Hornstein und Calcedon aus dem Steigerwald, was zeigt, daß sich die Laufrichtung des Urmains im Bereich des heutigen Maindreiecks bereits zuvor, noch zur Zeit der Rumpfflächenbildung, umgekehrt haben muß (KURZ 1988, S. 187). Das widerspricht der Ansicht von RUTTE, der noch für das beginnende Pleistozän von einer südöstlich ausgerichteten Orientierung des Gewässernetzes ausgeht und die Umorientierung nach Westen mit der Zusammenfügung der verschiedenen Laufabschnitte dem Altpleistozän zuordnet. Zu diesem Zeitpunkt hatte die extreme Einschneidung des Flußsystems mit der Bildung von Kastentälern aber bereits stattgefunden.

KURZ fand zusammen mit diesen Arvernensisschottern Sedimente, die auf periglaziale, zumindest sehr kalte Verhältnisse, möglicherweise eine erste Kältephase schließen lassen. Dies widerspricht der Einschätzung der klimatischen Verhältnisse der Arvernensiszeit durch RUTTE, der sich vor allem auf Fossilfunde stützt (z. B. vom Schalksberg/Würzburg) und von einer tropischen Waldlandschaft mit entsprechendem Klima vom Pliozän bis ins Ältestpleistozän ausgeht. Inzwischen mehren sich auch für diesen landschaftsgeschichtlich ja nicht gerade kurzen Abschnitt die Hinweise auf mehrfache Klimawechsel, weshalb sich durchaus unterschiedliche Bildungen ergeben konnten, die heute zusammen vorzukommen scheinen. Die Abkühlung scheint nicht geradlinig, sondern wellenförmig und über einen längeren Zeitraum hinweg erfolgt zu sein.

Die grundsätzliche Frage nach der Ursache der extremen Taleintiefung vor Beginn der Terrassenablagerungen kann noch gar nicht beantwortet werden. Der beginnende Einbruch des Oberrheingrabens, verbunden mit der Heraushebung der Spessart-Rhön-Schwelle und verzahnt mit der beginnenden Klimaänderung, verkompliziert die Rekonstruktion der Verhältnisse am Ende des Tertiärs ungemein. In diese Phase fällt der stärkste Umbruch der Fluß- und Talgeschichte des Mains mit extremer Einschneidung. Die dahinter stehenden Mechanismen des Zusammenspiels von klimatischen und tektonischen Faktoren liegen noch im dunkeln. Man kann aus den extremen und gegenläufigen Reaktionen der Geomorphologie mit sehr rascher Einschneidung und Wiederverfüllung lediglich auf Anpassungen an die tiefgreifenden Veränderungen des Großökosystems aus Vegetation, Relief, Klima und Tektonik schließen, bis es sich schließlich auf ein bestimmtes Niveau einpendelte, was offensichtlich im Bereich der Seitentäler noch nicht abgeschlossen ist.

Schon die Beweiskraft einzelner Funde schwankt mit der Interpretation. So fanden sich beispielsweise mehrfach an der Basis des heutigen Maintals Bodenfragmente, die auf wärmere, mindestens etwa mediterrane Klimaverhältnisse noch nach der Einschneidung schließen lassen (VALETON 1956). Dies kann man sowohl als Hinweis auf den Abschluß der Einschneidung vor Beginn des Pleistozäns deuten, es könnte aber ebensogut eine Wärmephase bedeuten, die der vorausgegangenen Tiefenerosion mit anderer Dynamik folgte und mit ihr geomorphologisch nicht weiter zusammenhängt. Die extrem starke Tiefenerosion hängt von der Entstehung des Rheins als heute wichtigstem Flußsystem ab, auf das sich auch ganz Unterfranken umorientiert hat. Sie erfolgte erst mit dem Einbruch des Oberrheingrabens, was letztlich im Zusammenhang mit der Gebirgsbildung und dem Aufstieg der Alpen gesehen werden muß. Obwohl der Oberrheingraben in seinem südlichen Teil bereits vor rd. 50 Mio. Jahren im Eozän (vgl. Tab. 4) einzusinken begann, erreichte die tektonische Aktivität den für Unterfranken maßgeblichen Nordteil erst vor etwa 10 Mio. Jahren im Miozän (BREMER 1989 a, S. 58). Damals befanden sich die Rumpfflächen noch im Niveau des dortigen Meeresarmes.

Ebenso ist die zeitliche Einstufung der Aufschüttungsterrasse noch nicht geklärt und die ursprüngliche Stellung in die Cromerwarmzeit (KÖRBER 1962) inzwischen zweifelhaft geworden. In Marktheidenfeld befindet sich auf der A-Terrasse eine Lößablagerung mit fünf Böden. Man muß also entweder mehr Interglaziale mit Bodenbildung annehmen als die späteren drei, was auch durch andere Untersuchungen unterstützt wird, wonach die älteren der klassischen vier Eiszeiten weiter zu gliedern wären (vgl. Kap. 5.2.2). Andererseits könnte man ein höheres Alter der A-Terrasse annehmen. Dann müßte man folglich auch ein früheres Alter der extremen Einschneidung des Mains voraussetzen (SCHIRMER et al. 1988).

Es gibt inzwischen mehrfache deutliche Hinweise darauf, daß sich heute einheitlich erscheinende Terrassenkörper aus unterschiedlichen Segmenten aufbauen, die verschiedene Bildungsphasen einer Kaltzeit, aber auch mehrerer Kalt/Warm-Wechsel sein können. KURZ (1988) identifizierte für die A-Terrasse 11–15 Ablagerungsphasen, die ein weit stärker differenziertes Alt- und Ältestpleistozän andeuten, als man bisher rekonstruieren kann. Dies unterstellt, müßte auch die Haupterrasse (KÖRBER: Günzeiszeit) ins Ältestpleistozän zurückverlagert werden, jedenfalls noch in die nach RUTTE tropische Arvernensiszeit, was mehr Kalt- oder Eiszeiten erforderlich macht als die geläufigen vier.

Für ein höheres Alter mancher Terrassen sprechen auch die Probleme bei der Korrelation mit den darauf liegenden Lößhorizonten, die man ja nach der vorhandenen Anzahl gefundener Böden zu den entsprechenden Warmzeiten rückdatiert. Während die Ablagerung des Lösses in den Kaltzeiten als gesichert gilt, ist der Rückschluß auf die Anzahl der Bildungsphasen heute zunehmend zweifelhaft, denn es existieren Profile mit bis zu acht Bodenbildungshorizonten. Man könnte diesen Sachverhalt auf eine höhere Anzahl von Warmzeiten zurückführen, die die Eis- bzw. Kaltzeiten nochmals untergliedern. Seit langem ist bereits eine Erwärmungsphase innerhalb der Würmkaltzeit bekannt, die durchweg als schwache Bodenbildung („Lohner Boden", zwischen Mittel-/Jungwürm) innerhalb der letzten Eiszeit auftaucht und die Lößablagerungsphase der Würmeiszeit in zwei Teile gliedert. Mehrere Lokalitäten auf bestimmten Mainterrassen zeigen mehr Bodenhorizonte, als man von der zeitlichen Einstufung der Terrasse und der Anzahl der seitherigen Warmzeiten her erwarten dürfte (SKOWRONEK 1982). Andererseits fand man Lokalitäten, wo sich Bodenfließen nachweisen läßt, das die Profile durcheinanderbrachte (RÖSNER 1990; BUSCHE, HAGEDORN u. KURZ 1989, S. 175).

8.4   Landschaftsökologie

Abbildung 44
Landschaftsökologische Bedingungen des Maintals im Muschelkalkbereich. Die Hochfläche wird hier von Wald und flurbereinigten Weinbergen eingenommen. An der Talkante oben herrschen starke Sonneneinstrahlung, Trockenheit und flachgründige Böden, erkennbar an Halbtrockenrasen, durchsetzt von wärmeliebenden Gebüschen und einzelnen Kiefern. Die daran anschließenden schütteren Felsfluren mit Trockenrasen weisen die extremsten Bedingungen auf und waren auch unter natürlichen Bedingungen nie bewaldet. Am Hang folgen auf Rohböden Weinberge, im Bild weitgehend unbereinigt, mit Trockenmauern und Lesesteinhaufen als typische naturbetonte Landschaftselemente. Nach Aufgabe des Weinbaus ließ man diese Standorte brachfallen und verbuschen (hinten) oder legte Streuobstflächen als Folgekultur an (vorn). Auf den Mittel- und Niederterrassen am Hangfuß liegen Äcker auf ausgereiften Böden mit besserer (Grund-) Wasserversorgung. Im Überschwemmungs- und Grundwasserbereich des Talgrundes haben inzwischen ebenfalls Felder, daneben Verkehrswege und sogar Siedlungen die einst dominierenden Wiesen auf Auenböden ersetzt. Ein Gehölzufersaum ist der Rest des früheren Auenwaldes. Dieser Intensivierung der Nutzung in der Aue steht die Extensivierung am Hang gegenüber. Am Felsband des Steilhangs erkennt man das Einfallen der Gesteinsschichten nach Osten (rechts) im Bereich des Thüngersheimer Sattels. Der Ort Erlabrunn liegt hochwasserfrei auf dem Schwemmfächer einer von rechts einmündenden Klinge.

Auf der Grundlage der Landschaftsgenese mit der starken Taleintiefung ergibt sich in den großen Tälern des zentralen Unterfrankens ein Relief mit großen Höhenunterschieden auf kleinstem Raum. Besonders in den Muschelkalkgebieten folgt daraus eine Differenzierung der Hydrologie vom Talgrund bis zum Trauf, der Talkante. In sehr typischer und instruktiver Weise stimmt das Verbreitungsmuster von Böden und Vegetation mit diesen Verhältnissen überein. Dies gilt für die Talhänge aller tief eingeschnittenen Flüsse, namentlich Main, Tauber, Wern und Saale, sowie einige kürzere Strecken von kleineren Zuflüssen.

Hier lassen sich die ökologischen Verhältnisse in Abhängigkeit vom Relief beschreiben, wie in Abb. 45 schematisch dargestellt. In Form einer *Catena*, einer reliefbedingten regelmäßigen Abfolge, sind die Bodentypen angeordnet. Sie findet ihre Entsprechung in der realen Vegetation, der Landnutzung und dem Mosaik der naturbetonten Landschaftselemente, die ebenfalls in einer Catena angeordnet sind. Die regelhafte Verteilung läßt sich im Prinzip überall nachvollziehen, bis hin zur Differenzierung der landschaftsökologischen Probleme, die sich ebenfalls mit der Reliefsituation wandelt. Insgesamt läßt sich von einem *Ökotopkomplex* sprechen, einer Gemeinschaft jeweils einheitlich ausgestatteter Lebensräume geringer Größe. Die ökologischen Ansprüche der Vegetation, die geologischen, hydrologischen und edaphischen Bedingungen ergänzen sich dabei gegenseitig.

Der Ökotopkomplex der Talkanten aus Trockenflächenvegetation und Rendzinen bestimmt noch an etlichen Stellen in Mainfranken die Landschaft. Seine Parameter werden noch durch die Wirkung der klimatischen Verhältnisse mit (relativ) hohen Sommertemperaturen bei niedrigen Niederschlägen verstärkt, ebenso anthropogen, denn die Beweidung öffnete die Vegetation zusätzlich und degradierte die Böden weiter.

Sein Gegenstück, den Ökotopkomplex der Auenvegetation und Auenböden mit Boden- und Grundwasserfeuchte und die darauf spezialisierten Pflanzengesellschaften, findet man heute kaum noch vor. Hier führte die anthropogene Nutzung zur Zerstörung. Nur noch kleine Reste können als Ausgangspunkt der Rekonstruktion dienen und machen die landschaftsökologische Problematik der linienhaften Konzentration menschlicher Tätigkeiten auf diesen Landschaftsteil deutlich.

Zwischen Aue und Talkante steht der Ökotopkomplex der Talhänge mit gehemmter Bodenentwicklung und -erosion, der hauptsächliche Standort des mainfränkischen Weinbaus. Die ursprünglich verbreitete, aufgrund der besonderen Umweltbedingungen eigenständige Begleitvegetation und das charakteristische Mosaik der naturbetonten Landschaftselemente sind beide heute mit der Weinbergsflurbereinigung auf geringe Flächenanteile zurückgedrängt.

8.4.1   Bodencatena des Maintals und seiner Nebentäler

Analog zur Abfolge Talaue/Terrassen–Talhang–Talkante ist im Querprofil der Muschelkalktäler die Bodencatena in typischer Weise ausgebildet: Auenböden/Niedermoorböden/ Gleye–Braunerden/Parabraunerden–Rohböden–Rendzinen. Sie spiegelt den Wandel der ökologischen Bedingungen wider.

Böden der Talaue und der Terrassen

Auenböden. Auenböden sind Grundwasserböden, deren herausragendes Merkmal der hohe, wenngleich stark schwankende Grundwasserspiegel ist. Ein Stauhorizont bildet sich, wenn überhaupt, erst in größerer Tiefe (1–2 m). Die Profilabfolge ist daher sehr schwankend. Sie

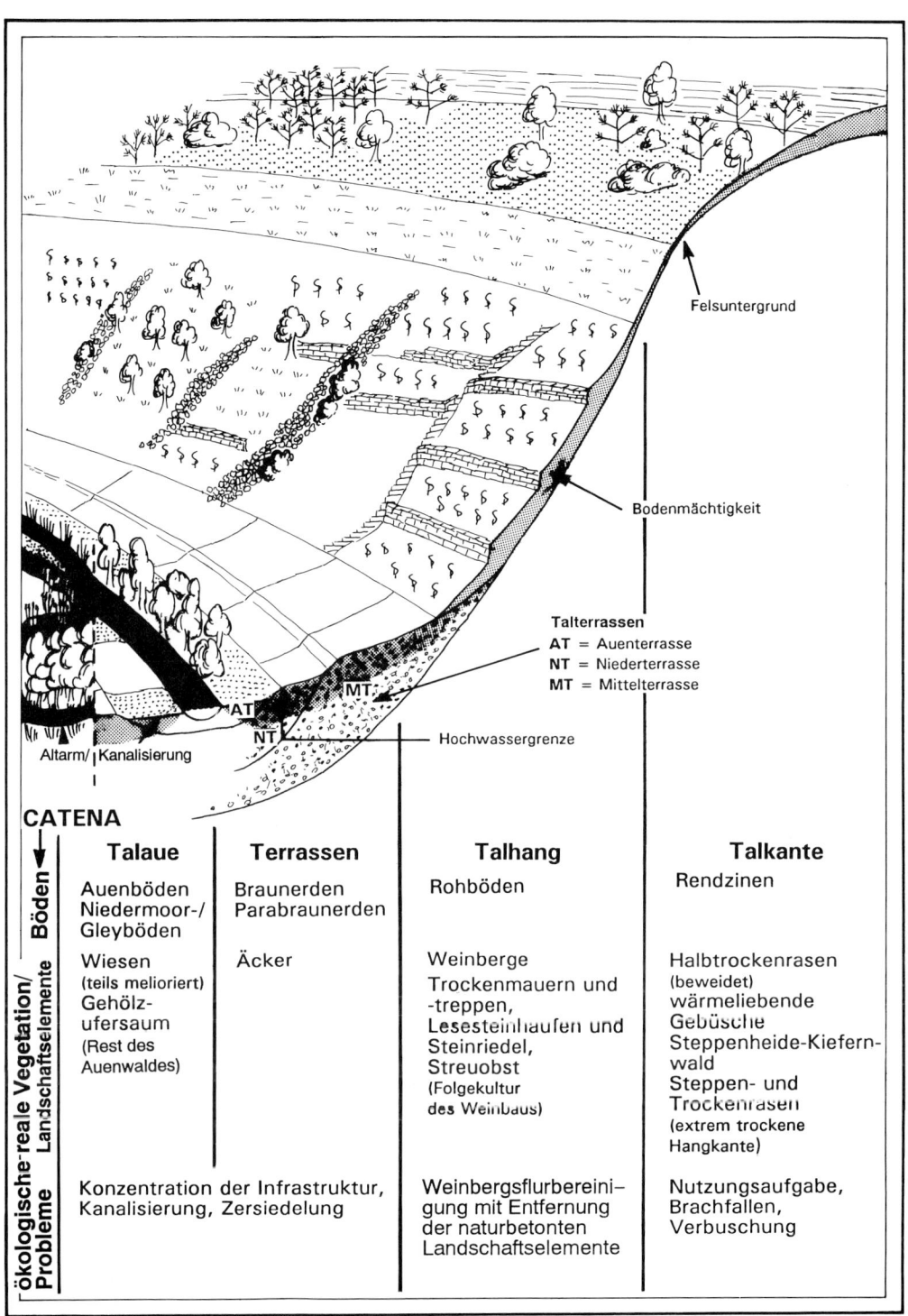

Felsuntergrund

Bodenmächtigkeit

Talterrassen
AT = Auenterrasse
NT = Niederterrasse
MT = Mittelterrasse

Hochwassergrenze

MT

AT

NT

Altarm/ Kanalisierung

CATENA

Böden ↓

ökologische reale Vegetation/ Landschaftselemente

Probleme

	Talaue	Terrassen	Talhang	Talkante
	Auenböden Niedermoor-/ Gleyböden	Braunerden Parabraunerden	Rohböden	Rendzinen
	Wiesen (teils melioriert) Gehölz- ufersaum (Rest des Auenwaldes)	Äcker	Weinberge Trockenmauern und -treppen, Lesesteinhaufen und Steinriedel, Streuobst (Folgekultur des Weinbaus)	Halbtrockenrasen (beweidet) wärmeliebende Gebüsche Steppenheide-Kiefern- wald Steppen- und Trockenrasen (extrem trockene Hangkante)
	Konzentration der Infrastruktur, Kanalisierung, Zersiedelung		Weinbergsflurbereini- gung mit Entfernung der naturbetonten Landschaftselemente	Nutzungsaufgabe, Brachfallen, Verbuschung

Abbildung 45
Landschaftsökologische Catena der größeren Flußtäler im Muschelkalkbereich Unterfrankens.
Ökotopkomplexe Talaue/Terrassen–Talhang–Talkante mit regelhafter reliefbedingter Abfolge von Böden, realer Vegetation, Mosaik naturbetonter Landschaftselemente und landschaftsökologischen Problemen.
Entwurf: JOHANNES MÜLLER, 1995

sind nicht mit Stauwasserböden (Gleyen) zu verwechseln, die einen dauernd hohen Grundwasserstand und stets einen Stauhorizont besitzen.

Weiterhin sind Auenböden durch regelmäßige Überflutungen gekennzeichnet, die große Mengen an Nährstoffen bringen, was vor allem in der Zeit vor der systematischen Ausbringung von Dünger entscheidend war. Noch heute werden Stromtalwiesen beispielsweise im Regnitzbecken Mittelfrankens nicht nur wegen der Durchfeuchtung, sondern vor allem zur Düngung bewässert. Schließlich kommt noch die regelmäßige Sedimentation des Auelehms hinzu, an den ebenfalls Nährstoffe gebunden sind, da es sich ja um Bodenmaterial handelt, das andernorts erodiert wurde.

Ursprünglich konnten größere Teile der Auen wegen der hohen Grundwasserstände nur als ertragreiche Wiesen oder aber gar nicht genutzt werden und blieben versumpft. Mit der Flußkanalisierung und Drainage (Entwässerung) wurde inzwischen der Ackerbau auf diese sehr nährstoffreichen, kaum trockenheitsgefährdeten Böden ausgedehnt.

Niedermoor-/Gleyböden. Im Bereich größerer Talweitungen und verlandeter Altarme, insbesondere im Schweinfurter Becken, sind Niedermoore und Gleyböden eng mit den Auenböden verzahnt. Niedermoore entstehen unter Bruchwald, d. h. auf öfter und länger überschwemmten Standorten mit stark eingeschränkter Bodenbildung. Sie besitzen einen mächtigen Horizont aus den Resten der moorbildenden Pflanzen, die nur wenig zersetzt sind, da eine Bodenbildung im ständig nassen Milieu nur stark eingeschränkt stattfindet.

Gleye werden demgegenüber kaum überschwemmt, sind jedoch durch den extrem hohen Grundwasserstand in Eigenschaften und Entstehung derart geprägt, daß man dies auch in der Horizontbezeichnung (G) angibt. Die Profilabfolge ist Ah–Go–Gr. Nur der 10–20 cm mächtige Humushorizont (Ah) ist mit normaler Bodenbildung zu vergleichen. Darunter bildet sich ein Go-Horizont, der bereits zeitweise, jedoch nicht ständig vom Grundwasser beeinflußt ist. Er wird daher von oxydierendem Milieu geprägt, was an rotbraunen Flecken erkennbar ist. Je nach Höhe des niedrigsten Grundwasserstandes folgt ab 40–80 cm Tiefe der Stauwasserhorizont mit reduzierendem Bodenmilieu (Gr-Horizont), der blaugrau-fleckig gefärbt ist. Diese durch Oxydation oder Reduktion entstandenen Flecken unterscheiden sich von den übrigen Horizontbildungen schon äußerlich durch ihre Unregelmäßigkeit deutlich.

Die hydromorphen Gley- und Niedermoorböden sind höchstens als Wiesen nutzbar. Im einzelnen sind sie oft kaum klar zu trennen, denn es gibt zahlreiche Übergänge. Dabei sind die relativ häufigen Veränderungen des Grundwasserstands oder Überstauung zu bedenken, die die Fließdynamik der unbegradigten Flüsse bis ins letzte Jahrhundert reflektiert und die Bodenentwicklung kompliziert macht.

Braunerde/Parabraunerde. Die nicht mehr im Überschwemmungs- und Grundwasserbereich gelegenen Teile der Nieder- und Mittelterrassen sind aus unterschiedlich groben Sedimenten aufgebaut. Je nach Gehalt an Ton, Schluff, Sand oder Geröllen wechseln die Böden kleinräumig und sind meistens den Braunerden zuzuordnen. Auf den erhaltenen Resten der im Riß entstandenen Mittelterrassen konnte sich im Würm teilweise Löß ablagern, woraus sich ebenso wie auf den Hochflächen im Holozän Parabraunerden entwickelten. Die Braun- und Parabraunerden der Terrassen bilden sehr fruchtbare Ackerstandorte mit guter Grundwasserversorgung, die schon lange bevorzugte Siedlungsplätze darstellen.

Böden der Talhänge

Rohböden sind erst im Anfangsstadium der Bodenentwicklung befindlich, weswegen das Substrat im wesentlichen aus dem anstehenden Muschelkalk besteht und nur dazwischen geringe Ton- und kaum Humusanteile aufweist. Sie nehmen den größeren Teil vor allem der Weinberge der Oberhänge im Maintal ein. Es ist anzunehmen, daß auch hier weiterentwickelte Bodenprofile bestanden, wenn auch reliefbedingt von geringer Mächtigkeit. Durch die auch früher schon permanente Unkrautbekämpfung im Weinberg war der Untergrund hier oft über Jahrhunderte weitgehend schutzlos der Erosion ausgesetzt, und oft ist der Oberboden größtenteils erodiert. Der Ai-Horizont (i = Initial-/Anfangsstadium) besitzt nur eine lückenhafte Humusverteilung und enthält neben den Ton- und Humusresten einen hohen Anteil an Gesteinsschutt (Skelettboden). Nach 10–20 cm folgt der C-Horizont, dessen Muschelkalk bereits die Bodeneigenschaften bestimmt. Insgesamt ergibt sich ein einfacher Bodenaufbau mit Ai-C-Profil.

Als landwirtschaftliche Kultur ist hier nur Wein sinnvoll anzubauen, dessen natürliche ökologische Amplitude diese Bedingungen noch einschließt, obwohl er auch von besseren Bodenbedingungen profitiert (GEIGER 1985, S. 25). Die über Jahrhunderte andauernde Bodenerosion der Talhänge hinterließ große Mengen an Steinen, die aufgesammelt und angehäuft wurden und das Mosaik der naturbetonten Elemente in den Weinbergslandschaften mit Steinriedeln und Lesesteinhaufen prägen, was teilweise noch heute sichtbar ist. Überläßt man den im Anfangsstadium befindlichen Rohboden der natürlichen Entwicklung, so entwickelt sich unter Wald am Maintalhang eine Rendzina. Diese Entwicklung begann nach der Umwandlung von Weinbergen in Streuobstflächen (Margetshöchheim, Erlabrunn) nach der Reblauskrise der Jahrhundertwende, da die flächendeckende schützende Grasnarbe die Erosion weitgehend unterbindet.

Böden der Talkanten

Rendzinen. Die Rendzina kommt auf den sehr reinen, tonarmen Kalksteinen des Wellen- und Hauptmuschelkalks vor. Sie findet sich überall im Bereich der westlichen Mainfränkischen Platten, wenn die nur lückenhafte Lößschicht das Gestein nicht überdeckt, so daß es an der Oberfläche ansteht: westliches Grabfeld, Wern-Lauer-Platten, Marktheidenfelder Platte. Namentlich zum Rand der hier tief eingeschnittenen Täler von Main, Wern, Saale und Tauber befinden sich größere Bereiche mit Rendzinen als Charakterboden.

Rendzinen sind extrem flachgründige Böden mit einem Profil Ah–C oder Ah–Ah/Cv–C (vgl. Abb. 30). Infolge des Ausgangsmaterials Kalk liegt ihre Reaktion im neutralen Bereich (pH 6,5–7,5). Der oft nur sehr dünne Ah-Horizont ist zwar humusreich und daher von dunkelbrauner bis schwarzer Farbe, jedoch tonmineralarm. Aufgrund der guten Wasserlöslichkeit der hochkonzentrierten Kalke verbleibt nur wenig aufbereitetes Bodenmaterial an Ort und Stelle, und es können sich kaum Tonminerale bilden. Im wenig erodierten Profil läßt sich ein Ah/Cv-Übergangshorizont ausgliedern mit aus dem Gesteinsverband gelockerten Bruchstücken und zwischengeschalteten Humusbändern. Darunter folgt der anstehende Kalk als C-Horizont.

Unter Wald bildet sich ein etwa 10–20 cm mächtiger Ah-Horizont mit hohem Humusgehalt (Mullboden-Rendzina), der bei Beweidung infolge der geringeren Humusbildung der Gräser mehr und mehr verarmt. Rendzinen besitzen wegen ihrer Tonmineralarmut ein reduziertes Sorptionsvermögen und eine große Anfälligkeit für Austrocknung. Ihre extreme Flachgründigkeit macht Rendzinen stark erosionsgefährdet. Trotz guter Nährstoffversorgung sind Rendzinen erst bei einer gewissen Lößüberdeckung ackerbautauglich, aber auch dort fallen Mengen aufgepflügter Steine im Oberboden an. Während Rendzinen früher verbreitet als Schafweiden genutzt wurden, forstet man sie heute in der Regel mit den trockenheitsresistenten Kiefern auf.

8.4.2   Catena der realen Vegetation und des Mosaiks der naturbetonten Landschaftselemente

Parallel zu den Bodenverhältnissen läßt sich die reale Vegetation, geprägt von unterschiedlicher Nutzung und völlig verschiedenem Mosaik naturbetonter Landschaftselemente, ebenfalls in einer Catena Aue–Terrassen (Unterhang)–Oberhang–Talkante (Trauf) anordnen, die die Täler begleitet.

Reale Vegetation der Talaue und der Terrassen

Die Bereiche der Aue waren ursprünglich ganz von der Fließdynamik des Flusses geprägt mit viel häufigeren, wenngleich weniger starken Überschwemmungen als heute, wandernden Sand- und Kiesbänken, veränderlicher Uferlinie, Altwässern, Schlick- und Verlandungszonen. Dem Mosaik der Auen-, Niedermoor- und Gleyböden entsprach kleinräumiger Wechsel der Standortvielfalt. Sie wurde von der Vielgestaltigkeit an Pflanzengesellschaften nachgezeichnet mit einem Nebeneinander aus Schwimmblattgesellschaften, Röhrichten, Großseggenzonen, länger überschwemmtem Bruchwald und uferbegleitend der periodisch überschwemmten Weich- und Hartholzaue.

Bereits früh wurden Versuche gemacht, der ständigen Gefährdung durch die Flüsse Herr zu werden, was in Unterfranken bei den engeren Tälern und der im Verhältnis nicht allzu großen Wasserführung möglich war, weshalb oft intensiv genutzte Ackerflächen, z. B. mit Gemüseanbau (Segnitz), den Flußlauf begleiten. Dazu kommen der enorme Flächenverbrauch der Verkehrswege und der Siedlungsdruck, der erst in jüngster Zeit auch auf die Hochflächen geleitet wurde (Versbach/Lengfeld, Heuchelhof). Auf weite Strecken wird dennoch der enge Talraum auch für Siedlungs- und Industrieflächen verbraucht (Ochsenfurt, Sommer-/Winterhausen, Heidingsfeld, Veitshöchheim, Margetshöchheim, Karlstadt, Gemünden).

Nur der unmittelbar am Flußlauf gelegene Uferstreifen besitzt heute streckenweise eine Vegetation, die trotz anthropogener Beeinflussung eine gewisse Naturnähe aufweist, auch wenn sie sich erst nach der Kanalisierung in der Mitte dieses Jahrhunderts bilden konnte. Sie entspricht nicht der vorher hier bestehenden Vegetation, die nicht nur viel stärker von der Dynamik des noch nicht kanalisierten Flusses, sondern auch von stärkerer anthropogener Nutzung des Uferbereichs durch Fischerei, Beweidung und Korbweidenschnitt geprägt war. Inzwischen konnten statt dessen Baumreihen aus hoch aufragenden Gehölzen der Weichholzaue oder eingebrachten Pappeln heranwachsen. Dazu kommt die Uferverbauung durch Buhnen, mit denen der Stromstrich auf die Fahrrinne eingeengt wird, teilweise auch durch Buchten, die zum Ausgleich der Wasserführung angelegt wurden. Ihre groben Steinblöcke ohne Feinmaterial dazwischen können von den typischen Auenpflanzen kaum besiedelt werden und bieten lediglich Weiden, manchmal auch Schilfbeständen einen Standort. Die Ansammlung von Schwebstoffen entspricht in diesen Buchten nicht mehr der normalen Flußtrübe, sondern eher derjenigen von stehenden Gewässern, so daß die ursprünglichen Flußfische hier keinen Lebensraum mehr finden, vor allem nicht laichen können.

Lediglich das Maintal im Bereich der Keuperstufe und im Schweinfurter Becken blieb bis in dieses Jahrhundert weniger stark belastet, obwohl auch hier Siedlungstätigkeit und Landwirtschaft prägend waren und von der ursprünglichen Auenlandschaft wenig übrigließen. Die Mainkanalisierung hat schließlich auch den engeren Uferbereich vollständig umgestaltet und die Auenvegetation auf ein Minimum reduziert. Reste der ursprünglichen Ausprägung lassen sich heute nur noch entlang erhaltener Altwässer beobachten (Hirschfeld, Röthlein, Sand). Der Zustand des Wasserlaufs und Uferbereiches vor der Mainkanalisierung ist nur noch im Bereich der durch einen Stichkanal abgekürzten Volkacher Mainschleife zu erahnen (Nordheim, Sommerach), umgeben allerdings von intensivst genutzten Weinbergen.

Die Terrassen liegen oberhalb der Hochwassergrenze, werden nur bei Extremhochwasser teilweise (Niederterrasse) noch überflutet und tragen gute Böden. Sie gehören deshalb zu den am frühesten besiedelten Bereichen Mainfrankens und unterlagen schon immer einer starken Landnutzung mit Ackerbau. Auch früher waren hier naturbetonte Landschaftselemente relativ selten, wenn man von den ausgedehnten Streuobstgürteln absieht, die die siedlungsnahen Bereiche prägten und gartenbauähnlich bewirtschaftet wurden.

Reale Vegetation und Mosaik der naturbetonten Landschaftselemente der Talhänge

Immer noch ist für die Talhänge des mittleren Maintals der Weinbau die landschaftsprägende Nutzung. Trotz seines im Vergleich zu früher stark reduzierten Umfangs prägt er das Landschaftsbild, die ökologische Situation und die Ausbildung des Mosaiks der naturbetonten Landschaftselemente. Gleichzeitig bestehen in allen diesen Punkten große Unterschiede zwischen früher und heute.

Weinberge. Die Kultivierung des Weinbaus geht in Deutschland auf die Römer zurück, die aus ihrer mediterranen Heimat Weinreben mitbrachten. Es gibt jedoch auch in Deutschland wild vorkommende Unterarten der Weinrebe *(Vitis sylvestris)*, die natürlich im Auenwald leben (nicht mit dem Wilden Wein [*Parthenocissus* sp.] zu verwechseln). Die einheimischen Arten mit besserer Anpassung an das hiesige Klima und größerer Robustheit wurden mit den Formen aus dem Mittelmeerraum gekreuzt, die höhere Fruchtzuckergehalte und Erträge bringen. Erst dadurch bot sich die Möglichkeit eines ertragreichen Anbaus auch nördlich der Alpen.

Trotz der Einkreuzung einheimischer Sorten bleiben die charakteristischen Standortanforderungen der Weinreben erhalten. Begünstigt wird ihr Wachstum durch warme, mäßig trockene, nährstoffreiche, tiefgründige Böden. Es fällt auf, daß viele der bevorzugten Weinberge diese Bodeneigenschaften gerade nicht erfüllen, sondern es sich um steile Lagen mit mittelgründigen, teilweise sogar flachgründigen und trockenen Böden handelt. Die Beschränkung des Weinbaus in Franken auf Hanglagen liegt einerseits in der kaum gegebenen Eignung für andere Nutzungen begründet, andererseits in mikroklimatischen Zusammenhängen.

Die ökologischen Ansprüche der Weinrebe sind nicht nur durch hohe Wärme, sondern auch durch eine extreme Frostempfindlichkeit ausgezeichnet. Bedingt durch die im Gegensatz etwa zum Oberrheingraben bereits subkontinentalen Klimaverhältnisse, kann die Luft in Bodennähe in Franken noch im Mai und bereits im September in klaren Nächten unter den Gefrierpunkt abkühlen. Kalte Luft fließt, da spezifisch schwerer, in Geländemulden und Täler, wo sie sich akkumuliert (BUSCHE et al. 1993). Aus diesem Grund kommt die Anlage von Weinbergen in Franken am Hangfuß oder gar im Talgrund nicht in Frage. Wenn nicht Wald das Abfließen der Kaltluft von der Hochfläche die Hänge hinab verhindert, wie es verbreitet an der Keuperstufe der Fall ist (Schwanberg), behilft man sich mit speziellen Klimaschutzpflanzungen an der Talkante, um wenigstens Wirbelbildung und Durchmischung mit wärmeren Luftschichten zu erreichen (Sommerhausen).

Nur kurz hingewiesen sei auf die erheblichen Fluktuationen der Weinbauflächen. In seiner maximalen Ausdehnung rechnet man mit 40 000 ha in ganz Franken (SCHENK 1994, S. 185), wozu auch größere Flächen in Mittel- und Oberfranken bis jenseits Kronach und Bayreuth zählen (LEICHT 1985, S. 9). In mehreren Stufen reduzierte sich das Areal bis zum

Tiefstand 1959 mit 2 360 ha, begründet zunächst in einer gewissen klimatischen Verschlechterung sowie den Auswirkungen des 30jährigen Krieges, verändertem Konsumverhalten (Bier ab 18. Jh.), um die Jahrhundertwende verschärft vom allgemeinen wirtschaftlichen Umbruch und schließlich durch die Reblauskrise ab 1900 (SCHENK 1994, S. 187). Seither hat sich die Weinbaufläche in Franken wieder auf knapp 6 000 ha erhöht, fast nur noch auf Unterfranken und den Taubergrund konzentriert.

Man muß sich bewußt sein, daß mit der räumlichen Veränderung dieser Nutzungsform auch die Ausbreitung bzw. der Rückgang von Standorten für die Begleitflora verbunden war. Gleiches gilt für die Entstehung des Mosaiks der naturbetonten Landschaftselemente im Bereich der Weinberge in Franken, dessen Relikte die dauerhaftesten Zeugen dieser Entwicklung sind und die sich unter Wald oder an verbuschten Hängen finden lassen.

Traditionelle Begleitvegetation der Weinberge. Früher war neben den Weinreben selbst die Begleitflora als Bestandteil der Vegetation der Weinberge nicht wegzudenken (ULLMANN 1985). Im Vergleich zur potentiellen natürlichen Vegetation handelt es sich dabei durchweg um Pflanzengesellschaften, die, neben den natürlichen Standortbedingungen, auf ein bestimmtes Maß anthropogener Eingriffe eingestellt waren. Je nach Art und Umfang der Eingriffe existierten ganz charakteristische Unkraut-Begleitgesellschaften in den Weinbergen. Am weitesten verbreitet war die Weinbergslauch-Gesellschaft *(Geranio-Allietum)*, die eine Vielzahl von Pflanzen mediterraner und submediterraner Herkunft enthält, wie Weinbergslauch *(Allium vineale)*, Traubenhyazinthe *(Muscari racemosum)*, Runder Lauch *(Allium rotundum)*, Ackergelbstern *(Gagea villosa)* und Wilde Tulpe *(Tulipa sylvestris)*.

Die Weinbergslauch-Gesellschaft bietet ein anschauliches Beispiel für die genaue Anpassung der Vegetation an die durch den Menschen geprägten Standortbedingungen. Die beteiligten Arten benötigen warme und trockene Verhältnisse, wie sie im Weinberg mit seiner geringen Vegetationsbedeckung typischerweise herrschen, nicht aber im natürlich hier stockenden Wald. Die Mehrzahl sind Geophyten, die mit unterirdischen Sprossen oder Zwiebeln überwintern und daher sehr frühzeitig austreiben können. Da der erste nennenswerte anthropogene Eingriff im Weinberg mit gründlichem Hacken des Bodens erst relativ spät erfolgte (Mitte Mai), war der Entwicklungszyklus dieser Spezialisten mit der Samenbildung dann schon beendet, und die restliche Zeit des Jahres überdauerten sie im Boden. Die moderne Weinbergsbewirtschaftung gefährdet die Pflanzen nicht nur durch den hohen Einsatz an Spritzmitteln, sondern auch durch die starke Düngung, die statt dessen nährstoffliebende Arten stark begünstigt. Dazu kommen noch die mechanische Belastung der Bodenverdichtung und die Beschädigung der unterirdischen Überdauerungsorgane durch die tiefreichende Bodenbearbeitung.

Eine weitere Gruppe der auf die speziellen Bedingungen der Weinberge eingestellten Vegetation bilden die Mauerfugen-Gesellschaften, von denen die Färberkamillen-Wimperperlgras-Flur *(Poo-Anthemetum tinctoriae)* bzw. ihre verarmten Rumpfgesellschaften im Bereich der Kalksteinmauern am häufigsten sind. Oft anzutreffende Arten sind Färberkamille *(Anthemis tinctoria)*, Wimperperlgras *(Melica ciliata)*, Schmalblättriges Rispengras *(Poa angustifolia)*, Flaches Rispengras *(Poa compressa)*, Scharfe Fetthenne *(Sedum acre)*, Weiße Fetthenne *(Sedum album)*, Taube Trespe *(Bromus sterilis)*, Mauer-Pippau *(Crepis tectorum)*. Zusammen mit den Steinriedeln bilden die Mauerfugen Sekundärstandorte für Pflanzen, deren ursprünglicher Schwerpunkt meistens im alpinen Bereich der Felsspalten liegt.

Die aus Buntsandstein aufgebauten Weinbergsmauern im Mainviereck besitzen dagegen einen sauren Gesteinschemismus und, im Vergleich zu den Kalksteinmauern, aufgrund des Porenvolumens einen erheblich besseren Wasserhaushalt, verbunden mit geringeren Temperaturgegensätzen. Da die Gesteinsmerkmale wegen der äußerst geringen Bodenanteile in den Mauerfugen voll zum Tragen kommen, herrschen trotz äußerlicher Ähnlichkeit der Gesellschaften dort ganz andere Arten vor. Charakteristisch ist die Gesellschaft des Schwarzen Strichfarns *(Asplenietum septentrionali-adianti-nigri)*, die allerdings in Unterfranken nur fragmentarisch ausgebildet ist. Farne prägen das Bild mit Schwarzem Strichfarn *(Asplenium adiantum-nigrum)* und Nordischem Strichfarn *(Asplenium septentrionale)*. Dazu kommen neben Moosen und Flechten krautige Pflanzen, die normalerweise im Wald oder an anderen eher feuchtkühlen Standorten gedeihen, wie Wald-Habichtskraut *(Hieracium sylvaticum)* und Kleiner Sauerampfer *(Rumex acetosella)*; vgl. ULLMANN (1985, S. 37).

Mosaik der naturbetonten Landschaftselemente in den Weinbergen. Damit ist das traditionelle Mosaik der naturbetonten Landschaftselemente in den Weinbergen berührt, das bereits auf kurze Distanz Differenzierungen aufweist. Es setzte sich im wesentlichen aus Trockenmauern und -treppen einerseits sowie, bei gegebenen geologischen Verhältnissen, aus Lesesteinhaufen bzw. Steinriedeln zusammen. Vielfach kann man ehemalige Weinberge am typischen Mosaik seiner früheren Landschaftselemente erkennen, auch wenn sich heute dort Sukzessionsflächen ausbreiten, Wald aufgewachsen ist oder Obstbäume angepflanzt wurden. Die heute in unbereinigten Weinbergen häufigen Streuobstflächen, Brachen und Hecken gehörten dagegen, wie alte Fotos ausweisen, früher nicht verbreitet zum Erscheinungsbild der Weinberge.

Trockenmauern und -treppen waren die prägende Struktur der Weinberge des mittleren Maintals, die, gemessen an früheren Verhältnissen, schon immer intensiv genutzt wurden. Charakteristikum der Trockenmauern ist die Aufschichtung aus Steinen ohne verbindenden Mörtel, was in den Fugen neben den beschriebenen Pflanzengesellschaften einer Fülle von hochspezialisierten Tieren Lebensraum bietet, namentlich Reptilien (Schlangen, Eidechsen). Da ohne Mörtel der Stabilität und damit der Höhe der Mauern Grenzen gesetzt waren, war das Bild der Weinberge durch eine Vielzahl von übereinander gestaffelten Mauerzügen gegliedert.

Als verbindendes Element der Mauern kamen die Treppen dazu, deren Anlage und Pflege bei der herrschenden Handarbeit von zentraler Bedeutung war. Neben der Erschließung dienten die Treppenfluchten zur schadlosen Ableitung der bei der geringen Vegetationsdecke anfallenden Wassermassen. In Unterfranken gibt es noch Weinberge, die im ganzen nach einem Gesamtplan angelegt wurden. Dazu gehört der Kallmuth im Mainviereck (Homburg) mit regelmäßiger Anordnung der Mauern genau quer zum Hang, dessen Anlage noch aus der Barockzeit stammt. Im Bereich des Maindurchbruchs durch die Keuperstufe östlich von Haßfurt ordnete man die Mauern schräg zum Hang an („Fischgrätenmuster"), und man erkennt gut die Funktion der Treppen als Wasserableiter an den jeweiligen Tiefenlinien (Steinbach b. Zeil, Ziegelanger). In den unteren Teilen wird hier der Kontrast zu den verarmten flurbereinigten Weinbergen überdeutlich. In den bäuerlichen Anlagen prägte die unregelmäßige Anordnung der Mauern und Treppen das Bild, wovon ebenfalls nur einzelne Weinberge erhalten sind (z. B. Theilheim, Goßmannsdorf, Erlenbach, Klingenberg).

Lesesteinhaufen und Steinriedel. Die auf steilen, ackerbaulich genutzten Hängen auch früher erhebliche Erosion führte zum Anfall erheblicher Mengen an Steinen, die, auch im Ackerbau, auf „gelesen" und an bestimmten Stellen der Flur, in der Regel an Parzellengrenzen, zusammengetragen wurden. Geschah dies entlang senkrecht zum Hang verlaufender Grenzen, so bildeten sich im Laufe der Zeit mächtige Lesesteinriedel aus.

Aufgrund der geologischen Besonderheiten mit der Verwitterung zu vorwiegend kleinen Steinen gibt es im mittleren Maintal relativ wenige dieser Landschaftselemente (Winterhausen, Karlstadt). Sie sind teilweise sogar im Buntsandstein zu finden (Neustadt a. M., Zimmern b. Rothenfels). Landschaftsprägend werden sie jedoch im oberen Taubertal und seinen Nebentälern, wo sie eindrucksvoll das Landschaftsbild beherrschen (Weikersheim, Vorbachzimmern, Laudenbach, Oberstetten, Grünsfeld). Hier verwittert der Trochitenkalk des Hauptmuschelkalks (mo) zu besonders großen Blöcken (Kalkfazies), die in jedem Fall aus den Weinbergen entfernt werden mußten und nicht weit transportiert werden konnten.

Im Verhältnis zu Mauern stellen die Steinriedel Standorte bereit, die durch Instabilität gekennzeichnet sind und deren Erwärmung wegen der lockeren Anhäufung der Steine geringer ist, so daß sich dort Kalkschutt-Pioniergesellschaften ansiedeln. Wegen der Beschattung der angrenzenden Weinberge ließ man höheren Bewuchs früher nicht aufkommen. Oft sind die Steinriedel allerdings nicht so hoch, wie sie erscheinen, und besitzen einen Kern aus Bodenmaterial, weswegen auch andere Pflanzen existieren können. Aus dem Verhältnis zwischen dem ehemaligen Bodenniveau im Kern der Steinriedel und dem heutigen Niveau daneben läßt sich auf die stattlichen Erosionsbeträge von verbreitet 50–80 cm auf den jahrhundertelang genutzen Steillagen schließen (WAGNER 1961).

Veränderungen bei Folgenutzung. Die Flächen, die durch den Rückgang des Weinbaus insbesondere seit der Jahrhundertwende frei wurden, hat man sehr unterschiedlichen Nutzungen zugeführt. Aufgrund der Steilheit kam relativ selten die Umwandlung in Äcker in Frage. Viele der steilen Weinberge ließ man einfach brach liegen, so daß sich dort inzwischen naturnahe, artenreiche, wärmeliebende Sekundärwälder eingestellt haben, was insbesondere am Mainviereck zu beobachten ist, wo frühzeitig außerlandwirtschaftliche Arbeitsplätze zur Verfügung standen. Hier findet man zwar noch die früheren Weinbergsmauern, ihre ökologischen Bedingungen haben sich aber mit der Waldbedeckung völlig verändert. Sie sind nun durch relativ geringe Sonneneinstrahlung, höhere Luftfeuchte, geringere Temperaturspitzen und einen ausgeglicheneren Temperaturgang gekennzeichnet, weshalb von der ursprünglichen Mauerfugenvegetation nichts mehr übrig ist.

Im Taubergrund mußten sich dagegen viele landwirtschaftliche Betriebe umstellen, und es nehmen heute oft Weiden die ehemaligen Weinberge ein, was einer Nutzungsextensivierung dieser Flächen gleichkommt. Die Lesesteinriedel ließ man bestehen. Da sich das Freihalten von Bewuchs unter den neuen Umständen nicht mehr lohnte und auch nicht mehr nötig war, konnten Hecken aufkommen, eine jüngere Erscheinung dieser Bereiche. Je nach Mächtigkeit der aufliegenden Lesesteine ohne Feinmaterial bedecken die Hecken den gesamten Steinriedel, wachsen nur an den Rändern oder fehlen fast ganz.

Nur in Marktnähe kam bei den damaligen Verkehrsverbindungen Streuobst als Folgekultur in Frage. Heute bestehen vor allem im Raum Würzburg (Margetshöchheim, Erlabrunn) größere zusammenhängende Streuobstbestände auf ehemaligen Weinbergen. Die Streuobstflächen wurden sogar bis in die Aue ausgedehnt, ebenso wie im Raum Volkach. Meist wurden aber nur einzelne Stücke der kleinparzellierten Weinberge mit Streuobst bepflanzt.

Reale Vegetation und Mosaik der naturbetonten Landschaftselemente der Talkanten

Im Gegensatz zu ihrer intensiv genutzten Umgebung stellen vielfach die Trockenflächen der Talkanten die letzten Refugien zwischen den völlig umgestalteten Verkehrs- und Siedlungsbändern der Talböden, den Weinbergen der Talhänge und der intensiv bewirtschafteten Feldflur auf den Höhen der Mainfränkischen Platten dar. Die Gruppe der extensiv bewirtschafteten, botanisch oft sehr wertvollen Trockenflächen am Trauf der größeren Täler zeichnet sich durch die gemeinsamen Standortmerkmale flachgründige Kalkböden (Rend-zinen), magere, d. h. stickstoff(dünger)arme Verhältnisse und warmtrockene Bedingungen sowie eine zeitlich und von der Intensität her abgestufte anthropogene Prägung aus. In der Regel kommen die naturbetonten Landschaftselemente räumlich eng verzahnt gemeinsam vor und bilden das charakteristische Mosaik der Talkanten.

Der „Lebensraumkomplex Mager- und Trockenstandorte" bildet einen der Schwerpunk-te des Kampfes des Naturschutzes um die Erhaltung gefährdeter Pflanzen- und Tier-standorte (RITSCHEL, HESS u. BRANDT 1991). Der „Steppenheiden-Gesellschaften" genannte Vegetationskomplex bietet ein Beispiel für die Zusammenhänge zwischen der Problematik der Erhaltung der Pflanzengesellschaften, den notwendigen Schutz- und Pflege-maßnahmen, dem standortprägenden anthropogenen Einfluß, der Bereicherung der Standortvielfalt durch den Menschen und der Diskussion um die potentielle natürliche Ve-getation (Steppenheidetheorie, Kap. 8.2.4).

Steppenrasen *(Festucetalia valesiacae)* sind nach WILMANNS (1978, S. 184) an Gebiete unter 500 mm Niederschlag gebunden (Rheinhessen, Sachsen-Anhalt). Dennoch finden sich die charakteristischen, aus Südosteuropa stammenden Federgräser *(Stipa* sp.) auch an manchen Stellen entlang des Maintals (z. B. Kalbenstein/Karlstadt), wo 100 mm mehr Regen fallen. Hier könnte aber die besonders stark ausgeprägte Sommertrockenheit eine Rolle spielen, die noch stärker ist als etwa auf den Gäuflächen (vgl. Abb. 14/15).

Trockenrasen *(Xerobromion)* umfassen Gesellschaften der Extremstandorte auf steilen, flachgründigen Südhängen, die tatsächlich waldfrei waren, z. B. die Blaugrashalde mit Kalk-Blaugras *(Sesleria* varia). Hier kann sich meist nicht einmal mehr eine geschlossene Gras-narbe ausbilden, weswegen sich Flechten ausbreiten, die typische Bunte Erdflechten-gesellschaft. Namengebende Charakterart der beiden Verbände *Xero-* und *Mesobromion* ist die Aufrechte Trespe *(Bromus erectus)*. Echte Trockenrasen sind, zwar räumlich eng begrenzt, natürliche Pflanzengesellschaften, obwohl sie durch Beweidung noch zusätzlich degradiert werden. In Unterfranken kommen Trockenrasen nur auf reinen Kalken der Steil-hänge insbesondere des Wellenkalkes vor, deren Böden allenfalls Rendzinen, meist aber Rohbodenstadien ohne deutliche Horizontbildung sind.

Halbtrockenrasen *(Mesobromion)* bezeichnet magere Grasgesellschaften auf weniger extremen, aber immer noch warmtrockenen Standorten. Sie kommen nicht nur auf den typischen Rendzinen des Muschelkalks, sondern auch auf anderen geologischen Unter-gründen und Böden vor, wie verbreitet auf den Tonmergel-Rendzinen oder Tonrankern des Gipskeupers der Windsheimer Bucht, der Frankenhöhe oder des Grabfelds. Dort könnten sie bei entsprechender Düngung auch als, wenn auch nicht sehr ertragreiche, Wiesen, Äcker oder Weinberge genutzt werden. Natürlicherweise wären sie bewaldet, stellen also anthropo-gene Pflanzengesellschaften dar, der wesentliche Gegensatz zu den Trockenrasen.

Halbtrockenrasen lassen sich in dieser Form nur durch regelmäßige Kleinviehbeweidung erhalten, wofür Schafe allein auf die Dauer wohl nicht einmal ausreichen, da nur Ziegen die harten Triebe der extrem wüchsigen Schlehen abfressen können. Zeugnis der lang andauern-den Beweidung legen die vom Vieh nicht gefressenen Weideunkräuter ab, wie Wacholder *(Juniperus communis)* oder die Zypressen-Wolfsmilch *(Euphorbia cuparissias)*.

Wärmeliebende Hecken und Gebüsche (Liguster-Schlehengebüsche). Fast immer findet man wärmeliebende Gebüsche und Hecken, die zum Liguster-Schlehengebüsch ge-hören, in enger räumlicher Verzahnung mit Halbtrockenrasen. Sie waren am Rand der Schaf-weiden als Begrenzung gern gesehen, breiten sich aber schon bei geringem Weidedruck schnell aus und kommen auch innerhalb des Halbtrockenrasens auf, zunächst sichtbar als

Einzelbüsche (oft Rosen), in deren Schutz dann mehr und mehr ein Gebüsch entsteht. Sie stellen das nächste natürliche Sukzessionsstadium nach den beweideten Kraut-gesellschaften dar und würden sich im Laufe der Zeit schließlich in einen Wald als Klimax weiterentwickeln. Auch auf Lesesteinhaufen oder an Wegrändern siedeln sich diese Pflanzengesellschaften an (zum Artenaufbau der Liguster-Schlehengebüsche vgl. Tab. 7).

Steppenheide-Kiefernwald. Der Steppenheide-Kiefernwald ist ein lichter Wald, dessen Kronen kein geschlossenes Dach bilden, weshalb sich lichtliebende Gras- und Krautarten des Halbtrockenrasens („Steppenheide") ausbreiten können, woraus die Bezeichnung abge-leitet wird (RITSCHEL, HESS u. BRANDT 1991). Die Baumschicht ist aus trockenheitstoleranten Lichtholzarten, wie Stieleiche *(Quercus robur)* und Schwarzkiefer *(Pinus nigra,* aus Südost-europa stammend), sowie wärmeliebenden submediterranen Arten, wie Französischem Ahorn *(Acer monspessulanum)*, aufgebaut. Dazwischen finden sich immer wieder Sträucher des Liguster-Schlehengebüsches, vor allem Rosen, Liguster, Weißdorn und Schlehen. Diese Arten würden hier potentiell einen dichteren Wald vom Typus der wärmeliebenden Eichen-mischwälder bilden. Bestehen können die locker aufgebauten Formationen mit der im Prinzip unnatürlichen Baum/Gras-Mischung nur durch gelegentliche Beweidung, die das Aufwachsen der Sämlinge und damit die natürliche Verjüngung behindert. Ebenso spielt die früher allgemein übliche Niederwaldnutzung eine Rolle. Das Abholzen alle 20–25 Jahre fördert einseitg bestimmte Baumarten, die stockausschlagfähig sind, was einen erheblichen Konkurrenzvorteil gegenüber jenen Bäumen bedeutet, die sich nur durch Samen regene-rieren können. Oft dehnt sich Steppenheidewald durch einzelne Bäume in immer dichterem Abstand in gering oder nicht mehr beweidete Halbtrockenrasen hinein aus, so daß eine ganz exakte Grenzziehung zwischen Wald und Weide schwerfällt.

8.4.3   Relief und Raumplanung

Die Talform, geprägt von der Komplexität ihrer Landschaftsformen auf engstem Raum, besitzt eine große Bedeutung für die aktuelle Nutzung und die Probleme, die sich daraus ergeben. Sie sind ebenso vielfältig und gegensätzlich wie die reale Vegetation und das Relief selbst und reichen von Konzentration und intensivster Bewirtschaftung bis zur Nutzungs-aufgabe und zum Brachfallen mit dem Verlust seltener Pflanzengesellschaften, die auf exten-siver Nutzung basierten.

Konzentration der Infrastruktur. In Teilabschnitten wurde das Maintal zu einer planungsräumlichen Entwicklungsachse, in der sich Verkehrsinfrastruktur, Siedlungen, Industrie, aber auch Baustoffentnahme und Freizeitnutzung konzentrieren. An vielen Stellen ist dabei die Belastbarkeit insbesondere des Ökosystems bereits überschritten. Naturnahe Talabschnitte, gar nicht zu reden von natürlichen, sind heute kaum noch zu finden.

Die Kanalisierung hat nicht nur die Fließdynamik des Mains sowie die Gestalt der un-mittelbaren Uferbereiche vollständig verändert und damit zu einer starken Verschiebung des Artenspektrums der Fische und der Wasservögel geführt, sondern vor allem die Aue nachhaltig beeinflußt. Dazu kommt die Führung nahezu aller Umgehungsstraßen der Main-talorte zwischen Siedlung und Ufer. Früher waren die Uferbereiche in viel stärkerem Maß in die bäuerliche Lebensweise mit einbezogen (Fischfang, Waschplatz, Beweidung, Wiesen-nutzung), und es bestanden vielfältige Beziehungen zum Wasserlauf. Das hatte allerdings auch zur Folge, daß sich im Bereich der Orte Wiesen und Weiden bis unmittelbar zum Fluß zogen und dort kaum Baumwuchs vorhanden war. Als moderne Landschaftselemente ohne historische Entsprechung sind die Buhnenfelder und der Gehölzufersaum entlang des Mains anzusehen. Die ortsfernen Bereiche bestimmte ein Mosaik aus Altwässern mit seinen spezifischen Pflanzengesellschaften und Lebensräumen, die heute bis auf geringste Reste ersatzlos verschwunden sind. Weitere Großprojekte, wie der Ausbau des Mains für Schubschiffverbände, aber auch die Umgehungsstraßen, die fast durchweg auf Dämmen in Ufernähe trassiert werden, zerstören die mühsam entwickelten heutigen Strukturen bereits wieder.

Weinbergsflurbereinigung. Unter den weitgehend nicht ihren Optimalbedingungen entsprechenden Standortbedingungen ist die Weinrebe einem hohen Konkurrenzdruck der besser angepaßten Pflanzen im Weinberg ausgesetzt, was eine permanente Kontrolle dieser dann als Unkraut betrachteten Arten erfordert. Die hohen Erträge ermöglichen eine sehr intensive Bewirtschaftung mit dem entsprechend kapitalintensiven hohen Einsatz an Insektiziden und Herbiziden (Insekten- und Pflanzenvernichtungsmitteln). Diese im Verhältnis zu allen anderen landwirtschaftlichen Kulturen hier stärksten anthropogenen Eingriffe ermöglichen heute kaum noch wildlebenden Pflanzen und Tieren ein Überleben im Weinberg und haben die meisten Arten auf Rand- oder Ersatzstandorte abgedrängt.

Dazu kommt noch die weitgehende Flurbereinigung, die nur wenige Weinberge in ihrer ursprünglichen Form belassen hat (SCHMIDT, LEICHT u. BOTSCH 1985). Sie ist gleichfalls nur unter dem Aspekt der hohen wirtschaftlichen Erträge des Weinbaus in dieser Konsequenz und Intensität denkbar. Die vielen kleinen Weinbergsmauern in Trockenbauweise wichen so wenigen höheren Mauern meist aus Beton, deren Verblendungen aus mit Mörtel verbundenen Steinen keine Lebensräume für die angestammte Tier- und Pflanzenwelt mehr bieten. Nutzungsintensität und Flurbereinigung haben die Weinberge zu den am stärksten umgestalteten Teilen der Landwirtschaftsfläche in Unterfranken mit den wenigsten Relikten früherer naturbetonter Landschaftselemente und Pflanzengesellschaften gemacht.

Weinbergsbrachen und Naturschutz. Um so stärker ist der Naturschutz auf die Erhaltung noch nicht bereinigter Weinberge bedacht, wo jedoch eine gegenläufige Entwicklung festzustellen ist. Oft handelt es sich um die weniger ertragreichen Lagen, weshalb dort meist kein flächendeckender Weinbau mehr betrieben wird. An seine Stelle ist ein Mosaik aus Weingärten, Streuobstflächen, Magerrasen, Saumgesellschaften, Brachflächen, Gebüschen, Hecken und wärmeliebenden Wäldern getreten. Die strukturelle Vielgestaltigkeit derartiger Bereiche führt zu einer erheblichen Standortdifferenzierung mit enormer Pflanzenvielfalt. So wurden auf den 28 ha des Naturschutzgebietes Kleinochsenfurter Berg 460 Gefäßpflanzen gezählt (ZOTZ u. ULLMANN 1989).

Wie oben dargestellt, darf man diese Vielfalt nicht mit der historischen Situation gleichsetzen, schon gar nicht auf so engem Raum wie einem einzelnen Hang. Man muß sich bewußt machen, daß die heute vor allem zoologisch mit Recht als so wertvoll erachteten Staudenfluren, Brachflächen und totholzreichen Streuobstbestände ja eigentlich Sukzessionsstadien auf dem Weg zur Verbuschung und Verwaldung darstellen und lediglich die Nutzungsaufgabe, also das Desinteresse auch an extensiver landwirtschaftlicher Nutzung widerspiegeln. Hecken und Gebüsche waren auf den älteren Weinbergen kaum vorhanden, höchstens an den Rändern, und sind typische Landschaftselemente der Feldflur.

Die auf den vernachlässigten Flächen heute entstehenden Pflanzengesellschaften waren früher in Weinbergen kaum zu finden. Brachflächen kamen in der traditionellen Nutzung der Weinberge, die wie heute keinen Fruchtwechsel kannte, nur selten vor. Dagegen ertragen gerade die typischen Mauerfugen- und die Weinbergslauch-Gesellschaften eine Überwucherung nicht, so daß sie nicht nur durch Flurbereinigung und Intensivierung, sondern gleichzeitig auch bei Extensivierung verschwinden. Brachgefallene und verbuschte Hänge, so biologisch wertvoll und ästhetisch ansprechend sie auch sein mögen, entsprechen jedenfalls weder einer traditionellen, historisch begründeten Nutzung noch dem parallel dazu entstandenen Mosaik naturbetonter Landschaftselemente.

9. Die östlichen Rahmenhöhen

Abbildung 46

Landschaftsbild der östlichen Rahmenhöhen. Das Relief wird von weichen Übergängen und abgerundeten Oberflächenformen bestimmt. Den Hochbereichen (bewaldete Höhen im Hintergrund rechts) stehen Niederungen und breite Muldentäler gegenüber. Obwohl die Höhe der Niederschläge nur geringfügig über der der Mainfränkischen Platten liegt, fällt die höhere Feuchtigkeit des Ökosystems im Landschaftsbild in mehrerlei Hinsicht sofort auf. Eine intensive oberflächliche Entwässerung führt zu einem dichten Gewässernetz mit permanenter Wasserführung. Die breiten Auenbereiche sind trotz Drainage meist nicht ackerfähig, und es dominiert Grünland. Den Lauf der Bäche, wie hier der Baunach bei Kraisdorf, begleitet meist ein Gehölzufersaum aus Erlen als Rest der potentiell natürlichen Bachufergesellschaft. Die ökologisch feuchten Verhältnisse gehen auf ein Faktorengefüge aus hohen Tongehalten der Gesteine, darauf entwickelten staunassen Böden sowie der verbreiteten Grundwassernähe infolge der weichen Reliefformen zurück.

9.1   Einführung

Lage und Abgrenzung. In ihrer gesamten Nord-Süd-Erstreckung werden die Mainfränkischen Platten nach Osten vom Fränkischen Keuper-Lias-Land begrenzt (vgl. Abb. 36), dessen Landschaftsbild und Landnutzung sich in verschiedenen Punkten deutlich abhebt. Es ist zu beachten, daß trotz dieser Bezeichnung die geologische Formation des Keupers nicht, wie oft vereinfachend dargestellt wird, das Abgrenzungskriterium ist. Der gesamte Untere Keuper bildet die Basis der Gäuflächen, und auch die Ausdehnung des Gipskeupers fällt nicht genau mit dieser wichtigen landschaftlichen Grenze zusammen. Kriterium ist ein Bündel von Geofaktoren, neben der Geologie vor allem Relief, Hydrologie, Böden und reale Vegetation. Deren Kombination rechtfertigt eine Abgrenzung, die sich im Landschaftsbild für jedermann sichtbar zeigt.

Den Grenzsaum bildet zunächst der Steilanstieg der Stufe von Haßbergen, Steigerwald und Frankenhöhe, gefolgt von Bereichen mit relativ hohem Grünland- und Waldanteil, was den Kontrast zu den Mainfränkischen Platten überdeutlich hervortreten läßt. Wälder stehen jeweils nur auf den höchstgelegenen Flächen, oft als voneinander isolierte Reste oder Streifen. Weiter nach Osten schließen sich überall wieder offenere Landschaften mit höherem Ackerland- und geringerem Waldanteil an. Vor allem das stark hervortretende Grünland mit Wiesen und Weiden macht die im Vergleich zu den Mainfränkischen Platten unterschiedlichen landschaftsökologischen Verhältnisse deutlich.

Übergreifende Charakteristik. Insgesamt können der Abwechslungsreichtum der Landschaften und die Wechselhaftigkeit des dahinter stehenden Ursachengefüges als gemeinsames Charakteristikum der östlichen Rahmenhöhen Unterfrankens und seiner benachbarten Gebiete angesehen werden, wie ein Vergleich der Abbildungen 46, 48 und 54 deutlich macht. Als dennoch gemeinsame Merkmale lassen sich für Haßberge, Steigerwald und Frankenhöhe folgende Punkte anführen:

– weiche Landschaftsformen ohne scharf voneinander abgesetzte Landschaftselemente;
– sanfte Übergänge zwischen Tal–Hang–Hochfläche;
– stark gekammertes, kleinräumig gegliedertes Relief;
– hoher Anteil an Grünland im Verhältnis zu Äckern;
– mäßig hoher, stark wechselnder Waldanteil;
– große Zahl von Bächen, Weihern, Feuchtflächen und anderen feuchtigkeitsgebundenen Landschaftselementen;
– ein bezüglich Relief und Nutzung abwechslungsreiches Landschaftsbild.

Interne Differenzierung. Die östlichen Rahmenhöhen Unterfrankens werden von Nord nach Süd von den Haßbergen, dem Steigerwald und der Frankenhöhe gebildet. Grenzziehungen zwischen diesen Hügelländern sind nicht naturgeographisch bedingt. Obwohl der Main zwischen Haßbergen und Steigerwald eine natürliche Zäsur bildet, setzen sich die Landschaftsstrukturen zu beiden Seiten nahezu ohne Unterschiede fort. Selbst der nördliche Steigerwald gehört, politisch gesehen, zum Kreis Haßberge. Hingegen trennt die naturräumliche Gliederung Deutschlands (MEYNEN u. SCHMITHÜSEN 1953–62) den schmalen, bewaldeten, erhöht gelegenen Bereich der Haßberge von seinem Hinterland, das als Itz-Baunach-Hügelland bezeichnet wird; eine Differenzierung, die so deutlich im allgemeinen Sprachgebrauch nicht nachvollzogen wird. Hier reicht die politische Einheit Unterfranken am weitesten nach Osten und damit in den Keuperbereich hinein.

Nördlicher und zentraler Steigerwald bilden den landschaftlich geschlossensten Teil der östlichen Rahmenhöhen mit hohem Waldanteil und ausgesprochen deutlicher Stufe zum westlich angrenzenden Vorland und entsprechen damit dem Typus der Keuperstufe. Von Osten her wird die Einheitlichkeit stark aufgelöst, zunächst durch enge Täler, die sich jedoch schnell verbreitern und beckenartig erweitern. Aber auch auf den Höhen macht der Wald bald Ackernutzung Platz, so daß sich der Eindruck eines geschlossenen Waldareals nur auf einen schmalen, nordsüdlich ausgerichteten Streifen mit Ausbuchtungen nach Osten beschränkt.

Südlich der Linie Schwanberg/Iphofen–Neustadt/Aisch löst sich die Einheitlichkeit des Landschaftsbildes des Steigerwaldes vollständig auf. Sowohl der Stufenanstieg wie auch die Waldflächen bilden kein zusammenhängendes Landschaftselement mehr aus, sondern machen einer Hügellandschaft Platz, in welcher die Becken- und Talbereiche dominieren, bei hohem Anteil von Grünland an der Landnutzung. Hierin ähneln der Südsteigerwald und die südlich der Windsheimer Bucht anschließende Frankenhöhe dem Itz-Baunach-Hügelland östlich der Haßberge.

Insgesamt werden die angesprochenen Landschaften oft als Keuperstufe zusammengefaßt. Dennoch zeigt die stark unterschiedliche Ausprägung der Stufe selbst wie auch des Reliefs insgesamt die Bedeutung der differenzierten Betrachtungsweise vor dem Hintergrund der Landschaftsgenese. Das wechselhafte Bild der Wald/Grünland/Ackerlandverteilung ergibt sich aus den Bezügen der landschaftsökologischen Situation.

9.2   Natürliche Grundlagen

Nicht bezüglich aller Geofaktoren unterscheiden sich die östlichen Rahmenhöhen von den Mainfränkischen Platten. Die geologischen Verhältnisse sind zwar verschieden, dennoch trifft die Gleichsetzung Mainfränkische Platten = Muschelkalk, östliche Rahmenhöhen = Keuper schon im groben nicht zu. Nicht einmal die Trennung nach Unterer/Mittlerer Keuper läßt sich durchhalten.

Ebenso wie das Klima starke Ähnlichkeiten aufweist, gibt es für die potentielle natürliche Vegetation große Übereinstimmungen. Dennoch mag überraschen, daß sich trotz geologischer Differenzierung nach Kalk- und Tongesteinen der Bereich der Eichen-Hainbuchenwälder im Prinzip hier fortsetzt. Andererseits läßt sich anhand der Auenvegetation der Gegensatz artenarmer Gesellschaften der östlichen Rahmenhöhen zu anspruchsvollen, artenreichen im Westen nachvollziehen.

Insgesamt bestehen daher nur selten scharfe Grenzen, sondern eher Grenzsäume, die beide Großlandschaften ineinander übergehen lassen, was aber lokal stark wechselt. Weniger die einzelnen Geofaktoren für sich als vielmehr ihre Kombination in Landschaftsgenese und Landschaftsökologie lassen die östlichen Rahmenhöhen mit eigenständiger Charakteristik hervortreten.

9.2.1   Geologie

Ein Blick auf die geologische Karte (Abb. 10) macht zwei wesentliche Sachverhalte bereits im Überblick deutlich. Zum einen ist der Keuper durch eine Vielgestaltigkeit gekennzeichnet, die von den paläogeographischen Bedingungen herrührt und sich in Kartenbild und Legende reflektiert. Zum anderen zeigt selbst die geologische Karte die Auflösung des Rücklands der Keuperstufe von Osten her insbesondere im Steigerwald und die völlige Auflösung der Stufe in der Frankenhöhe.

Als lokale Besonderheit sind die Basaltschlote der Heldburger Gangschar in den Haßbergen zu erwähnen. Obwohl sie im Landschaftsbild kaum auftreten und nirgendwo so dominierend sichtbar sind wie in der Rhön, bilden sie eine Zeitmarke für die Landschaftsgenese.

Paläogeographie und Petrographie des Mittleren Keupers (km)

Abb. 47 zeigt einen Schnitt durch die im östlichen Unterfranken anstehenden Schichten des
Keupers und des Muschelkalks in einem Profil vom Schwanberg bis ins Maintal. Obwohl die
Mächtigkeiten der einzelnen Schichten schon auf geringe Distanzen erheblich schwanken
können, wie es im Profil für Werksandstein und Schilfsandstein angedeutet ist, gilt die
Schichtenfolge prinzipiell im gesamten Bereich der östlichen Rahmenhöhen. Lediglich der
Quaderkalk ist eine eng begrenzte, lokale Erscheinung (vgl. Kap. 4.1.3). Während der Untere
Keuper noch im Bereich der Mainfränkischen Platten liegt und die Basis von Grabfeld und
Gäuflächen bildet, baut das etwa 400 m mächtige Paket des Mittleren Keupers das eigentliche Keuperland auf. Er wird unterteilt in den Gipskeuper (ca. 150 m) und den Sand-
steinkeuper (ca. 250 m), welcher infolge der Kippung des gesamten Gesteinspaketes heute
weiter östlich an die Oberfläche tritt und das Mittelfränkische Becken bildet.

Gipskeuper (kmg). Die Umweltbedingungen in der Zeit des Gipskeupers waren von der
Lage in einer Endpfanne bestimmt. In das flache Land ergoß sich ein verzweigtes Flußnetz,
und es bildeten sich einzelne Seen, teils mit Süß-, teils mit Brackwasser. Die Flüsse brachten
die bereits zu feinsten Bestandteilen aufgearbeiteten Verwitterungsprodukte des weit
entfernten Liefergebietes mit, weshalb der weitaus überwiegende Teil des Gipskeupers aus
weichen Tonsteinen, Tonmergeln und plattig absondernden Schiefertonen besteht, deren
hoher Tonanteil auf die Sedimentation der feinen Schwebstoffe in abgeschnürten Altwässern
oder Überflutungsbereichen zurückgeht (Stillwasserfazies). Zeitgleich parallel und heute
nicht weit entfernt entwickelten sich allerdings auch sandige Sedimente (Flutfazies) in den
Flüssen selbst (RUTTE 1981, S. 90).

So konnten sich nebeneinander verschiedenartige Sedimente, grobe und feine, ablagern.
Beispiele dafür sind die Myophorienschichten, in Unterfranken noch weiche Tonmergel,
die im Raum Bayreuth in grobkörnige Fazies übergehen und dann Benker Sandstein genannt werden, obwohl beide gleichzeitig abgelagert wurden. Noch stärker als der Untere ist
der Gipskeuper deshalb von Fazies- und Mächtigkeitsunterschieden innerhalb derselben
Schicht gekennzeichnet.

In Unterfranken überwiegen die Sedimente der Stillwasserfazies. Die Myophorien- und
Estherienschichten, beide nach Leitfossilien benannt, zeigen eine blaugraue Färbung, die für
die Entstehungszeit auf reduzierendes Bodenmilieu mit Staunässe bei hochliegendem
Grundwasserspiegel schließen läßt. Die Muschel *Myophoria* und die Muschelkrebse der
Estherien (Conchostraken) lebten in brackischem Milieu mit Zunahme des Salzgehaltes bei
hoher Verdunstungsrate. Weite Bereiche der Windsheimer Platten und ein Streifen zu Füßen
des Steigerwaldes werden von den Myophorien- und Estherienschichten gebildet; ihre weichen Tonmergel sind stets wenig verfestigt und bilden die flachen Oberflächenformen der
Becken- und Talbereiche. Der Kalk- und Mineralgehalt macht die Pelosole, die sich darauf
entwickeln, im Prinzip relativ fruchtbar, der hohe Tongehalt jedoch schwer bearbeitbar und
staunässegefährdet. Ihre blaugraue Färbung erhält sich trotz bodenbildender Prozesse und ist
auch an der Oberfläche noch erkennbar.

Im Kontrast dazu steht die deutlich rote Färbung der Lehrbergschichten (= Berggips-
schichten, in Württemberg: Bunte Mergel), die nach einer Typlokalität benannt sind. Die

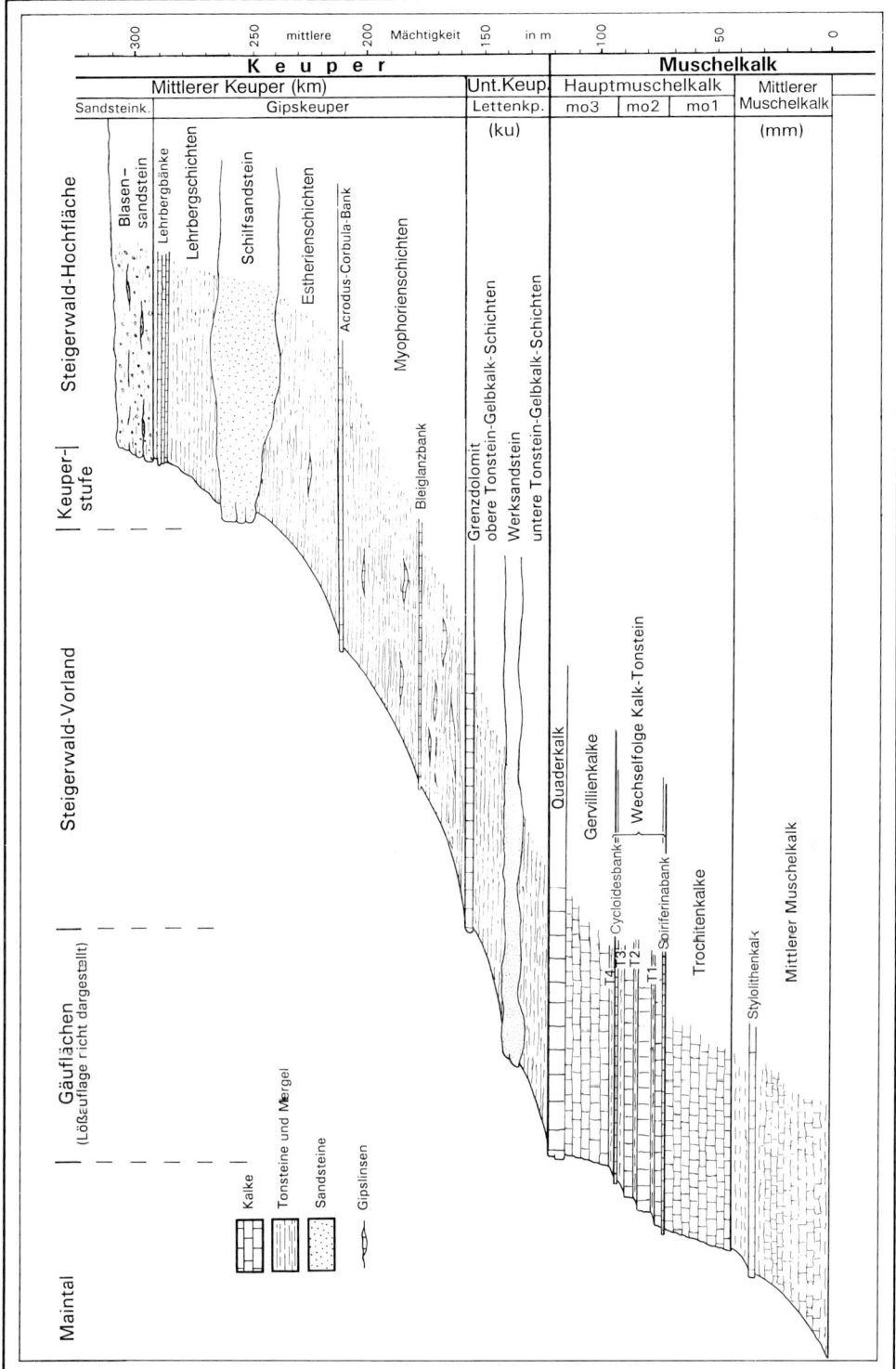

Abbildung 47

Profilschnitt durch Keuper und Muschelkalk im Bereich Schwanberg–südliches Maindreieck. Die Mächtigkeiten der Schichten wechseln teilweise auf kurze Entfernung, wie vor allem beim Schilfsandstein und Werksandstein. Innerhalb der Estherien- und Myophorienschichten lokal begrenzte Gipslinsen. Entwurf: Johannes Müller, 1995

Farbe ist auf oxydierendes Milieu zurückzuführen, was auf allmählich stärker semiarides Klima hinweist. Die Tonsteine und Tonmergel dieser Schichten entstanden aus einer Suspension im Süßwassermilieu (MADER 1990, S. 956, 1255). Da die Lehrbergschichten vorwiegend aus festeren Tonsteinen bestehen, bilden sie steilere Hänge. Auch sie sind an der kräftigen Färbung erkennbar, die sich den darauf gebildeten Böden mitteilt. Auf den Tonmergeln der Lehrbergschichten entwickeln sich, je nach Position im Relief, unterschiedliche Böden. In Grundwassernähe sind es Pelosole, die verbreitet Grünland tragen, während sich an trockenen Hängen auf dem kalkhaltigen Substrat Tonmergelrendzinen bilden.

Diese einheitlichen tonigen Sedimente werden mehrfach durch schmale Bänke (Schichten) aus Steinmergeln und Kalk untergliedert (Bleiglanzbank und Acrodus/Corbulabank in den Myophorienschichten, Lehrbergbänke in den Lehrbergschichten). Sie entstanden als Kalkausfällungen in Süßwasserseen mit stagnierendem Wasser. Diese besaßen nur regionale Ausdehnung, was man z.B. an den Lehrbergbänken ablesen kann, von denen es im Raum Ansbach drei gibt, bei Rothenburg zwei und am Schwanberg nur noch eine. Wegen ihrer größeren relativen Härte im Gelände treten diese Bänke stets deutlich als Versteilungen der Hänge, in der Ebene sogar als Hügel aus den weichen Tonen hervor, wie Abb. 47 deutlich zeigt.

Namengebend für das gesamte Schichtpaket des Gipskeupers sind die Gipslinsen, die durch Eindampfung kleiner, lokal begrenzter, flacher Seen in der Endpfanne entstanden. Sie treten deshalb nicht als geschlossene Schicht auf, jedoch gehäuft in den Grundgipsschichten an der Basis der Myophorienschichten. Hier können sie teilweise durch unterirdische Lösung an der Oberfläche ein welliges Kleinrelief verursachen, besonders im Raum Crailsheim (Schwarze Löcher/Maulach). Auf dem Vorkommen des Gipses basiert die unterfränkische Gipsindustrie (Königshofen, Donnersdorf, Sulzheim, Iphofen, Nenzenheim, Ermetzhofen, Westheim, Burgbernheim).

Das einzige Gestein, welches in Unterfranken die Flutfazies repräsentiert, ist der Schilfsandstein, eingeschaltet zwischen Estherien- und Lehrbergschichten. Seine Mächtigkeit schwankt stark: von 60 m in der Frankenhöhe über 40 m im Steigerwald bis nur noch 20 m in den Haßbergen. Der Schilfsandstein ist erheblich härter als die umgebenden Schichten und fällt fast überall als Versteilung der Talhänge auf, an die sich oberhalb wieder eine flachere Neigung anschließt. Besonders ausgeprägt ist das an der Steigerwaldstufe zu erkennen. Durch den überwiegenden Quarzanteil ist der Schilfsandstein zudem kaum fruchtbar und deshalb meist bewaldet. Mit ihm beginnt in der Regel der Wald auf halber Höhe der Keuperstufe oberhalb der Weinberge.

Blasensandstein (kmBL). Ein Blick auf die geologische Karte (Abb. 10) zeigt, daß die nach dem Gipskeuper abgelagerten Gesteine des Blasensandsteins, der bereits zum Sandsteinkeuper (kmg) gerechnet wird, weitflächig im nördlichen Steigerwald und in den südlichen Haßbergen an die Oberfläche treten sowie dann in den östlich anschließenden Bereichen Ober- und Mittelfrankens. In den Haßbergen und der Frankenhöhe stehen sie nur im Bereich der Dachflächen der Erhebungen an, wie in Abb. 47 angedeutet ist. Im ganzen ist der Blasensandstein relativ gleichmäßig aufgebaut, und es dominieren unter terrestrischen Bedingungen abgelagerte Sandsteine.

Der in wechselnden Brauntönen gefärbte Blasensandstein bildet in der Regel das Dach der Keuperstufe und die östlich davon anschließenden Hochflächen. Zwischen den Sandsteinschichten finden sich immer wieder dünne Tonschichten, und auch die Sandsteine selbst enthalten noch gewisse Tonanteile zwischen den Quarzkörnern. Der Name Blasensandstein rührt von zentimetergroßen Tongallen, ehemaligen Tongeröllen innerhalb des

Gesteins. Sie verwittern schneller als der eigentliche Sandstein und hinterlassen die charakteristischen Hohlräume, die „Blasen". Auch wenn hier verhältnismäßig hohe Düngergaben notwendig sind, erlaubt das eine landwirtschaftliche Nutzung, die bei reinen Sandsteinen, wie sie vielfach den Buntsandstein bestimmen, unmöglich wäre.

In Mächtigkeit und Fazies der einzelnen Schichten gibt es erhebliche Unterschiede zwischen dem nördlichen und südlichen Bereich. So wird im Nordsteigerwald und in den Haßbergen der obere Teil des Blasensandsteins als Coburger Sandstein ausgeschieden, dem die Tongallen fehlen und der von einheitlich hellgrauer Färbung ist. Darüber werden in den Haßbergen die 30 m mächtigen Heldburgschichten ausgegliedert, graue Tonsteine, denen weiter südlich nur noch 2–4 m Basisletten entsprechen. Aus diesen großen Unterschieden ist die im Keuper auf kurze Distanz gegebene Wechselhaftigkeit der Ablagerungsbedingungen erkennbar.

Heldburger Gangschar

Nach Jahrmillionen der geologischen „Ruhe" mit Abtragung der Schichten der Trias hinterließ die Vulkantätigkeit des Miozäns außer in der Rhön auch in den Haßbergen und dem vorgelagerten Haßgau nochmals ihre Spuren. Bei der Heldburger Gangschar handelt es sich um rund hundert meist winzige, im Bereich von Metern bis höchstens Dekametern große Vorkommen von Basalt (Ostheim, Maroldsweisach), die charakteristische kleine Kuppen bilden. Dazu kommen Tuffe (Mechenried, Schweinshaupten) und Schlotfüllungen, die im Gelände aber kaum auffallen (RUTTE 1981, S. 177).

Die markentesten Zeugen dieser vulkanischen Aktivität bilden die beiden Gleichberge bei Römhild, kurz nördlich der Grenze zu Thüringen, die das Blickfeld des nördlichen Grabfelds dominieren. Ansonsten fallen die winzigen Vorkommen oft kaum auf. Das Aufdringen der einzelnen Schlotfüllungen erstreckte sich über einen sehr langen Zeitraum und erfolgte zwischen 41,6 und 11 Mio. Jahren vor heute (SCHRÖDER 1993, S. 292). Ihr Aussagewert als Zeitmarke bei der Entschlüsselung der Landschaftsgenese in den Haßbergen ist deshalb gering.

9.2.2 Klima und Hydrologie

Betrachtet man sich die Klimakarten Unterfrankens, so läßt sich nur ein sehr geringer Unterschied der östlichen Rahmenhöhen zum zentralen Unterfranken erkennen. Die größten Differenzen bestehen hinsichtlich der stärkeren Kontinentalität des Klimas, das sich in der Artenzusammensetzung der Pflanzengesellschaften bemerkbar macht.

Temperatur und Niederschlag

Mit 650–750 mm liegt der Jahresniederschlag (Abb. 13) nur etwa 1/5 höher als im Trockengebiet der Mainfränkischen Platten; während der Vegetationsperiode Mai–Juli ist der Unterschied sogar noch geringer, und große Gebiete (Haßberge, Südsteigerwald) fallen sogar mit weiten Teilen der Mainfränkischen Platten in dieselbe Kategorie von 180–200 mm (Abb. 14).

Auch die Dauer der Vegetationsperiode unterscheidet sich nur geringfügig. Ein Tagesmittel über 10 °C wird für weite Bereiche an 150–160 Tagen erreicht (Abb. 16), womit dieser für das Pflanzenwachstum wichtige Wert Grabfeld und Ochsenfurter Gau entspricht.

Dagegen wird deren Temperaturdurchschnitt während der Vegetationsperiode um etwa ein Grad unterschritten. Frühlingsanfang und Beginn der Vegetationsperiode sind im Vergleich zu den Mainfränkischen Platten um gut eine Woche verzögert.

Jahresgang

Im Jahresgang der Klimawerte ergeben sich deutlichere Unterschiede zum zentralen Unterfranken, die bei einem Blick auf Abb. 17 auffallen. Hofheim, Burghaslach und eingeschränkt Uffenheim haben einen stärker akzentuierten Klimagang mit deutlicher ausgeprägtem Sommerregenmaximum. Die Niederschläge gehen im Juli, anders als weiter westlich, wegen der zunehmenden Gewitterhäufigkeit kaum zurück, was der Vegetation zugute kommt. Hofheim ist die einzige der abgebildeten Stationen, deren Niederschlagsmaximum nicht im Juni, sondern im Juli liegt.

Die durchschnittlichen Wintertemperaturen sind tiefer, was sich vor allem dann bemerkbar macht, wenn die Temperaturen um den Gefrierpunkt schwanken. So fällt im Steigerwald und auf der Frankenhöhe an 40–50 Tagen pro Jahr Schnee, genauso häufig wie im Spessart und doppelt so oft wie im Maintal (20–30 Tage/30jähriger Durchschnitt). Burghaslach ist die einzige Station, deren Durchschnittstemperatur auch im Februar noch unter 0 °C liegt, obwohl der Ort über 100 m tiefer liegt als Bischbrunn im Spessart. Weil die Temperaturmaxima den übrigen Stationen in etwa gleichen, ergibt sich eine etwas steilere Temperaturkurve im Jahresgang. Das illustriert die stärkere Kontinentalität des Klimas mit, neben dem deutlicher ausgeprägten Niederschlagsmaximum und zunehmenden Temperaturgegensätzen.

Gewässernetzdichte und Abflußregime

Aus der Niederschlagsverteilung mit dem deutlichen Zusammenfallen von Niederschlags- und Temperaturmaximum erklären sich die sehr hohen Verdunstungsraten der östlichen Rahmenhöhen, die diejenigen des Spessarts erreichen, bei dort aber erheblich mehr Regen. Die mittlere Abflußspende entspricht mit rund 200–250 mm/m² · Jahr weitgehend den Mainfränkischen Platten (vgl. Tab. 1). Dabei liegen Haßberge und Steigerwald im oberen, Südsteigerwald und Frankenhöhe im unteren Bereich.

Dagegen macht ein Blick auf eine genauere Karte sofort die Unterschiede in der Gewässernetzdichte im Vergleich zu den Mainfränkischen Platten deutlich. In der eigenständigen Ausprägung von Flußnetz und Abflußregime kommt der allgemein hohe Tongehalt der Gesteine des Keupergebietes zum Ausdruck. Das Gewässernetz erreicht im Vergleich zu ganz Unterfranken hier seine höchste Dichte. Auch die kleinsten Bachläufe sind ganzjährig wasserführend.

In der Gesamtabflußspende überwiegt deshalb der Oberflächenabfluß im Verhältnis zur Grundwasserneubildung, was sich in der Geomorphologie niederschlägt, wo oberflächliche Abtragungsprozesse eine erheblich größere Rolle spielen. Auch die Erlenbruchwälder der potentiellen Vegetation können sich nur aufgrund des wasserstauenden Untergrundes, nicht wegen der Niederschlagssituation bilden. Die hydrologischen Verhältnisse der östlichen Rahmenhöhen unterscheiden sich von den Mainfränkischen Platten also viel stärker, als das vom Klima allein her zu erwarten wäre.

Bäche und Flüsse der östlichen Rahmenhöhen Unterfrankens sind entsprechend der generellen Geländeabdachung nach Osten hin orientiert, wo sie sich in der Rednitzfurche bzw. östlich der Haßberge in Itz und Baunach sammeln und damit letztlich doch wieder dem Main zustreben. Das Flußnetz der Aisch im Südsteigerwald zeigt allerdings dasselbe Richtungsverhalten, obwohl alle Quellbäche westlich, also vor der Keuperstufe entspringen. Eine weitere wichtige Ausnahme stellt das Gewässernetz der Altmühl im Süden der Frankenhöhe dar, die, trotz gleicher geologischer Position wie die benachbarte Rezat, dem Stromnetz der Donau angehört. Deshalb verläuft in diesem Bereich die Europäische Hauptwasserscheide Schwarzes Meer/Nordsee oft sehr unscheinbar und im Gelände kaum nachvollziehbar über niedrigste Anhöhen. Beide Phänomene lassen sich nicht aus dem heutigen Gewässernetz oder aus den geologischen Verhältnissen ableiten, sondern sind aus der Landschaftsgenese zu erklären.

9.2.3   Potentielle natürliche Vegetation

Entsprechend den klimatischen und teilweise auch pedologischen Übereinstimmungen zeigt die Karte der potentiellen natürlichen Vegetation (Abb. 19) starke Ähnlichkeiten zwischen dem zentralen Unterfranken und den östlichen Rahmenhöhen mit allgemein fließenden Übergängen. Die Eichen-Hainbuchenwälder setzen sich hier im Prinzip fort, wenn auch oft in einer artenärmeren Variante. Markant andersartig sind die bachbegleitenden Pflanzengesellschaften, die sich auch erheblich besser erhalten haben als auf den Mainfränkischen Platten. In beiden Fällen sind die spezifischen Gesteins- und Bodenverhältnisse der wasserstauenden, mäßig nährstoffreichen Tonsteine des Keupers und die darauf entwickelten Böden als entscheidende Ursachen anzusehen.

Eine Ausnahme bilden lediglich die höchsten Bereiche der Frankenhöhe und insbesondere von Steigerwald und Haßbergen, wo auf sehr nährstoffarmen Böden der Moder-Buchenwald die potentielle natürliche Vegetation bildet. Diese Pflanzengesellschaft dominiert den Spessart, wo sie großflächig die potentielle Vegetation charakterisiert (vgl. Kap. 10.2.3). In den östlichen Rahmenhöhen ist der Moder-Buchenwald auf die Gebiete mit den am stärksten bodensauren Bedingungen beschränkt, wo die höchsten Niederschläge des Bereichs mit etwas geringeren Temperaturen und dem Vorkommen von sauer verwitterndem Schilfsandstein zusammentreffen. Einer dieser Standortfaktoren allein, die in jeweils größeren Bereichen der östlichen Rahmenhöhen auftreten, genügt für das Vorkommen von Moder-Buchenwald nicht; die Kombination ist entscheidend.

Eichen-Hainbuchenwald, artenarm

Die nach Osten zu potentiell vorherrschende artenarme Variante des Eichen-Hainbuchenwaldes *(Galio-Carpinetum luzuletosum)* spiegelt ein ganzes Bündel von Standortfaktoren wider. Im Verhältnis zum typisch ausgeprägten Eichen-Hainbuchenwald fehlen in der Baumschicht die anspruchsvolleren Arten wie Linde *(Tilia cordata)*, Feldahorn *(Acer campestre)* und Elsbeere *(Sorbus torminalis)*. Die Baumschicht wird zu einem in viel höheren Maß von der genügsamen Stieleiche *(Quercus robur)* dominiert, als das beim artenreichen Eichen-Hainbuchenwald der Fall ist. Darin kommt zum einen die schlechtere Nährstoffversorgung zum Ausdruck, zum anderen zeigen sich bereits die subkontinentalen Klimabedingungen, die der Eiche besser zusagen. Der höhere Tongehalt sorgt für Staunässe, was die Verbreitungsmöglichkeiten von Buchen natürlicherweise behindert. Die Strauchschicht ist nur schwach ausgebildet.

Die Nährstoffarmut und der Übergang zu stärkerem Säuregrad der Böden werden in der Krautschicht von der Weißen Hainsimse (*Luzula luzuloides* bzw. *albida*) angezeigt, die für die potentielle natürliche Vegetation der westlichen Rahmenhöhen in noch viel stärkerem Maß charakteristisch ist. Obwohl der gesamte Keuperbereich nicht zum Altsiedelland der Mainfränkischen Platten gehört, sondern größtenteils erst Jahrhunderte später im Hochmittelalter besiedelt wurde, wird dennoch die natürliche Vegetation als potentiell weitgehend ähnlich angesehen. Hier führen die anderen Standortfaktoren zu einem im groben ähnlichen Bild. Heute finden sich gerade in den östlichen Rahmenhöhen relativ wenig naturnahe Wälder, weil sie verbreitet durch Fichten- oder Kiefernforste ersetzt wurden.

Bach-Eschen-Erlenwald

Ebenso wie die Auenwälder des Mains und der anderen größeren Flüsse Unterfrankens bilden die Bachuferwälder einen azonalen Vegetationstypus, dessen Lebensbedingungen vom Ökofaktor Wasser bestimmt werden. Es ist in Form hochstehenden Grundwassers in allen Tälern und Niederungen der westlichen, besonders aber der östlichen Rahmenhöhen mit ihren wasserstauenden Tonen, weiten Muldentälern, staunassen und regelmäßig anmoorigen Böden mit bereits geringer Torfbildung vorhanden.

Zu den Auenwäldern der größeren Flüsse bestehen jedoch zwei gravierende Unterschiede. Einmal herrschen in den Rahmenhöhen zumindest weniger kalkreiche, teilweise sogar kalkarme und bodensaure Verhältnisse, was Verschiebungen im Artenspektrum bewirkt. Andererseits fehlt die Zonierung der eigentlichen Auenwälder in Weich- und Hartholzaue, die mit der geomorphologischen Unterteilung der Aue einhergeht, den Bach-Eschen-Erlenwäldern völlig. Sie werden dagegen von der Fließdynamik der kleineren Flüsse und Bäche viel unmittelbarer bestimmt, wozu häufigere, aber unregelmäßigere Hochwässer und stärkere Schwankungen des Grundwasserpegels gehören.

Mehrere Eigenschaften verursachen das Vorherrschen der Erle *(Alnus glutinosa)* in Bachufergehölzen. Vor allem vermag sie mit ihren Feinwurzeln in gewissem Maße Sauerstoff aus dem Wasser aufzunehmen, ist ansonsten kaum auf Wurzelatmung angewiesen und verträgt deshalb wie kein anderer einheimischer Baum dauernd hohen Grundwasserstand. Die ökophysiologische Besonderheit der Erlen wird im Vergleich zu Rotbuchen deutlich, von der selbst ausgewachsene Individuen bereits bei Überschwemmung von mehr als einer Woche Dauer wegen der ausbleibenden Wurzelatmung absterben. Erlen gedeihen gut auf anmoorigen Böden mit schwach sauren, jedoch noch mäßig nährstoffhaltigen und nicht kalkfreien Bedingungen. Bei entsprechend langer Überstauung trägt das Erlenlaub selbst zur Niedermoorbildung bei. Schließlich kommt die Standfestigkeit durch tiefes und intensives Wurzelwerk hinzu, das Abspülungen der Bachufer bis zu einem gewissen Grad standhalten kann. Besonders im Bereich der Frankenhöhe und der Haßberge würden kleinere Teilbereiche der Niederungen ohne menschlichen Einfluß dauernd knapp unter der Oberfläche stehendes Grundwasser aufweisen, was keine andere einheimische Baumart erträgt, so daß reine Erlenbruchwälder existieren würden (ELLENBERG 1986, S. 356, 380).

Die wenigen begleitenden Baumarten der Bach-Eschen-Erlenwälder sind zumindest auf eine gewisse Wurzelatmung angewiesen, ansonsten ebenfalls auf mäßig nährstoffreiche, kalkarme und sehr bodenfeuchte Verhältnisse eingestellt. Im voll ausgebildeten Bach-Eschen-Erlenwald *(Stellario-Alnetum)* sind dies Esche *(Fraxinus excelsior)*, Bergulme *(Ulmus glabra)* und Bergahorn *(Acer pseudoplatanus)*, wobei die Erle in der Regel die zahlenmäßig dominierende Baumart bleibt. Diese Pflanzengesellschaft ist überall in den

Rahmenhöhen die Regel, so im zentralen Steigerwald, in den Haßbergen, in der Rhön und im Spessart.

In Bereichen mit verbreiteter Staunässe, anmoorigen Böden und daher viel sauerstoffärmeren Verhältnissen macht der Bach-Eschen-Erlenwald dem *Alno-Fraxinetum* Platz (= *Pruno-Fraxinetum*; SEIBERT 1968), einer stark verarmten Bachufergesellschaft. Diese besteht auch unter natürlichen Bedingungen in der Baumschicht zum überwiegenden Teil aus Erlen, begleitet nur noch von einigen Eschen. In der Frankenhöhe und den östlichen Haßbergen, wo verbreitet die Tonsteine des Keupers anstehen, ist diese verarmte Bachufergesellschaft die Regel. Heute fehlt selbst letztere Baumart den auf schmale Gehölzufersäume reduzierten Bachufergesellschaften weitgehend, so daß reine Erlenbestände übrigbleiben. Dieser Sachverhalt ist mit der Reaktionsfähigkeit der Bäume auf den anthropogenen Einfluß zu erklären, was zur realen Vegetation (Kap. 9.4.3) überleitet.

9.3   Landschaftsgenese

Abbildung 48
Steigerwalddachfläche, Keuperstufe und Niederungen. Allgemein wird die Geomorphologie der
östlichen Rahmenhöhen vom Gegensatz zwischen Hochflächen und Niederungen geprägt. Die
Anhöhen besitzen verbreitet eine sehr ebene krönende Dachfläche, wie es im Bild an der Horizont-
linie erkennbar ist. Der Steilabfall der Keuperstufe fällt vor allem von den Mainfränkischen Platten aus
auf. Die Stufe bildet aber keineswegs eine durchgängige Form, sondern wird vielfach durch breite
Niederungen unterbrochen, die die Hochbereiche voneinander isolieren. In diesen Fällen ist, wie hier
bei Oberscheinfeld, eine Stufe oft auch nach Süden und sogar Osten zu auf der Rückeite der
Hochbereiche ausgebildet (Achterstufe). Das niedrigste Flächenniveau (im Vordergrund) trägt Äcker.
Darin eingesenkt sind mehrere kleine Tiefenlinien, die auf die lokale Erosionsbasis des Tals (rechts)
eingestellt sind. Dieses beschränkt sich auf den schmalen, durch Wiesennutzung markierten Streifen.
Der subsequente Verlauf des Tals unmittelbar vor dem Stufenanstieg entlang (und nicht von diesem
herab) führte zu dessen Versteilung und Herauspräparierung.

Zwei Phänomene der Oberflächenformen in den östlichen Rahmenhöhen verdienen besondere Beachtung. Die weitflächigen Ebenheiten, die sich sowohl auf den Höhen besonders des Steigerwaldes, aber auch der östlichen Frankenhöhe erstrecken, sind im allgemeinen im harten, widerständigen Blasensandstein ausgebildet. Ebenso findet man ausgedehnte Verebnungen im Vorland (Windsheimer Bucht), die in den Myophorien- und Estherienschichten liegen, welche im Kontrast dazu jedoch aus ausgesprochen weichen Tonmergeln aufgebaut sind. Die Gesteinsbeschaffenheit kann folglich zumindest nicht den einzigen Grund für die Erklärung flacher Oberflächenformen abgeben.

Das Landschaftsbild im Osten Unterfrankens wird, wohl auch wegen der Perspektive von den Gäuflächen her, oft reduziert auf die Keuperschichtstufe wahrgenommen, dem zwischen 100 und 200 m hohen Steilanstieg von Haßbergen, Steigerwald und Frankenhöhe, was jedoch eine stark vereinfachte Sichtweise ist. Zum einen bringt schon eine Fahrt entlang dieser Stufe bedeutende Lücken zum Vorschein, die keineswegs in allen Fällen von Tälern stammen und mehrfach Flüssen einen Weg in die östlichen Rahmenhöhen hinein bahnen. Zum anderen stellt die Stufe ja nur einen linearen Teilausschnitt der Landschaft dar. Ein Vergleich mit ihrer Flächenausdehnung läßt die optische Mächtigkeit der Stufe schnell zusammenschrumpfen.

Auch ein Blick auf topographische Karten zeigt Unterschiede, die das Bild der einheitlichen Stufe zerbröckeln lassen. Sowohl das Innere der Haßberge als auch der gesamte südliche Steigerwald (südlich Iphofen/Neustadt) und die anschließende Frankenhöhe zeigen das Bild einzelner, voneinander isolierter Hochbereiche mit auffälligem Stufenanstieg, der sich häufig auch bis auf die Ostseite herumzieht. Selbst der von Westen her einheitlich erscheinende Stufenverlauf der Haßberge und des Nordsteigerwalds wird rückwärtig aufgelöst und zerlappt. Getrennt werden die Hochflächen durch breite, vielfach verästelte Mulden, deren ausgedehnteste, die Windsheimer Bucht, sogar noch den Mainfränkischen Platten zugerechnet wird, ohne daß sie nach Osten von den Rahmenhöhen vernünftig abzugrenzen wäre.

Damit sind die wesentlichen Ergebnisse der Landschaftsgenese angerissen, die mit Flächenbildung, Rücklandzerschneidung und Stufenbildung zum heutigen Bild führte. Bevor die Vorstellungen von der Landschaftsentwicklung im Osten Unterfrankens weiter differenziert werden, ist es sinnvoll, sich genauer mit der Bildung der Reliefform der Schichtstufe zu befassen, auf die jahrzehntelang das Wissenschaftsbild konzentriert war.

Die Vegetationsgeschichte der östlichen Rahmenhöhen läßt sich nicht genauer differenzieren, als das bei der Dastellung der Mainfränkischen Platten bereits erfolgt ist. Die Bodenentwicklung unterscheidet sich vor allem durch das weitgehende Fehlen der Frostschuttverwitterung, verbunden mit dem Ausbleiben der Lößbildung und der reduzierten Gesteinsaufbereitung. So konzentriert sich die landschaftsgenetische Betrachtung zunächst auf die Reliefentwicklung und die Möglichkeiten der Korrelation mit der Entwicklung der Mainfränkischen Platten.

9.3.1 Die Schichtstufentheorie

Blickt man, von den Mainfränkischen Platten kommend, nach Osten auf den Rand der Keuperstufe, so bietet sich im allgemeinen zunächst der dominierende Anblick der wie eine Mauer aufragenden Stufe, im Extremfall (z. B. Iphofen/Schwanberg) über 200 m aufragend (vgl. Abb. 48). Noch beeindruckender ist der Blick von oben zurück auf die einförmig erscheinende Ebene. Diese Konstellation ist repräsentativ für das gesamte sogenannte „Schwäbisch-Fränkische Schichtstufenland". Die Keuperstufe repräsentiert eine der wichtigsten Lokalitäten für die Schichtstufentheorie, die lange Zeit die geomorphologische

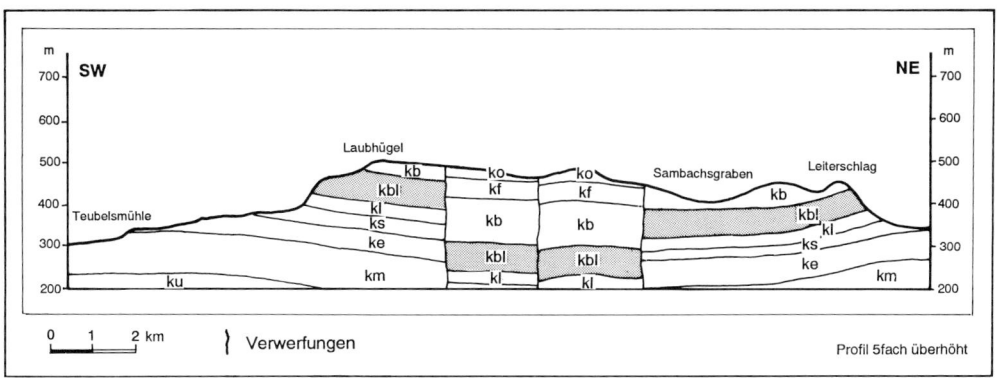

Abbildung 49
Geologisch-geomorphologisches Querprofil der nördlichen Haßberge. Trotz der erheblichen
Verwerfung der Schichten ist die Hochfläche mehr oder weniger eben. Eine Stufe existiert nicht nur
im Westen zu den Gäuflächen hin, sondern auch auf der „Rückseite", im Osten zum Inneren der
Haßberge hin (Achterstufe). Harte Schichten (Blasensandstein) bilden an den Stufen kleinräumige
Versteilungen, weiche Schichten (Estherienschichten) Verebnungen. Profil 5fach überhöht. Schicht-
bezeichnungen: ko: Oberer Keuper; kf: Feuerletten; kb: Burgsandstein, kbl: Blasensandstein (zur
Verdeutlichung hervorgehoben); kl: Lehrbergschichten; ks: Sandsteinkeuper; ke: Estherienschichten;
km: Myophorienschichten; ku: Unterer Keuper. Nach: Späth (1973), umgezeichnet und leicht
verändert

Diskussion beherrschte. Die klassische Schichtstufentheorie formuliert die folgenden
wesentlichen Punkte (Schmitthenner 1954, S. 3–10):

1. Die harte Gesteinsschicht *(Stufenbildner)*, in diesem Fall der Blasensandstein, bildet
stets eine Stufe über weichen Schichten, die sich quer zur Neigung entlang der gesamten
Schichtkante hinzieht.

2. Oberhalb der Stufe dehnt sich eine Landterrasse aus, die im wesentlichen der harten
Schicht angepaßt ist *(Schichtfläche)* und mit ihr flach geneigt einfällt, bis sie in die weiche
Schicht am Fuß der nächsten Stufe übergeht. Dies wäre hier die Dachfläche (Landterrasse)
des Steigerwalds im Blasensandstein. Dasselbe gilt für die Mainfränkischen Platten als
Dachfläche des Muschelkalks und seiner Stufe am Rand von Rhön und Spessart.

3. In Vulkangesteinen der Rhön sind Keupergesteine eingeschlossen, was beweist, daß
die Keuperschichten einmal bis dorthin reichten (Rutte 1981, S. 172). Vor anderen Stufen,
vor allem vor der Fränkischen und Schwäbischen Alb, existieren isolierte Zeugenberge mit
demselben Gestein wie auf der Schichtfläche. Aus solchen Funden wird auf die horizontale
Rückverlagerung der Stufe *(Stufenwanderung)* geschlossen.

4. Die Abtragung eines großen Gebietes wie des Schwäbisch-Fränkischen Schichtstufen-
landes erfolgt durch rückschreitende Erosion der Quellen an den Schichtstufen. Das bedeutet, daß jeweils nur ein ganz *schmaler Saum geomorphologisch aktiv* ist, während die
großen Flächen dazwischen, die Landterrassen, als passive, geomorphologisch inaktive
Elemente zurückbleiben.

Die Schichtstufentheorie wird heute in dieser Form nicht mehr aufrechterhalten, wozu
nicht zuletzt die Ergebnisse der klimageomorphologischen Untersuchungen in Franken beigetragen haben. Die wesentlichen Gegenargumente sind:

1. Von einer zwar gebuchteten, aber durchgängigen Stufe mit durchgängigem Stufenbildner kann nicht die Rede sein, was besonders deutlich in Abb. 50 bis 52 sichtbar wird.

Aber auch die Schichtstufe des Muschelkalks im Westen der Mainfränkischen Platten existiert nur dort, wo sie am Fuß von Flüssen begleitet und herauspräpariert wird (oberhalb der Fränkischen Saale bzw. des Mainvierecks zwischen Lohr und Wertheim); vgl. BÜDEL (1981, S. 219). Überall sonst fehlt sie (z. B. im Raum Walldürn–Buchen), obwohl der Gesteinswechsel genauso vorhanden ist, womit nicht nur ihre Entstehung fraglich, sondern auch ihre morphologische Wirksamkeit zweifelhaft wird.

2. In der Regel sind die vorhandenen großräumigen Flächen in der Landschaft nicht an eine bestimmte Gesteinsschicht gebunden (= Schichtflächen), sondern schneiden das Paket aus unterschiedlichen Schichten, sind also *Rumpfflächen*. Dies gilt für die Mainfränkischen Platten, die von Lettenkeuper glatt in Muschelkalk übergehen, ebenso wie für die Dachfläche oberhalb der Keuperschichtstufe, vor allem in den Haßbergen, wie in Abb. 49 dargestellt ist (SPÄTH 1973, S. 36). Damit ist die Abhängigkeit der Flächen von der geologischen Struktur hinfällig. Ein Systemzusammenhang zwischen Stufe und Fläche fehlt.

3. An vielen Stellen wurden Hinweise gegen eine Stufenwanderung gefunden, die zeigen, daß die Stufen seit dem Tertiär *ortsfest* waren und im Pleistozän einer stationären Überformung unterlagen (BREMER 1989 a, S. 65). Mehrfach findet man die Konstellation, daß sich Gesteine vom heutigen Stufendach weit vor diesem auf Zeugenbergen (oder eingeschlossen in Vulkanen) befinden, was lediglich beweist, daß das betreffende Gestein einst bis dorthin gereicht haben muß. Dieser Sachverhalt sagt aber noch nichts über die *Ursachen* aus und kann ebensogut mit einer Ausräumung des dazwischenliegenden Bereichs von oben her, also durch flächenhafte Abtragung erklärt werden.

4. Wie auf Abb. 50 bis 52 ebenfalls zu sehen ist, werden die Stufen von hinten her aufgelöst *(Rücklandzerschneidung)*, weswegen im südlichen Steigerwald und auf der Frankenhöhe überhaupt nicht von einer Stufe im Sinne der Schichtstufentheorie gesprochen werden kann (BUSCHE, HAGEDORN u. KURZ 1989, S. 149). Selbst die Anhänger der Schichtstufentheorie erkennen den stationären Charakter der Stufen inzwischen zumindest für die hiesigen Verhältnisse an (BLUME 1987, S. 70, 98). Mit der Wanderung der Stufen entfällt sowohl das aktive Glied der Morphologie, das die Flächen passiv zurückließ, als auch die Erklärung für die Entstehung der Stufe, der Dachfläche und der anderen Landschaftsbestandteile.

Allgemein gesprochen, konnte die Schichtstufentheorie nur einen Teil der Landschaftsformen erklären. Keine Berücksichtigung fanden die unterschiedlichen Verwitterungsbedingungen der Gesteine bei wechselndem Klima, was in Mitteleuropa heute allgemein akzeptiert eine große Rolle spielte. Die Reaktion der Geomorphologie auf die veränderten Umweltbedingungen kommt vor allem in den Überlegungen zu den Landterrassen überhaupt nicht zur Geltung.

Aus heutiger Sicht sind die (Schicht-) Stufen nicht mehr die geomorphologisch dominierenden Formen des Reliefs. Stufenbildungen stellen damit nur *lokale Erscheinungen* dar, die keine zentrale Position für die Interpretation der Landschaftsgenese besitzen und die weiten Flachbereiche nicht erklären können. Jenseits aller Erklärungsmodelle stellen Flächen in unterschiedlichen Niveaus die wesentlichen morphologischen Einheiten der östlichen Rahmenhöhen dar. Das geht aus Abb. 50 bis 52 klar hervor, insbesondere im Falle der Haßberge und der Frankenhöhe. Hier sind die Stufen in einzelne Stücke aufgeteilt und nicht in eine Hauptrichtung orientiert. Sie laufen um viele Anhebungen herum und begrenzen sie auch von der Rückseite, in diesem Falle von Osten her, weshalb sie dann als *Achterstufen* bezeichnet werden. Hierin zeigt sich deutlich der lokale Charakter von gesteinsbestimmten Stufen. Eine großräumige horizontale Verlagerung (Zurückweichen) der Stufen kann bei

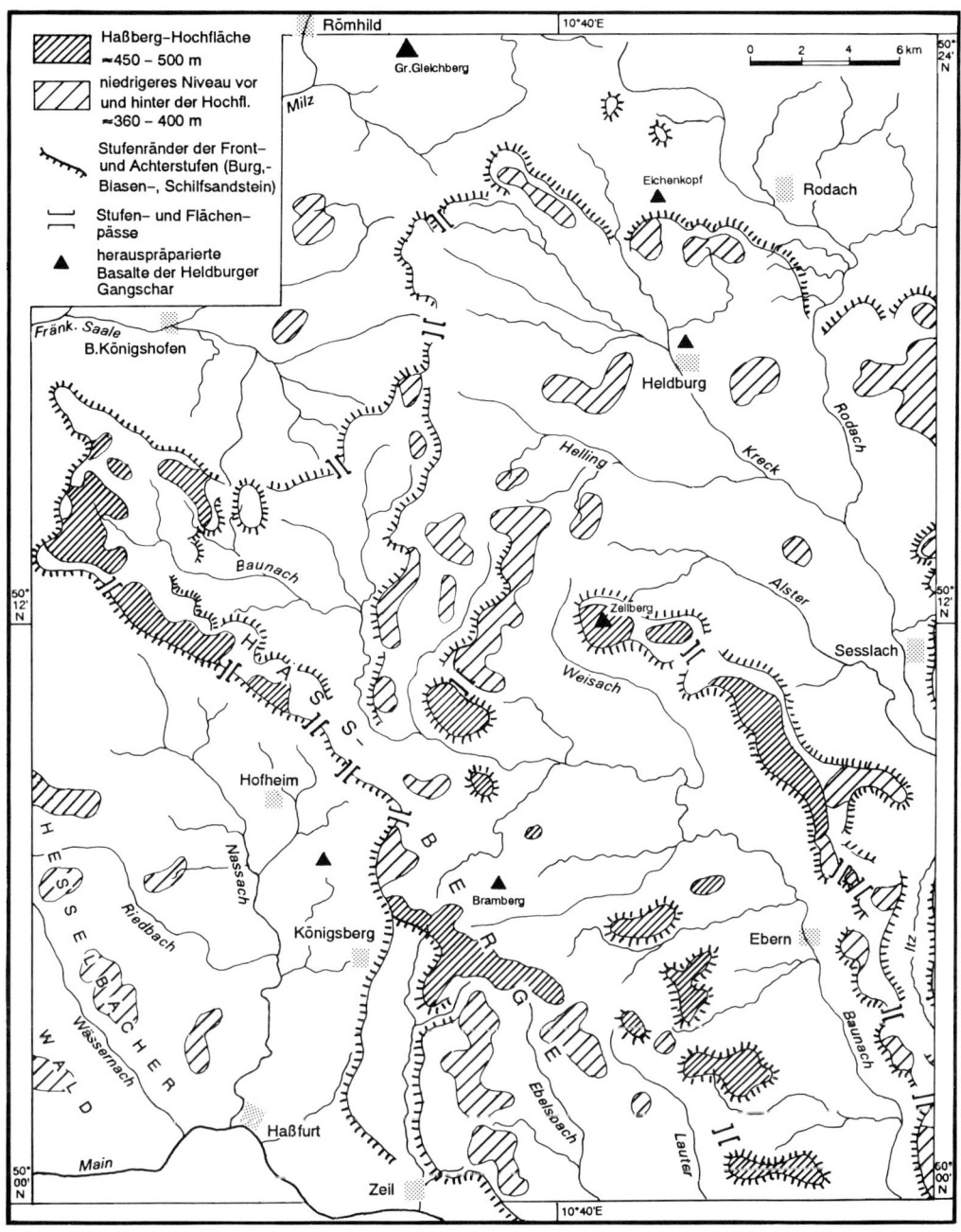

Abbildung 50

Hochflächenreste in den Haßbergen. Im Gegensatz zu Abb. 51 und 52 wurden zwei Flächenniveaus kartiert. Das niedrigere existiert sowohl vor als auch hinter der Stufe und zeigt, daß die Stufe ortsfest liegt. Die Stufen- und Flächenpässe sind Reste tieferliegender Niveaus der Flächenbildung. Die Stufe ist nicht einheitlich nach Westen ausgerichtet, sondern verläuft teilweise auch um die Erhebungen herum und weist nach Osten (Achterstufen). Mehrere Füsse (Rodach, Kreck) beginnen vor der Stufe und fließen in das höher gelegene Umfeld hinein, was ihre Existenz vor der Herauspräparierung der Stufe beweist. Durch Ausräumung im Pleistozän wurde der größte Teil der Flächen in einzelne Erhebungen aufgelöst. Flächen und Stufen nach: Späth (1973), leicht generalisiert, Flächenpässe ergänzt. Entwurf: Johannes Müller, 1995 derartigen Konstellationen ausgeschlossen werden. Im lokalen Maßstab machen sich dann Unterschiede in der Gesteinswiderständigkeit bemerkbar. Harte Schichten werden herauspräpariert und bilden Versteilungen an den Stufenhängen, wie ebenfalls in Abb. 49 zu sehen ist.

9.3.2 Landschaftliche Entwicklungsphasen der östlichen Rahmenhöhen

Im folgenden wird die Landschaftsgenese von Haßbergen, Steigerwald und Frankenhöhe skizziert, wie sie sich nach BUSCHE, HAGEDORN u. KURZ (1989), BREMER (1989 a), SPÄTH (1973) und DÖRRER (1970) darstellt. Anders als bei den Mainfränkischen Platten gibt es hier noch Reste höher gelegener Flächen, deren Entstehung grundlegende Fragen aufwirft, wie sie bereits in Kap. 5.3.4 angeschnitten wurden.

I. Heutige Hochflächen

Deutlicher als in den westlichen Rahmenhöhen lassen sich in Haßbergen, Steigerwald und Frankenhöhe ausgedehnte, höher gelegene Flachformen erkennen. Sie umfassen die Dachflächen mit den höchsten Erhebungen und sehr geringer Neigung sowie die daran anschließenden, schwach geneigten Riedelflächen.

Dachflächenreste. Die Anhöhen in den östlichen Rahmenhöhen sind durch eine große Ebenheit mit geringen Höhenunterschieden gekennzeichnet. Das ist vor allem dort sichtbar, wo sich auf diesen Flächen Ackerland ausdehnt, gilt aber auch für die bewaldeten Bereiche. Setzt man diese Einzelglieder zusammen, so kann man im Überblick in den Keuperhöhen die Reste einer weiten, ehemals zusammenhängenden Fläche ausmachen, wie Abb. 50 bis 52 zeigen. Die Höhenlage dieser Dachflächenreste bleibt lokal jeweils innerhalb einer ganz engen Spanne und steigt auf einer Entfernung von rd. 100 km von 430 m im Norden auf 530 m im Süden an. Dieser allgemeine Anstieg entspricht der flachen Aufwölbung des Fränkischen Schildes und des Ansbacher Scheitels im Zuge der großräumigen Tektonik des Süddeutschen Dreiecks und fand vermutlich erst nach der Ausgestaltung der Dachflächen statt.

Teile der Dachfläche sind heute vorwiegend als schmale Kammlinie in der Nähe des Stufendachs oder völlig isoliert als einzelne tafelartige Berge erhalten. Die Dachfläche ist nicht an eine bestimmte geologische Schicht gebunden, sondern schneidet als echte Kappungsfläche (Schnittfläche) verschiedene Gesteine in etwa gleicher Höhe. Die Schichten unterscheiden sich in Beschaffenheit und Härte stark, bilden aber trotzdem eine recht einheitliche Dachfläche.

Aus dieser Tatsache kann eine Unabhängigkeit der Fläche vom Gestein abgeleitet werden. Das bedeutet nicht, daß sich Härteunterschiede der Gesteine überhaupt nicht bemerkbar machen, sondern daß sie erheblich geringer ausfallen, als es der Mächtigkeit der Gesteinsschichten entspräche, wie auf Abb. 49 zu sehen ist. In der Mitte des Profils sind die Schichten abgesunken, und trotzdem geht die Fläche glatt über die unterschiedlich harten Gesteine hinweg.

Riedelflächen. Von der vor allem im Westen des Steigerwaldes nahe des Stufenrandes noch fast geschlossenen Hochfläche aus erstrecken sich fingerförmige Flächenreste zwischen den Tälern für größere Strecken nach Osten (vgl. Abb. 51). DÖRRER (1970, S. 55) gliedert sie im Steigerwald als Riedelflächenniveaus aus, die im genetischen Zusammen-

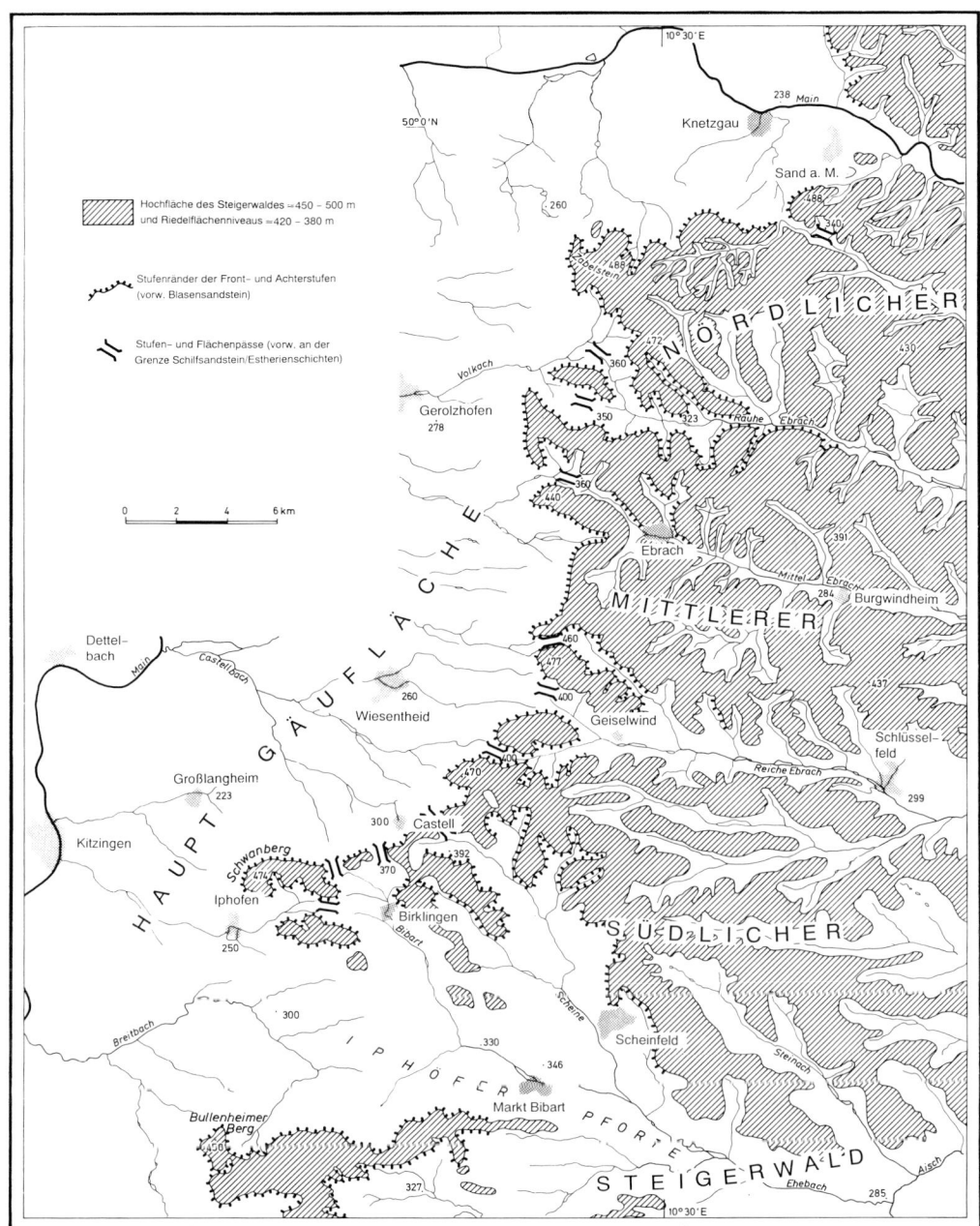

Abbildung 51
Hochflächenreste im Steigerwald. Hier ist das Dachflächenniveau am geschlossensten erhalten. Dennoch zeigt die Karte die rückwärtige Auflösung der Hochfläche durch nach Osten fließende Bäche. Die Stufe ist mehrfach durch Stufenpässe unterbrochen und erniedrigt. Nach Süden (Schwanberg, Iphöfer Pforte) lösen sich Stufe und Fläche allmählich auf. Aus: Busche, Hagedorn u. Kurz (1989)

hang mit der Hochfläche stehen. Die Abfolge der Riedelflächenniveaus wird mit der beginnenden tektonischen Kippung des gesamten Raumes erklärt. Auch in den Haßbergen und im Coburger Raum lassen sich niedrigere Flächenniveaus ausgliedern, außerdem im Vorland der Haßberge und im Hesselbacher Wald (360–400 m); vgl. SPÄTH (1973). Aus dem Nebeneinander verschiedener Flächenniveaus ist erkennbar, daß die flächenhafte Abtragung im gesamten Gebiet wirksam war und die früher vermutlich größere Dachfläche erniedrigte. Nur einzelne Bereiche der hochgelegenen Flächen blieben erhalten.

Die zeitliche Einstufung der Dachfläche und der niedrigeren Flächenniveaus ist umstritten, auf jeden Fall aber nach dem Aufdringen der Vulkanite der Heldburger Gangschar anzusetzen („postbasaltisch"). Hinweise auf die Umweltbedingungen zur Entstehungszeit und damit auch Rückschlüsse auf die Datierung ergibt die Verwitterungsart der obersten Gesteinsschicht. Unter den heutigen Böden findet man einen tiefgründigen Zersatz des anstehenden Gesteins, der auf intensive chemische Verwitterung zurückzuführen ist, was sich aus der Bildung bestimmter Tonminerale (Kaoline) ableiten läßt. Die daraus entstandenen Graulehme wurden weitflächig auf den Höhen des Rheinischen Schiefergebirges gefunden (FELIX-HENNINGSEN 1990) und auch im Steigerwald nachgewiesen (Birklinger Delle; DÖRRER 1970). Sie wurden im Pleistozän zwar durchmischt, liegen aber noch an Ort und Stelle. Der wasserstauende Charakter der dichten Lehme führt heute sogar auf den Hochflächen zu Staunässe. Aus der Entstehung der Kaoline wie auch aus der Tiefe der Verwitterungsschicht wird auf wärmeres und feuchteres Klima zur Bildungszeit geschlossen. Da die Graulehme verbreitet auf den Flächenresten liegen, können diese zumindest in dieselbe Zeit gestellt werden.

Randliche Geländeaufwölbung. Aus der Differenzierung der Flächenniveaus in Dachfläche und Riedelflächen bzw. niedrigere Niveaus ergibt sich ein gewisser Höhenunterschied, der als Ausgangspunkt für die spätere Stufenbildung angesehen werden kann. Zu diesem Zeitpunkt war noch keine Form in unserem Sinn erkennbar, sondern erst ein sanfter Anstieg mit geringer Gesamthöhe als Abhang der Dachfläche. Damit geht die Anlage der Keuperstufe, nicht aber die steile Form bis ins Tertiär zurück. Ihre Position an der heutigen Stelle hat sich seither praktisch nicht verändert.

II. Flächenstreifen und intramontane Becken

Die Hochflächen werden von tieferen Flächen durchzogen und aufgelöst, deren Formenspektrum in der Landschaft als Flächenstreifen, Dreiecksbuchten und intramontane Becken sichtbar ist. Sie sind mit dem Hauptgäuflächenniveau der Mainfränkischen Platten korrelierbar (DÖRRER 1970, S. 55). Damit ergibt sich zum Ende der Flächenbildung das großräumige Bild einer Teilung in zwei Flächenniveaus und damit zwei landschaftliche Entwicklungsphasen. Das tiefere Niveau mit seinem Formenspektrum war prägend wirksam im zentralen Unterfranken sowie im Mittelfränkischen Becken, verbunden durch Flächenstreifen. Dazwischen deuteten sich die Hochbereiche von Steigerwald und Haßbergen als leichte Aufwölbungen an, weniger markant abgesetzt als heute. Das schließt auch die randliche Geländeaufwölbung an der Stelle der heutigen Schichtstufe ein.

Flußnetz und Wasserscheide. Etliche Bäche und Flüsse fließen von der Hauptgäufläche nach Osten in die Stufe hinein, also von einem heute niedrigeren Flächenniveau im Vorland in eine höhergelegene Umgebung! Markante Beispiele hierfür findet man in den nördlichen Haßbergen mit Kreck und Rodach (vgl. Abb. 50) und im Bereich des südlichen Steigerwaldes mit Ehebach und Aisch (vgl. Abb. 52). Ähnliche Verhältnisse herrschen auch vor

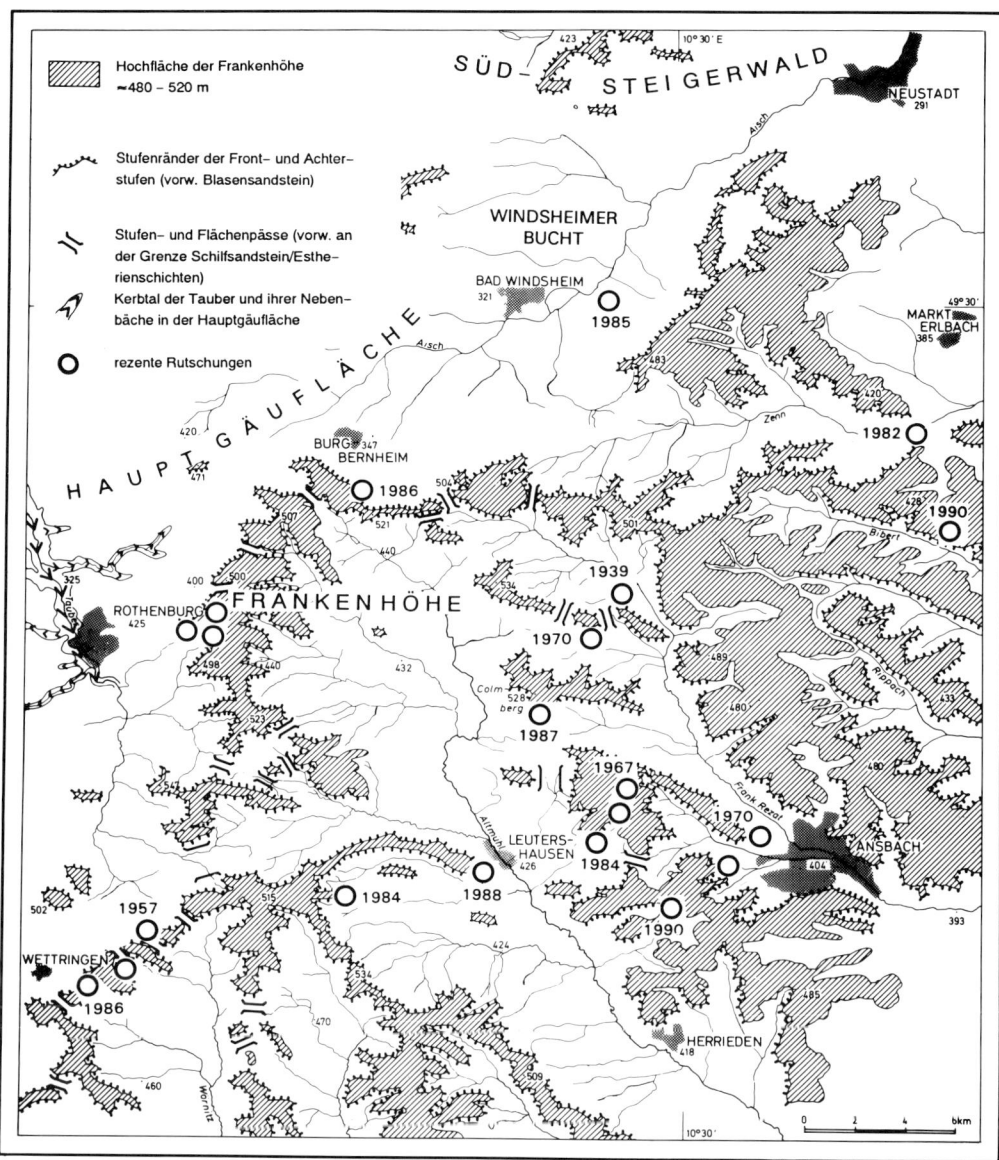

Abbildung 52
Hochflächenreste in der Frankenhöhe. Hier besteht keine einheitliche Hochfläche mehr. Sie wurde, wie in den Haßbergen, in einzelne Erhebungen aufgelöst und das Stufenrückland im Osten stark ausgeräumt. Vielfach bestehen Achterstufen. Auch hier fließen Gewässer (Aisch/Windsheimer Bucht) vom heute niedrigeren Stufenvorland im Westen zwischen den Resten der Hochfläche hindurch nach Osten. Aus: Busche, Hagedorn u. Kurz (1989). Weiterhin markiert sind rezente Rutschungen als Zeugnisse der weiterhin tätigen Abtragungsvorgänge. Aus: Glaser u. Sponholz (1993)

anderen Stufen, namentlich an der Fränkischen und Schwäbischen Alb (Wörnitz, Altmühl, Thalach, Schwarzach).

Eine Entstehung derartiger Flußnetze ist unter heutigen Bedingungen mit der Existenz einer hohen Stufe, die gegen die Fließrichtung steht, völlig unmöglich. Ausnahme wäre nur die spätere tektonische Anhebung der heutigen Stufe, was hier nicht der Fall ist. Wären beide im genetischen Zusammenhang gemeinsam entstanden, so müßte die Wasserscheide mit dem Stufenrand als Kammlinie überall übereinstimmen. Da dem aber offensichtlich nicht so ist, müssen die Flußläufe von älteren Landfschaften mit anderen Oberflächenformen „vererbt" worden sein. Sie müssen bereits existiert haben, als die Stufe herauspräpariert wurde. Die Lage der heutigen Keuperstufe ist damit unabhängig vom Flußnetz zu sehen, beide können nicht gleichzeitig entstanden und müssen von den Kräften verschiedener landschaftlicher Entwicklungsphasen gebildet worden sein.

Flächenstreifen. Die Täler von Main und Aisch, die Iphöfer Pforte, der Paß von Geiselwind und der Ehegau sind im Verhältnis zu ihren Flüssen bzw. Bächen viel zu große Formen und nicht als Täler zu bezeichnen. Diese morphologischen Einheiten werden als „Flächenstreifen" interpretiert, die in Alter und Entstehung mit der Hauptgäufläche der Mainfränkischen Platten korreliert werden und in die Hochflächen eingesenkt sind. Die heutigen Bachläufe darin sind jedenfalls nicht die geomorphologische Ursache, die Formen in ihrer Gesamtheit somit nicht als Täler entstanden (BREMER 1989 a, S. 60, 63–64).

Man kann sich auch die Umleitung des Mains durch einen Flächenstreifen zwischen Bamberg und Haßfurt in der sehr flachwelligen Landschaft ohne Einschneidung regelrechter Täler vorstellen. Hier konstatiert SPÄTH (1973) spätere starke Ausräumung zwischen Resten des jüngeren Flächenniveaus.

Intramontane Becken und Dreiecksbuchten. Parallel zu den Flächenstreifen ist die Anlage der intramontanen Becken und Dreiecksbuchten anzusetzen (Iphöfer Bucht, Ehegau, Windsheimer Bucht, Altmühloberlauf westlich von Ansbach; vgl. vor allem Abb. 52). Auch in den Haßbergen ist das Hinterland im Osten der so einheitlich erscheinenden Stufe in isolierte Hochbereiche aufgelöst (Abb. 50). Diese Formen verschmelzen teilweise mit den Flächenstreifen und lassen sich genetisch nicht von diesen trennen. Vor allem im südlichen Bereich des Keupers wurde die Altfläche dadurch völlig aufgelöst und in eine Mesalandschaft verwandelt. Das Bild der flachen, tafelartigen Anhöhen wird hier durch die horizontale Lagerung der Gesteinsschichten noch unterstützt.

Flächenpässe. In vielen Fällen wird die Kammlinie der Keuperstufe neben Flächenstreifen von weiteren Eintiefungen unterbrochen, die heute oft in etwa auf halber Höhe gelegen sind. Meist beginnen auf der östlichen, den Mainfränkischen Platten abgewandten Seite kleine Bachläufe. Früher wurden diese Formen als „geköpfte Täler" interpretiert, deren Oberlauf von der wandernden Schichtstufe aufgezehrt worden sei. Anzeichen für ehemals hier fließende größere Gewässer fehlen allerdings, und die Flächenpässe erscheinen auch im Kartenbild eher als Bereiche, an denen Dreiecksbuchten von beiden Seiten her zusammentreffen, entstanden aus der Erniedrigung der Dachfläche. Für die Einordnung als Teil der Flächenbildung spricht nicht nur die geomorphologische Form an sich, sondern auch die Existenz der Verwitterungsdecken in Gestalt von Graulehmen auf dem Grund dieser Senken. Damit handelt es sich um Elemente der tertiären Geomorphologie, die benachbarte Flächenelemente (Streifen, intramontane Becken) als Flächenpässe verbanden. Erst später legten sich quartäre Sedimente über diese Schichten.

Meistens liegen die Flächenpässe nicht auf dem niedrigsten Flächenniveau, sondern zwischen Dachfläche und Vorland auf halber Höhe der Stufe. In diesen Fällen hörte ihre aktive

Bildungsdauer vor der Ausbildung der Hauptgäufläche und der Flächenstreifen auf. Dies ist vor allem im zentralen Steigerwald der Fall, wo die Dachflächenreste von Schwanberg und Friedrichsberg durch die Flächenpässe von Birklingen, Castell, Wüstenfelden, Rehweiler und Geiselwind unterbrochen werden, die auf unterschiedlichen Niveaus zwischen 350 und 400 m liegen. Diese Formen sind in den Karten ebenfalls verzeichnet. Viele Flächenpässe innerhalb der Stufen dienen heute als steigungsarme Verkehrswege, so der Paß von Geiselwind für die Autobahn und die Iphöfer Pforte für die Bahnlinie Würzburg–Nürnberg.

Flache Fronthanganlage. An einigen Stellen fand man Gesteine vom Dach der Stufe auf Hügeln jenseits des Stufenfußes, obwohl dazwischen heute ein Bachlauf liegt (Hofheim, Burgbernheim). Abb. 53 zeigt die darauf basierende Rekonstruktion der ursprünglichen, noch flach abfallenden Geländeoberfläche mit der Transportbahn der Gesteine (FUGMANN 1988). Die Anlage dieser mehr flächenhaften Formen gehört noch ins ausgehende Tertiär. Ähnliche Formen lassen sich anhand alter Abtragungsbahnen auch an anderen Stufen rekonstruieren (BREMER 1989 a, S. 65).

III. Zergliederung der Flächen

Die Zergliederung der Flächen begann mit dem Übergang von flächenhafter zu linienhafter Erosion. Sie zeigt sich überall anhand der beginnenden Einschneidung der Gewässer und der Herausbildung von Tälern. Insgesamt kam es zu einer Umstellung des Formungsmechanismus, und andere Formen sind als geomorphologisch aktiv zu betrachten. Die Formen aus der Flächenbildungszeit wurden nicht mehr weitergebildet, sondern unterlagen als Vorzeitformen einer Überprägung, Zerschneidung und Zergliederung. Die Datierung der Phase der Flächenzergliederung am Übergang Spätpliozän/Ältestpleistozän ist nicht genauer zu präzisieren. Wesentlich ist, daß diese Umstellung vor dem Beginn der Kaltzeiten erfolgte und auch gravierende tektonische Einschnitte für diese Zeit noch nicht angenommen werden.

Übergangsterrassen. Die Übergangsterrassen der Gewässer insbesondere im Steigerwald sind der Beginn der Talentwicklung im Rückland der heutigen Stufe. Sie liegen im Bereich der Talschultern der heutigen Täler (Hochtäler) und sind vor deren starker Einschneidung entstanden, die auch hier erst im Pleistozän erfolgte. Wegen der vorher bestehenden Anlage ist das Gewässernetz nach Osten orientiert und behielt diese Richtung nach der beginnenden Einschneidung bei. Auch die Gewässer der Flächenstreifen senkten sich leicht in die vorher gebildete Flachform ein, bei erheblich eingeengter Breite der Terrassen. Die Übergangsterrassen der Keuperbereiche lassen sich mit der Breittalphase des Mains als Übergang zu linienhafter Erosion parallelisieren.

Subsequente Entwässerung im Stufenvorland. Der nächste Schritt der Herauspräparierung der Keuperstufe erfolgte mit Beginn der Umstellung von flächenhafter zu linienhafter Erosion am Übergang zwischen Pliozän und Pleistozän. An vielen Stellen bildete sich vor dem noch flachen Stufenanstieg ein Gewässernetz aus, dessen Abtragungsleistung die Höhenunterschiede und gleichzeitig den Neigungswinkel der Stufe verstärkte (Nassach, Oberlauf Tauber). Ihre zunächst geringe, breittalartige Einschneidung hat die alten Transportbahnen der flach abfallenden Fronthänge unterbrochen (vgl. Abb. 53).

IV. Stufenbildung und Rücklandzerschneidung

Ins Pleistozän fallen die starke Einschneidung der Gewässer, die Verstärkung der Höhenunterschiede, die völlige Zergliederung der Flächen, verbunden mit Überformung und Herauspräparierung der heutigen Stufe durch periglaziale Abtragung. Alle diese Verände-

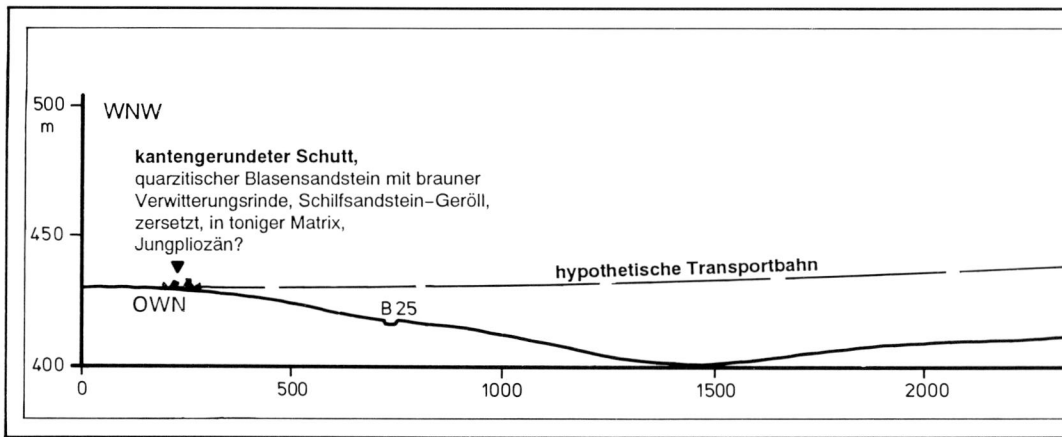

Abbildung 53
Entstehung der Keuperstufe im Bereich der Frankenhöhe. Schutt vom heutigen Trauf der Stufe (rechts) wurde auf eine Anhöhe im Vorland transportiert (links). Daraus ergibt sich eine Transportbahn auf einer ursprünglich (Jungpliozän?) viel flacheren Oberfläche. Eine weitere, bereits steilere Transportbahn gehört zu einer späteren Oberflächenform (Ältestpleistozän). Die heutige Form der Stufe entstand durch Vorlandübertiefung subsequenter Gewässerläufe und Herauspräparierung harter Gesteinsbänke erst im Pleistozän. Aus: FUGMANN (1988), leicht verändert

rungen und Prozesse setzten an bestehenden Formen an, deren Höhenunterschiede nun verstärkt wurden, deren Anlage aber auf frühere Entwicklungsphasen zurückging.

Rücklandzerschneidung. Die geringe Verdunstungsrate im Periglazial, verbunden mit der reduzierten Versickerung infolge des Permafrostbodens, führte zu einer erheblichen Verstärkung der linienhaften Erosion. Während jedoch im Löß der Mainfränkischen Platten die Dellen ihre Gewässer heute wieder verloren haben und wohl auch insgesamt weniger stark die Fläche auflösen konnten, sorgten der hohe Tongehalt der Gesteine des Keupers sowie die tertiären Verwitterungsreste (Graulehme) in den östlichen Rahmenhöhen für eine erheblich stärker stauende und damit oberflächlich tätige Wirkung des Wassers.

Die heutige Form von verhältnismäßig engen Tälern (Aurach, Reiche und Mittelebrach, Zenn, Bibert, Methlach) ist auf die Ausformung in dieser Entwicklungsphase zurückzuführen. Schon zuvor niedrig gelegene, breit ausgeformte Flachbereiche (Flächenstreifen und -pässe) konnten nur noch in ihrem zentralen Teil von der Eintiefung überprägt werden, während die Gesamtformen noch heute die ältere Entstehung als weite Flachform zeigen. Mit der Einkerbung des Talnetzes von oben ging die Zerschneidung zuvor noch einheitlicherer Teile der Fläche auf der Rückseite der Stufe einher, die heute von der Verteilung Wald/Landwirtschaft nachgezeichnet wird.

Solifluktion, Hangrutschungen und Muldentäler. In den weichen, quellfähigen Tonsteinen des Keupers war eine viel stärkere Solifluktion (Bodenfließen) möglich als etwa in den durchlässigen Gesteinen des Muschelkalks, weshalb diese Prozesse einen sehr großen Anteil an der Bildung der geomorphologischen Formen haben. Sie führten zur Bildung weicher Geländeformen, wozu zahlreiche Hangrutschungen kamen, teils noch gut rekonstruierbar, teils durch Vegetationsbedeckung schwer zu erkennen. Die kräftige Wirkung der Solifluktion läßt sich anhand der verbreiteten Verlagerung von Gesteinsblöcken der Keuper-

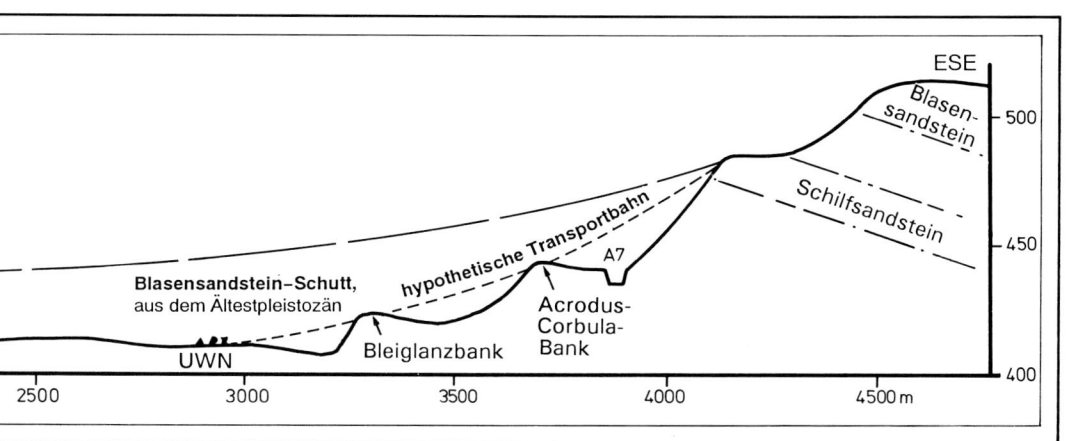

sandsteine erkennen, die hangabwärts transportiert und dabei mit weichen Keupertonen vermischt wurden. Auch heute noch kommen Hangrutschungen vor. Relativ flach einge-senkte Muldentäler sind daher die prägende Talform der Keupergebiete.

Stufenausbildung und Vorlandübertiefung. Im Pleistozän schnitten sich auch die sub-sequent vor der Keuperstufe fließenden Tälchen weiter ein. Entscheidend dafür verantwort-lich war nicht nur die Erhöhung der oberflächlich abfließenden Wassermenge während der Kaltzeiten, sondern auch die veränderten, von Frostverwitterung mit hoher Materialbereit-stellung gekennzeichneten Abtragungsformen am Hang selbst. Durch die Einschneidung der Gewässer am Stufenfuß, verbunden mit starker Materialausräumung, wurden die verschiede-nen Gesteinsschichten herauspräpariert und die Steilheit der Stufe erheblich verstärkt.

Dort, wo subsequent vor der Stufe fließende Gewässer fehlen, ist noch die ursprüngliche schräge Rampe besser erhalten, auch wenn sie durch die pleistozänen Abtragungsformen, vor allem die Solifluktion in Verbindung mit Frostverwitterung, überprägt wurde. Die wäh-rend des Pleistozäns zunehmende Steilheit des Reliefs im Bereich der Stufenhänge schuf die Voraussetzungen für eine scharfe Einschneidung kurzer Kerbtäler auch bei kleinen Bächen, was auf das relativ geringe Alter der heutigen Stufenform hinweist.

Man nimmt an, daß dabei die Nähe insbesondere des Steigerwaldrandes zum Maintal einen verstärkenden Effekt hatte, und hier ist die Keuperstufe auch am höchsten und stärksten ausgeprägt. Der Rand der Haßberge wurde durch die Nachzeichnung einer gerad-linigen Verwerfung durch Verwitterung und Abtragung in seiner Ausprägung verstärkt (vgl. Kap. 4.1.3). Wiewohl die Anlage der Stufen an dieser Stelle bis ins Tertiär zurückreicht, ist ihre Ausformung zum heutigen Stufeneindruck im wesentlichen als Folge der pleistozänen Überformung entstanden.

V. Folgen für die Landschaftsentwicklung im Holozän

Die holozäne Landschaftsgenese der östlichen Rahmenhöhen wird in starkem Maß von den Einflüssen der vorherigen Phasen der Landschaftsentwicklung gesteuert. Die holozäne Bodenbildung schritt in den östlichen Rahmenhöhen nur langsam voran, im Gegensatz zu den Mainfränkischen Platten, wo durch Lößablagerung und Gesteinsaufbereitung mittels Frostschuttbildung günstige Ausgangsbedingungen geschaffen waren. Entsprechend den ungünstigeren Bodenverhältnissen wurden die östlichen Rahmenhöhen auch erst viel später besiedelt.

Bodenentwicklung. Das Fehlen von Löß läßt sich zunächst aus der Lage des größten Teils des Gebietes in der Nähe oder über der Höhengrenze der Lößbildung von rund 400 m erklären. Nachdem aber auch die tieferliegenden Bereiche insbesondere des Südsteigerwaldes wie auch der angrenzenden Windsheimer Bucht fast lößfrei sind, ist noch nach weiteren Gründen zu fragen. Sie liegen bei der mangelnden Anfälligkeit der anstehenden Keupertone für die Frostverwitterung im Pleistozän. Sie konnte kaum zur Bildung von Schluff führen, wie das für Muschelkalk, aber auch für Buntsandstein und den Burgsandstein weiter östlich die Regel war. So fehlte es schon an der lokalen Bereitstellung des Ausgangsmaterials, und ein Transport über größere Strecken fand ja nicht statt (vgl. Kap. 5.3). Die ausgebliebene Frostschuttbildung und damit fehlende Tiefenaufbereitung des Untergrundes machte sich darüber hinaus für die Bodenentwicklung hemmend bemerkbar, weshalb die Böden im Keuperbereich in der Regel geringmächtig sind, auch wenn das bei der heutigen Feldbestellung wenig auffällt. Verbreitet wird hier bereits im anstehenden Gestein gepflügt, was mit heutigen Maschinen kaum Schwierigkeiten bereitet; die natürlichen Tongehalte ermöglichen dennoch Nutzpflanzenanbau.

Diese Landschaftsgenese erklärt auch den scheinbaren Widerspruch zwischen der Existenz von erodierten, geringmächtigen Bodenprofilen (Tonranker und Tonmergelrendzinen) und der erst kurzen landwirtschaftlichen Tätigkeit in diesem erst im Hochmittelalter besiedelten Gebiet trotz der relativ geringen Erosionsgefahr in den Pelosolen. Hier ist also nicht die Erosionsanfälligkeit der Böden an sich, sondern die geringmächtige Bodenentwicklung aufgrund der fehlenden pleistozänen Aufarbeitung ausschlaggebend für geringmächtige Böden.

Bewaldung und Besiedlung. Die Bewaldung folgte in etwa dem Gang auf den Mainfränkischen Platten, wie er in Tab. 6 dargestellt ist. Wegen der größeren Entfernung von den Entstehungsgebieten ist im Bereich Haßberge–Steigerwald–Frankenhöhe höchstens örtlich ein dünner Lößschleier abgelagert worden. Auch fehlt der für Ackerbau günstige Bodenwasserhaushalt, so daß diese Gebiete zum größten Teil erst im Hochmittelalter besiedelt wurden und mehr von ihren Waldflächen behielten. Dennoch handelt es sich inzwischen kaum noch um die natürliche Waldzusammensetzung, sondern vielfach um Forste mit standortuntypischen Fichten und Kiefern.

Holozäne Kleinmorphologie der Stufe. An vielen Hängen im Keuperbereich findet man in den weichen Tonsteinen der Estherien- und Lehrbergschichten noch heute die Spuren von Rutschungen, die erst im Holozän aufgetreten sind. Sie sind zwar nach wenigen Jahren überwachsen, gestalten das Relief aber kleinräumig, oft nur im Meterbereich, in welliger Form um, während die Abrißkante als sichelförmige Hangversteilung erkennbar ist. Für den Bereich der Frankenhöhe kartierten GLASER u. SPONHOLZ (1993) anhand der Auswertung von Archivmaterial und nach Geländekartierung einige Dutzend Rutschungen während der letzten Jahrhunderte, die in Abb. 52 mit eingearbeitet sind. Die letzte Rutschung großen Ausmaßes fand 1957 in der Nähe von Untergailnau östlich Rothenburg statt. Über längere Zeiträume können sich solche Einzelereignisse zu einem reliefbildenden Faktor summieren.

Im Bereich weicher Tonsteine in Hanglagen sind auch im Keuper Hohlwege als anthropogene Kleinform anzutreffen, insbesondere an der Keuperstufe. Sie erreichen allerdings nirgends die Tiefe und Steilheit der Lößhohlwege. Am Anstieg zur Stufe finden sich unter Waldbedeckung teilweise regelrechte Hohlwegbündel, die von der mehrfachen Verlagerung der Wege bei zu weit fortgeschrittener Auswaschung zeugen.

9.3.3   Problematik der Differenzierung unterschiedlicher Flächenniveaus

Beim Versuch, die Reliefgenese der östlichen Rahmenhöhen mit derjenigen der Mainfränkischen Platten zu korrelieren, fällt vor allem die Differenzierung in verschiedene Flächenniveaus auf, die es dort, wo die Hauptgäufläche das einzige Flächenniveau bildet, nicht gibt. Hier zeigt sich, wie aus dem direkten Vergleich der Landschaftsräume Probleme, Lücken und Unvereinbarkeiten in der Interpretation erkennbar werden.

Für eine vergleichbare geomorphologische Ausprägung ganz Unterfrankens sprechen die Übereinstimmungen in Klima, Vegetation und großräumiger Einordnung des Gesamtraumes, weshalb eine Korrelation im Prinzip möglich sein muß. Andererseits bestehen zwischen den Mainfränkischen Platten und den Rahmenhöhen im Osten und im Westen unterschiedliche Ausgangsvoraussetzungen vor allem hinsichtlich Gesteinsunterschieden, Lage im Flußnetz, zu Wasserscheiden und Entwässerungsrichtungen, daneben in der Tektonik. Einzelbeweise innerhalb einer Landschaft lassen sich noch aufeinander beziehen; in verschiedenen Landschaften sind oft Hinweise auf verschiedene Entwicklungsphasen unterschiedlich genau und dicht.

Auffällig ist die für die östlichen Rahmenhöhen spezifische Konzentration der Flächenbildung auf Flächenstreifen und -pässe mit der Erhaltung der Dachfläche dazwischen. Für eine solche Differenzierung von Flächen gibt es weder auf den Mainfränkischen Platten, die ja insgesamt tiefergelegt wurden, noch im Bereich Spessart/Rhön eine Parallele. Die Flächenstreifen müssen jedenfalls noch unter den Bedingungen der Flächenbildung entstanden sein, die aber Bereiche der Hochflächen aus bestimmten Gründen aussparten. Der Übergang von flächenhafter zu linienhafter Abtragung erfolgte erst danach und führte zur Zergliederung der Flächen. Wenn man an der Tatsache der Bildung von Flächen im Tertiär festhält, ergibt sich die Frage, auf welche Ursachen die Differenzierung in verschiedene Niveaus noch *während* der allgemeinen Flächenbildung zurückzuführen ist.

Beginnende Klimaabkühlung. Nach der ursprünglichen Theorie der Klimageomorphologie (BÜDEL 1957) wurde die beginnende Klimaänderung am Ende des Tertiärs und der Flächenbildung als Ursache angenommen. Danach bildet die ehemals einheitliche Rumpffläche als Vorzeitform die Dachflächen von Haßbergen, Steigerwald und Frankenhöhe. Die Differenzierung in unterschiedliche Flächenniveaus wurde als reine Reaktion auf das sich abkühlende tropoide Klima interpretiert, wobei von einer kontinuierlichen Abkühlung ausgegangen wurde. Die Hauptgäufläche blieb, zusammen mit den Flächenstreifen, als letzter Bereich aktiver Flächenbildung übrig, weil Flächenbildung in bestimmten Gesteinen auch unter kühleren Klimaverhältnissen noch flächenhaft wirken konnte. Erst danach setzte überall die Zergliederung durch linienhafte Erosion ein, was einen grundlegenden Umschwung im Formungsstil bedeutete.

Unklar blieb dabei zum einen, welche Mechanismen der Klimaabkühlung genau für die Flächendifferenzierung verantwortlich sind, da ja an der Flächenbildung als solcher, wenn auch beschränkt auf tiefere Niveaus, nicht gezweifelt wird. Zum anderen fehlte eine Erklärung, was mit den nicht mehr weiter gebildeten Dachflächen passierte, als die Flächenstreifen und die Hauptgäufläche noch der Flächenbildung unterlagen. Weiterhin ergibt sich aus der ursprünglichen Vorstellung von BÜDEL eine zeitliche Abfolge mit der Gleichsetzung Dachflächen = Altflächen und tiefere Niveaus = jünger.

Divergierende Verwitterung und Abtragung. Nach BREMER (1989 b, S. 152–154) kommt als Ursache der Flächendifferenzierung eher die Überschreitung von Schwellenwerten in Frage, wie sie dem Konzept der divergierenden Verwitterung und Abtragung zugrunde liegt. Eine rasche tektonische Anhebung unter tropischen Verwitterungsbedingungen kann demnach zu divergierender Verwitterung führen, weil geringfügige Feuchtigkeitsunterschiede innerhalb der Landschaft entstehen. Sie ziehen stärkere Abtragung in den tieferen Reliefteilen nach sich, was dort die Abtragung erhöht. Der sich selbst verstärkende Effekt führt im Ergebnis zur geringeren Abtragungsrate auf höheren Flächen und zur Ausbildung tieferer Niveaus. Demgegenüber führt eine langsame Anhebung des gesamten Krustenblocks zu einer eher gleichmäßigen Durchfeuchtung, Verwitterung und Abtragung und deshalb zu einer einheitlicheren Fläche.

Demnach wäre es möglich, daß zu einem bestimmten Zeitpunkt, vielleicht als die Heraushebung Unterfrankens aus dem Meeresniveau etwas rascher vonstatten ging, ein Prozeß der Divergenz nur in Gang gesetzt wurde, der im Laufe der weiteren Entwicklung die Herausbildung unterschiedlicher Niveaus immer mehr verstärkte (BREMER 1989 a, S. 64 bis 65). Wesentlich für die Reliefentwicklung ist, daß die Differenzierung der Flächenniveaus damit unter gleichbleibendem Klima erfolgen könnte und *nicht notwendigerweise* auf eine *Klimaänderung* hinweisen würde. Flächenbildung könnte auch unter tropoiden Klimabedingungen in verschiedenen Niveaus gleichzeitig stattgefunden haben, wenn auch mit einer unterschiedlichen Abtragungsrate und mit eventuell deshalb etwas anderen Einzelformen. Allerdings besteht noch keine Klarheit darüber, welche Prozesse unter feuchtwarmen Bedingungen eine Flächenbildung auf verschiedenen Niveaus gleichzeitig ermöglichen würden.

Auf diese Möglichkeit weist auch die Existenz der Graulehme hin, die feuchtwarme Verwitterungsbedingungen anzeigen. Sie werden als sehr alt eingestuft mit einer Entstehungsgeschichte, die vom Alttertiär bis zum Oligozän reicht. Sie liegen in der Regel noch an Ort und Stelle und wurden nicht umgelagert, sondern von späteren Bodenbildungsprozessen nur durchmischt (FELIX-HENNINGSEN 1990, S. 155). Wesentlich ist, daß sich Graulehme auf den verschiedenen Flächenniveaus finden lassen, auf der Dachfläche wie auch auf den niedrigeren Flächenpässen (DÖRRER 1970).

Andererseits mehren sich die Hinweise darauf, daß die Klimaentwicklung bereits im Miozän Schwankungen unterworfen war und das klare Bild der einheitlichen langsamen Abkühlung nur der langfristigen Tendenz entspricht. Auch sind neben den Temperatur- die Niederschlagsschwankungen zu beachten, die sich enorm auf die chemische Verwitterung auswirken, im Bestand anderer Klimazeugen aber nicht unbedingt sichtbar werden, wie etwa bei Meeresfossilien. Aus den Klimaschwankungen könnte man nun erst recht eine Klimaabhängigkeit der Flächendifferenzierung ableiten, ebenso aber auch einen vielleicht nur kurzfristig wirksamen Auslöser für die divergierende Abtragung, die später, trotz desselben Klimas wie zuvor, als selbstverstärkender Prozeß weiterlief. Ob schon zuvor verschiedene Niveaus existiert hatten, bleibt ungeklärt.

Als Konsequenz aus diesen Überlegungen ergibt sich ein zunehmend kompliziertes Bild der geomorphologischen Entwicklung Unterfrankens im Tertiär. Die klare Abfolge: ursprünglich einheitliche Rumpffläche – Dachflächen – Hauptgäufläche und Flächenstreifen weicht einem stärker differenzierten Bild (BÜDEL). Insgesamt zeigt die Problematik, daß von einem komplizierten Zusammenspiel zwischen klimatischen und tektonischen Faktoren ausgegangen werden muß, das die Verwitterungsbedingungen modifiziert und die Faktoren der Gesteinszusammensetzung überlagert. Direkte Kausalzusammenhänge werden zunehmend ungewiß.

Die Frage, ob es sich um eine zeitliche Abfolge von Flächenniveaus mit Einschränkung der Flächenbildung handelt oder ob Flächenbildung parallel in verschiedenen Niveaus ablief, kann nach den zitierten Befunden nicht abschließend geklärt werden. Es bleibt die Frage bestehen, in welchem Maße und zu welchem Zeitpunkt die Differenzierung der Flächen in unterschiedliche Niveaus anzusetzen ist. Sie scheint älter zu sein als bisher angenommen. In diese Richtung weist die aus den Geländegegebenheiten in den östlichen Rahmenhöhen abgeleitete Zuordnung der Herausbildung von Riedelflächen und der randlichen Geländeaufwölbung zur ersten landschaftlichen Entwicklungsphase. Zur Klärung wären eindeutige Zeitmarken nötig. Die einzigen Datierungsmöglichkeiten sind in Unterfranken die Basalte und die tertiären Sedimente in der Rhön (vgl. Kap. 10.3.2).

9.4   Landschaftsökologie

Abbildung 54
Landschaftsökologische Verhältnisse und Mosaik der naturbetonten Landschaftselemente in den östlichen Rahmenhöhen. Das Relief mit dem Gegensatz zwischen erhöht gelegenen Hängen und niedrigen Flachbereichen steuert die hydrologischen Bedingungen. Als Folge der Unterschiede in der Wasserverteilung und der Grundwassernahe existieren gegensätzliche Standortbedingungen mit feuchten Verhältnissen im Talgrund und trockenen an den Oberhängen, die vom Mosaik der naturbetonten Landschaftselemente nachgezeichnet werden. In den Niederungen findet man Naßwiesen, Teiche und Erlensäume entlang der Bäche (Mittelgrund), denen Halbtrockenrasen und Streuobstflächen an den Hängen (vorn, hinten) gegenüberstehen. Durch das Mosaik der natur-betonten Landschaftselemente werden somit die landschaftsökologischen Verhältnisse im Land-schaftsbild sichtbar gemacht (visualisiert), ein wesentliches landschaftsästhetisches Merkmal. Der Ort Lehrberg in der Frankenhöhe ist die Typlokalität für die Lehrbergschichten aus dem Mittleren Keuper. Die weichen Reliefformen mit sanften Übergängen von Flach- in Hangbereiche und mit gestreckten Hangprofilen sind auf die Kombination der tonhaltigen Gesteine, der intensiven Solifluktion während der Kaltzeiten und der bis heute auftretenden Rutschungen zurückzuführen.

Die östlichen Rahmenhöhen bieten ein anschauliches Beispiel dafür, wie erst die Einwirkung eines weiteren Geofaktors, hier des Menschen, auf das Ökosystem zu einer *Inwertsetzung*, einer Verstärkung der landschaftlichen Unterschiede und damit der eigenständigen Charakteristik führte. Das zeigt sich am Vergleich mit den Mainfränkischen Platten
insbesondere an der Vegetation und den Böden. Bei relativ ähnlicher potentieller natürlicher Vegetation tritt eher die reale, dem anthropogenen Einfluß ausgesetzte Vegetation mit
ihrem hohen Anteil an Grünland und einem völlig andersartigen Mosaik naturbetonter
Landschaftselemente als charakteristisch hervor. Die vorhandenen edaphischen Unterschiede, wie Tonreichtum, anderer Nährstoff- und Wasserhaushalt, andere Erosionsneigung usw., die unter natürlichen Bedingungen weniger stark zum Tragen kamen, haben
unter den Bedingungen der Landnutzung eine viel stärkere Bedeutung gewonnen und zeigen sich nun mit viel größerer Deutlichkeit.

Schon im Landschaftsbild wird an dieser zunehmenden Betonung von Unterschieden
nachvollziehbar, daß durch den zusätzlich wirksamen Ökofaktor Mensch die vorhandenen
Ökofaktoren verschoben und das Ökosystem dauerhaft verändert wurde. Durch die Besonderheiten der Nutzungsformen und der naturbetonten Landschaftselemente ergibt sich eine
Zunahme der Erscheinungsformen, der Lebensräume, der ökologischen Nischen, der Individualität und damit der Vielfalt eigenständiger Landschaften. Die heute zu beobachtende
Vereinheitlichung der Landnutzung gefährdet diese Charakteristik.

9.4.1   Charakterböden der östlichen Rahmenhöhen

Die Abfolge wechselnder geologischer Schichten in Verbindung mit der sanftwelligen
Morphologie führt zu einer starken Differenzierung der hydrologischen und pedologischen
Bedingungen, so daß der Wechsel der Bodenverhältnisse für den Bereich der östlichen
Rahmenhöhen Unterfrankens charakteristisch ist.

Die im einzelnen stark wechselnden Schichten des Gipskeupers sind fast durchweg von
hohen Tongehalten gekennzeichnet. Sie reichen von Tonmergeln, Mischgesteinen aus Ton
und Kalk bis hin zu Tonschiefern mit geringem Kalkgehalt. Die Vielfalt der tonbestimmten
Böden wird als Bodengesellschaft der Pelosole (griech.: Pelos = Ton) zusammengefaßt, die
im einzelnen über recht unterschiedliche Eigenschaften verfügen, weshalb ein meist kleinräumig wechselndes, vom Relief abhängiges Mosik von Böden entsteht. Ausgehend vom Pe-
losol mittlerer Ausprägung, lassen sich je nach Kalkgehalt, Staunässeeinfluß und Gründigkeit Differenzierungen herausarbeiten: Pelosol-Pseudogley, Tonranker und Tonmergelrendzina.

Der Pelosolbereich dominiert, wie die Bodenkarte (Abb. 29) zeigt, vorwiegend im Bereich der Frankenhöhe, aber auch im östlichen Grabfeld, in den westlichen Haßbergen, im
Hesselbacher Wald nördlich von Schweinfurt und im Steigerwald. Dazwischen liegt noch
der schmale Austritt des Schilfsandsteins mit wiederum gänzlich anderen Bodenverhältnissen.

Pelosole. Gemeinsames Merkmal der Bodengruppe der Pelosole ist der hohe Tongehalt,
der sich jedoch recht unterschiedlich in Bodenaufbau und -eigenschaften bemerkbar machen
kann. Eine wesentliche Folge ist das generell geringe Porenvolumen der dicht gepackten
Tone. Die deshalb schlechte Bodendurchlüftung beeinträchtigt die biologische Aktivität und
damit die Bodenbildung allgemein. Wegen der geringen Durchlüftung ist das Wurzelwachstum in Pelosolen behindert, die effektive Durchwurzelungstiefe beträgt nur rund 50 cm, und
die Pflanzen können tieferliegende Wasser- und Nährstoffvorräte nicht erreichen. Der hohe

Tongehalt macht Peolosole extrem abhängig von der hydrologischen Situation. Sie leiden in ebenen Lagen rasch unter Staunässe, so daß sich Pelosol-Pseudogleye bzw. reine Pseudogleye bilden. In grundwasserfernen Hanglagen trocknen sie dagegen schnell aus und sind oft flachgründig, nur noch mit A/C-Profil. Abhängig vom Kalkgehalt des Gesteins werden sie dann als kalkarme Tonranker bzw. kalkreiche Tonmergelrendzinen bezeichnet.

Bei mittlerer Bodenfeuchte besitzen Pelosole ein Ah-P-C Profil. Auf den Humushorizont Ah (ca. 10 cm) folgen ein oder sogar mehrere Horizonte mit je 20–30 cm Mächtigkeit. Sie werden so stark von der Quellung und Schrumpfung der Tone als dominierendem Prozeß bestimmt, daß sie als P(elos)-Horizonte bezeichnet werden. Hier liegen extrem hohe Tongehalte in hoher Packungsdichte vor. Die Bodenfarbe wird vorwiegend vom Ausgangsmaterial bestimmt und schwankt daher von Rötlich über Braun bis Grau. Zum Gestein besteht meist keine klare Grenze der Bodenbildung, weswegen oft ein Übergangshorizont (P/C-Horizont) über dem C-Horizont des anstehenden Gesteins ausgegliedert wird. Insgesamt ist die Horizontdifferenzierung aller Pelosole diffus und nicht leicht erkennbar.

Vor allem bei gegebenen Kalkgehalten macht sich der Tonmineralgehalt mit seinem hohen Sorptionsvermögen positiv im Nährstoffangebot bemerkbar. Der hohe Tonanteil bewirkt eine geringe Erosionsgefährdung, die bei sonst gleichen Bedingungen nur ein Viertel bis ein Fünftel derjenigen der Lößböden ausmacht, weshalb sich Pelosole als Ackerstandort eignen. Verschiedene Bodeneigenschaften schränken die landwirtschaftliche Tauglichkeit der Pelosole allerdings wieder ein. Die kapillaren Kohäsionskräfte sind so hoch, daß die nutzbare Feldkapazität mit 80–90 mm gering bleibt, da die Saugspannung der Pflanzen nicht ausreicht, das so fest an die Tonminerale angelagerte Wasser aufzunehmen. Beide Werte erreichen nur die Hälfte derjenigen der Parabraunerden. Außerdem liegen die basischen Nährelemente in Verbindungen vor, die von den Pflanzen nur schwer aufzuschließen sind. Dazu kommen die schlechte Durchlüftung und langsame Erwärmung infolge des hohen Wassergehalts („kalter Boden"). Besonders schwierig ist die Bearbeitung sehr tonhaltiger Böden, die nur für kurze Zeit günstige Feuchtigkeitsbedingungen besitzen, im feuchten Zustand verkleben und schmieren, im trockenen Zustand verhärten („Minutenböden"). Die Gesteine des Lettenkeupers enthalten neben der Tonfraktion meist ausreichend Sand- oder sogar Lößanteile, um eine Ackernutzung zu ermöglichen.

Pelosol-Pseudogley. Pseudovergleyung bezeichnet die Veränderung der Bodeneigenschaften durch Staunässe. Der entscheidende Unterschied zwischen Pseudogleyen und Gleyen besteht in der Herkunft der Feuchtigkeit. Während sie bei jenen grundwasserbedingt ist, wird sie im Falle der Pseudogleye nur von der Niederschlagsfeuchte gesteuert. Im Gegensatz zu Gleyen sind sie, entsprechend hohe Tongehalte vorausgesetzt, folglich in allen relativ flachen Reliefteilen verbreitet und nicht auf den Talgrund beschränkt. Pseudovergleyung kann überall auftreten, wo Ton in bestimmten Bodenhorizonten angereichert und verdichtet ist, auch in Braunerden und sogar in Parabraunerden im Löß. Pseudovergleyte Pelosole sind im Bereich der östlichen Rahmenhöhen so verbreitet, daß in Abb. 30 ein Charakterprofil dieses Bodentyps aufgenommen wurde.

Die Staunässe äußert sich in grauen Flecken, welche vom reduzierenden Milieu im Stauwasserbereich herrühren. Das resultierende Ah-P-SP-P/C-C-Bodenprofil mit einem zusätzlich ausgeschiedenen SP-Horizont zeigt die S(taunässe) in diesem P(elos-) Horizont an. Die Staunässe muß nicht auf einen Horizont beschränkt sein, so daß sich komplizierte Profile mit mehreren P-SP-Horizontabfolgen bilden können.

Pelosol-Pseudogleye sind in der Regel so schwer bearbeitbar, daß sie nicht als Ackerstandorte in Frage kommen. Die günstige Nährstoffversorgung ergibt allerdings ertragreiche

Fettwiesen, deren Produktivität durch Düngung noch weiter gesteigert werden kann. Viele Bereiche der breiten Niederungen und Täler im Verbreitungsgebiet des Gipskeupers werden von dieser Nutzungsart bestimmt. Die Umwandlung in Ackerland ist nur bedingt möglich und setzt den Einbau einer Drainageeinrichtung zwingend voraus.

Tonranker und Tonmergelrendzinen. In Hanglagen findet man trotz tonigen Ausgangsmaterials oft keine Pelosole, sondern Böden, denen ein Ah-C-Profil gemeinsam ist, was nicht ausgereifte Bodenverhältnisse andeutet. Diese A-C-Böden werden nach ihrem Ausgangsmaterial benannt. Tonmergelrendzinen kommen auf den kalkreichen Estherienschichten vor, Tonranker oder Rankerpelosole sind dagegen auf den kalkarmen Lehrbergschichten verbreitet. Wie bei der typischen Rendzina, die nur auf stark kalkhaltigen Gesteinen etwa des Muschelkalks vorkommt, sind die Humusbestandteile der Tonmergelrendzina im rund 20 cm mächtigen Ah-Horizont konzentriert, bevor er mit undeutlicher Grenze nach unten in den Bereich der anstehenden Tonsteine übergeht. Beim Tonranker herrschen analoge Verhältnisse.

Diese flachgründigen, austrocknungsgefährdeten Böden sind heute kaum ackerbaulich nutzbar und werden teilweise noch weitflächig beweidet, ansonsten oft aufgeforstet. Obwohl die Nutzung als Schafweide bis ins letzte Jahrhundert zurückgeht, wurden diese Bereiche früher zumindest teilweise noch beackert. Da hierfür bessere Böden anzunehmen sind, läßt sich folgern, daß es sich bei vielen A-C-Böden wohl um Restprofile ehemaliger Pelosole handelt, die durch Ackerbau ausgelaugt und erodiert wurden (SEMMEL 1993, S. 51). Dabei spielt die langsame Bodenentwicklung in Pelosolen eine entscheidende Rolle, bedingt zum einen durch die geringe Durchmischung mit Wurzeln und Bodenlebewesen, zum anderen durch die wenig tief reichende pleistozäne Verwitterung.

Gleye und anmoorige Böden. Beschränkt auf den Talgrund, können in den zentralen Bereichen der Niederungen und flachen Muldentäler von Frankenhöhe, Steigerwald und nördlichen Haßbergen echte Gleye vorkommen. Anmoorige Verhältnisse korrespondieren dabei mit den potentiell weit verbreiteten Erlen, deren Laub als Moorbildner fungiert. Im Gegensatz zu Pseudogleyen sind Gleye absolute Grünlandstandorte und infolge der starken Durchfeuchtung meistens nicht einmal als Weiden, sonden nur als Wiesen nutzbar.

Podsolige Braunerden. Zum beschriebenen Mosaik der tonreichen Böden treten die podsoligen Braunerden, die auf Schilfsandstein die Regel sind. Auf diesen durch Versauerung und Tonarmut gekennzeichneten trockenen Böden ist kaum eine andere Nutzung als Wald möglich, was die Vielfalt der Standorte und ihrer Vegetation noch erhöht. Podsolige Braunerden bestimmen zu weiten Teilen die Bodenverhältnisse der westlichen Rahmenhöhen.

Infolge der landschaftsgenetischen Entwicklung verteilen sich die Schilfsandsteinbereiche vor allem im südlichen Steigerwald und in der Frankenhöhe auf wechselnde Standorte am Hang. Am Rand der südlichen Haßberge und des nördlichen Steigerwalds bildet der Schilfsandstein die Mitte der Schichtstufe, die sich auf diese Weise als Waldstreifen überall heraushebt.

Braunerden. Nach Osten schließen an den Gipskeuper die Blasensandsteingebiete an, an denen Unterfranken vor allem in den Haßbergen und im nördlichen Steigerwald größere Anteile hat. Sie bilden die Hochflächen abseits der Niederungen, und auf ihnen entwickeln sich in der Regel mittelgründige, schwach saure Braunerden. Im Gegensatz zu den Braunerden der Mainfränkischen Platten sind Tonmineralgehalt, Gründigkeit, Nährstoffversorgung und Austauschkapazität hier herabgesetzt. Sie geben daher nur mittlere Ackerstandorte ab, ursprünglich vor allem für Kartoffel-, Hafer- und Roggenanbau.

Bezeichnung	Nutzungssystem
Wiese: gemäht zur Gewinnung von Futterheu oder Stalleinstreu; durch allgemein ähnliche Höhe aller Pflanzen gekennzeichnet, die man vor dem Schnitt höher aufwachsen läßt	
– Fettwiese	gedüngte (= fette) Wiese, mehrschürig (Mahd drei- bis maximal viermal pro Jahr)
– Naßwiese	teilweise gedüngte Wiese mit hoher Feuchtigkeit, durch Drainage meist zu Fettwiese melioriert
– Magerwiese	kaum oder ungedüngte (= magere) Wiese, einschürig, durch Düngung meist zu Fettwiese melioriert
– Streuwiese	ungedüngte Wiese zur Gewinnung von Stalleinstreu (in höheren Mittelgebirgslagen, auch Spessart und Rhön), heute praktisch nicht mehr vorkommende Nutzungsform
Weide: von Vieh beweidet, eingezäunte Koppel- oder Triftweide (Viehtrieb); allgemein uneinheitlicheres Wuchsbild der Pflanzen mit dem Wechsel von sehr kurz abgeweideten und gemiedenen und daher geförderten Arten	
– Fettweide	intensiv genutzt, von Kühen beweidet, daher nährstoffreich (= fett), Häufung von Nitratzeigern auf Dungfladen, Schäden durch Viehtritt
– Magerweide	extensiv genutzt, nährstoffarm (= mager), von Schafen (und Ziegen) beweidet, zu differenzieren nach Koppel- und Triftweide
– Koppelweide	(Standweide) Haltung im Pferch, Übergang zu intensiverer Nutzung, Trittschäden, wenig Weideunkräuter
– Triftweide	Wanderschäferei (Schaftrift), extensiv genutzt, reich an einzelnstehenden Weideunkräutern (Rosen, Disteln, Feld-Mannstreu; z. B. Wacholderheiden)

Tabelle 11
Grünlandtypen und ihre Nutzungsdifferenzierung

9.4.2   Grünland und seine landschaftsökologische Stellung

Auffälligster Unterschied im Vegetationsbild ist der im Vergleich zu den Mainfränkischen Platten erheblich höhere Grünlandanteil an der realen Vegetation der östlichen Rahmenhöhen, der sich aus dem Zusammenspiel der Ökofaktoren Boden, Relief und Hydrologie vor dem Hintergrund der Landschaftsgenese mit der Bildung flacher bis muldenhafter Formen erklärt. Die Zusammenhänge der ökologischen mit den wirtschaftlichen Hintergründen bieten ein Beispiel für die weit aufgefächerte Auswirkung des anthropogenen Einflusses auf das Agrar-Ökosystem. Sie drücken sich im Landschaftsbild aus und lassen sich, bei genauem Hinsehen, oft bis ins Detail erkennen und unterscheiden.

Grünland umfaßt nicht nur Landwirtschaftsflächen, sondern mit heute seltenen extensiven Nutzungsformen auch naturbetonte Landschaftselemente. Andererseits treten die von den Mainfränkischen Platten gewohnten Hecken und Streuobstbestände zurück, während feuchtigkeitsbestimmte Strukturen zum Mosaik der naturbetonten Landschaftselemente hinzutreten. Heute ist die Gefährdung der Nutzungs- und damit Struktur- und Biotopvielfalt eines der wesentlichen landschaftsökologischen Probleme dieses Raumes.

Grünlandtypen. Unter Grünland werden alle landwirtschaftlichen Nutzflächen zusammengefaßt, die sich aus Gräsern und Kräutern aufbauen. Ihre Ausgestaltung, die ökologischen Bedingungen und die Artenzusammensetzung werden wesentlich von der Nutzungsart beeinflußt. Typische Beispiele dafür sind Nitratzeiger, Pflanzen, die hohe Nitratwerte vertragen und damit Überdüngung des Bodens anzeigen, oder auch Weideunkräuter, Pflanzen, die von weidenden Tieren nicht gefressen werden und welche sich deshalb auf Weideflächen bevorzugt entwickeln können. Die wichtigsten Grünlandtypen mit den entsprechenden Nutzungsformen sind in Tab. 11 zusammengestellt.

Ökologische und wirtschaftliche Zusammenhänge. Da, wie schon aus Tab. 11 ersichtlich ist, die standörtliche Spannweite von Grünland größer ist als die von Ackerland, wird es überall dort angelegt, wo Ackerbau aus verschiedenen Gründen nicht möglich bzw. nicht lohnend ist. An natürlichen Standortfaktoren sind der Feuchtegehalt und die Entwicklungstiefe des Bodens, der natürliche Kalk- und Basengehalt bzw. der Grad der Versauerung zu nennen, die in den diversen Bodentypen zum Ausdruck kommen.

Vom wirtschaftlichen Standpunkt aus ist es zumindest unter heutigen Marktbedingungen zunächst nicht lohnend, eine Fläche, die ackerfähig wäre, als Grünland zu nutzen und dadurch erheblich weniger Gewinn zu erzielen. Grünland ist im allgemeinen nur dort konkurrenzfähig, wo ökologische Bedingungen Ackernutzung verbieten oder zumindest die Felderträge unter den Grünlanderträgen liegen. Dies ist im Keupergebiet auf zwei Standorten der Fall: bei ungenügender Bodenentwicklung (Tonranker, Tonmergelrendzinen) und bei zu feuchten, staunassen (Pseudogleye) oder vergleyten Böden. Der im Gebirge häufige Fall zu großer Steilheit spielt hier keine Rolle.

Es ist jedoch zu beachten, daß diese Ursachen nur im Überblick so gültig sind. Für den einzelnen Landwirt kommen selbstverständlich noch volks- und betriebswirtschaftliche Entscheidungsfaktoren hinzu, die das allgemeine Bild verschieben können. Noch Anfang dieses Jahrhunderts waren ertragreiche Wiesen für die Arbeitstiere nötig, weshalb es auch auf den Gäuflächen noch Wiesen gab, deren Bewertung bei den ersten Flurbereinigungen sogar diejenige der besten Ackerstandorte erreichte (MÜLLER 1990, S. 99). Wenn früher die Subsistenzproduktion, die Produktion nur für den Eigenverbrauch, einen erheblichen Teil der Landnutzung ausmachte, so war eine Mischung von Acker- und Grünland zumindest auf lokaler Ebene zwangsläufig. Zunehmende Marktorientierung veränderte die betriebswirtschaftlichen Entscheidungen inzwischen aber völlig.

Aus betriebswirtschaftlicher Sicht ist es unter den Bedingungen der EU-Marktordnung oder gar der Weltmarktbedingungen unumgänglich, sich zu spezialisieren. So kann es sinnvoll sein, bei Flächen, auf welchen beides möglich ist, auf die Ackernutzung zu verzichten und vollständig auf Grünlandnutzung umzustellen. Dies ist vor allem in den Schwerpunktgebieten der Milch- und Käseproduktion (z. B. Bayerischer Wald und Allgäu) zu beobachten, wo der Grünlandanteil steigt und sich sogar auf bisherige Ackerstandorte ausdehnt (Bay. Staatsministerium ELF 1992).

Dazu kommen noch gesellschaftliche Faktoren. Einzelbetriebliche Entscheidungen, wie die Umstellung von Voll- auf Nebenerwerb, können eine Extensivierung von Teilflächen zur Folge haben. Dies drückt sich in steigendem Grünlandanteil aus, wenn nicht verpachtet wird oder die Flächen brachfallen. Die Veränderung von Konsumgewohnheiten, wie mehr oder weniger Fleischverbrauch, beeinflußt schließlich die Ertragssituation von Getreide oder Hackfruchtanbau im Verhältnis zu Viehzucht und verschiebt damit die Rentabilitätsgrenzen von Acker und Grünland.

Aus diesen Beispielen lassen sich einige Zusammenhänge hinsichtlich der Ursachen für den Anteil von Grünland erkennen. An der Ausprägung der realen Vegetation in der Kulturlandschaft ist eine Vielzahl anthropogener und natürlicher Einflüsse beteiligt, die kausal oft mehrfach verknüpft sind. Dabei kommt bei einem regionalen Vergleich unterschiedlicher Landschaften die Steuerung durch die Ökofaktoren stärker zum Ausdruck als auf lokaler Ebene, wo im Einzelfall wirtschaftliche und betriebliche Faktoren einen größeren Anteil an der Entscheidung haben, ob und in welcher Nutzungsform Grünland existiert.

Die primär ökologisch gesteuerte Vielfalt der Pflanzengesellschaften geht heute nicht nur durch technische Möglichkeiten und Mechanisierung verloren, sondern vor allem unter

dem Einfluß zunehmender Marktorientierung und Spezialisierung, die zu einer immer stärkeren Entflechtung und Vereinheitlichung von Nutzungsformen führen. Die kleinräumige
Durchmischung von Nutzungsformen und entsprechenden Pflanzengesellschaften weicht
einer großräumigen Konzentration und Monotonisierung mit den entsprechenden Folgen
für das Ökosystem der Agrarlandschaft.

Stellung im Agrar-Ökosystem. Grünland ist zunächst, verglichen mit Wald, ebenso
wie Ackerland eine Pioniervegetation mit starker Überschußproduktion, die vom Menschen
genutzt und abgeschöpft wird, wie bereits näher erläutert. Höhere Pflanzen sind auf Gras-
und Krautarten beschränkt, deren Zahl auf einer Wiese maximal 60, auf einer Weide nur 30
beträgt (TISCHLER 1980, S. 142). Da seine Existenz auf permanenten anthropogenen Eingriffen basiert, würde sich auch Grünland unter natürlichen Bedingungen schnell zu anderen
Pflanzengesellschaften weiterentwickeln (Sukzession). Dennoch unterscheidet sich seine
Stellung im Agrar-Ökosystem stark von der der Felder, so daß sich insgesamt eine Zwischenstellung zwischen Äckern und Wald ergibt, die sich in den verschiedensten Teilbereichen des
Ökosystems zeigt.

Die Bodenerosion ist im subhumiden Klima Unterfrankens im Vergleich zu der des
Ackerlandes viel geringer. Die Umwandlung erosionsgefährdeter Äcker am Oberhang in
Grünland schützt zudem die anschließenden Hangpartien durch Abfangen des Oberflächenabflusses. Für das Mikroklima hat Grünland wichtige Funktionen: eine herabgesetzte
Verdunstungsrate, eine erhöhte Kaltluftproduktion, die Infiltration des Niederschlags-
wassers in den Boden. Unter der zwar gemähten bzw. beweideten, aber doch permanenten
Vegetationsbedeckung kann sich ein erheblich reicheres Bodenleben mit Bakterien, Insekten
und Würmern herausbilden und halten. Durch sein weniger extremes bodennahes Klima ist
die Barrierewirkung von Grünland im Verhältnis zu Feldern erheblich geringer, es wird
leichter von den zwischen Waldstücken oder naturbetonten Landschaftselementen wandernden Tieren, namentlich Käfern, Spinnen und Kleinsäugern, überwunden und kann damit eingeschränkt als Vernetzungsstruktur dienen. Schließlich sind Wiesen und Weiden von
Nutzungsintensität, Feuchtigkeits- und Nährstoffverhältnissen her wesentlich stärker differenziert als Äcker, weshalb sich mehr verschiedenartige Pflanzengesellschaften entwickeln
können. Damit ergeben sich trotz ständiger Eingriffe und anthropogener Beeinflussung eine
größere ökologische Vielfalt und eine höhere ökologische Stabilität.

Die zweite Spalte von Tab. 11 nennt eine ganze Anzahl anthropogener Eingriffsmöglich-
keiten unterschiedlicher Art und Intensität in Grünland, die die ökologischen Ausgangs-
bedingungen überlagern und weiter differenzieren und somit die Vegetation erheblich beeinflussen, die sich mit jeweils besonders angepaßten Pflanzengesellschaften darauf einstellt.
Die Eingriffe, vor allem der Grad der Düngung, die Häufigkeit der Trittbelastung bei
Beweidung und die Anzahl der Schnitte bei der Mahd, werden bei Regelmäßigkeit zu
prägenden anthropogenen Standortfaktoren, wie die folgende Aufstellung zeigen soll:

Weiden

– Nicht trittfeste Pflanzen verschwinden bei Beweidung sofort.
– Von Tieren nicht gefressene Pflanzen (Weideunkräuter) werden indirekt gefördert und
   prägen oft das Bild der Weiden, wie z. B. im Falle der Wacholderheiden.
– Der Einfluß der Beweidung unterscheidet sich nach Tierarten: Schafe fressen die Gras-
   narbe sehr gleichmäßig ab, lassen harte, stachelige Pflanzen aber stehen (z. B. Feld-
   Mannstreu, Zypressenwolfsmilch, Disteln), woran man diese Beweidung erkennen kann.

– Ziegen rupfen selbst harte Pflanzen teils mit Wurzel aus und können dadurch die
  Vegetation stark schädigen. Sie fraßen früher auch die Schlehen ab und hielten sie damit
  kurz. Die Schlehe wird bei Umstellung auf Schafweide zum Unkraut, breitet sich schnell
  aus und führt zu Verbuschung.
– Rinder fressen die Weidekräuter und -gräser zunächst am gleichmäßigsten ab. Hier
  kommt es jedoch durch den Dung zu kleinräumig extremen Nitratkonzentrationen, auf die
  die Vegetation (z. B. Brennessel) und die Kleinlebewesen mit speziellen Artenkombinationen reagieren. Da die Rinder die auf den „Geilstellen" wachsenden Pflanzen
  später nicht fressen, entsteht das für Rinderweiden charakteristische, bucklige Bild
  (TISCHLER 1980, S. 153).

Wiesen

– Ohne Zusatzdüngung verarmen Wiesen, denen bei der Ernte die Nährstoffe entzogen
  werden, stärker als Weiden, wo etwa 2/3 des Stickstoffs mit dem Kot verbleiben (TISCHLER
  1990, S. 268).
– Düngung bevorzugt einseitig diejenigen Pflanzen, die das zusätzliche Angebot am
  schnellsten in Wachstum umsetzen können.
– Mahd fördert Rosettenpflanzen, deren wichtigste Teile nahe am Boden liegen. Es werden
  Pflanzen mit frühzeitigem Blühzeitpunkt ausgelesen, die zum Zeitpunkt der ersten Mahd
  bereits gefruchtet haben (Löwenzahn, Hahnenfuß), oder solche, die erst nach der letzten
  Mahd blühen (Herbstzeitlose).
– Die Zahl der Schnitte, die eine Pflanze aushalten kann, ist je nach Lebensrhythmus unterschiedlich, weshalb auf einschürigen Wiesen wie den Streuwiesen ganz andere Arten
  wachsen als auf mehrfach gemähten.
– Der Mahdrhythmus hat sich in den letzten 40 Jahren stark verschoben: 1948 waren in
  einer untersuchten Gemarkung im Allgäu 94 % der Wiesen zweimähdig, 4,5 % nur
  einmähdig; 1988 waren 99 % drei- und viermähdig (HÄRLE 1992, S. 306).

Mit diesen Beispielen soll nicht nur gezeigt werden, wie sensibel die Grünlandvegetation auf
die diversen, anthropogenen wie natürlichen, Standortbedingungen eingestellt ist. Es wird
auch deutlich, wie vielfältig die Kulturlandschaft mit ihrer enormen Differenzierung und
Durchmischung aus feuchten/trockenen, gedüngten/mageren, intensiven/extensiven,
beweideten/gemähten Nutzungen war. Schließlich kommen die Folgen der heutigen Spezialisierung nicht nur gut sichtbar auf den Feldern, sondern auch in der Vereinheitlichung von
Wiesen und Weiden zum Ausdruck.

Viele früher weit verbreitete Nutzungsformen von Grünlandstandorten sind heute auf
kleine Areale zurückgedrängt und zu seltenen Rückzugsgebieten und Ausgleichsflächen des
Agrar-Ökosystems geworden. Damit sind sie bereits als naturbetonte Landschaftselemente
anzusprechen.

9.4.3   Das Mosaik der naturbetonten Landschaftselemente

Die Unterschiede zwischen den geologischen, hydrologischen und edaphischen Verhältnissen innerhalb der östlichen Rahmenhöhen Unterfrankens kommen auch im Mosaik
der naturbetonten Landschaftselemente zum Ausdruck. Im Vergleich zu Kalkgebieten bei-

spielsweise sind Hecken eher selten (Reif 1982), auch Streuobst tritt zurück, während feuchtigkeitsbezogene Strukturen zunehmen. Zwei Hauptbereiche lassen sich ausgliedern:

– Die nördlichen und östlichen Haßberge (Itz-Baunach-Hügelland) sowie die Frankenhöhe mit dem Südsteigerwald, also etwa das Areal, das durch Gipskeuper, Pelosole, Flächenstreifen und intramontane Becken gekennzeichnet ist. Sie sind vor allem durch den Dualismus zwischen trockenen (Magerrasen, Hutebäume, Hecken) und feuchten (Naßwiesen, Teiche, Gehölzufersäume) Standorten gekennzeichnet. Die entsprechenden naturbetonten Landschaftselemente kommen in der Landschaft regelmäßig gemeinsam vor, jedoch deutlich nach der Position im Relief getrennt, und zeigen damit ihre Beziehung zur Hydrologie an.

– Die südlichen Haßberge und der nördliche Steigerwald, etwa zusammenfallend mit Sandsteinkeuper, Braunerden, Flächenresten und engeren Tälern. Diese Gebiete sind auf den weiträumigen, ackerbaulich genutzten Hochflächen sehr arm an naturbetonten Landschaftselementen. Die steilen Talhänge dagegen sind oft durch Hecken auf Lesesteinhaufen oder Stufenrainen gegliedert, während sich im schmalen Talgrund oft nur ein Gehölzufersaum befindet.

Es ist interessant, daß sowohl auf trockenen (Magerrasen) wie auch auf feuchten Standorten (Naßwiesen) Landschaftsbestandteile existieren, die als Grünland zu bezeichnen und flächenhaft ausgeprägt sind. Sie wurden erst durch die Intensivierung der umgebenden Flur räumlich verengt und heben sich heute als naturbetonte Landschaftselemente ab.

Trockenheitsbestimmte Landschaftselemente

Allein durch den Standortfaktor Trockenheit werden bestimmte Landschaftselemente derart stark bestimmt, daß sie sich trotz ansonsten unveränderter Standortbedingungen der Umgebung in räumlicher Lage und Zusammensetzung charakterisieren lassen. Vielfach prägen Magerrasen und Hutebäume, vergesellschaftet mit Hecken und Steuobst in den Hangbereichen der Talmulden, das Landschaftsbild.

Magerrasen (Halbtrockenrasen). Magerrasen fallen als Flächen mit kleinwüchsiger Grasnarbe (Rasen) auf. Sie liegen generell im Mittel- und Oberhangbereich zwischen Äckern/Wiesen und Wäldern. Um sie zu erhalten, ist eine permanente, jedoch extensive Beweidung mit Schafen notwendig. Die früher prägende Nutzungsform war die Triftweide (Wanderschäferei), weshalb diese Weideflächen auch als Schafhutungen (von „hüten") bezeichnet werden. Der mäßige Weidedruck der Wanderschäferei führt zu einer positiven Selektion von Weideunkräutern, deren Zahl dadurch zunimmt. Wenn es sich um Büsche handelt, können sie schließlich das Bild bestimmen, wie im Falle der Wacholderheiden.

Botanisch gesehen, handelt es sich um Halbtrockenrasen *(Mesobromion)*, die durch nur mäßige Trockenheit gekennzeichnet sind und potentiell einem Wald Platz machen würden. Das steht im Gegensatz zu den Trockenrasen, auf deren Standorten Wald nicht mehr existieren kann und die nur auf Sonderstandorten der Mainfränkischen Platten vorkommen (vgl. Kap. 8.4.2). Sie stocken in der Regel auf flachgründigen Tonmergelrendzinen oder Tonrankern, die einen mäßig hohen Kalkgehalt besitzen und bodenchemisch schwach sauer reagieren. Damit gehören sie noch zu den Kalk-Magerrasen und besitzen viele kalk- und trockenheitsliebende Arten, sogar Pflanzen der Steppenheide, allerdings ohne die auf jene Verhältnisse hochspezialisierten Extrembesiedler. Den botanischen Gegensatz dazu bilden die bodensauren Magerrasen der westlichen Rahmenhöhen.

Da die Magerrasen nicht gedüngt werden und wurden, herrschen für die Pflanzen „magere", also nährstoff-, d. h. vor allem stickstoffarme Verhältnisse vor. Viele Magerrasen ließen sich durch Düngung in (trockene) Fettwiesen überführen oder gar als Äcker nutzen. Sie sind durch den Rückgang der Schafhaltung äußerst gefährdet. Ihre Zahl hat in den entsprechenden Bereichen Württembergs in diesem Jahrhundert bereits um 2/3 abgenommen (HÄRLE 1992, S. 308). Eng mit den Magerrasen vergesellschaftet sind Hecken und Hutebäume, gelegentlich auch Streuobst.

Hutebäume wurden im Zuge der Schafhaltung gezielt als Schattenbäume auf den Hutungen gepflanzt und gepflegt. Meist handelt es sich um stattliche Eichen oder auch Kiefern, die als Lebensraum für zahlreiche Insekten und Vögel fungieren. Sie besitzen darüber hinaus einen hohen landschaftsästhetischen Wert als optisch markante Formen und als Zeugnisse der früher sehr verbreiteten Nutzungs- und Lebensform der Wanderschäferei.

Hecken. Hecken finden sich auf den wenig erosionsgefährdeten Pelosolen mit wenig Bodenmaterialverlagerung und Lesesteinanfall recht selten. Am häufigsten wurden Hecken in diesem Gebiet als Begrenzung der Schafhutungen zum Ackerland geduldet.

Streuobst ist im gesamten Gebiet der östlichen Rahmenhöhen trotz nur wenig geänderten Klimaverhältnissen im Vergleich etwa zu den Mainfränkischen Platten ebenfalls selten, was eher mit den pedologischen Verhältnissen und den schweren Lehmböden zusammenhängt. Kleinere Streuobstflächen stehen um die Ortschaften oder gelegentlich als Nachfolgekultur auf ehemaligen Magerweiden. Ansonsten findet man nur einzelnstehende Bäume, oft an Wegen. Auffällig hoch ist der Anteil der Birnen, die als Tiefwurzler tiefgründige, nährstoffreiche Lehmböden bevorzugen.

Feuchtigkeitsbestimmte Landschaftselemente

Durch hohe Feuchtigkeit bestimmte naturbetonte Landschaftselemente stellen den Gegenpol zu den trockenen Magerrasen dar. Beide Gruppen befinden sich trotzdem oft in geringem Abstand zueinander am Hang bzw. Grund der flachen Muldentäler. Durch Feuchtigkeit bestimmte naturbetonte Landschaftselemente umfassen, oft in enger räumlicher Verzahnung, Naßwiesen, Teiche und Gehölzufersäume an Teichen oder Bächen.

Naßwiesen *(Calthion)* findet man in den staunassen Niederungsbereichen der weiten Muldentäler. Sie sind in der Regel mit feuchten Staudenfluren und Riedern (Seggen- und Binsengesellschaften), teils mit Röhrichten vergesellschaftet und kennzeichnen heute nur noch die extremsten Gleybodenstandorte. Sie sind Standorte ganz spezieller Pflanzengesellschaften, von denen heute viele akut gefährdet sind (Orchideen, Trollblume).

Naßwiesen waren früher wesentlich stärker verbreitet und sind durch ein Feuchtigkeitsangebot gekennzeichnet, welches den Optimalpunkt für die Landnutzung bereits überschritten hat. Obwohl sie aufgrund ihres Feuchtigkeits- und Nährstoffgehalts hohe Erträge lieferten, sind sie kaum beweidbar und waren nur per Hand zu mähen, was früher nicht ins Gewicht fiel. Weder weide- noch maschinentauglich, wurden sie in den meisten Fällen durch Drainage (Entwässerung) melioriert. Schon das veränderte Feuchtigkeitsregime läßt sich oberirdisch an der Verschiebung des Spektrums der beteiligten Gräser und Krautarten erkennen. Dazu kommt schließlich noch die dann ökonomisch sinnvolle Düngung, und es bilden sich Wiesen, die sich kaum noch von normalen Fettwiesen feuchter Ausprägung unterscheiden.

Gehölzufersäume. Unter natürlichen Bedingungen wären die breiten Niederungen und Täler von Bach-Eschen-Erlenwald oder sogar Erlenbruchwald bestanden. Heute sind diese

Tabelle 12 Wichtigste Gehölz-arten des Kreuzdorn-Hartriegelgebüsches (Rhamno-Cornetum)	*Prunus spinosa*	Schlehe
	Rosa canina	Hundsrose
	Crataegus laevigata	Zweigriffeliger Weißdorn
	Cornus sanguinea	Roter Hartriegel
	Corylus avellana	Hasel
	Acer campestre	Feldahorn
	Viburnum opulus	Gewöhnlicher Schneeball
	Rhamnus catharticus	Echter Kreuzdorn
	Quercus robur	Stieleiche
	Sambucus nigra	Schwarzer Holunder

Bereiche zumeist in Grünland umgewandelt, so daß, wenn überhaupt, nur noch ein schmaler Streifen mit einer Reihe Bäume übrigbleibt, wobei es sich durchweg fast ausschließlich um Erlen *(Alnus glutinosa)* handelt. Dieser Gehölzufersaum stellt eine Rumpfgesellschaft des potentiell natürlichen Bach-Erlen-Eschenwalds dar.

Dünne Erlen-Gehölzufersäume sind speziell in den östlichen Rahmenhöhen sehr durchgängig und oft als landschaftsprägende Elemente zu finden, ganz im Gegensatz zu den Mainfränkischen Platten, wo sie meist fehlen. Von allen Auenbäumen konnte sich die Erle deshalb so gut halten, weil sie sehr gut stockausschlagfähig ist und so für niederwaldartige Nutzung belassen wurde. Daneben wirkt ihr Wurzelwerk bodenfestigend, was die Seitenerosion der Bäche eindämmt. Als kalkmeidende Art fehlt sie den Muschelkalkgebieten.

Teiche. Während in vielen Landschaften die Anzahl der Feuchtgebiete und Weiher dermaßen stark dezimiert wurde, daß sie heute generell unter Naturschutz stehen, werden insbesondere im Bereich der Frankenhöhe, ferner in Teilen des Regnitzbeckens Mittelfrankens immer noch Weiher neu angelegt und gehören zum feuchtebestimmten Teil des Mosaiks naturbetonter Landschaftselemente.

Teiche sind anthropogene Anlagen, die über einen Auslaß („Mönch") verfügen, der zur Regulierung des Wasserstandes für die Fischzucht dient. Werden die Ufer gemäht und wird der Fischbestand gefüttert, so ist bereits von einer intensiven Nutzung zu sprechen, und es handelt sich um keine naturbetonten Landschaftselemente mehr. Viele Teiche werden jedoch nur extensiv genutzt und verfügen über wertvolle Gehölzufersäume und Röhrichte, während andere überhaupt nicht mehr genutzt und abgelassen werden und über teilweise ausgedehnte Verlandungszonen mit dem entsprechenden biologischen und ökologischen Wert verfügen.

Hecken auf Stufenrainen quer zum Hang

Im Bereich des Nordsteigerwaldes und der Südhaßberge besitzen Hecken eine größere Bedeutung im Mosaik der naturbetonten Landschaftselemente. Sie sind auf die oft relativ steilen, im Blasensandstein ausgebildeten Talhänge beschränkt, deren Böden mäßig erosionsgefährdet sind und bei Ackernutzung zur Bildung von Stufenrainen tendieren.

Obwohl physiognomisch, vom äußeren Erscheinungsbild, nicht von den Hecken der Mainfränkischen Platten zu unterscheiden und unter denselben anthropogenen Bedingungen entstanden (vgl. Kap. 6.3.4), schlagen sich die geänderten edaphischen und klimatischen Bedingungen bereits deutlich im Artengefüge nieder. Die meisten Hecken gehören hier zum Kreuzdorn-Hartriegelgebüsch *(Rhamno-Cornetum)*, dessen wichtigste Gehölze in Tab. 12 zusammengestellt sind.

Im Vergleich zum Liguster-Schlehengebüsch fehlen wärme- und kalkliebende Arten (Liguster, Eingriffeliger Weißdorn), während die leichte Bodenversauerung und etwas feuchteres Klima ertragenden Pflanzen (Hasel, Hartriegel, Kreuzdorn) an Konkurrenzkraft gewinnen. Es dominieren Pflanzen, die auf eine etwas kürzere Vegetationsperiode und leicht bodensaure Verhältnisse eingestellt sind.

9.4.4   Nutzungsentflechtung und Verlust landschaftlicher Vielfalt

Im Verhältnis zu zahlreichen anderen Landschaften, wie etwa den Mainfränkischen Platten, werden die östlichen Rahmenhöhen von einer noch relativ günstigen Nutzungsmischung aus Acker, Grünland und Wald geprägt. Trotz einer nicht geringen Landwirtschaftsfläche besteht daher eine für heutige Verhältnisse hohe Vielfalt an Nutzungsformen und Landschafts-elementen mit den entsprechend günstigen Folgen für die ökologische Stabilität.

Ausgehend von einer relativ einheitlichen Vegetationsbedeckung, hat der Mensch im Zuge der Landnutzung eine breite Differenzierung an Pflanzengesellschaften, naturbetonten Landschaftselementen und Nutzungen geschaffen, die zwar in Form von Züchtungen und eingeschleppten Pflanzen auch neuen Arten einen Lebensraum bot. Der wesentliche Effekt lag jedoch in der kleinräumigen standörtlichen Differenzierung, die eine Unzahl neuer Kombinationen von Pflanzen und Tieren, eine Zunahme der Strukturdiversität und der ökologischen Nischen schuf. Abb. 55 deutet diesen jahrtausendelangen Vorgang im Spannungsfeld Mensch–Umwelt schematisch an, der sich in der Landschaft noch heute nachvollziehen läßt.

Führt man sich als Beispiel noch einmal die Anzahl der aufgeführten Grünlandtypen oder naturbetonten Landschaftselemente vor Augen, so wird der Verlust an landschaftlicher Vielfalt sogar in dieser noch verhältnismäßig abwechslungsreichen Landschaft deutlich. Die Ursachen für die Entwicklung sind oben bereits angeklungen. Meist handelt es sich nicht um ökologisch oder landschaftlich begründete Ursachen, sondern um wirtschaftliche Veränderungen, die sich in der Landschaft und ihrem Ökosystem niederschlagen. Der zunehmende Rationalisierungsdruck, unter dem die Landwirtschaft heute steht, und die Integration der Landnutzung in die Weltwirtschaft ohne Berücksichtigung der ökologischen und historischen Differenzierungen auf lokaler Ebene führt direkt zu einer dramatischen Konzentration der Nutzungsformen.

Es zeigt sich schon am Beispiel des Grünlands, wie es entweder auf einen optimalen Einheitsstandort hin melioriert wird (z. B. Magerrasen, Feuchtwiesen) oder aus der Nutzung herausfällt (Naßwiesen, nicht meliorierbare Magerrasen). Viele Nutzflächen und naturbetonte Landschaftselemente sind dadurch gefährdet, daß der anthropogene Einfluß entfällt, wenn die extensive Nutzung nicht mehr lohnt. Auf ihnen geht dann die natürliche Sukzession weiter in Richtung Klimax, was meist über Verbuschung zum Wald führt. Die Vielfalt der Standorte, Biotope und Landschaftselemente der Kulturlandschaft ist also von zwei Seiten her gefährdet. In beiden Fällen, Intensivierung oder Auslaufen der Nutzung, gehen über lange Zeiträume entstandene Landschaftsstrukturen binnen weniger Jahrzehnte verloren.

Die Veränderung der Landnutzung wirkt sich dabei nicht nur biologisch aus, auch wenn dieser Bereich oft im Vordergrund steht. Die Folgen für die Landschaft und ihr Ökosystem sind vielfältiger Art:

– *Botanisch*: Die Vielfalt der Pflanzengesellschaften und Artenkombinationen verschwindet, begleitet von der direkten Gefährdung bestimmter Arten (Rote Liste), häufiger noch vom Aussterben von Kleinarten.

– *Ökologisch*: Es kommt zu einem Verlust nur lokal auftretender Kleinarten (z. B. bei Rosen, Brombeeren, Himbeeren) und ihres Genpotentials mit spezieller Anpassung an

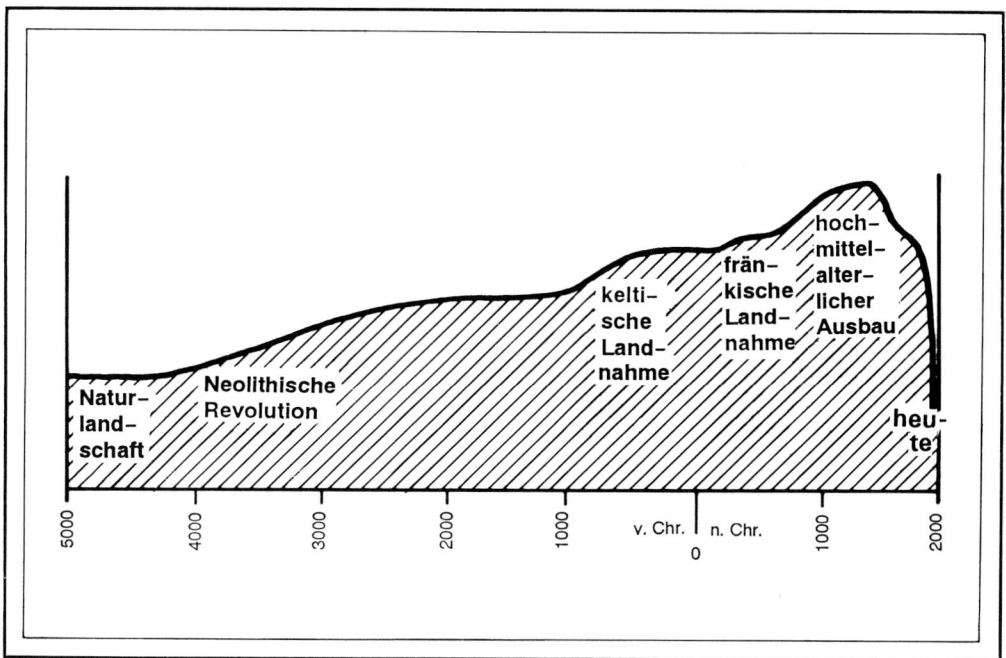

Abbildung 55
Schema der Veränderung der landschaftlichen Vielfalt in Mitteleuropa. Die Tätigkeit des Menschen führte in der zuvor viel einheitlicheren Naturlandschaft zur Zunahme von Biotopen (zusätzliche Landschaftselemente, Nutzungsunterschiede, Felder, Wiesen), ökologischen Nischen, Lebensräumen für Kulturfolger in Flora und Fauna und zu höherer ästhetischer Vielfalt. Erst in diesem Jahrhundert wurde die Entwicklung durch Vereinheitlichung der Lebensräume wieder umgekehrt. Aus: MÜLLER (1990)

lokale Verhältnisse (REIF et al. 1984, S. 139). Damit entfallen stabilisierende Vernetzungen innerhalb der jeweiligen Biotope, die u. a. bei der biologischen Schädlingsbekämpfung unerläßlich sind. Das FRANZsche Prinzip besagt, daß sich ein Zusammenhang zwischen Entwicklungsdauer, Artenreichtum und Stabilität des Ökosystems herstellen läßt (KNEITZ 1980, S. 37)

– *Abiotisch*: Der Verlust landschaftlicher Vielgestaltigkeit, sei es in Form unterschiedlicher Anbauprodukte oder in Form kleiner Landschaftselemente, wirkt sich in jedem Fall negativ auf die Erosionsneigung aus. Gleichzeitig nimmt in einer strukturarmen Landschaft die Winderosion zu, da die allgemeine Winddynamik direkt am Boden angreifen kann.

– *Ästhetisch*: Eine Vereinheitlichung der Landnutzung und des Mosaiks der naturbetonten Landschaftselemente führt zu Defiziten hinsichtlich der ästhetischen Kategorien Vielfalt und Eigenart (vgl. Kap. 6.4). Die regionale Unverwechselbarkeit geht verloren und mit ihr die Identifikationsmöglichkeit mit der eigenen Umgebung.

– *Historisch*: Die Vielfalt der historischen Nutzungsformen ist einer extremen Einseitigkeit gewichen, die oftmals die natürlichen Ressourcen nur einseitig nutzt bzw. übernutzt. Viel Wissen über schonende, nachhaltige, pflegende Landnutzung ging dadurch verloren und wird heute mühsam wieder aufgebaut.

10. Die westlichen Rahmenhöhen

Abbildung 56
Landschaftsbild der westlichen Rahmenhöhen. Das Landschaftsbild bei Woltsmunster zeigt die beiden Hauptgruppen von Oberflächenformen, deren Entstehung grundsätzlich verschiedene Umweltbedingungen widerspiegelt. Aus der Zeit flächenhafter Abtragungsbedingungen stammen die weithin ebenen Dachflächen, die die Horizontlinie dominieren. Die Hochflächen werden von scharf eingeschnittenen Tälern zergliedert und unterbrochen, die linienhafte Abtragungsbedingungen widerspiegeln. Charakteristisch sind die Hangform, am Beginn ohne Übergang mit abruptem Knick, und die Einheitlichkeit und verhältnismäßige Steilheit des Profils. Diese Oberflächenform ist in Gebieten weit verbreit, die aus gleichmäßigen, harten Sedimentgesteinen aufgebaut sind, und ist überall in den Buntsandsteingebieten Süddeutschlands zu finden. Der hohe Waldanteil ist auf eine Kombination ungünstiger Bodenbedingungen zurückzuführen. Ackerbau ist in den Tälern dort möglich, wo auf Terrassensedimenten, teils mit Lößbeimengungen, bessere Bodenverhältnisse herrschen. Auf den Hochflächen unterbrechen Rodungsinseln den Wald, die auf dem Vorkommen von höheren Tongehalten in einzelnen Sandsteinschichten basieren, örtlich ebenfalls unter Vermischung mit Löß. Die ausgeglicheneren Klimabedingungen mit höheren Wintertemperaturen kommen den im Westen Unterfrankens stärker verbreiteten Obstbäumen zugute.

10.1 Einführung

Lage und Abgrenzung. Spessart und Rhön schließen den Kernbereich Unterfrankens nach Westen zum Oberrheingraben hin ab und bilden hier eine wesentlich dominantere Begrenzung als die östlichen Rahmenhöhen mit ihren breiten Durchgangspforten. Im Landschaftsbild der westlichen Rahmenhöhen treten vor allem die großen Waldflächen hervor, was namentlich bei der Fahrt über den zentralen Spessart zwischen Aschaffenburg und Würzburg auffällt. Die südliche Fortsetzung bildet in geologischer und landschaftlicher Hinsicht der Odenwald, der um Miltenberg und Amorbach ebenfalls noch zu Unterfranken gehört, abgegrenzt vom Durchbruchstal des Mains zwischen Wertheim und Miltenberg. Die Hohe Rhön im Nordwesten ergänzt das Bild durch eine Eigenständigkeit in vielerlei Hinsicht, die ansonsten den Charakter der Rahmenhöhen eher noch verstärkt.

Die westlichen Rahmenhöhen bieten ein gutes Beispiel für die Notwendigkeit einer integrierenden Betrachtung und für den ganzheitlichen Charakter der Landschaft. Der so deutlich sichtbare Unterschied zum restlichen Unterfranken kann nicht allein auf einen einzelnen Geofaktor, wie etwa die Verbreitung des Buntsandsteins, zurückgeführt werden, sondern ergibt sich aus dem Zusammenspiel eines Bündels von Faktoren, deren Auswirkungen sich gegenseitig noch verstärken. Hohe Niederschläge und stärker ozeanische Klimaverhältnisse finden ebenso wie die Nährstoffarmut des Buntsandsteins ihren Ausdruck in den armen Böden. Diese pedologischen Bedingungen bewirken wiederum im Verein mit den klimatischen Verhältnissen die Zusammensetzung der potentiellen Vegetation. Sie wird jedoch von anthropogenen Einflüssen überprägt, wie etwa vom Siedlungsrückzug oder von der intensiven mittelalterlichen Waldnutzung, die wiederum in Abhängigkeit von der kargen Nährstoffsituation zu sehen sind.

Übergreifende Charakteristik. Die zunächst auffällige Einheitlichkeit der westlichen Rahmenhöhen Unterfrankens drückt sich in einer Reihe gemeinsamer Merkmale aus, für die Abb. 56 beispielhaft steht. Sie lassen sich oft erst bei genauerem Hinsehen differenzieren:

— im Verhältnis zu den Vorländern relativ hoch aufragend (400 bis max. 700 m Höhenunterschied);
— scharf abgesetzte, tiefe Kerb- und Kastentäler;
— Gegensatz von (teils landwirtschaftlich genutzten) Hochflächen und engen Tälern mit bewaldeten Hängen und feuchtem Wiesengrund;
— sehr hoher Waldanteil und insgesamt wenig Ackerbau;
— im ganzen einheitliches, wenig abwechslungsreiches Landschaftsbild;

Interne Differenzierung. Auch wenn die interne Gliederung der westlichen Rahmenhöhen Unterfrankens viel einheitlicher ist als die der Keuperhöhen im Osten, so ist doch eine gewisse Differenzierung möglich. Vier Bereiche sind abzugrenzen (vgl. Abb. 36).

Im Nordosten fallen die Vulkangebiete der Hochrhön auf, die ihre Fortsetzung weiter nach Norden in der Kuppenrhön und nach Westen im geologisch eng verwandten Vogelsberg finden. Diese höchsten Bereiche von ganz Unterfranken mit dem Kreuzberg (928 m) fallen durch ihre in jeder Beziehung eigenständige Charakteristik auf. Lediglich ihre klimatische Ungunst läßt bezüglich der eingeschränkten Landnutzung Ähnlichkeiten zu den übrigen westlichen Rahmenhöhen entstehen, die dort aber primär geologische und bodenbedingte Ursachen haben.

In den nordwestlichen Bereichen des Spessarts und in der gesamten Südrhön sind landwirtschaftliche Flächen verhältnismäßig stark verbreitet, obwohl es sich nicht um ausgesprochen fruchtbare Böden handelt. Der sonst hohe Waldanteil tritt dort auf die geomorphologisch ungünstigen Hänge zurück, wobei sich die Äcker zumeist auf den Hochflächen ausdehnen, während die Täler von Wiesen eingenommen werden.

Das typische Bild des undurchdringlichen Waldmittelgebirges bietet eigentlich nur der Kernbereich des zentralen Spessarts. Hier kombiniert sich natürliche Bodenungunst mit anthropogenen Reaktionen und Eingriffen, weshalb sich auch hier nicht von Wald im eigentlichen Sinn sprechen läßt. Die reale Vegetation wird vielmehr von Forsten bestimmt, die einerseits den über Jahrhunderte andauernden Einfluß des Menschen widerspiegeln, andererseits in Gestalt der Forstwirtschaft auch heute noch die Ausprägung der Vegetation bestimmen.

Im Westen gelangt im kristallinen Vorspessart das Grundgebirge an die Erdoberfläche und bildet damit einen weiteren Landschaftstyp. Daneben hat Unterfranken noch Anteil an der Untermainebene und damit dem Oberrheingrabensystem. Die dort völlig verschiedenen natürlichen Grundlagen, vorweg das mildere Klima und die junge geologische Vergangenheit, drücken sich in anderen landschaftsökologischen Bedingungen aus. Damit ist bereits angeklungen, daß die westlichen Rahmenhöhen Unterfrankens nicht nur eine natürliche, sondern auch eine wichtige kulturelle Grenze bilden, was sich beispielsweise linguistisch in der Grenze zwischen west/ostfränkischen Dialekten oder ökonomisch in der Orientierung des Aschaffenburger Bereiches zum Rhein-Main-Verdichtungsraum äußert.

10.2   Natürliche Grundlagen

Erheblich stärker als die östlichen Rahmenhöhen fallen Spessart und Rhön durch ihre Andersartigkeit auf. Das viel feuchtere Klima und die geologischen Verhältnisse mit dem wenig fruchtbaren Buntsandstein und der Besonderheit der Vulkanite der Hohen Rhön und schließlich die andersartige potentielle natürliche Vegetation machen die westlichen Rahmenhöhen Unterfrankens zu einer Landschaft, die sich mit unübersehbaren Grenzen von ihrer Umgebung absetzt.

10.2.1   Geologie

Die Geologie des Spessarts, des Odenwalds, aber auch der gesamten Südrhön wird vom Buntsandstein, der ältesten Abteilung der Trias (ab 225 Mio. Jahre vor heute), mit seiner geringen petrographischen Variabilität geprägt. Aus dem Bild der geologischen Karte (Abb. 10) fällt spontan die Einheitlichkeit des Buntsandsteins heraus, die den viel wechselhafteren und stärker gegliederten Verhältnissen im übrigen Unterfranken gegenübersteht. Diese Einheitlichkeit findet auch in den ökologischen Verhältnissen ihren Ausdruck.

Grundsätzlich zu trennen von den Sedimentgesteinen Unterfrankens sind nur zwei Bereiche mit Gesteinen vollkommen anderer Entstehung: die Vulkanite der Hohen Rhön und die Metamorphite des Kristallinen Vorspessarts. Sie unterscheiden sich sowohl in ihrer Entstehung als auch in ihrer Petrographie stark von den Sedimenten der Trias. Beide fallen deshalb schon durch ihre anderen Oberflächenformen auf, daneben tragen sie andere Böden und geben anderen Pflanzengesellschaften eine Existenzgrundlage. Obwohl beide nur in relativ kleinen Gebieten anstehen, konnten sich jeweils eigenständige Landschaftstypen herausbilden.

Paläogeographie und Petrographie des Buntsandsteins

Wo die spätere Wiederabtragung nicht das Grundgebirge erreichte, wurde in Spessart und Südrhön der Buntsandstein freigelegt. Der bei weitem umfangreichste Teil der Schichtenfolge ist aus einheitlich nährstoffarmen Gesteinen aufgebaut, was sich auch im wenig abwechslungsreichen Landschaftsbild widerspiegelt. Lediglich im Übergang zum Muschelkalkmeer begannen sich am Ende des Buntsandsteinzeitraums die Umweltbedingungen zu verändern, was an den Röttonen deutlich wird, die viel bessere Bedingungen für die Landnutzung bieten. Zur genaueren Beschreibung der Gesteine des Spessarts vgl. MURAWSKI (1992).

    Hauptbuntsandstein (Unterer und Mittlerer Buntsandstein; su, sm). Die Vorstellungen über die Umweltbedingungen zur Ablagerungszeit des Buntsandsteins sind verhältnismäßig unsicher. Die sandigen Ablagerungen stammen aus dem verzweigten Flußsystem eines Binnenbeckens, während die tonigeren Zwischenlagen eine zwischenzeitlich größere Entfernung vom Liefergebiet und längere Transportwege mit stärkerer Zerkleinerung andeuten. Dazwischen kommen auch Dünenablagerungen vor, allerdings selten. Die Wasserführung schwankte als Folge des hochkontinentalen Klimas saisonal stark. Das semiaride Klima ließ nur eine subtropische Savannen- bis Wüstenvegetation zu (MADER 1990, S. 101–102).

    Die auffällige Rotfärbung wurde oft mit der Trockenheit des Klimas in Verbindung gebracht (SCHWARZMEIER 1981). Es kann aber ebenso intensive chemische Verwitterung in den Liefergebieten unter feuchtwarmen Verhältnissen dafür verantwortlich sein. Dafür spricht auch die Tatsache, daß zum überwiegenden Anteil nur Quarzkörner den Buntsandstein aufbauen, die bei der chemischen Verwitterung als einziges Restprodukt übrigblieben. Sie wurden von Flüssen aus dem Vindelizischen Land herantransportiert und im Germanischen Becken abgelagert. Andererseits sind viele Gesteine des Buntsandsteins außerhalb von Unterfranken hell, wobei nicht klar ist, ob die Entfärbung sekundär erfolgte oder die helle Färbung schon primär existierte.

    Die Schichtenfolge des Buntsandsteins beginnt mit dem Bröckelschiefer, der jedoch landschaftlich kaum eine Rolle spielt. Der gesamte restliche Untere und Mittlere Buntsandstein, zusammen rund 400 m mächtig, besteht aus einer relativ wenig variablen Wechselfolge. Darin wechseln Sandsteine unterschiedlicher Festigkeit, die jeweils nur Mächtigkeiten von einigen Dezimetern erreichen, mit ganz flachen tonigen Lagen ab. Es überwiegen die bekannten roten Sandsteine, teilweise durch Grundwasser gebleicht und daher heller (Heigenbrückener Sandstein).

    In der Landschaft macht sich vor allen Dingen der Tongehalt der einzelnen Schichten bemerkbar, denn er entscheidet über die Möglichkeit einer, wenn auch bescheidenen, Landnutzung. Tone können aus verschiedenen Quellen stammen: aus den Tonlagen, aus Tongallen, kleinen, zentimetergroßen Toneinschlüssen innerhalb der Sandsteine oder aus dem tonigen Bindemittel, welches die Quarzkörner der Sandsteine zusammenhält. Insbesondere die Gesteine der Salmünster-Folge am Übergang Unterer/Mittlerer Buntsandstein stellen die Basis der meisten Rodungsinseln dar, die das Bild der geschlossenen Walddecke vor allem im Nordspessart auflockern. Oft erstrecken sich die Äcker auf flacheren Geländeteilen im Bereich der Hangschultern, während die Täler darunter, steiler eingetieft, nur den Siedlungen Platz bieten. Reine Sandsteine können zu über 90 % aus Quarzkörnern bestehen (RUTTE 1981, S. 60). Wenn die Einzelkörner auch noch quarzitisch gebunden sind, liefern sie bei der Verwitterung fast keine Tonminerale. Aus ihnen bilden sich sehr unfruchtbare

Böden, die sich nicht landwirtschaftlich nutzen lassen und ausgedehnte Wälder tragen (Buntsandstein = „das nationale Unglück Deutschlands", wie es ein Geologe des ausgehenden 19. Jh. formulierte).

Röttone (Oberer Buntsandstein; so). Nur zu Beginn des Oberen Buntsandsteins wurden noch harte Sandsteine abgelagert (Plattensandstein), die verbreitet als Bausteine Verwendung fanden und noch heute abgebaut werden. Gegen Ende des Ablagerungszeitraums des Buntsandsteins begannen sich die Bedingungen allmählich zu verändern. Die Röttone entstanden als Deltaablagerungen im Küstenbereich und weisen deshalb erheblich mehr Tonanteile auf. Höhere Niederschläge ermöglichten einer üppigen Vegetation mit Baumfarnen die Existenz, und es bildeten sich ausgereifte Böden mit brauner Färbung (Chernozems). Eine ausgeprägte Trockenzeit ist nicht mehr auszumachen (MADER 1990, S. 306). Mit diesen Veränderungen kündigte sich bereits der grundlegende Wandel der Umweltbedingungen an, bevor das Muschelkalkmeer das Land überschwemmte.

In der Landschaft erkennt man die Zone der Röttone problemlos an der weitverbreiteten Landwirtschaft sowie der deutlich roten Bodenfärbung. Sie stehen vor dem gesamten Ostrand des Spessarts zumeist östlich des Maintals an und gehen oft fast unmerklich auf die Mainfränkischen Platten über. Verbreitet sind Röttone zwischen der Fränkischen Saale und dem Fuß der Südrhön, dann wieder auf den Höhen der Südrhön. Dieser Bereich zwischen Spessart und Hochrhön fällt durch weitflächigen Ackerbau, durchsetzt mit Wiesennutzung, aus dem Bild des geschlossenen Waldkleides der westlichen Rahmenhöhen heraus. Oft erhielten diese Gebiete einen, wenn auch dünnen, Lößschleier, was die Bodenbedingungen noch verbesserte.

Metamorphe und magmatische Gesteine

Gesteine, die nicht durch Sedimentation entstanden sind, beschränken sich in Unterfranken auf kleinere Bereiche. Dabei müssen wiederum zwei sehr unterschiedliche Entstehungsmechanismen unterschieden werden: die metamorphen Gesteine (Metamorphite) im Kristallinen Vorspessart und die magmatischen Gesteine (Magmatite) der Rhön. Beiden gemeinsam ist ihr Aufbau aus Gesteinskristallen, die noch im ursprünglichen Gesteinsverband stecken, im Gegensatz zu den Sedimenten des restlichen Unterfrankens, die aus abgetragenen und wieder verbackenen Partikeln bestehen. Diese ursprüngliche Gesteinsstruktur hat erhebliche Folgen für die Landschaft. Die einzelnen Kristalle sind bei der Verwitterung sehr schwer voneinander zu trennen, die Gesteine daher geomorphologisch härter und häufig Ursache für auffällige Oberflächenformen. Tonminerale, die in Sedimentgesteinen in unterschiedlichem Maße bereits vorhanden sind, fehlen kristallinen Gesteinen. So entscheidet der Gehalt an bestimmten Silikaten (vor allem Glimmer, Feldspat, Hornblende, Olivin), aus denen bei der Verwitterung die Tonminerale entstehen, über die Fruchtbarkeit der Böden auf diesen Gesteinen.

Kristalliner Vorspessart. Westlich dem Buntsandsteinspessart vorgelagert, wird der „Kristalline Vorspessart" als eigenständige Landschaftseinheit ausgegliedert. Er gehört als Teil des Grundgebirges zu einer geologisch erheblich älteren Zeitstufe, entstanden ohne Zusammenhang mit den übrigen Formationen Unterfrankens. Seine heutige Position an der Erdoberfläche verdankt er drei separaten, ursächlich nicht zusammengehörigen Schritten der geologischen Entwicklung.

Kristalline Gesteine bilden heute als Grundgebirge die Basis Europas. Dazu rechnet man neben Metamorphiten auch Plutonite, in der Tiefe der Erdkruste neu entstandene Gesteine, wie z. B. Granit. Die Gesteine des Vorspessarts entstanden während der variskischen Gebirgsbildung, über 300 Mio. Jahre vor heute, im Umfeld einer anderen plattentektonischen Situation bei noch völlig anderen Kontinentumrissen. Die vorhandenen Gesteine wurden dabei durch Metamorphose umgestaltet, d. h. durch extremen Druck und hohe Temperatur im Erdinneren verändert. Die Veränderungen während der Metamorphose waren so stark, daß andere Minerale mit anderen petrographischen Eigenschaften neu entstanden.

Viele Millionen Jahre später wurde der Gebirgsrumpf zum Senkungsgebiet des Germanischen Beckens, und es begann die Ablagerungsfolge der Trias. Die kristallinen Gesteine wurden unter einer bis zu 1200 m mächtigen Decke von Sedimentgesteinen, dem Deckgebirge, begraben. Auch über dem Vorspessart lagerten einst die Schichten von Buntsandstein, Muschelkalk und Keuper (das Jurameer hatte vor der sich bereits langsam hebenden Spessart-Rhön-Schwelle geendet und nur noch das östliche Unterfranken bedeckt).

Abermals nach einer Unterbrechung von Jahrmillionen sorgte eine weitere Gebirgsbildung, die der Alpen, in der gesamten Süddeutschen Großscholle wieder für tektonische Unruhe mit regional differierender Aufwölbung, Zerrung, Absenkung und Anhebung. Auf diese Weise gelangten Reste des alten, kristallinen Gebirgsrumpfes u. a. im Erzgebirge, Thüringer Wald, Frankenwald, Fichtelgebirge und Bayerischen Wald wieder an die Oberfläche. Am Rand des Oberrheingrabens gelegen, wurde der Vorspessart so stark angehoben, daß sein ehemaliges Deckgebirge vollständig abgetragen wurde, wie aus Abb. 6 ersichtlich ist.

Entscheidend für die Landschaftsökologie von heute sind die petrographischen Bedingungen der Gesteine des Vorspessarts, deren Eigenschaften und Aufbau sich grundlegend von den Sedimentgesteinen des übrigen Unterfrankens unterscheiden. Gneise verwittern aufgrund ihrer Glimmeranteile zu meist relativ fruchtbaren Böden, woraus sich der erhebliche Ackerlandanteil erklärt, der nach der Fahrt über den bewaldeten Buntsandsteinspessart auffällt. Die harte, kaum fruchtbare Böden liefernde Quarzit-Glimmerschiefer-Serie bildet den Abschluß des Vorspessarts nach Nordwesten und hebt sich landschaftlich als der bewaldete Höhenzug des Hahnenkamms deutlich ab. Die hohe Verwitterungsresistenz der Quarzite bewirkt auch, daß dieser Bereich weniger stark abgetragen werden konnte und geomorphologisch als Anhöhe erhalten blieb, der „Vorspessart" im eigentlichen Sinn. Nach Nordwesten wird das Kristallin von den jungen Sedimenten des Oberrheingrabens bedeckt.

Vulkanite der Rhön. Die Vulkanite der Rhön sind die einzigen Gesteine in Unterfranken, die direkt aus Gesteinsschmelze (Lava) hervorgingen. Sie sind, geologisch betrachtet, sehr jung, drangen erst vor wenigen Jahrmillionen an die Oberfläche und durchstießen dabei fast den gesamten Unterbau aus Grundgebirge, Buntsandstein und Muschelkalk. Obwohl nicht klar ist, ob die Lava die Erdoberfläche überhaupt ganz erreichte, entsprechen chemische Zusammensetzung und Struktur der Basalte und Phonolithe in der Rhön den rasch erstarrten Oberflächengesteinen. Daher muß man von Vulkaniten und nicht von Tiefengesteinen (Plutoniten) sprechen, die in mehreren Kilometern Tiefe langsam erstarren. Der Vulkanismus selbst muß im Zusammenhang mit der jüngeren tektonischen Entwicklung und der Heraushebung der Spessart-Rhön-Schwelle betrachtet werden. Die Freilegung der nur unterirdisch aufgedrungenen Lava durch geomorphologische Prozesse mit der Herausbildung des heutigen Reliefs der Rhön ist dagegen im Kontext der Landschaftsgenese und Tektonik zu sehen.

Die tektonische Entwicklung der Rhön wird von der Lage an der Nordspitze der Süddeutschen Großscholle bestimmt, im Schnittpunkt der Grabenbruchzone Oberrheingraben–Nordhessen–Leinegraben mit der Hauptstörung der Fränkischen Linie (vgl. Abb. 11).

Eng verwandt sind die Rhönvulkane mit dem westlich benachbarten Vogelsberg. Die vulkanische Aktivität verlief parallel zur Anhebung der Spessart-Rhön-Schwelle vom Meeresniveau auf die heutige Höhe. Nach den heutigen Erkenntnissen erfolgte die Förderung zwischen 25 und 17 Mio. Jahren vor heute mit einem deutlichen Maximum bei 22 bis 18 Mio. Sie sind damit anscheinend bedeutend älter, als man bisher annahm. Nur einzelne Basalte drangen auch später (14–11 Mio.) noch auf (LIPPOLT, HORN u. TODT 1983).

Im Zusammenhang mit der Hebung kam es zu Brüchen und Verwerfungen im Untergrund. Die Laven drangen aus tieferen Schichten entlang dieser Störungen auf, erreichten aber die Erdoberfläche nicht ganz, sondern blieben im Gesteinsverband des Buntsandsteins und des Muschelkalks stecken. Hier drangen sie teilweise seitlich als Lagergangbasalte in horizontale Klüfte ein; teilweise blieben die Förderröhren als Schlote stecken, bevor sie schließlich erstarrten. Oberflächlich ausgetretene Lava gibt es in der Rhön nicht (RUTTE 1981, S. 172–176). Erst die weitere Verwitterung und Abtragung der umgebenden Erdoberfläche legte später die Schlote und Lager frei.

Die am weitesten verbreiteten Vulkanite der Rhön sind Basalte, die durch einen basischen Gesteinschemismus gekennzeichnet sind. Daneben findet man Phonolithe, ebenfalls vulkanische Gesteine, die allerdings nur in der westlichen Rhön anstehen und einen stärker sauren Charakter haben. Auffällig sind die manchmal zu beobachtenden Säulen mit fünf bis sieben Kanten, die als Abkühlungsformen gedeutet werden. Durch die mit der Erstarrung verbundene Volumenabnahme kommt es zu inneren Bewegungen und Verschiebungen, die letztlich von der chemischen Zusammensetzung des Gesteins gesteuert werden und in dieser Form auf Basalte und Phonolithe beschränkt sind. Die Basalt- und Phonolithsäulen bilden sich im rechten Winkel zur Abkühlungsfläche, so daß aus dem heute freigelegten Säulenmuster die einstigen Lagerungsverhältnisse erschlossen werden können.

Aufgrund ihrer geomorphologischen Härte sind die Vulkane im Landschaftsbild überall sichtbar. Die mikroskopisch feine Kristallstruktur des Basalts bildet massige Gesteine und läßt zwischen den Kristallkörnern kaum Zwischenräume, die einen Ansatzpunkt für Verwitterung bieten könnten. Da sie deshalb geomorphologisch härter sind als die umgebenden, schneller verwitternden Sedimentgesteine, sind Basalte fast immer als Erhebungen in der Landschaft zu sehen. Großflächig bestimmen sie nur den eng umgrenzten Bereich der Hochrhön, wo ausgedehnte Lagergänge bestanden. In der gesamten Südrhön, aber auch in der nördlich und westlich anschließenden Kuppenrhön wurden die einzelnstehenden Basaltschlote herauspräpariert und bestimmen in unterschiedlicher Häufung das Landschaftsbild.

Auf verwittertem Basalt entwickeln sich im Prinzip Böden mit geringem Säuregrad, hohem Mineralgehalt und daher im allgemeinen hoher Fruchtbarkeit. Einer intensiven Nutzung steht in unserem Raum nur die Höhenlage der Rhön von über 800 m entgegen, womit sich diese Gebiete nochmals 300 m über den Buntsandsteinsockel erheben und die mit Abstand höchsten in Unterfranken sind. Sie sind bereits der submontanen Stufe der Mittelgebirge zuzuordnen, was sich in den Klimaverhältnissen ausdrückt, die die Möglichkeiten der Landnutzung stark einschränken.

10.2.2 Klima und Hydrologie

Schon beim ersten Blick auf die Klimakarten fällt das Band der westlichen Rahmenhöhen als klimatisch deutlich anders geprägter Teilbereich Unterfrankens heraus. Die Temperaturen liegen niedriger, die Niederschläge höher, aber auch die im Gegensatz zum stärker kontinen-

tal geprägten Rest Unterfrankens ausgeprägt ozeanische Tönung des Klimas grenzt sie sehr
deutlich ab. Die klimatischen Bedingungen in Spessart und Rhön unterscheiden sich weniger
als die geologischen Verhältnisse.

Niederschlag

Die Jahresniederschläge liegen im zentralen Spessart mit über 1000 mm fast doppelt so hoch
wie in den trockensten Teilen der Mainfränkischen Platten und auch erheblich über denjenigen der östlichen Rahmenhöhen Unterfrankens (vgl. Abb. 13). Es ist interessant, daß die
viel höher gelegene Rhön im Jahresmittel nicht wesentlich mehr Regen erhält. Das ist auf die
Position des Spessarts als Regenfänger am Rande des Oberrheingrabens zurückzuführen,
während die Rhön im Regenschatten des Vogelsbergs liegt.

Das Bild differenziert sich jedoch beim Vergleich der Jahresniederschläge mit den
Niederschlagssummen während der Vegetationsperiode (Abb. 14), die einen deutlich stärkeren Unterschied zwischen Rhön und Spessart zeigen. Hier kommt der jahreszeitliche Wandel
der regenbringenden Windrichtungen zum Tragen. Sie drehen im Frühsommer auf Nordwesten, weshalb nun der Spessart im Windschatten des Vogelsbergs liegt, die Rhön aber
erheblich mehr Niederschlag erhält, was deren Sonderstellung als kühlfeuchtes Gebirge
unterstreicht. Der Spessart erhält dagegen sein Niederschlagsmaximum im Winter.

Ein Vergleich mit den Mainfränkischen Platten zeigt, daß die Niederschläge im Spessart
im Jahresmittel zwar doppelt so hoch sind, die Werte von Mai bis Juli aber nur etwa das
1 1/2fache erreichen. Dazu kommen auch im Spessart auftretende sommerliche Trockenperioden, die sich wegen der höheren Temperaturen und der damit verbundenen Verdunstung
viel stärker auswirken als in der höher gelegenen Rhön und sogar Anlaß gaben, in den
Spessarttälern Bewässerungsweiden anzulegen.

Auffällig ist schließlich die Niederschlagsdepression von Nordspessart und Südrhön,
beide ganzjährig im Regenschatten des Vogelsberges gelegen. Sie ist während der Vegetationsperiode noch deutlicher ausgeprägt als im Jahresdurchschnitt. In der Kombination mit
günstigem Temperaturregime und besseren Böden (Röttone, teils dünne Lößauflage) liegen
die Gründe für den hier ausnahmsweise verstärkten Ackerbau.

Temperatur

Die Sonderstellung der Rhön wird bestätigt bei der Betrachtung der mittleren Temperatur
der Vegetationsperiode (vgl. Abb. 15), die in erster Linie von der Höhenlage abhängt und
in der Hohen Rhön mit 11–12 °C kaum die für das Pflanzenwachstum wichtige Grenze
von 10 °C übersteigt. Dieser Wert, der die Vegetationsperiode abgrenzt, wird hier nur an
110 bis 120 Tagen erreicht, einen vollen Monat weniger als im zentralen Unterfranken (vgl.
Abb. 16).

Der Spessart genießt während dieses Zeitraums dagegen mit rd. 14 °C nur wenig
kühlere Temperaturen als die Mainfränkischen Platten und ist ebenso warm wie Steigerwald,
Haßberge und sogar Teile der Wern-Lauer-Platten. Seine Vegetationsperiode ist nur um etwa
10 Tage kürzer. Der klimatische Unterschied des Spessarts zum restlichen Unterfranken
beruht also weniger auf der Temperatur, sondern auf den Niederschlagswerten.

Jahresgang und Ozeanität des Klimas

Sämtliche Bereiche der westlichen Rahmenhöhen Unterfrankens fallen hingegen wieder bei
der Beurteilung des Jahresgangs und der Kontinentalität des Klimas auf. Die Klima-

diagramme von Bad Kissingen, Steinbach b. Lohr und Bischbrunn, die in Abb. 17 wiedergegeben sind, zeigen trotz unterschiedlicher Gesamthöhe der Niederschläge übereinstimmend ein deutliches Maximum im Winter. Dieser Jahresgang, der für Mittelgebirge typisch ist, unterscheidet sich von allen übrigen Stationen in Unterfranken.

Der Anstieg der Niederschläge im Frühsommer, der sonst in Unterfranken ab April einsetzt, ist in den westlichen Rahmenhöhen verzögert. In Bischbrunn liegt das Minimum sogar im Mai. Bei den Stationen am Untermain, Kahl und Miltenberg, ist der verzögerte Niederschlagsanstieg im Frühling ebenfalls zu erkennen, was dort infolge der höheren Temperaturen zu Trockenheitsschäden in der Landwirtschaft führen kann. Wichtig für die Vegetation sind die im Verhältnis zu den Mainfränkischen Platten kaum gedämpften Juliniederschläge. Die Dezemberwerte liegen am Untermain wieder unter den Sommerniederschlägen.

Die Temperaturkurven der Klimadiagramme in den westlichen Rahmenhöhen besitzen allgemein einen ausgeglicheneren Verlauf mit flacherem Anstieg und geringerem Maximum als die weiter östlich gelegenen. Die durchschnittlichen winterlichen Minima liegen weniger tief, in Kahl und Miltenberg sogar im Januar über dem Gefrierpunkt. Selbst das 411 m hoch gelegene Bischbrunn hat höhere Wintertemperaturen als die Stationen der östlichen Rahmenhöhen. Der gedämpfte Temperaturgang, verbunden mit höheren und vor allem gleichmäßiger verteilten Niederschlägen, zeigt deutlich die ozeanischen Züge des Klimas im Westen Unterfrankens. Hierauf reagiert die Vegetation stark, und die Artenzusammensetzung aller Pflanzengesellschaften weicht klar vom übrigen Raum ab.

Humidität

Aufgrund des hohen Anteils der Winterniederschläge am Gesamtniederschlag fließt in den westlichen Rahmenhöhen ein überproportional hoher Anteil ab. Die niedrigen Temperaturen sind dann für die geringe Evaporation (Oberflächenverdunstung) verantwortlich, und die Transpiration (Pflanzenatmung) spielt kaum eine Rolle. Deshalb beträgt die mittlere Abflußspende von Rhön und Spessart verbreitet 500, in den Zentralbereichen der Rhön sogar 700 mm/m² · Jahr. Damit fließt hier die Hälfte bis zu zwei Dritteln der gesamten Niederschlagsspende ab, viermal soviel wie in den trockensten Teilen der Mainfränkischen Platten. Die hohen Abflußwerte führen in den Böden verstärkt zu Auswaschungsverlusten, die sich in der geringeren Fruchtbarkeit niederschlagen und die Nährstoffarmut der Buntsandsteinverwitterung noch verstärken.

Es besteht ein deutlicher Unterschied zwischen Luv- und Leelage. Weil die Niederschläge auf der Westseite des Spessarts verstärkt bei hohen Temperaturen im Hoch- und Spätsommer fallen, steigt dort die Verdunstungsrate auf bis zu 600 mm, und die Abflußrate sinkt auf unter 400 mm/m² · Jahr. Dagegen verdunsten die Niederschläge des Zentralspessarts, deren Höhe vor allem auf die Winterniederschläge zurückzuführen ist, zu einem geringeren Teil, woraus sich die sehr hohen Abflußwerte ergeben (GIESSNER 1982, S. 122–123).

Die Hochrhön nimmt klimatisch und hydrologisch eine absolute Sonderstellung in Unterfranken ein, worauf sich schon die Einstufung als perhumid bezieht. Obwohl die Niederschläge mit rund 1100 mm nicht höher als im zentralen Spessart sind, reduziert sich die Verdunstung aufgrund der niedrigeren Temperaturen auf nur noch rund 400 mm, so daß hier zwei Drittel des Niederschlags als Abflußspende zur Verfügung stehen. Bei gleichzeitig geringen jährlichen Temperaturschwankungen (um 16,5 °C), niedrigen Temperaturmaxima und guter Niederschlagsversorgung im Sommer sind die klimatischen Voraussetzungen für die Bildung von Hochmooren erfüllt.

Gewässernetzdichte und Abflußregime

Auch das Abflußregime der Gewässer der westlichen Rahmenhöhen ist trotz allgemein hoher Niederschläge durch einen deutlich ausgeprägten Jahresgang gekennzeichnet. Im Gegensatz zum übrigen Unterfranken spielt hier neben dem winterlichen Niederschlagsmaximum die Schneeschmelze mit Abflußspitze im Spätwinter bereits eine gewisse Rolle. So liegen die Werte für Fränkische Saale (Pegel Bad Kissingen) und Sinn (Pegel Mittelsinn) im Januar, Februar und März um fast das Doppelte über dem Jahresdurchschnitt. Der Anteil zwischen Winter- und Sommerhalbjahr an der jährlichen Abflußhöhe liegt bei 3:7. Bei der Saale ist die Spitze sogar deutlicher ausgeprägt und erreicht im März mit 15,5 % des Jahresabflusses ihren Gipfel gegenüber dem Minimum von 4,1 % im September (KERN 1973, S. 9–10).

In dieser Verteilung zeigt sich die rasche Reaktion des Wasserabflusses auf die Niederschlagsschwankungen. Sie hat ihre Ursache im geringen Wasserspeichervermögen der wenig tonhaltigen Buntsandsteinbereiche. Alle Bäche sind ganzjährig wasserführend und stehen damit im scharfen Kontrast zu den angrenzenden Mainfränkischen Platten. In der Folge ergibt sich aus diesen Parametern eine mittlere Gewässernetzdichte.

Das regenreiche, ozeanisch getönte Klima ist in Verbindung mit dem Vorherrschen wenig nährstoffreicher Sandsteine für die Ausbildung der Bodenverhältnisse verantwortlich, die sich in den westlichen Rahmenhöhen deutlich vom übrigen Unterfranken absetzen. Die Folge davon ist in der Zusammensetzung der potentiellen natürlichen Vegetation abzulesen und, vielleicht noch deutlicher, an der realen Vegetation. Die mittelalterliche Landwirtschaft hat die Nährstoffarmut und Versauerungstendenz der Böden durch bestimmte Nutzungs-formen allerdings noch verstärkt, woraus sich erst der heute hohe Anteil von Wäldern erklärt.

10.2.3 Potentielle natürliche Vegetation

Wälder bestimmen große Teile des Landschaftsbildes der westlichen Rahmenhöhen. Gemeinsames Merkmal der ausgegliederten Gesellschaften ist ihre Zugehörigkeit zu den Buchenwäldern *(Fagion)* mit der Dominanz der Rotbuche *(Fagus sylvatica)* in der Baum-schicht. Fast flächendeckend werden die ökologischen Ansprüche der Buchen hier erfüllt: nicht zu trockene, nicht staunasse und nicht zu stark frostgefährdete, insgesamt also öko-logisch gemäßigte Standorte ohne Extrema. Wiederum lassen sich allerdings die durch Geo-logie, Böden und Klima abgrenzbaren Teillandschaften Hochrhön, Südrhön/Nordspessart, Zentralspessart, Spessartostabdachung differenzieren, deren ökologische Verhältnisse von den Pflanzengesellschaften nachgezeichnet werden. Hinsichtlich des Artenreichtums und der Bodenverhältnisse gehören die Buchenwälder der westlichen Rahmenhöhen zwei un-terschiedlichen Typen an.

Weithin dominiert der Moder-Buchenwald die potentielle Vegetation auf Buntsandstein. Er wird nach der Humusform Moder allen übrigen Buchenwäldern Unterfrankens gegen-übergestellt und ist in erster Linie durch Nährstoffarmut und ein entsprechend eingeschränk-tes Artenspektrum gekennzeichnet. Analog zu den geologischen Gegebenheiten fällt auch in der Karte der potentiellen natürlichen Vegetation (Abb. 19) die Einheitlichkeit des zusam-menhängenden Areals der Moder-Buchenwälder in Spessart und Südrhön auf.

Selbst die zentrale Rhön gehört noch zum Buchenwaldgebiet, wobei hier der einzige Be-reich Unterfrankens mit einer deutlichen Höhenstufung der Vegetation erreicht ist und der einzige Bereich mit natürlicherweise nennenswertem Nadelbaumanteil. Aufgrund des Nähr-stoffreichtums der Basaltverwitterung entwickelt sich hier der Zahnwurz-Buchenwald, der

Tabelle 13 Wichtigste Gehölzarten der Moder-Buchenwälder (Hainsimsen-Buchenwald, *Luzulo-Fagetum*)	*Fagus sylvatica* *Quercus petraea* *Abies alba* *Acer pseudoplatanus*	Rotbuche Traubeneiche Weißtanne Bergahorn

hinsichtlich Artenreichtum, Nährstoffansprüchen und edaphischen Bedingungen den Mull-Buchenwäldern zuzurechnen ist.

Schließlich ist die landschaftliche Besonderheit der Hochmoore in der Rhön zu erwähnen, deren Existenz auf eine besondere Kombination der Ökofaktoren Relief, Temperatur und Niederschlag zurückzuführen ist, die jedoch auch unter natürlichen Bedingungen nur sehr kleine Areale einnehmen.

Moder-Buchenwälder

Grundsätzlich abzugrenzen von den Mull-Buchenwäldern, deren vielfältige Gesellschaften nährstoffreiche Kalk- und Lehmböden der Mainfränkischen Platten bedecken, sind die Moder-Buchenwälder (ELLENBERG 1986, S. 147), in Unterfranken regelmäßig als Hainsimsen-Buchenwald (*Luzulo-Fagetum*; OBERDORFER 1992, S. 202) einzustufen. Wie keine der anderen Buchenwaldgesellschaften ist der Moder-Buchenwald durch charakteristische ökologische Eigenschaften abgrenzbar, wie sie typischerweise auf den Buntsandsteinen der deutschen Mittelgebirge ausgeprägt sind. In Unterfranken deckt sich das Areal weitgehend mit dem Buntsandstein in Spessart und Südrhön, wozu noch die vergleichbaren Schilf- und Burgsandsteingebiete des Keupers kommen, die in den östlichen Rahmenhöhen aber weniger einheitlich und nur kleinräumig anstehen.

Kennzeichnend für die Standortökologie der Moder-Buchenwälder ist die Ausbildung des Humus. Er liegt als Moder vor, der infolge der reduzierten Tätigkeit der Mikroorganismen nur teilweise abgebaut ist und in dem noch deutlich Pflanzenteile sichtbar sind. Wegen der geringen Anzahl an Regenwürmern werden anorganische und organische Bestandteile kaum durchmischt. Moder liegt als Auflagehumus deutlich getrennt auf dem Bodenmaterial, was zu einer Anreicherung von Huminsäuren führt. Es fehlt hier die innige Verbindung zum Ton-Humus-Komplex, wie dies beim Mull der Fall ist. Moder als Humusform und die Anreicherung von Huminsäuren charakterisieren den Bodentyp der podsoligen Braunerde, der nicht von dieser Vegetation zu trennen ist und mit ihr ein Teilökosystem bildet.

Die bodensauren, nährstoffarmen Verhältnisse bedingen eine Artenarmut, welche die Krautschicht noch stärker betrifft als die Baumschicht, die in Tab. 13 wiedergegeben ist. Charakterart für erstere ist die Weiße Hainsimse (*Luzula luzuloides* bzw. *albida*). Die Baumschicht wird weitgehend von der Rotbuche *(Fagus sylvatica)* aufgebaut, zu der sich in höheren, feuchteren Lagen die Weißtanne *(Abies alba)* gesellen kann, was in Unterfranken höchstens in der Rhön zutreffen dürfte. Im physiognomischen Aufbau und in der Entwicklungsdynamik ähnelt der Moder- dem Mull-Buchenwald weitgehend.

Zahnwurz-Buchenwald

Die Hochlagen der Rhön besitzen kühlere und feuchtere, im ganzen perhumide Klimabedingungen. Gleichzeitig werden die Standortbedingungen infolge der Basaltverwitterung durch gegenüber den Buntsandsteinbereichen erheblich nährstoffreichere Böden gekennzeichnet, so daß sich Mullhumus bilden kann. Die Kombination dieser Standortfaktoren ist die Voraussetzung für einen artenreichen, anspruchsvollen Edellaubwald, der kleinräumig

Fagus sylvatica	Rotbuche	**Tabelle 14**
Acer pseudoplatanus	Bergahorn	Wichtigste Gehölzarten des
Picea abies	Fichte	Zahnwurz-Buchenwaldes
Abies alba	Weißtanne	*(Dentario bulbiferae-Fagetum)*
Sorbus aucuparia	Eberesche	
Fraxinus excelsior	Gewöhnliche Esche	
Ulmus glabra	Bergulme	

auch in Bereichen des Steigerwalds vorkommt. Leitgesellschaft ist der Zahnwurz-Buchenwald, der die Höhenstufe der Mull-Buchenwälder bildet.

Vor allem im Artenreichtum der Baumschicht unterscheidet sich der Zahnwurz-Buchenwald *(Dentario bulbiferae-Fagetum)* von den anderen Buchenwäldern, da ihm einige Edellaubhölzer beigemischt sind, die teilweise sogar eigenständige Gesellschaften bilden können. In der Rhön ist dies vor allem an engen, schattigen, feuchten Steilhängen und auf den Blockhalden der Basalte der Fall, wo die Buche zurücktritt (Schluchtwälder).

Ein Vergleich von Tab. 13 und 14 zeigt den erheblichen Unterschied im Artenreichtum beider Pflanzengesellschaften. Während die Eiche im kühleren Klima der höheren Lagen völlig zurücktritt, gesellen sich neben den Edellaubhölzern bereits Nadelhölzer dazu, die im Steigerwald noch fehlen. Nadelbäume würden aber auch in der Hochrhön die Vegetation potentiell nicht dominieren. Natürliche Nadelwälder kämen in Unterfranken überhaupt nicht vor, sondern als nächstes erst in den Hochlagen des Thüringer Waldes, die im Unterschied zur submontanen Rhön als montan einzustufen sind.

Hochmoore

Hochmoore stellen den für Unterfranken einmaligen Fall der Übereinstimmung zwischen potentiell natürlicher und realer Vegetation dar, wenngleich ihre Anzahl durch Trockenlegungen geschrumpft und der Hochmoorcharakter während des Abbaus stark verändert worden ist. Da die Hochmoorbildung an bestimmte klimatische Bedingungen gebunden ist, ist sie in Unterfranken nur in der Rhön möglich. Niedermoore dagegen benötigen zunächst wasserstauende Bodenverhältnisse als Voraussetzung und können sich deshalb auch im Trockengebiet entwickeln.

Die Bildung von allen Mooren setzt zunächst einen versumpften Untergrund als Folge einer relativen Ebenheit voraus, verbunden mit ständiger Wasserversorgung, etwa aus einer Quelle oder einem Bach, bei gleichzeitig ungünstigen Entwässerungsbedingungen. Diese Bedingungen sind lokal in vielen Bereichen Unterfrankens erfüllt, sogar auf den Mainfränkischen Platten auf stauenden Schichten des Lettenkeupers (Zeubelrieder Moor/nördl. Ochsenfurt). Wird unter zeitweiliger Wasserbedeckung durch Sauerstoffmangel die Humusbildung gehemmt, so kommt es zur Bildung von Torf und damit einem Niedermoor. Jedes Niedermoor ist noch von den Grundwasserverhältnissen abhängig und damit relativ nährstoffreich.

Die Weiterentwicklung zu einem Hochmoor ist demgegenüber an das Auftreten von Massentorfbildnern, den Torfmoosen (*Sphagnum* spec.), gebunden. Sie benötigen hohe Niederschläge bei geringer Verdunstungsrate und bodensaure Verhältnisse, wie sie in Unterfranken nur in der Rhön mit atlantisch getöntem, perhumidem Klima anzutreffen sind. Hochmoore verfügen über enorme Wachstumsraten, so daß in Verbindung mit der fehlenden Zersetzung die Torfbildung immer stärker zunimmt, bis die Oberfläche des Hochmoores nicht mehr vom kapillaren Aufstieg des Grundwassers erreicht wird.

Demgegenüber ist die *Unabhängigkeit* vom Grundwasser das Charakteristikum der Hochmoore, woraus sich besondere ökologische Bedingungen ergeben, die nur wenige spezialisierte Pflanzen ertragen. Infolge der ausschließlichen Abhängigkeit vom Regenwasser fällt die Mineralversorgung aus dem Boden völlig weg. Die resultierende extreme Nährstoffarmut machte bestimmte Pflanzen, wie den Rundblättrigen Sonnentau *(Drosera rotundifolia),* zu Fleischfressern (Insekten). Dazu kommt das durch den Chemismus der Torfmooszellen herbeigeführte stark saure Milieu. Weiter werden die Lebensbedingungen auf einem Hochmoor vom Strahlungshaushalt mit extremen täglichen Temperaturdifferenzen verschärft. Sie sind am Tag durch starke Aufheizung bei Isolation durch den unterlagernden Torfkörper gekennzeichnet, während sich auch im Sommer fast täglich Nachtfrost einstellt.

Hochmoore lassen sich in verschiedene Standorte gliedern, deren unterschiedliche Standortfaktoren sich in der Pflanzenzusammensetzung widerspiegeln. Die Oberfläche ist kleinräumig in niedrige Hügel (Bulten) und unregelmäßige, wassergefüllte Rinnen (Schlenken) gegliedert, die analog zur Wasserversorgung von jeweils unterschiedlichen Pflanzengesellschaften besiedelt werden. Auf den Bulten existieren neben den Torfmoosen Scheidiges Wollgras *(Eriophorum vaginatum),* Schwarze Krähenbeere *(Empetrum nigrum),* Gewöhnliche Moosbeere *(Oxycoccus palustris)* und Moorbeere *(Vaccinium uliginosum).* Die Schlenken werden von anderen Torfmoosarten besiedelt, die auf feuchtere Verhältnisse eingestellt sind. Durch Zusammenbrechen und Austrocknung der Bulten einerseits sowie die Auffüllung der Schlenken mit Torfmaterial andererseits wechseln diese Standorte über die Zeit ab, weshalb man von einem zirkulativen Sukzessionsverband spricht (KNEITZ u. VOSS 1961, S. 14–15).

Das Randgehänge der uhrglasförmigen Aufwölbung ist zwar ebenso gegliedert, insgesamt jedoch trockener, weswegen hier zusätzlich Bäume gedeihen können: Waldkiefer *(Pinus sylvestris),* Moorbirke *(Betula pubescens),* daneben Heidekraut *(Calluna vulgaris).* Die Randsenke, wo die Torfmoose ausklingen, wird durch grundwasserfeuchte und bereits nährstoffreichere Verhältnisse bestimmt, worauf andere Torfmoosarten eingestellt sind, daneben Seggen, Binsen, verschiedene Gräser und Kräuter. Den Bäumen ist es hier jedoch wieder zu feucht.

Die genannten Umweltbedingungen und Entwicklungsschritte machen deutlich, daß die Bildung von Hochmooren in Unterfranken nur ganz lokal in der Rhön und auch dort nicht flächenhaft ausgedehnt erfolgen konnte. Zwei Hochmoore sind erhalten: das Schwarze Moor oberhalb von Leubach und das Rote Moor oberhalb von Gersfeld, letzteres durch Abbau teilweise zerstört. Man muß sich im klaren darüber sein, daß die Entwicklung von Hochmooren zwar die entsprechenden klimatischen Bedingungen, niedrige Temperaturen und hohe Niederschläge, voraussetzt. Primär stellt sie jedoch eine Sukzession von Pflanzengesellschaften dar, die sich ihre eigenen ökologischen Bedingungen, vor allem extreme Nährstoffarmut, schaffen. Dies bedarf eines längeren Zeitraums, dessen Klimaschwankungen somit nicht direkt mit der Moorentwicklung in Zusammenhang gebracht werden können.

Weitere Pflanzengesellschaften

Die Dominanz der Buchenwälder wird in zwei Bereichen unterbrochen. Der Großteil des Ostrandes von Spessart und Rhön, der im Verbreitungsgebiet der Röttone liegt, ist in Abb. 19 als Eichen-Hainbuchenwald ausgegliedert. Hier fallen im Regenschatten der westlichen Rahmenhöhen bereits deutlich geringere Niederschläge, während gleichzeitig die Temperaturen denjenigen der Mainfränkischen Platten nahekommen. Der erheblich höhere Tonanteil der dortigen Böden bedingt relativ häufige, für die Buche nachteilige Staunässe. Gleichzeitig bietet er die Grundlage für Landwirtschaft, verbunden mit der verstärkten Einwirkung des Menschen und der Förderung der Eiche in den verbliebenen Waldresten.

Die Talauen fallen aus dem Bild der Karte wiederum durch ihre Bachuferwälder heraus. Wie in Teilen der östlichen Rahmenhöhen handelt es sich hier um Bach-Eschen-Erlenwälder mit Vorherrschen der Erle, begleitet von wenigen anderen Baumarten. Ihre ökologischen Bedingungen werden nicht nur von der permanenten Wasserversorgung geprägt. Während der Bodenchemismus von relativ saurem Charakter ist wie in der Umgebung, verfügen die Bach-Eschen-Erlenwälder über eine bessere Nährstoffversorgung, was an der Mineralzufuhr durch das Wasser liegt, so daß die Bachufergehölze hier etwas artenreicher sind. An flachen Talstellen mit Überstauung breiten sich reine Erlenbestände aus, deren Laubstreu zur Bildung von anmoorigen Böden auf diesen Standorten beiträgt. Über weite Strecken ist diese Pflanzengesellschaft in Form von Gehölzufersäumen verhältnismäßig naturnah erhalten.

10.3 Landschaftsgenese

Abbildung 57
Landschaftsgenese und Oberflächenformen der Kuppenrhön. Die Basaltkegel der Rhön sind die einzigen Oberflächenformen in Unterfranken, die durch endogene Vorgange im Erdinneren wesentlich bestimmt sind. Parallel zur tektonischen Anhebung der Spessart-Rhön-Schwelle am Rand der Süddeutschen Großscholle kam es zum Aufdringen von Basaltröhren innerhalb der älteren Sediment-gesteine. Sie erreichton die Oberfläche nicht; erst die weiterhin flächenhafte Abtragung legte sie allmählich frei. Da Basalte schwerer verwittern als Sandsteine, blieb ihre Abtragung hinter derjenigen der Umgebung zurück, und die charakteristischen Kuppen wurden herauspräpariert (geomorpho-logische Härte). Wo horizontale Basaltlagergänge die Abtragung auf größeren Flächen behinderten, wie in der Hohen Rhön, konnte die Abtragung mit der tektonischen Anhebung nicht Schritt halten, und dort befinden sich heute die höchsten Gebiete Unterfrankens. Im Raum Geroda südlich von Bad Brückenau wurde später ein Lößschleier auf dem wenig fruchtbaren Buntsandstein abgelagert, der in einem größeren Bereich Ackerbau auf den Hochflächen der Südrhön ermöglicht.

Obwohl Spessart und Rhön von den Mainfränkischen Platten her und mehr noch aus der Sicht des Oberrheingrabens einen deutlichen Kontrast bilden und zunächst klar als Erhebungen aufragen, ist der Höhenunterschied zwischen Mainfränkischen Platten (um 300 m) und Spessart sowie Südrhön (kaum 500 m) mit nur 200 m eigentlich gering. Sie sind damit trotz ihres Waldreichtums und des vielleicht subjektiv anderen Eindrucks nicht als Mittelgebirge, sondern als Hügelländer einzustufen. Nur wenige Gipfel überragen diese Höhe im Spessart um einige Zehner Meter, während ansonsten auch hier eine ebene Landschaftsform als Dachfläche vorherrscht.

Lediglich die Hochrhön erhebt sich nochmals sehr deutlich über dieses Niveau. Hier spielten die Basalte eine große Rolle bei der landschaftlichen Entwicklung. Ihre im Vergleich zu den umgebenden Sedimentgesteinen erheblich größere geomorphologische Härte setzte Verwitterung und Abtragung relativ mehr Widerstand entgegen, so daß die Basalte allmählich herauspräpariert wurden. Sie bilden mit Langer Rhön und Kuppenrhön ganz eigenständige Oberflächenformen. Ihre Herausbildung erfolgte über lange Zeiträume mit unterschiedlichen Bedingungen, die in der Einbindung in die Entwicklungsphasen der gesamten Landschaft zu sehen sind.

10.3.1 Landschaftliche Entwicklungsphasen der westlichen Rahmenhöhen

Für die Erklärung der Reliefentwicklung von Rhön und Spessart sind hauptsächlich die Arbeiten von BÜDEL (1981) und MENSCHING (1957) wichtig. Weitere Arbeiten zu größeren Räumen fehlen, denn Flächenbildung, Vulkanismus und Tektonik verlaufen in Rhön und Spessart parallel, was die Rekonstruktion der Landschaftsgenese und die saubere Trennung dieser Einflüsse enorm erschwert. Im Detail ist die Gliederung der landschaftlichen Entwicklungsphasen von Rhön und Spessart derzeit noch nicht korrelierbar. Andererseits bietet der mit der Tektonik zusammenhängende Vulkanismus der Rhön eine bessere Datierungsmöglichkeit. Nirgendwo sonst in Unterfranken kann man den Beginn der Reliefentwicklung als Primärrumpf im Niveau des Meeres derartig klar ableiten. Das Meer gelangte im Oligozän (vgl. Tab. 4) in zwei Schüben in den sich absenkenden Oberrheingraben. Erst danach begannen tektonische Ausgleichsbewegungen, die ganz Unterfranken anhoben, wobei die höchsten Hebungs- und Verstellungsbeträge in den grabennahen Bereichen der Spessart-Rhön-Schwelle erreicht wurden. Entsprechend intensiv hat hier die Abtragung eingewirkt.

I. Heutige Hochflächen und Vulkanismus

Seit der Ablagerung der Sedimente im Meeresbereich hat sich die Spessart-Rhön-Schwelle, parallel begleitet vom Vulkanismus und dem Einbruch des Oberrheingrabens, herausgehoben. Das erkennt man an der relativen Lage des Grundgebirges, der Buntsandstein- und Muschelkalkschichten. Von letzteren, die auf den Mainfränkischen Platten noch in rund 300 m Höhe liegen, wurden Teile bis in die Hohe Rhön auf über 800 m angehoben. Im Spessart liegen die Hebungsbeträge noch darüber und erreichen verbreitet 1000 m (CARLÉ 1955).

Trotzdem erreichen die Höhenbereiche im Spessart heute nur 500 m. Die Anhebung wurde also von der Abtragung zu einem beträchtlichen Teil ausgeglichen, wenn auch nicht ganz. Auf diese Weise wurde bis heute im Spessart der gesamte Muschelkalk abgetragen und der Buntsandstein freigelegt, im Vorspessart wurde sogar dieser ganz abgetragen. Die Tatsache,

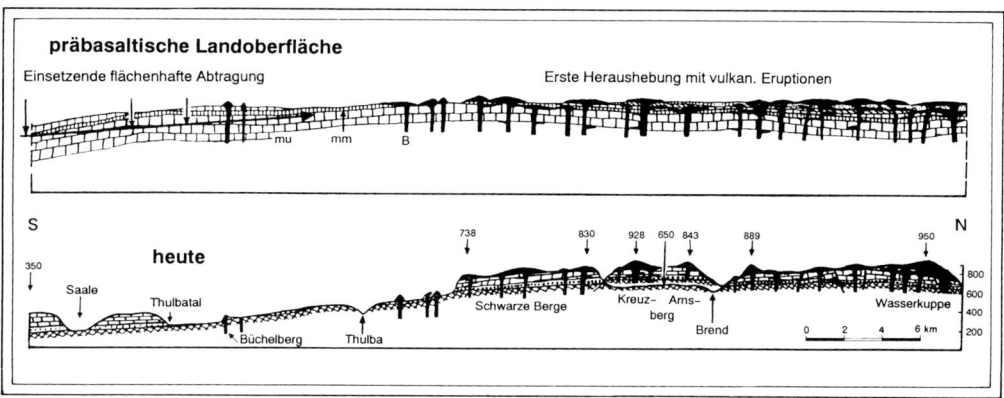

Abbildung 58
Landschaftsentwicklung in der Rhön. Oben: Präbasaltische Landoberfläche. Parallel zur flächenhaften Abtragung kam es zu Vulkanismus und tektonischer Anhebung der ursprünglich einheitlichen Fläche, die dadurch schräggestellt, aber noch flächenhaft abgetragen wurde. Die damalige Datierung an der Wende Miozän/Pliozän muß heute erheblich früher angesetzt werden. Unten: Heutiges Profil. Herauspräparierung der durch verwitterungsresistente Basalte geschützten Erhebungen und Einschneidung der Täler im Vorland durch linienhafte Abtragung im Pleistozän. Höhenangaben in m ü. NN; mu: Unterer Muschelkalk; mm: Mittlerer M.; B: Basalt. Aus: Mensching (1957), leicht verändert

daß die entsprechenden Schichten fehlen und die heutige Höhenlage weit hinter den Hebungsbeträgen zurückbleibt, zeigt, welche Mengen an Gestein hier abgetragen wurden.

Basaltdecken der Hochrhön. Die ältesten Landformen Unterfrankens sind in der Rhön erhalten. Im Zentrum der einst viel ausgedehnteren Basaltvorkommen wurden die Lagergangbasalte herauspräpariert, die als zusammenhängender Bereich flachlagernder, harter Gesteine für die Hohe Rhön verantwortlich sind (Lange Rhön nördl. Bischofsheim; dazu Kreuzberg, Schwarze Berge/Geroda). Durch die geomorphologische Härte (Verwitterungsresistenz) der Basalte konnte in diesem Bereich die Abtragung mit der Anhebung am wenigsten Schritt halten.

Präbasaltische Fläche der Hochrhön. Die damals aufgedrungenen Basalte umschließen Altflächenreste ohne Basaltvorkommen, vor allem zwischen Langer Rhön, Kreuzberg, Schwarzen Bergen und Dammersfelder Kuppe. Die Reste der Altflächen stammen aus der Zeit des Primärrumpfes vor (prä) der vulkanischen Aktivität im Niveau des Meeres am Übergang Oligozän/Miozän. Die Reste dieser ursprünglich viel größeren Rumpffläche sind heute auf 800–830 m emporgehoben. Infolge des Sonderfalls der Anhebung mit gleichzeitigem Schutz durch harte Gesteine kann man hier von der wirklichen Vorzeitform einer Altfläche sprechen, die später nur um weniges abgetragen wurde. Sie kann mit den Braunkohlesedimenten, die auf ihrem Niveau lagern, in die Zeit des frühen Miozäns datiert werden. Die präbasaltische Fläche der Hochrhön bildet den ältesten erhaltenen Reliefteil Unterfrankens.

II. Niedrigere Flächen

Tiefer gelegene Flächenniveaus haben sich in allen Teilbereichen der westlichen Rahmenhöhen gebildet. Ihre Abgrenzung, mehr noch ihre Zuordnung und Korrelation bereitet allerdings Schwierigkeiten (Kap. 10.3.2).

Postbasaltische Fläche der Südrhön. Im Bereich der Südrhön herrschten auch nach (post) der vulkanischen Aktivitätsphase noch flächenhafte Abtragungsbedingungen vor, die das postbasaltische, tiefer liegende Flächenniveau schufen. Es geht als Schnittfläche von den Röttonen in die Buntsandsteine über und schneidet dabei weiche und harte Gesteinsschichten. Das bedeutet, daß über ihr 250 m hauptsächlich Muschelkalkgestein noch nach der vulkanischen Aktivität abgetragen wurden. Die hier in größeren Abständen eingedrungenen Basalte wurden dabei in Gestalt der Schlote freigelegt.

Nach Ende des Vulkanismus war die Anhebung der Schwelle nicht beendet. Nach MENSCHING liegt deshalb diese Fläche nicht horizontal, sondern steigt heute zum Wölbungsgebiet der zentralen Rhön hin an (vgl. Abb. 58). Eine Einschneidung von Tälern ist damals trotz Anhebung noch nicht nachweisbar, was die weiterhin flächenhafte Abtragung belegt. Wäre damals bereits die linienhafte Abtragung mit ausgeprägten Flußläufen wirksam gewesen, dann hätte eine starke Einkerbung der Täler erfolgen müssen. Lediglich Flächenbuchten konnten ins höhere Hinterland, vor allem im Sinn-Bereich, eingreifen.

Kuppenrhön. Die Bereiche der Kuppenrhön bestehen ebenfalls größtenteils aus dem postbasaltischen Flächenniveau, überragt von einzelnen Basaltkuppen (vgl. Abb 57). Als charakteristische Kuppen bzw. Kegel fallen sie überall auf: in der Südrhön (Schildeck/Schondra, Dreistelzberg/Motten, Büchelberg/Thulba, Schwarzenfels) und vor allem in der Kuppenrhön in Hessen (Milseburg u. a./Kreis Fulda) und in der Vorderrhön in Thüringen (Wartburgkreis).

In den Gebieten, die die Hochrhön umgeben, waren nur einzelne, voneinander isolierte Vulkanschlote aufgedrungen. Sie stehen so weit auseinander, daß keine Hochflächen dazwischen erhalten und vor weiterer Abtragung geschützt werden konnten. Zwischen den Basalten dehnen sich deshalb flächenhafte Formen aus, während die relativ verwitterungsresistenten, geomorphologisch harten, Vulkane ebenso wie die gesamte Hochrhön diese tiefergelegte Fläche überragen. Die typischen Kegel besitzen um ihren Basaltschlot herum noch einen Mantel aus Sedimentgestein, der den eigentlichen Kegel bildet. Die Vulkanstümpfe selbst wurden später im Pleistozän nochmals überformt und bekamen erst dadurch ihre heutige Gestalt. An ihren Hängen liegen öfters mächtige Deckschichten oder große Mengen von Basaltblöcken als „Blockmeere".

Dachfläche des Spessarts. Die Höhenbereiche des zentralen Spessarts bestehen zwischen den später eingekerbten Tälern ebenfalls aus Flachformen. Abb. 59 gibt die Verhältnisse für den Ostrand des Spessarts wieder, analog zur Rhön in Abb. 58. Demnach griff die Gäufläche einst glatt vom Muschelkalk auf die Buntsandsteine über, ohne daß damals die Gesteinunterschiede zum Tragen kamen. Im Hochspessart prägen die Reste der Fläche das Relief, das auf weite Strecken einheitliche Höhen einhält, unterbrochen nur von den Tälern, die späteren Entwicklungsphasen zuzurechnen sind. Dazu gehört der Main, der dadurch die heutige landschaftliche Grenze zwischen Mainfränkischen Platten und Spessart schuf. Die Datierung der Spessarthochfläche gehört zu den ungelösten Fragen der Geomorphologie Unterfrankens (Kap. 10.3.2).

Anlage des Gewässernetzes. Das Gewässernetz der Rhön weist einige interessante Gegebenheiten auf, die auf die Vorgeschichte der Morphologie in der Zeit der Rumpffläche hinweisen. Auf die Anlage des Gewässernetzes noch im Tertiär weisen zwei Faktoren hin. Die Bäche und Flüßchen der Rhön verlassen das Gebirge nicht, wie zu erwarten wäre, der Abdachung folgend zu beiden Seiten im rechten Winkel zur Kammlinie. Vielmehr laufen Ulster im Norden und der Oberlauf der Sinn bis Jossa *auf* der heutigen Kammlinie entlang, wobei die Täler selbst sich erst später stark eintieften. Diese radiale Anordnung des Gewässernetzes

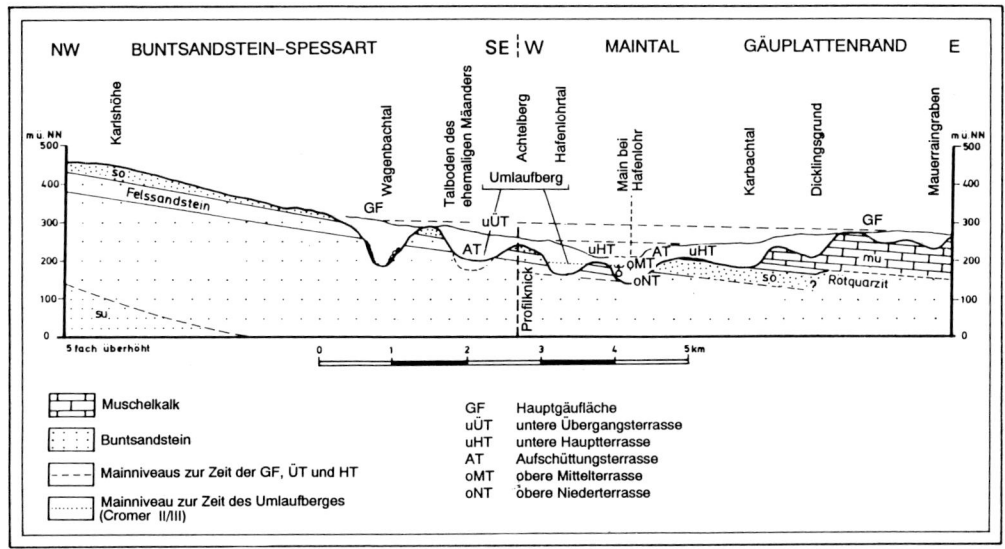

Abbildung 59
Landschaftsentwicklung am Spessartostrand im Bereich des ehemaligen Hafenlohr-Mäanders des Mains. Das Konzept folgt der Darstellung von MENSCHING (Abb. 58). Die unter flächenhaften Abtragungsbedingungen ursprünglich einheitliche Fläche griff glatt über verschiedene Gesteine vom heutigen Spessart (Karlshöhe) auf die Gäufläche (GF) über und ist heute schräggestellt. Erst nach Übergang zu linienhafter Abtragung kam es zur Bildung von Tälern mit Übergangs- und Hauptterrassen (ÜT, HT). Nach der extremen Einschneidung des Mains im frühen Pleistozän wurden Mittel- und Niederterrassen in das Talgefäß abgelagert. su: Unterer Buntsandstein; sm: Mittlerer B.; so: Oberer B.; mu: Unterer Muschelkalk. Aus: BUSCHE, HAGEDORN u. KURZ (1989), nach STÄBLEIN (1968)

weist auf eine Anlage vor Beginn der Aufwölbung hin, damals noch in Form flacher Entwässerungsbahnen und nicht als eingekerbte Täler.

Weiterhin zeigt sich dieser Sachverhalt an der Lage der Wasserscheide, die in Rhön und Spessart sehr weit nach Westen verschoben ist, obwohl dort mit Kinzig- und Untermaintal heute tief eingeschnittene Erosionsbasen existieren. Die weitgehende Orientierung des Gewässernetzes der Rahmenhöhen nach Osten ist als Erbe der ehemaligen Entwässerung zur Urdonau hin zu erklären, erst viel später vom heutigen Maindreieck abgefangen und wieder nach Westen umgeleitet.

In diese geomorphologische Formungsphase gehören die Ursprünge des Urmains, was sich aus den Arvernensisschottern ableiten läßt, die alle eine östliche Abflußrichtung anzeigen. Nach RUTTE (1981, S. 219–221) ist der Talzug Sinn–Mittelmain (–Altmühl) als eine derartige Entwässerungsbahn anzusehen. Die Arvernensisschotter im östlichen Vorland der Rhön gehören zu einem weiteren Abflußsystem aus dieser Zeit, das über Schweinfurt und Iphofen nach Südosten floß (vgl. Kap. 8.3.1). All diese Sachverhalte zeigen, daß die Anlage des Gewässernetzes der westlichen Rahmenhöhen in einer relativ flachen Landschaft ohne größere Höhenunterschiede vonstatten ging und sich aus der damaligen Entwicklungsphase bis heute vererbt hat.

III. Zergliederung der Flächen

Die beginnende Bildung schwach eingesenkter Breittäler führte am Übergang Jungpliozän/ Pleistozän zu einer Auflösung der einheitlichen Flächen und der Anlage von Hochtalmulden,

die den heutigen Gewässerverlauf bereits in groben Zügen fixierten. Erst zu diesem Zeitpunkt läßt sich die Umstellung von flächenhafter Abtragung auf linienhafte Erosion im
Spektrum der geomorphologischen Formen erkennen.

Hochtäler. Im Jungpliozän entstanden sehr weitmuldige Talformen, die in großen Zügen
bereits den heutigen Talverläufen entsprachen, jedoch bei noch geringer Einschneidung. Das
ließe sich mit den Hochtalböden des Steigerwaldes bzw. der Breittalphase des Mains korrelieren. Solche Formen begleiten Thulba, Saale und Brend in einem Niveau unterhalb der
postbasaltischen Fläche. In Abb. 59 sind die entsprechenden Niveaus des Mains am Spessartostrand als untere Übergangsterrasse (UÜT) und untere Hauptterrasse (UHT) angedeutet.

Stufenanlage. In dieser Phase sind erste Ansätze zur Herausbildung der Wellenkalkstufe
zu erkennen, was sich mit der beginnenden Anlage der Keuperstufe korrelieren ließe. Gerade
an der Wellenkalkstufe erkennt man die Abhängigkeit der Stufe von der Herauspräparierung
durch davor entlanglaufende Flüsse. Nur parallel zu Saale- und Maintal zwischen Bad Neustadt, Gemünden und Wertheim ist sie deutlich ausgebildet. Durch die beginnende Einschneidung wurden die Muschelkalkzeugenberge, die bei Hammelburg nördlich der Saale
liegen, abgetrennt. Erst die Taleintiefung führte zur Trennung jener Muschelkalkvorkommen
von der Hauptgäufläche und zur Anlage des Stufenhangs, der morphologisch hier eher als
Talhang anzusehen ist.

Taleinschneidung. Die starke Eintiefung der zum Main entwässernden Täler auf ihr
heutiges Niveau muß mit der scharfen und plötzlichen Einschneidung des Mains im Zusammenhang gesehen werden. Hinzu kommt in den westlichen Rahmenhöhen Unterfrankens die
relativ dazu wirksame tektonische Anhebung, die die Taleinschneidung weiter verstärkte. In
Abb. 59 ist zu erkennen, wie die Täler dadurch die vorherige Fläche zerschnitten.

IV. Periglaziale Geomorphologie

Die Kaltzeiten äußern sich in den westlichen Rahmenhöhen in einem geomorphologischen
Inventar, das aufgrund der geologischen Verhältnisse zum Teil eigenständigen Charakter
besitzt. Neben ausgedehnten Schotterterrassen im Vorland der stärker angehobenen Höhen
sind dies vor allem das weitverbreitete Bodenfließen und die Bildung von Fließerden, Hangschuttdecken, Blockhalden und Blockmeeren. Ohne die vorausgehende chemische Tiefen-
verwitterung unter den feuchtwarmen Bedingungen im Tertiär wären sie in dieser Mächtigkeit nicht denkbar. Sie prägen weite Bereiche von Rhön und Spessart und beeinflussen
Landschaftsökologie und Landnutzung noch heute.

Fließerden und Hangschuttdecken. Unter den periglazialen Bedingungen (Wasser-
sättigung des Bodens, Frostwechsel, Vegetationsarmut), verbunden mit den verstärkten
Höhenunterschieden (Taleintiefung, tektonische Hebung), fanden mächtige Bodenverlage-
rungen statt. Die periglaziale Frostschuttverwitterung in Verbindung mit Solifluktion ist
heute verbreitet in Form von Fließerden und Hangschuttdecken, teils auch mit Lößbei-
mengung, in Spessart und Rhön nachweisbar. Sie führte zu Hangverflachungen und einer
nicht unerheblichen Abrundung mit Ausgleich der Reliefformen.

Durch diese Form der Gesteinsaufbereitung wurde die spätere Bodenbildung erheblich
erleichtert, da Feuchtigkeit, Pflanzenwurzeln und Bodenlebewesen erheblich leichter eindringen können. Auch die hydrologischen Bedingungen werden dadurch verändert, denn die
Wasserversickerung kann leichter stattfinden, und ein geringerer Teil der Niederschläge steht
dem Oberflächenabfluß zur Verfügung. Die Mächtigkeit der Deckschichten beträgt teilweise
mehrere Meter.

Blockmeere sind Häufungen von Gesteinsblöcken vorwiegend des Buntsandsteins, deren Basis jeweils im Boden steckt, während sie oberflächlich frei liegen. Die Blöcke liegen meist in einigen Metern Abstand voneinander. Blockmeere gibt es sowohl in der Rhön als auch im Spessart. Ihre Entstehung wird polygenetisch erklärt (Mehrzeitformen): 1. Die tropoide Verwitterung im Tertiär zersetzte das Gestein bis in viel größere Tiefen als heute, insbesondere entlang vorgegebener Klüfte, so daß in der Verwitterungsdecke schwimmende, kantengerundete Blöcke entstanden ("Wollsäcke"). 2. Die Bewegung und Anreicherung der Verwitterungsdecke mit ihren Blöcken erfolgte im Quartär unter periglazialen Bedingungen durch Solifluktion. 3. Im Holozän wurde das Feinmaterial ausgespült, und die Gesteinsblöcke wurden teilweise freilegt, die heute als Blockmeere ortsfest sind, während das verlorene Feinmaterial bisher nur zum Teil durch die holozäne Bodenbildung ersetzt wurde (WILHELMY 1974, S. 41; MENSCHING 1957, S. 78).

Blockhalden sind dagegen Häufungen aus übereinanderliegenden, scharfkantigeckigen Basaltblöcken und liegen am Fuß ausstreichender Basaltwände und vieler Basaltkegel der Rhön. Die Blockhalden erreichen eine solche Mächtigkeit, daß zumindest im oberen Bereich jegliches Feinmaterial zwischen den Gesteinsblöcken hindurchfällt. Im unteren Bereich gehen die Blockhalden oft in Hangschuttdecken über, mit denen die Basaltblöcke weit den flacheren Bergfuß hinab verfrachtet wurden. Der Formungsmechanismus periglazialer Solifluktion wird durch Formen wie Blockströme, -wülste und -terrassen angezeigt. Sie können durch Feinmaterialausspülung dann ebenfalls als Blockmeere erscheinen. Die scharfen Kanten der Gesteinsblöcke zeigen periglaziale Frostsprengung an, möglicherweise direkt aus dem anstehenden Basalt oder auch aus vorher entstandenen größeren Blöcken ähnlich den Blockmeeren. Zwischen beiden Formen gibt es fließende Übergänge.

Kerb- und Kastentäler. Auf die zweiphasige Entstehungsgeschichte der Täler weist der Wechsel der Talformen hin. Im Unterlauf herrschen meist Kastentäler vor, die die Einschneidung und Aufschotterung des Periglazials widerspiegeln, entsprechend den Bedingungen der lokalen Erosionsbasis Main. Die Oberläufe werden dagegen häufig durch Kerbtalformen gekennzeichnet. Sie besitzen steilwandige Talhänge und höchstens eine sehr schmale Talsohle. Diese Form wird mit starker Hangabtragung und Tiefenerosion in Verbindung gebracht, die junge Einschneidung parallel zur andauernden Anhebung anzeigen.

Talterrassen. Die erhöhte kaltzeitliche Schotterführung spielte bei der weiteren morphologischen Gestaltung eine große Rolle. Vor allem im Bereich der östlichen Randmulde (Streu–Saaletal) wurden sehr große Schotterterrassen abgelagert. Die Eintiefung der Seitenbäche, die der starken Einschneidung des Mains als Vorfluter nachfolgte, ist in dieser Zeit anzusetzen. Vielfach fehlen deshalb den kleinen Bächen die pleistozänen Terrassen. Mit der Einschneidung wurde gerade in den westlichen Rahmenhöhen das tertiäre Bild des Reliefs stark überprägt.

Lößablagerung. Insbesondere im Bereich der Südrhön, aber auch im Südost- und Südwestspessart wurde Löß abgelagert und bildet heute hier trotz der ungünstigeren klimatischen Verhältnisse die Grundlage besserer Böden und damit für Ackerbau. Die dünne Lößauflage erreicht jedoch nirgends die morphologische Wirksamkeit derjenigen auf den Mainfränkischen Platten. Da es sich bei den Vorkommen um die tieferen Reliefteile der westlichen Rahmenhöhen handelt und Löß den höheren Gebieten völlig fehlt, ergibt sich eine Höhengrenze der Lößverbreitung von etwa 400 m, was man mit einer Vegetationsgrenze in den Periglazialzeiten korreliert. Die Sandsteine der Hochgebiete unterlagen intensiver Frostschuttbildung bei der Existenz einer Zwergstrauchtundra mit großen Freiflächen zwischen den Pflanzen. Hier konnte der Löß ausgeweht und vor allem nach Osten, auf die Mainfränkischen Platten, verfrachtet werden. Erst in den tieferen Bereichen konnten die für das Auskämmen und Festhalten des Lösses wichtigen Steppengräser existierten, die weniger kaltes Klima benötigen.

Stufenausbildung. Der subsequent vor der Muschelkalkstufe entlangfließende Streu-Saale-Talzug ist in Verbindung mit den pleistozänen Verwitterungsbedingungen für die deutliche Herausbildung der Muschelkalkstufe verantwortlich. MENSCHING (1957, S. 74–75) fand die spättertiären Hochterrassen von Thulba und Saale in der Mitte der heutigen Muschelkalkstufe. Daraus ergibt sich, daß die Höhe der Stufe damals nur etwa die Hälfte gegenüber heute betrug und sich die Täler erst danach, im Pleistozän, zu ihrer heutigen Tiefe einschnitten. Dies zeigt auch, daß die Muschelkalkstufe im Tertiär viel niedriger und die Stufenentstehung im wesentlichen ein pleistozäner Vorgang war, was auch für die Keuperstufe zutrifft. Erst mit der Herausbildung der Muschelkalkstufe erfolgte die Trennung zwischen der Hauptgäufläche der Mainfränkischen Platten und deren Fortsetzung in der Südrhön. Die Stufe ist demgegenüber nur undeutlich entwickelt oder fehlt, wo sie nicht durch Flüsse begleitet wird, wie etwa weiter südlich am Rand des Odenwalds.

V. Vegetationsentwicklung im Holozän

Wie im übrigen Unterfranken konnte sich die Vegetation im Holozän wieder ausbreiten, aber nur in den westlichen Rahmenhöhen bildete sich eine Differenzierung in verschiedene Höhenzonen heraus. Die weitgehende Waldfreiheit der Hochrhön beruht allerdings auf dem anthropogenen Eingriff, und nur die Hochmoore bilden den Rest der wirklich natürlichen Vegetation.

Höhenstufe und Waldgrenze. Weitgehend parallel zu den übrigen Gebieten Unterfrankens setzte die Wiederbewaldung von Spessart und Rhön nach der Eiszeit ein. Auch in der Hohen Rhön ergibt sich eine Höhenstufung nur innerhalb der Buchenwälder, nicht jedoch in Form einer reinen Nadelwaldstufe oder gar des Erreichens der Waldgrenze, die in etwa 1100–1200 m läge, mindestens 150 m höher als die höchsten Erhebungen (KNEITZ u. VOSS 1961, S. 8). Die heutige Waldarmut der Hohen Rhön hat ihre Ursache in der Besiedlungsgeschichte.

Anthropogener Einfluß. Aus dem heutigen Waldreichtum darf nicht auf eine späte oder gar ausgebliebene Besiedlung geschlossen werden. Die Hohe Rhön besitzt verhältnismäßig fruchtbare Böden, was durch die ungünstigen Klimabedingungen aber wieder eingeschränkt wird. Das Gebiet wurde im Hochmittelalter (bis ins 13. Jh.) besiedelt und ackerbaulich genutzt. Nicht zuletzt aus der Ausweitung der Grenzen des Ackerbaus in die Höhenbereiche der Mittelgebirge schließt man auf allgemein etwas günstigere Klimabedingungen als heute. Obwohl man bereits wenige Jahrhunderte später die Siedlungen wieder zurücknahm, wurde die Hochfläche weiterhin landwirtschaftlich genutzt und beweidet und damit zu großen Teilen waldfrei gehalten.

Da die Buntsandsteinbereiche nährstoffarme Böden tragen, waren diese Gebiete selbst zu Zeiten der hochmittelalterlichen Ausbauphase keinem starken Besiedlungsdruck ausgesetzt und wurden im Zentralspessart sogar als Jagdwälder verschiedener Herrscherhäuser geschont. Insofern spiegeln die Wälder als Vegetationstyp eher natürliche Verhältnisse wider als ackerbaulich geprägte Gebiete, wenngleich sie forstlich bewirtschaftet werden und keine natürliche Artenzusammensetzung besitzen. Die Nutzungsgeschichte macht sich allerdings noch heute bemerkbar, denn der anthropogene Einfluß hat die Bodenbedingungen gerade hier stark verändert.

Hochmoore. Auch die Bildung der Hochmoore ist ein zeitlicher Prozeß in Abhängigkeit von der Landschaftsgenese. Die Hochmoore in der Rhön sind, wie auch in anderen Mittelgebirgen, keine Relikte der Kaltzeit. Erst ab der Allerödphase am Ende der Kaltzeit wurde es in den Hochlagen Mitteleuropas warm genug zur Bildung von Mooren, und der Entwicklungszyklus konnte beginnen, zunächst mit Niedermooren. Der Übergang zur Hochmoorbildung wird ab dem Atlantikum angesetzt mit Maximum im Subboreal (DIERSSEN 1990, S. 143; vgl. Tab. 6). Hochmoore blieben stets lokal begrenzte Erscheinungen mit wenigen Hektar Ausdehnung, beschränkt auf die ganz flachen Teile des Reliefs.

10.3.2 Problematik der Datierung unterschiedlicher Flächenniveaus

Wie aus der obigen Aufstellung hervorgeht, bestanden auch in den westlichen Rahmenhöhen unterschiedliche Flächenniveaus im Tertiär. Man muß, vor allem auch angesichts der enormen Abtragungsbeträge, von einer intensiven flächenhaften Abtragung im Tertiär ausgehen. Die geomorphologische Entwicklung wird allerdings besonders hier von der Tektonik mit genereller Anhebung überlagert, die kontinuierlich dazu ablief.

Prinzipiell setzt die Zerschneidung von Flächen nicht tektonische Anhebung, sondern linienhafte Erosion voraus. Jede tektonisch bedingte Anhebung führt infolge der größeren Höhenunterschiede zu einer Erhöhung der Abtragungsrate, die die Anhebung zumindest zeitweise ausgleichen kann. Ist das nicht (mehr) der Fall, so könnte die Abtragung zwar mit der Anhebung nicht mehr Schritt halten, wäre aber dennoch nicht fähig, die Flächen zu zerschneiden, wenn die Erosion nach wie vor nicht linienhaft erfolgt. Die Abtragung wäre dann weiterhin flächenhaft wirksam und würde die entsprechenden Oberflächenformen bilden, wenn auch auf höherem Niveau (vgl. MENSCHING 1957; Abb. 58). Unbestritten ist auch die viel stärkere Verwitterungsresistenz der Basalte, die die Abtragung der Hochrhön verzögerte.

Im Unterschied zu den östlichen Rahmenhöhen besteht in der Rhön die Möglichkeit, eine Korrelation mit dem Vulkanismus zu versuchen und damit eine Datierung der Flächenniveaus anzustreben. Es stellt sich die Frage, in welcher Weise die ausgegliederten Flächenniveaus in Beziehung zueinander gesetzt werden können und ob sich daraus eine zeitliche Abfolge erkennen läßt. In dieser Frage stehen sich zwei Vorstellungen gegenüber: Flächentreppe und schräggestellte Fläche.

Flächenkonzepte. BÜDEL (1957, 1981) definierte die Flächenbildung in Unterfranken als eine zeitliche Entwicklungsreihe. Die höchsten Flächenniveaus wären danach die ältesten, tiefere entsprächen einer jüngeren zeitlichen Einstufung. Die Flächentreppe beginnt mit der präbasaltischen Rhönhochfläche als Rest der ursprünglich einheitlichen Rumpffläche, die er damals ins Miozän stellte, gefolgt von den Dachflächen in Spessart, Haßbergen und Steigerwald als „sarmato-pontische Rumpffläche" (Übergang Miozän/Pliozän). Daran anschließend erfolgte die Eingrenzung der Flächenbildung auf das Niveau der „Hauptgäufläche" und der Flächenstreifen im Jungpliozän (vgl. Abb. 21). Damit ergeben sich eine klare Trennung der Flächenniveaus und eine zeitliche Reihenfolge der Bildung der Flächen nacheinander. GRUNERT u. SEIDENSCHWANN (1988) bezogen sich stark auf diese Vorstellungen und kartierten im Spessart eine *Flächentreppe*, die in Abb. 60 wiedergegeben ist.

Demgegenüber stellt MENSCHING (1957) für die Südrhön eine einheitliche postbasaltische, nur *schräggestellte Fläche* fest (Abb. 58). An dieses Konzept lehnt sich die Darstellung von STÄBLEIN (1968) an (Abb. 59). MENSCHING (1957, S. 84–85) gliedert nur drei Flächenniveaus für die Rhön aus: 1. eine miozäne „präbasaltische" Rumpffläche, die in der Hochrhön

zwischen den Basalten erhalten ist; 2. eine „postbasaltische" Rumpffläche aus dem Mittelpliozän, die „von der Muschelkalk-Gäufläche ausgehend über den oberen zum mittleren
Buntsandstein hinweggreift" und durch Tektonik in der Südrhön um 150 m ansteigt; 3. die
jungpliozäne Fläche des nordöstlichen Rhönvorlandes, die mit weitmuldigen Talformen zeitgleich entstand.

Die Unvereinbarkeit der beiden Deutungen zeigt sich, wenn man die Dachflächenniveaus
von Spessart und Südrhön vergleicht. Die Flächenbildung verlief in beiden Fällen im Haupt-
buntsandstein. Nach GRUNERT u. SEIDENSCHWANN sowie BÜDEL entspricht die Dachfläche des
Spessarts der sarmato-pontischen Rumpffläche; die tieferen Flächenniveaus wären sukzessive jünger. Es besteht in der Morphologie allerdings keine Rumpfstufe oder sonstige nach-
vollziehbare Trennung zwischen der sarmato-pontischen Fläche im Spessart und der Fläche
der Südrhön, die beide im Grenzbereich Rhön/Spessart bei 460–500 m ineinander übergehen. Die postbasaltische Fläche der Südrhön ordnet MENSCHING jedoch dem Mittelpliozän
und der, wenn auch schräggestellten, Hauptgäufläche zu, also einer jüngeren Zeit.

Würde man auch die Südrhön der sarmato-pontischen Fläche zurechnen, so bliebe als
Äquivalent zur Hauptgäufläche in oder am Rand der Rhön nur das jungpliozäne Niveau,
welches BÜDEL (1981, S. 214) aber dem Breittalniveau des Mains, also keiner vollen
Flächenbildungszeit zuordnet. Außerdem widerspäche dies der Ansicht von MENSCHING vom
glatten Übergang der Gäufläche zur postbasaltischen Fläche.

Datierung. Ein entscheidender Faktor dieser Arbeiten ist der Bezug zu den vulkanischen
Aktivitäten, deren Altersbestimmung damit eine Schlüsselstellung zukommt. Marine Ein-
brüche fanden im Oberrheingraben im mittleren (Rupelton) und jungen Oligozän statt. Die
in der Rhön zu findende Kaolinbildung (Abtsroda) hielt bis zur Wende Eozän/Oligozän an;
die Braunkohle stammt aus dem mittleren Oligozän (Sieblos-Schichten) bis frühen Miozän
(Kaltennordheim-Schichten); vgl. MARTINI et al. (1994). In diese Sedimente drangen die
Basalte der Rhön ein. RUTTE (1981, S. 177) gibt für den Rhönvulkanismus eine weite Zeitspanne an: Mittelmiozän bis Altpliozän. Das umfaßt die Zeit des Sarmat/Pont mit. Die postbasaltischen Flächen wären also als jünger einzustufen (mittelpliozäne Südrhönfläche
MENSCHINGS).

Inzwischen wurden jedoch neuere Datierungen bekannt. Das Aufdringen der Basalte
wird mit der K/Ar-Methode auf einen ebenfalls längeren Zeitraum datiert, allerdings mit
einem deutlichen Maximum der vulkanischen Aktivität zwischen 22 und 18 Mio. Jahren
vor heute, was in etwa dem Burdigal (Frühmiozän) entspräche, gefolgt von vereinzelten
späteren Vorkommen (SCHRÖDER 1993, S. 293; LIPPOLT, HORN u. TODT 1983). Daraus ergeben
sich zwei Deutungsmöglichkeiten: Zum einen könnte das als postbasaltisch eingestufte Niveau älter als sarmato-pontisch sein und sich schon im Mittelmiozän gebildet haben. Zum
anderen steht damit ein erheblich längerer Zeitraum zur Differenzierung der Flächenniveaus zur Verfügung.

Damit wird die Frage nach den Ursachen der Differenzierung der Flächenniveaus berührt. Nimmt man eine divergierende Verwitterung und Abtragung nach dem Muster der
östlichen Rahmenhöhen an (BREMER 1989 b), dann läßt sich die Flächentreppe des Spessarts erklären (GRUNERT u. SEIDENSCHWANN), nicht aber die schräggestellte einheitliche Südrhönfläche. Nimmt man für die Schrägstellung ein Überwiegen der tektonischen Bewegung
über die Abtragsleistung an (MENSCHING), dann müßte das auch für den Spessart zutreffen.

Angesichts der beschriebenen Unvereinbarkeiten erscheint eine Einstufung der verschiedenen Flächenniveaus als zeitliche Reihe unsicher. Die Datierung der von BÜDEL
(1957, 1981) als „*sarmato-pontisch*" bezeichneten Rumpffläche läßt sich vor dem Hinter-

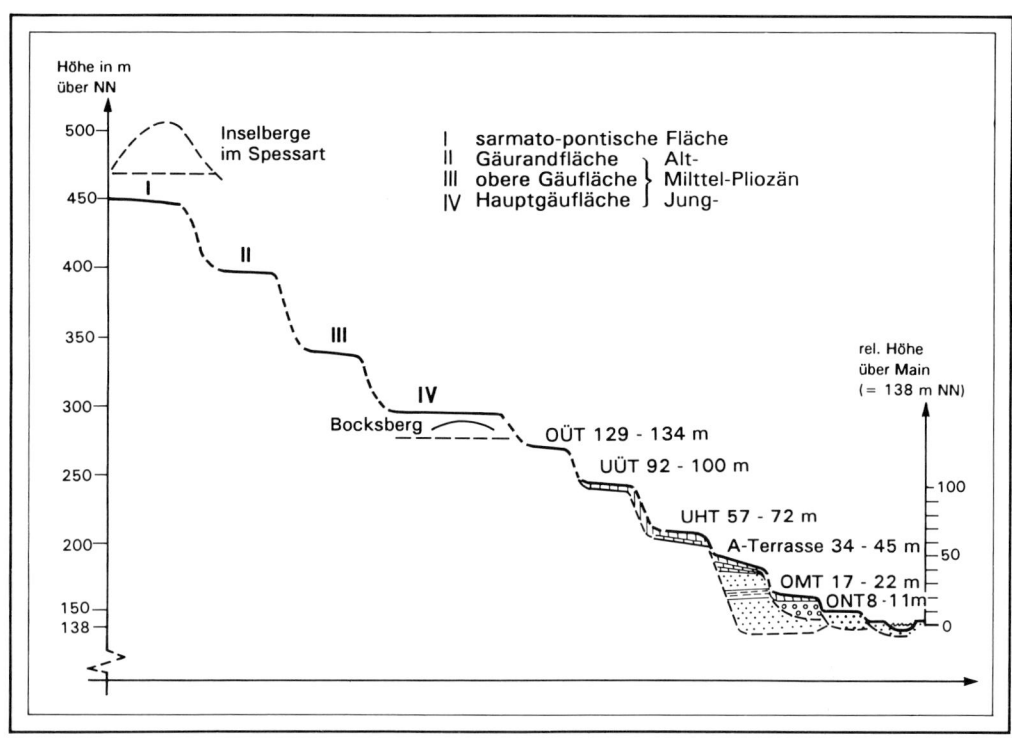

Abbildung 60
Profil durch die Flächenniveaus des Spessarts und die Terrassenabfolge des Mains bei Marktheidenfeld. Die Abfolge und Datierung der stark idealisierten Flächenniveaus folgen den Vorstellungen von BÜDEL (Abb. 21), nach der sich die Flächenbildung zum Ende des Tertiärs immer mehr auf bestimmte Gesteine zurückzog und die älteren, höher gelegenen Flächenniveaus nicht mehr weitergebildet wurden. Im Anschluß an die Flächenbildung erfolgte die Eintiefung des Mains mit der Bildung von Terrassen, teils als Erosionsterrassen, teils als Akkumulationskörper. Aus: GRUNERT u. SEIDENSCHWANN (1988), leicht verändert

grund des erheblich höheren Alters des Vulkanismus kaum aufrechterhalten. Auch ist inzwischen die Klimageschichte des ausgehenden Tertiärs viel besser bekannt, und man kann nicht mehr von einem kontinuierlich feuchtwarmen Klima bis zum Eiszeitenbeginn ausgehen. Vielmehr ist es wahrscheinlich, daß sich analog zu den Schwankungen des Paläoklimas über die letzten 20–30 Mio. Jahre auch Flächenbildung mit Talbildung oder Ruhephasen in der Geomorphologie abwechselten.

Die in der rechten Spalte von Tab. 14 angegebenen Datierungen im Tertiär haben mit Ausnahme der Basaltdaten, die durch K/Ar-Analysen belegt sind, nur Orientierungscharakter. Sie entstammen der Chronologie paläoklimatischer Ereignisse des Pliozäns bei WIEGANK (1993). Er gibt für das ältere Pliozän (4,8–3,2 Mio. Jahre vor heute) ein relatives Klimaoptimum mit Ausweitung tropischer Vegetation und Anstieg der globalen Humidität an. Daraus könnte man noch eine vorwiegend chemische Verwitterung und Flächenbildung ableiten. Weiterhin datiert er den Beginn der starken weltweiten Abkühlung, verbunden mit Abnahme der Feuchtigkeit, ins mittlere Pliozän, zu welchem Zeitpunkt möglicherweise der

Übergang zu linienhafter Erosion in Mitteleuropa angesetzt werden könnte. Es muß allerdings betont werden, daß diese Korrelationen bisher nirgendwo auf Unterfranken übertragen worden und belegt sind.

Die globalen *Klimaschwankungen* begannen aber schon *viel eher*, zumindest mit dem Beginn des Aufbaus des antarktischen Eises. Es erscheint vor diesem Hintergrund denkbar, daß sich schon früher flächenhafte und linienhafte Verwitterungsbedingungen abgewechselt haben, obwohl die Auswirkungen auf Mitteleuropa derzeit kaum abzuschätzen sind. Möglicherweise könnten in der hier als Flächenzergliederung ausgeschiedenen Phase mehrere Zeitabschnitte stecken, die heute nur noch als gemeinsame Form erkennbar sind, ähnlich wie das bei der A-Terrasse der Fall ist, die sich aus mehreren Kaltphasen aufbaut. Eine einmal eingetiefte Form müßte auch bei einem nochmaligen Umschwung zur Flächenbildung als Vorzeitform, quasi in „traditioneller Weiterbildung", erhalten bleiben.

Auf die stärkere Gliederung und Variabilität des tertiären Klimas deuten die Hinweise, wonach die Differenzierung in höhere und tiefere Flächenniveaus, die BÜDEL erst für das Pliozän annahm, bereits früher erfolgte. Ungeklärt bleibt aber bei all diesen Überlegungen, ob die Flächendifferenzierung auf die (frühzeitigen) Klimaschwankungen zurückzuführen ist oder schon von Anfang der Flächenbildung an gegeben war. Wäre das der Fall, dann müßte in den verschiedenen Landschaften die Flächenbildung auf verschiedenen Niveaus gleichzeitig über längere Zeiträume abgelaufen sein, zu deren Prozessen konkrete Vorstellungen aber gleichfalls fehlen.

Zeitliche Korrelation. Eine Diskrepanz besteht auch in der Datierung zwischen den postbasaltischen Flächen der Haßberge und der Südrhön. SPÄTH (1973) scheidet in den Haßbergen eine prä- und eine postbasaltische Landoberfläche aus, von welchen erstere nur in Gestalt der Gleichberge erhalten ist. Die postbasaltische Rumpffläche der Haßberge stuft er klar als sarmato-pontisch ein. Damit ist sie älter als die postbasaltische Rumpffläche bei MENSCHING (mittelpliozänes Hauptgäuflächenniveau).

SPÄTH (1973, S. 162) forderte aus morphologischen Gründen, für den Vulkanismus der Heldburger Gangschar eine ältere als frühmiozäne Entstehung anzunehmen. Er stellte fest, daß zu den Vulkanen der Rhön ein größerer räumlicher Abstand ohne Zwischenglieder besteht, weswegen man beide Vulkanbereiche nicht unbedingt als zeitgleich einstufen könne. Für die Vulkane der Haßberge gibt SCHRÖDER (1993, S. 293) sogar absolute Altersbestimmungen zwischen 11 und 42 Mio. Jahren vor heute an, eine wesentlich längere Zeitspanne (Oligozän–Miozän) als in der Rhön.

Angesichts dieser Zeiträume erscheint die Trennung in prä- und postbasaltisch fragwürdig. Damit wird aber die Funktion des Vulkanismus als gemeinsame morphologische Zeitmarke unsicher, und die Parallelisierung zwischen der Entwicklung in der Rhön und in den Haßbergen wird erschwert. Die zeitliche Einstufung in prä- und postbasaltisch wäre durch verschiedene Zonen der Abtragungsresistenz bzw. -leistung entsprechend den Hochflächen und den tieferen Flächen zu ersetzen, nach wie vor unter Flächenbildungsbedingungen.

10.4 Landschaftsökologie

Abbildung 61
Landschaftsökologische Zusammenhänge der Wiesentäler im Spessart. Im zentralen Spessart
werden die großen Waldgebiete oft allein von schmalen Wiesentälern unterbrochen, die in der
vorindustriellen Landnutzung eine wichtige Rolle für die Gewinnung von Viehfutter spielten. Da die
Landwirtschaft damals allgemein unter einem Mangel an Nährstoffen litt, im Gebiet verstärkt durch
die geringe Fruchtbarkeit der Böden, konzentrierte man die Düngung auf die Ackerflächen. Durch die
Entnahme des Futterheus entzog man den Wiesen ständig Nährstoffe, die mit dem Mist der Tiere auf
die Äcker verlagert wurden, was die Produktionskraft der Wiesen weiter schwächte. Man konstruierte
deshalb relativ aufwendige Bewässerungssysteme, die auch heute noch als Kleinrelief aus flachen
Gräben und Rücken am Talgrund sichtbar sind, wenn auch verschwemmt und überwachsen. Die
Bewässerung überbrückte nicht nur die frühsommerliche Trockenperiode, sondern verbesserte durch
die mitgeführten Schwebstoffe auch die Nährstoffversorgung der Wiesen. Heute werden die
Pflanzengesellschaften dieser nährstoffarmen Standorte, die zusammen mit den dichten Gehölzufersäumen (links) die Wiesentäler prägen, durch Nutzungsaufgabe, Verbuschung und Aufforstung
zunehmend verdrängt. Aubachtal bei Wiesthal.

Die primär durch die geologischen Verhältnisse vorgegebene, von den klimatischen Bedingungen noch verschärfte Minderung der Fruchtbarkeit der westlichen Rahmenhöhen Unterfrankens drückt sich in den Teilsystemen Boden und Vegetation aus. Dazu kommt der anthropogene Einfluß, der in diesem Fall die landschaftsökologischen Bedingungen weiter verschlechterte. Die charakteristischen Bodentypen und die prägende Waldvegetation lassen sich nicht voneinander trennen. Sie bilden zusammen ein *landschaftsökologisches Wirkungsgefüge*, eine funktionale Einheit mit vielfachen Wechselbeziehungen, deren Ausbildung in gegenseitiger Abhängigkeit steht.

Zwar handelt es sich bei der weitflächigen Waldbedeckung um die der natürlichen Klimax nahekommende Vegetation, jedoch keineswegs um die potentiell natürlichen Pflanzengesellschaften. Auch in dieser Landschaft macht sich der anthropogene Einfluß in vielfältiger Weise als historisches Erbe oder als aktuelle Wirkung bemerkbar. Das fängt an bei der forstwirtschaftlichen Nutzung mit der Zielsetzung der Bauholzgewinnung aus dem Wald und geht bis zu den heute noch andauernden Auswirkungen der historischen Nutzung. Feuerholzeinschlag, Waldweide, Streunutzung und Laubheugewinnung verstärkten die natürliche Nährstoffarmut der Böden noch weiter. Erst diese früher oft intensive Nutzung mit starker Beeinflussung des Ökosystems macht die Rückwirkungen verständlich, die sich noch heute in Altersaufbau und Artenzusammensetzung des Waldes, Degradation und Nährstoffbilanz des Bodens äußern.

Auch weitere Bewirtschaftungsformen wie die Wiesennutzung wurden den speziellen ökologischen Verhältnissen angepaßt, deren Auswirkungen auf die Artenzusammensetzung und sogar auf das Kleinrelief bis heute erkennbar sind. Im Gegensatz zu den meisten übrigen Landschaften Unterfrankens ergeben sich schließlich in Spessart und Rhön ganz anders gelagerte landschaftsökologische Probleme, die ebenfalls aus den genannten Zusammenhängen abzuleiten sind.

10.4.1 Charakterböden der westlichen Rahmenhöhen

Die Nutzungsmöglichkeiten und damit die Anteile von Wald oder Landwirtschaftsflächen in den westlichen Rahmenhöhen Unterfrankens sind aufs engste mit den Bodenbedingungen verknüpft. Die Vegetation der Buntsandsteingebiete läßt sich aus Bodenchemismus, Bodenbildung und Nährstoffbilanz ableiten. Deren Charakterboden, die podsolige Braunerde, übertrifft alle anderen Bodentypen an Flächenanteil weit, wie aus der Bodenkarte (vgl. Abb. 29) hervorgeht. Sie ist im kleinräumigen Wechsel mit Rankern vergesellschaftet, die ähnliche ökologische Auswirkungen besitzen und sich im wesentlichen durch die Reife der Bodenbildung unterscheiden.

Bereits im Zusammenhang mit der Ausbildung der potentiellen Vegetation wurde nach Moder- und Mull-Buchenwäldern unterschieden. Die Humusform ist ein so wesentlicher Faktor, daß die Gesamtheit der Buchenwälder nach dieser Bodeneigenschaft gegliedert werden kann. Es ist deshalb sinnvoll, sich die podsolige Braunerde mit Moderhumus und die ökologischen Zusammenhänge bei der Bodenbildung näher anzusehen. Sie kann als Beispiel für das Netzwerk aus Ökofaktoren (einschließlich des Menschen) und deren gegenseitigen Wechselbeziehungen gelten, das auch den übrigen Bodenformen zugrunde liegt.

Podsolige Braunerde. Podsolige Braunerden beherrschen die Buntsandsteingebiete von Odenwald, Spessart und Südrhön und sind damit der Charakterboden der westlichen Rahmenhöhen Unterfrankens. Sie benötigen zu ihrer Entstehung kalkfreies, nährstoffarmes,

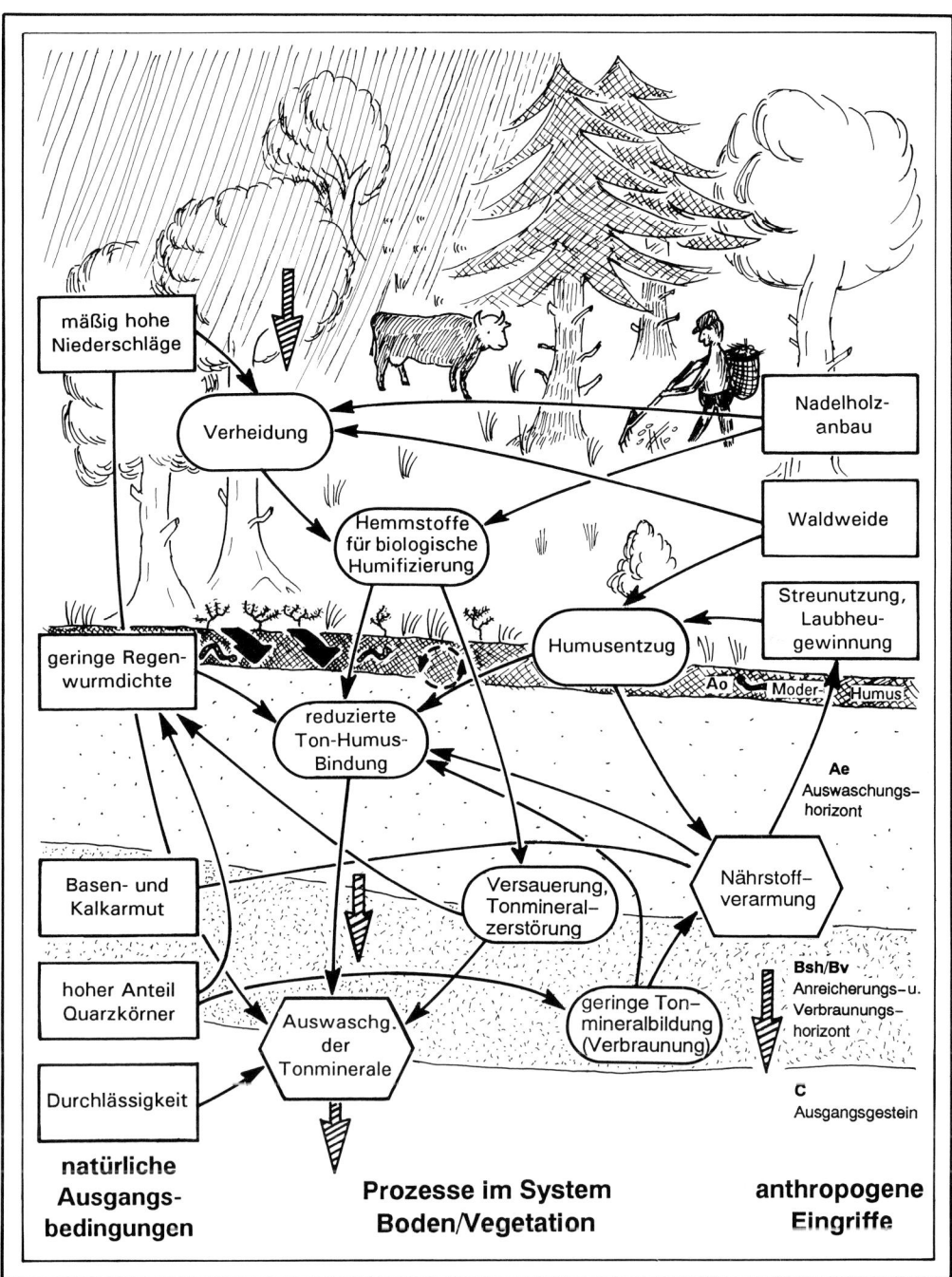

Abbildung 62
Landschaftsökologisches Wirkungsgefüge in Spessart und Südrhön. Wiedergegeben ist das Bodenprofil einer podsoligen Braunerde auf Buntsandstein. Links sind die natürlichen Ausgangs-bedingungen, rechts die anthropogenen Einflüsse in Kästchen angeführt, dazwischen die daraus resultierenden Prozesse in Ovalen. In den beiden Sechsecken stehen die Folgen für den Boden und seine Fruchtbarkeit. Entwurf: JOHANNES MÜLLER, 1995

durchlässiges Ausgangsmaterial und sind durch stark saures Bodenmilieu (pH 4–4,5) gekennzeichnet.

Die bestimmenden Prozesse podsoliger Braunerden sind eine Kombination aus teilweiser Tonmineralzerstörung und -auswaschung (Podsolierung), verbunden mit einer gewissen Tonmineralneubildung und der stark gehemmten Bildung des Ton-Humus-Komplexes. Podsolige Braunerden sind deshalb nicht mit echten Podsolen gleichzusetzen, denn es fehlen in Mainfranken die für starke Auswaschung wichtigen kühlfeuchten Klimaverhältnisse. Außerdem besitzen die meisten Schichten des Buntsandsteins Minerale, die zu einer geringen Tonmineralneubildung führen. Infolge der im Verhältnis zu Podsolen geringeren Freisetzung und Wanderung von Eisen- und Aluminiumionen findet in podsoligen Braunerden keine Bildung von Ortstein im Anreicherungshorizont statt. Diese verbal geringfügige Unterscheidung ist sehr wichtig, denn volle Podsolierung führt zu einer Bodenzerstörung und nicht mehr landwirtschaftlich nutzbaren Böden.

Podsolige Braunerden sind aufgebaut aus einem Ao-Ae-Bsh/Bv-C Profil (Abb. 30). Die Humusschicht (Ao-Horizont), die 10–20 cm erreichen kann, liegt durchweg als Moderhumus vor, der mechanisch zerkleinert, aber in seiner pflanzlichen Struktur noch erhalten ist. Die Humusteile sind zwar mit den Mineralkörnern des Bodens vermischt, jedoch nicht chemisch zum Ton-Humus-Komplex verbunden, was vor allem an der geringen Anzahl von Regenwürmern in diesen Böden liegt, in deren Verdauungstrakt die intensive Durchmischung von Ton und Humus stattfindet. Durch die fehlende Ton-Humus-Bindung ist die Austauschkapazität des Oberbodens für Nährstoffe, wichtigste Grundlage der Bodenfruchtbarkeit, gering.

Es folgt der Ae-Horizont, aus dem die wenigen vorhandenen Tonminerale ausgewaschen werden (e: eluvial). Der auf diese Weise verarmte Ae-Auswaschungshorizont erscheint in heller Farbe und erreicht 10–20 cm Mächtigkeit, was im Verhältnis zur vollständigen Podsolierung wenig ist und zeigt, daß der Podsolierungsprozeß nur eingeschränkt abläuft.

Darunter fallen die Huminstoffe (h) und Metallionen (s: Sesquioxide) wieder aus. Parallel findet in den podsoligen Braunerden noch in eingeschränktem Maße Tonmineralneubildung (Verbraunung: v) statt, was für die Bodenfruchtbarkeit von entscheidender Bedeutung ist. Es entsteht ein Bsh/Bv-Horizont von 30–50 cm Mächtigkeit. Dessen Verdichtung kann unter ungünstigen Umständen sogar zu Wasserstau führen, so daß als weiterer Ungunstfaktor obendrein Pseudovergleyung auftritt (vgl. Kap. 9.4.1). Als C-Horizont folgt der anstehende Fels.

Die mangelnde Fruchtbarkeit dieser Böden ist an einen komplexen Regelkreis verschiedenster Ökofaktoren gebunden. Abb. 62 zeigt das landschaftsökologische Wirkungsgefüge, das für die Landschaft und ihre Nutzung in den Buntsandsteingebieten von Spessart und Südrhön eine große Bedeutung hat, im Überblick. Hier greifen verschiedenste Faktoren ineinander, natürliche und anthropogene, die zum Teil bereits Jahrzehnte bis Jahrhunderte zurückliegen, deren Auswirkungen aber immer noch festzustellen sind. Man erkennt auch, daß die heutige Vegetation, potentielle wie reale, von Veränderungen des Landschaftshaushalts langfristig beeinflußt werden kann. Als wichtigste Wirkungsbeziehungen sind zu nennen (vgl. REHFUESS 1990, S. 134–143; ELLENBERG 1986, S. 163; SCHEFFER u. SCHACHTSCHABEL 1973, S. 201–201):

– *Zoologisch*: In sandigen Böden finden Regenwürmer nur schlechte Existenzbedingungen, so daß ihre durchmischende Tätigkeit fehlt. Damit sind sowohl die weitere Zersetzung des Humus zu Mull als auch die Mischung der organischen mit den anorganischen Bestandteilen des Bodens gehemmt. Als Humusform bleibt es beim wenig zersetzten und durchmischten Moder.

- *Biologisch*: Aus diesem Grund überwiegt die nichtbiologische Humifizierung, und es entstehen stickstoffarme Huminsäuren (Fulvosäuren) mit stark saurer Reaktion. Besonders Heidekraut *(Calluna vulgaris)* liefert bei Zersetzung sehr viele Fulvosäuren, Preiselbeere *(Vaccinium vitis-idaea)* und Heidelbeere *(Vaccinium myrtillus)* liefern Hemmstoffe, die die Zersetzung sogar aufhalten. Auf die Dauer wird dadurch die Versauerung des Bodens verstärkt.
- *Chemisch*: Die Säuren wirken als Hemmstoffe und verlangsamen durch ihre chemische Struktur die weitere Humifizierung der abgestorbenen Pflanzen und Tiere. Fulvosäuren reagieren mit Metallionen, lösen sie und machen sie damit mobil. Die Metallionen bewirken eine Zerstörung der Tonminerale, wodurch die Pufferwirkung und Austauschkapazität für Nährstoffe sinkt und damit die Fruchtbarkeit des Bodens abnimmt.
- *Klimatisch*: Erhöhte Niederschläge sind notwendig, um die gelösten Verbindungen mit dem Bodenwasserstrom in tiefere Bodenschichten zu verlagern und damit aus dem Oberboden zu entfernen. Sie sind in den westlichen Rahmenhöhen aber nicht hoch genug, um vollständige Auswaschung zu bewirken.
- *Geologisch*: Der Buntsandstein mit seinem Mangel an Feldspäten liefert bei der Verwitterung wenig Ausgangsprodukte für Tonminerale. Die gute Durchlässigkeit des Materials, also geringe Ton- und hohe Sandanteile, fördert den Verlagerungs- und Auswaschungsprozeß. Fehlender Gehalt an Kalk und Basen (Kalium, Phosphor, Magnesium, Natrium) macht sich nicht nur als Nährstoffmangel, sondern auch durch geringes chemisches Puffervermögen bemerkbar.
- *Pedologisch*: Aus diesen Gründen kann sich der für die Bodenfruchtbarkeit (Austauschkapazität) entscheidende Ton-Humus-Komplex in den Buntsandsteinböden kaum aufbauen. Die Folge ist eine geringe Nährstoffaufschließung und -bereitstellung für die Pflanzen. Eine verstärkte Düngung kann den vorhandenen Nährstoffmangel und die Nährstoffauswaschung also nur teilweise beheben.
- *Anthropogen:* Die vorindustrielle Landwirtschaft litt allgemein unter einem Mangel an Dünger. Man holte sich deshalb für die Humusbildung auf den Feldern die Streu vom Waldboden und Heu aus dem Laub der Waldpflanzen, wodurch den ohnehin armen Böden dort noch zusätzlich Nährstoffe entzogen wurden. Dazu kommt der Einfluß der weitverbreiteten Beweidung des Waldes mit Vieh, die ebenfalls zu Nährstoffverlusten führte. Außerdem wurde die Verheidung und damit die weitere Versauerung gefördert, da die Tiere diese Weideunkräuter nicht fressen. Die trotz allem fortschreitende Nährstoffverarmung auf den Feldern zwang wiederum zu verstärkter Nutzung der Wälder, und die Degradierung der Böden schritt immer weiter voran. Die Folge daraus war eine allgemeine Nährstoffverarmung, im Extremfall der Übergang zu Verheidung und zu echter Podsolierung mit Tonmineralzerstörung. Derartige auf Jahrhunderte hinaus irreversible Bodenzerstörungen waren aber in Spessart und Südrhön selten.

Eine sinnvolle landwirtschaftliche Nutzung ist auf voll ausgeprägten podsoligen Braunerden aufgrund des akuten Nährstoffmangels und der sehr geringen Austauschkapazität kaum möglich. Nur dort, wo flache, tonige Zwischenlagen in den Sandsteinen durch chemische Abpufferung eine geringere Versauerung, mehr Tonminerale und eine bessere Nährstoffversorgung bewirken, ist Ackerbau möglich, wenn auch nicht sehr ertragreich. Heute lassen sich diese Standorte durch Düngung und Strukturverbesserung aufwerten; ansonsten be-

herrschen Wälder diese Böden. Die Aufforstung mit Fichten anstelle der natürlichen Laubhölzer bringt die Gefahr einer Verstärkung der Versauerung mit sich, da deren Nadelstreu
mehr Fulvosäuren bildet und deshalb zur Moderbildung tendiert. Auf diese Weise kann auf
kalkarmen und daher schwach gepufferten Böden die Umwandlung einer sauren Mull-
Braunerde in eine podsolige Moder-Braunerde relativ rasch vonstatten gehen und die Bodenverarmung weiter voranschreiten.

Ranker. Wie die Rendzinen sind Ranker Böden in einem frühen Entwicklungsstadium,
weshalb sie nur über ein flachgründiges Ah-C-Profil verfügen. Im Gegensatz zu jenen werden als Ranker nur Böden auf kalkfreiem Gestein bezeichnet, hier auf den Buntsandsteinen
und kristallinen Gesteinen des Vorspessarts. Die geringe Bodenentwicklung im Buntsandstein der westlichen Rahmenhöhen hat ihre Ursache im steilen Relief, verbunden mit den
hohen Niederschlägen, die zu Auswaschung führen. Ranker findet man daher insbesondere
an steilen Talhängen. Sie sind oft kleinräumig mit den podsoligen Braunerden vergesellschaftet und unterscheiden sich hinsichtlich Nährstoffarmut und Versauerung kaum von
diesen, weshalb sie ebenfalls Waldstandorte bilden.

Pelosole. Im Bereich der Röttone sind Pelosole verbreitet, die den Böden des Gipskeupers
stark ähneln und relativ fruchtbar sind. Sie sind meist geringmächtiger entwickelt als dort
und enthalten oft Lößbeimengungen, weshalb sie seltener als Grünland und eher als Ackerland genutzt werden. Landschaftlich geht die Ackerbauzone der Röttone, die zudem bereits
im Niveau der Hauptgäufläche liegt, oft unauffällig in die landwirtschaftlich geprägten
Mainfränkischen Platten über.

Braunerden. Die Basalte der Rhön enthalten erheblich mehr Feldspäte und Minerale, so
daß sie zu im Prinzip fruchtbaren Braunerden verwittern, die allerdings infolge der hier
nochmals höheren Niederschläge dennoch wieder Tendenzen zur Versauerung und Podsolierung aufweisen. Das Fehlen von Äckern hat hier nur klimatische Gründe.

10.4.2   Die landschaftsökologische Stellung von Wald und Forst

Die Vegetation insbesondere des zentralen Spessarts, aber auch größerer Teile der Rhön wird
heute von Wald bestimmt. Dennoch gibt es auch hier keine Kontinuität in der Entwicklung,
handelt es sich auch hier nirgends um echte Urwälder, sondern um genutzte Wälder, in
welchen der anthropogene Einfluß überall präsent war und ist, wenn auch in sehr unterschiedlichem Ausmaß. In erster Linie ist die große Waldfläche bedingt durch die ungünstigen
Bodenverhältnisse mit geringer Fruchtbarkeit, was die Menschen zu unterschiedlichen
Reaktionen bewog, die sich in sehr verschiedenen Nutzungsformen des Waldes niederschlu-
gen. Die Art der Nutzung hatte wiederum jeweils spezifische Folgen für den Aufbau des
Waldes, seine Zusammensetzung, seine Ausprägung und sein Aussehen, was auch heute
noch deutlich erkennbar ist. Wald ist als reale Vegetation kein einheitlicher Vegetationstyp,
sondern läßt sich hinsichtlich der anthropogenen Eingriffe differenzieren.

Die fürstlichen Herrscher vor allem in der Barockzeit nutzten einen Teilbereich, den
Hochspessart, als Jagdrevier und förderten damit den Wildbesatz künstlich. Die Siedlungstätigkeit wurde nur in diesem begrenzten Raum nahezu unterbunden. Ansonsten unterbrechen Rodungsinseln das geschlossene Waldkleid, von welchen aus der Wald einer bäuerlichen Nutzung unterlag. Dazu kam in Teilbereichen noch die frühindustrielle Nutzung für
Glashütten, die andersgeartete Anforderungen an den Wald stellte und ihn als Rohstoff-
lieferant benötigte. Heute wird der Wald durch die forstwirtschaftliche Nutzung geprägt,
die wiederum andere Auswirkungen auf Zusammensetzung und Aufbau hat.

Bezeichnung	Nutzungssystem
Urwald	völlig ungenutzt, Artenspektrum und Artenmischung nur durch natürliche Faktoren bestimmt
Forst	völlig vom Menschen bestimmt, Artenspektrum stark eingeschränkt, teils Monokultur, teils standortfremde Arten (z. B. Fichtenforst anstelle Buchenmischwald)
Hochwald	hochstämmiger Wald; forstwirtschaftliche Nutzung mit gezielter Bestandspflege und Steuerung der Verjüngung; Umtriebszeit 80–150 Jahre (auch länger) je nach Baumart; Physiognomie naturnah, Artenspektrum stark eingeschränkt (z. B. reiner Buchenwald anstelle Buschenmischwald)
Mittelwald	Mischung aus Hochstammnutzung für Bauholz und Niederwaldnutzung für Brennholz und Stecken am selben Ort, daher gewisse Artenmischung, geregelte Mischform forstwirtschaftlicher und bäuerlicher Nutzung
Niederwald	ungeregelte bäuerliche Nutzung, Umtriebszeit 20–30 Jahre, Physiognomie verändert durch Verhinderung von Kronenschluß und dickstämmigem Wachstum, Artenspektrum verschoben durch Förderung von Lichtholzarten und stockausschlagfähigen Arten

Tabelle 15
Waldgesellschaften und ihre Nutzung

Auf weite Strecken werden die großen Waldflächen nur durch die für alle Buntsandsteingebiete Süddeutschlands eigentümlichen Wiesentäler aufgelockert. Sie sind ebenfalls in Zusammenhang mit Besiedlung und Rodungstätigkeit zu sehen und stellen ganz speziell angepaßte Nutzungssysteme dar, die gleichzeitig in ihrer Existenz stark gefährdet sind.

Waldgesellschaften und ihre Nutzung. Hinsichtlich Art und Umfang anthropogener Einflußnahme lassen sich verschiedene Waldgesellschaften ausgliedern, die sich bezüglich Artenzusammensetzung, ökologischer Bedingungen für die Fauna und Rückwirkungen auf abiotische Ökosystemteile wie den Boden stark unterscheiden. Die wichtigsten sind in Tab. 15 zusammengestellt.

Forste aus standortfremden Gehölzen stellen den stärksten Eingriff in die Ökologie des Waldes dar. Die begleitenden Pflanzengesellschaften des Unterwuchses verändern sich durch andere Lichtverhältnisse und geänderte chemische Zusammensetzung der Streu (Nadeln statt Blätter), die Fauna wandelt sich infolge der völlig unterschiedlichen Lebens- und Nahrungsbedingungen. Mittelfristig werden auch abiotische Teile des Ökosystems beeinflußt. Fichtenforste auf den Standorten des Hainsimsen-Buchenwaldes verstärken die Bodenversauerung und damit die Podsolierungstendenzen durch ihre stärker sauer zersetzende Nadelstreu. Solchermaßen verändert, würden die Böden oft die ursprünglich natürliche Pflanzengesellschaft gar nicht mehr gedeihen lassen, und die potentielle natürliche Vegetation hätte sich unter dem anthropogenen Einfluß verändert. Selbst im Spessart sind Forste aus Nadelhölzern nicht selten, im Bereich der östlichen Rahmenhöhen Unterfrankens sogar die Regel.

Auch die geschützten Jagdreviere verschiedener Fürsten waren keine unbeeinflußten Urwälder, denn die einseitige Pflege des Großwildbestandes für Jagdzwecke verstärkte den Wildverbiß, förderte damit die Überalterung des Bestandes und veränderte die Begleitgesellschaften des Unterwuchses. Bekanntestes Beispiel für derartige Wälder ist der zentrale Spessart, daneben der Gramschatzer und Guttenberger Wald bei Würzburg und Teile der Steigerwaldstufe. Heute sind es forstwirtschaftlich genutzte Hochwälder, zusammengesetzt aus hochstämmig aufgewachsenen Bäumen. Obgleich dies dem natürlichen Bild eines Wal-

Buche	23 %
Eiche	20 %
Sonstige Laubbäume	8 %
Kiefer	25 %
Fichte, Tanne, Douglasie	21 %
Lärche	3 %

Tabelle 16
Baumartenverteilung der Wälder in Unterfranken (Bay. Staatsministerium ELF 1986, S. 11)

des nahekommt, entspricht die Artenzusammensetzung nicht der potentiell natürlichen. In forstlich genutzten Wäldern werden zwar standorttypische Baumarten gepflanzt, jedoch in untypisch reinen Beständen. Die Übergänge zwischen Wald und Forst sind fließend; die Grenze kann dort gezogen werden, wo standortfremde Baumarten angepflanzt werden.

Hochwald. Die heutige Baumartenverteilung in Unterfranken weist mit 51 % zwar einen vergleichsweise noch hohen Anteil an Laubbäumen auf, doch handelt es sich auch dabei um Forste, die im Regelfall aus nur einer Baumart aufgebaut sind und als Hochwald genutzt werden. Erst in jüngster Zeit werden wieder Mischbestände herangezogen, die aber immer noch weit von der natürlichen Artendurchmischung entfernt sind, weil sie von Totholz gesäubert werden und von Gleichaltrigkeit der Baumschicht geprägt sind. Tab. 16 gibt die aktuellen Zahlen für Unterfranken wieder.

Abseits der Siedlungen wurde im Spessart bereits vor Jahrhunderten Forstwirtschaft betrieben, ohne deren gezielte Pflege und Schutz vor Konkurrenz beispielsweise die berühmten Spessarteichen nicht denkbar wären, die noch heute einen Wirtschaftsfaktor darstellen. Ein Festmeter (= Kubikmeter = Ster) furnierfähigen Eichenholzes bringt durchschnittlich 1 600 DM Erlös, im Vergleich zu rd. 110 DM für normales Holz (Bay. Staatsministerium ELF 1986, S. 21). Bei der Versteigerung 1988 wurde ein Rekordpreis von 51 648 DM für einen ca. 350 bis 400 Jahre alten Eichenstamm von 8,9 m Länge und 82 cm Durchmesser (= 5,17 Festmeter) erzielt (Mainpost v. 23. 12. 1988). Trotz dieser hohen Werte wirft der Hochspessart, der nach wie vor in Staatsbesitz ist, heute nicht mehr Gewinn ab als die Kosten, die die Waldpflege verursacht, welche über diejenige in Privatwäldern hinausgeht.

Nieder- und Mittelwald. Niederwaldbetrieb war über das gesamte Mittelalter bis ins letzte Jahrhundert die dominierende Nutzungsform des Waldes in der Umgebung bäuerlicher Siedlungen (SCHENK 1996). Niederwald wird durch permanente anthropogene Eingriffe auf mehrfache Weise stark verändert: Das Abschlagen erfolgt, entsprechend dem Bedarf an *Stangenholz*, etwa alle 20–30 Jahre oder sogar in kürzeren Abschnitten, weswegen nie hochstämmige Bäume heranwachsen können. Das höhere Lichtangebot verändert die kleinklimatischen Verhältnisse am Waldboden und damit dessen Artenspektrum erheblich. Die helleren Verhältnisse fördern Lichtholzarten wie Eiche und Hasel und behindern Schattholzarten wie Buche und Hainbuche im Wachstum. Die Wurzelstöcke werden nicht entfernt, damit sie wieder ausschlagen, was aber nur manchen Arten wie Eiche, Hainbuche, Hasel, Erle möglich ist, nicht aber der Buche, die dadurch allmählich zurückgedrängt wurde (vgl. potentielle natürliche Vegetation, Kap. 2.2.4). Niederwaldnutzung herrschte überall in der Nähe von Siedlungen vor, verbreitet am Rand des Spessarts, in der Rhön und in weiten Teilen der Mainfränkischen Platten.

Zusätzlich beeinflußt wurde der Aufbau des Waldes durch verschiedene Methoden der vorindustriellen Landwirtschaft. Die weitverbreitete *Waldweide*, die Nutzung des Waldes als Viehweide, führte durch Viehverbiß sowie Reduzierung der Zahl der Baumkeimlinge und -samen zur Überalterung des Baumbestandes. Damit ging eine Selektion einher, da die ausschlagfähigen Baumarten damit besser fertig werden, was das Artengefüge weiter veränderte. Dazu kam die *Streunutzung*, die Entnahme von Reisig und Blättern am Boden, oft zusammen mit Teilen der obersten Humusschicht, die als Streu für die Viehställe benötigt wurden, da zuwenig Stroh zur Verfügung stand. (Aus demselben Grund wurden auch spezielle Streuwiesen angelegt, die allein der Streugewinnung dienten.) Die Stallstreu wurde schließlich zusammen mit dem Mist zur Düngung auf die Felder ausgebracht und damit dem Waldökosystem entzogen. Bei der *Laubheugewinnung* sammelte man grüne Blätter und schnitt im Wald wachsendes Gras sowie junge Triebe der Bäume und Sträucher zur Viehfütterung. Beide Verfahren entsprechen einer Umverteilung zur Düngung der angrenzenden, ja auch nährstoffarmen Felder. Die entnommenen organischen Materialien fehlten sowohl in der Nährstoffbilanz des Waldes als auch für die Humusbildung, weswegen anspruchsvollere Baumarten zurückgedängt wurden (vgl. Abb. 62).

Besonders in den westlichen Rahmenhöhen Unterfrankens mit ihren wenig fruchtbaren Böden war die Düngung der Felder mit den durch diese Maßnahmen gesammelten Stoffen aus dem Wald eine zwingende Notwendigkeit. Sie entzog über die Jahrhunderte jedoch dem Wald gerade auf den armen Standorten einen erheblichen Teil der verfügbaren Nährstoffe, was neben der Verschiebung des Artenspektrums zu einer bedeutenden Verarmung des Bodens führte. Waldweide gab es im Spessart bis zur Mitte des letzten Jahrhunderts, Streugewinnung und die Mahd von Waldgräsern bis weit in unser Jahrhundert (REIF 1989, S. 185).

Dazu kam noch der enorme Holzbedarf für die Glasindustrie im Mittelalter bis Anfang des 18. Jh. Die winzigen Glashütten waren insbesondere im Hochspessart, in unmittelbarer Nähe zur Brennstoffquelle, verbreitet und konzentrierten sich im oberen Kahltal, Lohrbach- und Aubachtal (KRIMM 1982, S. 224). Sie lassen sich teilweise an den Endungen der Ortsnamen erkennen (Neuhütten, Ruppertshütten, Glasofen/Marktheidenfeld). Buchenholz war in der frühindustriellen Glasindustrie nicht nur als Brennmaterial für das Schmelzen des Glases wichtig. Man gewann daraus auch Pottasche (Kaliumkarbonat), das als chemischer Bestandteil zur Glasherstellung (Flußmittel) benötigt wird, zu welchem Zweck riesige Mengen Holz verheizt werden mußten.

Mittelwald bildete früher den Kompromiß zwischen der geregelten, gewinnbringenden Forstwirtschaft und der ungeregelten, von bäuerlichen Notwendigkeiten getragenen Waldwirtschaft. Hierbei wird der Baumbestand nicht nach derselben Art bewirtschaftet, sondern ein Teil der Bäume als locker stehender Hochwald, das Unterholz als Niederwald mit kurzer Umtriebszeit. Daraus ergibt sich eine Art Schichtaufbau mit Überhälter- und Hauschicht. Die erste Forstordnung mit derartigen Bestimmungen geht auf Fürstbischof ECHTER zurück, die er 1574 für den Salzforst bei Neustadt/Saale erließ (Bay. Staatsministerium ELF 1986, S. 18). Auch in diesem Wald gelangt viel mehr Licht auf den Boden als unter natürlichen Verhältnissen, was nicht nur den Unterwuchs in gewünschter Weise fördert, sondern wiederum einseitig bestimmte Arten bevorzugt. Heute findet man Nieder- oder gar Mittelwaldnutzung nur noch in Resten sehr kleinflächig, während die meisten dieser Wälder bereits in Hochwälder uberfuhrt wurden.

Feuchte Talwiesen der westlichen Rahmenhöhen. In großen Teilen des Spessarts und der Südrhön wird der Wald nur durch die tief eingeschnittenen, vollständig von Wiesen eingenommenen Täler unterbrochen (vgl. Abb. 61). Unter den gegebenen Bedingungen bildeten diese Wiesen einen wichtigen Teil des Landnutzungssystems zur Gewinnung von Futterheu. Ihre Situation und Artenzusammensetzung wird von besonderen ökologischen Bedingungen gesteuert.

Die allgemeine Nährstoffarmut der Buntsandsteingebiete wurde noch verstärkt, weil die Wiesen kaum gedüngt wurden, da man den verfügbaren Dünger auf die Äcker konzentrierte. Mit der Entnahme des Mähgutes wurden auf diese Weise wie bei der Waldstreuentnahme Nährstoffe entzogen, was die Produktionskraft der Wiesen verringerte. Im letzten Jahrhundert konstruierte man in Anbetracht der Wichtigkeit der Wiesen verhältnismäßig aufwendige Bewässerungssysteme. Dadurch verbesserte man sowohl die Nährstoffbilanz als auch die Wasserversorgung während der auch hier auftretenden kürzeren Trockenphasen in der Vegetationsperiode. Bewässerungswiesen konzentrieren sich auf die trockeneren Teile des Spessarts: im Norden das Jossa-, Fella- und Sinntal, im Süden vor allem Aubach-, Haslochund Hafenlohrtal sowie Seitentäler, wo die Reste noch vielfach erkennbar sind, auch wenn sie meist nicht mehr benutzt werden.

Zwei Systeme, die sich im Landschaftsbild gut unterscheiden lassen, wurden angewandt: Hangkanalbewässerung und Rückenbau. Bei kleinerem Talquerschnitt leitete man das Wasser mittels Wehren in etwas erhöht hangparallel laufende Kanäle und von dort auf die Wiesen. In Tälern mit breiter Aue wurde der auch in anderen Buntsandsteingebirgen (z. B. Pfälzer Wald) bekannte Rückenbau angewandt. In relativ aufwendiger Arbeit mußte man dazu den Talboden zunächst in eine Abfolge tallängs orientierter Rücken und Senken von jeweils einigen Metern Breite mit einer Höhendifferenz von 10–20 cm umgraben. Die Bewässerungskanäle führten auf den Rücken entlang, von wo aus die flächenhafte Wasserverteilung erfolgte, während die Entwässerungskanäle aus den Senken herausführten. Auf diese Weise waren schon vor dem Einsatz von Kunstdünger zwei Ernten pro Jahr möglich (REIF 1989, S. 185).

Entsprechend dieser kleinmorphologischen Umgestaltung hat sich ein höchst differenziertes Muster aus trockenen, armen Borstgrasrasen *(Nardetalia)*, mäßig nährstoffreichen, wechselfeuchten Nutzwiesen (Glatthaferwiesen; *Arrhenatheretalia*), Feuchtwiesen *(Molinietalia)*, Naßwiesen *(Calthion)*, Flachmooren *(Scheuchzerio-Caricetea)*, Seggensümpfen und feuchten Gebüschen gebildet. Fast alle dieser Pflanzengesellschaften enthalten seltene Arten, dazu kommen noch der landschaftliche Wert der Offenheit und der historische Wert der alten Nutzungssysteme. Größtes Problem ist die mangelnde Nutzung und das bereits heute überwiegende Brachfallen der Flächen. Auf die Dauer ungepflegt, würde sich flächenhaft wieder die potentielle Auenvegetation des Erlen-Auenwaldes einstellen, der heute auf schmale Streifen entlang der Bäche als Gehölzufersaum beschränkt ist.

10.4.3 Das Mosaik der naturbetonten Landschaftselemente

Naturbetonte Landschaftselemente finden sich in charakteristischer Zusammensetzung auch in den landwirtschaftlich genutzten Gebieten der westlichen Rahmenhöhen Unterfrankens. Entsprechend den ökologischen Bedingungen läßt sich eine grobe Gliederung aufstellen:

– In den Bereichen von pleistozänen Fließerden mit teilweiser Lößauflage in den Ackerbaugebieten im Südwest-, Südost- und Nordspessart sowie in der Südrhön, die in Verbindung mit dem meist stark reliefierten Gelände erheblich erosionsgefährdet sind, bildeten sich regelmäßig Stufenraine, die meistens Hecken tragen.

– Hier wie auch im gesamten übrigen Spessart sind die Auen durch Grünlandnutzung gekennzeichnet, eng verzahnt mit nassen Staudenfluren, Naßwiesen und Gehölzufersäumen. Letztere sind mit den Gesellschaften der östlichen Rahmenhöhen vergleichbar und relativ artenarm.

– Die Hochrhön ist flächendeckend von heute extensiver Weidenutzung auf bodensaurem Magerrasen geprägt, weshalb es schwierig ist, hier naturbetonte Landschaftselemente

Tabelle 17 Wichtigste Gehölzarten des Brombeer-Schlehengebüsches (Carpino-Prunetum)	Corylus avellana	Hasel
	Quercus robur	Stieleiche
	Prunus spinosa	Schlehe
	Rosa canina	Hundsrose
	Salix caprea	Salweide
	Viburnum opulus	Wolliger Schneeball
	Crataegus laevigata	Zweigriffeliger Weißdorn
	Crataegus monogyna	Eingriffeliger Weißdorn
	Sorbus aucuparia	Eberesche (Vogelbeere)
	Prunus avium	Vogelkirsche

im Gegensatz zu nutzungsbetonten Bereichen abzugrenzen. Prägend sind zahlreiche einzelnstehende Hutebäume auf den Weiden, dazwischen Feuchtflächen.

– Die zum Oberrheingraben gewandte Seite des Spessarts und der Vorspessart sind, bei noch mäßigen Niederschlägen, durch erheblich höhere Temperaturen (vgl. Abb. 15), eine geringere Spätfrostgefahr und eine Vegetationsperiode ausgezeichnet, die diejenige selbst der zentralen Mainfränkischen Platten übertrifft (Abb. 16). Diese Klimagunst drückt sich auch im verbreiteten Streuobstanbau aus, der noch bis Mitte dieses Jahrhunderts so viel Ertrag abwarf, daß er selbst auf guten Böden ebener Lagen gegenüber Ackerbau konkurrenzfähig war (Kleinwallstadt, Klingenberg).

Hecken auf Stufenrainen. Im Südwest- und Südostspessart, vor allem im stärker reliefierten Nordspessart (Sinntal, Jossatal) und in der Südrhön, sind Stufenraine weit verbreitet. Hier ließ die weniger intensive Landwirtschaft oft Raum, um Hecken aufkommen zu lassen. Trotz ähnlicher anthropogener Entstehungsursachen und Ausgangsbedingungen unterscheiden sie sich in ihrer Artenzusammensetzung deutlich von den Hecken auf den Mainfränkischen Platten.

Das Artenspektrum des Brombeer-Schlehengebüsches ist in erster Linie eine Reaktion auf die subatlantischen Klimabedingungen und die spezifischen Bodenverhältnisse mit geringeren Temperaturgegensätzen zwischen Sommer und Winter, geringeren Höchsttemperaturen, erheblich höheren Niederschlägen, größerer Bodenfeuchte, geringerer Nährstoffausstattung und stärker saurem Bodenchemismus. Zur Hundsrose kommt noch eine Anzahl weiterer Rosenunterarten, die allerdings schwer voneinander zu unterscheiden sind. Ähnlich vielfältig ist die Zahl der beteiligten Brombeerunterarten. Die wichtigsten Gehölzarten der am meisten verbreiteten Gesellschaft Brombeer-Schlehengebüsch *(Carpino-Prunetum)* sind in Tab. 17 zusammengestellt.

Borstgrasrasen. Analog zur Bewirtschaftungsform der Magerweiden im Bereich des Gipskeupers und des Muschelkalks entwickelten sich auf den primär pedologisch (Spessart) bzw. klimatisch (Rhön) bedingten bodensauren Standorten bestimmte Pflanzengesellschaften. Vom äußeren Erscheinungsbild einer niedrigen Grasnarbe (Rasen) ähneln sie zunächst den Kalk-Magerrasen. Bei viel niedrigerem Boden-pH und bei Niederschlägen, die oft das Doppelte von dem der Kalk-Magerrasen betragen, unterscheiden sie sich hinsichtlich der Artenzusammensetzung aber grundlegend.

Die Pflanzen der bodensauren Magerweiden oder Borstgrasrasen (*Violion caninae* oder *Nardo-Galion saxatilis*) sind ebenfalls eine Selektion, eine Auslese, die unter den Bedingungen extensiver Beweidung weidefeste Arten und besonders Weideunkräuter fördert. Die namengebende Charakterart Borstgras *(Nardus stricta)* wird nur in frischem Zustand gefressen, ansonsten oft nur ausgerupft und vom Vieh liegengelassen. Früher intensivere Bewirtschaftung mit gewissen Düngergaben wird durch anspruchsvollere Arten wie Rotklee *(Tri-*

folium pratense) und Sauerampfer *(Rumex acetosa)* angezeigt. Geht die Beweidung zurück, so stellt sich Heidekraut *(Calluna vulgaris)* ein, von dem nur die jungen Triebe gefressen werden und das eine Degradation der Weiden mit weiterer Bodenversauerung und Überwucherung widerspiegelt.

Hochrhön. Die Hochrhön wird heute flächenhaft von extensiver Landnutzung geprägt, die sonst nur für naturbetonte Landschaftselemente in geringer Ausdehnung typisch ist und was für ganz Mitteleuropa eine große Ausnahme darstellt. Während im Mittelalter sogar teilweise Ackerbau betrieben wurde, verblieb, als in der Folge die Siedlungen wieder zurückgenommen wurden, eine Nutzungsmischung aus Weidewirtschaft und Heugewinnung, die zusammen mit den Feuchtflächen ein differenziertes Mosaik unterschiedlicher Grünlandgesellschaften hinterließ. Die hohen Niederschläge, wasserstauende Schichten, verbunden mit teilweisen Verebnungen, Mulden und Quellen des im ganzen flachwelligen Reliefs der Langen Rhön bilden die Grundlagen für zahlreiche Vernässungsstellen. Hier findet man ein Mosaik aus feuchten Staudenfluren, Quellmooren, Ohrweidengebüschen, Kleinseggensümpfen, Nieder- und Hochmooren. Charakteristisch für die Bereiche jahrhundertealter Weidewirtschaft sind die Hutebäume, die als eigentümliche Baumgestalten die Windexposition im Wuchsbild dokumentieren, Flächen prägen und gleichzeitig von sehr hohem ästhetischem Reiz sind. Die Weite der Landschaft mit ihrer Waldarmut, mit der auch touristisch geworben wird, läßt sich nur noch durch flächendeckende extensive Beweidung aufrechterhalten.

10.4.4 Verwaldung als landschaftsökologisches Problem

Ganz im Gegensatz zu den angrenzenden Mainfränkischen Platten, wo aus landschaftsökologischer Sicht die Landwirtschaft zu intensiv und auf zu großen Flächenanteilen betrieben wird, liegen die Verhältnisse in den westlichen Rahmenhöhen. Hier verläuft die Entwicklung eher umgekehrt, so daß der ohnehin hohe Waldanteil auf Kosten offener Landschaftsteile weiter zunimmt. Dieser Sachverhalt zeigt die Wichtigkeit einer Bewertung landschaftsökologischer Probleme aus ihrem lokalen Zusammenhang heraus.

Die Zunahme des Waldes läßt sich in vielfacher Weise beobachten. In den klimatisch stark benachteiligten Bereichen der Hohen Rhön ist unter heutigen Umständen überhaupt keine Landnutzung mehr wirtschaftlich möglich. Der gesamte Bereich wurde unter Schutz gestellt (Naturschutzgebiet und Biosphärenreservat) und mit Hilfe zahlreicher Pflegeprogramme weiterhin extensiv bewirtschaftet, vor allem mit Wanderschäferei, aber auch Mahd. Solche Programme sind aber nur für besonders schützenswerte Landschaften insgesamt kleiner Ausdehnung finanziell möglich.

Im Spessart, vor allem auf seiner Westseite und entlang der Verkehrswege in Richtung Verdichtungsraum Rhein–Main, zeigt verbreitete Sozialbrache die Aufgabe landwirtschaftlicher Nutzung an. Der langsame Rückzug des Menschen aus der gestaltenden Landnutzung ist in der Landschaft in vielfältiger Weise sichtbar:

– Aufkommen höherer Staudenfluren, später auch von Gebüschen auf vorherigen Wiesen und Weiden;
– ungeregelte, kleinflächige Aufforstungen mit Fichtenjungwuchs;
– Zuwachsen oder Aufforsten der Talgründe;
– Durchwachsen von Hecken ohne den notwendigen, zwar seltenen, aber regelmäßigen Schnitt;
– anfängliches Verkrauten, dann Verbuschen von Streuobstfeldern bis zu deren völligem Verfall durch Überwuchern (Brombeeren) und schließlichem Absterben.

Auch wenn durch das Brachfallen teilweise wertvolle Biotope entstehen und sogar unter Schutz gestellt werden, wie etwa feuchte Staudenfluren oder totholzreiche Obstbaumbestände mit den entsprechenden Lebensbedingungen für seltene Tiere, so muß man sich dennoch vor Augen halten, daß es sich dabei nur um kurzfristige Zwischenstadien handelt, die mittelfristig bereits wieder verschwunden sein werden und der Landschaft keineswegs nachhaltig nützen.

Mit dieser Entwicklung wird kaum der natürliche Zustand wiederhergestellt, wie er vor dem Eingriff des Menschen bestand. Da es sich dabei um privates Land handelt, wird nach wie vor eine möglichst kurzfristig ertragbringende Nutzung angestrebt. Selten läßt man naturnahe Wälder hochwachsen, sondern pflanzt eher schnellwüchsige, monotone, ökologisch problematische Forste aus teilweise exotischen Nadelhölzern. Außerdem gehen durch Aufforstung und Verwaldung primär die heute ökonomisch wenig wertvollen Flächen verloren, die bisher extensiv genutzt wurden, also ökologisch von hohem Wert sind. Demgegenüber wird der Nutzungsdruck auf den wirtschaftlich wertvollen Flächenteilen erhöht und damit die Belastung durch die Landnutzung, lokal und regional, weiter konzentriert.

Die Pflege besonders wertvoller Flächen kann immer nur kleine Bereiche erfassen, weshalb man heute mit anderen Mitteln versucht, die Verwaldung der Landschaft aufzuhalten. Ein Beispiel ist die „Pensionsviehhaltung", bei der Jungrinder aus dem zentralen Unterfranken in den Spessart gebracht werden, um dort unter freiem Himmel zu weiden. Gegenüber der Aufzucht im Stall liegt die Gewichtszunahme mit 500–700 g pro Tag zwar niedriger, vorteilhaft und langfristig günstiger wirken die bessere Konstitution der Tiere und die höhere Grundfutteraufnahme bei der Mast danach. Die Pachtkosten betrugen 1,25 DM/Tag; 1988 wurden 400 Pensionsrinder auf 200 ha im Spessart gehalten (Mainpost v. 11. 4. 1989).

Man muß sich jedoch bewußt machen, daß die Landschaft dabei zwar offengehalten werden kann, die bisherigen nährstoffarmen Schnittwiesen jedoch in Weiden mit vollständig verändertem Artenspektrum umgewandelt werden. Darüber hinaus wird vor dem Hintergrund der Verfrachtung von Nutzvieh zwischen Landschaftsteilen derselben Region Unterfranken die Einseitigkeit und Widersprüchlichkeit des modernen Umgangs mit der Landschaft deutlich, der gleichzeitig Gebiete übernutzt, so daß kein Platz für normale Weidehaltung bleibt, während andernorts die Nutzung fehlt.

Die Unterschiedlichkeit von Bewässerungswiesen, brachgefallenen Staudenfluren, Borstgrasrasen und Viehweiden samt ihren Pflanzengesellschaften läßt sich im Spessart nebeneinander beobachten, wie beispielsweise im oberen Hafenlohrtal. Gerade an deren Nebeneinander wird deutlich, wie einerseits die anthropogene Einflußnahme zu einer Zunahme an ökologischer Vielfalt geführt hat. Andererseits erkennt man die Abhängigkeit der Pflanzen und Tiere, die sich an die speziellen Verhältnisse angepaßt haben, von der prägenden Nutzungsform. Bleibt diese aus, sei es durch Intensivierung oder Nutzungsaufgabe, werden sie aus dem Raum wieder verdrängt. Historisch gewachsene Strukturen, die der Landschaft ihr Gepräge gegeben haben, gehen damit ebenso verloren. Schließlich sind die Auswirkungen auf den Fremdenverkehr nicht zu übersehen, der nicht nur auf Wälder, sondern auch auf offenere Landschaftsformen angewiesen ist. Auch touristische Konzepte bekannter Erholungslandschaften schöpfen aus diesem Kapital, wie das Motto der Rhön „Land der offenen Fernen" deutlich zeigt.

11.   Ausblick: regionales Umweltverständnis

Abbildung 63

Verständnis der regionalen Umwelt und ihrer Zusammenhänge. Unberührte Natur? Kulturlandschaft? Konkurrierende Nutzungsansprüche oder Nutzungsaufgabe? Solche Schlagworte bestimmen
häufig die Diskussion um die Landschaft der eigenen, näheren Umgebung. Um sie einordnen und für
sein eigenes Handeln bewerten zu können, bedarf es grundlegender Kenntnisse über die landschaftlichen Zusammenhänge. Selbst eine so intensiv umgestaltete Landschaft wie die der mainfränkischen Platten besitzt vielfältig strukturierte Bereiche wie hier im Bild das Thierbachtal bei
Rittershausen. Dabei ist der Eingriff des Menschen in den Naturhaushalt nicht prinzipiell negativ zu
bewerten; vielmehr kommt es darauf an, inwieweit die Bezüge zur Landschaft, auch die indirekten,
berücksichtigt werden. Erst durch den anthropogenen Einfluß nahmen Standortdiversität, ökologische Nischen und ästhetische Vielfalt im Verhältnis zur Naturlandschaft zu. Aber: Was geschieht,
wenn der Löß durch Erosion aufgebraucht und die Fruchtbarkeit damit verschwunden ist? Was wird
aus dem Weg bei Regen oder aber beim Asphaltieren? Wer sorgt für die notwendige Pflege der
Streuobstgehölze, wer für den Absatz ihrer Früchte? Genügt es, einzelne Landschaftsteile zu
schützen, oder ist die Landschaft insgesamt als gewachsenes Ensemble zu betrachten?

An dieser Stelle sei noch einmal der Bogen zurück zum Anfang geschlagen. In der Einleitung wurde auf die Gegensätzlichkeit des Begriffspaares Naturgeographie/Unterfranken hingewiesen, das sich einerseits auf den naturgeographischen Charakter der Landschaft bezieht, andererseits auf die politische Begrenzung Unterfrankens. Dieser Widerspruch verliert sich, wenn man die politische Region als individuellen Handlungsraum definiert: die Landschaft als die den anthropogenen Einflüssen ausgesetzte Umwelt mit all ihren *naturgeographischen* Beziehungen und Wirkungsmechanismen. Der Regionalbezug des einzelnen ergibt sich aus vielfachen persönlichen Entscheidungen und Verhaltensweisen, die ein Umweltverständnis voraussetzen. Sie tangieren das Bewußtsein für die Hintergründe und Zusammenhänge, die in der Landschaft räumlich zum Ausdruck kommen.

Die Sensibilität für die Umweltthematik kann sich nicht in Ozonloch, Klimakatastrophe und Regenwaldabholzung erschöpfen. Die allgemeinen Umweltbelastungen durch Schadstoffe oder Eingriffe sind inzwischen zumindest bekannt und in der öffentlichen Diskussion präsent, weshalb auf diese Probleme, die natürlich auch regionale Bezüge besitzen, hier nicht weiter eingegangen zu werden braucht. Wertkategorien, Veränderungen und Umweltverständnis beschränken sich nicht auf distanzierte, oft als ungreifbar empfundene Sachverhalte, sondern ebenso auf die nähere Umgebung. Hierbei steht die Landschaft mit dem Spektrum ihrer naturgeographischen Hintergründe im Mittelpunkt.

Mit dem Begriff *regionales* Umweltverständnis soll auf die Einflußnahme bzw. Veränderung der Landschaft in der näheren, der täglich erlebten Umgebung Bezug genommen und dadurch die Verbindung zwischen regionaler Naturgeographie und regionalem Umweltverständnis gezogen werden. Der Umgang mit der Landschaft berührt die persönliche Erfahrungswelt, Wertvorstellungen, Entscheidungen, Rückwirkungen, Heimatbewußtsein usw., worauf bereits in Abb. 28 hingewiesen wurde. Die im folgenden angeführten Beispiele sollen lediglich einige dieser Verbindungen anreißen, einige Gedanken anstoßen und auf Fragen hinweisen, die sich aus einem regionalen Umweltverständnis ergeben können.

Man kann die Veränderung der Landschaft nicht auf simple Fragen reduzieren, wie etwa: Kröte oder Kraftfahrzeug? Artenschutz ist ohne Einbindung der einzelnen Arten und Biotope in den übergeordneten Lebensraumschutz nicht möglich. Da die Landschaft den Lebensraum darstellt, erfordert dies eine ganzheitliche Sicht, verbunden mit dem Erkennen von Wechselbeziehungen. Die Landschaft ist vielfältigen Nutzungsansprüchen ausgesetzt, die häufig direkter mit dem individuellen Handeln im Zusammenhang stehen, als man sich bewußt macht: Landwirtschaft und eigene Ernährungsgewohnheiten, Verkehrswege und eigene Freizeitgestaltung, Deponieflächenverbrauch und eigene Abfallvermeidung, drohender Bau der Hafenlohrtalsperre im Spessart und eigener Wasserverbrauch.

Die Fragen, die sich aus diesen Bezügen ableiten lassen, berühren tiefere Zusammenhänge, als die Begriffspaare zunächst andeuten. Paßt beispielsweise der See einer Talsperre oder eines großen Kiesaushubs, so gern sie als Naherholungsgebiet genutzt werden, in das landschaftliche Umfeld? Sind es Formen, die sich aus der Landschaftsgenese begründen lassen, die, wie erwähnt, den Menschen zwar einschließt, aber nicht über sich stellt? Werden sogenannte Biotope geschaffen, denen der Bezug zur landschaftlichen Realität fehlt, weil sie Kunstprodukte sind? Werden plötzlich Tierarten eingebürgert, deren Lebensweise und Ansprüche nicht mit der Landschaft in Beziehung stehen?

Die Bewertung ein und desselben Vorgangs kann entscheidend vom landschaftlichen Zusammenhang abhängen, was am Beispiel Bewaldung gezeigt wurde. Prinzipiell läßt sich das Anpflanzen von Bäumen oder gar Anlegen von Wald, die entsprechende Artenauswahl vorausgesetzt, ohne weiteres als ökologisch sinnvoll und angepaßt an die Landschaft ansehen;

aber wie sieht die Bewertung aus? Auf den Mainfränkischen Platten mit ihren weiten, ausgeräumten Agrarflächen und einem Mangel an Ausgleichsflächen ist sie sicher positiv. Im Spessart oder in der Rhön, wo man versucht, die Landschaft zumindest in Teilen offenzuhalten, wäre sie oft negativ. Dennoch muß man potentiell von der völligen Bewaldung in beiden Gebieten als natürlicher Vegetation ausgehen.

Daraus ist die Notwendigkeit eines regionalen bzw. lokalen landschaftlichen Bezugs ersichtlich, daneben die Abhängigkeit der Bewertung vom landschaftsräumlichen Vergleich. Man kann den Gedanken noch weiter führen, wenn man ihn in Beziehung zum Ökosystemgleichgewicht stellt. Auf welcher räumlichen Basis sind Ausgleichsflächen, die bei Eingriffen oft vorgeschrieben sind, anzustreben? Reicht die Trennung in agrare Produktionslandschaften (Mainfränkische Platten) und Naturparks (Spessart, Rhön, Steigerwald) aus, oder läuft sie auf eine großräumige Polarisierung hinaus? Auf welcher Ebene ist ein Gleichgewicht des Ökosystems möglich; muß man dafür nicht bis auf die lokale Ebene hinuntergehen? Diese Fragestellungen berühren die Konzepte der Landesplanung und Raumordnung.

Die Frage nach der Fruchtbarkeit der Mainfränkischen Platten führt zum Löß, dessen Existenz nur aus der Landschaftsgenese abzuleiten ist. Macht man sich bewußt, daß Löß allein unter den Bedingungen der Eiszeit entstehen konnte und vielfach landwirtschaftlich nicht nutzbare Gesteine nur wenige Meter oder gar Dezimeter dick überdeckt, so ergibt sich eine Einstufung des Lösses als eine endliche Ressource der Landschaft. Eine Bewertung der Erosion, die jährlich im Millimeterbereich flächenhaft Material abführt, sowie möglicher Schutzmaßnahmen muß diesen Hintergrund mit einschließen.

Auf lokaler Ebene wird die Beziehung zwischen Stoffumsätzen, Umweltbelastung und deren räumlicher Betrachtung deutlich. Das unterstreicht die Wichtigkeit, Umweltprobleme nicht nur in ihrer technischen Dimension, sondern auch in ihrer räumlichen Einbindung zu sehen. Als Beispiel sei der Stoffeintrag (Dünger und Pestizide) der Landwirtschaft in die Gewässer erwähnt, ein besonderes Problem der intensiv genutzten Mainfränkischen Platten. Wenn man versucht, den Eintrag von Pestiziden und Nährstoffen von den Feldern in die Bäche durch die Anlage von Gewässerschutzstreifen zu unterbinden, dann ist das prinzipiell eine sinnvolle Strategie, die gleich noch die Renaturierung der Gewässer einschließt. Aus landschaftsökologischer Perspektive ist aber klar, daß es viel sinnvoller wäre, diese Stoffe in der Fläche zu halten, wo sie ausgebracht wurden und als Nährstoffe bzw. Pflanzenschutzmittel eigentlich wirken sollen. Dazu müßten erosionshemmende Strukturen, wie Schutzstreifen, Raine oder Hecken, zwischen den Feldern angelegt werden, anstatt das Material erst später dort wieder abzufangen, wo es gar nicht hingehört. Gleichzeitig ergäben sich durch diese Strukturen weitere Effekte, wie Biotopbereitstellung und Erosionsschutz.

Die vielleicht stärkste Gefährdung der Landschaft geht heute vom Flächenverbrauch aus, der auf mehrfache Weise wirksam ist: Industriegebiete, Privathausbau mit Garten, Garage, Stellplatz und Verkehrsflächen machen zusammengenommen schon über 10 % der Fläche Deutschlands aus. Hier ist nicht nur das individuelle Verkehrsverhalten, sondern auch der landschaftliche Zusammenhang von Bedeutung. Autos belasten die Umwelt nicht nur durch Abgase, was sich mit Elektro- oder Wasserstoffmobilen vielleicht noch verhindern ließe. Bestehen bleiben der Flächenverbrauch, die Zerschneidung von Lebensräumen, die Verlärmung und die Versiegelung durch Straßen und Parkplätze, die für jedes einzelne Fahrzeug neu gebaut werden. Wichtiger als der bloße Flächenanteil ist die Verteilung. Jeder neue Verkehrsweg zerschneidet die Landschaft, führt zur biologischen Verinselung und Unterbrechung von Stoffkreisläufen, aber auch zur Kompartimentierung und zur Zerstückelung geschlossener Wahrnehmungsbereiche.

Viele Beziehungen bestehen zwischen individuellem Verhalten beim Nahrungsmittel-verbrauch und dem Einfluß auf das Landschaftsbild. Dafür seien drei Beispiele erwähnt, die zunächst vielleicht marginal erscheinen, aber die Bedeutung von regional bezogenen Ent-scheidungen des einzelnen aufzeigen. Viele Spaziergänger genießen Halbtrockenrasen als landschaftstypische Struktur. Diese lassen sich nur durch Schafhaltung aufrechterhalten, die wiederum direkt von der Nachfrage nach lokal produziertem Schaffleisch in der örtlichen Metzgerei abhängt. Das Offenhalten der Wiesentäler im Spessart ist, wie erwähnt, nicht mehr rentabel. Wenn diese Landschaften jemandem beispielsweise auf einer Fahrradtour besser gefallen als Fichtenforste, so besteht ein Bezug zu seinem Einkauf von Rindfleisch aus hei-mischer Produktion. Streuobstbestände gehen nicht nur aufgrund von Flurbereinigungs-maßnahmen oder durch Neubaugebiete verloren, sondern vor allem deshalb, weil viel zu-wenige Menschen heimisches Obst schätzen, das kleiner und optisch weniger ansprechend ist als der große glatte Einheitsapfel, obwohl dessen Gehalt an Geschmacksstoffen und Vitaminen seinen äußerlichen Werten kaum entspricht.

In einer ganzheitlichen Perspektive lohnt es sich, auch die oft kaum wahrgenommenen, zunächst als unbedeutend eingestuften Landschaftsbestandteile zu beachten. Beispiele wären feine Geländeunterschiede, Kleinformen des Reliefs oder auch viele naturbetonte Landschaftselemente wie Hecken, einzelne Obstbäume oder Feldraine. Jedes einzelne dieser Elemente für sich erscheint vielleicht verzichtbar. Ihre Bedeutung liegt selten in der Bereit-stellung unersetzlicher Lebensräume oder der Existenz bedrohter Arten. Ihre Rolle ergibt sich vielmehr erst aus ihrer Gesamtheit, aus der Individualität ihrer Formen, aus dem Ge-flecht der gegenseitigen Kombinationen, aus der lokalen Landschaftsgenese, insgesamt also aus der Vielfalt der Landschaft, zu der jedes einzelne Element beiträgt.

Ein regionales Umweltverständnis sollte ebenfalls dazu beitragen, den Rückgang land-schaftlicher Vielfalt zu erkennen und die zunehmende Monotonisierung und Vereinheit-lichung der Landschaft(en) wahrzunehmen, die sich nicht nur im ökologischen Bereich ergibt, sondern auch im ästhetischen Sinn zu bemerken ist. Der Wert der Landschaft ist dies-bezüglich nicht reduziert auf die Bereitstellung von Lebensraum für seltene Arten. Als Sensationselement läßt sich damit gut argumentieren. Aber gehört die Normalität der indi-viduell ausgestalteten Landschaft nicht auch zur eigenen Erfahrungswelt? Gehört der Begriff Heimat nicht eher zur regionalen Umwelt als zur Vermarktungsstrategie spektakulärer Land-schaften oder in die gesellschaftspolitische Mottenkiste?

Insgesamt erscheint die Landschaft aus landschaftsgenetischer Perspektive als ein über lange Zeiträume *gewachsenes Ensemble*. Aus landschaftsökologischer Sicht zeigt sich ihr Charakter als Gesamtheit, als *Beziehungsgefüge* jenseits von Einzelobjekten. Für den Menschen stellt sich dabei nicht die Frage, ob er eingreift, sondern auf welche Weise, wie intensiv, wie differenziert und mit welchen Folgen.

Ein komplexes System, was ja jede Landschaft darstellt, ist „nie die additive Summe der Einzelteile, sondern eine Einheit oder Ganzheit" (HARTMANN 1933). Man sollte sich bewußt machen, daß alle Einzelbestandteile der Landschaft (Tiere, Biotope, Oberflächenformen ...) Teile des Ganzen sind. Das bedeutet, sie definieren sich aus ihrem Umfeld heraus. Erst die jeweilige *Kombination* der Einzelelemente macht die Charakteristik einer Landschaft aus, ihre Eigenständigkeit und, damit verbunden, ihre regionale Identität. Alle Bestandteile der regionalen Landschaft sind deshalb, wenn nicht direkt, so doch indirekt, vom individuellen Handeln des einzelnen betroffen, vor dem Hintergrund seines regionalen Umweltverständ-nisses.

Literaturverzeichnis

AUST, H. (1969):
Lithologie, Geochemie und Paläontologie des Grenzbereiches Muschelkalk–Keuper in Franken. – Abhandlungen des Naturwissenschaftlichen Vereins Würzburg, Bd. 10, S. 3–155.

Akademie der Wissenschaften der DDR (1976):
Atlas Deutsche Demokratische Republik. – Gotha/Leipzig.

Bay. Geologisches Landesamt (1955):
Bodenkundliche Übersichtskarte von Bayern 1:500 000. – München.

Bay. Geologisches Landesamt (1981):
Geologische Karte von Bayern 1:500 000. – Mit Erläuterungen. München, 168 S.

Bay. Landesamt für Bodenkultur und Pflanzenbau (o. J.):
Merkblätter für Bodenkultur. – Sammlung mit 19 Blättern. Freising.

Bay. Landesamt für Wasserwirtschaft (1978):
Das Mainprojekt: Hydrogeologische Studie zum Grundwasserhaushalt und zur Stoffbilanz im Maineinzugsgebiet. – Schriftenreihe des Bay. LA für Wasserwirtschaft, Sonderheft 7. München.

Bay. Staatsministerium für Ernährung, Landwirtschaft und Forsten (1986):
Der Wald in Unterfranken. – München, 36 S.

Bay. Staatsministerium für Ernährung, Landwirtschaft und Forsten (1992):
Bayerischer Agrarbericht. – München, 249 S. + Anh.

BERGER, K. (1981):
Keuper. In: Geologische Karte von Bayern 1:500 000. Erläuterungen. – 3. Aufl. München (Bay. Geologisches Landesamt), S. 49–54.

BLUME, H. (1987):
Probleme der Schichtstufenlandschaft. – 2., unveränd. Aufl. Darmstadt (Wissenschaftliche Buchgesellschaft), 117 S.

BLUME, H. (1991):
Das Relief der Erde: ein Bildatlas. – Stuttgart (Enke), 140 S.

BORK, H.-R. (1989):
Soil erosion during the past millenium in central Europe and its significance within the geomorphodynamics of the Holocene. In: Landforms and Landform Evolution in West Germany. – Catena Supplement, H. 15, S. 121–132. Cremlingen-Destedt.

BREMER, H. (1989 a):
On the Geomorphology of the South German Scarplands. In: Landforms and Landform Evolution in West Germany. – Catena Supplement, H. 15, S. 45–67. Cremlingen-Destedt.

BREMER, H. (1989 b):
Allgemeine Geomorphologie: Methodik – Grundvorstellungen – Ausblick auf den Landschaftshaushalt. – Berlin (Borntraeger), 450 S.

BRUNNACKER, K. (1956):
Würmeiszeitlicher Löß und fossile Böden in Mainfranken. – Geologica Bavarica, H. 25, S. 27–43. München (Bay. Geologisches Landesamt).

BRUNNACKER, K. (1964):
Über Ablauf und Altersstellung altquartärer Verschüttungen im Maintal und nächst dem Donautal bei Regensburg. – Eiszeitalter und Gegenwart, H. 15, S. 72–80. Stuttgart.

BRUNNACKER, K. (1973):
Gesichtspunkte zur jüngeren Landschaftsgeschichte und zur Flußentwicklung in Franken. – Zeitschrift für Geomorphologie, Neue Folge, Supplement-Bd. 17, S. 72–90. Berlin.

BRUNSDEN, D. (1990):
Tablets of Stone: toward the Ten Commandments of Geomorphology. – Zeitschrift für Geomorphologie, Neue Folge, Supplement-Bd. 79, S. 1–37. Berlin.

BÜDEL, J., (1957):
Grundzüge der klimamorphologischen Entwicklung Frankens. – Würzburger Geographische Arbeiten, H. 4/5, S. 5–42.

BÜDEL, J., (1963):
Klima-genetische Geomorphologie. – Geographische Rundschau, 15. Jg., S. 269–285. Braunschweig.

BÜDEL, J. (1971):
Das natürliche System der Geomorphologie (mit kritischen Gängen zur Geomorphologie der Tropen). – Würzburger Geographische Arbeiten, H. 34, 152 S.

BÜDEL, J. (1981):
Klima-Geomorphologie. – 2. Aufl., Berlin (Borntraeger), 304 S.

Bundesanstalt für Landeskunde und Raumforschung (1957): Naturräumliche Gliederung Deutschlands 1:1 000 000. – Bonn-Bad Godesberg.

BUSCHE, D., et al. (1993):
Kaltluftströme im bayerischen Mittelgebirgsrelief. – Würzburger Geographische Manuskripte, H. 33, 46 S. + Anl.

BUSCHE, D., HAGEDORN, H., u. R. KURZ (1989):
Main Valley Region. In: Second International Conference on Geomorphology, Frankfurt 1989, Field Trip C 5. – Geoökoforum, H. 1, S. 143–179. Bensheim (Geoöko-Verlag).

BÜTTNER, G. (1988):
Die Rhön-Vorland-Schotter. – Naturwissenschaftliches Jahrbuch Schweinfurt, Bd. 6, S. 119–152.

CARLÉ, W. (1955):
   Bau und Entwicklung der Süddeutschen
   Großscholle. – Beihefte zum Geologischen
   Jahrbuch, H. 16, 272 S. Hannover.

DAVIS, W. M. (1899):
   The geographical cycle. – The Geographical
   Journal, Vol. XIV, No. 5, S. 481–504. London.
Deutscher Wetterdienst [Hrsg.] (1952):
   Klima-Atlas von Bayern. – Bad Kissingen.
DIERSSEN, K. (1990):
   Einführung in die Pflanzensoziologie:
   Vegetationskunde. – Darmstadt (Wissenschaft-
   liche Buchgesellschaft), 241 S.
DIETZ, K.-R. (1981):
   Zur Reliefentwicklung im Main-Tauber-Bereich.
   – Rhein-Mainische Forschungen, H. 93, 220 S.
   Frankfurt.
DÖRRER, I. (1970):
   Die tertiäre und periglaziale Formengestaltung
   des Steigerwaldes, insbesondere des Schwanberg-
   Friedrichsberg-Gebietes: eine morphologische
   Untersuchung zum Problem der Schichtstufen-
   landschaft. – Forschungen zur Deutschen
   Landeskunde, Bd. 185, 166 S. Remagen.
dtv-Lexikon (1980):
   20 Bde., München (dtv/Brockhaus).

EHLERS, J. (1994):
   Allgemeine und historische Quartärgeologie. –
   Stuttgart (Enke), 358 S.
ELLENBERG, H. (1954):
   Steppenheide und Waldweide. – Erdkunde, 8. Jg.,
   S. 188–194. Bonn.
ELLENBERG, H. (1973):
   Ökosystemforschung. – Berlin (Springer), 280 S.
ELLENBERG, H. (1986):
   Vegetation Mitteleuropas mit den Alpen. –
   4. Aufl. Stuttgart (Ulmer), 989 S.
EMMERT, U. (1981):
   Muschelkalk. In: Geologische Karte von Bayern
   1:500 000. Erläuterungen. – 3. Aufl. München
   (Bay. Geologisches Landesamt), S. 46–49.

FALTER, R. (1992):
   Für einen qualitativen Ansatz der Landschafts-
   ästhetik. – Natur und Landschaft, H. 3,
   S. 99–104. Köln.
FELIX-HENNINGSEN, P. (1990):
   Die mesozoisch-tertiäre Verwitterungsdecke
   (MTV) im Rheinischen Schiefergebirge: Aufbau,
   Genese und quartäre Überprägung. – Relief,
   Boden, Paläoklima, Bd. 6, 192 S. Berlin
   (Borntraeger).
FIRBAS, F. (1949):
   Waldgeschichte Mitteleuropas. – 2 Bde. Jena.
FRISCH, W., u. J. LOESCHKE (1986):
   Plattentektonik. – Erträge der Forschung,
   Bd. 236, 190 S. Darmstadt (Wissenschaftliche
   Buchgesellschaft).

FUGMANN, L. (1988):
   Zur Geomorphologie der Frankenhöhe und ihres
   Vorlandes, mit einer geomorphologischen Karte
   1:25 000, Blatt 6527 Burgbernheim.
   – Würzburger Geographische Arbeiten
   [im Druck].

GEIGER, K. (1985):
   Weinbau in Franken aus ökologischer Sicht. In:
   Die Weinberge Frankens. – Schriftenreihe Bay.
   Landesamt für Umweltschutz, H. 62, S. 23–32.
   München.
Geologisches Landesamt Baden-Württemberg
(1992):
   Bodenkundliche Übersichtskarte von Baden-
   Württemberg 1:200 000, Blatt Stuttgart Nord.
GIESSNER, K. (1982):
   Mainfranken – ein hydrologisches Problemgebiet.
   – Würzburger Geographische Arbeiten, H. 57,
   S. 109–140.
GLASER, R. (1991):
   Klimarekonstruktion für Mainfranken, Bauland
   und Odenwald anhand direkter und indirekter
   Witterungsdaten seit 1500. – Paläoklima-
   forschung, Bd. 5, 175 S. Stuttgart (G. Fischer).
GLASER, R., u. B. SPONHOLZ (1993):
   Erste Untersuchungen von Hangrutschungen an
   der Frankenhöhe. – Würzburger Geographische
   Arbeiten, H. 87, S. 339–354.
GRADMANN, R. (1898):
   Das Pflanzenleben der Schwäbischen Alb mit
   Berücksichtigung der angrenzenden Gebiete
   Süddeutschlands. – 2 Bde. Tübingen (Schwäbi-
   scher Albverein), 376 + 424 S.
GRADMANN, R. (1931):
   Süddeutschland. – Bd. 2. Stuttgart (Engelhorns
   Nachf.), 553 S.
GRUNERT, J., u. G. SEIDENSCHWANN (1988):
   Spessart und Vorspessart. – Deutsche Quartär-
   vereinigung, 24. Tagung in Würzburg, Führer zur
   Exkursion A, Hannover, 48 S.

HAGEDORN, H., RÖSNER, R., KURZ J., u. D. BUSCHE
(1991):
   Loesses and aeolian sands in Franconia, F.R.G. –
   Zeitschrift für Geomorphologie, Neue Folge,
   Supplement-Bd. 90, S. 61–76. Berlin.
HAHN, H.-U. (1992):
   Die morphogenetische Wirksamkeit historischer
   Niederschläge: Die Besselbergäcker und die
   Grünbachau – ein Beispiel aus dem Tauberein-
   zugsgebiet. – Würzburger Geographische
   Arbeiten, H. 82, 214 S.
HANTKE, R. (1993):
   Flußgeschichte Mitteleuropas: Skizzen einer
   Erd-, Vegetations- und Klimageschichte der
   letzten 40 Millionen Jahre. – Stuttgart (Enke).
HAQ, B., u. F. EYSINGA (1987):
   Geological Timetable. – 4. Aufl. Amsterdam
   (Elsevier).

HÄRLE, J. (1992):
Landwirtschaft und Umwelt in Baden-Württemberg. – Geographische Rundschau, 44. Jg., H. 5, S. 303–310. Braunschweig.

HARTMANN, M. (1933):
Die methodologischen Grundlagen der Biologie. – Annalen der Philosophie, H. 11, S. 235–261.

HAUNSCHILD, H., u. A. DOBNER (1986):
Geologische Karte von Bayern 1:25 000, Blatt 6326 Ochsenfurt, Erläuterungen. – München (Bay. Geologisches Landesamt), 152 S.

HOFMANN, W. (1965):
Laubwaldgesellschaften der Mainfränkischen Platten. – Abhandlungen des Naturwissenschaftlichen Vereins Würzburg, Bd. 5/6, S. 3–194.

HOFMANN, W. (1970):
Eine Übersichtskarte der natürlichen Vegetationsgebiete von Bayern und ihre Bedeutung für die geobotanische und geographische Forschung in Mainfranken. – Abhandlungen des Naturwissenschaftlichen Vereins Würzburg, Bd. 11, S. 109–117.

HOHENESTER, A. (1978):
Die potentielle natürliche Vegetation im östlichen Mittelfranken (Region 7): Erläuterungen zur Vegetationskarte 1:200 000. – Erlanger Geographische Arbeiten, H. 38, 70 S.

Institut für Landeskunde (1963):
Geographische Landesaufnahme 1:200 000: Naturräumliche Gliederung. – Bonn-Bad Godesberg (Bundesamt für Landeskunde und Raumforschung).

KERN, H. (1973):
Mittlere jährliche Abflußhöhen 1931–1960: Karte von Bayern im Maßstab 1:500 000 mit Erläuterungen. – Schriftenreihe des Bay. Landesamtes für Wasserwirtschaft, H. 2. München.

KNEITZ, G. (1980):
Das Maintal als Ökosystem. In: Deutscher Werkbund Bayern [Hrsg.]: Der Main. Gefährdung und Chancen einer europäischen Flußlandschaft. – München (Werkbund), S. 32–40.

KNEITZ, G., u. G. VOSS (1961):
Die Vegetationsgliederung der Rhönhochmoore. – Abhandlungen des Naturwissenschaftlichen Vereins Würzburg, Bd. 2., S. 13–22.

KÖRBER, H. (1962):
Die Entwicklung des Maintals. – Würzburger Geographische Arbeiten, H. 10, 170 S.

KRIMM, S. (1982):
Die mittelalterlichen und frühneuzeitlichen Glashütten im Spessart. – Studien zur Geschichte des Spessartglases, Bd. 1. = Veröffentlichungen des Geschichts- und Kunstvereins Aschaffenburg, Bd. 18,1, 264 S.

KURZ, R. (1988):
Untersuchungen zur ältest- bis mittelpleistozänen Terrassen- und Sedimententwicklung im Mittelmaintal. – Würzburger Geographische Arbeiten, H. 72, 239 S.

KURZ, R., SCHIRMER, W., STUKENBROCK, B., u. A. SKOWRONEK (1988):
Mittelmaintal. – Deutsche Quartärvereinigung, 24. Tagung in Würzburg, Führer zur Exkursion D, Hannover, 30 S.

LANG, G. (1994):
Quartäre Vegetationsgeschichte Europas: Methoden und Ergebnisse. – Jena (G. Fischer), 462 S.

LARCHER, W. (1984):
Ökologie der Pflanzen. – 4. Aufl. Stuttgart (Ulmer), 403 S.

LEICHT, H. (1985):
Geschichtlicher und geographischer Überblick über den Weinbau in Franken. In: Die Weinberge Frankens. – Schriftenreihe Bay. Landesamt für Umweltschutz, H. 62, S. 7–15. München.

LESER, H. (1978):
Landschaftsökologie. – Stuttgart (Ulmer), 433 S.

LESER, H. (1984):
Zum Ökologie-, Ökosystem- und Ökotopbegriff. – Natur und Landschaft, Jg. 59, H. 9, S. 351–357. Köln.

LESER, H., et al. (1993):
Diercke Wörterbuch Ökologie und Umwelt. – 2 Bde. Braunschweig und München (Westermann, dtv), 241 + 233 S.

LIEDTKE, H., u. J. MARCINEK [Hrsg.] (1994):
Physische Geographie Deutschlands. – Gotha (Perthes), 559 S.

LIPPOLT, H.-J., HORN, P., u. W. TODT (1983):
K/Ar-Age determination and the correlation of Tertiary volcanic activity. – Geologisches Jahrbuch, Reihe D, H. 52, S. 113–135. Hannover.

LUCKE, R., SILBEREISEN, R., u. E. HERZBERGER (1993):
Obstbäume in der Landschaft. – Stuttgart (Ulmer), 300 S.

MADER, D. (1990):
Paleoecology of the Flora in Buntsandstein and Keuper in the Triassic of Middle Europe. – 2 Bde. Stuttgart (G. Fischer), 1582 S.

MAI, D. (1995):
Tertiäre Vegetationsgeschichte Europas: Methoden und Ergebnisse. – Stuttgart (G. Fischer), 691 S.

MARTINI, E., ROTHE, P., KELBER, K.-P., u. W. SCHILLER (1994):
Sedimentäres Tertiär der Rhön (Exkursion I am 9. April 1994). – Jahresberichte und Mitteilungen des Oberrheinischen Geologischen Vereins, Neue Folge, H. 76, S. 219–244. Heidelberg.

MAYER, H. (1986):
Europäische Wälder: Ein Überblick und Führer durch die gefährdeten Naturwälder. – Stuttgart (G. Fischer), 385 S.

MENSCHING, H. (1957):
    Geomorphologie der Rhön und ihres südlichen
    Vorlandes. – Würzburger Geographische
    Arbeiten, H. 4/5, S. 47–88.
MEYNEN, E., u. J. SCHMITHÜSEN [Hrsg.] (1953–62):
    Handbuch der Naturräumlichen Gliederung
    Deutschlands. –
    Bonn-Bad Godesberg (Bundesanstalt für
    Landeskunde und Raumforschung).
MORTENSEN, H. (1930):
    Einige Oberflächenformen in Chile und auf
    Spitzbergen im Rahmen einer vergleichenden
    Morphologie der Klimazonen. – Ergänzungsheft
    Nr. 109 zu Petermanns Geographischen Mittei-
    lungen. Gotha.
MÜCKENHAUSEN, E. (1977):
    Entstehung, Eigenschaften und Systematik der
    Böden der Bundesrepublik Deutschland. –
    2. Aufl. Frankfurt (DLG-Verlag), 300 S.
MÜLLER, J. (1989):
    Landschaftsökologische und -ästhetische
    Funktionen von Hecken und deren Flächenbedarf
    in Süddeutschen Intensiv-Agrarlandschaften. –
    Berichte der Akademie für Naturschutz und
    Landschaftspflege, H. 13, S. 3–58. Laufen.
MÜLLER, J. (1990):
    Funktionen von Hecken und deren Flächenbedarf
    vor dem Hintergrund der landschaftsökologischen
    und -ästhetischen Defizite auf den Main-
    fränkischen Gäuflächen. – Zugleich erschienen
    in: Würzburger Geographische Arbeiten, H. 77,
    und Abhandlungen des Naturwissenschaftlichen
    Vereins Würzburg, Bd. 31, 318 S.
MÜLLER, J. (1991):
    Die Stadtökologische Bedeutung des Faktors
    Wasser in Zell/Main: Vorbereitende Untersu-
    chungen zur Ortssanierung. – Würzburg
    [unveröffentl. Manuskript (BLS)].
MÜLLER, J. (1992):
    Das Kleinstrukturen-Mosaik – Bedeutung und
    Stellung im Agrar-Ökosystem. In: SCHLIEPHAKE,
    K. [Hrsg.]: Kleinräumliche Planung im Europa
    der Regionen. – Würzburger Geographische
    Arbeiten, H. 85, S. 347–355.
MÜLLER-WILLE, W. (1956):
    Wirtschafts- und Siedlungsräume im westlichen
    Mitteleuropa um 500 n. Chr. – Westfälische
    Forschungen, Bd. 9, S. 5–25. Münster.
MURAWSKI, H. (1977):
    Geologisches Wörterbuch. – 7. Aufl. Stuttgart
    (Enke), 280 S.
MURAWSKI, H. (1992):
    „Nur ein Stein": Einführung in die geologische
    Entwicklung und die Erforschungsgeschichte des
    Spessarts. – Museen der Stadt Aschaffenburg
    [Hrsg.], 308 S.

OBERDORFER, E. (1979):
    Pflanzensoziologische Exkursionsflora. –
    Stuttgart (Ulmer), 997 S.

OBERDORFER, E. (1992):
    Süddeutsche Pflanzengesellschaften. Teil IV:
    Wälder und Gebüsche.
    A: Textband. B: Tabellenband.
    – 2. Aufl. Jena (G. Fischer), 282 + 580 S.
ODUM, E. P. (1983):
    Grundlagen der Ökologie. – 2. Aufl., 2 Bde.
    Stuttgart (Thieme), 836 S.

PASSARGE, S. (1919):
    Die Vorzeitformen der deutschen Mittelgebirgs-
    landschaften. – Petermanns Geographische
    Mitteilungen, Jg. 65, S. 41–46. Gotha.
PENCK, A. (1910):
    Versuch einer Klimaklassifikation auf
    physiogeographischer Grundlage.
    – Sitzungsberichte der Königlich Preußischen
    Akademie der Wissenschaften, H. 1,
    S. 236–246. Berlin.
PENCK, W. (1920):
    Wesen und Grundlage der morphologischen
    Analyse. – Berichte der mathematisch-
    physikalischen Klasse der Sächsischen
    Akademie der Wissenschaften zu Leipzig,
    H. 72, S. 65–102.
PFÜTSCH, H, u. H. KEMPF (1994):
    Klima und Vegetation in Südthüringen. –
    Würzburger Geographische Arbeiten,
    H. 88, S. 39–49.
PHILIPPI, G. (1983):
    Potentielle natürliche Vegetation des unteren
    Taubergebietes 1:100 000. – Mit Erläuterungen.
    Landessammlungen für Naturkunde [Hrsg.],
    Karlsruhe, 83 S.

RATHJENS, C. (1979):
    Die Formung der Erdoberfläche unter dem
    Einfluß des Menschen: Grundzüge einer
    Anthropogenetischen Geomorphologie. –
    Stuttgart (Teubner), 160 S.
REHFUESS, K. (1990):
    Waldböden: Entwicklung, Eigenschaften und
    Nutzung. – 2. Aufl. Hamburg (Parey), 294 S.
REICHELT, G., u. O. WILMANNS (1973):
    Vegetationsgeographie. – Das Geographische
    Seminar, Braunschweig (Westermann),
    210 S.
REIF, A. (1982):
    Die vegetationskundliche Gliederung und
    standörtliche Kennzeichnung nordbayerischer
    Heckengesellschaften. In: Akademie für
    Naturschutz und Landschaftspflege [Hrsg.]:
    Hecken und Flurgehölze.
    – Laufener Seminarbeiträge, H. 5/82,
    S. 19–28. Laufen.
REIF, A. (1989):
    Die Grünlandvegetation im Weihersgrund,
    einem Wiesental des Spessart. – Abhandlungen
    des Naturwissenschaftlichen Vereins Würzburg,
    Bd. 30, S. 177–246.

REIF, A., et al. (1984):
Die Beziehungen von Hecken und
Ackerrainen zu ihrem Umland. In: SCHULZE, E.-D.,
REIF, A., u. M. KÜPPERS: Die pflanzenökologische
Bedeutung und Bewertung von Hecken. –
Berichte der Akademie für Naturschutz und
Landschaftspflege, Beiheft 3, Teil 1,
S. 125–140. Laufen.

REIF, A., SCHULZE, E.-D., u. K. ZAHNER (1982):
Der Einfluß des geologischen Untergrundes,
der Hangneigung, der Feldgröße und der
Flurbereinigung auf die Heckendichte in
Oberfranken. – Berichte der Akademie für
Naturschutz und Landschaftspflege, H. 6,
S. 231–253. Laufen.

RICHTER, G. (1974):
Zur Erfassung und Messung des Prozeßgefüges
der Bodenabspülung im Kulturland Mitteleuropas. – Abhandlungen der Akademie der
Wissenschaften in Göttingen, mathematisch-
physikalische Klasse, 3. Folge, H. 29,
S. 372–385.

RITSCHEL, G., HESS, R., u. C. BRANDT (1991):
Die Dreigliederung des Lebensraumkomplexes
Mager- und Trockenstandorte in Unterfranken. –
Berichte der Akademie für Naturschutz und
Landschaftspflege, H. 15, S. 23–36. Laufen.

RISCH, H. (1981):
Tertiär in Nordwest-Bayern. In: Geologische
Karte von Bayern 1:500 000. Erläuterungen.
– 3. Aufl. München (Bay. Geologisches Landesamt), S. 79–81.

RÖSNER, U. (1990):
Die Mainfränkische Lößprovinz:
Sedimentologische, pedologische und
morphodynamische Prozesse der Lößbildung
während des Pleistozäns in Mainfranken. –
Erlanger Geographische Arbeiten, H. 51, 306 S.

RUTTE, E. (1957):
Einführung in die Geologie von Unterfranken. –
Würzburg, 168 S.

RUTTE, E. (1965):
Mainfranken und Rhön. – Sammlung Geologischer Führer, Bd. 43, 237 S. Stuttgart (Borntraeger).

RUTTE, E. (1967):
Die Cromer-Wirbeltierfundstelle Würzburg-
Schalksberg. – Abhandlungen des Naturwissen-
schaftlichen Vereins Würzburg, H. 8, S. 5–27.

RUTTE, E. (1981):
Bayerns Erdgeschichte: Der geologische Führer
durch Bayern. – München (Ehrenwirth), 266 S.

RUTTE, E. (1987):
Rhein, Main, Donau: Wie, wann, warum sie
wurden. Eine geologische Geschichte. –
Sigmaringen, 154 S.

SCHEFFER, F., u. P. SCHACHTSCHABEL (1973):
Lehrbuch der Bodenkunde. – 8. Aufl. Stuttgart
(Enke), 488 S.

SCHENK, W. (1994):
1200 Jahre Weinbau in Mainfranken – eine
Zusammenschau aus geographischer Sicht. –
Würzburger Geographische Arbeiten, H. 89,
S. 179–201.

SCHENK, W. (1996):
Waldnutzung, Waldzustand und regionale
Entwicklung in vorindustrieller Zeit im mittleren
Deutschland: historisch-geographische Beiträge
zur Erforschung von Kulturlandschaften in
Mainfranken und Nordhessen. – Erdkundliches
Wissen, H. 117, 326 S. Stuttgart (Steiner).

SCHERZER, C. (1962):
Franken: Land, Volk, Geschichte Kunst und
Wirtschaft. – Bd. 1, 2. Aufl. Nürnberg (Nürn-
berger Presse), 428 S.

SCHIRMER, H. (1973):
Die räumliche Verteilung der Bänderstruktur des
Niederschlags in Süd- und Südwestdeutschland. –
Forschungen zur deutschen Landeskunde, Bd.
205, 75 S. + Anh. Remagen.

SCHIRMER, W., et al. (1988):
Junge Flußgeschichte des Mains um Bamberg. –
Deutsche Quartärvereinigung, 24. Tagung in
Würzburg, Führer zur Exkursion H, Hannover,
39 S.

SCHMIDT, H., LEICHT, H., u. H.-J. BOTSCH (1985):
Kartierung unbereinigter Weinberge in Franken.
In: Die Weinberge Frankens. – Schriftenreihe
Bay. Landesamt für Umweltschutz, H. 62,
S. 91–121. München.

SCHMIDT, K. (1978):
Erdgeschichte. – Berlin (de Gruyter), 294 S.

SCHMITTHENNER, H. (1954):
Die Regeln der morphologischen Gestaltung im
Schichtstufenland. – Petermanns Geographische
Mitteilungen, Jg. 98, H. 1, S. 3–10 + Taf. 1–10.
Gotha.

SCHÖNENBERG, R., u. J. NEUGEBAUER (1981):
Einführung in die Geologie Europas. – 4. Aufl.
Freiburg (Rombach), 340 S.

SCHRÖDER, B. (1993):
Morphotektonik am Nordrand der
Süddeutschen Scholle – Rhön/Grabfeld als
Beispielsgebiet. – Neues Jahrbuch für Geologie
und Paläontologie – Abhandlungen, Bd. 189,
S. 289–300. Stuttgart.

SCHWARZMEIER, J. (1978):
Geologische Karte von Bayern 1:25 000, Blätter
6024 Karlstadt und 6124 Remlingen, Erläuterungen. – München (Bay. Geologisches Landesamt),
155 S.

SCHWARZMEIER, J. (1981):
Buntsandstein. In: Geologische Karte von Bayern
1:500 000. Erläuterungen. – 3. Aufl. München
(Bay. Geologisches Landesamt), S. 41–46.

SCHWERTMANN, U., et al. (1987):
Bodenerosion durch Wasser. Vorhersage des
Abtrags und Bewertung von Gegenmaßnahmen. –
Stuttgart (Ulmer), 64 S.

SEIBERT, P. (1968):
Übersichtskarte der natürlichen Vegetationsgebiete von Bayern 1:500 000: potentielle
natürliche Vegetation. – Mit Erläuterungen.
Schriftenreihe für Vegetationskunde, Bd. 3,
84 S. Bonn-Bad Godesberg (Bundesanstalt für
Vegetationskunde, Naturschutz und Landschaftspflege).

SEIDENSCHWANN, G. (1980):
Zur pleistozänen Entwicklung des Main-Kinzig-
Kahl-Gebietes. – Rhein-Mainische Forschungen,
H. 91. Frankfurt.

SEMMEL, A. (1984):
Geomorphologie der Bundesrepublik Deutsch-
land: Grundzüge, Forschungsstand, aktuelle
Fragen – erörtert an ausgewählten Landschaften.
– Erdkundliches Wissen, H. 30, 192 S. Stuttgart
(Steiner).

SEMMEL, A. (1989):
The importance of loess in the interpretation
of geomorphological processes and for dating
in the Federal Republic of Germany. – Catena
Supplement, H. 15, S. 179–188. Cremlingen-
Destedt.

SEMMEL, A. (1993):
Grundzüge der Bodengeographie. – 3. Aufl.
Stuttgart (Teubner), 127 S.

SEUFFERT, O. (1993):
Die Eiszeit lebt! – Lebt die Eiszeit? – Petermanns
Geographische Mitteilungen, Jg. 137, H. 3,
S. 153–167. Gotha.

SKOWRONEK, A. (1982):
Paläoböden und Lösse in Mainfranken vor ihrem
landschaftsgeschichtlichen Hintergrund. –
Würzburger Geographische Arbeiten, H. 57,
S. 89–107.

SPÄTH, H. (1973):
Morphologie und morphologische Probleme in
den Haßbergen und im Coburger Land. –
Würzburger Geographische Arbeiten, H. 39,
321 S.

STÄBLEIN, G. (1968):
Das Maintal am Spessartostrand. In: Bay.
Landesvermessungsamt [Hrsg.]: Topographischer
Atlas von Bayern. – München (List), S. 24–25.

TISCHLER, W. (1980):
Biologie der Kulturlandschaft. – Stuttgart
(G. Fischer), 253 S.

TISCHLER, W. (1990):
Ökologie der Lebensräume. – Stuttgart
(G. Fischer), 356 S.

TROLL, C. (1951):
Heckenlandschaften im maritimen Grünland-
gürtel und im Gäuland Mitteleuropas. –
Erdkunde, Jg. 5, H. 2, S. 152–157. Bonn.

TÜXEN, R. (1956):
Die heutige potentielle natürliche Vegetation als
Gegenstand der Vegetationskartierung. –
Angewandte Pflanzensoziologie, H. 13, S. 3–42.

UDLUFT, P. (1979):
Das Grundwasser Frankens und angrenzender
Gebiete. – Steirische Beiträge zur
Hydrologeologie, Bd. 31, S. 5–128. Graz.

ULLMANN, I. (1977):
Die Vegetation des südlichen Maindreiecks. –
Hoppea. Denkschriften der Regensburger
Botanischen Gesellschaft, H. 49, 190 S.

ULLMANN, I. (1981):
Die Vegetation in den unterfränkischen Regionen
1 und 2. – Abhandlungen des Naturwissenschaftlichen Vereins Würzburg, Bd. 21/22, S. 118–126.

ULLMANN, I. (1985):
Die Vegetation der unterfränkischen Weinberge.
In: Die Weinberge Frankens. – Schriftenreihe
Bay. Landesamt für Umweltschutz, H. 62,
S. 33–50. München.

VALETON, I. (1956):
Fossile Bodenbildungen an der Sohle des
Maintals. – Geologica Bavarica, H. 25, S. 44–50.
München (Bay. Geologisches Landesamt).

VAUPEL, H. (1982):
Prägendes Umwelt-Element: Die Witterung in
Mainfranken. – Würzburger Geographische
Arbeiten, H. 57, S. 141–151.

VOSSMERBÄUMER, H. (1983):
Geologische Karten. – Stuttgart (Schweizerbart),
244 S.

WAGNER, G. (1950):
Einführung in die Erd- und Landschafts-
geschichte mit besonderer Berücksichtigung
Süddeutschlands. – Öhringen, 694 S.

WAGNER, G. (1961):
Die historische Entwicklung von Bodenabtrag
und Kleinformenschatz im Gebiet des Taubertals.
– Mitteilungen der Geographischen Gesellschaft
München, H. 46, S. 99–149.

WALTER, H. (1979):
Vegetation und Klimazonen. – 4. Aufl. Stuttgart
(Ulmer), 342 S.

WALTER, H., u. H. STRAKA (1970):
Arealkunde (floristisch-historische Geobotanik).
– Stuttgart (Ulmer), 478 S.

WEBERLING, F., u. H. SCHWANTES (1987):
Pflanzensystematik. – 5. Aufl. Stuttgart (Ulmer),
412 S.

WELSS, W. (1995):
Waldgesellschaften im nördlichen Steigerwald. –
Dissertationes Botanicae, Bd. 83, 174 S. Vaduz
(Cramer).

WIEGANK, F. (1993):
Korrelation und Chronologie paläoklimatischer
Ereignisse des Pliozäns und Pleistozäns. –
Petermanns Geographische Mitteilungen, Jg. 137,
H. 3, S. 169–182. Gotha.

WILHELMY, H. (1974):
Klima-Geomorphologie in Stichworten. –
Tübingen (Hirt), 375 S.

WILHELMY, H. (1981):
Exogene Morphodynamik (Teile 1–2). –
Geomorphologie in Stichworten, Bd. II–III,
Tübingen (Hirt), 223 + 184 S.

WILMANNS, O. (1978):
Ökologische Pflanzensoziologie. – 2. Aufl.
Heidelberg (Quelle & Meyer), 351 S.

WIRTHMANN, A. (1994):
Gedanken zur Genese der Gäufläche oder die
Grenzen der Klima-Geomorphologie. – Würzbur-
ger Geographische Arbeiten, H. 89, S. 65–71.

WOLF, J. (1989):
Streuobstbau im Mittelgebirge am Beispiel der
Gemeinde Biebergemünd im Spessart. – Natur
und Museum, H. 119, S. 33–48. Frankfurt.

WURM, A. (1956):
Beiträge zur Flußgeschichte des Mains und zur
diluvialen Tektonik des Maingebietes. –
Geologica Bavarica, H. 25, S. 1–21. München
(Bay. Geologisches Landesamt).

WURM, A. (1962):
Frankenwald, Fichtelgebirge und nördlicher
Oberpfälzer Wald. – Sammlung Geologischer
Führer, Bd. 41, 2. Aufl., 196 S. Stuttgart
(Borntraeger).

WURSTER, P. (1964):
Geologie des Schilfsandsteins. – Mitteilungen des
Geologischen Staatsinstituts Hamburg,
H. 33, 140 S.

ZEIDLER, H. (1939):
Untersuchungen an Mooren im Gebiet des
Mittleren Mainlaufs. – Zeitschrift für Botanik,
Jg. 34, S. 1–66.

ZIENERT, A. (1992):
Grundzüge der Großformenentwicklung in
Franken. – Heidelberg (Selbstverlag d. Geogr.
Inst.), 136 S.

ZOTZ, G., u. I. ULLMANN (1989):
Die Vegetation des NSG Kleinochsenfurter Berg.
– Abhandlungen des Naturwissenschaftlichen
Vereins Würzburg, Bd. 30, S. 111–176.

ZWÖLFER, H. (1978):
Probleme des Naturschutzes im
agrarökologischen Bereich – ökologische
Aspekte. – Berichte der Akademie für Natur-
schutz und Landschaftspflege, H. 2, S. 39–42.
Laufen.

Die Auswahl des Literaturverzeichnisses beschränkt
sich auf die zitierten und allgemein zugänglichen
Bücher und Zeitschriftenaufsätze. Verzichtet wurde
auf die Aufnahme der zahlreichen Diplomarbeiten
und Dissertationen, die vor allem an den verschiedenen Instituten der Universität Würzburg zu Einzel-
themen aus Unterfranken angefertigt wurden.

Abbildungsverzeichnis

Tabellenverzeichnis

Orts- und Sachregister